Springer Collected Works in Mathematics

More information about this series at http://www.springer.com/series/11104

Henri Cartan 1975

Henri Cartan

Oeuvres - Collected Works III

Editors
Reinhold Remmert
Jean-Pierre Serre

Reprint of the 1979 Edition

Springer

Author
Henri Cartan (1904 – 2008)

Editors
Reinhold Remmert
Mathematical Institute
University of Münster
Germany

Jean-Pierre Serre
Collège de France
Paris
France

ISSN 2194-9875
Springer Collected Works in Mathematics
ISBN 978-3-662-46911-8 (Softcover)
978-3-662-46911-8 (Hardcover)
DOI 10.1007/978-3-662-46912-5
Springer Heidelberg New York Dordrecht London

Library of Congress Control Number: 2012954381

Mathematical Subject Classification (2010): 09.0X, 09.1X, 32.00, 01A70

Printed on acid-free paper

Springer-Verlag GmbH Berlin Heidelberg is part of Springer Science+Business Media
(www.springer.com)

HENRI CARTAN

ŒUVRES
Collected Works

VOLUME III

Edited by
R. Remmert and J-P. Serre

SPRINGER-VERLAG
BERLIN · HEIDELBERG · NEW YORK 1979

ISBN 3-540-09189-0 Springer-Verlag Berlin Heidelberg New York
ISBN 0-387-09189-0 Springer-Verlag New York Heidelberg Berlin

CIP-Kurztitelaufnahme der Deutschen Bibliothek
Cartan, Henri:
[Sammlung]
Œuvres-Collected Works / Henri Cartan. Ed. by R. Remmert ; J-P. Serre. – Berlin, Heidelberg, New York : Springer.
ISBN 3-540-09189-0 (Berlin, Heidelberg, New York)
ISBN 0-387-09189-0 (New York, Heidelberg, Berlin)
Vol. 3. – 1979.

Printing: Julius Beltz, Hemsbach/Bergstr. Binding: Konrad Triltsch, Würzburg
2140/3130-5 4 3 2 1

Preface

We are happy to present the Collected Works of Henri Cartan.

There are three volumes. The first one contains a curriculum vitae, a «Brève Analyse des Travaux» and a list of publications, including books and seminars. In addition the volume contains all papers of H. Cartan on analytic functions published before 1939. The other papers on analytic functions, e.g. those on Stein manifolds and coherent sheaves, make up the second volume. The third volume contains, with a few exceptions, all further papers of H. Cartan; among them is a reproduction of exposés 2 to 11 of his 1954/55 Seminar on Eilenberg-MacLane algebras. Each volume ist arranged in chronological order.

The reader should be aware that these volumes do not fully reflect H. Cartan's work, a large part of which is also contained in his fifteen ENS-Seminars (1948–1964) and in his book "Homological Algebra" with S. Eilenberg. In particular one cannot appreciate the importance of Cartan's contributions to sheaf theory, Stein manifolds and analytic spaces without studying his 1950/51, 1951/52 and 1953/54 Seminars.

Still, we trust that mathematicians throughout the world will welcome the availability of the "Oeuvres" of a mathematician whose writing and teaching has had such an influence on our generation.

Reinhold Remmert Jean-Pierre Serre

Curriculum Vitae

1904 (8 juillet)	Né à Nancy
1923–26	Elève à l'Ecole Normale Supérieure
1926	Agrégé de mathématiques
1928	Docteur ès Sciences mathématiques
1928–29	Professeur au Lycée Malherbe à Caen
1929–31	Chargé de cours à la Faculté des Sciences de Lille
1931–35	Chargé de cours, puis maître de conférences à la Faculté des Sciences de Strasbourg
1936–40	Professeur à la Faculté des Sciences de Strasbourg
1940–49	Maître de conférences à la Faculté des Sciences de Paris
1945–47	Détaché pour deux ans à la Faculté des Sciences de Strasbourg
1949–69	Professeur à la Faculté des Sciences de Paris
1940–65	Chargé de l'enseignement des mathématiques à l'Ecole Normale Supérieure
1969–75	Professeur à la Faculté des Sciences d'Orsay, puis à l'Université de Paris-Sud
1967–70	Président de l'Union Mathématique Internationale
	Professeur honoraire à la Faculté des Sciences de Strasbourg, puis à l'Université Louis Pasteur
	Professeur honoraire à l'Université de Paris-Sud.

Foreign Honorary Member of the American Academy (Boston), 1950
Foreign Honorary Member of the London Mathematical Society, 1959
Membre de l'Académie Royale des Sciences et des Lettres du Danemark, 1962
Membre correspondant de l'Académie des Sciences (Institut de France), 1965
Associé étranger de l'Academia di Scienze, Lettere et Arti di Palermo, 1967
Honorary Member of the Cambridge Philosophical Society, 1969
Foreign Member of the Royal Society of London, 1971
Membre correspondant de l'Académie des Sciences de Göttingen, 1971
Membre correspondant de l'Académie des Sciences de Madrid, 1971
Foreign Associate of the National Academy of Sciences (USA), 1972
Membre de l'Académie des Sciences (Institut de France), 1974
Membre correspondant de l'Académie Bavaroise des Sciences, 1974
Membre associé de l'Académie Royale de Belgique (classe des Sciences), 1978
Médaille d'or du Centre National de la Recherche Scientifique, 1976.
Docteur honoris causa de l'Ecole Polytechnique Fédérale de Zürich (1955), des Universités de Münster (1952), Oslo (1961), Sussex (1969), Cambridge (1969), Stockholm (1978).

Brève analyse des travaux*

I. Fonctions analytiques

1) Fonctions d'une variable complexe

C'est à elles que sont consacrés mes tout premiers travaux. Quelques Notes aux Comptes Rendus se rapportent à la fonction de croissance de Nevanlinna et à la répartition des valeurs des fonctions méromorphes. Dans ma Thèse [3], j'ai réussi à prouver, en la précisant, une inégalité conjecturée par André BLOCH: pour tout nombre réel $h > 0$, les points du plan complexe où un polynôme unitaire de degré n est, en valeur absolue, au plus égal à h^n peuvent être enfermés dans des disques dont la somme des rayons est au plus égale à $2\,eh$ (e = base des logarithmes népériens). J'ai montré de plus que l'on peut considérablement généraliser ce résultat; cette généralisation a été ensuite reprise et utilisée par Ahlfors. L'inégalité de Bloch s'est révélée un instrument précieux dans l'étude de la répartition des valeurs d'une fonction analytique.

Dans [25], j'ai étudié la croissance d'un système de fonctions holomorphes, c'est-à-dire, en fait, d'une application holomorphe dans un espace projectif, généralisant à cette situation les théorèmes de NEVANLINNA. Cette étude a été reprise, d'une façon indépendante, par Hermann et Joachim WEYL.

C'est dans ma Thèse [3] que j'ai étudié les familles normales d'applications holomorphes d'un disque dans l'espace projectif $P_n(\mathbb{C})$ privé de $n+2$ hyperplans en position générique. Ce sujet semble redevenu d'actualité à la suite de quelques travaux récents (notamment de P. KIERNAN et S. KOBAYASHI, Nagoya Math. J. 1973).

2) Problèmes d'itération et de limite pour les fonctions holomorphes de plusieurs variables complexes ([14], [24], [29])

J'ai notamment prouvé le résultat suivant: soit D un domaine borné de $\mathbb{C}^n$, et soit f une application holomorphe $D \to D$. Si, dans l'adhérence de la suite des itérées f^k, il existe une transformation dont le Jacobien n'est pas identiquement nul, f est nécessairement un *automorphisme* de D. Ce résultat est susceptible de nombreuses applications; M. HERVÉ l'a utilisé avec succès à diverses occasions. En voici une application immédiate [24]: pour $n = 1$, s'il existe un point a du plan complexe $\mathbb{C}$, hors de D, et une courbe fermée de D dont l'indice par rapport

---

* écrite par H. Cartan en 1973.

à a soit non nul, si de plus f transforme cette courbe en une courbe dont l'indice est non nul, alors f est nécessairement un automorphisme de D. Autre application: pour n quelconque, si f: D→D possède un point fixe en lequel le Jacobien est de valeur absolue égale à 1, f est un automorphisme de D.

3) Automorphismes des domaines bornés ([13], [20], [33])

Que peut-on dire du groupe de tous les automorphismes holomorphes d'un domaine *borné* D de $\mathbb{C}^n$? (Cf. aussi *4)* ci-dessous). Soit G(a) le groupe d'isotropie d'un point $a \in$ D, c'est-à-dire le sous-groupe formé des automorphismes qui laissent fixe le point a. Un premier résultat est le suivant: l'application qui, à chaque élément de G(a), associe la transformation linéaire tangente en a, est un isomorphisme de G(a) sur un sous-groupe (compact) du groupe linéaire GL(n,$\mathbb{C}$). J'ai prouvé cela à partir d'un lemme très simple, qui dit que si une transformation holomorphe f de D dans D (non supposée bijective) laisse fixe un point $a \in$ D et est tangente à l'identité en a, c'est l'application identique. Ce lemme est aussi valable pour les groupes formels (cf. le livre classique de Bochner et Martin). Il a aussi l'avantage de pouvoir s'appliquer tel quel aux fonctions holomorphes dans un espace de Banach complexe de dimension infinie, beaucoup étudiées aujourd'hui.

Le résultat précédent m'a conduit à une démonstration très simple du théorème suivant: soient D et D′ deux domaines *cerclés* dont l'un au moins est supposé borné (un domaine D est dit cerclé s'il est stable par toute homothétie de rapport λ tel que $|\lambda| = 1$ et s'il contient l'origine); alors tout isomorphisme holomorphe f: D→D′ qui transforme l'origine en l'origine est nécessairement *linéaire*. Ce théorème était auparavant connu dans des cas particuliers, ou sous des hypothèses restrictives relatives à la frontière (Behnke). Il est, lui aussi, valable dans un espace de Banach.

L'article [13] contient beaucoup d'autres résultats, notamment sur l'existence de développements en séries de types particuliers.

La détermination du groupe de *tous* les automorphismes d'un domaine cerclé borné a été faite complètement pour le cas de deux variables dans [20]. A part quelques types spéciaux de domaines cerclés (qui sont explicités), le groupe de tous les automorphismes se réduit au groupe d'isotropie de l'origine.

4) Groupes de transformations holomorphes en général

Le groupe des automorphismes holomorphes d'un domaine borné D de $\mathbb{C}^n$ est *localement compact:* c'est un résultat nullement évident que j'ai prouvé dans [24]. La question se posait ensuite de savoir si c'est un *groupe de Lie.* Ce problème ne doit pas être confondu avec le fameux cinquième problème de Hilbert, qui du reste n'était pas encore résolu à l'époque (1935). Dans [32], j'ai démontré le théorème fondamental suivant: tout «noyau» compact de groupe de transformations holomorphes, dans $\mathbb{C}^n$, est un noyau de groupe de Lie. Il en résulte d'une part que le groupe des automorphismes holomorphes d'un domaine borné est un groupe de Lie (à paramètres réels); d'autre part que le groupe des automorphismes d'une variété analytique complexe *compacte* est un groupe de Lie, comme BOCHNER l'a montré plus tard. Quant au théorème fondamental ci-dessus, publié en 1935, il fut retrouvé huit ans plus tard par MONTGOMERY sous une forme plus générale, valable pour les groupes de transformations différentiables; la méthode de Montgomery est essentiellement la même, mais en utilisant le théorème de Baire il réussit à l'appliquer au cas différentiable.

5) Domaines d'holomorphie et convexité ([16], [23])

La notion de «domaine d'holomorphie» est bien connue aujourd' hui. Dans l'article [16], j'ai pour la première fois montré qu'un domaine d'holomorphie possède certaines propriétés de «convexité» par rapport aux fonctions holomorphes. Cette notion de «convexité» s'est, depuis lors, montrée féconde et elle est devenue classique. Dans [16], j'ai prouvé que la «convexité» est non seulement nécessaire pour que D soit un domaine d'holomorphie, mais qu'elle est suffisante pour certains domaines d'un type particulier (par exemple les domaines cerclés). Qu'elle soit suffisante dans le cas général a été démontré peu après par P. THULLEN. En mettant en commun nos idées, Thullen et moi avons écrit le mémoire [23] consacré à la théorie des domaines d'holomorphie. La notion de convexité holomorphe s'introduit aussi dans les problèmes d'approximation.

6) Problèmes de Cousin

Le premier problème de Cousin (ou problème *additif* de Cousin) consiste à trouver une fonction méromorphe dont on se donne les parties principales (polaires). Le deuxième problème de Cousin (ou problème *multiplicatif*) consiste à trouver une fonction méromorphe admettant un «diviseur» donné (variété des zéros et des pôles avec leurs ordres de multiplicité). On sait aujourd'hui que le problème additif est toujours résoluble pour un domaine d'holomorphie, et plus généralement pour une «variété de Stein». Ce résultat a été prouvé pour la première fois par K. OKA. Avant Oka, j'avais vu (cf. [31]) que le problème additif pouvait se résoudre en utilisant l'intégrale d'André WEIL, mais comme à cette époque il manquait certaines techniques permettant d'appliquer l'intégrale de Weil au cas général des domaines d'holomorphie, je renonçai à publier ma démonstration. Par ailleurs, je savais que, dans le cas de deux variables, le premier problème de Cousin n'a pas toujours de solution pour un domaine qui n'est pas un domaine d'holomorphie. En revanche, pour trois variables, j'ai donné le premier exemple (cf. [34]) d'ouvert qui n'est pas domaine d'holomorphie et dans lequel cependant le problème additif de Cousin est toujours résoluble; il s'agit de $\mathbb{C}^3$ privé de l'origine. Ma méthode de démonstration pour ce cas particulier (utilisation des séries de Laurent) a été utilisée plusieurs fois depuis dans des cas plus généraux, notamment par FRENKEL dans sa Thèse.

Aujourd'hui, les problèmes de Cousin trouvent leur solution naturelle dans le cadre de la théorie des faisceaux analytiques cohérents (voir ci-dessous, 7)).

7) Théorie des faisceaux sur une variété analytique complexe

L'étude des problèmes globaux relatifs aux idéaux et modules de fonctions holomorphes m'a occupé plusieurs années, en partant des travaux d'OKA. Dès 1940, j'avais vu qu'un certain lemme sur les matrices holomorphes inversibles joue un rôle décisif dans ces questions. Ce lemme est énoncé et démontré en 1940 dans [35]; dans ce même travail, j'en fais diverses applications, et je prouve notamment que si des fonctions f_i (en nombre fini), holomorphes dans un domaine d'holomorphie D, n'ont aucun zéro commun dans D, il existe une relation $\Sigma c_i f_i = 1$ à coefficients c_i holomorphes dans D. Dans [36], j'introduis la notion de «cohérence» d'un système d'idéaux et je tente de démontrer les théorèmes fondamentaux de ce qui deviendra la théorie des faisceaux analytiques cohérents sur une variété de Stein; mais je n'y parviens pas dans le cas le plus général, faute de réussir à prouver une conjecture que K. OKA démontrera plus tard (1950) et qui, en langage d'aujourd'hui, exprime que le faisceau des germes de fonctions holomorphes est *cohérent*. Sitôt que j'eus connaissance de ce théorème d'OKA (publié avec beaucoup d'autres dans le volume 78 du Bulletin de la Société mathématique de France), je repris l'ensemble de la question dans [38], en introduisant systématiquement la notion de *faisceau* (introduite alors par LERAY en Topologie) et celle de faisceau cohérent (mais pas encore dans le sens plus général et définitif qui sera celui de mon Séminaire 1951–52). Il s'agit essentiellement de ce qu'on appelle aujourd'hui les «théorèmes A et B». Cependant, la formulation cohomologique générale du théorème B ne viendra que dans le Séminaire cité, à la suite de discussions avec J.-P. SERRE. La conférence [41] est consacrée à une exposition d'ensemble de ces questions (sans démonstrations), avec indications sur les diverses applications qui en découlent pour la théorie globale des variétés de Stein, et en particulier pour les problèmes de Cousin.

8) Un théorème de finitude pour la cohomologie

Il s'agit du résultat suivant, obtenu en collaboration avec J.-P. SERRE (cf. [42], ainsi que mon Séminaire 1953–54): si X est une variété analytique complexe *compacte,* et F un faisceau analytique cohérent, les espaces de cohomologie $H^q(X,F)$ sont des $\mathbb{C}$-espaces vectoriels de dimension finie. Le même résultat vaut, plus généralement, si X est un espace analytique compact.

Ce théorème n'est aujourd'hui que le point de départ du fameux théorème de GRAUERT qui dit que les images directes d'un faisceau analytique cohérent par une application holomorphe et propre sont des faisceaux cohérents.

9) La notion générale d'espace analytique

C'est après 1950 qu'apparaît la nécessité de généraliser la notion de variété analytique complexe, pour y inclure des singularités d'un type particulier, comme on le fait en Géométrie algébrique. Par exemple, le quotient d'une variété analytique complexe par un groupe proprement discontinu d'automorphismes n'est pas une variété analytique en général (s'il y a des points fixes), mais c'est un espace analytique (cf. [43]). Dès 1951, Behnke et Stein tentaient d'introduire une notion d'espace analytique en prenant comme modèles locaux des «revêtements ramifiés» d'ouverts de $\mathbb{C}^n$; mais leur définition était assez peu maniable. Ma première tentative date de mon Séminaire 1951–52 (Exposé XIII); j'ai repris cette définition des espaces analytiques dans mon Séminaire de 1953–54 en introduisant la notion générale d'*espace annelé,* qui a ensuite été popularisée par Serre, puis par Grauert et Grothendieck. En 1953–54, ma définition conduisait aux espaces analytiques *normaux* (c'est-à-dire tels que l'anneau associé à chaque point soit intégralement clos). C'est Serre qui, le premier, attira l'attention sur l'utilité d'abandonner la condition restrictive de normalité. Ensuite Grauert puis Grothendieck introduisirent la catégorie plus générale des espaces annelés dans lesquels l'anneau attaché à un point n'est plus nécessairement un anneau de germes de fonctions mais peut admettre des éléments nilpotents.

J'ai démontré dans [48] un théorème de «prolongement» des espaces analytiques normaux, suggéré par des travaux de W. L. Baily, et qui s'applique à la compactification de Satake dans la théorie des fonctions automorphes.

10) Quotients d'espaces analytiques ([43], [51], et Séminaire 1953–54)

Tout quotient d'un espace annelé X est canoniquement muni d'une structure d'espace annelé (ayant une propriété universelle aisée à formuler). Le problème suivant se pose: lorsque X est un espace analytique, trouver des critères permettant d'affirmer que l'espace annelé quotient est aussi un espace analytique. J'ai montré que lorsque la relation d'équivalence est définie par un groupe proprement discontinu d'automorphismes de X, le quotient est toujours un espace analytique. Puis, dans [51], j'ai donné un critère valable pour toutes les relations d'équivalence «propres» et j'ai étendu au cas des espaces analytiques généraux un théorème prouvé (par une autre méthode) par K. Stein dans le cas des variétés sans singularités, et que voici: si $f: X \to Y$ est une application holomorphe, et si les composantes connexes des fibres de f sont compactes, le quotient de X par la relation d'équivalence dont les classes sont les composantes connexes des fibres est un espace analytique. D'autres applications du critère sont données dans [51].

11) Fonctions automorphes et plongements

Ayant défini le quotient d'un espace analytique X par un groupe G proprement discontinu d'automorphismes, il s'agissait de réaliser dans certains cas cet espace quotient comme sous-espace analytique d'espaces d'un type simple. Le premier cas que j'ai traité est celui où X est un ouvert borné de $\mathbb{C}^n$ et où X/G est compact: en m'appuyant sur des résultats de M. HERVÉ (repris dans [47]), j'ai prouvé dans [43] que les formes automorphes d'un poids convenable fournissent un plongement de X/G comme sous-espace analytique (fermé) d'un espace projectif. Donc X/G s'identifie à l'espace analytique sous-jacent à une «variété *algébrique* projective». Au même moment, ce résultat était démontré tout autrement par KODAIRA, mais seulement dans le cas où G opère sans point fixe (la variété algébrique étant alors sans singularité). C'est par ma méthode que, plus tard, W. L. BAILY prouva la possibilité de réaliser dans l'espace projectif le compactifié de SATAKE du quotient X/G dans le cas où G est le groupe modulaire de SIEGEL; X/G est alors isomorphe à un ouvert de ZARISKI d'une variété algébrique projective. J'ai moi-même repris la question dans mon Séminaire 1957–58 et prouvé la réalisation projective de X/G non seulement pour le groupe modulaire, mais pour tous les groupes qui lui sont «commensurables».

12) Fibrés holomorphes

Les premières indications relatives à l'utilisation de la théorie des faisceaux pour l'étude des fibrés holomorphes remontent à une conférence que j'ai faite au Séminaire BOURBAKI (décembre 1950). Ma contribution à la théorie a ensuite simplement consisté en une mise au point, au Colloque de Mexico (1956), des théorèmes fondamentaux de GRAUERT sur les espaces fibrés principaux dont la base est une variété de Stein, théorèmes dont la démonstration n'était pas encore publiée mais dont les grandes lignes m'avaient été communiquées par l'auteur. Dans la rédaction [49], j'ai donné des démonstrations complètes.

13) Variétés analytiques réelles ([44], [45], [46])

L'un des buts de [44] était de prouver l'analogue des théorèmes A et B pour les variétés analytiques réelles, dénombrables à l'infini. A cette époque le théorème de plongement de GRAUERT n'était pas encore connu; il a pour conséquence que les théorèmes que j'ai énoncés pour les variétés plongeables sont, en fait, toujours vrais. A partir de là on obtient, par les procédés usuels de passage du local au global, une série de résultats de caractère global; par exemple, une sous-variété analytique fermée d'une variété analytique réelle (dénombrable à l'infini) peut être définie globalement par un nombre fini d'équations analytiques. Toutefois, il est une propriété (d'ailleurs de caractère local) qui différencie le cas réel du cas complexe: le faisceau d'idéaux défini par un sous-ensemble analytique réel n'est pas toujours cohérent, contrairement à ce qui se passe dans le cas complexe; j'en donne des contre-exemples dans [44], et je donne aussi un exemple d'un sous-ensemble analytique A de $\mathbb{R}^3$, de codimension un, tel que toute fonction analytique dans $\mathbb{R}^3$ qui s'annule identiquement sur A soit identiquement nulle. D'autres situations pathologiques sont étudiées dans les Notes [45] et [46], écrites en collaboration avec F. BRUHAT.

II. Topologie algébrique

1) Fibrés et groupes d'homotopie

Dans les Notes [89] et [90], en collaboration avec J.-P. SERRE, nous introduisons l'opération qui consiste à «tuer» les groupes d'homotopie d'un espace X «par le bas», c'est-à-dire à construire un espace Y et une application f: $Y \rightarrow X$ de manière que les groupes d'homotopie $\pi_i(Y)$ soient nuls pour $i \leqq n$ (n entier donné), et que $\pi_i(Y) \rightarrow \pi_i(X)$ soit un isomorphisme pour $i > n$. L'on peut choisir pour f une application fibrée (en construisant avec SERRE des espaces de chemins), et l'on a donc une suite spectrale reliant les homologies de X, de Y et de la fibre. Cette méthode permet le calcul (partiel) des groupes d'homotopie d'un espace à partir de ses groupes d'homologie.

2) Détermination des algèbres d'Eilenberg-MacLane $H_*(\Pi, n)$ ([91], [92], [93])

Rappelons que $K(\Pi,n)$ désigne un espace dont tous les groupes d'homotopie sont nuls, sauf π_n qui est isomorphe à une groupe abélien donné Π. Un tel espace est un espace de HOPF et par suite ses groupes d'homologie forment une algèbre graduée $H_*(\Pi,n)$. Le problème du calcul explicite de ces algèbres avait été posé par EILENBERG et MACLANE. Je suis parvenu à ce calcul par des méthodes purement algébriques, basées sur la notion de «construction», et qui permettent un calcul explicite. Les résultats s'énoncent particulièrement bien lorsqu'on prend comme anneau de coefficients le corps $\mathbb{F}_p$ à *p éléments* (*p* premier). Le cas où $p = 2$ et où le groupe Π est cyclique avait été entièrement résolu par J.-P. SERRE, par une méthode un peu différente. A l'occasion de ces calculs j'ai été amené à introduire la notion d'algèbre graduée *à puissances divisées;* l'algèbre d'Eilenberg-MacLane possède de telles «puissances divisées». C'est une notion qui s'est avérée utile dans d'autres domaines, et notamment dans la théorie des groupes formels (DIEUDONNÉ, CARTIER).

3) Suite spectrale d'un espace où opère un groupe discret ([82], [83])

On considère un groupe G opérant sans point fixe, de façon proprement discontinue, dans un espace topologique X. Dans une Note commune, J. LERAY et moi avions envisagé le cas où le groupe est fini. J'ai étudié ensuite le cas général, qui a de nombreuses applications. On trouve une exposition de cette question au Chapitre XVI de mon livre «Homological Algebra» écrit en collaboration avec S. EILENBERG.

4) Cohomologie des espaces homogènes de groupes de Lie ([86], [87])

Il s'agit de la cohomologie à coefficients réels d'un espace homogène G/g, G étant un groupe de Lie compact connexe et g un sous-groupe fermé connexe de G. La méthode utilisée est celle de l'«algèbre de Weil» d'une algèbre de Lie. J'obtiens pour la première fois une détermination complète de la cohomologie réelle de G/g; il suffit de connaître la «transgression» dans l'algèbre de Lie de G, et l'homomorphisme $I(G) \to I(g)$ (où I(G) désigne l'algèbre des polynômes sur l'algèbre de Lie de G, invariants par le groupe adjoint; de même pour $I(g)$). Ces résultats ont été ensuite repris par A. BOREL qui les a en partie étendus au cas plus difficile de la cohomologie à coefficients dans $\mathbb{F}_p$. A ce sujet, on peut consulter le rapport de BOREL dans le Bulletin de l'A.M.S. (vol. 61, 1955, p. 397–432).

5) Opérations de STEENROD

La première démonstration de la formule du produit pour les «carrés de Steenrod», improprement appelée «Cartan formula» puisque c'est WU-WEN-TSÜN qui m'avait proposé de prouver cette formule, se trouve donnée dans la Note [85]. Son seul mérite est d'avoir suggéré à STEENROD une démonstration de la formule analogue $\mathscr{P}^k_p(xy) = \sum_{i+j=k} \mathscr{P}^i_p(x)\, \mathscr{P}^j_p(y)$ pour les opérations de Steenrod modulo p (p premier impair). Aujourd'hui on a de meilleures démonstrations de ces relations.

Dans [94], je détermine explicitement les relations multiplicatives existant entre les générateurs St^i_p de l'algèbre de Steenrod pour p premier impair (le cas $p = 2$ avait été traité par J. ADEM; le cas où p est impair a ensuite été traité indépendamment par J. Adem au moyen d'une méthode différente de la mienne).

6) Cohomologie à coefficients dans un faisceau

Cette notion maintenant fondamentale, aussi bien en Topologie qu'en Analyse, avait été introduite par J. LERAY d'une façon relativement compliquée. Dans mon Séminaire de 1950–51 j'en donne la première exposition axiomatique, qui est aujourd'hui adoptée (voir par exemple le livre classique de R. GODEMENT). Cette présentation a permis ultérieurement de faire rentrer la théorie des faisceaux (de groupes abéliens) dans celle des «catégories abéliennes» et de lui appliquer les méthodes de l'Algèbre homologique (foncteurs dérivés, etc. ...). D'autre part, c'est dans le cadre de la cohomologie à valeurs dans un faisceau que j'ai placé le théorème de DE RHAM (relatif au calcul de la cohomologie réelle d'une variété différentiable au moyen des formes différentielles), ainsi que la «dualité» de POINCARÉ des variétés topologiques, triangulables ou non. Ces idées sont devenues courantes; elles ont permis à P. DOLBEAULT d'étudier le complexe de d''-cohomologie d'une variété analytique complexe.

III. Théorie du potentiel ([70], [71], [72], [73], [74], [75], [84])

C'est sous l'influence de M. BRELOT que je me suis intéressé pendant la guerre aux problèmes de la théorie du potentiel (potentiel newtonien et généralisations diverses). J'ai utilisé d'une manière systématique la notion d'*énergie*, en commençant par prouver le théorème suivant: l'espace des distributions positives d'énergie finie, muni de la norme déduite de l'énergie, est *complet*. Ce fut l'occasion d'employer la méthode de projection sur un sous-ensemble convexe et complet (dans un espace fonctionnel). Le théorème précédent suggéra à J. DENY d'introduire en théorie du potentiel les distributions de SCHWARTZ; il prouva que l'espace vectoriel de toutes les distributions d'énergie finie (et plus seulement les distributions positives) est complet.

J'ai aussi introduit la notion de *topologie fine* (la moins fine rendant continues les fonctions surharmoniques), qui s'est avérée utile notamment dans les questions d'effilement à la frontière, et, plus récemment, dans les nouveaux développements axiomatiques de la théorie du potentiel en relation avec les Probabilités.

J'ai donné la première démonstration d'un théorème que désirait BRELOT, et qui se formule ainsi: la limite d'une suite décroissante (ou, plus généralement, d'un ensemble filtrant décroissant) de fonctions surharmoniques, si elle n'est pas identiquement $-\infty$, ne diffère d'une fonction surharmonique que sur un ensemble de capacité extérieure nulle.

Enfin, je crois avoir été le premier à introduire une théorie du potentiel dans les espaces homogènes [71].

IV. Algèbre homologique

Ecrit entre 1950 et 1953, paru seulement en 1956, le livre «Homological Algebra» est dû à une longue collaboration avec Samuel EILENBERG. On y expose pour la première fois une théorie qui englobe diverses théories particulières (homologie des groupes, homologie des algèbres associatives, homologie des algèbres de Lie, syzygies de HILBERT, etc. ...), en les plaçant dans le cadre général des foncteurs additifs et de leurs foncteurs «dérivés». Les foncteurs $\mathrm{Tor}_n(A,B)$ (foncteurs dérivés gauches du produit tensoriel $A \otimes B$) sont introduits dans cet ouvrage, ainsi que les foncteurs $\mathrm{Ext}^n(A,B)$ (foncteurs dérivés droits du foncteur $\mathrm{Hom}(A,B)$). Auparavant, seul le foncteur $\mathrm{Ext}^1(A,B)$ avait été explicitement considéré dans la littérature (Eilenberg-MacLane). On montre notamment le rôle qu'ils jouent dans la «formule de Künneth», qui est pour la première fois énoncée en termes invariants.

Cet ouvrage de 400 pages semble avoir servi de catalyseur: il a été à l'origine de rapides développements tant en Algèbre pure qu'en Géométrie algébrique et en Géométrie analytique. Le terme lui-même d'«algèbre homologique», donné comme titre à notre livre, a fait fortune. Dans ce livre nous avions traité le cas des modules sur un anneau; mais l'exposition avait été conduite de telle sorte qu'elle pouvait immédiatement se transposer à d'autres cas, comme il était d'ailleurs indiqué dans l'Appendice à notre livre écrit par D. Buchsbaum. Il devait revenir à Grothendieck d'introduire et d'étudier systématiquement les «catégories abéliennes», ce qui permit aussitôt, par exemple, d'intégrer dans l'Algèbre homologique la théorie de la cohomologie d'un espace à coefficients dans un faisceau de groupes abéliens. C'est aussi Grothendieck qui, à la suite de Serre, introduisit systématiquement l'Algèbre homologique comme un nouvel outil puissant en Géométrie algébrique et en Géométrie analytique. Faut-il mentionner, à ce sujet, l'immense ouvrage de Dieudonné et Grothendieck, les fameux E.G.A. (Éléments de Géométrie Algébrique)? Les élèves de Grothendieck (et, pour n'en citer qu'un, Pierre Deligne) ont montré tout le parti que l'on peut tirer des méthodes d'Algèbre homologique, non seulement pour explorer de nouveaux domaines, mais aussi pour résoudre des problèmes anciens et justement réputés difficiles.

V. Divers

1) Théorie des filtres

J'ai introduit en 1937 la notion de filtre dans deux Notes aux Comptes Rendus ([61], [62]). Cette notion est devenue d'un usage courant en Topologie générale, ainsi que celle d'ultrafiltre qui lui est liée. Cette dernière intervient aussi dans certaines théories logiques.

2) Théorie de Galois des corps non commutatifs ([79])

La théorie a ensuite été étendue aux anneaux simples, notamment par Dieudonné.

3) Analyse harmonique

Il s'agit d'un article écrit en collaboration avec R. Godement [80]. C'est l'une des premières présentations «modernes» de la transformation de Fourier dans le cadre général des groupes abéliens localement compacts, sans faire appel à la théorie «classique».

4) Classes de fonctions indéfiniment dérivables ([63] à [68])

J'ai établi par voie élémentaire de nouvelles inégalités entre les dérivées successives d'une fonction d'une variable réelle. Puis, en collaboration avec S. Mandelbrojt, nous les avons appliquées à la solution définitive du problème de l'équivalence de deux classes de fonctions (chacune des classes étant définies par des majorations données des dérivées successives).

5) Extension et simplification d'un théorème de RADO ([40])

J'ai formulé ce théorème de la manière suivante: une fonction continue f qui est holomorphe en tout point z où $f(z) = 0$ est holomorphe aussi aux points où $f(z) = 0$. La démonstration que j'en ai donnée est très simple et basée sur la théorie du potentiel. De là on déduit le théorème de RADO sous sa forme usuelle (i.e.: une fonction holomorphe qui tend vers zéro à la frontière est identiquement nulle, sous des hypothèses convenables relatives à la frontière). De plus, sous la forme où je l'énonce, le théorème s'étend trivialement aux fonctions d'un nombre quelconque de variables, et même aux fonctions dans un ouvert d'un espace de Banach.

VI. Collaboration au Traité de N. BOURBAKI

Pendant vingt ans, de 1935 à 1954, j'ai participé au travail collectif d'élaboration des «Eléments de mathématique» de Nicolas BOURBAKI. Ceci doit être mentionné dans cette Notice, non pour évoquer ma contribution personnelle qu'il est d'ailleurs bien difficile d'évaluer, mais pour dire tout l'enrichissement que j'en ai retiré. Ce travail en commun avec des hommes de caractères très divers, à la forte personnalité, mus par une commune exigence de perfection, m'a beaucoup appris, et je dois à ces amis une grande partie de ma culture mathématique.

Liste des travaux

Reproduits dans les Œuvres:

Volume I

1. Sur quelques théorèmes de Nevanlinna
2. Sur un théorème d'André Bloch
3. Sur les systèmes de fonctions holomorphes à variétés linéaires lacunaires (Thèse)
4. Un nouveau théorème d'unicité relatif aux fonctions méromorphes
5. Sur la croissance des fonctions méromorphes d'une ou plusieurs variables complexes
6. Sur la fonction de croissance attachée à une fonction méromorphe de deux variables et ses applications aux fonctions méromorphes d'une variable
7. Sur la dérivée par rapport à log *r* de la fonction de croissance $T(r;f)$
8. Sur les zéros des combinaisons linéaires de *p* fonctions entières données
9. Sur les fonctions de deux variables complexes
10. Les fonctions de deux variables complexes et les domaines cerclés de M. Carathéodory
11. Les transformations analytiques des domaines cerclés les uns dans les autres
12. Sur les valeurs exceptionnelles d'une fonction méromorphe dans tout le plan
13. Les fonctions de deux variables complexes et le problème de la représentation analytique
14. Sur les fonctions de deux variables complexes: les transformations d'un domaine borné D en un domaine intérieur à D
15. Sur les variétés définies par une relation entière
16. Sur les domaines d'existence des fonctions de plusieurs variables complexes
17. Les transformations analytiques et les domaines convexes
18. (avec E. Cartan) Les transformations des domaines cerclés bornés
19. Les transformations des domaines semi-cerclés bornés
20. Sur les transformations analytiques des domaines cerclés et semi-cerclés bornés
21. Sur une classe remarquable de domaines
22. Sur les transformations pseudo-conformes des domaines cerclés bornés
23. (avec P. Thullen) Zur Theorie des Singularitäten der Funktionen mehrerer komplexen Veränderlichen
24. Sur les fonctions de plusieurs variables complexes. L'itération des transformations intérieures d'un domaine borné
25. Sur les zéros des combinaisons linéaires de *p* fonctions holomorphes données
26. Détermination des points exceptionnels d'un système de *p* fonctions analytiques de *n* variables complexes
27. Sur les groupes de transformations pseudo-conformes
28. Sur les groupes de transformations pseudo-conformes
29. Sur l'itération des transformations conformes ou pseudo-conformes
30. Sur les transformations pseudo-conformes du produit topologique de deux domaines
31. Les problèmes de Poincaré et de Cousin pour les fonctions de plusieurs variables complexes
32. Sur les groupes de transformations analytiques
33. Sur les fonctions de *n* variables complexes: les transformations du produit topologique de deux domaines bornés
34. Sur le premier problème de Cousin

Volume II

Volume III

81. Sur la notion de carapace en topologie algébrique
82. Sur la cohomologie des espaces où opère un groupe, notions algébriques préliminaires
83. Sur la cohomologie des espaces où opère un groupe, étude d'un anneau différentiel où opère un groupe
84. (avec J. Deny) Le principe du maximum en théorie du potentiel et la notion de fonction surharmonique
85. Une théorie axiomatique des carrés de Steenrod
86. Notions d'algèbre différentielle; application aux groupes de Lie et aux variétés où opère un groupe de Lie
87. La transgression dans un groupe de Lie et dans un espace fibré principal
88. Extension du théorème des «chaînes de syzygies»
89. (avec J.-P. Serre) Espaces fibrés et groupes d'homotopie. I. Constructions générales
90. (avec J.-P. Serre) Espaces fibrés et groupes d'homotopie. II. Applications
91. Sur les groupes d'Eilenberg-MacLane $H(\Pi, n)$: I. Méthode des constructions
92. Sur les groupes d'Eilenberg-MacLane. II
93. Algèbres d'Eilenberg-MacLane
94. Sur l'itération des opérations de Steenrod
95. Sur la notion de dimension
96. Réflexions sur les rapports d'Aarhus et Dubrovnik
97. Emil Artin
98. Structural stability of differentiable mappings
99. Les travaux de Georges de Rham sur les variétés différentiables
100. Théories cohomologiques

Non reproduits dans les Œuvres:

Séminaires de l'Ecole Normale Supérieure

(publiés par le Secr. Math., 11 rue P. et M. Curie, 75005 PARIS, et par W. A. Benjamin, ed., New York, 1967)

1948–49 Topologie algébrique
1949–50 Espaces fibrés et homotopie
1950–51 Cohomologie des groupes, suites spectrales, faisceaux
1951–52 Fonctions analytiques de plusieurs variables complexes
1953–54 Fonctions automorphes et espaces analytiques
1954–55 Algèbres d'Eilenberg-MacLane et homotopie
1955–56 (avec C. Chevalley) Géométrie algébrique
1956–57 Quelques questions de Topologie
1957–58 (avec R. Godement et I. Satake) Fonctions automorphes
1958–59 Invariant de Hopf et opérations cohomologiques secondaires
1959–60 (avec J. C. Moore) Périodicité des groupes d'homotopie stables des groupes classiques, d'après Bott
1960–61 (avec A. Grothendieck) Familles d'espaces complexes et fondements de la géométrie analytique
1961–62 Topologie différentielle
1962–63 Topologie différentielle
1963–64 (avec L. Schwartz) Théorème d'Atiyah-Singer sur l'indice d'un opérateur différentiel elliptique

Livres

(avec S. Eilenberg) Homological Algebra, Princeton Univ. Press, Math. Series, n°19, 1966 – traduit en russe.
Théorie élémentaire des fonctions analytiques, Paris, Hermann, 1961 – traduit en allemand, anglais, espagnol, japonais, russe.
Calcul différentiel; formes différentielles, Paris, Hermann, 1967 – traduit en anglais et en russe.

Divers

Sur la possibilité d'étendre aux fonctions de plusieurs variables complexes la théorie des fonctions univalentes, Annexe aux «Leçons sur les fonctions univalentes ou multivalentes» de P. Montel, Paris, Gauthier-Villars (1933), 129–155.
(avec J. Dieudonné) Notes de tératopologie. III, Rev. Sci., 77 (1939), 413–414.
Un théorème sur les groupes ordonnés, Bull. Sci. Math., 63 (1939), 201–205.
Sur le fondement logique des mathématiques, Rev. Sci., 81 (1943), 2–11.
(avec J. Leray) Relations entre anneaux d'homologie et groupes de Poincaré, Topologie Algébrique, Coll. Intern. C.N.R.S. n°12 (1949), 83–85.
Nombres réels et mesure des grandeurs, Bull. Ass. Prof. Math., 34 (1954), 29–35.
Structures algébriques, Bull. Ass. Prof. Math., 36 (1956), 288–298.
(avec S. Eilenberg) Foundations of fibre bundles, Symp. Intern. Top. Alg., Mexico (1956), 16–23.
Volume des polyèdres, Bull. Ass. Prof. Math., 38 (1958), 1–12.
Nicolas Bourbaki und die heutige Mathematik, Arbeits. für Forschung des Landes Nordrhein-Westfalen, Heft 76, Köln (1959).
Notice nécrologique sur Arnaud Denjoy, C. R. Acad. Sci. Paris, 279 (1974), Vie Académique, 49–52 (= Astérisque 28–29, S.M.F., 1975, 14–18).

Exposés au Séminaire Bourbaki

(Les numéros renvoient à la numérotation globale du Séminaire)
1,8,12. Les travaux de Koszul (1948–49)
34. Espaces fibrés analytiques complexes (1950)
73. Mémoire de Gleason sur le 5e problème de Hilbert (1953)
84. Fonctions et variétés algébroïdes, d'après F. Hirzebruch (1953)
115. Sur un mémoire inédit de H. Grauert: »Zur Theorie der analytisch vollständigen Räume« (1955)
125. Théorie spectrale des C-algèbres commutatives, d'après L. Waelbroeck (1956)
137. Espaces fibrés analytiques, d'après H. Grauert (1956)
296. Thèse de Douady (1965)
337. Travaux de Karoubi sur la K-théorie (1968)
354. Sous-ensembles analytiques d'une variété banachique complexe, d'après J.-P. Ramis (1969)

Table des Matières

Volume I

Volume II

Volume III

Table des Matières

Volume III

59.

(avec E. Cartan)

Note sur la génération des oscillations entretenues

Annales des P. T. T. 14, 1196–1207 (1925)

Soit l'équation différentielle

$$(1) \qquad L\frac{d^2 i}{dt^2} + (R - \varphi\,(i))\frac{di}{dt} + \frac{1}{C}\,i = o,$$

où L, R, C désignent des constantes ; $\varphi\,(i)$ est une fonction paire, décroissante pour $i > 0$ tendant vers zéro pour i infini, avec $\varphi(o) > R$.

Posons

$$(2) \qquad L\left(\frac{di}{dt}\right)^2 + \frac{i^2}{C} = U,$$

il vient par dérivation :

$$(3) \qquad \frac{dU}{dt} = 2\,(\varphi\,(i) - R)\left(\frac{di}{dt}\right)^2 \quad \text{ou} \quad \frac{dU}{di} = 2\,(\varphi\,(i) - R)\,\frac{di}{dt}.$$

Soit enfin $\pm\, i_o$ les valeurs pour lesquelles $\varphi\,(i) = R$.

Quand i est intérieur à l'intervalle $(-i_o, +i_o)$, U croît avec t d'après (3) ; quand i est extérieur à cet intervalle, U décroît. En un maximum ou un minimum de i, on a $U = \dfrac{i^2}{C}$; sinon $U > \dfrac{i^2}{C}$.

I. — Il est impossible qu'à partir d'un certain instant, i varie toujours dans le même sens, par exemple croisse constamment. En effet ou bien i tendrait vers une limite finie i_1, ou bien i augmenterait indéfiniment. Si i tend vers i_1, $\dfrac{di}{dt}$ et $\dfrac{d^2 i}{dt^2}$ tendent vers o et (1) donne $i_1 = o$; mais alors i finirait par être constamment intérieur à l'intervalle $(-i_o, +i_o)$, U croîtrait *en tendant vers zéro*, ce qui exige U identiquement nul, d'où i identiquement nul ; on aurait la solution banale $i = o$. Si i augmente indéfiniment, $U > \frac{i^2}{C}$ augmente aussi indéfiniment, mais cela est impossible puisqu'à partir du moment où $i > i_0$, U décroît.

Il résulte de là que la courbe représentant la variation de i est formée d'une infinité de sinuosités. Du reste en un point à tangente horizontale, $\frac{d^2i}{dt^2} = -\frac{1}{CL} i$ est de signe contraire à i ; un maximum correspond donc à $i > o$ et un minimum à $i < o$. La courbe coupe chaque fois l'axe des t.

II. — La connaissance d'un minimum — i_1 détermine complètement la courbe (puisque, pour une certaine valeur de t, on a la valeur de i ($i = -i_1$) et celle de $\frac{di}{dt} = o$). Soit i_2 le maximum suivant ; i_2 est une fonction continue de i_1, nulle pour $i_1 = o$. A une valeur donnée de i_1 correspond une valeur déterminée de i_2. Réciproquement une valeur donnée de i_2 ne peut provenir que d'une valeur au plus de i_1, sinon on aurait pour l'équation (1) deux solutions correspondant aux mêmes conditions initiales ($i = i_2$, $\frac{di}{dt} = o$).

Par suite i_2 va constamment en croissant avec i_1.

Il est à remarquer que l'équation (1) se conservant par le changement de i en $-i$, on peut aussi regarder $-i_2$ comme le minimum consécutif au maximum précédent i_1.

III. — *Pour i_1 suffisamment petit ($i_1 < i_0$) on a $i_2 > i_1$.* — En effet supposons $i_1 < i_0$ et supposons $i_2 < i_1$; de A en B, U va en croissant ; on devrait donc avoir $\frac{i_2^2}{C} > \frac{i_1^2}{C}$, ce qui est en contradiction avec l'hypothèse.

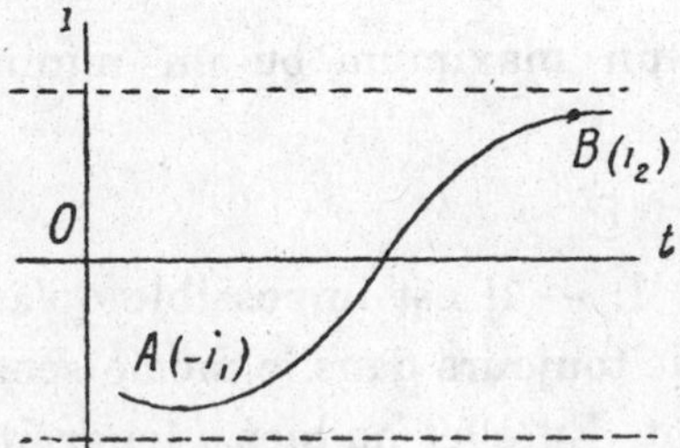

IV. — *Pour i_1 suffisamment grand, on a $i_2 < i_1$.* — Supposons en effet $i_2 > i_1 > i_0$. La quantité $\sqrt{CU}$ passe de la valeur i_1 en A à la valeur i_2 en B ; elle a donc augmenté ; or, elle ne croît qu'entre C et D ; il faut donc déjà que la quantité dont elle augmente entre C et D soit supérieure à $i_2 - i_1$. Or, entre C et D, on a

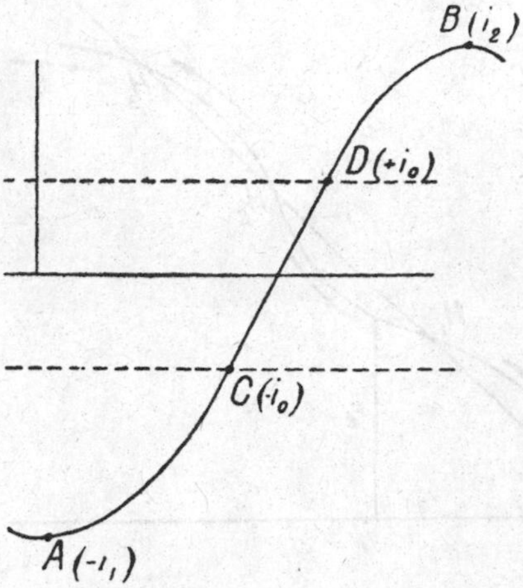

$$\frac{dU}{di} = 2\,[\varphi(i) - R]\,\frac{di}{dt} < \frac{2}{\sqrt{L}}\,[\varphi(i) - R]\sqrt{U},$$

$$\frac{d\sqrt{U}}{di} < \frac{1}{\sqrt{L}}\,(\varphi(i) - R),$$

d'où, pour la variation de $\sqrt{CU}$, la limite supérieure

$$2\sqrt{\frac{C}{L}}\int_0^{i_0}[\varphi(i) - R]\,di = 2\,m\,i_0 \quad (m \text{ const}^{\text{te}} \text{ fixe}).$$

La quantité $\sqrt{CU}$ a donc en $D\,(i = i_0)$ une valeur inférieure à $i_1 + 2m\,i_0$. D'autre part, pour $i_0 < i < < i_1$, on a

$$\frac{dU}{di} = -\frac{2}{\sqrt{L}}\,[R - \varphi(i)]\sqrt{U - \frac{i^2}{C}},$$

$$\left|\frac{d(CU)}{di}\right| > 2\sqrt{\frac{C}{L}}\,[R - \varphi(i)]\sqrt{CU - i_1^2};$$

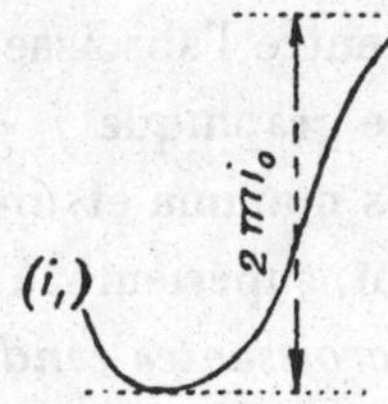

par suite

$$\sqrt{CU(i_0) - i_1^2} - \sqrt{CU(i_1) - i_1^2} > \sqrt{\frac{C}{L}}\int_{i_0}^{i_1}[R - \varphi(i)]\,di,$$

et, à plus forte raison,

$$(4) \qquad \sqrt{(i_1 + 2m\,i_0)^2 - i_1^2} > \sqrt{\frac{C}{L}}\int_{i_0}^{i_1}[R - \varphi(i)]\,di.$$

Quand i_1 est très grand, le premier membre est de l'ordre de $\sqrt{i_1}$ et le second membre de l'ordre de i_1. L'inégalité est donc impossible au delà d'une certaine valeur de i_1, ce qu'il fallait démontrer.

V. — D'après III et IV, la courbe qui représente i_2 en

fonction de i_1 a la forme ci-contre; elle est d'abord au-dessus de la bissectrice de l'angle des axes ($i_2 > i_1$), puis finit par être au-dessous ($i_2 < i_1$).

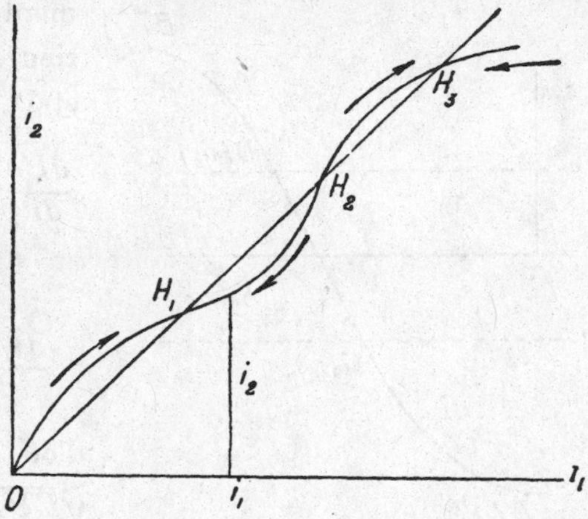

Les points H_1, H_2, H_3 où la courbe coupe la bissectrice correspondent à des solutions *périodiques* (oscillations entretenues) *dont l'existence est ainsi démontrée.* Elles sont périodiques parce qu'en partant d'un minimum donné — i_1, le maximum suivant est égal à i_1, par suite le minimum suivant à — i_1, etc.

On peut maintenant voir facilement que *toute solution tend vers une solution périodique.* Partons d'un minimum initial — i_1 compris entre l'abscisse j_1 de H_1 et l'abscisse j_2 de H_2. On aura d'après le graphique $j_1 < i_2 < i_1$, par suite $j_1 < i_3 < i_2$ et ainsi de suite; les maxima et minima successifs vont en décroissant tout en restant supérieurs à j_1. *On a donc des oscillations à amplitudes décroissantes tendant vers l'oscillation entretenue H_1.*

Si au contraire on part d'un minimum initial compris entre l'abscisse j_2 de H_2 et l'abscisse j_3 de H_3, *on aura des oscillations à amplitudes croissantes tendant vers l'oscillation entretenue H_3.*

Çela prouve de plus que les oscillations entretenues d'ordre *impair* H_1, H_3... sont *stables*, tandis que les oscillations entretenues d'ordre *pair* H_2 (*s'il y en a*) sont *instables*. Il y a donc toujours au moins une oscillation entretenue stable.

La solution banale $i = o$ est *instable*, l'existence d'un courant, aussi faible soit-il, conduit à l'oscillation entretenue H_1.

CALCUL DE LIMITES SUPÉRIEURES ET INFÉRIEURES POUR L'AMPLITUDE ET LA PÉRIODE DES OSCILLATIONS ENTRETENUES.

VI. — L'amplitude d'une oscillation entretenue est certainement supérieure à i_0 (III). On peut trouver une limite inférieure meilleure. Considérons une demi-oscillation telle que A B, et l'intégrale $\int_{-i_1}^{+i_1} [\varphi(i) - R]\, di$;

on peut écrire

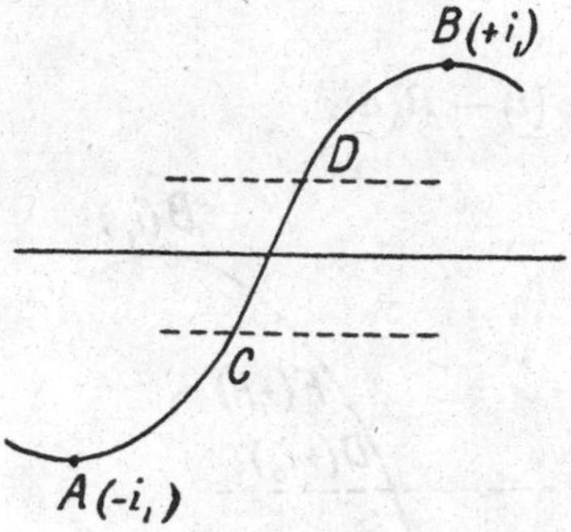

$$\int_{-i_1}^{+i_1} \frac{1}{2} \frac{dU}{\frac{di}{dt}} = \frac{\sqrt{L}}{2} \int_{-i_1}^{+i_1} \frac{dU}{\sqrt{U - \frac{i^2}{C}}} =$$

$$= \frac{\sqrt{L}}{2} \int_{-i_1}^{+i_1} \frac{dU}{\sqrt{U - \frac{i_0^2}{C} + \frac{i_0^2 - i^2}{C}}}.$$

Entre A et C, ou entre D et B, $i_0^2 - i^2 < o$, le dénominateur est plus petit que $\sqrt{U - \frac{i_0^2}{C}}$; d'autre part $dU < o$; donc la quantité sous le signe $\int$ est *inférieure* à $\frac{dU}{\sqrt{U - \frac{i_0^2}{C}}}$. D'autre part entre C et D, $i_0^2 - i^2 > o$, le dénominateur est plus grand que $\sqrt{U - \frac{i_0^2}{C}}$, mais $dU > o$, le résultat est donc le même. Par suite on a

$$\int_{-i_1}^{+i_1} [\varphi(i) - R]\, di < \sqrt{L} \int \frac{dU}{2\sqrt{U - \frac{i_0^2}{C}}} =$$

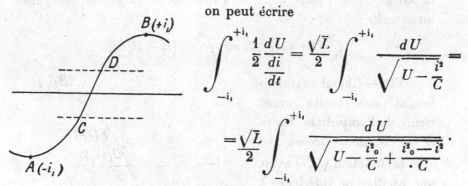

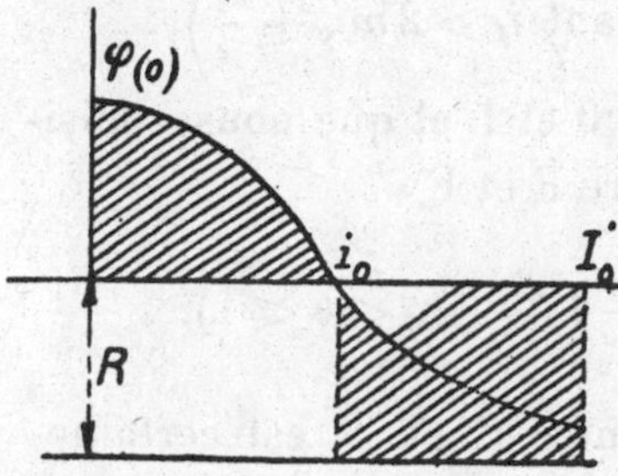

$$= \sqrt{L} \int_{-i_1}^{+i_1} d\left(\sqrt{U - \frac{i_0^2}{C}}\right).$$

Comme $\sqrt{U}$ et par suite $\sqrt{U - \frac{i_0^2}{C}}$ a la même valeur $\sqrt{\frac{i_1^2 - i_0^2}{C}}$ en A et en B, on arrive à l'inégalité

$$\int_0^{i_1} [\varphi(i) - R]\, di < o.$$

On a donc une limite inférieure de l'amplitude en prenant la valeur I_0 de i pour laquelle l'aire hachurée est algébriquement nulle :

$$(5) \qquad \int_{i_0}^{I_0} [R - \varphi(i)]\, di = \int_0^{i_0} [\varphi(i) - R]\, di.$$

VII.—Cherchons maintenant une limite supérieure de l'amplitude. Entre A et B, nous avons vu que la fonction $\sqrt{CU}$ avait une oscillation inférieure à $2\,mi_0$; par suite cette fonction est constamment supérieure à $i_1 - 2\,mi_0$.

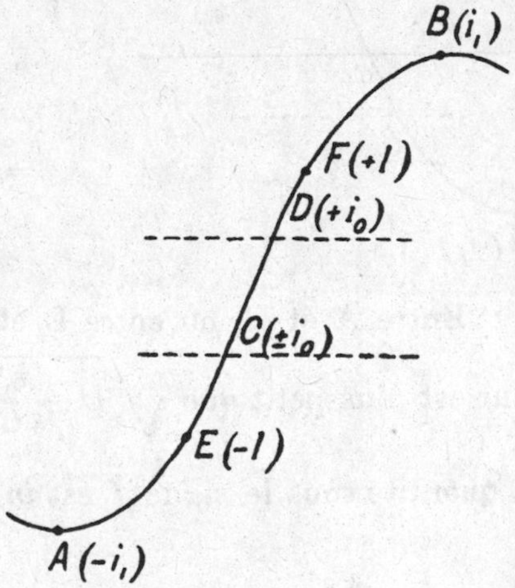

Prenons deux points E, F d'ordonnées $\pm I$ ($i_0 < I < i_1$) ; on a entre E et F

$$\frac{d\sqrt{U}}{di} = \frac{1}{\sqrt{L}} [\varphi(i) - R] \sqrt{1 - \frac{i^2}{CU}}.$$

Or entre E et F, on a

$$\frac{i^2}{CU} < \frac{I^2}{CU} < \frac{I^2}{(i_1 - 2\,mi_0)^2}.$$

Prenons :

$$I = \varepsilon(i_1 - 2\,mi_0) \quad \left(\text{en supposant } i_1 > 2\,mi_0 + \frac{i_0}{\varepsilon}\right),$$

ε étant un nombre fixe compris entre 0 et 1 et que nous choisirons tout à l'heure. On aura donc entre E et F

$$\frac{d\sqrt{U}}{di} = \frac{1}{\sqrt{L}} (\varphi(i) - R)\sqrt{1 - \theta\,\varepsilon^2} \qquad (o < \theta < 1).$$

L'accroissement global de $\sqrt{U}$ entre E et F est certainement positif (puisqu'entre A et B il est nul et qu'entre A et E, F et B, il est négatif). On a donc

$$\int_{-I}^{+I} (\varphi(i) - R)\sqrt{1 - \theta \varepsilon^2}\, di > o,$$

ou, en augmentant le 1er membre,

$$2\int_{0} (\varphi(i) - R)\, di - 2\sqrt{1-\varepsilon^2}\int_{i_0}^{I} \big(R - \varphi(i)\big)\, di > o,$$

ou enfin

$$\int_{i_0}^{I} \big(R - \varphi(i)\big)\, di < \frac{1}{\sqrt{1-\varepsilon^2}}\int_{0}^{i_0} (\varphi(i) - R)\, di.$$

Cette inégalité donne pour I une limite supérieure I_1 bien définie, puisque le premier membre augmente indéfiniment avec la limite supérieure d'intégration. Il en résulte

$$\varepsilon\,(i_1 - 2mi_0) < I_1,$$

$$(6) \qquad i_1 < 2mi_0 + \frac{1}{\varepsilon} I_1.$$

La quantité I_1 est, en tenant compte de la relation (5), donnée par l'égalité

$$(7) \qquad \int_{I_0}^{I_1} [R - \varphi(i)]\, di = \frac{1}{\sqrt{1-\varepsilon^2}}\int_{i_0}^{I_0} [R - \varphi(i)]\, di.$$

Elle est donc supérieure à I_0 ; comme la fonction $R - \varphi(i)$ est croissante, on a

$$\int_{I_0}^{I_1} [R - \varphi(i)]\, di > \frac{I_1 - I_0}{I_0 - i_0}\int_{i_0}^{I_0} [R - \varphi(i)]\, di,$$

et par suite

$$\int_{i_0}^{I_1} [R - \varphi(i)]\, di > \left(1 + \frac{I_1 - I_0}{I_0 - i_0}\right)\int_{i_0}^{I_0} [R - \varphi(i)]\, di.$$

En portant dans (7), on obtient

$$\frac{I_1 - i_0}{I_0 - i_0} < \frac{1}{\sqrt{1-\varepsilon^2}}.$$

L'inégalité (6) devient alors

$$i_1 < 2mi_0 + \frac{1}{\varepsilon} i_0 + \frac{1}{\varepsilon\sqrt{1-\varepsilon^2}}(I_0 - i_0).$$

En faisant enfin $\varepsilon = \frac{1}{\sqrt{2}}$ (l'inégalité étant valable quel que soit ε compris entre 0 et 1), on obtient

$$(8) \qquad i_1 < 2I_0 + (2m - 2 + \sqrt{2})\, i_0 < 2I_0 + 2mi_0.$$

On peut avoir une autre limite supérieure en partant de l'inégalité (4) (§ IV). On a en effet, en raisonnant comme pour le premier membre de (7),

$$\int_{i_0}^{i_1} [R-\varphi(i)]\,di > \frac{i_1-i_0}{I_0-i_0}\int_{i_0}^{I_0} [R-\varphi(i)]\,di > \frac{i_1}{I_0}\int_{i_0}^{I_0} [R-\varphi(i)]\,di.$$

L'inégalité (4) devient, en tenant compte de (5),

$$\sqrt{(i_1+2\,mi_0)^2-i_1^2} > \frac{i_1}{I_0}\sqrt{\frac{C}{L}}\int_0^{i_0} [\varphi(i)-R]\,di,$$

d'où, d'après la définition de m,

$$\sqrt{(i_1+2\,mi_0)^2-i_1^2} > \frac{mi_0\,i_1}{I_0}.$$

En résolvant on obtient

$$(9)\qquad i_1 < \frac{2I_0\left(I_0+\sqrt{I_0^2+m^2i_0^2}\right)}{mi_0} < \frac{2I_0(2I_0+mi_0)}{mi_0} = 2I_0+\frac{4I_0^2}{mi_0}$$

On prendra la plus petite des deux limites fournies par les inégalités (8) et (9); c'est la première qui servira pour m petit, la seconde pour m grand.

On peut déduire de cette remarque un résultat théorique remarquable. Des deux quantités $2\,mi_0$ et $\frac{4\,I_0^2}{mi_0}$, dont le produit est égal à $8\,I_0^2$. l'une est toujours inférieure à $\sqrt{8\,I_0^2}=2\,I_0\sqrt{2}$. Par suite l'une au moins des limites fournies par (8) et (9) est inférieure à $2\,I_0+2\,I_0\sqrt{2}$; on a donc toujours

$$(10)\qquad i_1 < 2\left(\sqrt{2}+1\right)I_0.$$

Ce résultat a cela de remarquable que la limite trouvée ne dépend que de la fonction $\frac{\varphi(i)}{R}$, *mais non de* L *et de* C.

VIII. — On a facilement une limite inférieure de la durée d'une demi-oscillation. En effet, on a, d'après un résultat précédent (§ III),

$$\sqrt{CU} < i_1+2\,m\,i_0.$$

Or on a

$$dt = \frac{\sqrt{L}\,di}{\sqrt{U - \frac{i^2}{C}}} > \frac{\sqrt{CL}\,di}{\sqrt{(i_1 + 2\,m\,i_0)^2 - i^2}},$$

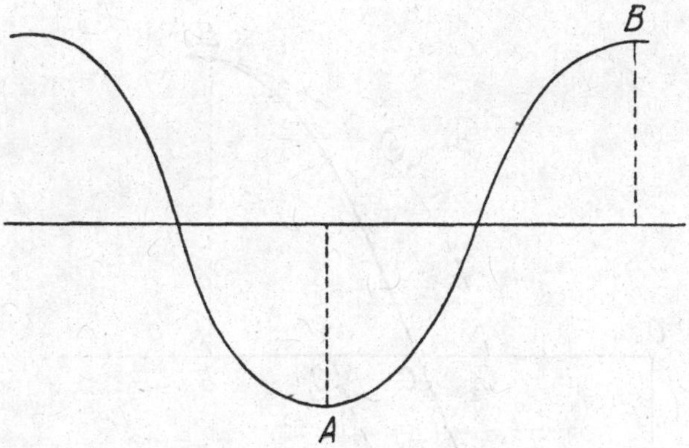

$$T > \int_{-i_1}^{+i_1} \frac{\sqrt{CL}\,di}{\sqrt{(i_1 + 2\,m\,i_0)^2 - i^2}} = 2\sqrt{CL}\,\text{arc sin}\,\frac{i_1}{i_1 + 2\,m\,i_0},$$

$$T > 2\sqrt{CL}\,\text{arc sin}\,\frac{I_0}{I_0 + 2\,m\,i_0}.$$

La limite inférieure ainsi obtenue ne fait pas intervenir l'amplitude.

IX. — Pour avoir une limite supérieure de la durée T= *Ob* d'une demi-oscillation entretenue ACB, nous allons substituer à l'arc AC un autre arc AC_1, s'étalant davantage, et de même substituer à l'arc BC l'arc BC_2. Chacun de ces arcs auxiliaires correspondra à une solution d'une équation différentielle

$$L\,\frac{d^2i}{dt^2} + S\,\frac{di}{dt} + \frac{1}{C}\,i = o$$

à résistance S *constante* (positive ou négative).

Il en sera ainsi si on prend, pour l'arc inférieur $S > R - \varphi(i)$, et pour l'arc supérieur $S < R - \varphi(i)$.

Démontrons par exemple qu'il en sera ainsi pour l'arc inférieur. La courbe donnée et la courbe auxiliaire pointillée satisfont respectivement aux deux équations

$$L \frac{d^2 i}{dt^2} + \left(R - \varphi(i)\right) \frac{di}{dt} + \frac{i}{C} = o$$

$$L \frac{d^2 i}{dt^2} + S \frac{di}{dt} + \frac{i}{C} = o,$$

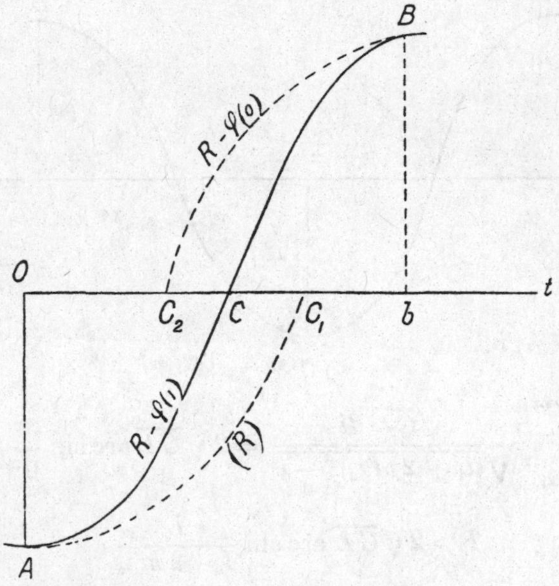

ou encore, en posant $\frac{di}{dt} = i'$ pour la 1re, $\frac{di}{dt} = i'_1$ pour la seconde :

$$L \frac{di'}{di} + R - \varphi(i) + \frac{i}{C} \cdot \frac{1}{i'} = o,$$

$$L \frac{di'_1}{di} + S + \frac{i}{C} \cdot \frac{1}{i'_1} = o,$$

d'où

$$L \frac{d(i' - i'_1)}{di} + (R - \varphi(i) - S) + \frac{i}{C} \cdot \frac{i_1' - i'}{i' i'_1} = o.$$

Au point A, on a $i' = i'_1 = o$, $i' - i'_1 = o$. La fonction $i - i'_1$ de la variable i ne peut pas commencer par décroître, car chacun des trois termes du premier membre serait négatif ; donc $i' - i'_1$ commence par être positif. Cette fonction ne peut jamais (i variant entre $-i_1$ et o) s'annuler, car la première fois qu'elle s'annulerait $\frac{d(i' - i'_1)}{dt}$ serait négatif, les deux premiers termes de l'équation seraient donc négatifs et le dernier serait nul. On a donc constamment, pour une même valeur quelconque de i, $i' > i'_1$, par suite

$$\int_{-i_1}^{o} \frac{di}{i'} < \int_{-i_1}^{o} \frac{di}{i'_1}, \qquad \overline{OC} < \overline{OC_1}.$$

La démonstration serait analogue pour l'arc supérieur.

Nous pourrons prendre :

sur l'arc inférieur $S = R$,

sur l'arc supérieur $S = R - \varphi(o)$.

Pour calculer maintenant OC_1, par exemple, partons de la solution de l'équation

$$L\frac{d^2i}{dt^2} + S\frac{di}{dt} + \frac{i}{C} = o$$

qui pour $t = o$ correspond à $i = -i_1$, $\frac{di}{dt} = o$. On trouve

$$i = -i_1 e^{-\frac{S}{2L}t}\left(\cos\omega t + \frac{S}{2L\omega}\sin\omega t\right), \quad \omega = \sqrt{\frac{1}{CL} - \frac{S^2}{4L^2}}.$$

La valeur $OC = t_1$ est donnée par

$$\operatorname{tg}\omega t_1 = -\frac{2L\omega}{S},$$

$$\overline{OC_1} = t_1 = \frac{\pi}{\omega} - \frac{1}{\omega}\operatorname{arctg}\frac{2L\omega}{S}, \quad \omega = \sqrt{\frac{1}{CL} - \frac{R^2}{4L^2}}, \quad S = R.$$

On trouve de même pour l'arc supérieur :

$$\overline{C_2 b} = t_2 = \frac{1}{\omega'}\operatorname{arctg}\frac{2L\omega'}{S'}, \quad \omega' = \sqrt{\frac{1}{CL} - \frac{(\varphi(o) - R)^2}{4L^2}},$$

$$S' = \varphi(o) - R.$$

Par suite :

$$T < \frac{\pi}{\omega} - \frac{1}{\omega}\operatorname{arctg}\frac{2L\omega}{R} + \frac{1}{\omega'}\operatorname{arctg}\frac{2L\omega'}{\varphi(o) - R}.$$

Dans le cas particulier où $\varphi(o) - R = R$, on a simplement

$$T < \frac{\pi}{\sqrt{\frac{1}{CL} - \frac{R^2}{4L^2}}} = \pi\frac{\sqrt{CL}}{\sqrt{1 - \frac{CR^2}{4L}}}.$$

On pourra toujours pratiquement se ramener à ce cas simple en remplaçant R par le plus grand des deux nombres R et $\varphi(io) - R$.

Le calcul suppose néanmoins

$$R^2 < \frac{4L}{C}, \left(\varphi(o) - R\right)^2 < \frac{4L}{C}.$$

La plupart des résultats subsisteraient (abstraction faite de la symétrie) si la fonction $\varphi(i)$ n'était pas paire.

Problème non résolu. — Ne pourrait-on démontrer qu'il n'y a qu'*une* oscillation entretenue ?

60.

Sur les transformations localement topologiques

Acta scientiarum mathematicarum, Szeged 6, 85–104 (1933)

Je me propose d'indiquer ici quelques remarques élémentaires relatives aux transformations „localement topologiques". Cet article se compose de deux parties distinctes, entre lesquelles il n'y a pas de lien logique. La première partie est relative à l'existence de *chemins de détermination* dans toute transformation localement topologique d'un domaine D en un ensemble de points intérieurs à un domaine Δ; dans le cas particulier où D et Δ sont identiques à l'ensemble des points à distance finie de l'espace, on obtient diverses conditions suffisantes pour qu'une transformation localement topologique, définie en tout point de l'espace à distance finie, soit une transformation biunivoque de cet espace en lui-même; par cette voie, on peut retrouver un théorème de M. Hadamard.

La deuxième partie de cet exposé comporte quelques applications d'un lemme fort simple (§ 7), qui est lui-même un cas particulier d'une proposition générale (théorème fondamental, § 9) implicitement contenue dans les travaux de M. Brouwer. Comme conséquence de ce lemme, nous établirons une proposition (théorème III) relative à la *convergence des suites de transformations localement topologiques*. Dans le cas particulier des domaines *univalents,* on peut établir des propositions plus précises, d'où résulte notamment un fait assez curieux: de pures conditions métriques, imposées à une transformation localement topologique d'un domaine univalent donné, permettent d'affirmer l'univalence du domaine transformé (on trouvera un énoncé précis au théorème VI).

Qu'il me soit permis de remercier ici M. Kerékjártó de ses précieux conseils, et de l'hospitalité qu'il a bien voulu accorder à ce petit travail.

PREMIÈRE PARTIE.

Sur les chemins de détermination et leurs applications.

1. Nous envisagerons des *domaines abstraits* à n dimensions, c'est-à-dire des ensembles de points pour lesquels on peut définir des *voisinages* satisfaisant aux conditions de HAUSDORFF (y compris la séparabilité), chaque voisinage étant en outre homéomorphe à une hypersphère de l'espace à n dimensions.

Soient donnés deux domaines abstraits à n dimensions D et Δ. Envisageons une loi qui fasse correspondre à chaque point M de D un point P de Δ, bien déterminé, et cela de manière que P varie de façon *continue* avec M; le point P sera dit homologue de M. Nous dirons qu'une telle loi de correspondance définit une transformation *localement topologique* si elle satisfait en outre à la condition suivante: à chaque point M_0 intérieur au domaine D, on peut associer un voisinage $U(M_0)$, qui contient M_0, est intérieur à D, et est tel que deux points distincts quelconques de $U(M_0)$ aient pour homologues deux points *distincts* de Δ. Si cette condition est vérifiée, on sait, d'après le théorème de SCHOENFLIES,[1]) que le point P_0 de Δ, homologue de M_0, possède un voisinage $V(P_0)$ tel que tout point de ce voisinage soit homologue d'un point (et d'un seul) du voisinage $U(M_0)$.

Étant donnée une telle transformation localement topologique, nous la désignerons par une lettre T, et nous conviendrons de dire que le domaine abstrait D, auquel on a adjoint la transformation T, définit un *domaine Δ' intérieur au domaine abstrait Δ*. On remarquera que chaque *point* du domaine Δ' est constitué par l'ensemble d'un point du domaine abstrait D, et du point homologue du domaine abstrait Δ. En résumé, par *domaine Δ' intérieur à un domaine Δ*, nous entendons l'ensemble des données suivantes: 1⁰ un domaine abstrait D; 2⁰ une transformation T, localement topologique dans D, qui fait correspondre à chaque point intérieur à D un point intérieur à Δ.

Étant donnés deux domaines abstraits D et Δ, et une transformation T localement topologique de D en un domaine Δ' intérieur à Δ, deux cas peuvent se présenter: ou bien il est possible de trouver, dans D, deux points distincts ayant pour homologues

---

[1]) Voir, par exemple, L. BROUWER, Zur Invarianz des n-dimensionalen Gebiets, *Math. Annalen*, **72** (1912), p. 55—56.

un même point de Δ, — ou bien deux points distincts de D ont toujours pour homologues deux points distincts de Δ. Dans le second cas, nous dirons que le domaine Δ' est non seulement un domaine intérieur à Δ, mais un *sous-domaine* de Δ. Ce cas est caractérisé par le fait que tout point de Δ est homologue de *zéro* ou *un* point de D. Dans le cas particulier où chaque point de Δ est homologue d'un point de D (et d'un seul), nous dirons que T est une *transformation* (localement topologique) *biunivoque de D en Δ.*

2. Plaçons-nous dans le cas général d'une transformation T, localement topologique, qui transforme D en un domaine intérieur à Δ. Il existe, dans Δ, au moins un point P_0 qui soit homologue d'au moins un point M_0 de D. Comme nous l'avons signalé plus haut, il existe, dans D, un voisinage $U(M_0)$, et, dans Δ, un voisinage $V(P_0)$, tels que tout point de $V(P_0)$ soit homologue d'un point (unique) de $U(M_0)$. On fait ainsi correspondre à chaque point P du domaine $V(P_0)$ un point M du domaine $U(M_0)$, et on vérifie facilement que cette loi de correspondance définit une transformation localement topologique du domaine $V(P_0)$ en un sous-domaine de $U(M_0)$; nous désignerons cette transformation par T^{-1}. On peut dire que $M = T^{-1}(P)$ est une fonction continue du point P (de Δ), définie dans le voisinage $V(P_0)$.

Cela étant, soit $\widehat{P_0Q_0}$ un arc de courbe continue intérieur à Δ. On peut essayer de *prolonger*, le long de cet arc, la fonction $M = T^{-1}(P)$; ce prolongement se fera à la manière du prolongement analytique, et nous croyons inutile d'insister sur ce point. Ou bien le prolongement pourra se faire jusqu'en Q_0 à l'aide d'un nombre fini d'opérations, — ou bien il existe, sur l'arc $\widehat{P_0Q_0}$, un point Q, bien déterminé, qui jouit de la propriété suivante: il est impossible d'effectuer, au moyen d'un nombre fini d'opérations, le prolongement jusqu'en Q, mais, quel que soit P intérieur à l'arc $\widehat{P_0Q_0}$, le prolongement est possible jusqu'en P à l'aide d'un nombre fini d'opérations.

La transformation T^{-1} est alors définie pour tout point de l'arc $\widehat{P_0Q}$, l'extrémité Q exceptée. L'ensemble des points de D, transformés des points de cet arc par la transformation T^{-1}, constitue une courbe continue, partant de M_0, et dont tous les points sont intérieurs à D. Je dis que, lorsque P décrit l'arc $\widehat{P_0Q}$ et *tend vers*

Q, le point $M = T^{-1}(P)$ *tend vers la frontière de D;* cette locution signifie, par définition, que les points $M = T^{-1}(P)$ n'ont aucun point d'accumulation intérieur à D quand P tend vers Q; d'une façon précise: étant donnée, sur l'arc $\widehat{P_0 Q}$, une suite infinie quelconque de points $P_1, \ldots, P_k, \ldots$ qui tendent vers Q, les $T^{-1}(P_k)$ n'ont aucun point d'accumulation intérieur à D.

Démonstration: raisonnons par l'absurde. Soit N un point de D, supposé être point d'accumulation de la suite $M_k = T^{-1}(P_k)$. On peut, en extrayant au besoin de la suite P_k une suite partielle convenable, se ramener au cas où les points $M_k = T^{-1}(P_k)$ tendent vers N. Soit alors Q' le transformé de N par la transformation T. Le point Q', étant point-limite des points P_k, se confond avec Q. Or la transformation T, étant localement topologique, établit une correspondance biunivoque entre les points d'un certain voisinage $U(N)$ et ceux d'un voisinage $V(Q)$. Mais alors le prolongement de la transformation T^{-1} le long de l'arc $\widehat{P_0 Q_0}$ serait possible au-delà du point Q, ce qui est contraire à l'hypothèse.

C. Q. F. D.

Il est ainsi établi que l'arc $\widehat{P_0 Q}$ est transformé, par la transformation T, d'un arc de courbe intérieur à D, partant du point M_0 et „tendant vers la frontière de D". Un tel arc sera dit „chemin de détermination", par analogie avec les chemins de détermination dans la théorie des fonctions méromorphes d'une variable complexe. Un chemin de détermination est, en somme, un arc de courbe continue, intérieur à D, qui tend vers la frontière de D, et est tel que le transformé $T(M)$ d'un point de cet arc tende vers un point Q intérieur à Δ quand M tend vers la frontière de D le long de cet arc.

Théorème I. *Soit T une transformation localement topologique d'un domaine D en un domaine intérieur à Δ; si cette transformation ne possède aucun chemin de détermination, alors T transforme D en un domaine de recouvrement*[2]) *de Δ.*

---

[2]) On dit qu'un domaine Δ', intérieur à un domaine Δ, est un *domaine de recouvrement* de Δ si tout arc de courbe continue, intérieur à Δ, et dont l'origine appartient aussi à Δ', a tous ses points intérieurs à Δ'. D'une façon plus précise, faisons intervenir le domaine abstrait D et la transformation T, localement topologique dans D, qui transforme D en Δ': Δ' sera un domaine de recouvrement de Δ, si tout arc de courbe continue, intérieur à Δ, et dont l'origine est transformée (par T) d'un point de D, est l'image (par T) d'un arc de courbe intérieur à D.

En effet, la transformation T transforme D en un domaine Δ' intérieur à Δ. D'autre part, la transformation T ne possède, par hypothèse, aucun chemin de détermination ; donc la transformation T^{-1} est prolongeable le long de tout arc de courbe continue, intérieur à Δ, et partant d'un point fixe P_0 intérieur à Δ' ; par suite, un tel arc de courbe est toujours l'image (par T) d'un arc de courbe intérieur à D. Le domaine Δ' est donc bien un domaine de recouvrement de Δ. Si le domaine Δ est *simplement connexe*,[3]) alors il est bien connu que tout domaine de recouvrement de Δ est nécessairement identique à Δ. D'où :

Corollaire du théorème I. *Soit donnée une transformation T, localement topologique dans un domaine D, qui transforme D en un domaine intérieur à un domaine Δ. Si cette transformation ne possède aucun chemin de détermination, et si Δ est simplement connexe, alors T est une transformation biunivoque de D en Δ* (au point de vue *abstrait*, D et Δ sont identiques).

Voyons une autre conséquence du théorème I. Soit D un domaine *clos* (c'est-à-dire un domaine qui puisse être tout entier recouvert à l'aide d'un nombre *fini* de voisinages). Si T est une transformation localement topologique du domaine D en un domaine intérieur à un domaine Δ, il est clair que T ne peut posséder de chemins de détermination, puisque D n'a pas de frontière. Donc le théorème I et son corollaire s'appliquent ; on voit, en particulier, que si Δ est simplement connexe, alors Δ est clos et D est simplement connexe. Par exemple, il est impossible qu'une transformation localement topologique, définie sur la surface d'une sphère, transforme celle-ci en un domaine intérieur à un cercle ; de même, il est impossible qu'une transformation localement topologique, définie sur la surface d'un tore, transforme celle-ci en un domaine intérieur au domaine (à 2 dimensions) constitué par la surface d'une sphère.

3. Avant d'appliquer le corollaire du théorème I au cas particulier où l'on prend pour D, ainsi que pour Δ, le domaine constitué par l'ensemble de tous les points (à distance finie) de l'espace euclidien E_n à n dimensions, faisons encore une remarque au sujet du théorème I et de son corollaire :

Soit T une transformation localement topologique d'un do-

[3]) Par domaine *simplement connexe*, nous entendons un domaine Δ tel que toute courbe fermée à une dimension, intérieure à Δ, soit réductible à zéro par déformation continue sans sortir de Δ.

maine D en un domaine intérieur à un domaine Δ supposé simplement connexe. Si l'on peut trouver une suite infinie de points intérieurs à D, sans point d'accumulation intérieur à D, et telle que leurs homologues dans Δ aient un point d'accumulation intérieur à Δ, alors on peut trouver un arc de courbe continue intérieur à D, qui tend vers la frontière de D, et dont le transformé par T tend vers un point intérieur à Δ. En effet, s'il n'existait pas de chemin de détermination, la transformation serait une transformation biunivoque de *D* en *Δ*, ce qui serait en contradiction avec l'hypothèse faite.

C. Q. F. D.

L'hypothèse suivant laquelle *Δ* est *simplement connexe* est essentielle.

La proposition précédente paraît utile dans un certain nombre de questions. Elle permet, notamment, de compléter un théorème M. Carathéodory.[4]) À ce propos, je dois dire que c'est M. Kerékjártó qui m'a signalé ce théorème, et m'a fait remarquer qu'on peut en déduire le „théorème II" du paragraphe suivant.

4. *Cas particulier des transformations localement topologiques de l'espace euclidien E_n en un domaine intérieur à E_n.* Désignons par $x_1, \ldots, x_n$ les coordonnées (réelles) d'un point de E_n. Considérons une transformation de la forme

$$(1) \qquad x'_i = f_i(x_1, \ldots, x_n) \qquad (i = 1, \ldots, n),$$

où les f_i sont définies, réelles et continues pour toutes les valeurs des variables réelles $x_1, \ldots, x_n$; supposons en outre que cette transformation soit *localement topologique*, c'est-à-dire qu'à chaque système $a_1, \ldots, a_n$ on puisse faire correspondre un $\varepsilon > 0$ tel que les relations

---

[4]) C. Carathéodory, Sur les transformations ponctuelles, *Bulletin de la Soc. math. de Grèce*, **5** (1923), p. 12—19. Dans l'énoncé du théorème de Carathéodory, on peut remplacer l'hypothèse *d*) par l'hypothèse moins restrictive suivante (que nous formulons en conservant les notations de M. Carathéodory):

d') un arc de courbe continue, intérieur à *A'* (y compris ses extrémités), n'est jamais l'image d'une courbe de [*R*] qui tend vers l'infini.

Faisons encore deux remarques sur ce théorème: 1° l'hypothèse, faite par M. Carathéodory, que [*R*] est partout dense dans E_n, est inutile; 2° le fait que [*S'*] est *fermé* ne résulte pas de ce que [*S*] est fermé, mais est une conséquence des hypothèses *a*, *b*, *c*, *d*.

$$\left\{\begin{array}{ll} f_i(x_1, \ldots, x_n) = f_i(y_1, \ldots, y_n) & \\ |x_i - a_i| < \varepsilon, \quad |y_i - a_i| < \varepsilon & \end{array}\right. \qquad (i = 1, \ldots, n)$$

entraînent $x_i = y_i \ (i = 1, 2, \ldots, n)$.

Cela étant, proposons-nous de chercher des conditions *suffisantes* pour que les formules (1) définissent une transformation *biunivoque* de l'espace E_n en lui-même, c'est-à-dire pour que le système (1) soit équivalent à un système de la forme

$$x_i = g_i(x'_1, \ldots, x'_n),$$

les g_i étant définies, réelles et continues pour toutes les valeurs des variables réelles $x'_1, \ldots, x'_n$. Appliquons précisément le corollaire du théorème I. Nous obtenons le

Théorème II. *Si la transformation* (1) *ne possède pas de chemin de détermination, c'est une transformation biunivoque de E_n en lui-même.*

Corollaire. *Si la transformation* (1) *déplace chaque point de E_n d'une distance plus petite qu'un nombre fixe, c'est-à-dire si l'on a les inégalités*

$$|f_i(x_1, \ldots, x_n) - x_i| < M,$$

alors (1) *est une transformation biunivoque de E_n en lui-même; autrement dit, les fonctions f_i prennent une fois et une seule tout système de valeurs.* En effet, l'hypothèse faite exclut l'existence d'un chemin de détermination.

Plus généralement, soit $l(r)$ le minimum de la distance, à un point fixe, des transformés des points de l'hypersphère $\Sigma(x_i)^2 = r^2$. *Si l'on a*

$$\overline{\lim_{r \to \infty}}\, l(r) = +\infty,$$

alors (1) *est une transformation biunivoque de E_n en lui-même.* En effet, dans ce cas, il ne peut exister de chemin de détermination. *Il en sera ainsi, en particulier, si $l(r)$ augmente indéfiniment avec r.*

Complément au théorème II. *Si* (1) *n'est pas une transformation biunivoque de E_n en lui-même, non seulement la transformation* (1) *possède un chemin de détermination, mais, d'une façon précise, il existe dans E_n une courbe continue qui tend vers l'infini, et dont la transformée par* (1) *est un segment de droite de longueur finie.* En effet, soient M_0 un point de E_n, et P_0 son transformé; je dis que la transformation T^{-1}, inverse de (1), ne peut pas se prolonger le long de chaque demi-droite issue de P_0; la proposition annoncée en résultera évidemment. Pour faire la démonstration, raisonnons par l'absurde. Supposons que T^{-1} puisse se prolonger le long de chaque demi-droite issue de P_0; alors T^{-1} transformerait E_n en un domaine D intérieur à E_n, et, par suite, E_n serait transformé de D par T; il en résulte que deux points distincts de D auraient toujours des coordonnées différentes, et que D ne posséderait aucun point frontière à distance finie; donc D serait identique à E_n. Ainsi, T serait une transformation biunivoque de E_n en lui-même, ce qui est contraire à l'hypothèse.

C. Q. F. D.

Cela étant, chaque fois que nous connaîtrons une condition *nécessaire* pour qu'une transformation localement topologique, de la forme (1), possède un chemin de détermination dont l'image soit un segment de droite fini, alors, en exprimant que cette condition *n'est pas remplie*, nous obtiendrons une condition *suffisante* pour que (1) soit une transformation biunivoque de E_n en lui-même. Cette remarque nous conduit à une démonstration très simple d'un ancien théorème de M. HADAMARD.[5])

Supposons en effet, avec M. HADAMARD, que les fonctions $f_i(x_1, \ldots, x_n)$ admettent des dérivées partielles du premier ordre continues, le déterminant fonctionnel étant partout différent de zéro. M désignant un point quelconque de E_n, considérons un arc ds infiniment petit issu de M, et son transformé ds' par la transformation (1); lorsque la tangente au premier arc prend toutes les directions possibles issues de M, le rapport des longueurs $\frac{ds'}{ds}$ admet un *minimum non nul*, que nous désignerons par $\lambda(M)$. Soit $\mu(r)$ le minimum de $\lambda(M)$ quand M décrit l'hypersphère

$$\sum (x_i)^2 = r^2.$$

Si la transformation (1) possède un chemin de détermination dont l'image est un segment de droite de longueur finie, l'intégrale $\int \lambda(M)\, ds$, étendue au chemin de détermination, est évidemment finie. A fortiori, l'intégrale

---

5) J. HADAMARD, Sur les transformations ponctuelles, *Bulletin de la Soc. math. de France,* 34 (1906), p. 71—81.

$$\int_{r_0}^{+\infty} \mu(r)\,dr$$

est *finie*. D'où le théorème d'Hadamard:

Si l'intégrale $\int_{r_0}^{+\infty} \mu(r)\,dr$ *est divergente, la transformation* (1) *est une transformation biunivoque de* E_n *en lui-même.*

DEUXIÈME PARTIE.

Convergence des suites de transformations localement topologiques.

5. Nous n'envisagerons désormais que des domaines intérieurs à l'espace euclidien E_n à n dimensions réelles (il s'agit de l'espace à distance finie). Chaque point d'un domaine D, intérieur à E_n, est affecté de n coordonnées réelles; nous désignerons par $\overline{M}$ le point de E_n qui a les mêmes coordonnées, et nous l'appellerons point *associé* à M. D sera un *sous-domaine* de E_n, si deux points distincts de D ont toujours pour associés deux points distincts de E_n; dans ce cas, on dit aussi que le domaine D est *univalent*. Dans le cas contraire, D sera dit *multivalent*.

Lorsque nous parlerons d'un *domaine*, sans autre précision, il sera toujours sous-entendu qu'il s'agit d'un domaine intérieur à l'espace E_n. Un tel domaine est toujours *orientable*.

Soit D un domaine intérieur à E_n. On peut envisager des domaines qui soient eux-mêmes intérieurs à D; un domaine D_1 intérieur à D est, comme on l'a vu dans la première partie, défini par deux données: 1⁰ un domaine abstrait Δ; 2⁰ une transformation T, localement topologique dans ce domaine abstrait, qui fait correspondre à chaque point de Δ un point intérieur à D. Puisque D est lui-même intérieur à E_n, on déduit de là une transformation localement topologique de Δ en un domaine $\overline{D}_1$ intérieur à E_n. Inversement, tout domaine D_1 intérieur à un domaine D, lui-même intérieur à E_n, peut être considéré comme défini par deux données: 1⁰ un domaine $\overline{D}_1$ intérieur à E_n; 2⁰ une loi de correspondance continue, qui associe à chaque point de $\overline{D}_1$ un point bien déterminé de D, ayant les mêmes coordonnées.

Le domaine D_1 sera un *sous-domaine* de D, si cette loi associe toujours deux points distincts de D à deux points distincts de $\overline{D}_1$. Il est clair que si D est univalent, et si D_1 est un sous-domaine de D, alors $\overline{D}_1$ est univalent.

6. *Sur la convergence des suites de transformations localement topologiques.*[6]) Soit $\varDelta$ un domaine abstrait à n dimensions, et soit T une transformation localement topologique de $\varDelta$ en un domaine D intérieur à E_n. Soit encore une suite infinie de transformations $T_1, \ldots, T_p, \ldots$; supposons que chaque T_p soit une transformation localement topologique de $\varDelta$ en un domaine D_p intérieur à E_n. Nous dirons que les transformations $T_1, \ldots, T_p, \ldots$ *convergent uniformément vers la transformation* T, si à chaque $r > 0$ on peut associer un entier $k(r)$ tel que, pour tout entier $p > k(r)$, la distance des points $T_p(M)$ et $T(M)$[7]) soit inférieure à r quel que soit le point M de $\varDelta$.

Cela posé, nous nous proposons de comparer les domaines D_p au domaine D. Voici ce que nous allons démontrer à ce sujet: prenons arbitrairement un sous-domaine $\varDelta'$ du domaine $\varDelta$, complètement intérieur[8]) à $\varDelta$; désignons par D' le domaine $T(\varDelta')$, et par D'_p le domaine $T_p(\varDelta')$. Il existe un nombre positif r, tel que tout point M de D' soit centre d'une hypersphère, de rayon r, intérieure à D.[9]) Cela étant:

---

[6]) Le cas particulier de la convergence des suites de transformations *pseudo-conformes* (c'est-à-dire définies par n fonctions analytiques de n variables complexes) a été étudié par M. Carathéodory, Über die Abbildungen, die durch Systeme von Funktionen von mehrerer Veränderlichen erzeugt werden, *Math. Zeitschrift*, **34** (1932), p. 754—792 : voir notamment p. 769—777.

[7]) Les points $T_p(M)$ et $T(M)$ sont deux points de l'espace euclidien E_n; par *distance* de deux points $(x_1, \ldots, x_n)$ et $(y_1, \ldots, y_n)$ de cet espace, nous entendons la quantité

$$\sqrt{\sum_{i=1}^{n} (x_i - y_i)^2}.$$

[8]) $\varDelta'$ est dit *complètement intérieur* à $\varDelta$ si, étant donné un ensemble infini quelconque de points intérieurs à $\varDelta'$, et l'ensemble des points associés dans $\varDelta$, ce dernier ensemble admet au moins un point d'accumulation intérieur à $\varDelta$.

[9]) Cette locution signifie, d'une façon précise, que l'on peut trouver un sous-domaine Σ de D, tel que $\overline{\Sigma}$ soit une hypersphère, et que le point de Σ qui a pour coordonnées celles du centre de $\overline{\Sigma}$ ait pour associé dans D le même point qui est associé au point M de D'.

Théorème III. 1° *Si* $p > k(r)$, *le domaine* D_p *a la même orientation que le domaine* D, *et le domaine* D' *est un sous-domaine du domaine* D_p;

2° *en outre, si* $p > k\left(\frac{r}{2}\right)$, *le domaine* D'_p *est un sous-domaine du domaine* D.

Cet énoncé demande quelques explications. D'abord, puisque $\varDelta$ peut se transformer, par le moyen de T, en un domaine intérieur à E_n, $\varDelta$ est orientable. Supposons donc que $\varDelta$ ait été orienté; il en résulte une orientation pour $D = T(\varDelta)$, et une orientation pour $D_p = T_p(\varDelta)$; on peut supposer que l'on a orienté $\varDelta$ de façon que l'orientation de D se trouve en accord avec l'orientation de E_n; si alors l'orientation de D_p se trouve aussi en accord avec celle de E_n, nous dirons que D_p *a la même orientation que* D; sinon, nous dirons que D_p *et* D *ont des orientations contraires.*

Dans l'énoncé du théorème III, 1°, il y a la phrase: „le domaine D' est un sous-domaine du domaine D_p". C'est là une façon abrégée de dire: „il existe un sous-domaine E du domaine D_p, tel que les domaines $\overline{E}$ et D' soient identiques" (cf. § 5); ou, ce qui revient au même: „il est possible d'associer à chaque point M de D' un point P de D_p, ayant les mêmes coordonnées que M, cette loi de correspondance étant univoque, continue, et telle que deux points distincts de D' aient toujours pour associés deux points distincts de D_p".

La partie 2° de l'énoncé du théorème III peut être précisée d'une façon analogue.

7. Pour établir le théorème III, nous nous servirons d'un lemme fort simple:

Lemme. *Soit* Σ *une hypersphère de centre* O, *de rayon* R, *et de frontière* Φ. *Soit* T *une transformation définie et continue dans* $(\Sigma + \Phi)$, *et localement topologique dans* Σ. *Supposons que la distance d'un point quelconque de* Φ *à son transformé soit inférieure à un nombre fixe* $\varrho < R$. *Alors la transformation* T *conserve l'orientation, et transforme* Σ *en un domaine* (univalent ou multivalent) *qui contient le point* O *une fois et une seule.*[10])

[10]) Ceci veut dire, d'une façon précise, qu'il existe, dans le domaine $T(\Sigma)$, un point et un seul ayant pour coordonnées celles du point O.

Ce lemme, qui du reste n'est vraisemblablement pas nouveau, sera démontré plus loin comme conséquence d'une proposition plus générale (théorème fondamental) que l'on peut déduire des résultats de M. BROUWER. Admettons provisoirement le lemme précédent, et tirons-en une démonstration du théorème III.

Effectuons d'abord la transformation T^{-1} de D en $\varDelta$, puis la transformation T_p de $\varDelta$ en D_p. Si l'on pose

$$T_p T^{-1} = U_p,$$

la transformation U_p est une transformation localement topologique de D en D_p.

Le théorème III résulte alors du théorème suivant (nous écrivons U au lieu de U_p):

Théorème IV. 1⁰ *Si une transformation localement topologique U déplace chaque point de D d'une distance inférieure à r, cette transformation conserve l'orientation, et le domaine D' est un sous-domaine du domaine $U(D)$;*

2⁰ *Si en outre U déplace chaque point de D d'une distance inférieur à $\frac{r}{2}$, le domaine $U(D')$ est un sous-domaine du domaine D.*

Rappelons que, par hypothèse, D' est un sous-domaine de D, et que tout point de D' est centre d'une hypersphère, de rayon r, intérieure à D.

Démonstration de 1⁰. Soit M un point quelconque de D'; M, étant intérieur à D', est centre d'une hypersphère Σ_M, intérieure à D, de rayon $r+\varepsilon_M$ ($\varepsilon_M > 0$ assez petit). Le lemme, appliqué à cette hypersphère et à la transformation U, montre que U conserve l'orientation, et que le domaine $U(\Sigma_M)$ contient une fois et une seule le point $\overline{M}$ ($\overline{M}$ désignant le point de l'espace qui a les mêmes coordonnées que M). Il existe donc, dans Σ_M, un point P_M et un seul, tel que le point $U(P_M)$ ait les mêmes coordonnées que M; le point P_M est un point bien déterminé du domaine D. Nous associons ainsi à chaque point M de D' un point P_M de D, bien déterminé, tel que M ait les mêmes coordonnées que $U(P_M)$; cette loi de correspondance est continue. Si nous montrons en outre qu'à deux points distincts M_1 et M_2 du domaine D', elle associe toujours deux points distincts P_{M_1} et P_{M_2} du domaine D, alors nous aurons établi la première partie du théorème.

Or, si P_{M_1} et P_{M_2} étaient confondus en un même point de D, alors $U(P_{M_1})$ et $U(P_{M_2})$ auraient les mêmes coordonnées; donc M_1 et M_2 auraient les mêmes coordonnées, tout en étant deux points distincts de D'. Les hypersphères Σ_{M_1} et Σ_{M_2}, tout en étant confondues dans l'espace, seraient deux sous-domaines différents de D; mais c'est impossible, puisque Σ_{M_1} contient P_{M_1}, que Σ_{M_2} contient P_{M_2}, et que P_{M_1} et P_{M_2} sont confondus en un même point de D.

C. Q. F. D.

Démonstration de 2⁰. Supposons que U déplace chaque point de D d'une distance inférieure à $\frac{r}{2}$. Soit alors M un point quelconque de D'; M est centre d'une hypersphère Σ_M, de rayon $r+\varepsilon_M$, intérieure à D. La transformation U transforme le centre M de Σ_M en un point Q_M intérieur à Σ_M. Ce point Q_M, considéré comme appartenant à l'hypersphère Σ_M elle-même intérieure à D, peut être considéré comme un point bien déterminé du domaine D. Nous avons donc une loi qui, à chaque point M de D', associe un point Q_M de D ayant les mêmes coordonnées que $U(M)$; cette loi définit une correspondance continue; si nous montrons en outre que, à deux points distincts M_1 et M_2 de D', elle associe toujours deux points distincts du domaine D, nous aurons établi la seconde partie du théorème IV.

Or, si Q_{M_1} et Q_{M_2} sont confondus en un même point Q de D, l'hypersphère $\overline{S}$, de centre $\overline{Q}$ et de rayon $\frac{r}{2}+\frac{\varepsilon_{M_1}}{2}$, contient $\overline{M}_1$ et $\overline{M}_2$ (puisque la distance de $\overline{Q}$ à $\overline{M}_1$ ou à $\overline{M}_2$ est au plus égale à $\frac{r}{2}$, d'après l'hypothèse faite sur la transformation U). Donc $\overline{S}$ est intérieure à $\overline{\Sigma}_{M_1}$. Par suite, l'hypersphère S, de centre Q et de rayon $\frac{r}{2}+\frac{\varepsilon_{M_1}}{2}$, est intérieure à D. Le lemme, appliqué à l'hypersphère S et à la transformation U, montre que S contient un point et un seul dont le transformé a les mêmes coordonnées que Q. Mais, d'autre part, S contient M_1 et M_2; il faut donc que M_1 et M_2 soient confondus.

C. Q. F. D.

Corollaire du théorème IV, 2⁰. *Soient D un domaine univalent, et D' un sous-domaine de D, complètement intérieur à D.*

Soit r un nombre positif tel que tout point de D' soit centre d'une hypersphère, de rayon r, intérieure à D. Si une transformation U, localement topologique dans le domaine D, déplace chaque point de D d'une distance au plus égale à $\frac{r}{2}$, alors le domaine $U(D')$ est univalent.

En effet, d'après la deuxième partie du théorème IV, $U(D')$ est un sous-domaine du domaine D; comme D est univalent, $U(D')$ est univalent.

Il est curieux qu'une pure condition *métrique*, imposée à la transformation U, entraîne pour conséquence que cette transformation soit *univalente* dans le sous-domaine D' du domaine D. De ce point de vue, cette proposition se rattache au Corollaire du théorème II (première partie de ce travail).

Nous allons voir (théorème VI) que le corollaire du théorème IV peut encore être précisé davantage, dans le cas où D est univalent et borné.

8. Supposons désormais que le domaine D soit univalent et borné. La première partie du théorème IV peut alors être précisée comme suit:

Théorème V. *Soit D un domaine univalent et borné, et soit D' un sous-domaine de D, tel que tout point de D' soit centre d'une hypersphère, de rayon r, intérieure à D. Si une transformation U, définie et continue dans D et sur sa frontière, est localement topologique dans D et déplace chaque point de la frontière de D d'une distance au plus égale à un nombre fixe $\varrho < r$, alors U conserve l'orientation, et le domaine $U(D)$[11]) contient une fois et une seule chaque point de D', ainsi que chaque point frontière de D'.*

Le théorème V sera démontré plus loin comme conséquence d'un *théorème fondamental* auquel il a déjà été fait allusion. Si on applique le théorème V au cas où D et D' sont deux hypersphères concentriques, on retrouve le *lemme* du paragraphe **7.**

Admettons provisoirement le théorème V. Nous allons en déduire le

Théorème VI. *Soit D un domaine univalent et borné, et soit D' un sous-domaine de D, tel que tout point de D' soit centre*

[11]) Ce domaine n'est pas forcément univalent.

d'une hypersphère, de rayon r, intérieure à D. Soit U une transformation définie et continue dans D et sur sa frontière; supposons que U soit localement topologique dans D et déplace chaque point du domaine $(D-D')$[12]*) d'une distance au plus égale à un nombre fixe ϱ. Alors, si $\varrho < \frac{r}{2}$, le domaine $U(D')$ est univalent* (et, bien entendu, complètement intérieur à D).

D é m o n s t r a t i o n. Considérons l'ensemble des points M du domaine D qui jouissent de la propriété suivante: M est intérieur à au moins une hypersphère de rayon $\frac{r}{2}$, dont le centre appartient à D'. Cet ensemble constitue un sous-domaine D_1 (connexe) du domaine D. Il est clair que tout point de D_1 est centre d'une hypersphère, de rayon $\frac{r}{2}$, intérieure à D. Appliquons alors le théorème V au domaine D et à son sous-domaine D_1: on voit que $U(D)$ contient une fois et une seule chaque point de D_1 et chaque point frontière de D_1. Il en résulte que la transformation U^{-1} (inverse de U) est définie et continue dans D_1 et sur sa frontière, et qu'elle est localement topologique dans D_1.

D'autre part, toujours en vertu du théorème V, le domaine $U(D-D')$ contient une fois et une seule chaque point frontière de D_1. Donc la transformation U^{-1} transforme chaque point frontière M de D_1 en un point P de $(D-D')$; on a ainsi

$$M = U(P),$$

et par suite, d'après l'hypothèse de l'énoncé, la distance de M à $P = U^{-1}(M)$ est au plus égale à ϱ.

Appliquons maintenant le théorème V au domaine D_1 et à la transformation U^{-1}. On voit que chaque point de D' appartient une fois et une seule au domaine $U^{-1}(D_1)$; donc U transforme D' en un sous-domaine de D_1. En particulier, le domaine $U(D')$ est *univalent*.

C. Q. F. D.

C o m p l é m e n t au t h é o r è m e VI. D, D', la transformation U, les nombres r et ϱ ayant la signification indiquée dans

---

[12]) Cette notation désigne le domaine obtenu en enlevant de D les points qui ont les mêmes coordonnées que les points de D'.

l'énoncé du théorème VI, celui-ci affirme que si $\varrho < \frac{r}{2}$, le domaine $U(D')$ est univalent. Nous allons voir que *la limite supérieure* $\frac{r}{2}$, *ainsi assignée à* ϱ, *ne peut pas être améliorée.* Autrement dit, si petit que soit $\varepsilon > 0$, on peut trouver un D, un D', et une transformation U telle que $\varrho < \frac{r}{2} + \varepsilon$, et telle néanmoins que le domaine $U(D')$ soit multivalent.

Bornons-nous, pour simplifier, au cas de deux dimensions. Appelons x et y les coordonnées (rectangulaires); considérons les cercles

(D) $$x^2 + y^2 \leqq \left(1 + \frac{r}{2}\right)^2,$$

(D') $$x^2 + y^2 \leqq \left(1 - \frac{r}{2}\right)^2.$$

On peut évidemment trouver une transformation T, localement topologique, du cercle

(C) $$x^2 + y^2 \leqq 1,$$

de façon que T déplace chaque point de ce cercle d'une distance $\leqq \varepsilon$, et transforme néanmoins ce cercle en un domaine *multivalent.* Si $\eta > 0$ est assez petit, T transformera aussi le cercle

(C') $$x^2 + y^2 \leqq (1 - \eta)^2$$

en un domaine multivalent.

D'autre part, on peut trouver une transformation T_1, localement topologique, du cercle D, qui déplace chaque point de $(D - D')$ d'une distance au plus égale à $\frac{r}{2}$, et qui transforme D en C, et D' en C'. La transformation $U = TT_1$ est localement topologique dans D et déplace chaque point de $(D - D')$ d'une distance au plus égale à $\frac{r}{2} + \varepsilon$; néanmoins, le domaine $U(D')$ est multivalent.

C. Q. F. D.

9. Comme nous l'avons déjà dit, le théorème V, ainsi que le lemme du **§ 7**, est un cas particulier d'une proposition générale que l'on peut déduire des résultats de M. Brouwer,[13]) et que voici (la démonstration en sera donnée au **§ 10**):

---

13) *Math. Annalen,* tomes **70, 71, 72.**

Théorème fondamental. *Soient D un domaine, et D_1 un sous-domaine de D, complètement intérieur à D. Soit T une transformation localement topologique de D en un domaine D'; supposons que, en ce qui concerne le domaine $(D-D_1)$,*[14] *la transformation T soit réductible à la transformation identique,* c'est-à-dire que l'on puisse trouver une transformation[15])

$$\overline{M}' = T(M, \lambda)$$

qui dépende d'un paramètre λ $(0 \leqq \lambda \leqq 1)$, et qui jouisse des propriétés suivantes: 1⁰ pour chaque valeur de λ, elle fait correspondre à chaque point M du domaine $(D-D_1)$ un point $\overline{M}'$ de l'espace E_n; 2⁰ $\overline{M}'$ est une fonction *continue* par rapport à l'ensemble des variables M et λ; 3⁰ pour $\lambda = 0$, $T(M, 0) = \overline{M}$, et, pour $\lambda = 1$, $T(M, 1) = T(M)$.

Soit maintenant $\overline{P}$ un point de E_n, tel que le point $\overline{M}' = T(M, \lambda)$ soit distinct de $\overline{P}$ quels que soient M (intérieur à $D-D_1$) *et λ Alors, si D ne contient pas $\overline{P}$,*[16]) *D' ne contient pas $\overline{P}$; si D contient $\overline{P}$ k fois*[17]) $(k>0)$, *la transformation T conserve l'orientation, et D' contient $\overline{P}$ k fois.*

Indiquons tout de suite comment, du théorème fondamental, on peut déduire le théorème V. Reprenons les notations du théorème V, en écrivant toutefois T au lieu de U, et Δ au lieu de D'. Soit ϱ_1 une quantité comprise entre ϱ et r. La transformation T, étant continue dans D et sur sa frontière, déplace d'une distance inférieure à ϱ_1 chaque point de D assez voisin de la frontière de D. On peut donc trouver un sous-domaine D_1 du domaine D, complètement intérieur à D, tel que: 1⁰ tout point de Δ (et aussi tout point frontière de Δ) soit centre d'une hypersphère, de rayon ϱ_1, intérieure à D_1; 2⁰ tout point de $(D-D_1)$ soit déplacé par T

---

[14]) Cette notation désigne le domaine obtenu en enlevant de D les points associés aux points de D_1.

[15]) Il n'est pas nécessaire de supposer que cette transformation soit localement topologique pour les valeurs de λ comprises entre 0 et 1.

[16]) C'est-à-dire si aucun point de D n'a pour coordonnées celles du point $\overline{P}$.

[17]) D ne peut contenir $\overline{P}$ qu'un nombre fini de fois, car, d'après les hypothèses, le domaine $(D-D_1)$ ne contient pas le point $\overline{P}$; d'autre part, le domaine D_1 ne peut contenir le point $\overline{P}$ qu'un nombre fini de fois, puisque D_1 est complètement intérieur à D.

d'une distance moindre que ϱ_1. Dans ces conditions, si M est un point quelconque de $(D-D_1)$, le segment de droite qui joint M à $T(M)$ est tout entier extérieur à Δ. Désignons alors par

$$T(M, \lambda) \qquad (0 \leqq \lambda \leqq 1)$$

le point de ce segment de droite qui le partage dans le rapport $\frac{\lambda}{\lambda-1}$; soit enfin $\overline{P}$ un point (fixe) quelconque de Δ. On voit que toutes les conditions d'application du théorème fondamental sont remplies, ce qui démontre le théorème V, et, plus particulièrement, le lemme du § **7.**

Le théorème fondamental s'applique, en somme, à un domaine D *intérieur à l'espace* E_n, et à une transformation localement topologique T du domaine D en un domaine D' également *intérieur à* E_n. Il est clair que ce théorème resterait vrai si l'on remplaçait l'espace E_n par un domaine Δ qui lui soit homéomorphe. Mais *il pourrait devenir faux si l'on remplaçait* E_n *par un domaine* Δ *non homéomorphe à* E_n. Par exemple, prenons pour Δ la surface d'un tore; soient C et C' deux courbes fermées tracées sur ce tore, non homologues à zéro, mais homologues entre elles; si ces courbes n'ont aucun point commun, elles limitent, sur la surface du tore, deux domaines (à 2 dimensions) D et D' sans points communs. Il existe une transformation localement topologique de D en D', qui laisse fixe chaque point frontière de D: le théorème fondamental est évidemment en défaut pour une telle transformation.

10. *Démonstration du théorème fondamental.* Le domaine D ayant été orienté en accord avec l'espace E_n, prenons pour orientation de D' celle qui résulte de l'orientation de D par la transformation T. Suivant que l'orientation de D' est en accord avec celle de E_n ou ne l'est pas, T conserve l'orientation ou ne la conserve pas.

Cela étant, décomposons E_n en hypercubes d'arêtes ε, le point $\overline{P}$ étant intérieur à l'un de ces hypercubes. On peut prendre ε assez petit pour que, M étant un point quelconque de D_1, l'hypercube qui contient M soit tout entier intérieur à D; le domaine D_1 se trouve alors recouvert à l'aide d'un nombre *fini* d'hypercubes tous intérieurs à D (il importe de remarquer qu'un même hypercube de l'espace peut intervenir plusieurs fois, sur des „feuillets“ différents du domaine D). Nous partagerons ces hypercubes en tétraèdroïdes ou simplexes, auxquels nous donnerons l'orientation positive, c'est-à-dire, par définition, une orientation en accord avec celle choisie pour l'espace E_n. Étant donnée une telle décomposition (δ) en simplexes, l'ensemble de tous les simplexes de (δ) constitue un domaine $\varDelta$, limité par des faces que nous appellerons les *faces frontières* de la décomposition (δ). Les sommets des faces frontières appartiennent au domaine $(D-D_1)$.

À la décomposition (δ) correspond une *approximation simpliciale* de la transformation T; pour la définir, on fait correspondre à chaque simplexe S de (δ), le simplexe S' ayant pour sommets les transformés des sommets de S par la transformation T. Parmi ces nouveaux simplexes, comptons ceux qui contiennent $\overline{P}$;[18]) soit p le nombre de ceux dont l'orientation est positive, et q le nombre de ceux dont l'orientation est négative. *Le nombre $p-q$ est indépendant de l'approximation simpliciale choisie, pourvu que ε soit assez petit;* de plus, *ce nombre est égal à $\eta k'$*, k' désignant le nombre de fois que le domaine D' contient $\overline{P}$, et η étant égal à $+1$ si T conserve l'orientation, à -1 si T change l'orientation.[19])

D'autre part, *l'intégrale de* KRONECKER, étendue à la frontière orientée d'un simplexe orienté de E_n, est égale à zéro si $\overline{P}$ est extérieur à ce simplexe, à $+1$ si $\overline{P}$ est intérieur et si l'orientation du simplexe est positive, à -1 si $\overline{P}$ est intérieur et si l'orien-

[18]) On peut toujours s'arranger pour que $\overline{P}$ ne tombe sur la frontière d'aucun simplexe.

[19]) En effet, si D' contient k' fois le point $\overline{P}$, le domaine D_1 contient k' points $A_1, \ldots, A_{k'}$ qui sont transformés par T en $\overline{P}$. Chaque point A_i $(i=1, \ldots, k')$ est intérieur à un petit domaine univalent V_i, intérieur à D_1, et dont le transformé par T est univalent. Cela étant, les simplexes de la décomposition (δ) se partagent en deux catégories: ceux qui sont intérieurs à l'un au moins des domaines V_i, et les autres. Dans l'approximation simpliciale de la transformation T, les transformés des simplexes de la deuxième catégorie ne contiennent pas $\overline{P}$; quant aux transformés des simplexes intérieurs au domaine V_i, la différence entre le nombre de ceux qui contiennent $\overline{P}$ et sont orientés positivement, et le nombre de ceux qui contiennent $\overline{P}$ et sont orientés négativement, est égale à ± 1 ($+1$ si T conserve l'orientation, -1 dans le cas contraire). Du moins, tout cela est vrai dès que ε est assez petit, comme l'a montré M. BROUWER.

tation est négative. Donc, d'une part l'entier k sera égal à l'intégrale de KRONECKER étendue aux faces frontières de la décomposition (δ); d'autre part, $\eta k'$ sera égal à l'intégrale de KRONECKER étendue aux faces homologues dans l'approximation simpliciale. Cela va nous permettre de conclure que $k = \eta k'$, ce qui démontrera le théorème; en effet, de cette relation on déduira: 1° si $k = 0$, que $k' = 0$; 2° si $k > 0$, que l'on a $\eta = +1$ et $k' = k$.

Pour montrer $k = \eta k'$, nous allons faire intervenir la transformation

$$\overline{M}' = T(M, \lambda)$$

de l'énoncé. Aux sommets des faces frontières de la décomposition (δ), elle fait correspondre des points, qui varient avec λ, et qui, d'après les hypothèses de l'énoncé, restent distants du point P d'une quantité supérieure à un nombre positif fixe. Cela étant, à chaque face frontière F de (δ) (une telle face est un simplexe à $n-1$ dimensions) et à chaque valeur de λ $(0 \leqq \lambda \leqq 1)$ nous ferons correspondre le simplexe à $n-1$ dimensions ayant pour sommets les transformés, par $\overline{M}' = T(M, \lambda)$, des sommets de la face F. À l'ensemble des faces frontières de (δ) correspondra ainsi, pour chaque valeur de λ, une variété fermée orientée (à $n-1$ dimensions) qui se déformera de façon continue sans jamais passer par $\overline{P}$ (du moins si ε a été choisi assez petit). L'intégrale de KRONECKER, étendue à cette variété, sera une fonction continue de λ; comme elle est égale à un nombre entier, sa valeur est indépendante de λ, et l'on a par suite

$$k = \eta k'.$$

C. Q. F. D.

(Reçu le 18 mai 1933.)

61.

Théorie des filtres

Comptes Rendus de l'Académie des Sciences de Paris 205, 595–598 (1937)

Malgré les services rendus en topologie par la considération des *suites dénombrables*, leur emploi n'est pas adapté à l'étude des espaces généraux. Nous voulons indiquer ici quel est l'instrument qui semble devoir les remplacer.

1. Soit $\mathcal{E}$ un ensemble donné une fois pour toutes. Une famille $\mathbf{F}$ de sous-ensembles de $\mathcal{E}$ prend le nom de *filtre* (construit sur $\mathcal{E}$) si elle remplit les trois conditions suivantes :

F-I : la famille $\mathbf{F}$ n'est pas vide et ne contient pas le sous-ensemble vide ;

F-II : l'intersection de deux ensembles de $\mathbf{F}$ appartient à $\mathbf{F}$;

F-III : tout ensemble qui contient un ensemble de $\mathbf{F}$ appartient à $\mathbf{F}$.

***Remarque.* — $\mathbf{F}$ contient toujours le sous-ensemble *plein*, c'est-à-dire formé de tous les éléments de $\mathcal{E}$.**

***Base d'un filtre.* — Soit une famille $\mathbf{B}$ de sous-ensembles de $\mathcal{E}$ qui satisfasse aux deux conditions suivantes :**

B-I : comme F-I ;

B-II : l'intersection de deux ensembles de **B** contient un ensemble de **B**.

Considérons la famille **F** des sous-ensembles de $\mathcal{E}$ qui contiennent au moins un sous-ensemble de la famille **B**; cette famille satisfait aux trois axiomes des filtres. **B** s'appelle une *base* du filtre **F**. Pour que deux bases **B** et **B**$'$ donnent naissance au même filtre, il faut et il suffit que tout ensemble de **B** contienne un ensemble de **B**$'$, et réciproquement. En particulier : étant donné un fitre **F**, pour qu'une sous-famille **B** de **F** constitue une base de **F**, il faut et il suffit que tout ensemble de **F** contienne un ensemble de **B**.

2. *Comparaison des filtres construits sur un même* $\mathcal{E}$. Le filtre **F**$'$ est *plus fin* que le filtre **F** (on écrit $\mathbf{F}' > \mathbf{F}$) si la famille **F** est contenue dans la famille **F**$'$. On dit aussi que **F** est *plus grossier* que $\mathbf{F}'$ ($\mathbf{F} < \mathbf{F}'$). Les relations $\mathbf{F} < \mathbf{F}'$ et $\mathbf{F}' < \mathbf{F}''$ entraînent $\mathbf{F} < \mathbf{F}''$. Comme on le voit, $\mathbf{F} < \mathbf{F}'$ n'exclut pas $\mathbf{F} = \mathbf{F}'$. On dit que deux fitres **F** et **F**$'$ sont *comparables* si l'une au moins des relations $\mathbf{F} < \mathbf{F}'$, $\mathbf{F}' < \mathbf{F}$ a lieu

Le plus grossier de tous les filtres construits sur $\mathcal{E}$ est celui qui ne contient que le sous-ensemble plein.

Soit Φ une famille de filtres. Les sous-ensembles de $\mathcal{E}$ qui appartiennent à tous les filtres de Φ forment une famille **F** qui satisfait aux trois axiomes des filtres. **F** se nomme le *filtre-intersection* de la famille Φ; tout filtre plus grossier que les filtres de Φ est plus grossier que **F**.

Cherchons maintenant s'il existe un filtre plus fin que tous les filtres d'une famille donnée Φ. On a les deux théorèmes suivants :

Théorème 1. — *Étant donnés deux filtres* $\mathbf{F}_1$ *et* $\mathbf{F}_2$, *pour qu'il existe un filtre plus fin que* $\mathbf{F}_1$ *et que* $\mathbf{F}_2$, *il faut et il suffit que l'intersection d'un ensemble de* $\mathbf{F}_1$ *et d'un ensemble de* $\mathbf{F}_2$ *ne soit jamais vide.*

La condition est évidemment nécessaire. Réciproquement, si elle est remplie, la famille **F** des intersections $E_1 \cap E_2$ (où E_1 et E_2 parcourent respectivement $\mathbf{F}_1$ et $\mathbf{F}_2$) satisfait aux axiomes des filtres et contient la famille $\mathbf{F}_1$ et la famille $\mathbf{F}_2$.

Théorème 2. — *Soit* Φ *une famille ordonnée de filtres* (c'est-à-dire telle que deux quelconques des filtres de Φ soient comparables). *Il existe un filtre plus fin que tous les filtres de* Φ.

Si le filtre cherché existe, il contient la famille **F** des sous-ensembles de $\mathcal{E}$ qui appartiennent à l'un au moins des filtres de Φ ; or cette famille **F** satisfait aux trois axiomes des filtres. Le filtre **F** s'appelle *filtre-réunion* de la famille ordonnée Φ.

Remarque. — On obtient une base de **F** en réunissant les bases des filtres de Φ.

3. *Filtres élémentaires*. — Montrons comment la théorie des *suites dénombrables* rentre dans celle des filtres. Soit, dans un $\mathcal{E}$ quelconque, une suite S (finie ou infinie) d'éléments

$$a_1, \quad a_2, \quad \ldots, \quad a_n, \quad \ldots,$$

tous distincts. Désignons par E_p l'ensemble des éléments de S dont l'indice est $\geq p$. La famille des E_p (quand p parcourt l'ensemble des indices de la suite S) est la base d'un filtre **F**, appelé *filtre associé à la suite* S. Tout filtre obtenu de cette manière se nomme *filtre élémentaire*.

Les filtres élémentaires sont de deux espèces :

Première espèce. — Si S est finie, soit a_n le dernier élément de S; **F** se compose des sous-ensembles (de $\mathcal{E}$) qui contiennent a_n;

Deuxième espèce. — Si S est infinie, **F** se compose des sous-ensembles de $\mathcal{E}$ dont le complémentaire contient un nombre fini (ou nul) d'éléments de S. Dans ce dernier cas, si S′ est une suite infinie *extraite* de S, le filtre associé à S′ est *plus fin* que le filtre associé à S. Réciproquement, soient deux suites infinies S et S′ telles que le filtre associé à S′ soit plus fin que le filtre associé à S; alors on peut supprimer de S′ un nombre fini d'éléments de façon que la suite restante soit extraite de S.

THÉORÈME 3. — *Si un filtre* **F** *possède une base dénombrable, il existe un filtre élémentaire plus fin que* **F**.

En effet, soit une base de **F** formée des ensembles

$$E_1, \quad E_2, \quad \ldots, \quad E_n, \quad \ldots;$$

d'après B-II, on peut supprimer ceux de ces ensembles qui ne sont pas contenus dans l'intersection des précédents; soit donc la base, finie ou infinie,

$$E_1 \supset E_2 \supset \ldots \supset E_n \supset \ldots.$$

Soient a_1 un élément de E_1 qui n'appartient pas à E_2, a_2 un élément de E_2 qui n'appartient pas à E_3, etc. La suite

$$a_1, \quad a_2, \quad \ldots$$

définit un filtre élémentaire plus fin que **F**. C. Q. F. D.

On vérifie facilement : si **F** a une base dénombrable, **F** est identique au filtre-intersection de la famille des filtres élémentaires plus fins que **F**.

Les théorèmes 2 et 3 entraînent :

Étant donné une famille ordonnée dénombrable de filtres élémentaires, il existe un filtre élémentaire plus fin que tous ces filtres. Cette proposition

généralise le théorème connu *de la suite diagonale*, qui se rapporte au cas où l'on peut ranger les filtres de la famille en une suite telle que

$$\mathbf{F}_1 < \mathbf{F}_2 < \ldots < \mathbf{F}_n < \ldots.$$

62.

Filtres et ultrafiltres

Comptes Rendus de l'Académie des Sciences de Paris 205, 777–779 (1937)

Cette Note fait suite à une Note antérieure ([1]), à laquelle nous renvoyons pour les notations.

1. *Les filtres et la topologie.* — Un ensemble $\mathcal{E}$ est muni d'une topologie lorsqu'à chaque x de $\mathcal{E}$ on associe un filtre $\mathbf{V}(x)$ [les ensembles de $\mathbf{V}(x)$ s'appellent « voisinages de x »], de façon à satisfaire à la condition (T) que voici : appelons *ouvert* tout sous-ensemble E, tel que E appartienne à $\mathbf{V}(x)$ pour tous les x de E; la condition (T) est que les ensembles ouverts contenant x forment une *base* pour le filtre $\mathbf{V}(x)$.

Cela étant, on dit qu'un filtre $\mathbf{F}$, construit sur $\mathcal{E}$, converge vers un point x, ou encore que x est limite de $\mathbf{F}$, si $\mathbf{F}$ est plus fin que $\mathbf{V}(x)$. Dans ce cas, tout filtre plus fin que $\mathbf{F}$ converge aussi vers x. Si tous les filtres d'une famille convergent vers x, le filtre-intersection converge vers x.

Pour que deux points distincts x et y soient limites d'un même filtre $\mathbf{F}$, il faut et il suffit (*cf.* théorème 1 de la Note citée) que l'intersection d'un voisinage de x et d'un voisinage de y ne soit jamais vide. On exclut cette éventualité en supposant vérifié (ce que nous ferons désormais) l'axiome de Hausdorff : « si $x \neq y$, il existe un voisinage de x et un voisinage de y sans point commun ».

([1]) *Comptes rendus*, 205, 1937, p. 595-598.

Un point x est point d'accumulation d'un filtre **F** s'il existe un filtre convergent vers x et plus fin que **F**; ou encore, s'il existe un filtre plus fin que **F** et que $\mathbf{V}(x)$; ou encore, si l'intersection d'un ensemble de **F** et d'un voisinage de x n'est jamais vide. L'ensemble des points d'accumulation d'un filtre est *fermé*.

2. *Les filtres sur les espaces compacts.* — Rappelons qu'un $\mathcal{E}$ topologique est *compact* ([3]) si toute famille d'ensembles ouverts ayant $\mathcal{E}$ pour réunion contient une famille *finie* possédant la même propriété (Borel-Lebesgue). MM. Chevalley et A. Weil m'ont fait remarquer que cette définition équivaut à la suivante : *$\mathcal{E}$ est compact si tout filtre construit sur $\mathcal{E}$ possède au moins un point d'accumulation.* Autrement dit : quel que soit **F**, il existe un filtre convergent plus fin que **F**. Sur un compact, la famille Φ des filtres convergents satisfait donc aux deux conditions :

P — I : si **F** appartient à Φ, tout filtre plus fin que **F** appartient à Φ;

P — II : à tout **F** on peut associer un $\mathbf{F}' > \mathbf{F}$ qui appartient à Φ.

3. *Les familles privilégiées.* — Nous dirons qu'une famille de filtres (construits sur un $\mathcal{E}$ quelconque, muni ou non d'une topologie) est *privilégiée* si elle satisfait à P — I et à P — II. Une telle famille ne peut être vide. Une propriété des filtres (construits sur $\mathcal{E}$) sera dite privilégiée si les filtres qui la possèdent forment une famille privilégiée.

Théorème fondamental. — *Soit un ensemble de familles privilégiées Φ_i* (i parcourant un ensemble d'indices, fini ou infini). *La famille Φ des filtres appartenant à toutes les Φ_i est privilégiée, et, en particulier, n'est pas vide.*

Φ satisfait évidemment à P — I. Montrons qu'elle satisfait à P — II. Supposons que l'ensemble des i ait été bien ordonné; à chaque **F** et à chaque i associons un filtre $i(\mathbf{F})$ qui appartient à Φ_i et est plus fin que **F**. Soit alors donné un $\mathbf{F}_0$ quelconque; on peut, d'une seule manière, associer à chaque i un filtre $\mathbf{F}_i$ de manière que

1° si i est le premier des indices, $\mathbf{F}_i = i(\mathbf{F}_0)$;

2° si i a un antécédent j, $\mathbf{F}_i = i(\mathbf{F}_j)$;

3° si i n'a pas d'antécédent, $\mathbf{F}_i =$ filtre-réunion des $\mathbf{F}_j$ pour $j < i$ (*cf.* théorème 2 de la Note citée).

Cela fait, le filtre-réunion de tous les $\mathbf{F}_i$ est plus fin que $\mathbf{F}_0$ et appartient à Φ. C. Q. F. D.

Corollaire. — Les filtres appartenant à *toutes* les familles privilégiées forment une famille privilégiée Φ_0. On vérifie : *pour que* **F** *appartienne*

([3]) « bicompact » dans la terminologie d'Alexandroff-Hopf.

à Φ_0, il faut et il suffit que tout filtre comparable à **F** *soit plus grossier que* **F**; on dit alors que **F** est un *ultrafiltre*. Puisque Φ_0 est privilégiée, *il existe toujours un ultrafiltre plus fin qu'un filtre donné arbitrairement.*

Appliquons aux compacts : *pour que $\mathcal{E}$ soit compact, il faut et il suffit que tout ultrafiltre sur $\mathcal{E}$ soit convergent.*

4. *Image d'un filtre.* — Soient deux ensembles $\mathcal{E}$ et $\mathcal{E}'$, et f une fonction définie sur $\mathcal{E}$ et prenant ses valeurs dans $\mathcal{E}'$. L'*image directe* d'un filtre **F** (sur $\mathcal{E}$) est le filtre $f(\mathbf{F})$ (sur $\mathcal{E}'$) qui se compose des ensembles dont l'image inverse ([1]) appartient à **F**. Le filtre $f(\mathbf{F})$ a pour base les images directes des ensembles de **F**.

L'*image inverse* d'un filtre $\mathbf{F}'$ (sur $\mathcal{E}'$) se définit, dans le cas où les images inverses des ensembles de $\mathbf{F}'$ ne sont pas vides, comme le filtre $\overset{-1}{f}(\mathbf{F}')$ ayant pour base ces images inverses.

Si $\mathbf{F}'$ et $f(\mathbf{F})$ sont comparables, $\overset{-1}{f}(\mathbf{F}')$ existe et les relations

$$\mathbf{F}' < f(\mathbf{F}), \qquad \mathbf{F} > \overset{-1}{f}(\mathbf{F}')$$

sont équivalentes. En particulier, *si* **F** *est un ultrafiltre, son image directe est un ultrafiltre.*

Supposons maintenant que $\mathcal{E}'$ soit muni d'une topologie; soit $\mathbf{V}(x')$ le filtre des voisinages de x'. On dit que *la fonction f tend vers x'* suivant un filtre **F**, et l'on écrit

$$x' = \lim_{\mathbf{F}} f,$$

lorsque l'on a

$$\mathbf{V}(x') < f(\mathbf{F}), \qquad \mathbf{F} > \overset{-1}{f}[\mathbf{V}(x')]$$

(relations dont chacune entraîne l'autre). On définit de même les *valeurs d'accumulation* d'une fonction f suivant un filtre.

([1]) L'image inverse d'un sous-ensemble E' de $\mathcal{E}'$ se compose des éléments de $\mathcal{E}$ dont l'image directe (par f) appartient à E'.

63.

Sur les inégalités entre les maxima des dérivées successives d'une fonction

Comptes Rendus de l'Académie des Sciences de Paris 208, 414–416 (1939)

1. Nous disons que $f(x)$, indéfiniment dérivable sur un intervalle I, appartient à la classe $\{A_n\}$ si à tout $x_0 \in I$ on peut associer un ρ fini et un voisinage $V(x_0)$, de manière que les inégalités $|f^{(n)}(x)| \leqq \rho^n A_n$ aient lieu en tout point x de I qui appartient à $V(x_0)$. Cette définition coïncide avec celle donnée par Hadamard et Denjoy dans le cas où l'intervalle I est *fini et fermé*.

Pour chaque intervalle (fini ou infini, ouvert ou fermé) se pose un *problème d'équivalence* (Carleman) : à quelles conditions doivent satisfaire les coefficients A_n et A'_n de deux classes pour que la classe $\{A_n\}$ soit contenue dans la classe $\{A'_n\}$? Il est indispensable de préciser la nature de l'intervalle considéré, comme on va le voir.

2. Au sujet de ce problème, qui a déjà été étudié par divers auteurs (1), j'ai obtenu quelques résultats dont les démonstrations paraîtront dans un autre Recueil.

THÉORÈME I. — *Soit $\{A_n\}$ une classe qui contient toutes les fonctions analytiques* [ce qui s'exprime par la condition

$$\lim_{n\to\infty}\left(\frac{A_n}{n!}\right)^{\frac{1}{n}} > 0 \quad (1)$$

].

Pour qu'une classe $\{A'_n\}$ contienne la classe $\{A_n\}$ sur un intervalle OUVERT, *il*

(1) Avant tout, S. Mandelbrojt [*Séries de Fourier et classes quasi analytiques* (Collection Borel, 1935), p. 91-100], puis Gorny (*Comptes rendus*, **206**, 1938, p. 1245). Mania (*Math. Zeitschrift*, **42**, 1937, p. 700) s'est aussi occupé de ce problème; mais les résultats qu'il a cru établir pour l'intervalle fermé ne valent en réalité que pour l'intervalle ouvert, par suite d'une inadvertance dans une démonstration.

faut et il suffit que l'on ait

$$(2)\qquad \overline{\lim_{n\to\infty}}\left(\frac{\overline{A}_n}{A'_n}\right)^{\frac{1}{n}} < +\infty.$$

$\overline{A}_n$ désigne le terme général de la suite *rectifiée*, c'est-à-dire de la plus grande des suites B_n telles que $B_n \leqq A_n$ et que $\log B_n$ soit fonction convexe de n.

La condition (2) est *nécessaire*, en vertu des résultats de Mandelbrojt [2]. Nous montrons qu'elle est *suffisante* en prouvant que, *sur tout intervalle ouvert, les classes* $\{A_n\}$ *et* $\{\overline{A}_n\}$ *sont identiques chaque fois que la condition* (1) *est remplie*. Ce résultat n'est pas valable pour un intervalle *fermé*, comme on le voit sur un exemple.

Théorème II. — *Soit* $\{A_n\}$ *une classe qui contient toutes les fonctions analytiques, et telle que l'égalité* $A_n = \overline{A}_n$ *ait lieu pour une suite* $\{n_i\}$ *d'indices telle que* n_{i+1}/n_i *soit borné. Pour qu'une classe* $\{A'_n\}$ *contienne la classe* $\{A_n\}$, *il faut et il suffit* (quel que soit l'intervalle considéré) *que la condition* (2) *soit remplie.*

Nous dirons qu'une classe $\{B_n\}$ est *régulière* [3] si $\log(B_n/n!)$ est une fonction convexe de n; une telle classe contient la classe analytique. On voit facilement que si une classe rectifiée $\{\overline{A}_n\}$ est identique à une classe régulière, le rapport n_{i+1}/n_i est borné pour la classe $\{A_n\}$. D'où :

Théorème II *bis*. — *Pour qu'une classe* $\{A_n\}$ *soit identique à une classe régulière* $\{B_n\}$, *il faut et il suffit* (quel que soit l'intervalle considéré) *que l'on ait*

$$0 < \underline{\lim}\left(\frac{A_n}{B_n}\right)^{\frac{1}{n}} \leqq \overline{\lim}\left(\frac{\overline{A}_n}{B_n}\right)^{\frac{1}{n}} < +\infty.$$

En particulier : *pour qu'une classe* $\{A_n\}$ *soit identique à la classe* $\{n!\}$, *il faut et il suffit que soit remplie, outre la condition* (1), *la condition*

$$(3)\qquad \overline{\lim}\left(\frac{\overline{A}_n}{n!}\right)^{\frac{1}{n}} < +\infty.$$

Cette condition se transforme aisément

(2) *Loc. cit.*, p. 91-92.

(3) Ce type de classe a déjà été considéré, notamment par Mania (*loc. cit.*) et P. Flamant (*Journal de Math.*, 9e série, **16**, 1937, p. 375-420). Il m'a paru commode d'employer l'épithète de *régulière* pour une telle classe.

THÉORÈME III. — *Pour qu'une classe* $\{A_n\}$ *contienne toutes les fonctions analytiques et pas d'autres fonctions, il faut et il suffit qu'il existe un* σ *et un* ρ, *positifs et finis, tels que l'on ait*

$$1^\circ \qquad A_n \geqq \sigma^n\, n\,! \qquad \textit{pour tout } n > 0;$$
$$2^\circ \qquad A_{n_i} \leqq \rho^{n_i}\, n_i! \qquad \textit{pour une suite infinie } \{n_i\},$$

telle que n_{i+1}/n_i *soit borné.*

3. Je déduis les résultats ci-dessus d'inégalités relatives aux maxima d'une fonction et de deux de ses dérivées. Ces inégalités diffèrent, sans doute, peu de celles dont Gorny ([4]) s'est servi pour des questions analogues, sans les publier explicitement. On les établit en partant d'inégalités de S. Bernstein et Markoff ([5]) relatives aux dérivées des polynomes.

LEMME. — *Soit* $f(x)$ p *fois dérivable sur un intervalle fermé fini* I, *avec*

$$|f(x)| \leqq M_0, \qquad |f^{(p)}(x)| \leqq M_p \qquad \textit{pour } x \in \mathrm{I}.$$

Soit k *un entier* $< p$. *On a, au milieu* x_0 *de l'intervalle* I,

$$(4) \qquad |f^{(k)}(x_0)| < 2\, e^k\, M_0^{1-\frac{k}{p}}\, M_p'^{\frac{k}{p}}$$

et, pour tout $x \in \mathrm{I}$,

$$(5) \qquad |f^{(k)}(x)| < 2\left(\frac{e^2 p}{k}\right)^k M_0^{1-\frac{k}{p}}\, M_p'^{\frac{k}{p}},$$

M'_p *désignant la plus grande des quantités* M_p *et* $p!\,M_0\,\alpha^{-p}$. *On désigne par* α *la demi-longueur de* I *dans le cas* (4), *la longueur de* I *dans le cas* (5).

([4]) GORNY, *Comptes rendus*, **206**, 1938, p. 1245 et 1872.

([5]) Voir S. BERNSTEIN, *Leçons sur les propriétés extrémales* etc (Collection Borel, 1926), p. 28-46.

64.

(avec S. Mandelbrojt)

Solution du problème de Carleman pour un intervalle ouvert fini

Comptes Rendus de l'Académie des Sciences de Paris 208, 555–558 (1939)

1. Soit I un intervalle ouvert. Nous définissons les classes de fonctions comme dans la Note de H. Cartan (²) : étant donné une suite illimitée de quantités A_n positives (finies ou infinies), on dit qu'une $f(x)$ réelle, indéfiniment dérivable sur I, appartient à la classe $\{A_n\}$, si à tout point de I on peut associer un voisinage de ce point et un $\lambda > 0$ fini, de manière que l'on ait, en tout point x de ce voisinage,

$$|f^{n)}(x)| \leqq \lambda^n A_n \qquad \text{pour tout entier} \quad n > 0.$$

Dans ce qui suit, nous supposerons expressément que les A_n ne sont pas tous infinis à partir d'un certain rang.

Nous allons donner une solution, pour tout intervalle *ouvert fini*, du problème de Carleman (³). Ce problème, qui a son origine dans l'étude des classes quasi analytiques, mais qui se pose aussi bien pour les classes qui ne sont pas quasi analytiques, est le suivant : *à quelle condition doivent satisfaire les coefficients* A_n *et* A'_n *de deux suites pour que la classe* $\{A_n\}$ *soit contenue dans la classe* $\{A'_n\}$?

2. Rappelons d'abord en quoi consiste la « régularisation exponentielle » (⁴) d'une suite $\{A_n\}$. Posons, pour chaque $r > 0$,

$$S(r) = \max_{0 \leqq n \leqq r} \frac{r^n}{A_n},$$

puis, pour chaque entier $n \geqq 0$,

$$A_n^0 = \overline{\text{borne}}_{r \geqq n} \frac{r^n}{S(r)}.$$

(²) *Comptes rendus*, 208, 1939, p. 414.

(³) Pour la bibliographie des recherches concernant ce problème, voir la Note citée en (²).

(⁴) Ce procédé a été introduit par S. Mandelbrojt (*Séries de Fourier et Classes quasi analytiques*, Paris, 1935, p. 95-96). Au sujet des procédés de régularisation en général, voir S. Mandelbrojt, *La régularisation des fonctions* (*Actualités scientifiques*, fasc. 733, 1938).

On a évidemment $A_n^0 \leqq A_n$; l'égalité a lieu pour une infinité de valeurs de n; d'ailleurs les A_n^0 sont tous *finis* à partir d'un certain rang.

Étant donnée une deuxième suite $\{A'_n\}$, désignons par $S'(r)$ la fonction relative à cette suite. On voit aisément que chacune des trois conditions suivantes est équivalente aux deux autres :

$$(1) \qquad A_n^0 \leqq A'_n \quad \text{pour tout} \quad n \geqq 0;$$

$$(2) \qquad A_n^0 \leqq A'^0_n \quad \text{pour tout} \quad n \geqq 0;$$

$$(3) \qquad S(r) \geqq S'(r) \quad \text{pour tout} \quad r \geqq 0.$$

La suite $\{A_n^0\}$, régularisée exponentielle d'une suite $\{A_n\}$, est susceptible d'une interprétation géométrique simple qui justifie son nom.

3. Ces préliminaires étant rappelés, le problème de Carleman pour un intervalle ouvert fini est complètement résolu par le théorème suivant :

Théorème fondamental. — *Pour qu'une classe $\{A_n\}$ soit contenue dans une classe $\{A'_n\}$ sur un intervalle ouvert fini, il faut et il suffit que l'on ait*

$$(4) \qquad \overline{\lim_{n\to\infty}} \left(\frac{A_n^0}{A'_n}\right)^{\frac{1}{n}} < +\infty,$$

ou, ce qui revient au même,

$$(4') \qquad \overline{\lim_{n\to\infty}} \left(\frac{A_n^0}{A'^0_n}\right)^{\frac{1}{n}} < +\infty.$$

Dans le cas particulier où $A'_n = n!$, on retrouve un théorème de Mandelbrojt ([5]), donnant une condition nécessaire et suffisante pour que toutes les fonctions d'une classe $\{A_n\}$ soient analytiques. Mais, tandis que ce théorème était aussi valable pour un intervalle *fermé*, le théorème fondamental ci-dessus cesse d'être exact, en général, pour un intervalle fermé.

Dans le cas particulier où la classe $\{A_n\}$ contient toutes les fonctions analytiques, la classe $\{A'_n\}$ étant quelconque, la condition (4) se réduit à celle donnée par H. Cartan dans sa Note déjà citée ([2]) [inégalité (2) de cette Note].

4. Le théorème fondamental résulte des deux propositions suivantes, qui sont nouvelles :

Proposition 1 (Mandelbrojt). — *Sur tout intervalle ouvert (fini ou infini), les classes $\{A_n\}$ et $\{A_n^0\}$ sont identiques.*

Il suffit de prouver que toute fonction de la classe $\{A_n\}$ appartient à la classe $\{A_n^0\}$; or cela résulte de l'inégalité (4) de la Note citée de Cartan ([2]).

Proposition 2 (Cartan). — *Sur un intervalle fini* (ouvert ou fermé), *la condition* (4) *est nécessaire pour que la classe $\{A_n\}$ soit contenue dans la classe $\{A'_n\}$.*

([5]) *Séries de Fourier et Classes quasi analytiques*, Paris, 1935, p. 97.

Pour le voir, on pose ($\lambda > 0$ quelconque)

$$S'_\lambda(r) = \max_{0 \leqq n \leqq r} \frac{r^n}{\lambda^n A'_n}.$$

La condition (4) équivaut à l'existence d'un λ tel que l'on ait

$$S(r) \geqq S'_\lambda(r) \qquad \text{pour tout} \quad r \geqq 0.$$

La proposition 2 se démontre alors par l'absurde : si un tel λ n'existe pas, on construit, à l'aide d'une série de polynomes de Tchebycheff, une fonction qui appartient à la classe $\{A_n\}$ et non à la classe $\{A'_n\}$. Pour cela, on imite le procédé déjà utilisé par Mandelbrojt dans des questions analogues ([6]).

La proposition suivante est un corollaire immédiat du théorème fondamental :

PROPOSITION 3. — *Pour que la dérivée de toute fonction appartenant à $\{A_n\}$ appartienne à la même classe sur un intervalle ouvert fini, il faut et il suffit que l'on ait*

$$\overline{\lim_{n \to \infty}} \left(\frac{A_n^0}{A_{n-1}} \right)^{\frac{1}{n}} < +\infty.$$

([6]) *Séries de Fourier et Classes quasi analytiques*, Paris, 1935, p. 94 et 98.

65.

Solution du problème de Carleman pour un intervalle fermé fini

Comptes Rendus de l'Académie des Sciences de Paris 208, 716–718 (1939)

1. Etant donnée une suite illimitée de quantités A_n positives (finies ou infinies), on dit ([2]) qu'une fonction réelle $f(x)$, indéfiniment dérivable sur un intervalle I, appartient à la classe $\{A_n\}_I$ si à chaque $x_0 \in I$ on peut associer un voisinage $V(x_0)$ et un nombre fini $\lambda > 0$, de manière que l'on ait

$$|f^{(n)}(x)| \leqq \lambda^n A_n \qquad (n = 1, 2, \ldots)$$

pour tout x qui appartient à I et à $V(x_0)$. Lorsque I est fermé fini, cette définition coïncide avec la définition classique de Hadamard et Denjoy. On se bornera au cas non trivial où les A_n ne sont pas tous infinis à partir d'un certain rang.

Le problème de Carleman ([3]) pour un intervalle I est celui-ci : *à quelle condition doivent satisfaire les coefficients* A_n *et* A'_n *de deux suites pour que la classe* $\{A_n\}_I$ *soit contenue dans la classe* $\{A'_n\}_I$?

S. Mandelbrojt et moi-même ([3]) avons donné une solution de ce problème pour un intervalle *ouvert* fini. Je vais en donner ici une solution pour le cas où l'intervalle fini I est *fermé* ou *semi-ouvert;* la solution est la même dans ces deux derniers cas, mais elle est autre que pour l'intervalle ouvert.

2. S. Mandelbrojt, qui a récemment étudié ([4]) les procédés de *régularisation* en général, avait introduit il y a plusieurs années le procédé dit de *régularisation exponentielle* pour les suites, procédé qui conduit précisément à la solution du problème de Carleman pour un intervalle ouvert ([3]). C'est

---

([2]) H. Cartan, *Comptes rendus,* **208,** 1939, p. 414.

([3]) Pour la bibliographie, voir la Note citée en ([2]), et en outre la Note de S. Mandelbrojt et H. Cartan (*Comptes rendus,* **208,** 1939, p. 555).

([4]) *La régularisation des fonctions* (*Actualités scientifiques,* fasc. **733**, 1938).

un mode de régularisation légèrement différent qui va nous servir dans le cas présent. Posons, pour $r > 0$,

$$U(r) = \max_{0 \leqq n < r} \frac{r^{2n}}{n^n A_n},$$

puis, pour tout entier $n \geqq 0$,

$$A_n^f = \overline{\text{borne}}_{n \geqq r} \frac{r^{2n}}{n^n U(r)}.$$

On a $A_n^f \leqq A_n$, et les A_n^f sont tous finis pour n assez grand. D'ailleurs, si l'on pose

$$B_n = \sqrt{n^n A_n},$$

et qu'on désigne par $\{B_n^0\}$ la régularisée exponentielle de la suite $\{B_n\}$, on a

$$\sqrt{n^n A_n^f} = B_n^0.$$

3. Cela posé, le problème de Carleman se trouve résolu par le théorème suivant :

THÉORÈME. — *Soit* I *un intervalle fini, fermé ou semi-ouvert. Pour qu'une classe* $\{A_n\}_I$ *soit contenue dans une classe* $\{A'_n\}_I$, *il faut et il suffit que l'on ait*

$$\text{(1)} \qquad \overline{\lim_{n \to \infty}} \left(\frac{A_n^f}{A'_n}\right)^{\frac{1}{n}} < +\infty,$$

ou, ce qui revient au même,

$$\text{(1')} \qquad \overline{\lim_{n \to \infty}} \left(\frac{A_n^f}{A'^f_n}\right)^{\frac{1}{n}} < +\infty.$$

La condition (1) est plus forte que la condition

$$\text{(2)} \qquad \overline{\lim_{n \to \infty}} \left(\frac{A_n^0}{A'_n}\right)^{\frac{1}{n}} < +\infty,$$

relative au cas d'un intervalle *ouvert* fini ([3]). Mais pour $A'_n = n!$ les conditions (1) et (2) sont équivalentes; on retrouve ainsi un résultat de Mandelbrojt ([5]) : pour que toutes les fonctions d'une classe $\{A_n\}_I$ soient analytiques sur un intervalle I fini *fermé*, il faut et il suffit que

$$\overline{\lim_{n \to \infty}} \left(\frac{A_n^0}{n!}\right)^{\frac{1}{n}} < +\infty.$$

([5]) *Séries de Fourier et classes quasi-analytiques* (*Collection Borel*, 1935), p. 79.

Au contraire, pour A'_n quelconque, la condition (2) n'est pas suffisante, en général, pour l'inclusion de la classe $\{A_n\}_I$ dans la classe $\{A'_n\}_I$, lorsque I est fermé.

4. Le théorème ci-dessus résulte des deux propositions suivantes, respectivement analogues aux deux propositions de la Note citée de S. Mandelbrojt et H. Cartan ([3]).

Proposition 1. — *Sur tout intervalle* I (*ouvert ou fermé, fini ou infini*), *les classes* $\{A_n\}_I$ *et* $\{A_n^f\}_I$ *sont identiques.*

Cela résulte de l'inégalité (5) de ma Note citée plus haut ([2]). Cette inégalité est relative aux maxima de trois dérivées successives (pas forcément consécutives) d'une même fonction sur un intervalle fini fermé.

Proposition 2. — *Sur un intervalle fini* I, *fermé ou semi-ouvert, la condition* (1) *est nécessaire pour que la classe* $\{A_n\}_I$ *soit contenue dans la classe* $\{A'_n\}_I$.

Les démonstrations paraîtront dans un autre Recueil.

66.

Sur les maxima des dérivées successives d'une fonction

Comptes Rendus de l'Académie des Sciences de Paris 210, 431–434 (1940)

1. Une suite de quantités $A_n (0 < A_n \leqq +\infty)$ étant donnée, une fonction $f(x)$ indéfiniment dérivable sur un intervalle I appartient à la classe $\{A_n\}_I$ si, pour tout $x_0 \in I$, il existe un voisinage $V(x_0)$ et un nombre fini $\lambda > 0$ tel que les inégalités

$$|f^{(n)}(x)| \leqq \lambda^n A_n \qquad (n = 1, 2, \ldots)$$

aient lieu en tout point x qui appartient à I et à $V(x_0)$.

S. Mandelbrojt et moi-même ([2]) avons résolu, pour un intervalle *fini* I, le problème posé par Carleman : à quelles conditions doivent satisfaire deux suites A_n et B_n pour que la classe $\{A_n\}_I$ soit contenue dans la classe $\{B_n\}_I$? Il y a une solution pour le cas où I est ouvert, une autre lorsque I est fermé ou semi-ouvert. Or on peut simplifier une partie de l'exposé et obtenir un résultat plus précis : le théorème ci-après (§ 3) fournit les conditions auxquelles doivent satisfaire des nombres A_n pour qu'il existe une $f(x)$ indéfiniment dérivable dont les dérivées successives aient des maxima qui soient *exactement* de l'ordre de A_n pour chaque entier n.

2. Rappelons d'abord les deux procédés de régularisation qui servent à résoudre le problème de Carleman. Supposons *une fois pour toutes* qu'il existe une infinité de $A_n < +\infty$. Posons, pour $r \geqq 1$,

$$S(r) = \max_{n \leqq r} \frac{r^n}{A_n}, \qquad U(r) = \max_{n \leqq r} \frac{r^{2n}}{n^n A_n}.$$

Les suites régularisées A_n^0 et A_n^f ($A_n^0 < +\infty$, $A_n^f < +\infty$ pour tout n) sont définies par

$$(1) \qquad A_n^0 = \overline{\text{borne}}_{r \geqq n} \frac{r^n}{S(r)}, \qquad n^n A_n^f = \overline{\text{borne}}_{r \geqq n} \frac{r^{2n}}{U(r)}.$$

([2]) *Comptes rendus*, 208, 1939, p. 555 et 716. Voir aussi un Mémoire détaillé qui paraîtra incessamment dans les *Acta Mathematica* sous les noms de S. Mandelbrojt et H. Cartan.

Cela posé, bornons-nous au cas d'une $f(x)$ sur l'intervalle $-1 \leqq x \leqq +1$. *Les inégalités*

$$|f^{(n)}(x)| \leqq \lambda^n A_n \qquad (n = 1, 2, \ldots)$$

entraînent [3], *pour tout n*,

$$(2) \qquad |f^{(n)}(0)| \leqq 2e^n \lambda^n A_n^0, \qquad |f^{(n)}(x)| \leqq 2[e(1+e^2)]^n \lambda^n A_n^f$$

(e désigne la base des logarithmes népériens).

3. Voici le résultat nouveau [4] qui prouve que les inégalités (2) ne peuvent pas être améliorées, à la valeur près des constantes.

Théorème. — *Quelle que soit la suite* A_n, *il existe une* $f(x)$ *qui appartient à la classe* $\{A_n^0\}$ *sur l'intervalle* $-1 < x < +1$, *et dont les dérivées satisfont aux inégalités*

$$|f^{(n)}(0)| \geqq \mu^n A_n^0 \qquad (\text{pour } n = 1, 2, \ldots),$$

μ *étant un nombre positif convenable. De même, il existe une* $g(x)$ *qui appartient à la classe* $\{A_n^f\}$ *sur l'intervalle* $-1 \leqq x \leqq +1$, *et dont les dérivées satisfont aux inégalités*

$$|g^{(n)}(1)| \geqq \nu^n A_n^f \qquad (\text{pour } n = 1, 2, \ldots),$$

ν *étant un nombre positif convenable.*

La construction de ces deux fonctions est *automatique* : lorsque la suite A_n est donnée, les fonctions $S(r)$ et $U(r)$ sont connues et fournissent les coefficients de deux séries de polynomes de Tchebycheff répondant à la question. Rappelons quelques propriétés des polynomes

$$T_n(x) = \cos(n \arccos x).$$

Désignons par $E(q)$ la partie entière d'une quantité $q > 0$, et posons

$$Z_n(x) = (-1)^{E\left(\frac{n}{2}\right)} T_n(x) + (-1)^{E\left(\frac{n-1}{2}\right)} T_{n-1}(x).$$

Pour tout entier $p \leqq n$, on a

$$(3) \qquad T_n^{(p)}(1) \geqq \left(\frac{1}{2ep}\right)^p n^{2p}, \qquad (-1)^{E\left(\frac{p}{2}\right)} Z_n^{(p)}(0) \geqq \left(\frac{n}{e}\right)^p,$$

$$(4) \qquad |T_n^{(p)}(x)| \leqq \left(\frac{e}{2p}\right)^p n^{2p} \qquad \text{pour } -1 \leqq x \leqq -1,$$

$$(5) \qquad |Z_n^{(p)}(x)| \leqq K^p n^p \qquad \text{pour } -\alpha \leqq x \leqq +\alpha \quad (\alpha < 1, \text{ K dépend de } \alpha).$$

---

[3] Voir le mémoire des *Acta Mathematica* cité ci-dessous (§§ 2 et 3).

[4] Comparer ce résultat à celui obtenu par A. Gorny pour le cas des fonctions dont les dérivées sont bornées sur l'intervalle $(-\infty, +\infty)$ (*Thèse*, Paris, 1940, et *Acta Mathematica*, 71, 1939, p. 317-358; voir p. 330-335).

Cela étant rappelé, on déduit facilement de (1), pour chaque entier n, l'existence de deux entiers $h_n \geqq n$ et $k_n \geqq n$ tels que

$$(6) \qquad \frac{(h_n)^n}{S(h_n)} \geqq \frac{1}{e} A_n^0, \qquad \frac{(k_n)^n}{U(k_n)} \geqq \frac{1}{e^2} n^n A f_n.$$

On prend alors

$$f(x) = \sum_{n=1}^{\infty} \frac{1}{2^n} \frac{Z_{h_n}(x)}{S(h_n)}, \qquad g(x) = \sum_{n=1}^{\infty} \frac{1}{2^n} \frac{T_{k_n}(x)}{U(k_n)}.$$

Les inégalités (4) et (5), combinées avec (1), donnent

$$(7) \quad |f^{(p)}(x)| \leqq K^p A_p^0 \quad \text{pour} - \alpha \leqq x \leqq + \alpha, \qquad |g^{(p)}(x)| \leqq \left(\frac{e}{2}\right)^p A f_p \quad \text{pour} - 1 \leqq x \leqq + 1.$$

Pour minorer $|f^{(p)}(0)|$ et $|g^{(p)}(1)|$, on remarque que, les termes des séries dérivées étant tous *de même signe*, la valeur absolue de leur somme est au moins égale à la valeur absolue du terme dont le rang n est égal à p; d'où, en vertu de (3) et (6),

$$(8) \qquad |f^{(p)}(0)| \geqq \left(\frac{1}{2e}\right)^p \frac{1}{e} A_p^0, \qquad |g^{(p)}(1)| \geqq \left(\frac{1}{4e}\right)^p \frac{1}{e^2} A f_p.$$

Les inégalités (7) et (8) démontrent le théorème en précisant numériquement les constantes qui y figurent.

67.

(avec S. Mandelbrojt)

Solution du problème d'équivalence des classes de fonctions indéfiniment dérivables

Acta Mathematica 72, 31–49 (1940)

Introduction.

Soit une suite de quantités A_n positives (finies ou infinies, non nulles; $n = 1, 2, \ldots$). Nous disons qu'une fonction réelle de la variable réelle x, définie et indéfiniment dérivable sur un intervalle I (ouvert ou fermé, fini ou infini), appartient à la *classe* $\{A_n\}_I$ si à chaque $x_0 \in I$ on peut associer un voisinage $V(x_0)$ et un nombre fini $\lambda > 0$, de manière que les dérivées successives de f satisfassent aux inégalités

$$|f^{(n)}(x)| \leq \lambda^n A_n \qquad (n = 1, 2, \ldots)$$

pour tout x qui appartient à I et à $V(x_0)$. Dans le cas où I est *compact* (c'est-à-dire borné fermé), cette définition coïncide avec la définition classique de Hadamard-Denjoy: existence d'un λ tel que les inégalités ci-dessus aient lieu pour tout $x \in I$. Dans le cas d'un intervalle quelconque I, une fonction f appartient à la classe $\{A_n\}_I$ si elle appartient à la classe $\{A_n\}_{I'}$ sur tout intervalle compact I' contenu dans I.

Chaque suite $\{A_n\}$ définit, sur chaque intervalle, une classe de fonctions. Le problème d'équivalence posé par Carleman[1] consiste à chercher à quelles conditions deux suites $\{A_n\}$ et $\{A'_n\}$ définissent, sur tel ou tel intervalle, *la même* classe; plus généralement:

Etant donné un intervalle I, à quelles conditions doivent satisfaire deux suites $\{A_n\}$ et $\{A'_n\}$ pour que la classe $\{A_n\}_I$ soit contenue dans la classe $\{A'_n\}_I$?

---

[1] Voir CARLEMAN, Fonctions quasi-analytiques (*Collection Borel*, Paris 1926), p. 76.

Nous avons résolu ce problème dans le cas d'un intervalle *fini* quelconque.[1] Mais la condition à imposer aux deux suites n'est pas la même, suivant que I est *ouvert*, ou au contraire *fermé* ou *semi-ouvert*. Il importe donc bien de remarquer que la solution du problème dépend essentiellement de la nature de l'intervalle considéré.[2]

D'ailleurs il est clair que la solution est la même pour deux intervalles semblables, car une transformation linéaire sur la variable x ne change pas la classe d'une fonction $f(x)$. De plus, si une classe $\{A_n\}_I$ est contenue dans une classe $\{A'_n\}_I$ pour un intervalle *compact* I, il est clair qu'il en sera de même pour *tout* intervalle; de sorte que la condition d'inclusion pour un intervalle *compact* sera plus forte que pour un intervalle *ouvert* ou *semi-ouvert*.

Une solution partielle du problème de Carleman était déjà connue, grâce à un théorème de S. Mandelbrojt[3]:

Pour qu'une classe $\{A_n\}_I$ soit contenue dans la classe $\{n!\}_I$ de toutes les fonctions analytiques, il faut et il suffit, quel que soit l'intervalle fini I, que l'on ait

$$\overline{\lim_{n\to\infty}}\left(\frac{A_n^0}{n!}\right)^{\frac{1}{n}} < +\infty;$$

la suite $\{A_n^0\}$ désigne la suite «régularisée exponentielle» de la suite $\{A_n\}$. Le procédé de *régularisation exponentielle* a précisément été introduit et étudié par Mandelbrojt[4] dans le but de résoudre le problème de Carleman. Nous rappellerons plus loin en quoi il consiste, et quelles sont ses principales propriétés.

Il est remarquable que la régularisation exponentielle permette de résoudre le problème de la comparaison de deux classes $\{A_n\}_I$ et $\{A'_n\}_I$ non seulement lorsque $A'_n = n!$, mais lorsque la suite $\{A'_n\}$ est *quelconque*, au moins lorsqu'il s'agit de classes sur un intervalle *ouvert*. C'est ce que nous montrerons dans ce travail, en établissant que *la condition*

$$\text{(1)} \qquad \overline{\lim_{n\to\infty}}\left(\frac{A_n^0}{A'_n}\right)^{\frac{1}{n}} < +\infty$$

[1] Les résultats ont été publiés dans deux Notes aux *Comptes Rendus de l'Acad. des Sciences de Paris* (208, 1939, p. 555 et p. 716).

[2] L'un de nous avait déjà mis ce fait en évidence. Voir H. Cartan, Sur les classes de fonctions définies par des inégalités portant sur leurs dérivées successives (à paraître aux Actualités scientifiques, chez Hermann à Paris).

[3] Séries de Fourier et classes quasi-analytiques de fonctions (*Collection Borel*, Paris 1935), p. 97. Voir aussi: Classes quasi-analytiques de fonctions (en langue russe, Leningrad 1937), p. 60.

[4] Voir le livre cité en (3), p. 95—96. Au sujet des modes de régularisation en général, voir S. Mandelbrojt, La régularisation des fonctions (*Actualtés scientifiques*, N° 733, Hermann, Paris 1938).

est nécessaire et suffisante pour que la classe $\{A_n\}_I$ *soit contenue dans la classe* $\{A'_n\}_I$, *quand* I *est un intervalle ouvert fini.*

Mais, contrairement à ce qui a lieu pour $A'_n = n!$, la condition (1) n'est pas suffisante, en général, pour l'inclusion de la classe $\{A_n\}_I$ dans la classe $\{A'_n\}_I$ lorsque I est *semi-ouvert* ou *fermé*. Il faut une condition plus forte, que l'on obtient en introduisant un autre mode de régularisation. Ce procédé sera étudié au § 1; il fait correspondre à toute suite $\{A_n\}$ une suite $\{A_n^f\}$, et *la condition*

$$(2) \qquad \overline{\lim_{n\to\infty}} \left(\frac{A_n^f}{A'_n}\right)^{\frac{1}{n}} < +\infty$$

est nécessaire et suffisante pour que la classe $\{A_n\}_I$ *soit contenue dans la classe* $\{A'_n\}_I$, *lorsque l'intervalle fini* I *est semi-ouvert ou fermé.* Dans le cas particulier où $A'_n = n!$, les conditions (1) et (2) sont équivalentes.

Disons quelques mots du principe de la démonstration, dans chaque cas. On démontre que la condition (1) est *suffisante* en prouvant que, sur tout intervalle *ouvert* I, les classes $\{A_n\}_I$ et $\{A_n^0\}_I$ sont identiques; de même on montre que (2) est *suffisante* en prouvant que, sur un intervalle *quelconque* I, les classes $\{A_n\}_I$ et $\{A_n^f\}_I$ sont identiques. Le principe des deux démonstrations est le même: on s'appuie sur *des inégalités qui bornent supérieurement la dérivée* k^e *d'une fonction à l'aide d'une borne supérieure de la fonction elle-même et de sa dérivée* p^e $(k < p)$. Voici ces inégalités[1] dans le cas où l'intervalle considéré est l'intervalle fermé $[-1, +1]$: si l'on a, sur cet intervalle,

$$|f(x)| \leq M_0, \qquad |f^{(p)}(x)| \leq M_p,$$

on a, au milieu de l'intervalle,

$$(\mathrm{I}) \qquad |f^{(k)}(0)| < \max\left[2e^k M_0^{1-\frac{k}{p}} M_p^{\frac{k}{p}},\ 2(ep)^k M_0\right],^{2}$$

et, sur tout l'intervalle,

$$(\mathrm{II}) \qquad |f^{(k)}(x)| < \max\left[2\left(\frac{e^2 p}{k}\right)^k M_0^{1-\frac{k}{p}} M_p^{\frac{k}{p}},\ 2\left(\frac{e^2 p^2}{2k}\right)^k M_0\right].$$

---

[1] Pour leur démonstration, voir H. CARTAN, loc. cit. en (2), p. 32.

[2] max (a, b) désigne la plus grande de deux quantités a et b; la lettre e désigne, dans tout ce qui suit, la base des logarithmes népériens.

C'est l'inégalité (I) qui permet de montrer que la condition (1) est suffisante, et l'inégalité (II) qui permet de démontrer que la condition (2) est suffisante.

Pour montrer que les conditions (1) et (2) sont *nécessaires*, on suppose que l'une (ou l'autre) ne soit pas remplie, et on construit, dans chaque cas, une fonction $f(x)$ qui appartient à la classe $\{A_n\}$ sans appartenir à la classe $\{A'_n\}$; la fonction $f(x)$ est définie par une série de polynomes de Tchebycheff. Le procédé est analogue à celui déjà utilisé par Mandelbrojt[1].

Pour terminer, signalons que notre solution du problème de Carleman fournit immédiatement une condition *pour que les dérivées des fonctions d'une classe* $\{A_n\}_I$ *appartiennent à la même classe.* Pour cela, *il faut et il suffit*[2] *que la classe* $\{A_{n+1}\}_I$ *soit contenue dans la classe* $\{A_n\}_I$, ce qui s'exprimera, dans le cas où I est ouvert fini, par la condition

$$\overline{\lim_{n\to\infty}}\left(\frac{A^0_{n+1}}{A_n}\right)^{\frac{1}{n}} < +\infty,$$

et, dans le cas où I est semi-ouvert fini ou compact, par la condition

$$\overline{\lim_{n\to\infty}}\left(\frac{A^f_{n+1}}{A_n}\right)^{\frac{1}{n}} < +\infty.$$

1. Les deux modes de régularisation.

Soit A_n ($n = 1, 2, \ldots$) une suite de nombres positifs, finis ou infinis, mais non nuls. Nous supposerons, dans tout ce qui suit, *qu'il existe une infinité de* A_n *finis.* Dans le cas où les A_n seraient tous infinis à partir d'un certain rang, la classe $\{A_n\}_I$ serait celle de *toutes* les fonctions indéfiniment dérivables sur un intervalle I; comme la solution du problème de Carleman est triviale pour une telle classe, nous pouvons bien exclure désormais cette éventualité.

De plus, il est évident que si deux suites $\{A_n\}$ et $\{A'_n\}$ ne diffèrent que par un nombre fini de termes, les classes $\{A_n\}_I$ et $\{A'_n\}_I$ sont identiques. Nous

---

[1] Voir le livre cité en (3), p. 32, p. 94 et 98.

[2] En effet, la condition est *nécessaire:* si toute fonction f de la classe $\{A_n\}_I$ est telle que f' appartienne à $\{A_n\}_I$, toute fonction g de la classe $\{A_{n+1}\}_I$ appartient à la classe $\{A_n\}_I$, car il existe f telle que $f' = g$, et f appartient à $\{A_n\}_I$. La condition est *suffisante:* supposons la classe $\{A_{n+1}\}_I$ contenue dans la classe $\{A_n\}_I$; alors si f appartient à la classe $\{A_n\}_I$, f' appartient à la classe $\{A_{n+1}\}_I$, donc à la classe $\{A_n\}_I$.

pourrons donc toujours supposer A_1 fini; c'est ce que nous ferons désormais, pour éviter des difficultés accessoires et sans intérêt.

Cela posé, définissons, à partir de la suite A_n, deux fonctions $S(r)$ et $U(r)$ de la variable réelle r ($r \geq 1$). Nous posons, pour $r \geq 1$,

$$(3) \qquad S(r) = \max_{n \leq r} \frac{r^n}{A_n}, \qquad U(r) = \max_{n \leq r} \frac{r^{2n}}{n^n A_n}.$$

$S(r)$ et $U(r)$ sont évidemment des fonctions strictement croissantes de r. On remarquera d'ailleurs l'inégalité évidente

$$S(r) \leq U(r).$$

Nous définissons les deux suites régularisées A_n^0 et A_n^f de la manière suivante

$$(4) \qquad A_n^0 = \overline{\text{borne}}_{r \geq n} \frac{r^n}{S(r)}, \qquad n^n A_n^f = \overline{\text{borne}}_{r \geq n} \frac{r^{2n}}{U(r)}.$$

Puisque, d'après (3), on a $\frac{r^n}{S(r)} \leq A_n$ pour tout $n \leq r$, on a

$$(5) \qquad A_n^0 \leq A_n;$$

et, de même,

$$(5)' \qquad A_n^f \leq A_n.$$

Les quantités A_n^0 et A_n^f sont *finies* quel que soit n, car on a

$$\lim_{r \to \infty} \frac{r^n}{S(r)} = 0, \quad \lim_{r \to \infty} \frac{r^{2n}}{U(r)} = 0.$$

Démontrons par exemple la première relation. Pour cela, choisissons un entier $p > n$, tel que A_p soit fini; on a, pour $r \geq p$,

$$\frac{r^p}{S(r)} \leq A_p,$$

d'où

$$\frac{r^n}{S(r)} \leq \frac{A_p}{r^{p-n}};$$

p étant fixe, le second nombre tend vers zéro quand $r \to \infty$. C. Q. F. D.

Théorème I. *On a les égalités*

(6) $$S(r) = \max_{n \le r} \frac{r^n}{A_n^0}, \qquad U(r) = \max_{n \le r} \frac{r^{2n}}{n^n A_n^f}.$$

Autrement dit, la suite régularisée A_n^0 donne naissance à la même fonction $S(r)$ que la suite initiale A_n; de même, la suite A_n^f donne naissance à la même fonction $U(r)$ que la suite A_n.

Démontrons par exemple la première des relations (6). De (5) résulte

$$\frac{r^n}{A_n^0} \ge \frac{r^n}{A_n},$$

d'où, d'après la définition (3) de $S(r)$,

$$\max_{n \le r} \frac{r^n}{A_n^0} \ge S(r).$$

Mais d'après (4), on a

$$\frac{r^n}{A_n^0} \le S(r) \text{ pour } n \le r,$$

et par suite

$$\max_{n \le r} \frac{r^n}{A_n^0} \le S(r).$$

D'où la conclusion.

Corollaire. La régularisée (suivant le premier mode) de la suite A_n^0 est cette suite elle-même; de même, la régularisée (suivant le deuxième mode) de la suite A_n^f est la suite A_n^f. Nous écrirons cela ainsi

$$(A_n^0)^0 = A_n^0, \qquad (A_n^f)^f = A_n^f.$$

Comparaison des régularisées de deux suites.

Considérons une deuxième suite A'_n; désignons par A'^0_n et A'^f_n ses régularisées, par $S'(r)$ et $U'(r)$ les fonctions correspondantes.

Théorème II⁰. *Les trois conditions*

(α) $$A_n^0 \le A'_n \text{ pour tout } n,$$

(α₁) $$A_n^0 \le A'^0_n \text{ pour tout } n,$$

(β) $$S(r) \ge S'(r) \text{ pour tout } r$$

sont deux à deux équivalentes.

Il suffit de montrer l'équivalence de (α) et de (β); car alors, pour la même raison, (α_1) et (β) seront équivalentes, puisque la fonction $S'(r)$ relative à la suite A'^0_n est la même que celle relative à la suite A'_n.

(α) entraine (β), car il existe $n \leq r$ tel que

$$S'(r) = \frac{r^n}{A'} \leq \frac{r^n}{A_n^0},$$

et, d'après (4),

$$\frac{r^n}{A_n^0} \leq S(r).$$

(β) entraine (α), car, quel que soit $\varepsilon > 0$, il existe $r \geq n$ tel que

$$A_n^0 \leq \frac{r^n}{S(r)} + \varepsilon \leq \frac{r^n}{S'(r)} + \varepsilon,$$

et, d'après (3) appliqué à la suie A'_n,

$$\frac{r^n}{S'(r)} \leq A'_n.$$

On démontrerait de même le théorème:

Théorème II^f. *Les trois conditions*

$$A_n^f \leq A'_n \text{ pour tout } n,$$

$$A_n^f \leq A'^f_n \text{ pour tout } n,$$

$$U(r) \geq U'(r) \text{ pour tout } r$$

sont deux à deux équivalentes.

Interprétation géométrique du premier mode de régularisation

(régularisation exponentielle).

Posons $\log r = t$ ($t \geq 0$). Il vient, d'après (3) et (4),

$$-\log S(e^t) = \min_{n \leq e^t} (\log A_n - n\,t), \tag{7}$$

$$\log A_n^0 = \overline{\text{borne}}_{t \geq \log n} (n\,t - \log S(e^t)). \tag{8}$$

Prenons deux axes de coordonnées Ox, Oy dans un plan, et marquons les points $P_1, \ldots, P_n, \ldots$, le point P_n étant défini par les coordonnées

$$x_n = n, \qquad y_n = \log A_n.$$

$t \geq 0$ étant donné, considérons les droites, de coefficient angulaire t, qui passent respectivement par les points P_n dont l'abscisse n est $\leq e^t$. La plus basse de ces droites a pour ordonnée à l'origine $-\log S(e^t)$, d'après (7). Soit $D(t)$ le segment de droite correspondant, limité aux points d'abscisses 0 et e^t.

Considérons l'ensemble $\{n_i\}$ des indices n tels que P_n soit situé sur au moins un segment de droite $D(t)$ $(t \geq \log n)$. Je dis que *cet ensemble est infini;* autrement dit, quel que soit n_i, il existe un $n_{i+1} > n_i$. Sinon, pour tout t assez grand, le segment de droite $D(t)$ passerait par le point P_{n_i}, ce qui obligerait A_n à être infini pour $n > n_i$; or ceci est contraire à l'hypothèse faite sur la suite A_n.

Considérons la suite croissante des entiers n_i

$$n_1 < n_2 < \cdots < n_i < n_{i+1} < \cdots.$$

Pour chacun d'eux, soit n_i, considérons la borne supérieure τ_i des valeurs de t pour lesquelles le segment de droite $D(t)$ passe par le point P_{n_i}; elle est finie, et l'on a évidemment

$$n_{i+1} \leq e^{\tau_i}.$$

Le segment de droite, de pente τ_i, qui passe par P_{n_i}, coupe le droite $x = n_{i+1}$ en un point $P'_{n_{i+1}}$ dont l'ordonnée est au moins égale à celle de $P_{n_{i+1}}$. Quant au point P_n^0 (de coordonnées n et $\log A_n^0$), la relation (8) montre que pour $n_i \leq n < n_{i+1}$, *il est aligné avec* P_{n_i} *et* $P'_{n_{i+1}}$. Les points P_n^0 correspondant à la suite régularisée se répartissent donc successivement sur des segments de droite de pentes croissantes, en nombre infini.

Il résulte de cette étude que l'on a, pour $n_i \leq n < n_{i+1}$,

$$A_{n_i} \leq \frac{A_n^0}{n_{i+1}^{\frac{n-n_i}{n_{i+1}-n_i}}}, \qquad A_{n_i}^{\frac{n_{i+1}-n}{n_{i+1}-n_i}} A_{n_{i+1}}^{\frac{n-n_i}{n_{i+1}-n_i}} \leq A_n^0. \tag{9}$$

Ce sont ces inégalités que nous allons utiliser. On remarquera que, lorsque n est égal à l'un des n_i, on a $A_n = A_n^0$.

2. Identité des classes $\{A_n\}_I$ et $\{A_n^0\}_I$ sur tout intervalle ouvert.

Il est évident, d'après (5), que la classe $\{A_n^0\}_I$ est contenue dans la classe $\{A_n\}_I$. Il faut démontrer la réciproque pour un intervalle *ouvert*, et pour cela il suffit de démontrer ceci:

Si I est un intervalle fini fermé, et si une $f(x)$ appartient à la classe $\{A_n\}_I$, il existe λ fini > 0 tel que l'on ait, au *milieu* de l'intervalle I,

$$(10) \qquad |f^{(n)}| \leq \lambda^n A_n^0 \text{ pour tout } n.$$

On peut supposer que I est l'intervalle $-1 \leq x \leq +1$. Par hypothèse, il existe μ fini > 0 tel que l'on ait, sur tout l'intervalle, $|f^{(n)}| \leq \mu^n A_n$ pour tout n. Or, n étant donné, il existe i tel que

$$n_i \leq n < n_{i+1}$$

(la suite n_i étant celle dont il a été question au § 1). Appliquons l'inégalité (I) de l'Introduction à la fonction $f^{(n_i)}$ et à ses dérivées d'ordres $n - n_i$ et $n_{i+1} - n_i$ (donc pour $k = n - n_i$, $p = n_{i+1} - n_i$, $M_0 = \mu^{n_i} A_{n_i}$, $M_p = \mu^{n_{i+1}} A_{n_{i+1}}$). Il vient

$$|f^{(n)}(0)| < \max\left[2\, e^{n-n_i} \mu^n A_{n_i}^{\frac{n_{i+1}-n}{n_{i+1}-n_i}} A_{n_{i+1}}^{\frac{n-n_i}{n_{i+1}-n_i}}, \quad 2\, e^{n-n_i} \mu^{n_i} A_{n_i} (n_{i+1} - n_i)^{n-n_i}\right].$$

Tenons compte de (9); il vient immédiatement

$$|f^{(n)}(0)| < 2\, e^{n-n_i} \mu^n A_n^0;$$

par suite (10) est vérifiée avec $\lambda = 2\, e\, \mu$. C. Q. F. D.

3. Identité des classes $\{A_n\}_I$ et $\{A_n^f\}_I$ sur tout intervalle

Ici encore, en vertu de (5)', il suffit de montrer que toute fonction de la classe $\{A_n\}_I$ appartient à la classe $\{A_n^f\}_I$. D'après la remarque faite au début de l'Introduction, il suffit de faire la démonstration pour un intervalle fermé fini, qu'on peut supposer être $[-1, +1]$.

Remarquons d'abord que le procédé de régularisation qui conduit à A_n^f se ramène au procédé dit exponentiel de la manière suivante: on pose

$$\sqrt{n^n A_n} = B_n,$$

on prend la régularisée exponentielle de la suite B_n, soit B_n^0, et on a

$$\sqrt{n^n A_n^f} = B_n^0.$$

En désignant cette fois par $\{n_i\}$ la suite des entiers qui s'introduisent dans la régularisation exponentielle de la suite B_n, et en appliquant les relations (9) à la suite B_n, on trouve, pour $n_i \leq n < n_{i+1}$,

$$(9)' \quad \begin{cases} A_{n_i} \leq A_n^f \dfrac{n^n}{n_i^{n_i}\, n_{i+1}^{2(n-n_i)}}, \\[2ex] A_{n_i}^{\frac{n_{i+1}-n}{n_{i+1}-n_i}}\, A_{n_{i+1}}^{\frac{n-n_i}{n_{i+1}-n_i}} \leq A_n^f \dfrac{n^n}{n_i^{\frac{n_i(n_{i+1}-n)}{n_{i+1}-n_i}}\, n_{i+1}^{\frac{n_{i+1}(n-n_i)}{n_{i+1}-n_i}}}. \end{cases}$$

Cela posé, soit I l'intervalle fermé $[-1, +1]$, et soit $f(x)$ une fonction de la classe $\{A_n\}_I$. Nous allons montrer qu'elle appartient à la classe $\{A_n^f\}_I$. Par hypothèse, il existe $\mu > 0$ tel que l'on ait

$$|f^{(n)}(x)| \leq \mu^n A_n \text{ pour tout } n.$$

n étant donné, d'ailleurs quelconque, il existe i tel que

$$n_i \leq n < n_{i+1};$$

appliquons l'inégalité (II) de l'Introduction à la fonction $f^{(n_i)}$ et à ses dérivées d'ordres $n - n_i$ et $n_{i+1} - n_i$ (donc pour $k = n - n_i$, $p = n_{i+1} - n_i$, $M_0 = \mu^{n_i} A_{n_i}$, $M_p = \mu^{n_{i+1}} A_{n_{i+1}}$). On trouve que l'*une au moins* des deux inégalités suivantes est vérifiée:

$$(11) \quad |f^{(n)}(x)| < 2\left(\frac{e^2 p}{k}\right)^k \mu^n A_{n_i}^{\frac{n_{i+1}-n}{n_{i+1}-n_i}}\, A_{n_{i+1}}^{\frac{n-n_i}{n_{i+1}-n_i}},$$

$$(12) \quad |f^{(n)}(x)| < 2\left(\frac{e^2 p^2}{2k}\right)^k \mu^{n_i} A_{n_i}.$$

Etudions successivement ces deux cas. Si (11) a lieu, on en déduit, en tenant compte de (9)',

$$(11)' \quad |f^{(n)}(x)| < 2 e^{2k} \left(\frac{p}{k}\right)^k \frac{n^n}{n_i^{\frac{n_i(n_{i+1}-n)}{n_{i+1}-n_i}}\, n_{i+1}^{\frac{n_{i+1}(n-n_i)}{n_{i+1}-n_i}}} \mu^n A_n^f;$$

et si c'est (12) qui a lieu, on a, toujours en vertu de (9)',

$$(12)' \quad |f^{(n)}(x)| < 2\left(\frac{e^2}{2}\right)^k \left(\frac{p^2}{k}\right)^k \frac{n^n}{n_i^{n_i}\, n_{i+1}^{2(n-n_i)}} \mu^n A_n^f.$$

Posons $\frac{n_{i+1}}{n_i} = u \ (u > 1)$; alors $p = (u - 1)\, n_i$, et (11)' et (12)' prennent la forme

$$(11)'' \qquad |f^{(n)}(x)| < 2 \frac{n^n}{n_i^{n_i}(n - n_i)^{n-n_i}} \left[e^2 (u - 1)\, u^{-\frac{u}{u-1}}\right]^k \mu^n A_n^f;$$

$$(12)'' \qquad |f^{(n)}(x)| < 2 \frac{n^n}{n_i^{n_i}(n - n_i)^{n-n_i}} \left[\frac{e^2}{2}\left(1 - \frac{1}{u}\right)^2\right]^k \mu^n A_n^f.$$

Or on a

$$\frac{n^n}{n_i^{n_i}(n - n_i)^{n-n_i}} < e^n \frac{n!}{n_i!\, \overline{n - n_i}!} = e^n \frac{n!}{k!\, \overline{n - k}!};$$

$$(u - 1)\, u^{-\frac{u}{u-1}} < 1 \text{ quel que soit } u > 1;$$

$$1 - \frac{1}{u} < 1.$$

Dans le cas (11)'' comme dans le cas (12)'', on a donc

$$|f^{(n)}(x)| < 2\, (e\,\mu)^n \frac{n!}{k!\, \overline{n - k}!}\, e^{2k} A_n^f.$$

Cette inégalité a donc lieu dans tous les cas. Or

$$\frac{n!}{k!\, \overline{n - k}!}\, e^{2k}$$

est un terme du développement de $(1 + e^2)^n$, et on a par suite

$$(13) \qquad |f^{(n)}(x)| < 2\, [e\,\mu\,(1 + e^2)]^n A_n^f.$$

Cette inégalité est valable pour tout entier n; elle prouve que la fonction $f(x)$ appartient à la classe $\{A_n^f\}_I$. C. Q. F. D.

4. Le problème de Carleman sur un intervalle ouvert fini.

Pour qu'une classe $\{A_n\}_I$ soit contenue dans une classe $\{A'_n\}_I$, il *suffit*, lorsque l'intervalle I est *ouvert*, que l'on ait (cf. l'Introduction)

$$(1) \qquad \overline{\lim_{n \to \infty}} \left(\frac{A_n^0}{A'_n}\right)^{\frac{1}{n}} < + \infty.$$

En effet, si cette condition est remplie, la classe $\{A_n^0\}_I$ est évidemment contenue dans la classe $\{A'_n\}_I$, et comme les classes $\{A_n\}_I$ et $\{A_n^0\}_I$ sont identiques (§ 2), la proposition s'ensuit.

Nous allons voir maintenant que la condition (1) est *nécessaire* dans le cas d'un intervalle *fini*. Il en résultera qu'elle est nécessaire et suffisante pour un intervalle qui est à la fois ouvert et fini.

Avant d'aborder la démonstration, remarquons que la condition (1) exprime l'existence d'un λ fini > 0 tel que l'on ait

$$A_n^0 \leq \lambda^n A'_n \text{ pour tout } n;$$

si l'on pose

$$S'_\lambda(r) = \max_{n \leq r} \frac{r^n}{\lambda^n A'_n},$$

cette condition est équivalente (théorème II⁰) à

$$(1)' \qquad S(r) \geq S'_\lambda(r).$$

Ainsi (1) exprime l'existence d'un λ tel que (1)′ ait lieu, et, réciproquement (1)′ entraîne (1). On remarquera que $S'_\lambda(r)$ est, pour chaque valeur de r, une fonction décroissante de λ.

Nous allons précisément démontrer notre théorème sous la forme suivante:

Théorème III⁰. *Soit I un intervalle fini quelconque; si la classe $\{A_n\}_I$ est contenue dans la classe $\{A'_n\}_I$, il existe un λ fini > 0 tel que l'on ait*

$$(1)' \qquad S(r) \geq S'_\lambda(r).$$

Pour cela, nous montrerons le

Lemme. *De toute suite infinie croissante d'entiers on peut extraire une suite $\{n_i\}$ pour laquelle existe un μ fini > 0 tel que l'on ait*

$$(14) \qquad S(n_i) \geq S'_\mu(n_i) \text{ pour tout indice } i.$$

Le théorème en résultera; en effet, il existera tout d'abord un λ tel que (1)′ ait lieu pour toutes les valeurs *entières* de r, sinon on pourrait définir une suite croissante d'entiers pour laquelle le lemme serait en défaut. Cela étant, si l'on a

$$S(r) \geq S'_\lambda(r)$$

pour les valeurs entières de r, on a, pour r quelconque,

$$S(r) \geq S'_{2\lambda}(r),^{1}$$

ce qui démontre le théorème.

Il nous reste donc à établir le lemme. Soit donnée une suite infinie croissante σ d'entiers, et soit à montrer l'existence d'une suite partielle $\{n_i\}$ et d'une quantité μ telles que les inégalités (14) soient satisfaites. Nous définissons la suite $\{n_i\}$ par récurrence sur l'indice i ($i = 0, 1, 2, \ldots$), en prenant pour n_0 le plus petit entier de la suite σ, et pour n_{i+1} le plus petit entier de σ qui soit $> n_i$ et satisfasse aux conditions

$$n_{i+1} > \max\left(\frac{A_{n_i+1}}{A_p}, \frac{A_{n_i+1}}{A'_p}\right) \text{ pour tout } p \leq n_i. \tag{15}$$

Avant d'aller plus loin, établissons quelques propriétés de cette suite $\{n_i\}$. Tout d'abord, si dans la relation (3) on remplace r par n_{i+1}, et n par $n_i + 1$, on trouve

$$S(n_{i+1}) \geq \frac{n_{i+1}^{n_i+1}}{A_{n_i+1}},$$

d'où, en tenant compte de (15),

$$\frac{n_{i+1}^{n_i}}{S(n_{i+1})} \leq \min(A_p, A'_p) \text{ pour tout } p \leq n_i.$$

Changeons i en $i - 1$ dans cette inégalité; il vient, pour $i \geq 1$,

$$\frac{n_i^{n_{i-1}}}{S(n_i)} \leq \min(A_p, A'_p) \text{ pour } p \leq n_{i-1}. \tag{16}$$

Soit maintenant j un indice fixe ≥ 0; si $p \leq n_j$, on a

$$\sum_{i=j+1}^{\infty} \frac{n_i^p}{S(n_i)} = \sum_{i=j+1}^{\infty} \frac{n_i^{n_{i-1}}}{S(n_i)} \frac{1}{n_i^{n_{i-1}-p}} \leq \left(\sum_{i=j+1}^{\infty} \frac{1}{n_i^{n_{i-1}-p}}\right) \cdot \min(A_p, A'_p) \leq 2 \min(A_p, A'_p).$$

Nous avons donc

$$\sum_{i=j+1}^{\infty} \frac{n_i^p}{S(n_i)} \leq 2 \min(A_p, A'_p) \text{ pour } p \leq n_j, \tag{17}$$

et d'autre part, en vertu de (16),

---

[1] En effet, soit $n \leq r < n + 1$; on a

$$S(r) \geq S(n) \geq S'_{\lambda}(n) \geq S'_{2\lambda}(r).$$

$$\frac{n_i^p}{S(n_i)} \leq \min(A_p, A'_p) \text{ pour } p \leq n_{i-1}. \tag{18}$$

Ces préliminaires étant posés, nous allons construire une fonction $f(x)$ qui appartient à la classe $\{A_n\}_I$; si la classe $\{A_n\}_I$ est contenue dans la classe $\{A'_n\}_I$, $f(x)$ doit aussi appartenir à cette dernière; or ceci nous conduira précisément à l'inégalité (14) à démontrer.

Tout d'abord, l'intervalle I étant *fini*, on peut supposer qu'il est contenu dans l'intervalle *ouvert* $(-1, +1)$, et qu'il contient l'origine $x = 0$. Cela étant, définissons, sur l'intervalle $(-1, +1)$ (et a fortiori sur I) la fonction $f(x)$ que voici: $T_n(x)$ désignant le polynome

$$\cos(n \arccos x),$$

posons, pour chaque valeur de l'indice $i \geq 1$,

$$Z_i(x) = \frac{1}{2}[T_{n_i-1}(x) + T_{n_i}(x)].$$

(n_i désigne le terme général de la suite définie plus haut), et prenons

$$f(x) = \sum_{i=1}^{\infty} \frac{Z_i(x)}{S(n_i)}. \tag{19}$$

Avant d'étudier cette fonction, disons qu'en vertu des propriétés connues de la fonction $T_n(x)$, la dérivée p^e de la fonction $Z_i(x)$ satisfait, pour $p \leq n_i$, aux inégalités

$$\left(\frac{n_i}{e}\right)^p \leq |Z_i^{(p)}(0)| \leq n_i^p, \tag{20}$$

et

$$|Z_i^{(p)}(x)| \leq K^p n_i^p \tag{21}$$

pour x dans un intervalle fermé I' contenu dans $(-1, +1)$, K dépendant de cet intervalle I' qui est d'ailleurs arbitraire.

De ces inégalités résulte en particulier la convergence uniforme, sur I', de la série (19) et de toutes ses dérivées. D'une façon précise, on a, en désignant par j le plus petit des indices i tels que $n_i \geq p$,

$$|f^{(p)}(x)| \leq K^p \left[\frac{n_j^p}{S(n_j)} + \sum_{i=j+1}^{\infty} \frac{n_i^p}{S(n_i)}\right].$$

Or, d'après (3) appliquée pour $r = n_j$ et $n = p$, on a

$$\frac{n_j^p}{S(n_j)} \leq A_p;$$

en tenant compte, d'autre part, de (17), on trouve

$$|f^{(p)}(x)| \leq 3\, K^p A_p.$$

Une telle inégalité ayant lieu pour tout intervalle fermé contenu dans l'intervalle $(-1, +1)$, on en conclut que $f(x)$ *appartient à la classe* $\{A_n\}_I$ *sur l'intervalle* $(-1, +1)$, et a fortiori sur l'intervalle donné I.

Mais alors $f(x)$ appartient à la classe $\{A'_n\}_I$, d'après l'hypothèse faite sur les classes $\{A_n\}_I$ et $\{A'_n\}_I$. En particulier, il existe un α fini > 0 tel que

$$(22) \qquad |f^{(p)}(0)| \leq \alpha^p A'_p \text{ pour tout } p.$$

Cette inégalité va nous conduire au but. En effet, soit j un indice quelconque ≥ 1. Considérons les valeurs de p qui satisfont à

$$n_{j-1} < p \leq n_j;$$

on a, d'après (20),

$$|Z_j^{(p)}(0)| \geq \left(\frac{n_j}{e}\right)^p, \text{ et, pour } i \geq j+1,\ |Z_i^{(p)}(0)| \leq n_i^p.$$

D'où

$$|f^{(p)}(0)| \geq \frac{1}{e^p} \frac{n_j^p}{S(n_j)} - \sum_{i=j+1}^{\infty} \frac{n_i^p}{S(n_i)},$$

ce qui, combiné d'une part avec (17), d'autre part avec (22), donne

$$\frac{n_j^p}{S(n_j)} \leq e^p (\alpha^p + 2)\, A'_p.$$

Donc il existe $\mu > 1$ tel que

$$(23) \qquad \frac{n_j^p}{S(n_j)} \leq \mu^p A'_p.$$

Cette inégalité vient d'être démontrée pour $n_{j-1} < p \leq n_j$; mais, d'après (18), elle a lieu aussi pour $p \leq n_{j-1}$. Finalement (23) a lieu *pour tout* $p \leq n_j$. On en déduit

$$S'_\mu(n_j) = \max_{p \leq n_j} \frac{n_j^p}{\mu^p A'_p} \leq S(n_j),$$

et ceci est précisément l'inégalité (14) qu'il fallait établir. Ainsi le lemme, et par suite le théorème III⁰, est complètement démontré.

5. Le problème de Carleman sur un intervalle fini, fermé ou semi-ouvert.

Il va être résolu par une méthode parallèle à celle qui a été suivie pour le cas de l'intervalle ouvert fini. Il nous suffira d'indiquer un schéma.

La condition

$$(2) \qquad \overline{\lim_{n \to \infty}} \left(\frac{A^f_n}{A'_n} \right)^{\frac{1}{n}} < +\infty$$

est *suffisante* pour qu'une classe $\{A_n\}_I$ soit contenue dans une classe $\{A'_n\}_I$, *quel que soit l'intervalle I*. Cela résulte du § 3.

On va montrer qu'elle est *nécessaire* dans le cas où l'intervalle I, supposé *fini*, est *semi-ouvert* ou *fermé*.

Pour cela, on pose

$$U'_\lambda(r) = \max_{n \leq r} \frac{r^{2n}}{n^n \lambda^n A'_n},$$

et on démontre:

Théorème III^f. *Soit I un intervalle fini, semi-ouvert ou fermé. Si la classe* $\{A_n\}_I$ *est contenue dans la classe* $\{A'_n\}_I$, *il existe un* λ *fini* > 0 *tel que l'on ait*

$$(2)' \qquad U(r) \geq U'_\lambda(r).$$

Tout revient à démontrer un lemme analogue à celui utilisé pour le théorème III⁰. Étant donné une suite infinie croissante σ d'entiers, on définit une suite partielle $\{n_i\}$ par la condition: n_{i+1} est le premier entier de σ qui soit $> n_i$ et satisfasse aux conditions

$$(24) \qquad n_{i+1} > \max\left(\frac{B_{n_i+1}}{B_p}, \frac{B_{n_i+1}}{B'_p} \right) \text{ pour tout } p \leq n_i;$$

on a posé $B_n = \sqrt{n^n A_n}$, $B'_n = \sqrt{n^n A'_n}$.

De là on déduit, comme plus haut,

$$(25) \qquad \sum_{i=j+1}^{\infty} \frac{n_i^{2p}}{U(n_i)} \leq 2 \min (p^p A_p, p^p A'_p) \text{ pour } p \leq n_j,$$

$$(26) \qquad \frac{n_i^{2p}}{U(n_i)} \leq \min (p^p A_p, p^p A'_p) \text{ pour } p \leq n_{i-1}.$$

On suppose que l'intervalle I est contenu dans l'intervalle fermé $[-1, +1]$, et qu'il a en commun avec lui l'extrémité $x = +1$. On définit, sur l'intervalle $[-1, +1]$, et en particulier sur I, la fonction

$$(27) \qquad f(x) = \sum_{i=1}^{\infty} \frac{T_{n_i}(x)}{U(n_i)},$$

et on étudie cette fonction en utilisant les inégalités connues, relatives aux polynomes de Tchebycheff,

$$(28) \qquad p^p \, | T_n^{(p)}(x) | \leq \left(\frac{e}{2}\right)^p n^{2p} \text{ pour } -1 \leq x \leq +1 \ (p \leq n),$$

$$(29) \qquad p^p \, | T_n^{(p)}(1) | \geq \left(\frac{1}{2e}\right)^p n^{2p} \qquad (p \leq n).$$

De la première on déduit

$$p^p \, | f^{(p)}(x) | \leq \left(\frac{e}{2}\right)^p \cdot 3 \, p^p A_p,$$

ce qui prouve que $f(x)$ appartient à la classe $\{A_n\}_I$.

Mais alors, d'après l'hypothèse, $f(x)$ appartient à la classe $\{A'_n\}_I$, ce qui entraine l'existence d'un α tel que

$$(30) \qquad | f^{(p)}(1) | \leq \alpha^p A'_p.$$

Or, soit j un indice quelconque ≥ 1, et soit p tel que

$$n_{j-1} < p \leq n_j.$$

De (28), (29) et (26) on déduit

$$p^p \, | f^{(p)}(1) | \geq \frac{n_j^{2p}}{U(n_j)} - 2 \left(\frac{e}{2}\right)^p p^p A'_p,$$

ce qui, combiné avec (30), donne

(31) $$\frac{n_j^{2p}}{U(n_j)} \leq \mu^p p^p A'_p,$$

μ étant un nombre convenable qu'on peut supposer > 1. L'inégalité (31), valable pour $n_{j-1} < p \leq n_j$, est aussi valable pour $p \leq n_{j-1}$ d'après (26). Elle est donc valable pour $p \leq n_j$, ce qui entraine

$$U'_\mu(n_j) = \max_{p \leq n_j} \frac{n_j^{2p}}{p^p \mu^p A'_p} \leq U(n_j). \qquad \text{C. Q. F. D.}$$

6. Résumé des résultats.

Nous pouvons résumer les résultats obtenus dans l'énoncé suivant.

Théorème fondamental. *Soit I un intervalle fini. Pour qu'une classe $\{A_n\}_I$ soit contenue dans une classe $\{A'_n\}_I$, il faut et il suffit que l'on ait*

(1) $$\overline{\lim_{n\to\infty}} \left(\frac{A_n^0}{A'_n}\right)^{\frac{1}{n}} < +\infty \text{ lorsque } I \text{ est } \textit{ouvert},$$

et

(2) $$\overline{\lim_{n\to\infty}} \left(\frac{A_n^f}{A'_n}\right)^{\frac{1}{n}} < +\infty \text{ lorsque } I \text{ est } \textit{semi-ouvert} \text{ ou } \textit{fermé}.$$

La condition (1) équivaut à

$$\overline{\lim_{n\to\infty}} \left(\frac{A_n^0}{A'^0_n}\right)^{\frac{1}{n}} < +\infty,$$

et la condition (2) à

$$\overline{\lim_{n\to\infty}} \left(\frac{A_n^f}{A'^f_n}\right)^{\frac{1}{n}} < +\infty.$$

Puisque les classes $\{A_n\}_I$ et $\{A_n^f\}_I$ sont identiques sur tout intervalle, il en est ainsi en particulier pour un *ouvert*, et on peut appliquer (1) au cas où $A'_n = A_n^f$; il vient

$$\overline{\lim_{n\to\infty}} \left(\frac{A_n^0}{A_n^f}\right)^{\frac{1}{n}} < +\infty.$$

Ceci prouve que la condition (2) est plus forte que la condition (1), comme on pouvait s'y attendre (voir l'Introduction). Nous allons montrer que dans le cas où $A'_n = n!$, les conditions (1) et (2) sont équivalentes (cf. le théorème de Mandelbrojt cité dans l'Introduction), mais qu'il est des cas où elles ne le sont pas.

Supposons $A'_n = n!$, ou plutôt, ce qui est aussi commode et revient au même, $A'_n = n^n$. On a alors

$$S'_\lambda(r) = \max_{n \leq r} \frac{r^n}{\lambda^n n^n}, \qquad U'_\lambda(r) = \max_{n \leq r} \frac{r^{2n}}{\lambda^n n^{2n}}.$$

On a donc

$$e^{\alpha_1 r} \leq S'_\lambda(r) \leq e^{\alpha_2 r},$$

α_1 et α_2 étant des constantes positives qui dépendent de λ; de même,

$$e^{\beta_1 r} \leq U'_\lambda(r) \leq e^{\beta_2 r}.$$

Cela posé, la condition (1) équivaut à $S(r) \geq S'_\lambda(r)$, c'est-à-dire à l'existence d'un α tel que

$$S(r) \geq e^{\alpha r};$$

de même (2) équivaut à l'existence d'un β tel que

$$U(r) \geq e^{\beta r}.$$

Or on a vu (§ 1) que $S(r) \leq U(r)$; donc (1) entraine (2). Comme d'autre part (2) entraine toujours (1), on voit que les conditions (1) et (2) sont équivalentes dans le cas $A'_n = n^n$.

Par ailleurs, l'un de nous[1] a donné l'exemple de deux suites $\{A_n\}$ et $\{A'_n\}$ telles que les classes $\{A_n\}_I$ et $\{A'_n\}_I$ soient identiques sur tout intervalle ouvert, mais pas sur l'intervalle fermé $[-1, +1]$. Pour ces classes, la condition (1) est donc remplie, et la condition (2) ne l'est pas.

Terminons par la remarque suivante: pour qu'une classe $\{A_n\}_I$ soit contenue dans une classe $\{A'_n\}_I$ sur un intervalle *fermé* fini, il faut et il suffit que la classe $\{\sqrt{n!\,A_n}\}_I$ soit contenue dans la classe $\{\sqrt{n!\,A'_n}\}_I$ sur un intervalle *ouvert* fini. Pour que les fonctions d'une classe $\{A_n\}_I$ soient toutes analytiques, il faut et il suffit que les fonctions de la classe $\{\sqrt{n!\,A_n}\}_I$ soient toutes analytiques.

[1] Voir H. Cartan, Sur les classes de fonctions définies par des inégalités portant sur leurs dérivées successives (à paraître aux Actualités scientifiques, chez Hermann à Paris); voir le § 6 de ce travail.

68.

Sur les classes de fonctions définies par des inégalités portant sur leurs dérivées successives

Publications de l'Institut Mathématique de Strasbourg, Hermann, Paris, 1940

1. — Soit une suite $\{A_n\}$ de nombres positifs finis ou infinis ($n = 0, 1, \ldots$). On dit, depuis Hadamard et Denjoy, qu'une fonction réelle $f(x)$ de la variable réelle x, définie et indéfiniment dérivable sur un intervalle I, appartient à la classe $\{A_n\}$ si l'on a

$$\overline{\lim_{n\to\infty}} \left(\frac{M_n}{A_n}\right)^{\frac{1}{n}} < +\infty, \tag{1}$$

M_n désignant la borne supérieure, sur I, de la dérivée d'ordre n de la fonction $f(x)$. La condition (1) équivaut à l'existence de deux nombres positifs K et ρ tels que l'on ait, en tout point x de I,

$$|f^{(n)}(x)| \leqslant K\rho^n A_n \tag{2}$$

pour tout entier $n \geqslant 0$ [on pose $f^{(0)}(x) = f(x)$; la présence de K est nécessitée par le fait que l'on veut pouvoir écrire une inégalité valable aussi pour $n = 0$].

Nous adopterons ici une définition un peu différente. Nous dirons que $f(x)$ appartient à la classe $\{A_n\}$ *en un point* x_0 de l'intervalle I s'il existe K et ρ tels que les inégalités (2) aient lieu pour tous les x de I *assez voisins de* x_0. Et nous dirons que $f(x)$ appartient à la classe $\{A_n\}$ *sur l'intervalle* I si $f(x)$ appartient à la classe $\{A_n\}$ en tout point de I.

Cette nouvelle définition coïncide avec l'ancienne dans le cas où I est *compact*, c'est-à-dire *fini et fermé*. Elle en diffère dans les autres cas, notamment dans le cas, étudié par Gorny [1], de l'intervalle $(-\infty, +\infty)$.

Examinons en particulier la classe définie par $A_n = n!$ Pour

---

[1] Ayzyk Gorny, *Comptes Rendus*, 206, 1938, p. 1245.

que $f(x)$ soit *analytique* sur un intervalle I, c'est-à-dire en tout point de I, il faut et il suffit que $f(x)$ appartienne à la classe $\{n!\}$ sur l'intervalle I, — dans le sens nouveau adopté ici.

Le problème de l'équivalence des classes, posé par Carleman, se formule ainsi : donner des conditions nécessaires et suffisantes pour que les classes définies par deux suites $\{A_n\}$ et $\{A_n\}$ soient identiques ; plus généralement, pour que la classe $\{A_n\}$ soit contenue dans la classe $\{A'_n\}$.

Or, il y a en principe un problème d'équivalence pour chaque intervalle particulier, ouvert ou fermé, fini ou infini, et nous verrons que la solution du problème de Carleman varie effectivement avec le type d'intervalle. Pourtant il existe une condition qui est *nécessaire* pour l'équivalence quel que soit le type d'intervalle. Pour pouvoir énoncer cette condition, due à Mandelbrojt, il nous faut d'abord rappeler la définition de la suite *rectifiée* $\{\overline{A_n}\}$ d'une suite $\{A_n\}$.

Considérons toutes les suites $B_n \leqslant A_n$ telles que $\log B_n$ soit une fonction *convexe* de n ; parmi elles, il en est une $\overline{A_n}$ dont les termes sont respectivement supérieurs aux termes de toutes les autres suites jouissant de la même propriété. Si on suppose que $A_n^{\frac{1}{n}}$ tend vers $+\infty$ (hypothèse que nous ferons désormais), les deux suites $\{A_n\}$ et $\{\overline{A_n}\}$ ont une infinité de termes communs, d'indices croissants n_i, et, on a, pour $n_i \leqslant n < n_{i+1}$,

$$\log A_n \geqslant \log \overline{A_n} = \frac{n_{i+1} - n}{n_{i+1} - n_i} \log A_{n_i} + \frac{n - n_i}{n_{i+1} - n_i} \log A_{n_{i+1}}.$$

Cela posé, Mandelbrojt ([2]) a démontré le théorème suivant :

THÉORÈME (M). — *Si la classe* $\{A_n\}$ *est contenue dans la classe* $\{A'_n\}$, *on a nécessairement*

$$\overline{\lim_{n\to\infty}} \left(\frac{\overline{A_n}}{\overline{A'_n}}\right)^{\frac{1}{n}} < +\infty. \tag{3}$$

Ce théorème est valable *quel que soit le type d'intervalle considéré.*

([2]) S. MANDELBROJT, Séries de Fourier et classes quasi-analytiques de fonctions, *Collection Borel* (Gauthier-Villars, 1935). Voir p. 91-93.

En effet, Mandelbrojt montre que la condition (3) est nécessaire pour que toute fonction *périodique* de la classe $\{A_n\}$ appartienne à la classe $\{A'_n\}$; or pour les fonctions périodiques notre définition des classes coïncide avec celle de Hadamard-Denjoy, utilisée par Mandelbrojt dans sa démonstration.

D'autre part la condition (3) est évidemment *suffisante* pour que toute fonction (périodique ou non) de la classe $\{\overline{A_n}\}$ appartienne à la classe $\{\overline{A'_n}\}$, et cela quel que soit le type d'intervalle. Donc *le théorème* (M) *résout le problème de l'équivalence pour deux classes* $\{A_n\}$ et $\{A'_n\}$ *qui sont respectivement identiques aux classes rectifiées* $\{\overline{A_n}\}$ *et* $\{\overline{A'_n}\}$ *sur l'intervalle considéré,* quel que soit d'ailleurs cet intervalle.

On voit que le problème de l'équivalence se trouverait résolu s'il était exact qu'une classe $\{A_n\}$ fût toujours identique à la classe rectifiée $\{\overline{A_n}\}$. Mais nous verrons qu'il n'en est rien. Pourtant nous donnerons des conditions simples qui permettent d'affirmer l'identité des classes $\{A_n\}$ et $\{\overline{A_n}\}$; pour cela nous étudierons successivement le cas de l'*intervalle ouvert* (c'est-à-dire dont tous les points sont intérieurs) et le cas de l'intervalle qui contient au moins un point-frontière. Relativement au premier cas, nous démontrerons (§ 4) le théorème :

THÉORÈME I. — *Si la classe* $\{A_n\}$ *contient la classe analytique* $\{n!\}$, *les classes* $\{A_n\}$ *et* $\{\overline{A_n}\}$ *sont identiques sur tout intervalle ouvert.*

Remarquons ceci : la condition qui exprime qu'une classe $\{A_n\}$ contient la classe $\{n!\}$ est, quel que soit le type d'intervalle,

$$\varliminf_{n\to\infty} \left(\frac{\overline{A_n}}{n!}\right)^{\frac{1}{n}} > 0.$$

En effet cette condition est nécessaire d'après le théorème (M), et elle est évidemment suffisante. Nous verrons d'ailleurs (§ 9, proposition 1) que cette condition équivaut à

$$\varliminf_{n\to\infty} \left(\frac{A_n}{n!}\right)^{\frac{1}{n}} > 0.$$

Nous verrons sur un exemple (§ 6) que le théorème I cesserait d'être vrai si on voulait l'appliquer à un intervalle *fermé.* Mais nous établirons (§ 5) le théorème :

THÉORÈME II. — *Si la classe* $\{\overline{A_n}\}$ *est identique à une classe* $\{B_n\}$ *telle que*

$$\frac{B_{n+1}}{(n+1)B_n}$$

soit une fonction non décroissante de n, alors les classes $\{A_n\}$ *et* $\{\overline{A_n}\}$ *sont identiques sur tout intervalle.*

Remarquons que l'identité des classes $\{\overline{A_n}\}$ et $\{B_n\}$ s'exprime, d'après le théorème (M), par la double condition

$$0 < \underline{\lim}\left(\frac{\overline{A_n}}{B_n}\right)^{\frac{1}{n}} \leqslant \overline{\lim}\left(\frac{\overline{A_n}}{B_n}\right)^{\frac{1}{n}} < +\infty.$$

Si elle est remplie, la classe $\{A_n\}$ contient la classe analytique, car une classe telle que $\{B_n\}$ contient nécessairement la classe analytique.

Voici maintenant quelques indications rapides sur le principe de la démonstration des théorèmes I et II. Nous nous posons le double problème suivant, déjà étudié par divers auteurs [3] : étant donnée une fonction $f(x)$, dérivable jusqu'à l'ordre p sur un intervalle fini et fermé I, trouver, en fonction d'une borne supérieure M_0 de $|f|$ et d'une borne supérieure M_p de $|f^{(p)}|$ sur cet intervalle :

1° Une borne supérieure de $|f^{(k)}|$ au *milieu* de cet intervalle ;

2° Une borne supérieure de $|f^{(k)}|$ dans *tout* l'intervalle (k désigne un entier, $0 < k < p$).

Nous résolvons ce double problème en utilisant les inégalités de Markoff et Bernstein relatives aux *polynômes.* Cela fait, l'inégalité qui limite $|f^{(k)}|$ au *milieu* de l'intervalle fournit aisément une démonstration du théorème I (cas d'un intervalle *ouvert*) ; l'autre inégalité conduit au théorème II.

---

(3) NEDER, *Math. Zeitschrift,* 31, 1930, p. 356. Puis GORNY (*loc. cit.* (1)), pour le cas de l'intervalle ($-\infty$, $+\infty$). Enfin GORNY (*Comptes Rendus,* 206, 1938, p. 1872) pour le cas d'un intervalle fini. Les premières recherches à ce sujet remontent à HADAMARD et LANDAU (inégalité entre les maxima de trois dérivées *consécutives* d'une fonction).

Ce n'est pas tout. Suivant l'exemple de Gorny qui a étudié la classe du produit de deux fonctions [4], nous nous sommes proposé d'utiliser ces inégalités pour étudier la classe d'une fonction composée $f(g(x))$, connaissant les classes respectives auxquelles appartiennent f et g. On trouvera au § 7 un résultat simple qui permet d'affirmer, sous certaines hypothèses assez générales, que la fonction $f(g)$ appartient à la plus grande des deux classes contenant respectivement f et g.

Dans un Appendice, nous avons donné quelques indications sur la possibilité d'étendre la théorie aux fonctions de plusieurs variables. Nous avons aussi relégué dans cet Appendice quelques questions ou démonstrations accessoires.

Addendum. — Depuis que cet article a été écrit, le problème d'équivalence des classes a été complètement résolu par S. Mandelbrojt et moi-même. Voir H. Cartan et S. Mandelbrojt, *Acta Mathematica*, t. 72, 1940, p. 31-49 ; voir aussi H. Cartan, *Comptes Rendus*, t. 210, 1940, p. 431. Enfin on pourra consulter la *Thèse* de A. Gorny (*Acta Math.*, t. 71, 1939, p. 317-358).

---

[4] Gorny, *Comptes Rendus*, 206, 1938, p. 1872.

PREMIÈRE PARTIE

INÉGALITÉS RELATIVES AUX DÉRIVÉES D'UNE FONCTION

2. Rappel de résultats relatifs aux polynômes ([5]).

Considérons le polynôme de degré n

$$U_n(x) = \cos(n \arc\cos x).$$

On a, pour $p \leqslant n$,

$$U_n^{(p)}(0) = 0 \qquad \text{si } n - p \text{ est impair,}$$

et, si $n - p$ est pair,

$$(4) \qquad U_n^{(p)}(0) = \pm 2^{p-1} n \frac{\left(\frac{n+p}{2} - 1\right)!}{\left(\frac{n-p}{2}\right)!},$$

ce qui donne, pour n et p pairs,

$$|U_n^{(p)}(0)| = n^2(n^2-4)(n^2-16)\cdots[n^2-(p-2)^2],$$

et, pour n et p impairs,

$$|U_n^{(p)}(0)| = n(n^2-1)(n^2-9)\cdots[n^2-(p-2)^2].$$

On a aussi, pour tout $p \leqslant n$,

$$(5) \qquad |U_n^{(p)}(1)| = \frac{n^2(n^2-1)(n^2-4)\cdots[n^2-(p-1)^2]}{1.3.5\ldots(2p-1)}$$

$$= 2^p \frac{p!}{(2p)!} n \frac{\overline{n+p-1}!}{\overline{n-p}!} < \left(\frac{e}{2p}\right)^p n^{2p},$$

e désignant la base des logarithmes népériens.

De plus, si un polynôme $P_n(x)$ de degré n satisfait à

$$|P_n(x)| \leqslant 1 \qquad \text{pour} \qquad -1 \leqslant x \leqslant +1,$$

([5]) Voir S. Bernstein, Leçons sur les propriété extrémales, etc..., *Collection Borel* (Gauthier-Villars, 1926), p. 28-31.

on a (6), pour tout $p \leqslant n$, et quel que soit x dans l'intervalle $[-1, +1]$,

$$(6) \qquad |P_n^{(p)}(x)| \leqslant |U_n^{(p)}(1)|.$$

Si on effectue sur la variable la transformation

$$x' = \frac{1-x}{2},$$

on trouve : si un polynôme $Q_n(x)$ de degré n satisfait à

$$|Q_n(x)| \leqslant 1 \qquad \text{pour} \qquad 0 \leqslant x \leqslant 1,$$

on a, pour $0 \leqslant x \leqslant 1$, et pour $p \leqslant n$,

$$(7) \qquad |Q_n^{(p)}(x)| \leqslant 2^p \, |U_n^{(p)}(1)| < \left(\frac{e}{p}\right)^p n^{2p}.$$

Soit maintenant de nouveau $|P_n(x)| \leqslant 1$ pour $-1 \leqslant x \leqslant +1$; et soit à trouver une borne supérieure de $|P_n^{(p)}(0)|$. Posons

$$P_n(x) = \sum_{p=0}^{n} a_p x^p,$$

et distinguons deux cas :

1° *Si p est pair* ($p = 2p'$), posons

$$R_n(x) = \frac{1}{2}[P_n(x) + P_n(-x)] = a_0 + a_2x^2 + \cdots + a_p x^{2p'} + \cdots + a_{2n'}x^{2n'},$$

n' désignant la partie entière de $\frac{n}{2}$. Posons

$$R_n(\sqrt{x}) = Q(x),$$

et appliquons l'inégalité (7) au polynôme $Q(x)$ de degré n' ; il vient, en tenant compte de (5),

$$|a_p| = \frac{1}{p'!}\,|Q^{(p')}(0)| \leqslant \frac{2^{2p'}}{\overline{2p'}!}\, n' \frac{\overline{n'+p'-1}!}{\overline{n'-p'}!},$$

d'où

$$(8) \qquad |P_n^{(p)}(0)| \leqslant 2^{2p'} n' \frac{\overline{n'+p'-1}!}{\overline{n'-p'}!} \qquad \left(p' = \frac{p}{2}, \quad \frac{n-1}{2} \leqslant n' \leqslant \frac{n}{2}\right).$$

2° *Si p est impair* ($p = 2p' + 1$), posons

$$R_n(x) = \frac{1}{2}[P_n(x) - P_n(-x)] = a_1 x + \cdots + a_p x^{2p'+1} + \cdots + a_{2n'+1}x^{2n'+1}$$

(6) S. Bernstein, *loc. cit.*, bas de la p. 29, et en outre p. 46 (lignes 4 à 9).

n' désignant la partie entière de $\frac{n-1}{2}$. On a

$$|R_n(x)| \leqslant 1 \qquad \text{pour} \qquad 0 \leqslant x \leqslant 1,$$

donc [7]

$$|R_n^{(p)}(0)| \leqslant |U_n^{(p)}(0)|,$$

d'où, en se servant de (4),

$$(9) \quad |P_n^{(p)}(0)| \leqslant 2^{2p'}(2n'+1)\frac{(n'+p')!}{(n'-p')!}\left(p' = \frac{p-1}{2}, \frac{n}{2}-1 \leqslant n' \leqslant \frac{n-1}{2}\right).$$

Aucune de ces inégalités ne peut être améliorée. Mais on peut déduire de (8) et (9) une inégalité plus simple, valable quelle que soit la parité de p. En effet (8) donne

$$|P_n^{(p)}(0)| \leqslant 2^{2p'}n'^{2p'} = (2n')^{2p'} \leqslant n^p,$$

et (9) donne

$$|P_n^{(p)}(0)| \leqslant 2^{2p'}(2n'+1)\left(n'+\frac{1}{2}\right)^{2p'} = (2n'+1)^{2p'+1} \leqslant n^p.$$

D'où le résultat [8] :

Si $P_n(x)$ *de degré* n *satisfait à*

$$|P_n(x)| \leqslant 1 \qquad \text{pour} \qquad -1 \leqslant x \leqslant +1,$$

on a, pour $p \leqslant n$,

$$(10) \qquad |P_n^{(p)}(0)| \leqslant n^p.$$

Cette inégalité est asymptotiquement la meilleure possible lorsque n augmente indéfiniment, p restant fixe.

3. Application aux dérivées d'une fonction quelconque.

Soit $f(x)$ dérivable jusqu'à l'ordre p sur l'intervalle fermé $[-1, +1]$. Supposons $|f(x)| \leqslant M_0$, $|f^{(p)}(x)| \leqslant M_p$ sur cet intervalle. Considérons le polynôme

$$P(x) = f(0) + xf'(0) + \cdots + \frac{x^{p-1}}{p-1!} f^{(p-1)}(0).$$

D'après l'expression du reste dans la formule de Taylor, on a

$$P(x) = f(x) - \frac{x^p}{p!} f^{(p)}(\theta x) \qquad (0 < \theta < 1),$$

(7) S. Bernstein, *loc. cit.*, bas de la p. 30.

(8) J'ignore si l'inégalité (10) a déjà été explicitement formulée.

et par suite, pour $-1 \leqslant x \leqslant +1$,

$$|P(x)| \leqslant M_0 + \frac{M_p}{p!}.$$

On a donc, d'après l'inégalité (10), pour chaque entier $k < p$,

$$(11)\quad |f^{(k)}(0)| = |P^{(k)}(0)| \leqslant (p-1)^k\left(M_0 + \frac{M_p}{p!}\right) < p^k\left(M_0 + \frac{M_p}{p!}\right).$$

Soit maintenant $f(x)$ dérivable jusqu'à l'ordre p sur l'intervalle fermé $[0, 1]$, avec $|f(x)| \leqslant M_0$, $|f^{(p)}(x)| \leqslant M_p$ sur cet intervalle. Soit ξ un point, d'ailleurs quelconque, de l'intervalle, et considérons le polynôme

$$Q(x) = f(\xi) + (x-\xi)f'(\xi) + \cdots + \frac{(x-\xi)^{p-1}}{p-1!} f^{(p-1)}(\xi).$$

D'après la formule de Taylor on a

$$Q(x) = f(x) - \frac{(x-\xi)^p}{p!} f^{(p)}(\xi + \theta(x-\xi)) \qquad (0 < \theta < 1);$$

donc, si $0 \leqslant x \leqslant 1$, on a

$$|Q(x)| \leqslant M_0 + \frac{M_p}{p!},$$

et par suite, si $k < p$, on a, d'après (7),

$$(12)\qquad |f^{(k)}(\xi)| = |Q^{(k)}(\xi)| < \left(\frac{e}{k}\right)^k p^{2k}\left(M_0 + \frac{M_p}{p!}\right).$$

Par une transformation linéaire évidente, on peut ramener le cas de l'inégalité (11) à celui d'un intervalle de longueur 2α et celui de l'inégalité (12) à celui d'un intervalle de longueur α. On a donc :

LEMME 1. — *Si $f(x)$ est dérivable jusqu'à l'ordre p sur un intervalle fini fermé* I, *et si on a*

$$|f(x)| \leqslant M_0, \qquad |f^{(p)}(x)| \leqslant M_p$$

sur cet intervalle, on a, au milieu x_0 de l'intervalle I,

$$(11)'\qquad |f^{(k)}(x_0)| < p^k\left(\alpha^{-k}M_0 + \frac{\alpha^{p-k}}{p!} M_p\right),$$

et, dans tout l'intervalle,

$$(12)'\qquad |f^{(k)}(x)| < \left(\frac{ep}{k}\right)^k p^k\left(\alpha^{-k}M_0 + \frac{\alpha^{p-k}}{p!} M_p\right);$$

dans le cas de (11)′ α *désigne la demi-longueur de l'intervalle* I, *et, dans le cas de* (12)′, α *désigne la longueur de l'intervalle* I. *Enfin* k *désigne un entier quelconque compris entre* 0 *et* p.

Nous allons déduire de (11)′ et (12)′ d'autres inégalités par un procédé classique. Désignons maintenant par 2λ la longueur de I dans le cas (11)′, par λ la longueur de I dans le cas (12)′. Nous pouvons écrire (11)′ (resp. (12)′) pour tout $\alpha \leqslant \lambda$. Posons

$$\varphi(\alpha) = p^k\left(\alpha^{-k}M_0 + \frac{\alpha^{p-k}}{p!}M_p\right),$$

et cherchons une borne supérieure du minimum de $\varphi(\alpha)$ pour $\alpha \leqslant \lambda$. Introduisons, au lieu de α, la quantité

$$M'_p = \frac{M_0 p!}{\alpha^p};$$

cette quantité sera arbitraire, pourvu qu'elle reste $\geqslant \dfrac{M_0 p!}{\lambda^p}$. Il vient

$$\varphi(\alpha) = \frac{p^k}{(p!)^{\frac{k}{p}}} M_0^{1-\frac{k}{p}} M_p'^{\frac{k}{p}}\left(1 + \frac{M_p}{M'_p}\right).$$

Nous pouvons astreindre M'_p à la condition supplémentaire $M'_p \geqslant M_p$. D'autre part, on a évidemment

$$\frac{p^k}{(p!)^{\frac{k}{p}}} < e^k.$$

On trouve alors

$$\varphi(\alpha) < 2e^k M_0^{1-\frac{k}{p}} M_p'^{\frac{k}{p}}.$$

D'où le double résultat :

Lemme 2. — *Les notations du lemme* 1 *étant conservées, on a. au milieu* x_0 *de l'intervalle* I,

$$|f^{(k)}(x_0)| < 2e^k M_0^{1-\frac{k}{p}} M_p'^{\frac{k}{p}}, \tag{13}$$

et, en tout point de I,

$$|f^{(k)}(x)| < 2\left(\frac{e^2 p}{k}\right)^k M_0^{1-\frac{k}{p}} M_p'^{\frac{k}{p}}, \tag{14}$$

M'_p *désignant la plus grande des quantités*

$$M_p \quad \text{et} \quad \frac{p!\,M_0}{\lambda^p};$$

[λ désigne la demi-longueur de l'intervalle dans le cas (13), et la longueur de l'intervalle dans le cas (14)].

En remarquant que, pour $k < p$, on a

$$\left(\frac{ep}{k}\right)^k < e^p,$$

l'inégalité (14) donne

$$(14)' \qquad |f^{(k)}(x)| < 2e^{p+k} M_0^{1-\frac{k}{p}} M_p'^{\frac{k}{p}}.$$

Remarque. — Si on a $|f| \leqslant M_0$, $|f^{(p)}| \leqslant M_p$ ($M_p \neq 0$) sur l'intervalle ($-\infty$, $+\infty$), on peut appliquer (13) à tout point x_0, en prenant pour I un intervalle assez grand pour que

$$M_p > \frac{p!\, M_0}{\lambda^p};$$

il vient donc, pour tout x,

$$|f^{(k)}(x)| < 2e^k M_0^{1-\frac{k}{p}} M_p^{\frac{k}{p}}.$$

C'est, à la valeur près de la constante e, l'inégalité établie par Gorny [9]. On démontrerait de même que si on a $|f| \leqslant M_0$, $|f^{(p)}| \leqslant M_p$ sur un intervalle infini dans un sens, et si $M_p \neq 0$, on a sur cet intervalle

$$|f^{(k)}(x)| < 2\left(\frac{e^2 p}{k}\right)^k M_0^{1-\frac{k}{p}} M_p^{\frac{k}{p}}.$$

---

(9) KOLMOGOROFF a même démontré, après Gorny, l'inégalité plus précise

$$|f^{(k)}(x)| \leqslant \frac{\pi}{2} M_0^{1-\frac{k}{p}} M_p^{\frac{k}{p}}.$$

Voir *Comptes Rendus*, 207, 1938, p. 764.

DEUXIÈME PARTIE

APPLICATION DES INÉGALITÉS PRÉCÉDENTES AU PROBLÈME DE L'ÉQUIVALENCE DES CLASSES

4. L'équivalence sur un intervalle ouvert.

Soit donnée une suite infinie de nombres positifs (finis ou infinis) $M_0, \ldots, M_n, \ldots$ Nous nous proposons de démontrer :

Lemme 3. — *Si, pour tout entier n, on a sur un intervalle fermé de longueur 2λ,*

$$|f^{(n)}(x)| \leqslant M_n,$$

et si la suite M_n satisfait à la condition

$$\frac{\lambda^n M_n}{M_0} \geqslant n\,!, \tag{15}$$

alors on a, au milieu x_0 de l'intervalle,

$$|f^{(n)}(x_0)| \leqslant 2e^n \overline{M_n}. \tag{16}$$

Ce lemme est presque évident à partir du lemme 2. Désignons en effet par n_i les entiers n tels que $\overline{M_n} = M_n$. Il suffit de démontrer l'inégalité (16) pour $n_i < n < n_{i+1}$. Pour cela, appliquons le lemme 2 (inégalité (13)) à la fonction $f^{(n_i)}(x)$, avec

$$k = n - n_i, \qquad p = n_{i+1} - n_i.$$

Il vient

$$|f^{(n)}(x_0)| \leqslant 2e^{n-n_i} M_{n_i}^{\frac{n_{i+1}-n}{n_{i+1}-n_i}} M'^{\frac{n-n_i}{n_{i+1}-n_i}}_{n_{i+1}}, \tag{17}$$

avec

$$M'_{n_{i+1}} = \max\left(M_{n_{i+1}}, \frac{\overline{n_{i+1} - n_i\,!}}{\lambda^{n_{i+1}-n_i}} M_{n_i}\right).$$

Mais, en vertu de la convexité de $\log \overline{M}_n$ en fonction de n, on a

$$\frac{M_{n_{i+1}}}{M_{n_i}} \geqslant \frac{\overline{M_{n_{i+1}-n_i}}}{\overline{M}_0},$$

d'où, en vertu de l'hypothèse (15), qui équivaut [10] à $\frac{\lambda^n \overline{M}_n}{\overline{M}_0} \geqslant n\,!$,

$$\frac{M_{n_{i+1}}}{M_{n_i}} \geqslant \frac{\overline{n_{i+1} - n_i\,!}}{\lambda^{n_{i+1}-n_i}}.$$

On a donc $M'_{n_{i+1}} = M_{n_{i+1}}$, et le second membre de (17) est égal à

$$2e^{n - n_i}\overline{M}_n \leqslant 2e^n \overline{M}_n.$$

Le lemme 3 est donc établi.

Il est facile d'en déduire le théorème I (voir son énoncé au § 1). Soit $\{A_n\}$ une classe qui contient la classe analytique ; il existe alors un nombre $k > 0$ tel que l'on ait, pour tout n,

$$\frac{A_n}{n\,!} \geqslant k^n A_0. \tag{18}$$

Soit à démontrer que les classes $\{A_n\}$ et $\{\overline{A_n}\}$ sont identiques sur tout intervalle *ouvert*. Soit I un tel intervalle. Il faut montrer que si une fonction $f(x)$ appartient à la classe $\{A_n\}$ sur I, elle appartient à la classe $\{\overline{A_n}\}$ sur tout intervalle fini fermé I′ intérieur à I. Étant donné un tel intervalle I′, prenons un intervalle fini fermé I″, encore intérieur à I, et tel que tout point de I′ soit milieu d'un intervalle de longueur fixe 2λ contenu dans I″ (λ étant choisi assez petit).

Si $f(x)$ appartient à la classe $\{A_n\}$ sur I, il existe K et $\sigma > 0$ tels que l'on ait, en tout point de I″,

$$|f^{(n)}(x)| \leqslant K\sigma^n A_n \qquad \text{pour tout entier } n \geqslant 0.$$

Choisissons en outre σ assez grand pour que

$$\lambda\sigma \geqslant \frac{1}{k}. \tag{19}$$

Dans ces conditions, on peut appliquer le lemme 3 à n'importe

[10] Voir Appendice, § 9, proposition 1.

quel intervalle de longueur 2λ centré en un point de I', en prenant

$$M_n = K\sigma^n A_n,$$

car on a, en vertu de (18) et (19),

$$\frac{\lambda^n M_n}{M_0} = \frac{\lambda^n \sigma^n A_n}{A_0} \geqslant \frac{A_n}{k^n A_0} \geqslant n!$$

On a donc, en tout point de I',

$$|f^{(n)}(x)| \leqslant 2Ke^n\sigma^n\overline{A_n},$$

et par suite $f(x)$ appartient à la classe $\{\overline{A_n}\}$ sur l'intervalle I'.

C. Q. F. D.

5. L'équivalence sur un intervalle quelconque.

LEMME 4. — *Soit, sur un intervalle fermé de longueur* λ, *une fonction indéfiniment dérivable vérifiant*

$$|f^{(n)}(x)| \leqslant M_n.$$

Si la suite M_n *vérifie la condition*

$$\frac{\lambda^n M_n}{M_0} \geqslant n!,$$

et si la suite $\{n_i\}$ *des n pour lesquels* $M_n = \overline{M_n}$ *est telle que*

$$\frac{n_{i+1}}{n_i} \leqslant t \qquad (t \text{ nombre positif fixe}),$$

alors on a, en tout point x de l'intervalle,

(20) $$|f^{(n)}(x)| \leqslant 2e^{tn}\overline{M_n}.$$

Il suffit de démontrer (20) pour $n_i < n < n_{i+1}$. Appliquons le lemme 2 (inégalité (14)') à la fonction $f^{(n_i)}$, en posant

$$k = n - n_i, \qquad p = n_{i+1} - n_i.$$

Il vient, en raisonnant comme pour le lemme 3,

$$|f^{(n)}(x)| < 2\,pe^{p+k}\overline{M_n}.$$

Or, si $n_{i+1} \leqslant tn_i$, on a

$$p \leqslant (t-1)n_i \leqslant (t-1)n$$

et $k \leqslant n$, d'où l'inégalité (20). Le lemme 4 est donc démontré. Pour en déduire le théorème II (voir § 1), nous commencerons par établir le

THÉORÈME II *bis*. — *Soit* $\{A_n\}$ *une classe qui contient la classe analytique. Supposons que la suite* $\{n_i\}$ *des n tels que* $A_n = \overline{A_n}$ *soit telle que* $\frac{n_{i+1}}{n_i}$ *soit borné. Alors la classe* $\{A_n\}$ *et la classe* $\{\overline{A_n}\}$ *sont identiques sur tout intervalle.*

Ce théorème se ramène immédiatement au lemme 4, comme le théorème I se ramène au lemme 3. Nous laissons au lecteur le soin de le vérifier.

Or, une condition *suffisante* (11) pour que $\frac{n_{i+1}}{n_i}$ soit borné est que la classe $\{\overline{A_n}\}$ soit identique à une classe $\{B_n\}$ telle que

$$\frac{B_{n+1}}{(n+1)B_n}$$

soit une fonction non décroissante de n, ou, ce qui revient au même, telle que

$$\log\left(\frac{B_n}{n\,!}\right)$$

soit une fonction convexe de n. Appelons *régulière* une classe B_n qui satisfait à cette condition. Une classe régulière contient toujours la classe analytique. Nous obtenons ainsi le

THÉORÈME II. — *Si une classe* $\{A_n\}$ *est telle que la classe* $\{\overline{A_n}\}$ *soit identique à une classe régulière, alors les classes* $\{A_n\}$ *et* $\{\overline{A_n}\}$ *sont identiques sur tout intervalle.*

En particulier, la classe analytique $(n\,!)$ est régulière. Donc : *pour qu'une classe* $\{A_n\}$ *soit identique à la classe analytique* $\{n\,!\}$, *il faut et il suffit (quel que soit l'intervalle considéré) que la classe* $\{\overline{A_n}\}$ *soit identique à la classe* $\{n\,!\}$, *c'est-à-dire que l'on ait*

$$0 < \varliminf \left(\frac{\overline{A_n}}{n\,!}\right)^{\frac{1}{n}} \leqslant \varlimsup \left(\frac{\overline{A_n}}{n\,!}\right)^{\frac{1}{n}} < +\infty.$$

Nous reviendrons sur cette condition dans l'Appendice (12).

---

(11) Voir Appendice, § 9, proposition 3.
(12) § 9, proposition 2.

6. Contre-exemples pour les théorèmes précédents.

Nous allons voir :

1° Que les classes $\{A_n\}$ et $\{\overline{A_n}\}$ peuvent être distinctes, même sur un intervalle ouvert, lorsque la classe $\{A_n\}$ ne contient pas la classe analytique ;

2° Que les classes $\{A_n\}$ et $\{\overline{A_n}\}$ peuvent être distinctes sur un intervalle *fermé*, même lorsque la classe $\{A_n\}$ contient la classe analytique.

Une seule et même fonction prouvera tout cela. Définissons par récurrence une suite d'entiers n_i, en posant

$$n_0 = 0, \qquad n_{i+1} = 2^{n_i},$$

et considérons, pour $-1 \leqslant x \leqslant +1$, la fonction

$$f(x) = \sum_{i=0}^{\infty} 2^{-2(n_i)^2} U_{n_{i+1}}(x), \tag{21}$$

en posant toujours

$$U_n(x) = \cos (n \text{ arc } \cos x).$$

$f(x)$ est indéfiniment dérivable dans l'intervalle fermé $[-1, +1]$, car les séries obtenues en différentiant terme à terme un nombre quelconque de fois le second membre de (21) sont toutes uniformément convergentes sur cet intervalle, comme on va le voir. On a en effet, d'après (5) (§ 2),

$$|U^{(p)}_{n_{i+1}}(x)| \leqslant 2^p \frac{p!}{2p!} (n_{i+1})^{2p} = 2^p \frac{p!}{2p!} 2^{2pn_i},$$

d'où

$$|f^{(p)}(x)| \leqslant 2^p \frac{p!}{2p!} \sum_i 2^{2n_i(p-n_i)}, \tag{22}$$

i prenant toutes les valeurs telles que $n_{i+1} \geqslant p$.

Les exposants $2n_i(p - n_i)$ sont tous négatifs sauf peut-être le premier : ce sont des entiers dont la valeur absolue va en augmentant à partir du second. Donc la somme de la série du second membre de (22), à partir du second terme, est inférieure à

$$\sum_{i=1}^{\infty} 2^{-i} = 1.$$

D'où

(23) $$|f^{(p)}(x)| \leqslant 2^p \frac{p\,!}{2p\,!}\,[2^{2n_j(p-n_j)}+1],$$

j désignant le plus petit entier des entiers i tels que $n_{i+1} \geqslant p$.

Pour avoir une borne inférieure de $|f^{(p)}|$ au point $x = 1$, remarquons que l'on a

$$|f^{(p)}(1)| \geqslant 2^{-2(n_j)^2}\,|U^{(p)}_{n_{j+1}}(1)| - \sum_{i=j+1}^{\infty} 2^{-2(n_i)^2}\,|U^{(p)}_{n_{i+1}}(1)|.$$

Or, la série du second membre a une somme inférieure à $2^p \dfrac{p\,!}{2p\,!}$, d'après ce qui précède. D'autre part

$$|U_n^{(p)}(1)| = 2^p \frac{p\,!}{2p\,!}\, n\, \frac{\overline{n+p-1}\,!}{\overline{n-p}\,!} \geqslant 2^p \frac{p\,!}{2p\,!}\left(\frac{n}{e}\right)^{2p}.$$

Il vient donc

(24) $$|f^{(p)}(1)| \geqslant 2^p \frac{p\,!}{2p\,!}\left[\frac{(n_{j+1})^{2p}}{2^{2(n_j)^2}e^{2p}} - 1\right].$$

Cela posé, soit k un entier quelconque. Appliquons (23) pour $p = n_k + 1$, puis (24) pour $p = (n_k)^2 + 1$. Tout d'abord, pour $p = n_k + 1$, on a $j = k$, d'où

$$2^{2n_j(p-n_j)} + 1 = 2^{2n_k} + 1 < 2^{2n_k+1} < 2^{2p},$$

et par suite

(25) $$|f^{(p)}(x)| < 2^{3p} \frac{p\,!}{2p\,!} \qquad (p = n_k + 1).$$

Le second membre de (25) tend vers zéro quand k augmente indéfiniment. *On a donc, dans l'intervalle* $[-1, +1]$,

(26) $$|f^{(p)}(x)| < 1$$

si $p = n_k + 1$, *k étant un entier arbitraire assez grand.*

Faisons maintenant $p = (n_k)^2 + 1$; on a $j = k$, au moins si k est assez grand pour que $n_{k+1} > (n_k)^2$. L'inégalité (24) donne alors

$$|f^{(p)}(1)| \geqslant 2^p \frac{p\,!}{2p\,!}\left[\frac{(n_{k+1})^{2p}}{2^{2(p-1)}e^{2p}} - 1\right].$$

Le log du second membre, lorsque k tend vers l'infini, est asymptotiquement égal à

$$2p \log n_{k+1}, \quad \text{ou encore} \quad 2p\sqrt{p}\log 2.$$

(En effet $\frac{n_{k+1}}{p} = \frac{n_{k+1}}{(n_k)^2+1}$ augmente indéfiniment avec k.) Donc, *quel que soit* $\varepsilon > 0$, *on a*

$$(27) \quad |f^{(p)}(1)| > 2^{(2-\varepsilon)p\sqrt{p}} \quad \text{pour } p = (n_k)^2 + 1 \quad (k \text{ assez grand}).$$

Il est maintenant facile de montrer que *la fonction* $f(x)$ *n'est analytique en aucun point de l'intervalle* $[-1, +1]$. En effet, posons $x = \cos\theta$; on a

$$f(\cos\theta) = \sum_{i=0}^{\infty} 2^{-2(n_i)^2} \cos(n_{k+1}\theta) ;$$

si on change θ en $\theta + \frac{2\pi}{n_i}$, tous les termes de la série, à partir du rang i, restent invariables, car n_{i+1} est un multiple de n_i. Donc si $f(\cos\theta)$ était analytique pour une valeur de θ, elle serait analytique (et périodique) quel que soit θ. Mais alors $f(x)$ serait analytique dans l'intervalle *fermé* [13] $[-1, +1]$. Or, c'est en contradiction évidente avec l'inégalité (27).

Cela étant, il est facile de construire une suite A_n telle que :

1° $A_n^{\frac{1}{n}}$ tende vers $+\infty$ avec n ;

2° $A_n = +\infty$ si n n'est égal à aucun des n_i ;

3° $\overline{A_n} \leqslant n!$ pour tout n.

La fonction $g(x) = f'(x)$ appartient à une telle classe, en vertu de l'inégalité (26). Cependant elle n'appartient pas à la classe $\{\overline{A_n}\}$, même sur l'intervalle *ouvert* $(-1, +1)$, puisqu'elle n'est analytique en aucun point de cet intervalle. *Les classes* $\{A_n\}$ *et* $\{\overline{A_n}\}$ *sont donc distinctes sur l'intervalle ouvert* $(-1, +1)$.

Posons maintenant

$$B_n = \begin{cases} n! & \text{si } n \text{ est l'un des entiers } n_i, \\ +\infty & \text{dans le cas contraire.} \end{cases}$$

---

[13] En effet, posons $e^{i\theta} = t$. La fonction $f(\cos\theta)$ devient une fonction $F(t)$ définie pour $|t| = 1$, et invariante par le changement de t en $\frac{1}{t}$. Si $f(\cos\theta)$ était analytique et périodique, $F(t)$ serait analytique dans une couronne

$$\frac{1}{1+\varepsilon} < |t| < 1 + \varepsilon,$$

et invariante par le changement de t en $\frac{1}{t}$; donc $f(x)$ serait analytique et uniforme dans une ellipse ayant pour foyers les points $x = +1$ et $x = -1$; en particulier, $f(x)$ serait analytique sur l'intervalle *fermé* $[-1, +1]$.

La fonction $g(x) = f'(x)$ appartient à la classe $\{B_n\}$ sur l'intervalle fermé $[-1, +1]$, en vertu de (26). Cette classe $\{B_n\}$ contient évidemment la classe analytique. Je dis qu'*elle est distincte de la classe rectifiée* $\{\overline{B}_n\}$ *sur l'intervalle* $[-1, +1]$; pour cela je vais montrer que $g(x)$ n'appartient pas à la classe $\{\overline{B}_n\}$. En effet, un calcul facile montre que pour $n = (n_k)^2$, $\log \overline{B}_n$ est asymptotiquement égal (pour k très grand) à

$$(n_k)^2 \log n_{k+1} = n\sqrt{n}\log 2\,;$$

par suite, quel que soit $\varepsilon > 0$, on a

$$\overline{B}_p < 2^{(1+\varepsilon)p\sqrt{p}} \qquad \text{pour} \qquad p = (n_k)^2 \qquad (k \text{ assez grand}).$$

Comme d'autre part

$$|g^{(p)}(1)| > 2^{(2-\varepsilon)p\sqrt{p}} \qquad \text{pour} \qquad p = (n_k)^2 \qquad (k \text{ assez grand}),$$

la fonction $g(x)$ n'appartient pas à la classe $\{\overline{B}_n\}$ au point $x = 1$.

C. Q. F. D.

TROISIÈME PARTIE

CLASSE D'UNE FONCTION COMPOSÉE

7. — Nous allons démontrer le théorème suivant.

THÉORÈME III. — *Soit* $\{B_n\}$ *une classe régulière* (*cf* § 5), *et soit* $\{A_n\}$ *une classe quelconque contenant la classe* $\{B_n\}$. *Si* f *est une fonction de la classe* $\{A_n\}$, *et si* g *est une fonction de la classe* $\{B_n\}$, *la fonction composée* $f(g)$ *appartient à la classe* $\{A_n\}$ *sur tout intervalle où elle a un sens.*

D'une façon précise : soit I un intervalle fermé fini sur lequel la fonction $g(x)$ appartient à la classe $\{B_n\}$ et prend des valeurs qui appartiennent à un intervalle fermé fini I′ tel que la fonction f appartienne à la classe $\{A_n\}$ sur I′. Nous allons limiter, sur I, les dérivées successives $F^{(n)}(x)$ de la fonction

$$F(x) = f(g(x)).$$

Pour cela, nous pourrons supposer que l'on a, pour tout $n \geqslant 1$,

$$(28) \qquad \begin{cases} |f^{(n)}(y)| \leqslant A_n & \text{si} \quad y \in I', \\ |g^{(n)}(x)| \leqslant B_n & \text{si} \quad x \in I; \end{cases}$$

s'il n'en était pas ainsi, il suffirait de multiplier A_n par ρ^n et B_n par ρ'^n (ρ et ρ' convenables) pour faire en sorte que les inégalités (28) fussent remplies.

Nous pourrons en outre supposer ([14])

$$(29) \qquad B_n \leqslant A_n \qquad \text{pour tout} \qquad n \geqslant 1,$$

([14]) En effet, la classe $\{A_n\}$ contient par hypothèse la classe $\{B_n\}$, donc

$$\underline{\lim} \left(\frac{A_n}{B_n}\right)^{\frac{1}{n}} > 0$$

et par suite on peut, en multipliant au besoin A_n par k^n ($k > 1$), faire en sorte que $A_n \geqslant B_n$.

puisque par hypothèse la classe $\{A_n\}$ contient la classe $\{B_n\}$. Enfin, désignant par λ la longueur de l'intervalle I', nous supposerons

$$(30) \qquad \lambda^{n-1}\frac{A_n}{A_1} \geqslant \overline{n-1}\,! \qquad \text{pour} \qquad n \geqslant 1,$$

ce qui peut toujours être réalisé puisque la classe $\{A_n\}$ contient la classe analytique ; en effet elle contient une classe régulière.

Nous allons démontrer, moyennant ces hypothèses, l'inégalité

$$(31) \qquad |F^{(n)}(x)| \leqslant 2e^n\left(1 + \sqrt{eA_1}\right)^{2n} A_n \qquad (n \geqslant 1)$$

pour tout x de l'intervalle I. Le théorème III en résultera évidemment.

La dérivée $F^{(n)}(x)$ est égale au produit par $n!$ du coefficient de $(\xi - x)^n$ dans le développement de Taylor de $F(\xi)$ au point $\xi = x$. On l'obtient en écrivant

$$(32) \qquad F(\xi) = f(y) + f'(y)\,(g - y) + \cdots + \frac{f^{(p)}(y)}{p!}\,(g - y)^p + \cdots$$

(on a posé $g(x) = y$),
et en remplaçant dans (32) la quantité $(g - y)$ par

$$(33) \qquad g - y = g'(x)\,(\xi - x) + \cdots + \frac{g^{(n)}(x)}{n!}\,(\xi - x)^n + \cdots.$$

Nous allons d'abord limiter supérieurement le coefficient de $(\xi - x)^n$ dans $(g - y)^p$ (pour $p \leqslant n$). Posons

$$B_n = n!\,C_n.$$

D'après (33), on majore le coefficient de $(\xi - x)^n$ dans $(g - y)^p$ en prenant le coefficient de u^n dans U^p, avec

$$U = C_1 u + \cdots + C_n u^n + \cdots.$$

Ce coefficient ne dépend que de $C_1, C_2, \ldots, C_{n-p+1}$. Or, $\log C_n$ étant par hypothèse fonction convexe de n, on a, pour $k \leqslant n - p$,

$$C_{k+1} \leqslant C_1 \left(\frac{C_{n-p+1}}{C_1}\right)^{\frac{k}{n-p}}.$$

Posons pour un instant

$$\left(\frac{C_{n-p+1}}{C_1}\right)^{\frac{1}{n-p}} = a.$$

On majore le coefficient de u^n dans U^p en prenant le coefficient de u^n dans

$$[C_1u(1 + au + a^2u^2 + \cdots + a^{n-p}u^{n-p})]^p \leqslant \frac{(C_1u)^p}{(1 - au)^p}.$$

Le coefficient de u^n dans le développement du second membre est

$$(C_1)^p a^{n-p} \frac{\overline{n-1}\,!}{\overline{p-1}\,!\,\overline{n-p}\,!} = (C_1)^{p-1}\, C_{n-p+1} \frac{\overline{n-1}\,!}{\overline{p-1}\,!\,\overline{n-p}\,!}.$$

Ceci est une borne supérieure du module du coefficient de $(\xi - x)^n$ dans $(g - y)^p$. En la portant dans (32), il vient

$$(34) \qquad \frac{1}{n!}\,|F^{(n)}(x)| \leqslant \sum_{p=1}^{n} \frac{1}{p!}\,|f^{(p)}(y)|\cdot(C_1)^{p-1}\, C_{n-p+1} \frac{\overline{n-1}\,!}{\overline{p-1}\,!\,\overline{n-p}\,!}.$$

Jusqu'à présent, nous ne nous sommes servis que de la deuxième inégalité (28). Introduisons maintenant les autres hypothèses, c'est-à-dire la première inégalité (28) et les inégalités (29) et (30). En vertu du lemme 2 (inégalité (14)'), on a, pour $p \leqslant n$,

$$|f^{(p)}(y)| \leqslant 2e^{n+p}\, A_1^{\frac{n-p}{n-1}}\, A_p^{\frac{p-1}{n-1}}.$$

Reportons cela dans (34), et remarquons en outre que

$$C_1 = B_1 \leqslant A_1,$$

$$C_{n-p+1} = \frac{1}{\overline{n-p+1}\,!}\, B_{n-p+1} \leqslant \frac{1}{\overline{n-p+1}\,!}\, B_1^{\frac{p-1}{n-1}}\, B_n^{\frac{n-p}{n-1}}$$

$$\leqslant \frac{1}{\overline{n-p+1}\,!}\, A_1^{\frac{p-1}{n-1}}\, A_n^{\frac{n-p}{n-1}}.$$

L'inégalité (34) donne alors, tous calculs faits,

$$(35) \quad |F^{(n)}(x)| \leqslant 2e^n A_n \sum_{p=1}^{n} (eA_1)^p \frac{n!}{p!\,\overline{n-p+1}\,!}\, \frac{\overline{n-1}\,!}{\overline{p-1}\,!\,\overline{n-p}\,!},$$

et comme on a

$$\frac{n!}{p!\,\overline{n-p+1}\,!}\, \frac{\overline{n-1}\,!}{\overline{p-1}\,!\,\overline{n-p}\,!} \leqslant \left(\frac{n!}{p!\,\overline{n-p}\,!}\right)^2,$$

le Σ du second membre de (35) est inférieur au carré de

$$\sum_{p=0}^{n} (\sqrt{eA_1})^p \frac{n!}{p!\,\overline{n-p}\,!} = (1 + \sqrt{eA_1})^n.$$

On en déduit l'inégalité (31) annoncée, et le théorème III est démontré.

Voici maintenant quelques cas particuliers intéressants du théorème III. On peut d'abord considérer le cas où la classe $\{B_n\}$ est la classe analytique. D'où le résultat :

Si f appartient à une classe $\{A_n\}$ contenant la classe analytique, et si g est une fonction analytique quelconque, la fonction f(g) appartient à la classe $\{A_n\}$ sur tout intervalle où elle a un sens.

Un deuxième cas particulier est celui où f et g appartiennent toutes deux à une même classe *régulière* $\{B_n\}$. On voit que $f(g)$ *appartient aussi à cette classe sur tout intervalle où elle a un sens.* Dans ce cas, on peut améliorer l'inégalité (31), et il n'est plus besoin de faire usage du lemme 2. Un calcul facile montre que si l'on a, pour $n \geqslant 1$,

$$|f^{(n)}| \leqslant B_n, \qquad |g^{(n)}| \leqslant B_n,$$

on a aussi

$$|F^{(n)}| \leqslant (1 + B_1)^n B_n. \tag{36}$$

Il suffit pour cela, de se servir de l'inégalité (34).

Un cas encore plus particulier est celui où f est *analytique* et g appartient à une classe *régulière* $\{B_n\}$. Alors $f(g)$ appartient à la classe $\{B_n\}$. En particulier, si g appartient à une classe régulière, $\frac{1}{g}$, $\log g$, e^g, etc..., appartiennent à la même classe dans tout intervalle où ces fonctions ont un sens ([15]).

([15]) Cette question a déjà été étudiée par P. Flamant (*Journal de Math.*, 9e série, t. XVI, 1937, p. 375-420), avec quelques restrictions ; voir p. 399-414.

APPENDICE

8. Extension aux fonctions de plusieurs variables.

Considérons par exemple trois variables x, y, z. Pour simplifier, nous n'envisagerons que le cas des fonctions définies et indéfiniment dérivables dans un ensemble *ouvert* D, d'ailleurs quelconque. Une telle fonction appartiendra à la classe $\{A_n\}$ si à chaque point x_0 de D on peut associer un voisinage V de x_0 tel que, en désignant par M_n la borne supérieure, sur V, de *toutes* les dérivées d'ordre n de la fonction, on ait

$$\overline{\lim_{n \to \infty}} \left(\frac{M_n}{A_n}\right)^{\frac{1}{n}} < +\infty.$$

Pour étudier ces classes, on commence par étudier les polynômes $P_n(x, y, z)$ de degré n. Si l'on a

$$|P_n(x, y, z)| \leqslant 1$$

dans un cube de côté égal à 2 et d'arêtes parallèles aux axes, on a, au *centre* de ce cube,

$$|P_n^{(p)}| \leqslant n^p,$$

$P_n^{(p)}$ désignant l'une quelconque des dérivées d'ordre p ($p \leqslant n$). En effet cela résulte facilement de l'inégalité (10) (§ 2), pour les polynômes à une variable.

De là on déduit, comme au § 3, que si $f(x, y, z)$ possède, dans un cube de côté 2α, des dérivées jusqu'à l'ordre p, on a, au centre de ce cube, pour toute dérivée d'ordre $k < p$,

$$|f^{(k)}| < p^k(\alpha^{-k}M_0 + \frac{\alpha^{p-k}}{p!}3^pM_p) ;$$

M_0 désigne une borne supérieure de $|f|$, et M_p une borne supérieure de toutes les dérivées d'ordre p dans le cube. Dans le second membre de cette inégalité intervient 3^p, parce que 3 est le nombre des variables. On en tire, en procédant comme pour le lemme 2,

$$|f^{(k)}| < 2(3e)^k M_0^{1-\frac{k}{p}} {M'_p}^{\frac{k}{p}},$$

M'_p désignant la plus grande des quantités

$$M_p \quad \text{et} \quad \frac{p!\, M_0}{(3\alpha)^p}.$$

De là on déduit l'analogue du théorème I : *si une classe* $\{A_n\}$ *contient la classe analytique, elle est identique à la classe rectifiée sur tout ensemble ouvert.*

Enfin le théorème III s'étend aux fonctions composées

$$f(g_1, g_2, g_3).$$

Signalons, à ce propos, le théorème de Gorny suivant lequel le produit de plusieurs fonctions d'une classe $\{A_n\}$ appartient à $\{A_n\}$ lorsque la classe $\{A_n\}$ contient la classe analytique ([16]). Ce théorème ne rentre d'ailleurs pas dans notre théorème III généralisé ; on peut le déduire directement de la formule de Leibniz en se servant du lemme 2 (appliqué aux fonctions g_1, g_2, g_3).

9. Examen de quelques questions accessoires.

Proposition 1. — *Soient deux suites* $\{A_n\}$ *et* $\{B_n\}$; *supposons* $\log B_n$ *fonction convexe de n, avec*

$$\lim_{n \to \infty} (B_n)^{\frac{1}{n}} = +\infty.$$

Moyennant ces hypothèses les deux conditions

$$\left(\frac{\overline{A}_n}{B_n}\right)^{\frac{1}{n}} \geqslant \rho \qquad \text{pour tout } n,$$

et

$$\left(\frac{A_n}{B_n}\right)^{\frac{1}{n}} \geqslant \rho \qquad \text{pour tout } n,$$

sont équivalentes.

Il est évident que la première condition entraîne la seconde. La réciproque est exacte, car soit $\{n_i\}$ la suite (infinie) des entiers n *tels que* $A_n = \overline{A}_n$. Si l'on a

$$\left(\frac{A_{n_i}}{B_{n_i}}\right)^{\frac{1}{n_i}} \geqslant \rho$$

([16]) Cf ([4]).

pour chaque n_i, on a *a fortiori*, pour n compris entre n_i et n_{i+1},

$$\left(\frac{\bar{A}_n}{B_n}\right)^{\frac{1}{n}} \geqslant \rho,$$

car cela résulte de la convexité de $\log B_n$ en fonction de n.

C. Q. F. D.

Nous nous sommes servis à plusieurs reprises de cette proposition dans le cas où $B_n = n!$

Revenons maintenant sur la condition d'équivalence d'une classe $\{A_n\}$ avec la classe analytique $\{n!\}$, condition donnée au § 5 comme conséquence du théorème II. Cette condition nécessaire et suffisante se décompose en deux conditions que voici :

$$\underline{\lim}\left(\frac{\bar{A}_n}{n!}\right)^{\frac{1}{n}} > 0 ;$$

$$\overline{\lim}\left(\frac{\bar{A}_n}{n!}\right)^{\frac{1}{n}} < +\infty .$$

La première, on vient de le voir, équivaut à

$$\underline{\lim}\left(\frac{A_n}{n!}\right)^{\frac{1}{n}} > 0.$$

Nous allons transformer la seconde. Pour cela, désignons toujours par $\{n_i\}$ la suite des entiers n tels que $A_n = \bar{A}_n$.

PROPOSITION 2. — *Pour une suite* $\{A_n\}$ *qui satisfait à la condition*

$$\underline{\lim}\left(\frac{A_n}{n!}\right)^{\frac{1}{n}} > 0,$$

la condition

$$\overline{\lim}\left(\frac{\bar{A}_n}{n!}\right)^{\frac{1}{n}} < +\infty \tag{37}$$

équivaut à l'ensemble des deux conditions

$$\overline{\lim_{i\to\infty}}\left(\frac{A_{n_i}}{n_i!}\right)^{\frac{1}{n_i}} < +\infty, \quad \overline{\lim_{i\to\infty}}\ \frac{n_{i+1}}{n_i} < +\infty. \tag{38}$$

Pour la démonstration, on peut supposer $A_n \geqslant n!$, en multipliant au besoin A_n par ρ^n ($\rho > 0$ convenable), ce qui ne change ni la condition (37) ni les conditions (38). Il nous faut montrer que si (37) est remplie, $\frac{n_{i+1}}{n_i}$ est borné ; et que réciproquement, si les deux conditions (38) sont remplies, la condition (37) est vérifiée.

Supposons (37) remplie. On aura *a fortiori*

$$\overline{\lim}\left(\frac{\overline{A'_n}}{n!}\right)^{\frac{1}{n}} < +\infty, \tag{39}$$

en posant

$$A'_n = \begin{cases} n! & \text{si } n \text{ est l'un des } n_i, \\ +\infty & \text{dans le cas contraire.} \end{cases}$$

Or, la condition (39) exige que la suite $\frac{n_{i+1}}{n_i}$ soit bornée : on le voit par un calcul élémentaire relatif à la fonction factorielle.

Réciproquement, supposons $\frac{n_{i+1}}{n_i}$ borné. Alors $\left(\frac{\overline{A'_n}}{n!}\right)^{\frac{1}{n}}$ est borné. Si de plus

$$\frac{A_{n_i}}{n_i!} \leqslant \rho^{n_i} \qquad (\rho > 0 \text{ convenable}),$$

alors on a évidemment, pour tout n,

$$\overline{A_n} \leqslant \rho^n \overline{A'_n},$$

donc la condition (37) est remplie.

C. Q. F. D.

De là on déduit :

Condition d'équivalence avec la classe analytique : Pour qu'une classe $\{A_n\}$ *soit identique à la classe analytique, il faut et il suffit* (quel que soit le type d'intervalle considéré) *que l'on ait*

$$\lim_{n\to\infty}\left(\frac{A_n}{n!}\right)^{\frac{1}{n}} > 0,$$

et qu'il existe une suite d'entiers n_i *telle que* $\frac{n_{i+1}}{n_i}$ *soit borné et que* $\left(\frac{A_{n_i}}{n_i!}\right)^{\frac{1}{n_i}}$ *soit borné.*

On remarquera que *l'existence d'une suite* n_i *telle que* $\frac{n_{i+1}}{n_i}$ *soit borné et que*

$$\left(\frac{A_{n_i}}{n_i!}\right)^{\frac{1}{n_i}}$$

soit borné entraîne le fait que toutes les fonctions de la classe $\{A_n\}$ *sont analytiques.* Cela résulte de la démonstration ci-dessus, et aussi, directement, de l'inégalité (14)' du lemme 2.

Par contre il serait faux de croire que si une classe $\{A_n\}$ est contenue dans la classe analytique, il existe une suite n_i telle que $\frac{n_{i+1}}{n_i}$ soit borné et que

$$\left(\frac{A_{n_i}}{n_i!}\right)^{\frac{1}{n_i}}$$

soit borné. En effet, une condition nécessaire et suffisante pour qu'une classe $\{A_n\}$ soit contenue dans la classe $\{n!\}$ a été donnée par Mandelbrojt ([17]) ; elle est remplie pour la classe $\{A_n\}$ que voici : donnons-nous une suite infinie *arbitraire* d'entiers croissants n_i, et posons

$$A_n = \begin{cases} (n_{i+1})^{n_i} e^{-n_{i+1}} & \text{si} \quad n = n_i, \\ +\infty & \text{si } n \text{ est différent de tous les } n_i. \end{cases}$$

Toutes les fonctions de la classe $\{A_n\}$ sont analytiques, en vertu du critère de Mandelbrojt. Mais on remarquera que si $\frac{n_{i+1}}{n_i}$ n'est pas borné, cette classe ne contient pas *toutes* les fonctions analytiques.

Pour terminer, montrons que la proposition 2 subsiste en partie quand on y remplace la classe $\{n!\}$ par une classe « régulière » $\{B_n\}$, c'est-à-dire telle que

$$\log\left(\frac{B_n}{n!}\right)$$

soit une fonction convexe de n. D'une façon précise, on a :

PROPOSITION 3. — *Soit* $\{B_n\}$ *une classe régulière. Si une suite* $\{A_n\}$ *satisfait aux deux conditions*

$$\underline{\lim}\left(\frac{A_n}{B_n}\right)^{\frac{1}{n}} > 0$$

et

$$\overline{\lim}\left(\frac{A_n}{B_n}\right)^{\frac{1}{n}} < +\infty, \tag{40}$$

([17]) MANDELBROJT, *loc. cit.*, p. 97-100.

le quotient $\frac{n_{i+1}}{n_i}$ *est borné.* Comme plus haut, la suite $\{n_i\}$ désigne celle des entiers n pour lesquels $A_n = \overline{A}_n$.

La démonstration est semblable à celle de la proposition 2. On peut supposer $A_n \geqslant B_n$, en multipliant au besoin A_n par ρ^n ($\rho > 0$ convenable). Si (40) est vérifiée, on a *a fortiori*

$$\overline{\lim}\left(\frac{\overline{A'_n}}{B_n}\right)^{\frac{1}{n}} < +\infty, \tag{41}$$

en posant

$$A'_n = \begin{cases} B_n & \text{si } n \text{ est l'un des } n_i, \\ +\infty & \text{dans le cas contraire.} \end{cases}$$

Or, on a $B_n = n!\, C_n$, et $\log C_n$ est une fonction convexe de n; la condition (41) exige donc que $\frac{n_{i+1}}{n_i}$ soit borné, en vertu des propriétés de la fonction factorielle. C. Q. F. D.

C'est cette proposition 3 que nous avons utilisée par anticipation pour énoncer le théorème II (§§ 1 et 5).

(26 Janvier 1939.)

69.

Sur la mesure de Haar

Comptes Rendus de l'Académie des Sciences de Paris 211, 759–762 (1940)

1. Soit G un groupe *localement compact* [1]. Toutes les démonstrations connues de l'existence d'une *mesure invariante* par les *translations à gauche* font appel à l'axiome du choix : choix dénombrable si l'on fait sur G des hypothèses convenables de dénombrabilité (Haar), choix général sans ces hypothèses [Banach, A. Weil [2]]. L'*unicité* de la mesure (à un facteur constant près) est démontrée *ensuite*. On peut lever ce paradoxe et *prouver existence et unicité sans l'axiome du choix*. Elles découlent d'une proposition qui n'est pas nouvelle, mais que nous démontrerons sans faire appel à l'existence d'une mesure invariante; la voici :

Théorème d'approximation. — *Soit* $f \in \mathcal{C}$ [3], ε *un nombre* > 0, *et* V *un voisinage de l'unité* (*dans* G) *tel que*

$$y^{-1}x \in V \quad \text{entraîne } |f(x) - f(y)| \leqq \varepsilon.$$

Soient $g \in \mathcal{C}$, *telle que* $g = 0$ *en dehors de* V. *Alors, pour tout* $\alpha > \varepsilon$, *on peut trouver des* $s_i \in G$ *en nombre fini, et des constantes* $c_i > 0$, *de manière que l'on ait, pour tout* $x \in G$,

$$(1) \qquad \left| f(x) - \sum_i c_i g(s_i^{-1} x) \right| \leqq \alpha.$$

2. Rappelons d'abord quelques résultats connus [2]. Soit $\mathcal{F}$ la famille des fonctions f bornées et $\geqq 0$, telles que l'ensemble $f > 0$ soit relativement compact, et qu'il existe $\eta > 0$ et un ensemble ouvert sur lequel on a $f \geqq \eta$. Si $f \in \mathcal{F}$ et $\varphi \in \mathcal{F}$, on désigne par $(f : \varphi)$ la borne inférieure (*non nulle*)

---

(1) Pour la terminologie, voir N. Bourbaki, *Éléments de Mathématique*, livre III, Topologie générale, chap. I (*Actualités scientifiques*, fasc. 858, 1940).

(2) Voir A. Weil, *L'intégration dans les groupes topologiques* (*Actualités scient.*, fasc. 869, 1940). Nous renvoyons, pour la bibliographie, à cet ouvrage dont nous adoptons les notations et dont nous nous sommes inspiré pour les démonstrations.

(3) $\mathcal{C}$ désignera la famille des fonctions définies sur G, continues et $\geqq 0$, non identiquement nulles, et telles que l'ensemble $f > 0$ soit relativement compact.

des $c > 0$ tels qu'il existe des $s_i \in G$ et des $c_i > 0 \left(\sum_i c_i = c\right)$ satisfaisant à

$$f(x) \leqq \sum_i c_i \varphi(s_i^{-1} x) \qquad \text{pour tout } x \in G.$$

On a $1/(g:f) \leqq (f:\varphi)/(g:\varphi) \leqq (f:g)$.

Prenons une fois pour toutes une $f_0 \in \mathcal{C}$, et posons

$$I_\varphi(f) = (f:\varphi)/(f_0:\varphi) \qquad [1/(f_0:f) \leqq I_\varphi(f) \leqq (f:f_0)].$$

Pour chaque $\varphi \in \mathcal{F}$, $I_\varphi(f)$ est une fonction de $f \in \mathcal{C}$, *invariante à gauche* [si l'on pose $f_s(x) = f(s^{-1}x)$, on a $I_\varphi(f_s) = I_\varphi(f)$], *homogène* [$I_\varphi(cf) = cI_\varphi(f)$ pour c constant > 0], *croissante et convexe*

$$[f \leqq f_1 + f_2 \quad \text{entraîne } I_\varphi(f) \leqq I_\varphi(f_1) + I_\varphi(f_2)].$$

De plus

LEMME. — *Étant données des $f_i \in \mathcal{C}$ en nombre fini, et des quantités $\rho > 0$ et $\Lambda > 0$, il existe un voisinage* U *de l'unité tel que l'on ait*

$$I_\varphi\left(\sum_i \lambda_i f_i\right) \leqq \sum_i \lambda_i I_\varphi(f_i) \leqq I_\varphi\left(\sum_i \lambda_i f_i\right) + \rho,$$

pour toute $\varphi \in \mathcal{F}_U$ ([4]), *et quelles que soient les constantes $\lambda_i \leqq \Lambda$.*

3. *Démonstration du théorème d'approximation.* — D'après les hypothèses, on a

$$(2) \qquad [f(x) - \varepsilon]\, g(s^{-1}x) \leqq f(s)\, g(s^{-1}x) \leqq [f(x) + \varepsilon]\, g(s^{-1}x).$$

α étant donné $> \varepsilon$, déterminons $\eta > 0$ assez petit pour que $(f : g^*)\eta < \alpha - \varepsilon$; g^* désigne la fonction définie par $g^*(x) = g(x^{-1})$. Puis soit W un voisinage de l'unité assez petit pour que

$$y^{-1}x \in W \qquad \text{entraîne} \quad |g(x) - g(y)| \leqq \eta.$$

Il existe des $s_i \in G$, en nombre fini, tels que les ensembles $s_i W$ recouvrent l'ensemble où $f > 0$; puis il existe ([5]) des $h_i \in \mathcal{C}$ telles que $h_i = 0$ en dehors de $s_i W$, et $\sum_i h_i = 1$ en tout point où $f > 0$. On a alors

$$h_i(s) f(s) [g(s_i^{-1}x) - \eta] \leqq h_i(s) f(s)\, g(s^{-1}x) \leqq h_i(s) f(s) [g(s_i^{-1}x) + \eta].$$

Sommons par rapport à i, et comparons à (2); on obtient

$$[f(x) - \varepsilon]\, g(s^{-1}x) - \eta f(s) \leqq \sum_i h_i(s) f(s)\, g(s_i^{-1}x) \leqq [f(x) + \varepsilon]\, g(s^{-1}x) + \eta f(s),$$

([4]) $\mathcal{F}_U$ désigne l'ensemble des $\varphi \in \mathcal{F}$ qui s'annulent en dehors de U. Pour la démonstration de ce lemme, voir A. WEIL, *loc. cit.*, p. 36.

([5]) Voir DIEUDONNÉ, *Comptes rendus*, 205, 1937, p. 593.

inégalité entre des fonctions de s dont nous allons prendre le I_φ, en remarquant que

$$I_\varphi[g(s^{-1}x)] = I_\varphi[g^\star(x^{-1}s)] = I_\varphi(g^\star).$$

Il vient

$$[f(x)-\varepsilon]\,I_\varphi(g^\star) - \eta\, I_\varphi(f) \leqq I_\varphi\Big[\sum_i h_i f g(s_i^{-1}x)\Big] \leqq [f(x)+\varepsilon]\,I_\varphi(g^\star) + \eta\, I_\varphi(f).$$

Mais

$$I_\varphi(f)/I_\varphi(g^\star) \leqq (f:g^\star) = \frac{\beta-\varepsilon}{\eta} \qquad (\beta \text{ étant } < \alpha),$$

d'où

$$f(x) - \beta \leqq I_\varphi\Big[\sum_i \frac{g(s_i^{-1}x)}{I_\varphi(g^\star)} h_i f\Big] \leqq f(x) + \beta. \tag{3}$$

Appliquons le lemme aux fonctions $f_i = h_i f$, en posant $\lambda_i = g(s_i^{-1}x)/I_\varphi(g^\star)$ [quantités $\leqq \Lambda = (f_0 : g^\star)\sup g$], et prenant $\rho = \alpha - \beta$. Il vient, pour $\varphi \in \mathcal{F}_U$ (U convenable), et en posant $I_\varphi(h_i f)/I_\varphi(g^\star) = c_i$,

$$I_\varphi\Big[\sum_i \frac{g(s_i^{-1}x)}{I_\varphi(g^\star)} h_i f\Big] \leqq \sum_i c_i g(s_i^{-1}x) \leqq I_\varphi\Big[\sum_i \frac{g(s_i^{-1}x)}{I_\varphi(g^\star)} h_i f\Big] + \rho,$$

ce qui, combiné avec (3), donne l'inégalité (1) du théorème d'approximation.

4. *Existence de la mesure invariante.* — Il faut prouver l'existence d'une fonctionnelle $I(f)$, définie et >0 pour $f \in \mathcal{C}$, additive, et telle que $I(f_s) = I(f)$. Pour cela, il suffit de prouver que, pour chaque f, $I_\varphi(f)$, considérée comme fonction de φ, a une limite suivant le filtre qui a pour base les $\mathcal{F}_U$. L'existence d'une limite sera assurée si l'on prouve, pour tout $f \in \mathcal{C}$ et tout $\varepsilon > 0$, l'existence d'un U tel que $\varphi \in \mathcal{F}_U$ et $\psi \in \mathcal{F}_U$ entraînent

$$|I_\varphi(f) - I_\psi(f)| \leqq \varepsilon.$$

La limite $I(f)$ sera alors une fonction *additive* de f, en vertu du lemme.

Or, soient donnés $f \in \mathcal{C}$ et $\gamma > 0$; déterminons, par le théorème d'approximation, une $g \in \mathcal{C}$, des s_i et des c_i qui satisfassent à (1) pour un $\alpha < \gamma$; puis, d'après le lemme, un U tel que $\varphi \in \mathcal{F}_U$ entraîne

$$I_\varphi(f) - \gamma \leqq \Big(\sum_i c_i\Big) I_\varphi(g) \leqq I_\varphi(f) + \gamma.$$

Opérons de même avec f_0 telle que $I_\varphi(f_0) = 1$ pour toute φ, et en prenant la même g; il vient une inégalité analogue. Ces deux inégalités, appliquées à deux fonctions φ et ψ, prouvent que $I_\varphi(f)$ et $I_\psi(f)$ sont voisins dès que φ et ψ appartiennent à un $\mathcal{F}_U$ convenable. C. Q. F. D.

70.

Sur les fondements de la théorie du potentiel

Bulletin de la Société mathématique de France 69, 71–96 (1941)

Comme l'ont montré les recherches modernes sur le potentiel et le problème de Dirichlet ([1]), la plupart des développements de la théorie découlent de quelques propriétés initiales très simples, par exemple du fait que l'intégrale d'énergie d'une distribution de masses est essentiellement positive et ne s'annule qu'avec les masses. De même, l'opération appelée « balayage » revient, suivant un principe dû à Gauss et remis en honneur par Frostman et De la Vallée Poussin, à la recherche du minimum d'une intégrale, liée directement à l'intégrale d'énergie. Les fondements de la théorie résident donc dans certaines propriétés de la fonction $\frac{1}{r}$ dans l'espace euclidien à trois dimensions (r désignant la distance de deux points), ou, plus généralement, de la fonction r^{2-n} dans l'espace à $n > 2$ dimensions (le cas du potentiel logarithmique dans le plan étant ici laissé de côté). Or la fonction r^{2-n} n'est pas seule à jouir de ces propriétés : Marcel Riesz a reconnu qu'une grande partie de la théorie du potentiel subsiste lorsqu'on remplace la fonction r^{2-n} par $r^{\alpha-n}$, α étant un exposant positif quelconque inférieur à n. La théorie des « potentiels d'ordre α » a été développée par M. Riesz et Frostman ([2]).

Mais si l'on analyse de plus près les fondements, on voit que l'espace euclidien lui-même ne joue pas un rôle essentiel, bien

---

([1]) *Voir* notamment : De la Vallée Poussin, *Les nouvelles méthodes de la théorie du potentiel*, etc. (*Actualités scient. et industr.*, n° 578, Paris 1937); O. Frostman, *Potentiel d'équilibre et capacité des ensembles* (Thèse, Lund 1935); M. Riesz, *Intégrales de Riemann-Liouville et potentiels* (*Acta Szeged*, t. 9, 1938, p. 1-42). On trouvera une bibliographie dans l'exposé de G. C. Evans, *Dirichlet problems* (*Amer. math. Soc.*, 1938, p. 185-226).

([2]) *Voir* les deux Ouvrages cités, et aussi Frostman, *Sur le balayage des masses* (*Acta Szeged*, t. 9, 1938, p. 43-51).

que les démonstrations de M. Riesz et Frostman fassent intervenir soit la notion de dérivabilité (par considération du laplacien), soit les propriétés classiques du potentiel newtonien ([3]). Nous verrons qu'on peut s'en passer. Que la théorie soit susceptible d'être transportée dans un espace topologique plus général, c'est là une idée qu'avait déjà eue Marcel Brelot; je lui dois de vifs remerciements pour m'avoir aimablement communiqué des notes et des résultats obtenus sur ce sujet par lui-même et J. Dieudonné.

En réalité, c'est la formule de composition due à M. Riesz ([1]) qui me paraît jouer un rôle de premier plan. Aussi me placerai-je dans l'espace d'un *groupe* topologique localement compact, pour avoir une opération de composition. J'ignore si une telle généralisation est susceptible de futures applications. Si je l'entreprends, c'est surtout pour mettre en lumière le mécanisme de départ qui rend possible une théorie du potentiel; c'est pour donner, des faits essentiels, des démonstrations aussi pures que possible, ne faisant pas appel à des contingences secondaires ou fortuites. Le présent exposé contient, outre une démonstration nouvelle du fait qu'un même potentiel ne peut provenir de deux distributions de masses différentes, un théorème que je crois nouveau, même dans le cas newtonien (Théorème IV); ce théorème nous fournira, de la possibilité du balayage, ou de l'existence d'une « distribution capacitaire », une démonstration nouvelle, complètement indépendante de tout axiome de choix.

Les deux premiers paragraphes sont consacrés à des rappels relatifs aux mesures de Radon dans un espace localement compact, et aux groupes topologiques. A ce sujet, on pourra consulter l'Ouvrage de A. Weil (*L'intégration dans les groupes topologiques et ses applications*; n° 869 des *Actualités scientifiques*, Paris 1940).

I. **Mesures de Radon ou distributions de masses.** — Plaçons-nous dans un espace topologique E *localement compact*, c'est-à-dire

([3]) Par exemple page 32 de la Thèse de Frostman, lors de la démonstration du théorème fondamental relatif à l'intégrale d'énergie des potentiels d'ordre α.

dont tout point possède un voisinage compact ([4]). L'espace euclidien rentre, bien entendu, dans cette catégorie; rappelons que les sous-ensembles compacts de l'espace euclidien sont les sous-ensembles *bornés* et *fermés*. Nous désignerons par $\mathcal{C}_+$ l'ensemble des fonctions à valeurs réelles $\geqq 0$, définies et *continues* en tout point de E, et nulles en dehors d'un ensemble compact (cet ensemble n'est pas fixé à l'avance : chaque fonction de la famille $\mathcal{C}_+$ est assujettie à la condition qu'il existe un ensemble compact tel qu'elle soit nulle en tout point de son complémentaire).

Par définition, une *mesure de Radon positive*, ou *distribution de masses positives*, est une fonctionnelle $\mu(f)$, définie et additive sur l'ensemble $\mathcal{C}_+$, et à valeurs $\geqq 0$. On montre facilement que l'on a, pour toute constante $c \geqq 0$,

$$\mu(cf) = c\mu(f);$$

cela, joint à l'additivité, exprime que μ est une fonctionnelle *linéaire*. Une telle fonctionnelle se prolonge d'une manière et d'une seule en une fonctionnelle linéaire sur l'ensemble $\mathcal{C}$ des différences de fonctions de $\mathcal{C}_+$, c'est-à-dire sur l'ensemble des fonctions continues réelles, nulles en dehors d'un compact.

Une mesure de Radon positive permet de définir une *intégrale de Lebesgue-Stieltjes*, de la manière suivante. Désignons par $\mathfrak{I}$ l'ensemble des fonctions réelles $\geqq 0$, *semi-continues inférieurement* ([5]) en tout point de E; par $\mathfrak{S}$ l'ensemble des fonctions réelles $\geqq 0$, nulles en dehors d'un compact, et *semi-continues supérieurement* ([5 bis]) en tout point de E. Posons, pour $f \in \mathfrak{I}$,

$$\mu(f) = \sup \mu(g) \text{ pour les } g \in \mathcal{C}_+ \text{ telles que } g \leqq f;$$

([4]) Rappelons qu'un espace topologique est dit *compact* (bicompact dans la terminologie d'Alexandroff-Urysohn) s'il est *séparé* (deux points distincts possèdent toujours deux voisinages sans point commun) et s'il possède la propriété de Borel-Lebesgue (tout recouvrement de l'espace avec une famille d'ensembles ouverts contient un recouvrement *fini*). Pour toutes ces notions de topologie, et pour la terminologie adoptée ici, *voir* N. Bourbaki, *Éléments de Mathématique*, Livre III, Topologie générale (Hermann, 1940).

([5]) Il s'agit ici de fonctions pouvant prendre la valeur $+\infty$.

([5 bis]) Il s'agit de fonctions à valeurs essentiellement finies.

$\mu(f)$ peut être infini. De même, posons, pour $f \in \mathfrak{S}$,

$$\mu(f) = \inf\ \mu(g) \text{ pour les } g \in \mathcal{C}_+ \text{ telles que } g \geqq f.$$

Une fonction $f \geqq 0$ quelconque, pouvant éventuellement prendre la valeur $+\infty$, sera dite ***sommable*** pour la mesure μ, ou μ-sommable, si la borne inférieure des $\mu(g)$ (g parcourant l'ensemble des fonctions de $\mathfrak{I}$ qui sont $\geqq f$) est ***finie*** et égale à la borne supérieure des $\mu(h)$ (h parcourant l'ensemble des fonctions de $\mathfrak{S}$ qui sont $\leqq f$). La valeur commune de ces bornes sera notée $\mu(f)$, ou encore

$$\int f(x)\, d\mu(x),$$

et nommée l'intégrale de f pour la mesure μ. Toute fonction de $\mathfrak{S}$ est sommable; toute fonction de $\mathfrak{I}$ dont le μ est fini est sommable. L'intégrale $\mu(f)$ est une fonctionnelle linéaire sur l'ensemble des fonctions $\geqq 0$ et sommables; ses valeurs sont $\geqq 0$ ***et essentiellement finies***. Cette fonctionnelle se prolonge en une fonctionnelle linéaire sur l'ensemble des différences de fonctions sommables $\geqq 0$; une fonction réelle est dite sommable si elle est la différence de deux fonctions $\geqq 0$ et sommables. Pour qu'une fonction f soit sommable, il faut et il suffit que f^+ et f^- soient sommables [f^+ désigne sup $(f, 0)$, f^- désigne sup $(-f, 0)$].

Un ensemble A (il s'agit d'un sous-ensemble de E) est ***mesurable*** pour la mesure μ, si sa fonction caractéristique f est μ-sommable; l'intégrale de f se nomme alors la ***mesure*** de l'ensemble, et se note $\mu(A)$; c'est une quantité essentiellement finie. On dit aussi que $\mu(A)$ mesure la masse portée par A dans la distribution μ. Sur la famille des ensembles mesurables, $\mu(A)$ est une fonction additive. Parmi les ensembles ***ouverts*** de mesure nulle (pour une mesure de Radon donnée), il en est un qui contient tous les autres; son complémentaire est fermé et porte le nom de ***noyau fermé de masses***. D'une manière générale, nous dirons qu'un ensemble porte toutes les masses de la distribution μ si son complémentaire est de mesure nulle. Observons encore que, pour toute mesure μ, tout ensemble compact est mesurable; tout ensemble ouvert contenu dans un ensemble compact est mesurable; plus généralement, tout ensemble dit « borélien », s'il est contenu dans un compact, est mesurable. Un ensemble ouvert a toujours un μ déterminé, fini ou infini; pour qu'un ensemble quelconque A soit μ-mesurable, il faut et il suffit que la borne inférieure des μ des ouverts qui contiennent A soit *finie* et égale à la borne supérieure des μ des compacts contenus dans A.

Outre les distributions positives, nous considérerons des *distributions de signe quelconque*, ou *mesures de Radon réelles*. Une telle distribution est définie par une fonctionnelle linéaire μ sur $\mathcal{C}_+$, qui puisse se mettre sous la forme de la différence de deux distributions positives μ_1 et μ_2. S'il en est ainsi, posons, pour $f \in \mathcal{C}_+$,

$$\mu^+(f) = \sup \mu(g) \quad \text{pour les } g \in \mathcal{C}_+ \text{ telles que } g \leqq f,$$

$$\mu^-(f) = \sup [-\mu(h)] \text{ pour les } h \in \mathcal{C}_+ \text{ telles que } h \leqq f;$$

on a $\mu^+(f) \leqq \mu_1(f)$, $\mu^-(f) \leqq \mu_2(f)$ pour toute $f \in \mathcal{C}_+$; μ^+ et μ^- sont aussi des distributions positives dont la différence est égale à μ. Par définition, une fonction est sommable pour μ si elle est sommable pour μ^+ et pour μ^-, ou, ce qui revient au même, pour $\mu^+ + \mu^-$; son intégrale pour μ est la différence de ses intégrales pour μ^+ et pour μ^-. Le noyau fermé de la distribution μ est la réunion des noyaux fermés de μ^+ et de μ^-.

Définissons maintenant une topologie $\mathcal{T}$ sur l'ensemble $\mathfrak{M}$ des mesures de Radon *positives* (pour les mesures de signe quelconque, cela entraînerait des complications dans le détail desquelles il est inutile d'entrer ici). Pour chaque $f \in \mathcal{C}$, $\mu(f)$ peut être considéré comme une fonction de $\mu \in \mathfrak{M}$. La topologie $\mathcal{T}$ sera, par définition, la moins fine [6] rendant $\mu(f)$ continue sur $\mathfrak{M}$, pour chaque $f \in \mathcal{C}$. En d'autres termes, pour qu'un ensemble V contenu dans $\mathfrak{M}$ soit un « voisinage » d'une $\mu_0 \in \mathfrak{M}$, il faut et il suffit qu'on puisse trouver des $f_i \in \mathcal{C}$ en nombre fini et une quantité $\varepsilon > 0$, telles que l'ensemble des μ satisfaisant aux inégalités

$$|\mu(f_i) - \mu_0(f_i)| < \varepsilon$$

soit contenu dans V (on pourrait se borner à prendre $\varepsilon = 1$ et $f_i \in \mathcal{C}_+$). On peut dire, d'une manière imagée, quoique un peu

(6) *Voir* Bourbaki, *loc. cit.*, p. 41.

vague ([7]), qu'une $\mu \in \mathcal{M}$ varie d'une manière *continue* si, pour chaque fonction fixe $f \in \mathcal{C}$, l'intégrale

$$\int f(x)\, d\mu(x)$$

varie d'une manière continue. Nous dirons aussi qu'une mesure μ non nécessairement positive varie d'une manière continue si μ^+ et μ^- varient d'une manière continue.

Voici, pour terminer, deux propositions relatives au cas où l'espace E est *compact*. $\mathcal{C}$ est alors l'ensemble des fonctions réelles continues sur E. Mettons sur $\mathcal{C}$ la topologie de la convergence uniforme [la « distance » de deux fonctions f_1 et f_2 étant $\sup\limits_{x \in E} |f_1(x) - f_2(x)|$]; les mesures de Radon de signe quelconque ne sont autres que les fonctions linéaires *continues* sur $\mathcal{C}$. Appliquons alors à $\mathcal{C}$ un théorème bien connu ([8]) relatif aux espaces vectoriels normés ; il vient ici :

Proposition 1. — *Si $\mathcal{D}$ est un ensemble linéaire de fonctions continues, non partout dense dans $\mathcal{C}$, il existe au moins une mesure de Radon μ, non identiquement nulle, telle que l'intégrale*

$$\int f(x)\, d\mu(x)$$

soit nulle pour toute $f \in \mathcal{D}$.

Nous aurons aussi à faire usage du résultat suivant :

Proposition 2. — *Si une suite de distributions positives μ_n est telle que, pour toute f d'un ensemble partout dense de fonctions continues,*

$$\lim_{n \to \infty} \int f(x)\, d\mu_n(x)$$

existe, cette suite μ_n a pour limite, au sens de la topologie $\mathcal{T}$.

([7]) Il est possible de donner à ce langage vague un sens mathématique précis, en utilisant la notion de *filtre* (Bourbaki, *loc. cit.*, p. 20 et suiv.).

([8]) *Voir* par exemple S. Banach, *Théorie des opérations linéaires* (Varsovie, 1932), p. 57.

une distribution positive μ. *On a donc, pour toute* $f \in \mathcal{C}$,

$$\int f(x)\, d\mu(x) = \lim_{n \to \infty} \int f(x)\, d\mu_n(x).$$

11. **Groupes localement compacts.** — Soit G un groupe abstrait, commutatif ou non. xy désignera le « produit » des éléments x et y de G; x^{-1} désignera l'inverse de x. Nous emploierons donc la notation multiplicative pour l'opération du groupe. Un groupe topologique est un groupe abstrait dans lequel a été définie une topologie telle que xy^{-1} soit une fonction continue par rapport à l'ensemble des variables x et y. Les éléments de G seront appelés *points*.

Tout ce que nous allons dire s'applique en particulier à l'espace euclidien, considéré comme espace du groupe de ses translations; dans ce cas les éléments x, y, z, ... peuvent être considérés comme des vecteurs d'origine fixe; xy désigne la somme des vecteurs x et y, x^{-1} le vecteur opposé à x.

D'une manière générale, dans un groupe quelconque, la notation e désignera l'élément-unité. On appelle *translation à gauche* définie par un élément $s \in$ G, la transformation biunivoque et bicontinue qui, à chaque $x \in$ G, fait correspondre sx. Étant donnée une fonction f sur G, on appelle translatée à gauche de f par s la fonction f_s définie par

$$f_s(x) = f(s^{-1}x).$$

La symétrie est la transformation biunivoque et bicontinue qui, à chaque $x \in$ G, fait correspondre x^{-1}. La symétrique d'une fonction f est la fonction f^* définie par

$$f^*(x) = f(x^{-1}).$$

Nous considérerons désormais un groupe topologique G *localement compact*. Sur un tel groupe on sait ([9]) qu'il existe une mesure de Radon positive, dite *mesure de Haar*, invariante par

---

([9]) *Voir* par exemple l'ouvrage de A. Weil cité dans l'Introduction; on y trouvera une bibliographie sur la question.

les translations à gauche, c'est-à-dire une mesure μ telle que l'on ait, pour toute $f \in \mathcal{C}_+$,

$$\mu(f_s) = \mu(f), \qquad \text{quel que soit } s \in G.$$

Une telle mesure, supposée non identiquement nulle, est unique à un facteur constant (positif) près. Ce facteur étant choisi une fois pour toutes, l'intégrale d'une fonction sommable pour cette mesure sera notée

$$\int f(x)\,dx.$$

L'égalité

$$\int f(s^{-1}x)\,dx = \int f(x)\,dx,$$

dans le premier membre de laquelle on ferait le changement de variable $x = sy$, conduit à écrire $d(sx) = dx$, chacune de ces quantités désignant la mesure invariante (x est la variable, s un élément fixe).

$d(xs)$ désigne la mesure qui, à chaque fonction $f(x)$, fait correspondre $\int f(xs^{-1})\,dx$; c'est aussi une mesure invariante à gauche. Elle est donc proportionnelle à dx, ce qui donne

$$(1) \qquad d(xs) = \rho(s)\,dx;$$

$\rho(s)$ est une fonction > 0, continue, qui satisfait à l'équation fonctionnelle

$$\rho(s_1 s_2) = \rho(s_1).\rho(s_2),$$

d'où, en particulier,

$$\rho(s).\rho(s^{-1}) = 1, \qquad \rho(e) = 1.$$

Si le groupe G est commutatif, ou compact, $\rho(s)$ est une constante égale à 1, et la mesure dx est invariante aussi bien à droite qu'à gauche. Dans le cas général, $\frac{dx}{\rho(x)}$ est une mesure invariante à droite, et aussi $d(x^{-1})$. Il existe donc une constante $k > 0$ telle que

$$d(x^{-1}) = k\frac{dx}{\rho(x)}.$$

Si dans cette relation on remplace x par x^{-1}, on voit que $k = \frac{1}{k}$, donc $k = 1$, et par suite

$$d(x^{-1}) = \frac{dx}{\rho(x)}. \tag{2}$$

Nous dirons qu'une fonction φ est *sommable sur tout compact* (sous-entendu : pour la mesure invariante) si, quelle que soit $f \in \mathcal{C}_+$, le produit $f\varphi$ est sommable. φ étant fixée, l'intégrale

$$\int f(x)\varphi(x)\,dx$$

dépend linéairement de f, et définit donc une distribution de masses (*cf.* § I); si la fonction φ est $\geqq 0$, elle définit une distribution de masses positives. φ s'appelle la *densité* de la distribution (il s'agit d'une densité par rapport à la mesure invariante à gauche dx). La distribution sera notée $\varphi(x)\,dx$. Pour abréger le langage, nous appellerons distribution *continue* de masses toute distribution définie par une densité $\varphi \in \mathcal{C}$; toutes les masses d'une telle distribution sont portées par un ensemble compact.

Composition des mesures de Radon. — Soient μ et ν deux mesures de Radon, que nous supposerons d'abord positives. Pour toute $f \in \mathcal{C}_+$, considérons la fonction de deux variables $x \in \mathrm{G}$ et $y \in \mathrm{G}$

$$f(xy)$$

(xy désigne le produit des éléments x et y dans le groupe G). x étant fixé, considérons l'intégrale

$$\int f(xy)\,d\nu(y),$$

qui est une fonction continue $g(x) \geqq 0$. Cette fonction, considérée comme semi-continue inférieurement, possède un $\mu(g)$ bien déterminé, fini ou infini. On obtiendrait le même résultat en prenant d'abord

$$h(y) = \int f(xy)\,d\mu(x),$$

puis $\nu(h)$; cela résulte de la théorie des intégrales doubles. Si le résultat obtenu est *fini*, et cela quelle que soit $f \in \mathcal{C}_+$, il dépend linéairement de f, et définit donc une mesure de Radon, évidemment positive, dite *composée de* μ *et de* ν, et notée

$$[\mu, \nu].$$

Cette mesure composée existe certainement lorsque les masses de l'une des distributions μ et ν sont portées par un compact. Il faut prendre garde que l'on a, en général,

$$[\mu, \nu] \neq [\nu, \mu],$$

sauf bien entendu si le groupe est commutatif.

L'opération de composition est *associative* : si l'une des quantités

$$\big[\mu, [\nu, \lambda]\big] \quad \text{et} \quad \big[[\mu, \nu], \lambda\big]$$

a un sens, l'autre a aussi un sens et elles sont égales; on les désigne par $[\mu, \nu, \lambda]$.

L'opération de composition peut s'étendre à deux distributions de signe quelconque

$$\mu = \mu^+ - \mu^-, \qquad \nu = \nu^+ - \nu^-,$$

pourvu que les mesures composées

$$[\mu^+, \nu^+], \quad [\mu^+, \nu^-], \quad [\mu^-, \nu^+], \quad [\mu^-, \nu^-]$$

existent; cela arrivera certainement si toutes les masses de μ, ou de ν, sont portées par un ensemble compact.

La composition des mesures de Radon positives, dans le cas particulier où la masse totale est égale à 1, correspond à la composition des lois de probabilité.

Désignons une fois pour toutes par ε la distribution formée d'une masse ponctuelle $+1$ placée au point e (unité du groupe); une telle distribution est caractérisée par la relation

$$\int f(x)\, d\varepsilon(x) = f(e).$$

Cette distribution joue, vis-à-vis de la composition des mesures de Radon, le rôle d'élément-unité; autrement dit, on a

$$[\varepsilon, \mu] = [\mu, \varepsilon] = \mu \quad \text{quelle que soit } \mu.$$

Proposition 3. — *Si ν est une distribution fixe, dont les masses sont portées par un compact, et μ une distribution quelconque variable, la distribution composée est une fonction continue de μ.*

Dans cet énoncé, la continuité s'entend au sens de la topologie $\mathfrak{T}$ définie au paragraphe I. En toute rigueur nous devons donc supposer que les mesures considérées sont positives; si μ n'était pas positive, nous supposerions que μ^+ et μ^- varient d'une manière continue.

Pour établir cette proposition, il faut prouver que pour chaque $f \in \mathcal{C}_+$, l'intégrale de f par rapport à la mesure composée varie continûment avec μ. Or cette intégrale est égale à

$$\int g(x)\, d\mu(x) \qquad \text{avec} \quad g(x) = \int f(xy)\, d\nu(y);$$

et comme la fonction continue $g(x)$ est nulle en dehors d'un ensemble compact (d'après l'hypothèse faite sur ν), la proposition est établie, d'après la définition même de la continuité selon la topologie $\mathfrak{T}$.

On montrerait de même :

Proposition 3 *bis*. — *Si ν est une distribution fixe quelconque, et si μ est une distribution variable dont les masses sont portées par un compact fixe, $[\mu, \nu]$ est une fonction continue de μ.*

Bien entendu, les résultats valables pour $[\mu, \nu]$ le sont aussi pour $[\nu, \mu]$.

Faisons tout de suite une application de la proposition 3 *bis*.

Soit μ une distribution quelconque; pour chaque $\varphi \in \mathcal{C}_+$ telle que $\int \varphi(x)\, dx = 1$, les distributions $[\varphi\, dx, \mu]$ et $[\mu, \varphi\, dx]$ sont dites « régularisées de μ » (à gauche et à droite). Or associons, à chaque voisinage V de e (dans le groupe G), l'ensemble $\mathcal{C}_V$ des $\varphi \in \mathcal{C}_+$ telles que φ s'annule en dehors de V et que $\int \varphi(x)\, dx = 1$.

La distribution $\varphi(x)\,dx$ est aussi voisine qu'on veut de la distribution-unité ε, pourvu que φ appartienne à un $\mathcal{C}_V$ convenable. D'après la proposition 3 *bis*, les régularisées de μ par φ sont donc aussi voisines qu'on veut de μ, pourvu que φ appartienne à un $\mathcal{C}_V$ convenable. En particulier, si une μ est telle que

$$[\mu, \varphi(x)\,dx] = 0, \qquad \text{pour toute } \varphi \in \mathcal{C}_+,$$

la distribution μ est nulle (ou, comme on dit, ne comporte pas de masses).

III. Potentiel et énergie. — A la base d'une théorie du potentiel nous mettons une famille de distributions de masses positives ε_α dépendant d'un paramètre $\alpha \geqq 0$ et assez petit, et satisfaisant aux trois hypothèses suivantes :

1. La distribution ε_α *varie continûment avec* α (autrement dit, l'intégrale

$$\int \varphi(x)\,d\,\varepsilon_\alpha(x)$$

est, pour chaque $\varphi \in \mathcal{C}$, une fonction *continue* de α). Pour $\alpha = 0$, ε_α se réduit à la *distribution-unité* ε; pour $\alpha > 0$, ε_α a la forme $f_\alpha(x)\,dx$, la fonction $f_\alpha \geqq 0$ étant *semi-continue inférieurement et sommable sur tout compact*.

2. Lorsque α et β sont assez petits pour que $\varepsilon_{\alpha+\beta}$ soit défini, $[\varepsilon_\alpha, \varepsilon_\beta]$ existe, et l'on a

$$(3) \qquad [\varepsilon_\alpha, \varepsilon_\beta] = \varepsilon_{\alpha+\beta}.$$

3. La distribution ε_α est *invariante par symétrie*; autrement dit

$$f_\alpha(x^{-1})\,d(x^{-1}) = f_\alpha(x)\,dx,$$

ce qui entraîne, en tenant compte de la relation (2) (§ II), la condition

$$(4) \qquad f_\alpha(x^{-1}) = \rho(x).f_\alpha(x).$$

Les conditions 1 et 2 expriment que les distributions $\varepsilon_\alpha = f_\alpha\,dx$ forment une sorte de *groupe* continu vis-à-vis de la composition des mesures de Radon. Nous laissons ici de côté la question, pourtant intéressante, de savoir comment on peut construire de telles familles ε_α. Dans le cas où le groupe G est commutatif, c'est la transformation dite « de Fourier » (*voir* A. Weil, *loc. cit.*, p. 111-123) qui joue un rôle décisif dans cette construction. Bornons-nous ici à donner deux exemples.

Prenons d'abord le groupe des translations de la droite réelle, et la distribution de Gauss

$$\varepsilon_\alpha = \frac{1}{\sqrt{\pi\alpha}} e^{-\frac{x^2}{\alpha}} dx$$

(*e* désigne, dans cette formule, la base des logarithmes népériens). Les conditions **1**, **2**, **3** sont bien remplies; ici, ε_α est définie pour tout α positif.

Le deuxième exemple est celui traité par M. Riesz ; il est à la base de la théorie des « potentiels d'ordre α » de Riesz : dans l'espace euclidien à $n > 2$ dimensions, où r désigne la distance du point x à l'origine (unité du groupe des translations), on définit ε_α, pour $\alpha < n$, par

$$f_\alpha(x) = \frac{\Gamma\left(\frac{n-\alpha}{2}\right)}{\Gamma\left(\frac{\alpha}{2}\right)} \pi^{-n/2}\, 2^{-\alpha} r^{\alpha-n}.$$

Potentiel d'ordre α d'une distribution μ. — Partons d'une famille ε_α comme ci-dessus. Pour chaque distribution μ, positive ou non, considérons la distribution composée $[\varepsilon_\alpha, \mu]$, si elle existe. Pour éviter des complications, *nous supposerons toujours que les distributions μ envisagées ont leurs masses portées par un ensemble compact* (variable, bien entendu, avec la distribution considérée); de cette manière, nous serons assurés de l'existence de la mesure $[\varepsilon_\alpha, \mu]$. $[\varepsilon_\alpha, \mu]$ varie continûment avec α (proposition **3**), et, pour chaque α, dépend continûment de μ lorsque μ varie en gardant toutes ses masses sur un ensemble compact fixe (proposition **3** *bis*).

Pour $\alpha > 0$, $[\varepsilon_\alpha, \mu]$ a la forme $U(x)\,dx$, avec

$$(5) \qquad U(x) = \int \frac{f_\alpha(xy^{-1})}{\rho(y)}\, d\mu(y).$$

Pour le voir, rappelons que $[\varepsilon_\alpha, \mu]$ est la mesure qui, à chaque $\varphi \in \mathcal{C}_+$, associe l'intégrale $\int \psi(y)\,d\mu(y)$, avec

$$\psi(y) = \int \varphi(xy) f_\alpha(x)\,dx.$$

Dans cette dernière intégrale, remplaçons x par xy^{-1} ; il vient, en tenant compte des relations (1) et (2) (§ II),

$$\psi(y) = \int \varphi(x) \frac{f_\alpha(xy^{-1})}{\rho(y)}\,dx,$$

et par suite l'intégrale de φ pour la mesure $[\varepsilon_\alpha, \mu]$ est égale à

$$\iint \varphi(x) \frac{f_\alpha(xy^{-1})}{\rho(y)}\,dx\,d\mu(y) = \int \varphi(x)\,U(x)\,dx,$$

$U(x)$ étant donné par la formule (5) ci-dessus. Ceci prouve que $[\varepsilon_\alpha, \mu] = U(x)\,dx$. La fonction U est *sommable sur tout compact*. Nous l'appellerons *potentiel d'ordre* α *de la distribution* μ, et la noterons $U^\mu_\alpha(x)$. Si μ est une distribution *continue*, c'est-à-dire de la forme $\varphi(x)\,dx$ (avec $\varphi \in \mathcal{C}$), le potentiel U^μ_α est une fonction *continue* de x, comme on le vérifie facilement. Pour une distribution μ *positive* quelconque, U^μ_α est *semi-continu inférieurement*.

Remarque. — Nous venons de définir un *potentiel gauche*. On obtiendrait un potentiel *droit* en considérant la mesure $[\mu, \varepsilon_\alpha]$, qui a la forme $V(x)\,d(x^{-1})$, avec

$$V(x) = \int f_\alpha(x^{-1}y)\,\rho(y)\,d\mu(y).$$

Il est entendu que nous ne considérerons que des potentiels gauches, ce qui nous dispensera d'employer l'épithète *gauche*. Dans un groupe commutatif, les deux potentiels sont identiques.

Reprenons la formule (5). On a

$$U^\mu_\alpha(x) = \int g_\alpha(x, y)\,d\mu(y) \tag{6}$$

avec

$$g_\alpha(x, y) = \frac{f_\alpha(xy^{-1})}{\rho(y)}. \tag{7}$$

Le noyau $g_\alpha(x, y)$ est symétrique en x et y, en vertu de la relation (4), qui donne ici

$$\frac{f_\alpha(xy^{-1})}{\rho(y)} = \frac{f_\alpha(yx^{-1})}{\rho(x)}.$$

En outre, la formule de composition (3) donne la relation fondamentale

$$g_{\alpha+\beta}(x, y) = \int g_\alpha(x, z) g_\beta(y, z)\, dz. \tag{8}$$

Intégrale d'énergie. — Soient μ_1 et μ_2 deux distributions que nous supposerons d'abord *positives*. Les deux intégrales

$$\int U_\alpha^{\mu_1}(x)\, d\mu_2(x) \quad \text{et} \quad \int U_\alpha^{\mu_2}(x)\, d\mu_1(x)$$

sont égales entre elles (loi de réciprocité), car elles sont toutes deux égales à l'intégrale double

$$\iint g_\alpha(x, y)\, d\mu_1(x)\, d\mu_2(y).$$

A vrai dire, ces intégrales n'existent peut-être pas, ou plus exactement sont peut-être infinies. On dira qu'une distribution positive μ a une énergie finie (pour l'ordre α), si l'intégrale

$$\int U_\alpha^{\mu}(x)\, d\mu(x) = \iint g_\alpha(x, y)\, d\mu(x)\, d\mu(y)$$

a une valeur finie. Si μ_1 et μ_2 ont une énergie finie, leur « énergie mutuelle »

$$\int U_\alpha^{\mu_1}(x)\, d\mu_2(x) = \int U_\alpha^{\mu_2}(x)\, d\mu_1(x) = \iint g_\alpha(x, y)\, d\mu_1(x)\, d\mu_2(y)$$

est finie, comme on va le voir dans un instant.

L'énergie mutuelle d'ordre $\alpha + \beta$ satisfait à la relation

$$\iint g_{\alpha+\beta}(x, y)\, d\mu_1(x)\, d\mu_2(y) = \int U_\alpha^{\mu_1}(z) U_\beta^{\mu_2}(z)\, dz, \tag{9}$$

conséquence immédiate de la relation (8). En particulier, remplaçons dans (9) α et β par $\frac{\alpha}{2}$; il vient

$$\iint g_\alpha(x, y)\, d\mu_1(x)\, d\mu_2(y) = \int U_{\alpha/2}^{\mu_1}(z) U_{\alpha/2}^{\mu_2}(z)\, dz. \tag{10}$$

Cela prouve que μ a une énergie finie (pour l'ordre α) dans le cas et dans le seul cas où $U^{\mu}_{\alpha/2}$ est de *carré sommable* pour la mesure invariante. Il est bien connu que le produit de deux fonctions de carré sommable est sommable, d'où il résulte que l'énergie mutuelle de deux distributions d'énergie finie est finie.

Il est maintenant facile de considérer des distributions de signe quelconque. Une distribution μ sera dite d'énergie finie (pour l'ordre α) si elle est la différence de deux distributions d'énergie finie (pour le même ordre). L'intégrale

$$\int U^{\mu}_{\alpha}(x)\, d\mu(x) = \iint g_{\alpha}(x, y)\, d\mu(x)\, d\mu(y)$$

est alors finie et bien déterminée; on l'appelle encore l'énergie de la distribution μ. On définit de même l'énergie mutuelle de deux distributions d'énergie finie; elle satisfait à la relation fondamentale (10). Écrivons explicitement ce que devient (10) lorsqu'on y fait $\mu_1 = \mu_2 = \mu$:

$$\iint g_{\alpha}(x, y)\, d\mu(x)\, d\mu(y) = \int [U^{\mu}_{\alpha/2}(z)]^2\, dz. \tag{11}$$

Observons qu'une distribution *continue* (§ II) a toujours une énergie finie, pour tout ordre α.

IV. — Les théorèmes fondamentaux.

Théorème I. — *Pour une distribution μ d'énergie finie (pour l'ordre α), l'énergie d'ordre α est essentiellement positive, et ne peut être nulle que si la distribution μ ne comporte pas de masses.*

La première partie de l'énoncé résulte évidemment de la formule (11), qui prouve aussi que l'énergie de μ (pour l'ordre α) ne s'annule que si le potentiel d'ordre $\frac{\alpha}{2}$ est *presque partout nul* [10]. Il reste à prouver que ceci entraîne l'absence de masses. Or ce fait va résulter, plus généralement, du théorème suivant, dans lequel aucune hypothèse n'est faite relativement à l'énergie :

---

[10] Ce début de démonstration se trouve déjà chez M. Riesz (*loc. cit.*, p. 6). C'est la suite de la démonstration qui est nouvelle; en effet Riesz démontre notre Théorème II en se servant du laplacien (p. 10 du mémoire cité).

THÉORÈME II. — *Si une distribution μ est telle que son potentiel U_α^μ soit presque partout nul pour une valeur particulière de α, elle ne comporte pas de masses.*

En effet, l'hypothèse se traduit par la relation

$$[\varepsilon_\alpha, \mu] = 0.$$

Il faut montrer qu'elle entraîne $\mu = 0$.

Supposons d'abord que μ ait la forme $\varphi(x)\,dx$ avec $\varphi \in \mathcal{C}$. Alors μ a une énergie finie pour tout ordre $\beta > 0$. Si U_α^μ est presque partout nul, l'énergie d'ordre α

$$\int U_\alpha^\mu(x)\varphi(x)\,dx = \int [U_{\alpha/2}^\mu(z)]^2\,dz$$

est nulle, et par suite le potentiel d'ordre $\frac{\alpha}{2}$ est nul presque partout. En répétant ce raisonnement, on voit de proche en proche que l'on a

$$[\varepsilon_\beta, \varphi(x)\,dx] = 0$$

pour $\beta = \frac{\alpha}{2^n}$, quel que soit l'entier n; et comme $[\varepsilon_\beta, \mu]$ a pour limite μ quand β tend vers zéro, on trouve bien que la distribution $\varphi(x)\,dx$ est nulle; donc la fonction φ est identiquement nulle.

Dans le cas général, sans aucune restriction sur μ, montrons encore que $[\varepsilon_\alpha, \mu] = 0$ entraîne $\mu = 0$. Régularisons μ par une $\varphi \in \mathcal{C}_+$ (*cf.* fin du paragraphe II). Il vient

$$[\varepsilon_\alpha, \mu, \varphi\,dx] = 0,$$

c'est-à-dire

$$[\varepsilon_\alpha, \psi(x)\,dx] = 0 \tag{12}$$

avec

$$\psi(x)\,dx = [\mu, \varphi\,dx].$$

Mais $\psi \in \mathcal{C}$, donc la relation (12) entraîne $\psi = 0$, d'après ce qu'on vient de démontrer. Ainsi on a $[\mu, \varphi\,dx] = 0$, quelle que soit $\varphi \in \mathcal{C}_+$, et, par suite (§ II), $\mu = 0$.

Le théorème II est donc entièrement démontré. Il prouve que les valeurs d'un potentiel (d'ordre α) déterminent entièrement la distribution qui lui donne naissance. Ce théorème de la *détermination des masses par les potentiels* peut être complété comme suit :

Théorème II *bis*. — *Si deux distributions positives* μ_1 *et* μ_2, *dont les masses sont portées par un même ensemble compact* K, *donnent naissance à deux potentiels (d'ordre* α*) presque partout égaux sur un ensemble ouvert contenant* K, *elles sont identiques.*

On commence par montrer que si μ_1 et μ_2 ont une *énergie finie*, il suffit que $U_\alpha^{\mu_1}$ et $U_\alpha^{\mu_2}$ soient égaux sur un ensemble portant toutes les masses de μ_1 et de μ_2, pour qu'on puisse conclure $\mu_1 = \mu_2$. Cela résulte en effet du lemme :

Lemme. — *Si,* μ_1 *et* μ_2 *étant positives d'énergie finie, on a*

$$U_\alpha^{\mu_1}(x) \leqq U_\alpha^{\mu_2}(x) \quad \text{sur un noyau de la distribution } \mu_1,$$
$$U_\alpha^{\mu_2}(x) \leqq U_\alpha^{\mu_1}(x) \quad \text{sur un noyau de la distribution } \mu_2,$$

alors $\mu_1 = \mu_2$. En effet, les hypothèses entraînent

$$\int [U_\alpha^{\mu_1}(x) - U_\alpha^{\mu_2}(x)]\,(d\mu_1 - d\mu_2) \leqq 0,$$

et, par suite, d'après le théorème I, $\mu_1 - \mu_2 = 0$.

Cela posé, pour obtenir le théorème II *bis* dans le cas général, on régularise μ_1 et μ_2 par une même $\varphi \in \mathcal{C}_+$, ce qui ramène au cas particulier déjà étudié, et permet de conclure par un raisonnement analogue à celui employé pour le théorème II.

Dorénavant α *sera fixé une fois pour toutes*. Le potentiel U_α^μ sera noté simplement U^μ et appelé potentiel de la distribution μ.

Théorème III. — *Soit* K *un ensemble compact fixe. Toute fonction réelle définie et continue sur* K *peut être uniformément approchée, sur* K, *par des potentiels de distributions continues* [c'est-à-dire de la forme $\varphi(x)\,dx$ avec $\varphi \in \mathcal{C}$; rappelons que de tels potentiels sont continus, et en particulier continus sur K]. *On peut d'ailleurs astreindre ces distributions à avoir toutes leurs masses sur un ensemble ouvert arbitraire fixe, pourvu que cet ensemble contienne* K.

Soit en effet $\mathcal{D}$ l'ensemble des potentiels de distributions de la forme $\varphi(x)\,dx$, où φ est continue et s'annule en dehors d'un ensemble ouvert fixe K′ contenant K. Si le théorème à démontrer était faux, il existerait (§ I, proposition 1) une distribution ν *non nulle*, portée par K, telle que

$$\int U^{\mu}(x)\,d\nu(x) = 0 \quad \text{pour tout potentiel } U^{\mu} \in \mathcal{D}.$$

Cette relation s'écrit aussi (loi de réciprocité)

$$\int U^{\nu}(x)\varphi(x)\,dx = 0$$

pour toute $\varphi \in \mathcal{C}$ qui s'annule en dehors de K′. Ceci exprime que la mesure $U^{\nu}(x)\,dx$ ne comporte pas de masses sur K′; mais alors la distribution ν, portée par K, est nulle d'après le théorème II *bis*. Cette contradiction achève la démonstration.

L'espace des distributions d'énergie finie.

α étant toujours fixé, notons $\|\mu\|$ la racine carrée de l'énergie d'une distribution μ, supposée d'énergie finie. On a, d'après (11),

$$\|\mu\|^2 = \int \left[U^{\mu}_{\alpha/2}(x)\right]^2 dx \qquad \text{et} \qquad \|\mu_1 + \mu_2\| \leqq \|\mu_1\| + \|\mu_2\|.$$

Si à μ on fait correspondre son potentiel d'ordre $\frac{\alpha}{2}$, $\|\mu\|$ n'est autre chose que la *norme* dans l'espace $\mathcal{H}$ des fonctions de carré sommable. L'espace $\mathcal{E}$ des distributions d'énergie finie apparaît ainsi comme isomorphe à un sous-espace d'un espace de Hilbert réel.

Or l'espace $\mathcal{H}$ est *complet*; autrement dit, si une suite de fonctions $f_n \in \mathcal{H}$ est telle que

$$\lim_{\substack{n \to \infty \\ p \to \infty}} \|f_n - f_p\| = 0 \qquad \text{(suite de Cauchy)},$$

alors il existe une $f \in \mathcal{H}$ (et une seule à un ensemble de mesure nulle près), telle que

$$\lim_{n \to \infty} \|f - f_n\| = 0.$$

L'espace $\mathcal{E}$ lui-même, muni de la norme-énergie $\|\mu\|$ (qui définit comme « distance » de deux distributions μ_1 et μ_2 la quantité $\|\mu_1 - \mu_2\|$, cette distance n'étant nulle que si $\mu_1 = \mu_2$), est-il complet ? C'est peu probable. Toutefois, en nous bornant aux distributions *positives* sur un compact *fixe*, nous allons démontrer le théorème suivant :

Théorème IV. — *L'espace $\mathcal{E}_K$ des distributions positives, d'énergie finie, dont toutes les masses sont portées par un compact fixe* K, *est complet lorsqu'on le munit de la norme-énergie.*

Pour le voir, prenons une suite de Cauchy μ_n. Les fonctions

$$f_n(x) = U_{\alpha/2}^{\mu_n}(x) \geqq 0$$

forment une suite de Cauchy dans l'espace $\mathcal{H}$, qui est complet. Soit $f \geqq 0$ la fonction-limite (au sens de la norme). Pour toute fonction g de carré sommable, on a (continuité du produit scalaire dans un espace de Hilbert)

$$\int f(x) g(x)\, dx = \lim_{n \to \infty} \int f_n(x) g(x)\, dx.$$

En particulier, si $g \in \mathcal{C}$, la quantité

$$\int U_{\alpha/2}^{\mu_n}(x)\, g(x)\, dx$$

a pour limite $\int f(x) g(x)\, dx$. On trouve donc, par la loi de réciprocité, et en désignant par ν la mesure $g(x)\, dx$, que

$$\lim_{n \to \infty} \int U_{\alpha/2}^{\nu}(x)\, d\mu_n(x) \text{ existe et est égale à } \int f(x) g(x)\, dx.$$

Or, sur K, toute fonction continue peut être uniformément approchée par des $U_{\alpha/2}^{\nu}$ (théorème III), donc (§ I, proposition 2), les μ_n ont une limite [11] μ au sens de la topologie $\mathcal{T}$ (qu'il ne faut pas confondre avec la topologie déduite de la norme-énergie). Les

---

[11] Ici l'hypothèse que les μ_n sont *positives* joue un rôle essentiel, car la proposition 2 cesserait d'être exacte si on l'appliquait à des distributions non positives.

masses de μ sont évidemment portées par K. Reste à voir que μ est aussi limite des μ_n au sens de la distance $\|\mu - \mu_n\|$. On a en tout cas

$$\int U^{\nu}_{\alpha/2}(x)\, d\mu(x) = \lim_{n\to\infty} \int U^{\nu}_{\alpha/2}(x)\, d\mu_n(x) = \int f(x)\, g(x)\, dx,$$

c'est-à-dire (loi de réciprocité)

$$\int U^{\mu}_{\alpha/2} g(x)\, dx = \int f(x)\, g(x)\, dx \qquad \text{pour toute} \quad g \in \mathcal{C}.$$

Ceci signifie que les mesures $U^{\mu}_{\alpha/2}(x)\, dx$ et $f(x)\, dx$ sont identiques, donc que $U^{\mu}_{\alpha/2} = f$ presque partout. Ainsi $U^{\mu}_{\alpha/2}$ est limite de $U^{\mu_n}_{\alpha/2}$ au sens de la norme dans $\mathcal{H}$, donc μ est limite de μ_n au sens de la norme-énergie. C. Q. F. D.

Remarque. — Cette démonstration prouve en même temps que, sur $\mathcal{E}_K$, la topologie définie par la norme-énergie est *plus fine* que la topologie $\mathcal{T}$: tout $\mathcal{T}$-voisinage d'une μ_0 est *a fortiori* voisinage de μ_0 selon la norme-énergie.

V. **Le balayage.** — Le théorème qui vient d'être démontré joue un rôle fondamental dans le problème du « balayage » d'une distribution de masses positives, supposée d'énergie finie.

Soit K un ensemble compact fixe. L'ensemble $\mathcal{E}_K$ des distributions *positives*, d'énergie finie, *portées par* K, est un sous-ensemble *convexe* de l'espace $\mathcal{E}$ de toutes les distributions d'énergie finie; autrement dit, si μ_1 et μ_2 appartiennent à $\mathcal{E}_K$, $a\mu_1 + b\mu_2$ appartient à $\mathcal{E}_K$ quelles que soient les constantes positives a et b telles $a + b = 1$.

D'autre part, le théorème IV affirme que l'ensemble $\mathcal{E}_K$ est non seulement convexe, mais *complet*. Cela étant, une méthode bien connue, due à F. Riesz (*Acta Szeged*, t. 7, 1934), permet de démontrer qu'étant donnée une distribution positive quelconque μ *d'énergie finie*, il existe dans $\mathcal{E}_K$ une μ' *et une seule* pour laquelle la distance $\|\mu - \mu'\|$ est minimum. L'opération qui fait passer de μ à μ' s'appelle ici *balayage de la distribution* μ *sur l'ensemble compact* K.

Rappelons en quelques mots en quoi consiste la méthode de F. Riesz. On prend une suite de distributions $\mu'_n \in \mathcal{E}_K$ telles que leur distance à μ ait pour limite le minimum de la distance de μ à un élément de $\mathcal{E}_K$. On prouve que c'est une suite de Cauchy, grâce à la relation

$$\|\mu'_p - \mu'_n\|^2 = 2\|\mu'_p - \mu\|^2 + 2\|\mu'_n - \mu\|^2 - 4\left\|\frac{\mu'_p + \mu'_n}{2} - \mu\right\|^2.$$

μ'_n converge donc au sens de la norme vers une $\mu' \in \mathcal{E}_K$ (puisque $\mathcal{E}_K$ est complet). Cette μ' réalise le minimum de la distance ; l'unicité résulte encore de l'identité ci-dessus.

Empruntant le langage de l'espace de Hilbert, appelons *produit scalaire* de deux distributions (d'énergie finie) l'énergie mutuelle de ces distributions [*cf.* relation (10) du § III]. Le minimum de la distance d'un point μ à un ensemble convexe $\mathcal{E}_K$ étant atteint pour un point $\mu' \in \mathcal{E}_K$, ce point est caractérisé par la propriété que le vecteur ayant ce point μ' comme origine et un point arbitraire de $\mathcal{E}_K$ pour extrémité, a, avec le vecteur d'origine μ' et d'extrémité μ, un produit scalaire *négatif ou nul*. Le résultat μ' du balayage de μ sur K est donc caractérisé par la condition

$$\int (U^{\mu} - U^{\mu'})(d\nu - d\mu') \leqq 0 \qquad \text{pour toute} \quad \nu \in \mathcal{E}_K ;$$

autrement dit, on doit avoir

$$(13) \qquad \int (U^{\mu} - U^{\mu'})\, d\lambda \leqq 0$$

pour toute distribution λ sur K, telle que la distribution $\lambda + \mu'$ soit positive. Or une telle λ est la différence de deux distributions positives λ^+ et λ^- (sur K), telles que la seconde soit $\leqq \mu'$ [12]. La condition (13) équivaut donc aux deux suivantes

$$\int (U^{\mu} - U^{\mu'})\, d\lambda \leqq 0 \qquad \text{pour toute} \quad \lambda \in \mathcal{E}_K,$$

$$\int (U^{\mu} - U^{\mu'})\, d\lambda \geqq 0 \qquad \text{pour toute} \quad \lambda \in \mathcal{E}_K \quad \text{telle que } \lambda \leqq \mu'.$$

Dans la seconde condition, on peut, en tenant compte de la première, remplacer $\geqq 0$ par $= 0$.

Ces deux conditions sont, à leur tour, équivalentes aux suivantes :

---

[12] En effet, $-\lambda \leqq \mu'$ entraîne $\lambda^- \leqq \mu'$.

1° On a $U^{\mu'}(x) \geqq U^{\mu}(x)$ pour tout $x \in K$, sauf sur un ensemble dont la mesure est nulle pour toute distribution positive d'énergie finie; nous dirons que l'inégalité a lieu *quasi-partout* sur K;

2° On a $U^{\mu'}(x) = U^{\mu}(x)$ sur un noyau de masses de la distribution μ'.

Nous venons de démontrer le théorème suivant :

Théorème V. — *Soient donnés une distribution positive* μ, *d'énergie finie, et un ensemble compact* K. *Parmi les distributions positives* μ' *d'énergie finie portées par* K, *il en existe une et une seule qui satisfait aux conditions* 1° *et* 2° *ci-dessus. C'est celle qui minimise l'énergie* $\|\mu - \mu'\|^2$.

Remarque. — Comme il est bien connu, μ' minimise en même temps l'intégrale $\int (U^{\mu'} - 2\,U^{\mu})\,d\mu'$. Cette remarque permet d'étendre le procédé ci-dessus à des cas où l'on part non plus d'un potentiel U^{μ}, mais d'une fonction positive plus générale.

Appliquons maintenant le théorème IV à la recherche de la distribution dite « capacitaire » sur un ensemble compact K. Si, pour toute distribution positive d'énergie finie, K a une mesure nulle, nous dirons que l'ensemble compact K est de *capacité nulle*. Écartons ce cas; alors l'ensemble des distributions positives d'énergie finie, de *masse totale égale à un portée par* K, n'est pas vide et est convexe; d'après le théorème IV, il est *complet* pour la norme-énergie. Donc (méthode de F. Riesz) il existe une distribution μ et une seule qui minimise l'énergie. c désignant le minimum (non nul) de l'énergie, la *distribution capacitaire* est $\nu = \frac{1}{c}\mu$; on montre facilement qu'elle est caractérisée par les deux conditions :

1° $U^{\nu}(x) \geqq 1$ quasi-partout sur K;
2° $U^{\nu}(x) = 1$ sur un noyau de masses de la distribution ν [13].

---

[13] On peut préciser cette condition 2°. En effet, $U^{\nu}(x)$ est une fonction semi-continue inférieurement, donc l'ensemble des x tels que $U^{\nu}(x) > 1$ est *ouvert*. D'après 2°, il est de mesure nulle pour ν; donc le *noyau fermé* (*cf.* § I) de la distribution ν est contenu dans l'ensemble des x tels que $U^{\nu}(x) \leqq 1$. Comme il est aussi contenu dans K, on voit, d'après 1°, que *l'on a* $U^{\nu}(x) = 1$ *quasi-partout sur le noyau fermé de* ν.

La quantité (finie) $\frac{1}{c} = \gamma$ se nomme la *capacité* de l'ensemble compact K; elle mesure la masse portée par K dans la distribution capacitaire. On voit facilement que *la capacité* γ *est égale à la borne supérieure de la masse portée par* K *pour toutes les distributions de la famille* $\mathfrak{T}$; $\mathfrak{T}$ *désigne l'ensemble des distributions positives* λ *telles que le potentiel* U^λ *soit* $\leqq 1$ *sur le noyau fermé de* λ. Cette nouvelle définition s'applique aussi au cas où K est de capacité nulle; elle a l'avantage de mettre en évidence le fait que la capacité de la réunion de deux ensembles compacts est au plus égale à la somme de leurs capacités, puisque la famille $\mathfrak{T}$ est indépendante de K. On remarquera aussi que cette définition est valable indépendamment du « principe du maximum » (*voir* le paragraphe suivant). Notons enfin que la distribution capacitaire est la seule distribution de la famille $\mathfrak{T}$ pour laquelle toute la masse est portée par K et *égale à* γ. Cela résulte aussi du fait que la distribution capacitaire minimise l'intégrale $\int(U^\nu - 2)d\nu$ parmi les ν positives portées par K (*cf.* DE LA VALLÉE POUSSIN, Mémoire cité en (1)].

Nous développerons dans un autre travail des considérations plus détaillées sur la capacité des ensembles, compacts ou non, et en particulier sur les ensembles de capacité nulle, en relation avec la notion de « quasi-partout ».

VI. **Le principe du maximum.** — Le lecteur a déjà observé que nous n'avons pas obtenu, pour le problème du balayage ou celui de la distribution capacitaire, tous les résultats valables dans le cas classique du potentiel newtonien. On sait que, dans ce cas, et plus généralement dans le cas des potentiels d'ordre $\alpha \leqq 2$ de M. Riesz, la distribution μ' obtenue par balayage de μ satisfait aux deux conditions suivantes, plus précises respectivement que 1° et 2° :

1 *bis*. On a $U^{\mu'}(x) = U^{\mu}(x)$ quasi-partout sur K ;
2 *bis*. On a $U^{\mu'}(x) \leqq U^{\mu}(x)$ en tout point x de l'espace (14).

(14) μ positive d'énergie finie étant donnée, il ne peut exister qu'une distribution positive μ' portée par K et satisfaisant à 1 *bis* et 2 *bis*; car 2 *bis* entraîne que l'énergie de μ' est finie puisque

$$\int U^{\mu'} d\mu' \leqq \int U^{\mu} d\mu' = \int U^{\mu'} d\mu \leqq \int U^{\mu} d\mu;$$

ensuite 1 *bis* entraîne les conditions 1° et 2° du théorème V, qui assurent l'unicité.

De même, la distribution capacitaire ν a un potentiel égal à 1 quasi-partout sur K, et $\leqq 1$ partout; on l'appelle alors « distribution d'équilibre ».

Le fait que les résultats du balayage peuvent être précisés est intimement lié à ce que nous appellerons le « principe du maximum », principe qui est exact, par exemple, dans le cas des potentiels de Riesz d'ordre $\alpha \leqq 2$, et qui ne l'est pas dans le cas des potentiels déduits de la loi de probabilité de Gauss (*voir* début du paragraphe III).

Principe du maximum. — Étant données deux distributions positives μ_1 *et* μ_2 (μ_1 *étant d'énergie finie*), *si l'on a* $U^{\mu_1}(x) \leqq U^{\mu_2}(x)$ *en tout point d'un noyau de masses de* μ_1, *on a la même inégalité en tout point de l'espace.*

Si ce principe est vrai, il entraîne le théorème du balayage sous sa forme précise : car 2 *bis* résulte de 2° et du principe du maximum, puis 1 *bis* résulte de 2 *bis* et de 1°.

Inversement, le théorème du balayage sous sa forme précise me semble entraîner le principe du maximum, ou en tout cas un principe d'une forme très voisine. Sans nous attarder à cette question sur laquelle nous reviendrons peut-être dans un autre travail, notons ici l'intérêt qu'il y aurait à étudier de près les circonstances dans lesquelles est valable le principe du maximum.

Dans cet ordre d'idées, nous montrerons simplement que le principe du maximum est vrai chaque fois que se trouve remplie la condition suivante :

μ_1 *et* μ_2 *désignant deux distributions positives sur un compact, la fonction* $V(x) = \inf(U^{\mu_1}, U^{\mu_2})$, *égale en chaque point* x *à la plus petite des quantités* $U^{\mu_1}(x)$ *et* $U^{\mu_2}(x)$, *est le potentiel d'une distribution positive.*

Cette hypothèse se trouve vérifiée, par exemple, dans le cas du potentiel newtonien; elle est liée à la représentation potentielle des fonctions surharmoniques ([15]). [D'ailleurs, d'une manière générale,

---

([15]) *Voir* F. RIESZ, *Sur les fonctions subharmoniques et leur rapport à la théorie du potentiel* (*Acta Math.*, 48, 1926, p. 329-343, et 54, 1930, p. 321-360).

la possibilité d'une théorie des fonctions dites « surharmoniques » semble liée à la validité du principe du maximum (16).]

Montrons que l'hypothèse ci-dessus entraîne le principe du maximum. Supposons que l'on ait $U^{\mu_1}(x) \leqq U^{\mu_2}(x)$ sur un noyau de la distribution μ_1 d'énergie finie, et soit μ la distribution dont le potentiel est $\inf(U^{\mu_1}, U^{\mu_2})$. L'énergie de μ est finie, d'après

$$\int U^{\mu}(x)\,d\mu(x) \leqq \int U^{\mu_1}(x)\,d\mu(x) = \int U^{\mu}(x)\,d\mu_1(x) \leqq \int U^{\mu_1}(x)\,d\mu_1(x).$$

μ et μ_1 sont donc deux distributions positives d'énergie finie qui vérifient

$U^{\mu}(x) \leqq U^{\mu_1}(x)$ partout (et en particulier sur un noyau de μ);
$U^{\mu_1}(x) = U^{\mu}(x)$ sur un noyau de μ_1 (par hypothèse).

Ceci entraîne (§ IV, lemme) $\mu = \mu_1$, et $U^{\mu} = U^{\mu_1}$, c'est-à-dire

$$\inf(U^{\mu_1}, U^{\mu_2}) = U^{\mu_1}, \quad \text{ou encore} \quad U^{\mu_1} \leqq U^{\mu_2}.$$

C. Q. F. D.

Remarque. — On pourrait appeler « principe restreint du maximum » le principe suivant :

Si une distribution positive μ est telle que l'on ait $U^{\mu}(x) \leqq 1$ sur un noyau de masses de μ, l'inégalité a lieu partout.

Lorsque ce principe est valable, la distribution capacitaire devient une distribution d'équilibre.

---

(16) *Voir* Frostman, *Sur les fonctions surharmoniques d'ordre fractionnaire* (*Arkiv för Matematik*, 26, 1938).

71.

La théorie générale du potentiel dans les espaces homogènes

Bulletin des Sciences Mathématiques 66, 126–132 et 136–144 (1942)

Dans un Mémoire récent ([1]) j'ai montré que l'essentiel de la théorie du potentiel newtonien (et des potentiels plus généraux étudiés par M. Riesz et O. Frostman) peut être considéré comme un chapitre de la théorie des groupes localement compacts : celui qui a trait à la *composition des mesures* ([2]) dans l'espace d'un tel groupe. Je me propose de montrer ici que ce point de vue peut être étendu aux espaces localement compacts dans lesquels opère transitivement un groupe, au moins dans le cas important où le sous-groupe qui laisse fixe un point de l'espace (*sous-groupe de stabilité* suivant la terminologie de É. Cartan) est *compact*. Je suis amené à définir en toute généralité la composition des mesures dans un tel espace : c'est l'objet du paragraphe 3 du présent article. Cette théorie de la composition me permet d'esquisser une théorie générale du potentiel, au paragraphe 4. Les deux premiers paragraphes servent d'introduction : le premier est consacré à des préliminaires indispensables, le second à des généralités sur les mesures dans un espace du type étudié; ce sujet a déjà été traité par A. Weil dans un cas plus général (*loc. cit.*, p. 42-45), mais ici, grâce à la compacité du sous-groupe de stabilité, la méthode de Weil se simplifie et les résultats peuvent être complétés.

([1]) *Sur les fondements de la théorie du potentiel* (*Bull. de la Soc. Math. de France*, 69, 1941, p. 71-96).

([2]) Le produit de composition a été introduit, pour les fonctions de variables réelles, par Volterra (VOLTERRA et PÉRÈS, *Leçons sur la composition et les fonctions permutables*, Paris, Gauthier-Villars, 1924). D'autre part, la composition des mesures positives de masse totale égale à 1, sur la droite réelle ou, plus généralement, dans l'espace euclidien, est bien connue des probabilistes. La théorie générale de la composition dans un groupe localement compact est exposée dans l'Ouvrage de A. WEIL, *L'intégration dans les groupes topologiques, etc.* (*Actual. scient.*, n° 869, 1940).

1. Espaces homogènes [3]. — Soit G un groupe topologique [4] *localement compact* [5], et soit γ un sous-groupe *fermé* de G. Considérons la relation entre éléments x, y de G

$$x^{-1}y \in \gamma; \qquad (1)$$

c'est une relation d'équivalence [6]. La classe d'équivalence d'un élément x est l'ensemble $x\gamma$ des éléments de la forme xs (où $s \in \gamma$); nous désignerons cet ensemble par $\dot{x}$. Dans l'ensemble $\dot{G}$ des classes d'équivalence, l'égalité $\dot{x} = \dot{y}$ signifie que x et y satisfont à la relation (1). L'ensemble G des classes $\dot{x}$ s'appelle *espace homogène défini par* G *et* γ. L'application $x \to \dot{x}$ est une application de G sur $\dot{G}$; nous désignerons par $\dot{e}$, et nous appellerons *origine*, l'élément de $\dot{G}$ qui correspond à l'élément neutre (ou élément-unité) e de G.

A tout $s \in G$ et à tout $\dot{x} \in \dot{G}$ associons la classe de l'élément sx (si $\dot{x} = \dot{y}$, les éléments sx et sy définissent la même classe); c'est un élément de $\dot{G}$, que nous noterons $s\dot{x}$. On a évidemment $(st)\dot{x} = s(t\dot{x})$. Si donc à chaque $s \in G$ on associe la transformation

$$\dot{x} \to s\dot{x}$$

de $\dot{G}$ en lui-même, ces transformations forment un groupe isomorphe [7] à G. Dans cet isomorphisme, γ est isomorphe au sous-groupe qui laisse fixe l'origine $\dot{e}$.

Munissons $\dot{G}$ de la *topologie-quotient* [8] de la topologie de G par

---

[3] *Voir* le Traité de N. Bourbaki, Livre III, *Topologie générale*, Chap. III et IV (*Actual. scient.*, n° 916, 1942); *voir* p. 17.

[4] Bourbaki, *loc. cit.*, p. 1 et suivantes.

[5] Rappelons qu'un espace topologique est *localement compact* si tout point de l'espace possède un voisinage compact; un sous-ensemble est *compact* s'il est séparé (deux points distincts possèdent toujours deux voisinages sans point commun) et s'il possède la propriété de Borel-Lebesgue. *Voir* Bourbaki, Livre III, *Topologie générale*, Chap. I et II (*Actual. scient.*, n° 858, 1940).

[6] *Voir* Bourbaki, Livre I, *Théorie des ensembles*, fascicule de résultats (*Actual. scient.*, n° 846, 1939); *voir* p. 28-30.

[7] En réalité, ceci n'est exact que si à deux éléments distincts s_1 et s_2 de G correspondent deux transformations distinctes de G. Si cette condition n'était pas réalisée, il faudrait remplacer G par le groupe-quotient de G par le sous-groupe (distingué) formé des $s \in G$ auxquels correspond la transformation identique de $\dot{G}$ en lui-même.

[8] Bourbaki, *loc. cit.*, n° 858, p. 52.

la relation d'équivalence (1). Alors $\dot{G}$ devient un espace *localement compact*. L'élément $s\dot{x}$ de $\dot{G}$ dépend continûment de l'ensemble des éléments $s \in G$ et $\dot{x} \in \dot{G}$. L'application (continue) $x \to \dot{x}$ de G sur $\dot{G}$ transforme tout ensemble *ouvert* de G en un ensemble *ouvert* de $\dot{G}$, tout ensemble *compact* de G en un ensemble *compact* de $\dot{G}$.

Nous supposerons désormais que le sous-groupe γ est compact. Alors l'image réciproque d'un ensemble *compact* A de $\dot{G}$ (c'est-à-dire l'ensemble des $x \in G$ tels que $\dot{x} \in A$) est un ensemble *compact*. Désignons par $\mathcal{C}$ l'ensemble des fonctions réelles $\geqq 0$, définies et continues sur G, et nulles en dehors d'un ensemble compact (qui peut dépendre de la fonction considérée); désignons par $\dot{\mathcal{C}}$ l'ensemble analogue relatif à $\dot{G}$. Alors si $f(\dot{x})$ est une fonction de $\dot{\mathcal{C}}$, la fonction $f(x\dot{e})$ est une fonction définie sur G et qui appartient à la famille $\mathcal{C}$. Réciproquement d'ailleurs, si $g \in \mathcal{C}$ est invariante à droite par γ [c'est-à-dire si $g(xs) = g(x)$ pour tout $s \in \gamma$], il existe une $f \in \dot{\mathcal{C}}$ et une seule telle que $f(x\dot{e}) = g(x)$ pour tout $x \in G$.

Une fonction quelconque f définie sur $\dot{G}$ sera dite *symétrique* ([9]), si $f(x\dot{e})$, considérée comme fonction sur G, est symétrique, c'est-à-dire si $f(x^{-1}\dot{e}) = f(x\dot{e})$ pour tout x. *Une fonction symétrique sur $\dot{G}$ est invariante par γ* : on a $f(s\dot{x}) = f(\dot{x})$ pour tout $s \in \gamma$. En effet, si $s \in \gamma$,

$$f(s\dot{x}) = f(sx\dot{e}) = f(x^{-1}s^{-1}\dot{e}) = f(x^{-1}\dot{e}) = f(xe) = f(\dot{x}).$$

La réciproque n'est pas exacte en général. Elle l'est néanmoins lorsque le groupe G satisfait à la condition qu'il existe toujours une transformation $s \in G$ qui échange deux points arbitraires de $\dot{G}$; en effet, pour tout $\dot{x} \in G$ existe alors $s \in G$ telle que $s\dot{x} = \dot{e}$, $s\dot{e} = \dot{x}$, d'où $sx \in \gamma$; si $f(\dot{x})$ est invariante par γ, il vient

$$f(x^{-1}\dot{e}) = f\big((sx)x^{-1}\dot{e}\big) = f(se) = f(\dot{x}) = f(x\dot{e}),$$

donc f est *symétrique*.

Dans le cas général : si f est une fonction définie sur $\dot{G}$ et *invariante par* γ, il existe une fonction f^* (définie sur $\dot{G}$) telle

([9]) Cette notion est indépendante de toute topologie sur le groupe G.

que $f^*(\dot{x}) = f(x^{-1}\dot{e})$; f^* s'appelle la *symétrique* de f; elle est invariante par γ, et sa symétrique est f.

2. Mesures dans un espace homogène. — Rappelons que, sur un espace localement compact, une *mesure positive*, ou *distribution de masses positives* (10), est définie par une fonctionnelle $\mu(f)$ à valeurs positives ou nulles, f parcourant l'ensemble des fonctions réelles $\geqq 0$, définies et continues sur l'espace envisagé, nulles en dehors d'un compact. Pour l'espace G, cet ensemble de fonctions a déjà été désigné par $\mathcal{C}$, pour l'espace $\dot{G}$ par $\dot{\mathcal{C}}$. Une mesure étant donnée, l'intégrale d'une fonction continue, nulle en dehors d'un compact (ou, plus généralement, d'une fonction f sommable pour μ) se notera aussi

$$\int f(x)\, d\mu(x) \qquad \text{ou} \qquad \int f(\dot{x})\, d\mu(\dot{x})$$

(suivant qu'il s'agira d'une mesure sur G ou d'une mesure sur $\dot{G}$).

Soit μ une mesure sur $\dot{G}$. On appelle *transformée de μ par une transformation* $s \in G$ la mesure μ_s définie par la relation

$$\int f(\dot{x})\, d\mu_s(\dot{x}) = \int f(s\dot{x})\, d\mu(\dot{x}) \qquad \text{pour toute} \quad f \in \dot{\mathcal{C}}.$$

On dit que μ est *invariante* par s si les mesures μ et μ_s sont identiques; μ est invariante par un sous-groupe de G (ou par G lui-même) si μ est invariante par tous les éléments de ce sous-groupe (ou par tous les éléments de G).

Soit maintenant μ une mesure sur G. On définit d'une manière analogue la transformée de μ par un élément $s \in G$, mais il faut cette fois distinguer entre la transformée *à gauche* et la transformée *à droite*; de même pour l'invariance à gauche et l'invariance à droite.

On sait (11) qu'il existe, sur G, une mesure positive *invariante à gauche par* G (dite mesure de Haar); cette mesure est unique à un facteur constant près; nous la noterons dx. Si l'on transforme (à droite) cette mesure par un $s \in G$, on obtient une mesure propor-

(10) Pour les généralités sur les mesures dans un espace localement compact, *voir* par exemple mon Mémoire cité en (1), p. 72-76.

(11) *Voir* par exemple A. Weil, *loc. cit.*, Chap. II.

tionnelle à dx, de la forme $\frac{dx}{\Delta(s)}$; Δ est une fonction de $s \in G$, positive et continue, satisfaisant à

$$\Delta(st) = \Delta(s)\Delta(t).$$

Si $\Delta(s) = 1$ pour tout $s \in G$, le groupe G est dit *unimodulaire*, et la mesure dx est aussi invariante à droite par G (mesure biinvariante). Tout groupe *compact* est unimodulaire.

Le sous-groupe γ du groupe G, considéré en tant que groupe compact, possède une mesure biinvariante que nous noterons δx; le facteur constant dont elle dépend sera choisi de manière que la mesure de γ soit égale à *un* :

$$\int_\gamma \delta x = 1.$$

Définition. — Étant donnée arbitrairement une mesure μ sur G, appelons *mesure associée à* μ la mesure $\dot{\mu}$ définie, sur $\dot{G}$, par la relation

$$(2) \qquad \int f(\dot{x})\, d\dot{\mu}(\dot{x}) = \int f(x\dot{e})\, d\mu(x)$$

(f désigne une fonction arbitraire de la famille $\dot{\mathcal{C}}$).

Intuitivement, on peut dire que les masses de $\dot{\mu}$ s'obtiennent en transportant sur $\dot{G}$ les masses de μ par l'application $x \to \dot{x}$.

Parmi les mesures sur G, considérons l'ensemble $\mathfrak{M}_\gamma$ des mesures *invariantes à droite par* γ. Je dis que *la relation* (2) *définit une correspondance biunivoque entre ces mesures et les mesures sur* $\dot{G}$. Il suffit de montrer que les mesures de $\mathfrak{M}_\gamma$ sont entièrement caractérisées comme fonctionnelles additives (à valeurs $\geqq 0$) sur l'ensemble $\mathcal{C}_\gamma$ des fonctions de la famille $\mathcal{C}$ invariantes (à droite) par γ. Or ceci est évident, du fait que si μ (sur G) est invariante à droite par γ, l'intégrale d'une f quelconque de $\mathcal{C}$ est égale à

$$\int g(x)\, d\mu(x),$$

où la fonction g est

$$g(x) = \int_{s \in \gamma} f(xs)\, \delta s;$$

g est invariante à droite par γ. C. Q. F. D.

Ainsi, à toute mesure $\dot{\mu}$ sur $\dot{G}$ correspond une mesure μ et une seule, sur G, qui soit invariante à droite par γ et satisfasse à (2). Nous l'appellerons *mesure associée à* $\dot{\mu}$.

La correspondance ainsi définie entre $\mathcal{M}_\gamma$ et l'ensemble $\dot{\mathcal{M}}$ des mesures sur $\dot{G}$ est évidemment *linéaire*; elle est *bicontinue* si l'on munit $\mathcal{M}_\gamma$ et $\dot{\mathcal{M}}$ de la topologie habituelle ([12]).

On voit immédiatement que si ν est la transformée (à gauche) d'une $\mu \in \mathcal{M}_\gamma$ par une $s \in G$, ν appartient à $\mathcal{M}_\gamma$, et la mesure $\dot{\nu}$ associée à ν est transformée de $\dot{\mu}$ (associée à μ) par s. Pour que $\dot{\mu}$ soit invariante par G, il faut et il suffit que μ soit invariante à gauche par G; or une telle μ existe (et est unique à un facteur constant près) : c'est la mesure invariante (à gauche) dx, qui est bien invariante à droite par γ, parce que $\Delta(s) = 1$ pour $s \in \gamma$ (γ étant compact). Ainsi : *il existe sur* $\dot{G}$ *une mesure invariante par* G (*et une seule à un facteur constant près*); *cette mesure* $d\dot{x}$ *est définie par*

$$\int f(\dot{x})\, d\dot{x} = \int f(x\dot{e})\, dx,$$

pour toute $f \in \dot{\mathcal{C}}$.

Une mesure $\dot{\mu}$ sur $\dot{G}$ est dite *symétrique* si la mesure associée μ est symétrique, c'est-à-dire si

$$\int f(x^{-1})\, d\mu(x) = \int f(x)\, d\mu(x) \qquad \text{pour toute } f \in \mathcal{C}.$$

Une mesure symétrique sur $\dot{G}$ *est invariante par* γ; il suffit de prouver que la mesure μ associée est invariante à gauche par γ; or si $s \in \gamma$, on a, pour $f \in \mathcal{C}$,

$$\int f(sx^{-1})\, d\mu(x) = \int f(x^{-1})\, d\mu(x),$$

parce que μ est invariante à droite par γ; d'où, pour $s \in \gamma$,

$$\int f(sx)\, d\mu(x) = \int f(sx^{-1})\, d\mu(x) = \int f(x^{-1})\, d\mu(x) = \int f(x)\, d\mu(x).$$

C. Q. F. D.

([12]) *Voir* mon Mémoire cité en ([1]), p. 75. Nous conviendrons ici de dire qu'une suite de mesures positives μ_n (sur G) *converge vaguement* vers une μ positive si, pour toute fonction f de $\mathcal{C}$, $\int f(x)\, d\mu_n(x)$ a pour limite $\int f(x)\, d\mu(x)$. Définition analogue pour les mesures sur $\dot{G}$.

Une mesure $\dot{\mu}$ *invariante par* γ étant donnée, on peut définir la *mesure symétrique de* $\dot{\mu}$. En effet, soit μ la mesure associée à $\dot{\mu}$; définissons, sur G, la mesure μ^* symétrique de μ par

$$\int f(x)\, d\mu^*(x) = \int f(x^{-1})\, d\mu(x) \qquad \text{pour toute } f \in \mathcal{C};$$

μ étant invariante à droite et à gauche par γ, μ^* est invariante à gauche et à droite par γ; la mesure $\dot{\mu}^*$ associée à μ^* est invariante par γ; c'est par définition la mesure symétrique de $\dot{\mu}$. Dire qu'une mesure $\dot{\mu}$ invariante par γ est symétrique, c'est dire que $\dot{\mu}$ est identique à sa symétrique. En particulier, la mesure symétrique de la mesure invariante dx étant $\frac{dx}{\Delta(x)}$, la mesure symétrique de $d\dot{x}$ est $\frac{d\dot{x}}{\Delta(\dot{x})}$ [13].

Lorsque le groupe G est tel qu'*étant donnés deux points arbitraires de* $\dot{G}$ *il existe une transformation de* G *qui les échange*, on peut affirmer que *toute* $\dot{\mu}$ *invariante par* γ *est symétrique*; car si $\dot{\mu}^*$ désigne la symétrique de $\dot{\mu}$, on a, pour $f \in \dot{\mathcal{C}}$ et invariante par γ,

$$\int f(\dot{x})\, d\dot{\mu}^*(\dot{x}) = \int f^*(\dot{x})\, d\dot{\mu}(\dot{x});$$

or f est identique à sa symétrique f^* (§ 1). C. Q. F. D.

En particulier la mesure invariante $d\dot{x}$ est alors identique à sa symétrique, donc $\Delta(x) = 1$ pour tout $x \in G$: ainsi tout groupe G qui satisfait à l'hypothèse dite est *unimodulaire* (c'est le cas du groupe des déplacements de l'espace euclidien).

Dans le cas général, soit une mesure $\dot{\mu}$ sur $\dot{G}$ définie par une densité $\varphi(\dot{x})$: nous entendons par là que φ est une fonction sommable sur tout ensemble compact, et que l'intégrale d'une $f \in \dot{\mathcal{C}}$ par rapport à $\dot{\mu}$ est égale à $\int f(\dot{x})\varphi(\dot{x})\, d\dot{x}$. On vérifie facilement que la condition pour que la mesure $\varphi(\dot{x})\, d\dot{x}$ soit invariante par γ est que la fonction $\varphi(\dot{x})$ le soit; et que s'il en est ainsi, la symétrique de la mesure $\varphi(\dot{x})\, d\dot{x}$ est la mesure $\varphi^*(\dot{x}) \frac{d\dot{x}}{\Delta(\dot{x})}$. ($\varphi^*$ étant la fonction symétrique de φ).

---

[13] $\Delta(x)$ étant invariante à droite par γ, définit une fonction de $\dot{x}$ sur $\dot{G}$, que nous noterons $\Delta(\dot{x})$.

3. Composition des mesures (14). — Rappelons d'abord que dans un groupe localement compact G les mesures se composent de la manière suivante : λ et μ étant deux mesures sur G, l'intégrale double

$$\iint f(xy)\, d\lambda(x)\, d\mu(y),$$

où $f \in \mathcal{C}$, a une valeur bien déterminée, finie ou infinie. Si cette valeur est finie pour toute $f \in \mathcal{C}$, elle dépend linéairement de f et définit donc une mesure ν telle que

$$\int f(z)\, d\nu(z) = \iint f(xy)\, d\lambda(x)\, d\mu(y).$$

Cette nouvelle mesure se note $\lambda \star \mu$. Elle existe certainement si l'une au moins des distributions λ et μ a ses masses sur un ensemble compact. La composition des mesures est *associative* : si l'une des expressions $(\lambda \star \mu) \star \nu$ et $\lambda \star (\mu \star \nu)$ a un sens, l'autre a un sens et lui est égale.

Revenons maintenant à notre espace homogène $\dot{G}$ défini par le groupe G et son sous-groupe *compact* γ. Une mesure $\dot{\mu}$ sur $\dot{G}$ étant donnée, nous allons définir deux sortes de composition : l'une, à *gauche*, avec les mesures sur G ; l'autre, à *droite*, avec les mesures définies sur $\dot{G}$ et *invariantes par* γ.

Composition à gauche avec une mesure sur G. — Soit λ une mesure sur G. On va définir (au moins sous certaines restrictions) une mesure sur $\dot{G}$, qu'on notera $\lambda \star \dot{\mu}$. Pour cela considérons l'intégrale

$$\iint_{\substack{x \in G \\ \dot{y} \in \dot{G}}} f(x\dot{y})\, d\lambda(x)\, d\dot{\mu}(\dot{y}).$$

Si sa valeur est finie pour toute $f \in \dot{\mathcal{C}}$ (ce qui est le cas, par exemple, lorsqu'une des distributions λ et $\dot{\mu}$ est portée par un compact), elle dépend linéairement de $f \in \dot{\mathcal{C}}$ et définit donc une mesure sur $\dot{G}$: c'est la mesure $\lambda \star \dot{\mu}$. On a la formule d'associativité (λ et μ désignant des mesures sur G, $\dot{\nu}$ une mesure sur $\dot{G}$)

$$(3) \qquad (\lambda \star \mu) \star \dot{\nu} = \lambda \star (\mu \star \dot{\nu})$$

(14) On se bornera à considérer des mesures positives.

(si l'un des membres a un sens, l'autre a un sens et lui est égal). Si ε désigne la *mesure unitaire* sur G (formée d'une masse $+1$ au point e), on a $\varepsilon \star \dot{\mu} = \dot{\mu}$. Si $\dot{\varepsilon}$ désigne la mesure unitaire sur $\dot{G}$ (formée d'une masse $+1$ à l'origine), mesure qui n'est autre que la mesure associée à ε [§ 2, formule (2)], la mesure $\lambda \star \dot{\varepsilon}$ n'est autre que la mesure $\dot{\lambda}$ associée à λ. La formule d'associativité (3), appliquée au cas où $\dot{\nu} = \dot{\varepsilon}$, prouve que $\lambda \star \dot{\mu}$ n'est autre que la mesure associée à $\lambda \star \mu$.

Examinons le cas où λ a la forme $\psi(x)\dfrac{dx}{\Delta(x)}$, ψ étant une « densité » par rapport à la mesure $\dfrac{dx}{\Delta(x)}$ (mesure invariante à droite par G); la fonction $\psi(x)$ est supposée sommable sur tout compact. Alors la mesure $\lambda \star \dot{\mu}$ a la forme $\varphi(\dot{x})\dfrac{d\dot{x}}{\Delta(\dot{x})}$, φ étant donnée par l'intégrale

$$\varphi(\dot{x}) = \int_{y \in G} \psi(xy^{-1})\, d\mu(y) \tag{4}$$

(μ désigne la mesure associée à $\dot{\mu}$). Au sujet de cette formule, il y a deux observations à faire : 1° $\psi(xy^{-1})$, considéré comme fonction de y, est sommable pour μ, sauf peut-être pour des x dont l'ensemble a une mesure nulle (il s'agit de la mesure invariante dx); 2° le second membre de (4) est une fonction de x invariante à droite par γ, et à ce titre définit une fonction $\varphi(\dot{x})$ sur $\dot{G}$, fonction qui est sommable sur tout compact pour la mesure $d\dot{x}$.

Dans le cas particulier où $\dot{\mu}$ est portée par un compact et où $\psi \in \mathcal{C}$, alors la fonction $\varphi(\dot{x})$ appartient à $\dot{\mathcal{C}}$.

Composition à droite avec une mesure sur $\dot{G}$, *invariante par* γ. — Soient $\dot{\mu}$ et $\dot{\nu}$ deux mesures sur $\dot{G}$, *la mesure* $\dot{\nu}$ *étant supposée invariante par* γ. On peut donner un sens à l'intégrale double

$$\iint f(x\dot{y})\, d\dot{\mu}(\dot{x})\, d\dot{\nu}(\dot{y}) \qquad (f \in \dot{\mathcal{C}}).$$

En effet, $\int f(x\dot{y})\, d\dot{\nu}(\dot{y})$ est une fonction de x invariante à droite par γ, donc définit une fonction $g(\dot{x})$, d'ailleurs continue; et alors l'intégrale double est, par convention, égale à $\int g(\dot{x})\, d\dot{\mu}(\dot{x})$. Si cette quantité est finie pour toute $f \in \dot{\mathcal{C}}$ (ce qui est le cas, notamment, lorsque $\dot{\mu}$ ou $\dot{\nu}$ a ses masses sur un compact), elle dépend linéairement de $f \in \dot{\mathcal{C}}$ et définit une mesure sur $\dot{G}$, notée $\dot{\mu} \star \dot{\nu}$. Si $\dot{\mu}$ et $\dot{\nu}$ sont toutes deux invariantes par γ, il en est de même de $\dot{\mu} \star \dot{\nu}$: les mesures invariantes par γ se composent entre elles. Dans ce cas, si $\dot{\mu}^*$ et $\dot{\nu}^*$ désignent les symétriques des mesures $\dot{\mu}$ et $\dot{\nu}$ (*cf.* § 2), la symétrique de $\dot{\mu} \star \dot{\nu}$ n'est autre que $\dot{\nu}^* \star \dot{\mu}^*$.

On a la formule d'associativité (pour $\dot{\mu}$ et $\dot{\nu}$ invariantes par γ)

$$(\dot{\lambda} \star \dot{\mu}) \star \dot{\nu} = \dot{\lambda} \star (\dot{\mu} \star \dot{\nu})$$

(si l'un des membres a un sens, l'autre a un sens et lui est égal). Si $\dot{\varepsilon}$ désigne, comme plus haut, la mesure unitaire sur $\dot{G}$, on vérifie facilement les formules

$$\dot{\mu} \star \dot{\varepsilon} = \dot{\mu} \qquad (\dot{\mu} \text{ quelconque}),$$
$$\dot{\varepsilon} \star \dot{\nu} = \dot{\nu} \qquad (\dot{\nu} \text{ invariante par } \gamma).$$

On a une autre formule d'associativité, en relation avec la composition à gauche

$$(\lambda \star \dot{\mu}) \star \dot{\nu} = \lambda \star (\dot{\mu} \star \dot{\nu}) \tag{3'}$$

(λ est une mesure sur G, $\dot{\mu}$ et $\dot{\nu}$ sont des mesures sur $\dot{G}$, la dernière $\dot{\nu}$ étant supposée invariante par γ).

Dans le cas où $\dot{\nu}$ a la forme $h(\dot{x})\, d\dot{x}$ (h étant une densité sommable sur tout compact et *invariante par* γ), la mesure $\dot{\mu} \star \dot{\nu}$ a la forme $f(\dot{x})\, d\dot{x}$, f étant donnée par l'intégrale

$$f(\dot{x}) = \int h(y^{-1}\dot{x})\, d\dot{\mu}(\dot{y}). \tag{5}$$

Au sujet de cette formule, il faut remarquer que : 1° $h(y^{-1}\dot{x})$ est une fonction de y invariante à droite par γ, donc peut être considérée comme une fonction de $\dot{y} \in \dot{G}$; 2° cette fonction est sommable pour $\dot{\mu}$, sauf pour des $\dot{x}$ dont l'ensemble est de mesure $d\dot{x}$ nulle. La formule (5) définit alors une fonction $f(\dot{x})$ sommable sur tout compact (pour la mesure $d\dot{x}$).

Si l'on suppose, en outre, que $\dot\mu$ a la forme $g(\dot x)\,d\dot x$, on a

$$(6)\qquad f(\dot x)=\int h(y^{-1}\dot x)g(\dot y)\,d\dot y=\int h^{*}(\dot y)g(x\dot y)\,d\dot y$$

(ce qui prouve, en particulier, que si $g\in\dot{\mathcal{C}}$, f est *continue*). La formule (6) définit un produit de « composition » entre fonctions g et h sur $\dot G$, lorsque h est invariante par γ. On en déduit

$$(6')\qquad f(z^{-1}\dot x)=\int h(y^{-1}\dot x)g(z^{-1}\dot x)\,d\dot y.$$

Examinons le cas particulier où g et h sont toutes deux invariantes par γ; alors f l'est aussi. Définissons les fonctions de deux variables $\dot x$ et $\dot y$:

$$(7)\qquad \begin{cases} f(\dot x,\dot y)=\Delta(\dot x)f(y^{-1}\dot x),\\ g(\dot x,\dot y)=\Delta(\dot x)g(y^{-1}\dot x),\qquad h(\dot x,\dot y)=\Delta(\dot x)h(y^{-1}\dot x);\end{cases}$$

alors (6′) donne la formule de composition

$$(8)\qquad f(\dot x,\dot z)=\int h(\dot x,\dot y)g(\dot y,\dot z)\frac{d\dot y}{\Delta(\dot y)},$$

formule qui joue un rôle fondamental dans la théorie du potentiel.

4. Théorie générale du potentiel. — On part d'une mesure *symétrique* (§ 2) de la forme $f(\dot x)\,d\dot x$. La fonction f est supposée sommable sur tout compact et *semi-continue inférieurement* (c'est une fonction essentiellement positive); on l'appelle *fonction fondamentale*, ou *fonction de base*, de la théorie. D'après la formule (7) il lui correspond une fonction de deux variables

$$f(\dot x,\dot y)=\Delta(\dot x)f(y^{-1}\dot x).$$

Cette fonction est *relativement invariante* par le groupe G : si $s\in G$,

$$f(s\dot x,s\dot y)=\Delta(s)f(\dot x,\dot y).$$

En outre, f est *symétrique* en $\dot x$ et $\dot y$: on a

$$f(\dot x,\dot y)=f(\dot y,\dot x).$$

Cela tient à ce que, la mesure $f(\dot x)\,d\dot x$ étant symétrique, on a *cf.* (fin du § 2)

$$f(x^{-1}\dot{e}) = \Delta(x) f(x\dot{e}),$$

d'où

$$\Delta(x) f(y^{-1}\dot{x}) = \Delta(x) f(y^{-1}x\dot{e}) = \Delta(y) f(x^{-1}y\dot{e}) = \Delta(y) f(x^{-1}\dot{y}).$$

Dans le cas où le groupe G est *unimodulaire*, $f(\dot{x}, \dot{y})$ est non seulement symétrique, mais invariante par G : par exemple, si $\dot{G}$ est l'espace euclidien et G le groupe des déplacements, $f(\dot{x}, \dot{y})$ est fonction de la *distance* des points $\dot{x}$ et $\dot{y}$.

Désignons une fois pour toutes par $\dot{\rho}$ la mesure $f(\dot{x})\, d\dot{x}$. Pour définir le *potentiel* d'une distribution de masses $\dot{\mu}$, nous supposons que la mesure composée $\dot{\mu} \star \dot{\rho}$ existe (ce qui est le cas, notamment, si $\dot{\mu}$ a ses masses sur un ensemble compact), et nous la mettons sous la forme $U(\dot{x}) \dfrac{d\dot{x}}{\Delta(\dot{x})}$. La fonction U est, par définition, le potentiel de la distribution $\dot{\mu}$; d'après les formules (5) et (7), il est donné par la formule

$$U(\dot{x}) = \int f(\dot{x}, \dot{y})\, d\dot{\mu}(\dot{y}). \tag{9}$$

C'est une fonction *sommable sur tout compact*, et *semi-continue inférieurement*. Dans le cas où $\dot{\mu}$ a la forme $g(\dot{x})\, d\dot{x}$, avec $g \in \dot{\mathcal{C}}$, le potentiel de $\dot{\mu}$ est une fonction *continue*. Dans tous les cas, nous préciserons les notations en notant $U(\dot{x}, \dot{\mu})$ le potentiel de la distribution $\dot{\mu}$.

Si l'on ne se borne pas aux distributions positives, on définit le potentiel de la distribution $\dot{\mu}_1 - \dot{\mu}_2$ comme la différence des potentiels de $\dot{\mu}_1$ et de $\dot{\mu}_2$ (ceux-ci étant supposés exister).

Etant données deux distributions positives $\dot{\mu}_1$ et $\dot{\mu}_2$, les deux intégrales

$$\int U(\dot{x}, \dot{\mu}_1)\, d\dot{\mu}_2(\dot{x}) \quad \text{et} \quad \int U(\dot{x}, \dot{\mu}_2)\, d\dot{\mu}_1(\dot{x})$$

sont égales (*loi de réciprocité*), parce que la fonction fondamentale $f(\dot{x}, \dot{y})$ est symétrique. Leur valeur commune, qui peut être infinie, s'appelle l'*énergie mutuelle* des distributions $\dot{\mu}_1$ et $\dot{\mu}_2$. L'énergie d'une distribution $\dot{\mu}$ est

$$\int U(\dot{x}, \dot{\mu})\, d\dot{\mu}(\dot{x}).$$

Supposons désormais que la fonction fondamentale $f(\dot{x})$ soit composée d'une fonction $f'(\dot{x})$ par elle-même, c'est-à-dire [formule (6')]

$$f(\dot{x}, \dot{z}) = \int f'(\dot{x}, \dot{y}) f'(\dot{y}, \dot{z}) \frac{d\dot{y}}{\Delta(\dot{y})}.$$

[On suppose, bien entendu, que la mesure $f'(\dot{x})\,d\dot{x}$ est symétrique.] Désignons par U′ le potentiel relatif à la fonction fondamentale f'. Alors l'énergie mutuelle de $\dot{\mu}_1$ et $\dot{\mu}_2$ satisfait à la relation

$$\iint f(\dot{x}, \dot{z})\, d\dot{\mu}_1(\dot{x})\, d\dot{\mu}_2(\dot{z}) = \int \mathrm{U}'(\dot{y}, \dot{\mu}_1)\mathrm{U}'(\dot{y}, \dot{\mu}_2) \frac{d\dot{y}}{\Delta(\dot{y})}.$$

Pour que l'énergie d'une distribution $\dot{\mu}$ soit finie, il faut et il suffit que $\mathrm{U}'(\dot{x}, \dot{\mu})$ soit une fonction de carré sommable pour la mesure $\frac{d\dot{x}}{\Delta(\dot{x})}$; le produit de deux fonctions de carré sommable étant sommable, l'énergie mutuelle de deux distributions d'énergie finie est finie. Il s'ensuit que l'intégrale

$$\int \mathrm{U}(\dot{x}, \dot{\mu}_1 - \dot{\mu}_2)[d\dot{\mu}_1(\dot{x}) - d\dot{\mu}_2(\dot{x})]$$

($\dot{\mu}_1$ et $\dot{\mu}_2$ ayant une énergie finie) a un sens : c'est l'*énergie* de la distribution $\dot{\mu}_1 - \dot{\mu}_2$; elle est *essentiellement positive*, car elle est égale à

$$\int [\mathrm{U}'(\dot{x}, \dot{\mu}_1 - \dot{\mu}_2)]^2 \frac{d\dot{x}}{\Delta(\dot{x})}.$$

Nous noterons $\| \dot{\mu}_1 - \dot{\mu}_2 \|$ sa racine carrée.

Pour obtenir ce que j'ai appelé « les théorèmes fondamentaux », il faut faire une hypothèse supplémentaire concernant la fonction de base f. Précisons que trois de ces théorèmes sont les suivants :

I. L'énergie d'une distribution $\dot{\mu}_1 - \dot{\mu}_2$ ($\dot{\mu}_1$ et $\dot{\mu}_2$ d'énergie finie portées par des compacts) ne peut être nulle que si $\dot{\mu}_1 = \dot{\mu}_2$.

II. Si deux potentiels $\mathrm{U}(\dot{x}, \dot{\mu}_1)$ et $\mathrm{U}(\dot{x}, \dot{\mu}_2)$ sont égaux *presque partout* (c'est-à-dire sauf sur un ensemble de mesure $d\dot{x}$ nulle), et si les distributions $\dot{\mu}_1$ et $\dot{\mu}_2$ sont portées par des compacts, elles sont identiques (et donc leurs potentiels sont égaux partout).

III, Toute fonction réelle, définie et continue sur un ensemble compact K quelconque, peut être uniformément approchée, sur K, par des potentiels de distributions de la forme $g(\dot{x})\,d\dot{x}$, où g est la différence de deux fonctions de $\dot{\mathcal{C}}$.

Or, il est remarquable que *chacun de ces trois théorèmes entraîne les deux autres.* Prouvons-le rapidement.

I *entraîne* II. Supposons, en effet, les mesures $U(\dot{x}, \dot{\mu}_1)\,d\dot{x}$ et $U(\dot{x}, \dot{\mu}_2)\,d\dot{x}$ identiques; et plaçons-nous d'abord dans l'hypothèse où $\dot{\mu}_1$ et $\dot{\mu}_2$ ont la forme $g_1(\dot{x})\,d\dot{x}$ et $g_2(\dot{x})\,d\dot{x}$, avec $g_1 \in \dot{\mathcal{C}}$ et $g_2 \in \dot{\mathcal{C}}$. Alors l'énergie de la distribution $\dot{\mu}_1 - \dot{\mu}_2$ est nulle, donc, d'après I, $\dot{\mu}_1 = \dot{\mu}_2$. Dans le cas général, où $\dot{\mu}_1$ et $\dot{\mu}_2$ sont deux distributions positives quelconques portées par des compacts, les mesures $\dot{\mu}_1 \star \dot{\rho}$ et $\dot{\mu}_2 \star \dot{\rho}$ sont identiques par hypothèse [$\dot{\rho}$ désigne toujours la mesure $f(\dot{x})\,d\dot{x}$ définie par la fonction de base f]. Il s'ensuit que, pour toute distribution λ sur G, on a [d'après la formule (3') d'associativité],

$$(\lambda \star \dot{\mu}_1) \star \dot{\rho} = (\lambda \star \dot{\mu}_2) \star \dot{\rho}; \tag{10}$$

prenons pour λ une mesure de la forme $\varphi(x)\,dx$, avec $\varphi \in \mathcal{C}$; alors $\lambda \star \dot{\mu}_1$ et $\lambda \star \dot{\mu}_2$ ont respectivement la forme $g_1(\dot{x})\,d\dot{x}$ et $g_2(\dot{x})\,d\dot{x}$ (*cf.* § 3), donc, d'après (10) et ce qu'on vient de dire, $g_1 \equiv g_2$. Ainsi, on a $\lambda \star \dot{\mu}_1 = \lambda \star \dot{\mu}_2$ pour toute λ de la forme $\varphi(x)\,dx$; faisons converger « vaguement » ([15]) λ vers la distribution unitaire ε : alors on vérifie sans peine que $\lambda \star \dot{\mu}_1$ et $\lambda \star \dot{\mu}_2$ convergent vaguement vers $\dot{\mu}_1$ et $\dot{\mu}_2$ respectivement. D'où la conclusion finale $\dot{\mu}_1 = \dot{\mu}_2$.

II *entraîne* III. La démonstration est identique à celle donnée dans le Mémoire déjà cité (démonstration du théorème III de ce Mémoire).

III *entraîne* I. Soient $\dot{\mu}_1$ et $\dot{\mu}_2$ deux distributions positives d'énergie finie, portées par un compact K. telles que l'énergie $\|\dot{\mu}_1 - \dot{\mu}_2\|^2$ soit nulle. Alors, en vertu de l'inégalité de Schwarz, l'énergie mutuelle

$$\int U(\dot{x}, \dot{\nu})\,[d\dot{\mu}_1(\dot{x}) - d\dot{\mu}_2(\dot{x})] = 0 \tag{11}$$

([15]) *Voir* note ([12]) la définition de la convergence vague.

pour toute $\dot{\nu}$, différence de deux distributions positives d'énergie finie; en particulier, pour toute $\dot{\nu}$ de la forme $g(\dot{x})\,d\dot{x}$ (g continue réelle, nulle en dehors d'un compact). Comme les potentiels $U(\dot{x}, \dot{\nu})$ correspondants peuvent approcher uniformément, sur K, toute fonction continue, (11) entraîne que les distributions $\dot{\mu}_1$ et $\dot{\mu}_2$ sont identiques. C. Q. F. D.

Ainsi nous avons prouvé que les théorèmes I, II, III sont équivalents; ils seront tous vrais chaque fois que l'un d'eux sera vrai, par exemple le théorème I; et même la démonstration ci-dessus prouve qu'on n'a besoin du théorème I que pour les distributions $g(\dot{x})\,d\dot{x}$ (où g est différence de deux fonctions de $\dot{\mathcal{C}}$) : le tout s'ensuit alors.

Il y a un cas important où la validité des théorèmes fondamentaux I, II, III est assurée : c'est celui où la mesure de base $f(\dot{x})\,d\dot{x}$ fait partie d'une famille à un paramètre de mesures symétriques $\dot{\rho}_\alpha$ de la forme $f_\alpha(\dot{x})\,d\dot{x}$ dépendant continûment ([16]) du paramètre $\alpha (0 < \alpha \leqq 1)$; on suppose que f correspond, par exemple, à la valeur 1 du paramètre α, et que la mesure $f_\alpha(\dot{x})\,d\dot{x}$ converge « vaguement » vers la mesure unitaire $\dot{\varepsilon}$ quand α tend vers zéro. On suppose enfin que l'on a

$$\dot{\rho}_\alpha \star \dot{\rho}_\beta = \dot{\rho}_{\alpha+\beta} \qquad \text{pour} \quad \alpha + \beta \leqq 1.$$

Dans ces conditions, désignons par U_α le potentiel relatif à la fonction de base f_α. Si une distribution est différence de deux distributions $\dot{\mu}_1$ et $\dot{\mu}_2$ de la forme $g_1(\dot{x})\,d\dot{x}$ et $g_2(\dot{x})\,d\dot{x}$ (où g_1 et $g_2 \in \dot{\mathcal{C}}$), et si son énergie est nulle (pour la fonction de base f_1), son potentiel $U_{1/2}$ est presque partout nul, donc son énergie est nulle pour la fonction de base $f_{1/2}$, donc son potentiel $U_{1/4}$ est presque partout nul, etc. On voit que l'on a

$$\dot{\mu}_1 \star \dot{\rho}_\alpha = \dot{\mu}_2 \star \dot{\rho}_\alpha$$

pour toutes les valeurs de α de la forme 2^{-n}; à la limite, on a donc $\dot{\mu}_1 = \dot{\mu}_2$. Et ceci démontre le théorème fondamental I sous sa

([16]) Au sens de la convergence vague.

forme restreinte; les trois théorèmes fondamentaux s'ensuivent alors, comme il a été dit plus haut.

D'autre part, les mêmes hypothèses ([17]) entraînent un quatrième théorème, fort important :

THÉORÈME IV. — *Si, dans l'ensemble* $\mathcal{E}_K$ *des distributions positives d'énergie finie portées par un ensemble compact fixe* K, *on définit la distance de deux éléments* μ_1 *et* μ_2 *par* $\|\mu_1 - \mu_2\|$ (*racine carrée de l'énergie de* $\mu_1 - \mu_2$), *l'espace métrique ainsi obtenu est* complet.

La démonstration est la même que dans le Mémoire cité, et les conséquences que l'on en tire sont aussi les mêmes.

([17]) Il suffit, en fait, de supposer que la fonction de base f est composée d'une fonction f' par elle-même, et que les théorèmes I, II, III sont valables pour la fonction de base f'.

72.

Capacité extérieure et suites convergentes de potentiels

Comptes Rendus de l'Académie des Sciences de Paris 214, 944–946 (1942)

1. Plaçons-nous, pour fixer les idées, dans l'espace euclidien à $n > 2$ dimensions, et considérons le potentiel newtonien défini par la fonction $f(x, y) = r^{2-n}$ (x et y désignent deux points, r leur distance). Les résultats qui suivent, et dont la démonstration sera publiée ailleurs, vaudront dans d'autres cas, par exemple pour $f(x, y) = r^{\alpha-n}$ ($n \leqq 2$, $0 < \alpha < 2$), et aussi, dans le cercle $|x| < 1$ du plan d'une variable complexe, pour

$$f(x, y) = \log \left| \frac{1 - \bar{x}y}{x - y} \right|$$

(x et y nombres complexes de module < 1).

Le *potentiel* d'une distribution μ de masses positives est la fonction $U^\mu(x)$ définie par l'intégrale

$$U^\mu(x) = \int f(x, y)\, d\mu(y),$$

et l'*énergie* est $\int U^\mu(x)\, d\mu(x)$ (elle peut être infinie). L'énergie de la différence de deux distributions positives μ et ν d'énergie *finie* est

$$\int (U^\mu - U^\nu)(d\mu - d\nu);$$

elle est bien déterminée, toujours positive, et ne s'annule que si $\mu = \nu$; nous désignerons par $\| \mu - \nu \|$ sa racine carrée. La *capacité* d'un ensemble K *compact* (c'est-à-dire fermé borné) est la borne supérieure des masses portées par K pour les μ positives telles que $U^\mu \leqq 1$ partout. La *capacité intérieure* $\gamma_i(A)$ d'un ensemble A quelconque est la borne supérieure des capacités des compacts contenus dans A. La *capacité extérieure* $\gamma_e(A)$ est la borne inférieure des capacités (intérieures) des ensembles *ouverts* contenant A. Lorsque $\gamma_e(A) = \gamma_i(A)$, on dit *capacité* tout court; c'est le cas, notamment, des compacts et des ouverts. La capacité *extérieure* d'une réunion finie ou dénombrable d'ensembles est au plus égale à la somme de leurs capacités extérieures.

2. Ces définitions étant rappelées, on sait que les *ensembles de capacité nulle* interviennent dans beaucoup de questions. Or il faudrait distinguer entre les deux notions de capacité *intérieure* nulle et de capacité *extérieure* nulle; il est

vrai que, pour certains ensembles (par exemple les réunions dénombrables de compacts), les deux propriétés sont équivalentes. En général on se borne à prouver que l'ensemble étudié a une capacité intérieure nulle. Par exemple il est bien connu que l'ensemble des points où un potentiel (non $\equiv \infty$) est infini a une capacité (intérieure) nulle; or je montre facilement que sa capacité *extérieure* est nulle, et ce fait est intéressant parce qu'il y a une réciproque. Appelons en effet, avec Brelot, ensemble *polaire* tout ensemble A tel qu'il existe un potentiel infini en tout point de A, et $\not\equiv \infty$. Alors

THÉORÈME 1. — *Pour qu'un ensemble soit polaire, il faut et il suffit que sa capacité extérieure soit nulle.*

3. La limite d'une suite décroissante de potentiels ([1]) n'est pas toujours identique à un potentiel : par exemple, quel que soit l'ensemble polaire A, il existe une suite décroissante de potentiels infinis en tout point de A, et dont la limite est nulle en dehors d'un ensemble polaire. On doit à Brelot ([2]) le remarquable théorème : *la limite u d'une suite décroissante de potentiels est égale à un potentiel v, sauf sur un ensemble de capacité intérieure nulle;* et l'on a $v(x) \leqq u(x)$ partout. On déduit de là : pour une suite *quelconque* de potentiels u_n, $\liminf_{n\to\infty} u_n(x) = u(x)$ est égale à une fonction $v(x)$ [limite d'une suite croissante de potentiels ([3])] sauf sur un ensemble de capacité intérieure nulle; et $v(x) \leqq u(x)$ partout ([4]). Or je peux prouver que l'ensemble exceptionnel où $v(x) < u(x)$ est *polaire* (résultat pressenti par Brelot); cela résulte du

THÉORÈME 2. — *Étant donnés une suite monotone de potentiels u_n inférieurs à un potentiel fixe, un ensemble compact K arbitraire et un nombre $\alpha > 0$, l'ensemble des points où $|v - u_n| > \alpha$ a une capacité extérieure qui tend vers zéro quand $n \to \infty$* (v désigne le potentiel égal à $u = \lim u_n$ sauf sur un ensemble de capacité nulle).

Même dans le cas d'une suite *croissante* (alors $v \equiv u$), ce théorème est nouveau; Brelot le considérait comme probable dans le cas plus particulier où les u_n sont déduits d'un potentiel fixe u par médiation sur des sphères de rayons tendant vers zéro.

([1]) Il n'est question ici que de potentiels dus à des masses *positives*.

([2]) *Comptes rendus*, 207, 1938, p. 836. Brelot envisage, plus généralement, des fonctions surharmoniques supérieures à un nombre fixe (en fait, Brelot raisonne dans le cas sousharmonique); mais l'étude des fonctions surharmoniques se ramenant finalement à celle des potentiels, je me borne ici au cas des potentiels.

([3]) $v(x)$ est surharmonique; on peut, dans certains cas, affirmer que v est un potentiel : par exemple si les u_n sont majorés par un potentiel fixe, ou si la masse totale de la distribution donnant naissance à u_n est inférieure à un nombre fixe.

([4]) Il en résulte que $v(x) = \liminf_{y\to x} u(y)$ en tout point x.

Le théorème 2 vaut non seulement pour des *suites* dénombrables, mais pour des familles quelconques (ordonnées filtrantes). Ainsi *la borne inférieure d'une famille quelconque de potentiels est toujours égale à un potentiel sauf sur un ensemble polaire*. Quant à la démonstration du théorème 2, elle repose sur le

LEMME. — *Étant données deux distributions positives* μ *et* ν, *d'énergie finie, l'ensemble des points où* $U^{\mu} - U^{\nu} > \alpha\ (\alpha > 0)$ *a une capacité extérieure* $\leqq \alpha^{-2} \| \mu - \nu \|^{2}$.

4. Définissons, dans l'ensemble $\mathfrak{M}$ des distributions *positives*, d'énergie finie, la distance de μ et ν par $\| \mu - \nu \|$. En relation avec l'étude des suites de potentiels, je démontre le théorème fondamental ([5]) :

THÉORÈME 3. — *L'espace* $\mathfrak{M}$ *est complet.*

Ce théorème est l'analogue du théorème de Fischer-Riesz pour l'espace des fonctions de carré sommable. Il est appelé à jouer un rôle décisif en théorie du potentiel.

([5]) J'avais déjà prouvé, sous des hypothèses plus générales, que *le sous-espace des distributions positives portées par un ensemble compact fixe est complet* (*Bull. Soc. Math. de France*, **69**, 1941, p. 71-96).

ne charge pas les ensembles de capacité nulle; cette restriction est, en fait, inutile. Pour prouver le lemme 1, on montre que la régularisée v de $u = \liminf_{n\to\infty} U^{\mu_n}$ est identique à U^{μ}; pour cela il suffit de prouver que $v = U^{\mu}$ presque partout (au sens de Lebesgue), ce qui est aisé.

Lemme 2. — *Etant donné un ensemble* K *compact* (c'est-à-dire borné fermé) *de capacité nulle, il existe une distribution de masses ponctuelles rationnelles positives dont la somme des masses est arbitrairement petite, et dont le potentiel est* $\geqq 1$ *en tout point de* K [5].

En effet, soit A un ensemble ouvert borné contenant K et dont la capacité γ est arbitrairement petite. On sait (de La Vallée Poussin) qu'il existe une distribution positive portée par la frontière A′ de A, de masse totale γ, et dont le potentiel est 1 en tout point de A. On peut « approcher » cette distribution par une distribution de masses ponctuelles rationnelles portées par A′, et dont le potentiel est compris entre $1-\varepsilon$ et $1+\varepsilon$ en tout point de K ($\varepsilon > 0$ arbitraire). D'où le résultat.

2. Reprenons les notations du début du n° 1. Si $u \not\equiv \infty$, on a $v \not\equiv \infty$, donc v n'est infini qu'aux points d'un ensemble polaire; u étant égale à v en dehors d'un ensemble polaire, est *finie sauf sur un ensemble polaire*. Réciproquement, soit E un ensemble polaire : il existe un potentiel U^{μ} infini en tout point de E (Note citée, théorème 1), et l'on peut supposer la masse totale de μ finie. Une telle masse μ est limite d'une suite de distributions ponctuelles rationnelles μ_n (d'une façon précise, les μ_n convergent « vaguement » vers μ) dont la masse totale reste bornée; $u(x) = \liminf U^{\mu_n}(x)$, qui est $\geqq U^{\mu}(x)$, est ∞ en tout point de E, et d'autre part (lemme 1) $u \not\equiv \infty$. On vient de démontrer :

Théorème A. — *Soit donné un ensemble* E; *pour qu'il existe une suite de fonctions surharmoniques* $u_n \geqq 0$ *telle que* $\liminf u_n$ *soit infini en tout point de* E *sans être partout infini, il faut et il suffit que* E *ait une capacité extérieure nulle: si* E *remplit cette condition, il existe même une suite de potentiels ponctuels* u_n *telle que* $\liminf u_n$ *soit infini sur* E *sans être partout infini*.

3. Revenons encore aux notations du n° 1 : si les u_n sont des fonctions *continues* (pouvant prendre la valeur ∞, comme c'est le cas des potentiels ponctuels), l'ensemble des points où $v(x) < u(x)$ est *contenu dans une réunion dénombrable d'ensembles compacts* [6]. Inversement, donnons-nous un ensemble E, contenu dans la réunion d'une suite croissante d'ensembles compacts K_n de capacité nulle : d'après le lemme 2, il existe une distribution ponctuelle rationnelle μ_n, de masse totale $m_n \leqq 2^{-n}$, dont le potentiel u_n soit $\geqq 2^n$ en tout

---

[5] Ce résultat a déjà été utilisé par Evans (*Monatshefte*, 43, 1936, p. 419-424), sous une forme plus précise (il astreint les masses à être portées par C) dont nous n'avons pas besoin ici et qui nécessite la théorie du *diamètre transfini* de Pólya et Szegö.

[6] Cette remarque m'a été communiquée par M. Brelot, dans une lettre du 31 octobre 1941.

73.

Sur les suites de potentiels de masses ponctuelles

Comptes Rendus de l'Académie des Sciences de Paris 214, 994–996 (1942)

Conservons les hypothèses et les notations d'une Note (1) dans laquelle il s'agissait de suites de potentiels dus à des distributions de masses positives. En vue des applications (notamment à la théorie des fonctions analytiques), il convient de préciser certains résultats dans le cas particulier où il s'agit de distributions *ponctuelles* : pour abréger, nous appellerons *potentiel ponctuel* tout potentiel dû à un nombre *fini* de masses *ponctuelles*, les valeurs des masses étant *rationnelles* positives.

1. Rappelons d'abord un résultat de la Note citée (théorème de Brelot renforcé) : soit une suite de potentiels u_n, dus à des distributions positives (quelconques), ou, plus généralement, une suite de fonctions surharmoniques $u_n \geqq 0$; posons $u(x) = \liminf_{n\to\infty} u_n(x)$, puis $v(x) = \liminf_{y\to x} u(y)$. La fonction v, dite *régularisée* (2) de u, est surharmonique, et est égale à u sauf sur un ensemble de capacité *extérieure* nulle (nous dirons aussi : ensemble *polaire*; cf. Note citée, § 2). De là on déduit facilement :

Lemme 1. — *Si une suite de distributions positives μ_n, de masse totale uniformément bornée, converge vaguement* (3) *vers une distribution μ, on a*

$$U^{\mu}(x) = \liminf_{n\to\infty} U^{\mu_n}(x)$$

pour tout x, sauf aux points d'un ensemble polaire.

C'est là une extension d'un résultat obtenu par Brelot (4) dans le cas où μ

(1) *Comptes rendus*, **214**, 1942, p. 944.

(2) Cf. P. Lelong, *Ann. de l'Éc. Normale*, **58**, 1941, pp. 83-177; voir p. 97.

(3) Nous disons qu'une suite de distributions positives μ_n *converge vaguement* vers une distribution μ si, pour toute fonction f continue $\geqq 0$ telle qu'il existe un ensemble compact contenant l'ensemble où $f > 0$, on a

$$\int f(x)\, d\mu(x) = \lim \int f(x)\, d\mu_n(x).$$

On sait qu'on a alors, entre les potentiels U^{μ} et U^{μ_n}, la relation

$$U^{\mu}(x) \leqq \liminf_{n\to\infty} U^{\mu_n}(x) \qquad \text{en tout point } x.$$

(4) *Comptes rendus*, **207**, 1938, p. 836 (lemme III).

point de K_n; alors $u = \liminf u_n$ est infini en tout point de E; et la régularisée v est identiquement nulle [on a même $\limsup u_n = 0$ en dehors d'un ensemble polaire, du fait que l'ensemble (ouvert) des points où $u_n > \alpha\ (\alpha > 0)$ a une capacité au plus égale à $\alpha^{-1} m_n$]. On a ainsi démontré :

THÉORÈME B. — *Soit donné un ensemble* E; *pour qu'il existe une suite de fonctions surharmoniques* u_n, *continues* ([7]) *et* $\geqq 0$, *telle que* $u = \liminf u_n$ *diffère de sa régularisée* v *en tout point de* E, *il faut et il suffit que* E *soit contenu dans une réunion dénombrable d'ensembles compacts de capacité nulle. Si* E *remplit cette condition, on peut même trouver une suite* u_n *de potentiels ponctuels pour laquelle* $v = 0$ *partout, et* $u = \infty$ *en tout point de* E.

([7]) Il n'est pas exclu que les u_n soient infinies en certains points.

74.

Théorie du potentiel newtonien: énergie, capacité, suites de potentiels

Bulletin de la Société mathématique de France 73, 74–106 (1945)

Le but de ce travail est essentiellement de développer les résultats annoncés dans une Note aux *Comptes rendus* (**214**, 1942, pp. 944-946). Nous avons adopté ici la forme d'un exposé qui, autant que possible, se suffise à lui-même, et avons tâché de dégager quelques faits essentiels et de les rattacher le plus directement possible aux fondements mêmes de la théorie.

Dans un tel exposé, il est fatal que les idées utilisées et les résultats obtenus ne soient pas tous nouveaux. Voici ce qui, à ma connaissance, est nouveau : l'idée de faire jouer au lemme 2 (§ 1) un rôle en théorie du potentiel newtonien; l'analyse, au paragraphe 5, des diverses topologies que l'on peut envisager sur l'espace des distributions d'énergie finie, et le théorème fondamental qui en découle (théorème 2), et qui joue, en théorie du potentiel, le rôle que joue en théorie de l'intégrale le théorème de Fischer-Riesz; la manière d'introduire la « distribution capacitaire intérieure » et la « distribution capacitaire extérieure » d'un ensemble quelconque (§ 6); les résultats du paragraphe 7 (identité des ensembles polaires et des ensembles de capacité extérieure nulle); enfin, les résultats des paragraphes 8, 9, 10 relatifs aux suites décroissantes de potentiels (ou de fonctions surharmoniques positives) sont nouveaux, en ce sens qu'il s'introduit dans ces questions un ensemble exceptionnel dont on savait déjà [Brelot ([1])] qu'il est de capacité intérieure nulle, et dont je prouve ici qu'il est de capacité *extérieure* nulle; en outre, les théorèmes 4 et 7 sont démontrés ici non seulement pour les *suites* décroissantes de potentiels, mais pour des familles plus générales (familles « filtrantes décroissantes »).

([1]) *C. R. Acad. Sc.*, 207, 1938, p. 836.

Nous nous sommes limité au cas du potentiel newtonien, soit dans l'espace euclidien tout entier, soit à l'intérieur d'une boule de cet espace ([2]) (le potentiel étant alors pris par rapport à la « fonction de Green » de cette boule). La plupart des résultats subsisteraient sous des hypothèses plus générales : potentiel pris par rapport à la fonction de Green d'un ensemble ouvert quelconque, potentiel « d'ordre α » de M. Riesz et Frostman ([3]) (pour $\alpha < 2$). Mais les démonstrations devraient subir quelques modifications, et l'agencement de l'ensemble de la théorie s'en trouverait quelque peu compliqué. C'est pourquoi nous avons renoncé, dans un but de simplification, à exposer ici la théorie sous sa forme la plus générale.

1. Préliminaires sur les mesures de Radon. — On se place une fois pour toutes dans un espace topologique *localement compact* ([4]) E, dit « espace de base ». En fait, dans la suite de ce travail, l'espace de base sera soit l'espace euclidien, soit une boule ouverte ([2]) de l'espace euclidien.

On désignera une fois pour toutes par $\mathcal{C}$ l'ensemble des fonctions f définies sur E, *continues* et à valeurs réelles finies, telles que l'ensemble des points x de E où $f(x) \neq 0$ soit *relativement compact* (c'est-à-dire d'adhérence compacte); cette dernière condition exprime qu'il existe un ensemble compact (qui dépend de la fonction f envisagée) en dehors duquel f est identiquement

---

([2]) Nous appelons *boule* ouverte (resp. fermée) de centre a et de rayon r le lieu des points de l'espace dont la distance euclidienne au point a est $< r$ (resp. $\leqq r$). La *sphère* de centre a et de rayon r est le lieu des points dont la distance à a est *égale* à r.

([3]) O. FROSTMAN, *Thèse* (Lund, 1935); M. RIESZ, *Intégrales de Riemann-Liouville et potentiels* (*Acta de Szeged*, 9, 1938, p. 1-42).

([4]) Pour les notions de topologie générale et la terminologie, *voir* N. BOURBAKI, *Actualités scient. et ind.*, fasc. 858.

nulle. $\mathcal{C}^+$ désignera le sous-ensemble de $\mathcal{C}$ formé des fonctions qui ne prennent que des valeurs *positives* (conformément à la terminologie de N. Bourbaki, le nombre *zéro* est considéré comme positif).

Les principales notions relatives *aux mesures de Radon* sur un espace localement compact ont été exposées dans un mémoire antérieur ([5]) auquel nous renvoyons le lecteur. Rappelons ici la définition d'une mesure de Radon *positive*, ou *distribution de masses positives*, sur l'espace E : c'est une fonction μ définie sur l'ensemble $\mathcal{C}^+$, à valeurs réelles (finies) positives, et *additive* [c'est-à-dire telle que $\mu(f_1+f_2)=\mu(f_1)+\mu(f_2)$]; une telle fonction μ est nécessairement *linéaire* [c'est-à-dire qu'on a, outre l'additivité, $\mu(\alpha f)=\alpha\mu(f)$ pour toute constante α finie positive]. Une telle fonction μ se prolonge d'une manière évidente en une fonction linéaire définie sur l'ensemble $\mathcal{C}$, car toute fonction de $\mathcal{C}$ est différence de deux fonctions de $\mathcal{C}^+$.

Une mesure de Radon positive étant donnée, on définit l'intégrale d'une fonction « sommable » à valeurs positives [*voir* le travail cité en ([5])]; il s'agit de sommabilité par rapport à la mesure μ envisagée. Notons que les valeurs infinies ne sont pas exclues de celles que peut prendre une fonction sommable; mais la valeur de l'intégrale est supposée essentiellement *finie*. Une fonction f à valeurs réelles non nécessairement positives est sommable si elle est la différence de deux fonctions sommables positives [auquel cas $f^+=\sup(f, 0)$ et $f^-=\sup(-f, 0)$ sont sommables]; l'intégrale d'une telle fonction se définit d'une manière évidente; elle sera notée $\int f(x)\,d\mu(x)$, ou plus brièvement $\int f\,d\mu$. Si f appartient à $\mathcal{C}^+$, f est sommable pour toute mesure de Radon positive μ, et $\int f\,d\mu$ n'est autre que $\mu(f)$. Lorsque f est *semi-continue inférieurement*, à valeurs *positives* (finies ou non), f est sommable si la borne supérieure des intégrales $\int g\,d\mu$ relatives aux g de $\mathcal{C}^+$ telles que $g(x)\leqq f(x)$ pour tout x, est *finie;* cette borne supérieure n'est alors autre que l'intégrale $\int f\,d\mu$. Lorsque cette borne supé-

([5]) *Bull. Soc. Math. France*, 69, 1941, p. 71-96.

rieure est infinie, nous la noterons encore $\int f(x)\,d\mu(x)$, par abus de langage.

Une mesure de Radon *réelle* μ est, par définition, la différence de deux mesures de Radon positives; on démontre l'existence de deux mesures positives μ^+ et μ^- telles que $\mu = \mu^+ - \mu^-$ et que, pour toute décomposition $\mu = \mu_1 - \mu_2$ (μ_1 et μ_2 positives), on ait nécessairement $\mu_1 \geqq \mu^+$ et $\mu_2 \geqq \mu^-$ (de deux mesures de Radon positives λ et ν, on dit que $\lambda \geqq \nu$ si l'on a $\int f\,d\lambda \geqq \int f\,d\nu$ pour toute f de $\mathcal{C}^+$). Une mesure μ est *nulle* si $\mu(f)$ est nul pour toute f de $\mathcal{C}^+$. Deux mesures sont identiques (ou égales) si leur différence est nulle.

Dans l'ensemble $\mathfrak{M}$ des mesures de Radon réelles, on définit une topologie, que nous appellerons la *topologie vague* (par opposition à d'autres topologies qui seront définies au paragraphe 4) : considérons l'intégrale $\mu(f)$, pour chaque $f \in \mathcal{C}^+$, comme une fonction de μ définie sur $\mathfrak{M}$; la topologie vague sera *la moins fine* ([1]) des topologies rendant continues toutes ces fonctions de μ. Autrement dit, un *filtre* ([1]) Φ sur $\mathfrak{M}$ *converge vaguement* vers un élément μ_0 de $\mathfrak{M}$ si, pour chaque f de $\mathcal{C}^+$, l'intégrale $\int f\,d\mu$, considérée comme fonction de μ, a pour limite $\int f\,d\mu_0$ suivant le filtre Φ.

Un sous-ensemble $\mathcal{O}$ de $\mathcal{C}^+$ sera dit *total* si, pour toute fonction f de $\mathcal{C}^+$, pour tout ensemble compact K tel que f soit identiquement nulle en dehors de K, pour tout voisinage V de K, et pour tout nombre $\varepsilon > 0$, existe une fonction φ, combinaison linéaire de fonctions de $\mathcal{O}$ à coefficients positifs, telle que : 1° φ soit identiquement nulle en dehors de V; 2° $|f(x) - \varphi(x)| \leqq \varepsilon$ en tout point x de l'espace de base.

On voit sans peine que deux mesures par rapport auxquelles ont même intégrale toutes les fonctions d'un sous-ensemble total de $\mathcal{C}^+$, sont *identiques*. En outre :

Lemme 1. — Pour qu'un filtre Φ sur l'ensemble $\mathfrak{M}^+$ des mesures *positives* converge vaguement, il faut et il suffit que, pour toute fonction φ d'un sous-ensemble *total* de $\mathcal{C}^+$, $\int \varphi\,d\mu$ ait une limite finie (nécessairement positive) suivant Φ. Cette limite est alors égale à $\int \varphi \, d\mu_0$, μ_0 étant la limite du filtre convergent Φ.

Signalons enfin un résultat auquel nous aurons à faire appel à maintes reprises; il vaut lorsque E est un sous-ensemble *ouvert* de l'espace euclidien :

Lemme 2. — Soit $\mathcal{D}$ un sous-ensemble de $\mathcal{C}^+$, jouissant des propriétés suivantes : 1° $\mathcal{D}$ contient des fonctions (autres que la constante 0) qui s'annulent en dehors d'un voisinage arbitrairement petit d'un point fixe de E; 2° si une fonction φ appartient à $\mathcal{D}$, toute *translatée* ψ de φ, telle que ψ s'annule identiquement en dehors du sous-ensemble ouvert E de l'espace euclidien, appartient encore à $\mathcal{D}$. Alors un tel ensemble $\mathcal{D}$ est *total* [6].

---

[6] Voici brièvement comment on peut démontrer le lemme 2, qui n'est d'ailleurs qu'un cas particulier du « théorème d'approximation » dont il est question dans ma Note sur la mesure de Haar (*C. R. Acad. Sc.*, 211, 1940, p. 759-762). Ici, dans l'espace euclidien où chaque point x sera identifié au vecteur d'origine O et d'extrémité x, et où la différence de deux vecteurs x et y sera notée $x - y$, nous nous servirons de la mesure *invariante par translation* (mesure de « volume » définie à un facteur constant près) que nous noterons dx. Soit alors une fonction $f \in \mathcal{C}^+$ qui s'annule en dehors d'un ensemble compact K; cherchons à l'approcher à ε près par des fonctions de $\mathcal{C}^+$ qui s'annulent en dehors d'un voisinage donné V de K. Il existe un voisinage W de l'origine, tel que tout ensemble translaté de W qui rencontre K soit contenu dans V. Alors, si une $\varphi \in \mathcal{C}^+$ est nulle en dehors de W et satisfait à

$$\int \varphi(x) \, dx = 1,$$

la fonction « composée »

$$h(x) = \int \varphi(x-y) f(y) \, dy = \int \varphi(y) f(x-y) \, dy$$

est nulle en dehors de V ; en outre, si W est assez petit, on a

$$|f(x) - h(x)| \leqq \varepsilon$$

en tout point x. Ayant ainsi choisi φ, faisons une partition de K en un nombre fini d'ensembles A_i (mesurables pour la mesure dx) assez petits pour que, prenant arbitrairement un point y_i dans chaque A_i, la fonction de x

$$\sum_i \varphi(x - y_i) \int_{A_i} f(y) \, dy$$

diffère partout de $h(x)$ d'aussi peu qu'on veut (elle sera encore nulle en dehors de V). Or cette fonction de x est combinaison linéaire finie de « translatées » de la fonction $\varphi(x)$. Ceci établit le lemme 2.

2. Fonction fondamentale; potentiel newtonien. — Dans l'espace euclidien de dimension k ($k \geqq 2$), considérons une fois pour toutes une origine O et une boule ouverte de centre O et de rayon R. Cette boule constituera l'*espace de base* E. Le rayon R pourra être infini si $k \geqq 3$; pour $k = 2$, R sera supposé essentiellement fini.

$x - y$ désignera le vecteur libre, différence des vecteurs d'origine O et d'extrémités respectives x et y; la longueur euclidienne de ce vecteur sera notée $|x - y|$.

Dans l'espace de base E, on considère une fois pour toutes une fonction $f(x, y)$ du couple de points x, y de l'espace E. Ce sera :

si E est l'espace euclidien de dimension $k \geqq 3$,

$$f(x, y) = |x - y|^{2-k};$$

si E est une boule ouverte (de centre O et de rayon R fini), $f(x, y)$ sera la « fonction de Green » de cette boule; précisons : pour $k = 2$,

$$f(x, y) = \log \left| \frac{R^2 - \bar{x} y}{R(x - y)} \right|,$$

x et y désignant aussi les nombres complexes, affixes des points du plan de mêmes noms, et $\bar{x}$ désignant le nombre complexe conjugué de x; pour $k \geqq 3$,

$$f(x, y) = |x - y|^{2-k} - \left(R^2 - 2|x|.|y|\cos\theta + \frac{|x|^2.|y|^2}{R^2} \right)^{1-\frac{k}{2}},$$

θ désignant l'angle des vecteurs d'origine O et d'extrémités respectives x et y.

Dans tous les cas, la « fonction fondamentale » f est *symétrique* $[f(x, y) = f(y, x)]$, à valeurs réelles positives (non nulles), finie pour $x \neq y$ et infinie pour $x = y$, continue par rapport à l'ensemble des variables x et y; et lorsque x reste dans un ensemble compact, $f(x, y)$ *tend vers zéro* lorsque $|y|$ tend vers R. Pour $k = 2$, la différence entre $f(x, y)$ et la fonction $\log \frac{1}{|x - y|}$ est, pour chaque $y \in E$, une fonction *harmonique* de $x \in E$; pour $k \geqq 3$, la différence entre $f(x, y)$ et la fonction $|x - y|^{2-k}$ est, pour chaque $y \in E$, une fonction harmonique de $x \in E$.

La fonction fondamentale $f(x, y)$ donne naissance à la théorie du *potentiel newtonien* (suivant la terminologie employée classiquement, au moins lorsque R est infini). On appelle *potentiel* d'une distribution *positive* μ la fonction

$$U^{\mu}(x) = \int f(x, y)\, d\mu(y).$$

Pour chaque x, sa valeur est un nombre positif bien déterminé, fini ou infini [noter que $f(x, y)$ est semi-continue inférieurement en y]. On montre facilement que $U^{\mu}(x)$ est une fonction *semi-continue inférieurement* de x. Si μ est portée par un ensemble *compact* K, $U^{\mu}(x)$ est une fonction *harmonique* (donc à valeurs finies) dans l'ensemble ouvert complémentaire de K. Cette circonstance permet d'étudier le cas où la distribution μ n'est pas portée par un ensemble compact : sur tout ensemble ouvert A relativement compact, le potentiel U^{μ} est la somme du potentiel U^{ν} de la restriction ν de μ à l'ensemble A, et de la limite d'une suite croissante de fonctions harmoniques dans A. Or une telle limite est, on le sait, harmonique ou identique à $+\infty$. Ainsi : ou bien le potentiel U^{μ} est infini en tout point de l'espace (cas banal que nous exclurons désormais), ou bien il est, sur tout ensemble ouvert relativement compact, somme d'une fonction harmonique et du potentiel d'une distribution positive portée par un compact. En particulier, le potentiel U^{μ} est une fonction *harmonique* sur l'ensemble ouvert, complémentaire du noyau fermé de μ. Tous ces faits sont bien connus.

Pour toute boule fermée de centre a et de rayon r, contenue dans l'espace de base E, nous désignerons par $\varepsilon_{a,r}$ la distribution positive, de masse totale 1, répartie uniformément sur la *sphère* de centre a et de rayon r. Soit ε_a la distribution formée d'une masse 1 placée au point a. Considérons la différence des potentiels de ε_a et de $\varepsilon_{a,r}$; comme il est bien connu, cette différence est *nulle* à l'extérieur de la boule de centre a et de rayon r, et, à l'intérieur, elle est égale à

$$\log \frac{r}{|x-a|} \qquad \text{si } k = 2,$$

$$|x-a|^{2-k} - r^{2-k} \qquad \text{si } k \geq 3.$$

Il résulte de là que les fonctions $U^{\varepsilon_{a,\frac{r}{2}}} - U^{\varepsilon_{a,r}}$ (où a et r varient de manière que la boule fermée de centre a et de rayon r reste contenue dans l'espace de base E) forment un ensemble de fonctions de $\mathcal{C}^+$ qui est *total* (*cf.* § 1, lemme 2).

Soient maintenant deux distributions positives quelconques μ et ν. Les deux intégrales $\int U^\mu\, d\nu$ et $\int U^\nu\, d\mu$ ont un sens, puisque U^μ et U^ν sont des fonctions positives semi-continues inférieurement. En vertu d'un théorème classique de Lebesgue-Fubini, ces deux intégrales sont égales entre elles et à l'intégrale « double » $\iint f(x, y)\, d\mu(x)\, d\nu(y)$ (leur valeur commune est finie ou infinie). Telle est la classique « *loi de réciprocité* » ([1]).

Pour toute distribution positive μ de potentiel non identiquement infini, et toute distribution λ de la forme $\varepsilon_{a,r}$, l'intégrale $\int U^\mu\, d\lambda$ est *finie*. En effet, sur la boule de centre a et de rayon r, U^μ est la somme d'une fonction harmonique et du potentiel d'une distribution portée par un compact; il suffit donc de faire la démonstration lorsque μ est portée par un compact. Or, dans ce cas, $\int U^\mu\, d\lambda = \int U^\lambda\, d\mu$ est égale à l'intégrale, par rapport à μ, d'une fonction continue; c'est donc une quantité finie.

Le résultat précédent s'énonce encore ainsi : tout potentiel $U^\lambda (\lambda = \varepsilon_{a,r})$ est sommable pour toute distribution positive μ de potentiel non identiquement infini.

Lemme 3. — Soient μ et ν deux distributions positives de potentiels non identiquement infinis; si l'on a $\int U^\lambda\, d\mu = \int U^\lambda\, d\nu$ pour toute distribution λ de la forme $\varepsilon_{a,r}$, on a $\mu = \nu$. En outre, soit Φ un filtre sur l'ensemble des distributions positives de potentiel non identiquement infini; si $\int U^\lambda\, d\mu$, considéré comme fonction de μ, a une limite suivant Φ, et cela pour chaque λ de la forme $\varepsilon_{a,r}$, alors la distribution μ converge vaguement, suivant Φ, vers une distribution positive μ_0 telle que $\int U^\lambda\, d\mu_0 = \lim_\Phi \int U^\lambda\, d\mu$.

([1]) DE LA VALLÉE POUSSIN, *Les nouvelles méthodes de la théorie du potentiel*, etc. (*Actualités scient. et ind.*, fasc. 578); *voir* p. 15.

Ce lemme résulte immédiatement du lemme 1 (§ 1) et du fait que les différences $U^{\varepsilon_{a,\frac{r}{2}}} - U^{\varepsilon_{a,r}}$ forment un sous-ensemble total de $\mathcal{C}^+$.

3. Potentiels et fonctions surharmoniques; familles croissantes de potentiels. — Rappelons la notion maintenant classique de *fonction surharmonique* dans un sous-ensemble ouvert A de l'espace euclidien : c'est une fonction semi-continue inférieurement, pouvant prendre la valeur $+\infty$, et telle que sa valeur en un point quelconque a de A soit au moins égale à sa moyenne sur toute sphère de centre a et de rayon r, pourvu que la boule fermée de centre a et de rayon r soit contenue dans A. On peut d'ailleurs remplacer cette condition par une autre, en apparence plus faible; mais peu nous importe ici. On montre facilement : pour tout ensemble ouvert B dont l'adhérence $\overline{B}$ est compacte et contenue dans l'ensemble A où φ est définie et surharmonique, toute fonction harmonique qui est majorée par φ sur la frontière de B est aussi majorée par φ en tout point de B (d'où la dénomination de « surharmonique »).

Le potentiel d'une distribution positive μ est une fonction surharmonique dans l'espace de base E. En effet, il s'agit de montrer

$$\int U^{\mu}\, d\varepsilon_a \geqq \int U^{\mu}\, d\varepsilon_{a,r},$$

ce qui est évident par application de la loi de réciprocité.

On doit à F. Riesz une sorte de réciproque de cette proposition; rappelons le *théorème de Riesz* (8) :

Soit φ une fonction *surharmonique* dans un sous-ensemble ouvert A de l'espace euclidien, qui ne soit identiquement infinie dans aucune composante connexe de A; alors φ définit, dans l'espace localement compact A, une *distribution positive* μ et *une seule* telle que, pour tout compact K contenu dans A, la restriction de μ à l'ensemble K ait pour *potentiel* une fonction dont la différence avec φ soit *harmonique* à l'intérieur de K.

Nous admettrons sans démonstration ce théorème, qui peut d'ailleurs être établi aujourd'hui beaucoup plus simplement et

(8) F. Riesz, *Acta mathematica*, 54, 1930, p. 321-360.

rapidement que ne le faisait F. Riesz; il suffit pour cela d'utiliser les notions relatives aux mesures de Radon, telles par exemple qu'elles sont rappelées au paragraphe 1 de ce travail.

Appliquons le théorème de F. Riesz à la démonstration du résultat suivant, qui est lui aussi connu (au moins dans le cas où l'espace de base E est l'espace euclidien tout entier) :

Proposition 1. — *Pour qu'une fonction surharmonique positive dans tout l'espace* E *soit le potentiel d'une distribution positive, il faut et il suffit que sa moyenne sur la sphère de centre* O *et de rayon r tende vers* o *quand r tend vers* R ([9]).

Montrons d'abord que cette condition est *nécessaire*. Désignons par ε_r la distribution uniforme de la masse 1 sur la sphère de centre O et de rayon r; si U^μ est un potentiel non identiquement infini, l'intégrale $\int U^{\varepsilon_r}\,d\mu$ est finie (*cf.* § 2); comme la fonction U^{ε_r} décroît quand r augmente, et, en chaque point x, a pour limite o quand r tend vers R, alors, d'après un théorème classique de Lebesgue, $\int U^{\varepsilon_r}\,d\mu$ tend vers zéro quand r tend vers R. Donc la moyenne $\int U^\mu\,d\varepsilon_r$ du potentiel U^μ tend vers zéro quand r tend vers R.

Reste à prouver que la condition est *suffisante*. Soit φ une fonction surharmonique positive, telle que $\lim\limits_{r\to R}\int \varphi\,d\varepsilon_r = 0$. Désignons par μ la distribution positive que le théorème de F. Riesz lui associe, et par μ_r la restriction de μ à la boule fermée de centre O et de rayon $r < R$. La fonction $\varphi(x) - U^{\mu_r}(x)$ est surharmonique dans tout l'espace, et harmonique à l'intérieur de la boule de centre O et de rayon r; comme sa moyenne sur la sphère de centre O et de rayon ρ tend vers o quand ρ tend vers R, elle est partout $\geqq 0$. Donc $U^\mu(x) = \lim\limits_{r\to R} U^{\mu_r}(x)$ est partout $\leqq \varphi(x)$. Reste à montrer que la différence $\varphi(x) - U^\mu(x)$, qui est harmonique et positive dans tout l'espace E, y est identiquement nulle;

([9]) Pour le cas où $R = +\infty$, *voir* M. Brelot, *Ann. Éc. Norm. sup.*, t. LXI, Fasc. 4, p. 301 (*voir* théor. 4); dans le cas où R est fini, la proposition 1 résulte d'un théorème de F. Riesz [*loc. cit.*, en ([8]), p. 357].

or cela tient à ce que sa moyenne sphérique tend vers o quand r tend vers R.

La proposition 1 étant ainsi démontrée, en voici quelques conséquences importantes :

Premier corollaire. — Toute fonction surharmonique positive dans E, qui est majorée par le potentiel (non identiquement infini) d'une distribution positive, est elle-même le potentiel d'une distribution positive.

Deuxième corollaire. — φ désignant une fonction surharmonique positive quelconque (par exemple une constante), et U^{μ} le potentiel (non identiquement infini) d'une distribution positive, la fonction $\inf(U^{\mu}, \varphi)$ (égale en chaque point à la plus petite des valeurs de U^{μ} et de φ en ce point) est le potentiel d'une distribution positive. (En effet, elle est surharmonique, et majorée par le potentiel U^{μ}).

La limite d'une suite *croissante* de fonctions surharmoniques est *surharmonique :* en effet, elle est semi-continue inférieurement, et l'inégalité relative aux moyennes sphériques se conserve par passage à la limite. Il est utile de remarquer que cette propriété s'étend au cas plus général d'un ensemble *filtrant croissant* de fonctions surharmoniques; on appelle ainsi un ensemble de fonctions surharmoniques φ_i (i parcourant un ensemble quelconque d'indices) tel que, quelles que soient φ_i et φ_j dans cet ensemble, il existe dans l'ensemble une φ_l qui soit $\geqq \varphi_i$ et $\geqq \varphi_j$. Ici encore, l'inégalité relative aux moyennes sphériques se conserve par passage à la borne supérieure, bien que le théorème de Lebesgue (qui affirme que l'intégrale de la limite d'une suite croissante de fonctions sommables est la limite des intégrales de ces fonctions) ne soit plus applicable; mais ce théorème s'étend au cas d'un ensemble *filtrant croissant* de fonctions *semi-continues inférieurement.*

Nous sommes maintenant en mesure de démontrer le théorème suivant :

THÉORÈME 1. — *Si l'on a une suite croissante* (ou plus généralement *un ensemble filtrant croissant*) *de potentiels* [10] U^{μ_n}

---

[10] En général, lorsque nous parlerons de *potentiel* (tout court), il s'agira de potentiel d'une distribution *positive*, ce potentiel n'étant pas identiquement infini.

inférieurs à un potentiel fixe, leur borne supérieure est le potentiel d'une distribution positive μ, qui est limite vague des distributions μ_n.

En effet, la borne supérieure des U^{μ_n} est une fonction surharmonique majorée par un potentiel, c'est donc le potentiel d'une distribution positive μ. Pour prouver que μ est limite vague des μ_n, il suffit, d'après le lemme 3 (§ 2), de montrer que, pour toute distribution λ de la forme $\varepsilon_{a,r}$, on a

$$\int U^{\lambda}\, d\mu = \lim \int U^{\lambda}\, d\mu_n,$$

ou, ce qui revient au même,

$$\int U^{\mu}\, d\lambda = \lim \int U^{\mu_n}\, d\lambda,$$

et, sous cette forme, c'est évident.

4. **Énergie.** — La valeur commune des deux intégrales $\int U^{\mu}\, d\nu$ et $\int U^{\nu}\, d\mu$, où μ et ν désignent deux distributions positives (*cf.* § 2), s'appelle l'*énergie mutuelle* de μ et ν. Lorsque $\mu = \nu$, on obtient l'*énergie* $\int U^{\mu}\, d\mu$ de la distribution positive μ.

Remarquons tout de suite que si les potentiels de deux distributions positives μ et ν satisfont à $U^{\mu}(x) \leqq U^{\nu}(x)$ partout, l'énergie de μ est au plus égale à celle de ν; en effet

$$\int U^{\mu} d\mu \leqq \int U^{\nu}\, d\mu = \int U^{\mu}\, d\nu \leqq \int U^{\nu}\, d\nu.$$

Nous désignerons par $\mathcal{E}^+$ l'ensemble des *distributions positives d'énergie finie*. Le potentiel d'une distribution de $\mathcal{E}^+$ n'est évidemment pas identiquement infini.

Une propriété fondamentale, classique, de l'énergie est la suivante ([11]) : quelles que soient les distributions positives μ et ν, on a

$$\left(\int U^{\mu}\, d\nu\right)^2 \leqq \left(\int U^{\mu}\, d\mu\right) \cdot \left(\int U^{\nu}\, d\nu\right). \tag{1}$$

([11]) Pour une démonstration, voir par exemple p. 6 du Mémoire de M. Riesz cité en ([3]); cette démonstration vaut pour l'espace euclidien tout entier, de

Il en résulte que la somme de deux distributions de $\mathcal{E}^+$ est une distribution de $\mathcal{E}^+$. Désignons par $\mathcal{E}$ l'ensemble des différences $\mu - \nu$, où μ et ν appartiennent à $\mathcal{E}^+$; $\mathcal{E}$ est un *espace vectoriel* sur le corps des nombres réels, et pour toute distribution λ de $\mathcal{E}$, on peut définir l'*énergie* de λ comme étant égale à

$$\int (U^{\lambda^+} - U^{\lambda^-})(d\lambda^+ - d\lambda^-) = \int U^{\lambda^+} d\lambda^+ + \int U^{\lambda^-} d\lambda^- - 2\int U^{\lambda^+} d\lambda^-;$$

c'est un nombre *fini* bien déterminé, puisque toutes les intégrales du second membre ont une valeur finie. L'énergie d'une λ de $\mathcal{E}$ est *essentiellement positive*, comme cela résulte de l'inégalité (1).

L'énergie mutuelle $\int U^\mu d\nu$ peut être définie pour $\mu \in \mathcal{E}$ et $\nu \in \mathcal{E}$, même si μ et ν ne sont pas positives; c'est une fonction *bilinéaire* de μ et ν, que nous noterons (μ, ν); on a évidemment

$$(\mu, \mu) = \int U^\mu d\mu.$$

En écrivant que l'énergie de $a\mu + b\nu$ est positive quelles que soient les constantes réelles a et b, on obtient l' « inégalité de Schwarz »

$$|(\mu, \nu)|^2 \leqq (\mu, \mu).(\nu, \nu),$$

qui généralise l'inégalité (1).

Il est facile de démontrer que *l'énergie d'une distribution de $\mathcal{E}$ ne peut être nulle que si cette distribution est nulle.* En effet, si $(\mu, \mu) = 0$, l'inégalité de Schwarz prouve que $(\mu, \lambda) = 0$ pour toute distribution λ de $\mathcal{E}$; si l'on applique ceci aux λ de la forme $\varepsilon_{a,r}$, on trouve (lemme 3, § 2) que μ est nulle.

Pour toute distribution μ de $\mathcal{E}$, nous noterons $\|\mu\|$ la racine carrée positive de l'énergie de μ. C'est une *norme* ([12]) sur l'espace vectoriel $\mathcal{E}$. En effet, $\|\mu\| = 0$ équivaut bien à $\mu = 0$; en

---

dimension $k \geqq 3$; le cas du potentiel pris par rapport à la fonction de Green s'y ramène; enfin, le cas $k = 2$ se traite à part : le potentiel, pris par rapport à la fonction de Green d'un cercle, d'une distribution positive portée par un compact, est aussi le *potentiel logarithmique* d'une distribution de masse totale nulle, potentiel qui est justiciable d'une formule de composition de M. Riesz (*loc. cit.*).

([12]) L'idée de considérer systématiquement cette norme sur l'espace $\mathcal{E}$ remonte à mon article cité en ([5]).

outre, si c est un nombre réel, on a

$$\|c\mu\| = |c| . \|\mu\|;$$

enfin

$$\|\mu + \nu\| \leqq \|\mu\| + \|\nu\|,$$

comme on le voit en élevant au carré et appliquant l'inégalité de Schwarz.

On voit qu'en « complétant » l'espace $\mathcal{E}$ pour cette norme, on obtiendrait un espace de Hilbert. On vérifie sans peine que $\mathcal{E}$ lui-même *n'est pas complet* (13); par contre, nous verrons tout à l'heure (14) que *le sous-espace* $\mathcal{E}^+$ *des distributions positives d'énergie finie est complet*. Mais avant d'aborder l'étude qui nous conduira à ce théorème fondamental, notons un résultat important :

Proposition 2. — *Soient* μ *une distribution positive d'énergie finie, et* φ *une fonction surharmonique positive dans tout l'espace* E (espace de base). *Si l'inégalité* $U^\mu(x) \leqq \varphi(x)$ *a lieu sur un noyau de* μ, *elle a lieu en tout point de l'espace* E.

En effet, $\inf(U^\mu, \varphi)$ est le potentiel U^ν d'une distribution ν (*cf.* 2e corollaire de la prop. 1, § 3) qui, comme μ, a une énergie finie. D'après les hypothèses, $\int (U^\mu - U^\nu)(d\mu - d\nu) \leqq 0$; ceci exige $\mu = \nu$, donc $\inf(U^\mu, \varphi) = U^\mu$. c. q. f. d.

Lorsque φ est une *constante* positive, on obtient le fameux « principe du maximum » (15).

---

(13) Considérons par exemple, dans l'espace euclidien de dimension 3, la distribution μ_n formée d'une masse -1 répartie uniformément sur la sphère de centre O et de rayon 1, et d'une masse $+1$ répartie uniformément sur la sphère de centre O et de rayon $1 - 4^{-n}$. Il n'existe aucune distribution μ de $\mathcal{E}$ qui soit somme de la série $\Sigma \mu_n$ au sens de la norme, bien que la série des normes $\Sigma \|\mu_n\|$ soit convergente; en effet, on voit facilement que le potentiel d'une telle μ, si elle existait, devrait être, dans la boule ouverte de centre O et de rayon 1, égal à la somme des potentiels des μ_n, donc que, à l'intérieur de cette boule, μ s'obtiendrait par superposition des μ_n, ce qui est absurde, la somme des masses des μ_n intérieures à la boule étant infinie.

(14) Paragraphe 5, théorème 2.

(15) Frostman, *Thèse*, p. 68. La démonstration de Frostman est foncièrement différente de celle donnée ici.

5. L'espace $\mathcal{E}^+$ est complet. — La distance $\|\mu - \nu\|$ de deux éléments μ et ν de $\mathcal{E}$ définit une topologie dans $\mathcal{E}$; nous l'appellerons la *topologie forte*. Une suite $\{\mu_n\}$ sera donc *fortement convergente* vers une μ de $\mathcal{E}$ si $\|\mu - \mu_n\|$ tend vers o. On appelle *suite de Cauchy* ([16]) une suite $\{\mu_n\}$ telle que $\lim_{\substack{n\to\infty \\ p\to\infty}} \|\mu_n - \mu_p\| = 0$; c'est le cas d'une suite fortement convergente. Dire que $\mathcal{E}^+$ est *complet*, c'est dire que toute suite de Cauchy dont les éléments sont positifs converge fortement vers une distribution positive ([17]); c'est ce que nous prouverons à la fin de ce paragraphe.

Conformément aux conventions en usage dans l'espace de Hilbert, une suite de $\mu_n \in \mathcal{E}$ sera dite *faiblement convergente* vers $\mu \in \mathcal{E}$, si : 1° les normes $\|\mu_n\|$ sont bornées; 2° pour chaque $\lambda \in \mathcal{E}$, (μ, λ) est limite de (μ_n, λ). Grâce à 1°, il *suffit* que la condition 2° soit vérifiée pour un ensemble d'éléments λ *partout dense* dans $\mathcal{E}$ (« partout dense » s'entendant au sens de la topologie forte).

Si μ est limite faible d'une suite de μ_n telles que $\|\mu_n\| \leq M$, on a

$$\|\mu\| \leq M.$$

En effet,

$$\|\mu\|^2 = (\mu, \mu) = \lim_{n\to\infty} (\mu, \mu_n), \qquad \text{et} \qquad |(\mu, \mu_n)| \leq \|\mu\|.\|\mu_n\| \leq M.\|\mu\|.$$

De là résulte la proposition classique : *si une suite de Cauchy converge faiblement, elle converge fortement*. En effet, si μ est limite faible de la suite de Cauchy μ_n, $\mu - \mu_p$ est limite faible des $\mu_n - \mu_p$ (quand n tend vers l'infini), donc

$$\|\mu - \mu_p\| \leq \limsup_{n\to\infty} \|\mu_n - \mu_p\| = \varepsilon_p,$$

et ε_p tend vers zéro quand p tend vers l'infini.

Comparons maintenant les convergences forte et faible à la convergence *vague* (§ 1) qui, elle, ne fait pas intervenir la « fonction fondamentale » du potentiel.

([16]) Plus généralement, on appelle *filtre de Cauchy* [*voir* Bourbaki, *loc. cit.* en ([4])] tout filtre qui possède des ensembles de diamètre arbitrairement petit (pour la distance déduite de la norme).

([17]) On montre sans peine que si toute suite de Cauchy est convergente, tout filtre de Cauchy est aussi convergent.

Proposition 3. — *La convergence faible entraîne la convergence vague* (*a fortiori*, la convergence forte entraîne la convergence vague).

En effet, si, pour chaque $\lambda \in \mathcal{E}$, (μ_n, λ) tend vers (μ, λ), le lemme 3 (§ 2) permet d'affirmer que μ est limite vague des μ_n.

La proposition précédente admet une sorte de réciproque; avant de l'établir, faisons une remarque sur les suites monotones de potentiels de distributions positives.

Proposition 4. — *Si* $U^\mu (\mu \in \mathcal{E}^+)$ *est, en chaque point, limite d'une suite croissante ou décroissante de potentiels* $U^{\mu_n} (\mu_n \in \mathcal{E}^+)$, *alors* μ *est limite forte de la suite* μ_n.

En effet, si $U^{\mu_n} \leqq U^{\mu_p}$, on a

$$\|\mu_n - \mu_p\|^2 \leqq \|\mu_p\|^2 - \|\mu_n\|^2.$$

Donc la suite μ_n est une suite de Cauchy. Il suffit alors de montrer que μ_n converge faiblement vers μ, c'est-à-dire que, pour toute $\lambda \in \mathcal{E}^+$,

$$\int U^\mu \, d\lambda = \lim_{n \to \infty} \int U^{\mu_n} \, d\lambda,$$

ce qui est évident (passage à la limite sous le signe d'intégration).

Remarque. — La conclusion subsisterait même si l'ensemble des points où $U^\mu(x)$ n'est pas la limite de $U^{\mu_n}(x)$, au lieu d'être supposé vide, était seulement supposé de mesure nulle pour toute distribution d'énergie finie; ceci a un intérêt dans le cas d'une suite *décroissante* de potentiels. D'autre part, la proposition 4 s'étend évidemment au cas d'un ensemble filtrant *croissant* (*cf.* § 3) de potentiels; par contre, son extension aux ensembles filtrants *décroissants* n'est pas immédiate; elle résultera de la suite de ce travail (§ 8, théorème 4).

Une conséquence de la proposition 4 est celle-ci : toute μ de $\mathcal{E}^+$ est limite forte de ses restrictions à des boules fermées ayant pour centre l'origine O et contenues dans l'espace de base E. Autrement dit, celles des distributions de $\mathcal{E}^+$ qui sont *portées par des compacts* forment un sous-ensemble de $\mathcal{E}^+$, *partout dense* pour la topologie forte.

D'autre part, si une μ positive est portée par un compact, son potentiel U^μ est limite croissante des potentiels obtenus à partir de U^μ par médiations sphériques (de rayons assez petits tendant vers zéro), potentiels qui sont *continus*. Ainsi : les distributions positives qui sont portées par des compacts et dont le potentiel est continu forment un sous-ensemble partout dense de $\mathcal{E}^+$.

Enfin, soit $\mu \in \mathcal{E}^+$, portée par un compact, et de potentiel continu. Posons $\inf\left(U^\mu, \frac{1}{n}\right) = U^{\mu_n}$. La suite des U^{μ_n} est décroissante et sa limite est nulle en tout point; donc (prop. 4) μ_n converge fortement vers zéro. Ainsi, μ est limite forte des $(\mu - \mu_n)$, distributions de $\mathcal{E}$ dont le potentiel appartient à $\mathcal{C}^+$ (en effet, on a $U^\mu(x) = U^{\mu_n}(x)$ hors d'un compact convenable, car $U^\mu(x)$ tend vers o quand la distance de x à l'origine tend vers le rayon R de l'espace de base).

De tout ce qui précède, il résulte que *les distributions de $\mathcal{E}$ dont le potentiel appartient à la famille $\mathcal{C}$ forment un sous-espace partout dense de $\mathcal{E}$.*

Réciproque de la proposition 3. — *Si une suite d'éléments μ_n de $\mathcal{E}^+$, d'énergies bornées, converge vaguement vers une distribution μ, cette distribution appartient à $\mathcal{E}^+$ et est aussi limite faible des μ_n.*

Tout d'abord, μ est bien d'énergie *finie*, car si $\|\mu_n\| \leq M$ pour tout n, on a, en vertu de la semi-continuité inférieure de U^{μ_p},

$$\int U^{\mu_p}\, d\mu \leq \liminf_{n \to \infty} \int U^{\mu_p}\, d\mu_n \leq M^2,$$

puis, en vertu de la semi-continuité inférieure de U^μ,

$$\int U^{\mu}\, d\mu \leq \liminf_{p \to \infty} \int U^{\mu}\, d\mu_p \leq M^2.$$

Pour montrer que μ est limite faible de la suite μ_n, il suffit alors de prouver que (μ, λ) est limite des (μ_n, λ) pour chaque λ d'un sous-ensemble partout dense de $\mathcal{E}$, en fait pour les λ dont le potentiel appartient à $\mathcal{C}$; or, pour une telle λ,

$$\int U^\lambda \, d\mu = \lim \int U^\lambda \, d\mu_n,$$

d'après la définition même de la convergence vague.

Nous sommes enfin en mesure de démontrer le théorème fondamental :

THÉORÈME 2. — *L'espace $\mathcal{E}^+$ (espace des distributions positives d'énergie finie) est complet* [18].

Soit en effet une suite de Cauchy d'éléments μ_n de $\mathcal{E}^+$. Je dis d'abord que les μ_n convergent *vaguement* vers une certaine distribution positive μ; en effet, pour tout élément λ de $\mathcal{E}^+$, la suite des nombres (μ_n, λ) a une limite [car c'est une suite de Cauchy, en vertu de l'inégalité de Schwarz

$$|(\mu_n - \mu_p, \lambda)| \leq \|\mu_n - \mu_p\| . \|\lambda\|].$$

Appliquons ce résultat aux distributions λ de la forme $\varepsilon_{a,r}$: le lemme 3 prouve que la suite μ_n converge vaguement vers une distribution μ. Mais alors μ est aussi limite *faible* des μ_n, car la suite des énergies $\|\mu_n\|$ est évidemment bornée. Enfin, comme la suite μ_n est une suite de Cauchy, sa limite faible en est aussi limite forte. C. Q. F. D.

Terminons ce paragraphe par une remarque au sujet de la proposition 4. *Pour qu'une suite croissante* (ou un ensemble *filtrant croissant*) *de potentiels* U^{μ_n} (μ_n positives) *ait pour limite le potentiel d'une distribution* μ *d'énergie finie, il faut et il suffit que les énergies des* μ_n *soient bornées.* La condition est trivialement nécessaire; elle est suffisante, car si $V(x)$ désigne alors la borne supérieure des $U^{\mu_n}(x)$, le critère de la proposition 1 (§ 3) s'applique à V : désignons en effet par ε_r la distribution uniforme de la masse 1 sur la sphère de centre O et de rayon $r < R$,

---

(18) Dans l'article cité en (5), j'avais déjà démontré, par une tout autre voie, un théorème plus faible, à savoir que le sous-espace des distributions positives d'énergie finie *portées par un ensemble compact fixe*, est *complet*. Ce résultat était valable pour tous les potentiels « d'ordre α » ($0 < \alpha < n$). J'ignore si l'actuel théorème 2 est valable pour les potentiels d'ordre α lorsque $\alpha > 2$.

et considérons

$$\int V\, d\varepsilon_r = \lim \int U^{\mu_n}\, d\varepsilon_r \leq \lim \|\mu_n\| . \|\varepsilon_r\| \leq M \|\varepsilon_r\|;$$

comme $\|\varepsilon_r\|$ tend vers zéro quand r tend vers R, la moyenne

$$\int V\, d\varepsilon_r$$

tend vers zéro quand r tend vers R. Ce qui achève la démonstration.

6. Capacité. — Sans vouloir développer ici ce sujet, sur lequel je me réserve de revenir dans un autre travail, donnons de rapides indications sur les résultats dont nous aurons besoin. Le lecteur pourra reconstituer sans peine le détail des démonstrations; ces résultats sont d'ailleurs pour la plupart connus.

K désignant un ensemble compact, il existe une distribution positive μ_K et une seule jouissant des propriétés suivantes : μ_K est portée par K, son potentiel est partout ≤ 1, et est égal à 1 *à peu près partout* sur K (c'est-à-dire : l'ensemble borélien des points de K où le potentiel est $\neq 1$ est de mesure nulle pour toute distribution de $\mathcal{E}^+$). On montre l'*unicité* d'une telle distribution (si elle existe) en remarquant que, parmi les μ de $\mathcal{E}^+_K$ ($\mathcal{E}^+_K$ désigne l'ensemble des distributions positives d'énergie finie portées par K), elle minimise l'intégrale $\int (U^\mu - 2)\, d\mu$; quant à l'*existence*, on prouve que l'intégrale $\int (U^\mu - 2)\, d\mu$ atteint effectivement sa borne inférieure [grâce au fait que $\mathcal{E}^+_K$ est *complet* ([19])], et que la distribution minimisante μ_K est caractérisée par les deux conditions :

$$\int (U^{\mu_K} - 1)\, d\mu \geq 0 \text{ pour toute } \mu \text{ de } \mathcal{E}^+_K;$$

$$\int (U^{\mu_K} - 1)\, d\mu_K \leq 0 \text{ (et donc } = 0).$$

La première condition signifie que $U^{\mu_K}(x) \geq 1$ à p. p. p. sur K; la seconde que $U^{\mu_K}(x) = 1$ sur un noyau de μ_K; alors (prop. 2, § 4) $U^{\mu_K}(x) \leq 1$ partout, et le théorème d'existence est ainsi démontré.

([19]) J'ai indiqué cette méthode de démonstration dans l'article cité en ([5]).

Nous noterons $c(K)$ la *capacité* de l'ensemble compact K ; c'est par définition la valeur commune de l'énergie $\|\mu_K\|^2$ et de la masse $\int d\mu_K$. La distribution μ_K s'appelle *distribution capacitaire* de K. La capacité $c(K)$ est aussi la borne supérieure de la masse et de l'énergie des distributions positives, portées par K, dont le potentiel est partout au plus égal à 1. Dire que $c(K) = 0$, c'est dire que $\mu_K = 0$, ce qui exprime que K est de mesure nulle pour toute distribution de $\mathcal{E}^+$; il revient au même de dire que K est de mesure nulle pour toute distribution positive de potentiel borné.

On définit la *capacité intérieure* $c_i(A)$ d'un ensemble *quelconque* A (que A soit ou ne soit pas relativement compact), comme la borne supérieure des capacités des ensembles compacts contenus dans A. C'est aussi la borne supérieure des *mesures intérieures* de A pour les distributions positives de potentiel $\leqq 1$ partout. Il en résulte que, pour une famille finie ou dénombrable d'ensembles *boréliens* A_n, de réunion A, on a

$$c_i(A) \leqq \sum_n c_i(A_n). \tag{2}$$

La *capacité extérieure* $c_e(A)$ est, par définition, la borne inférieure des capacités intérieures des ensembles *ouverts* contenant A ([20]). On a $c_i(A) \leqq c_e(A)$; lorsque $c_e(A)$ et $c_i(A)$ sont égaux, leur valeur commune s'appelle la capacité (tout court) de A. C'est notamment le cas lorsque A est ouvert; on démontre que c'est aussi le cas si A est compact. De la relation (2), appliquée à des ensembles ouverts, on déduit

$$c_e(B) \leqq \sum_n c_e(B_n) \tag{3}$$

pour une famille finie ou dénombrable d'ensembles *quelconques* B_n, de réunion B.

Revenons sur la notion de « à peu près partout ». Nous avons dit qu'une propriété des points de l'espace a lieu à p. p. p. sur un

([20]) On trouve déjà cette définition chez Brelot (*Journ. de Math.*, 9ᵉ série, t. 9, 1940, p. 319-337; *voir* p. 321).

compact K si l'ensemble (supposé borélien) des points de K où elle n'a pas lieu est de mesure nulle pour toute distribution de $\mathcal{E}^+$. Il revient au même de dire que cet ensemble est de capacité *intérieure* nulle. D'une manière générale, nous dirons qu'une propriété a lieu à p. p. p. sur A (A étant un ensemble quelconque) si l'ensemble des points de A, où elle n'a pas lieu, est de capacité intérieure nulle.

Ceci nous conduit à une nouvelle notion : on dira qu'une propriété des points de l'espace a lieu *quasi-partout* sur A, si l'ensemble des points de A où elle n'a pas lieu est de capacité *extérieure* nulle.

Ainsi, l'ensemble des points d'un compact K où le potentiel capacitaire est < 1 est de capacité *extérieure* nulle, car cet ensemble est la réunion d'une famille dénombrable d'ensembles compacts $\left[\text{à savoir les ensembles } U^{\mu_K}(x) \leq 1 - \frac{1}{n}\right]$, dont chacun est de capacité nulle.

Remarque. — On ignore s'il existe des ensembles *boréliens* dont la capacité intérieure soit nulle et la capacité extérieure non nulle.

Avant d'en terminer avec la capacité, parlons brièvement des distributions capacitaires « intérieure » et « extérieure » que l'on peut définir pour un ensemble quelconque ([21]). Nous omettons le détail des démonstrations, qui seront publiées ailleurs.

Soit A un ensemble dont la capacité intérieure $c_i(A)$ soit *finie* (A peut n'être pas relativement compact). Si K désigne un ensemble compact variable contenu dans A, la distribution capa-

([21]) M. Brelot, dans un travail récent [*Journ. de Math.*, 1945, (*sous presse*)] envisage lui aussi les deux distributions capacitaires intérieure et extérieure. Il convient de remarquer que Brelot donne pour fondement à sa théorie le théorème de convergence qui sera précisément démontré au cours du présent travail (§ 8, théor. 4) : j'avais annoncé ce théorème dans une Note aux *Comptes rendus* (214, 1942, p. 944), et Brelot l'a admis sans attendre la publication de ma démonstration. Au contraire, la définition que je donne ici des distributions capacitaires intérieure et extérieure est indépendante du théorème de convergence. On notera aussi que la distribution capacitaire *intérieure* d'un ensemble borné a été également envisagée, d'une manière assez compliquée, par F. Vasilesco (*Bull. des Sciences Math*,. 2e série, t. 67, 1943, p. 49-68), qui, par contre, ne semble pas avoir eu l'idée de la distribution capacitaire extérieure.

citaire μ_K tend *fortement* vers une limite quand $c(K)$ tend vers $c_i(A)$. En effet, si K' et K'' désignent deux compacts contenus dans A, tels que $K' \subset K''$, on a

$$\| \mu_{K'} - \mu_{K''} \|^2 = c(K'') - c(K');$$

il suffit alors de se servir du fait que l'espace $\mathcal{E}$ est complet. La limite μ_A^i de μ_K [lorsque $c(K)$ tend vers $c_i(A)$] s'appelle la *distribution capacitaire intérieure* de A; elle n'est pas nécessairement portée par A; sa masse et son énergie sont égales à $c_i(A)$. Pour toute suite de compacts $K_1 \subset \ldots \subset K_n \subset \ldots$ telle que

$$\lim c(K_n) = c_i(A),$$

la suite *croissante* des potentiels des distributions μ_K a pour limite le potentiel capacitaire intérieur $U^{\mu_A^i}$; il en résulte que ce dernier est égal à 1 en tout point intérieur à A. En particulier, si A est un ensemble *ouvert* de capacité finie ([22]), la distribution capacitaire intérieure de A a un potentiel égal à 1 en tout point de A.

On prouve, d'une manière analogue, l'existence d'une « distribution capacitaire extérieure » pour un ensemble A de capacité extérieure finie : c'est la limite forte des distributions capacitaires intérieures des ensembles *ouverts* B contenant A, lorsque $c_i(B)$ tend vers $c_e(A)$. Lorsque $c_i(A) = c_e(A) < +\infty$, les deux distributions capacitaires (intérieure et extérieure) de A sont identiques.

7. Infinis d'un potentiel. — Il est bien connu ([23]), par la loi de réciprocité, que l'ensemble des points où un potentiel (non identiquement infini) est infini, est de mesure nulle pour toute distribution de potentiel borné; autrement dit, c'est un ensemble de capacité *intérieure* nulle. Je me propose de montrer qu'il est même de capacité *extérieure* nulle.

THÉORÈME 3. — *Si μ désigne une distribution positive dont le potentiel n'est pas identiquement infini, l'ensemble des points x où $U^\mu(x)$ est infini est de capacité extérieure nulle.*

([22]) Dans le cas d'un ensemble *ouvert* borné, la distribution capacitaire a déjà été envisagée par de La Vallée Poussin (*Bull. Acad. Roy. Belgique*, nov. 1938, p. 672-689; *voir* § 4).

([23]) *Voir*, par exemple, p. 21 de l'ouvrage de La Vallée Poussin cité en ([7]).

Il suffit de montrer que, pour tout compact K, l'ensemble des points de K où U^μ est infini est de capacité extérieure nulle; or cet ensemble est le même que l'ensemble des points où U^ν est infini, ν désignant la restriction de μ à un voisinage compact de K. Il suffit donc de démontrer le théorème pour une distribution positive de masse totale finie. Or :

Lemme 4. — Si μ est une distribution positive de masse totale m, l'ensemble (ouvert) des points x où

$$U^\mu(x) > \alpha \qquad (\alpha \text{ nombre} > 0)$$

a une capacité au plus égale à $\frac{m}{\alpha}$.

En effet, pour tout compact K contenu dans cet ensemble, on a

$$\alpha c(K) = \alpha \int d\mu_K \leqq \int U^\mu \, d\mu_K = \int U^{\mu_K} d\mu \leqq \int d\mu = m.$$

Ce lemme étant établi, soit μ une distribution positive de masse totale m. L'ensemble des points x où $U^\mu(x) = +\infty$ est contenu dans l'ensemble *ouvert* où $U^\mu(x) > \alpha$, ensemble de capacité $\leqq \frac{m}{\alpha}$, donc arbitrairement petite. C. Q. F. D.

Théorème 3 *bis* (réciproque du théorème 3). — *Pour tout ensemble* A *de capacité extérieure nulle, il existe une distribution positive, d'énergie arbitrairement petite, dont le potentiel est infini en tout point de* A.

En effet, soit ε un nombre > 0 arbitraire. Il existe un ensemble ouvert B_n contenant A, dont la capacité est $\leqq 2^{-2n}\varepsilon$; sa distribution capacitaire μ_n a une énergie $\leqq 2^{-2n}\varepsilon$, et son potentiel est égal à 1 en tout point de B_n, et en particulier en tout point de A. La distribution $\sum_{n=1}^{\infty} \mu_n$ a une énergie $\leqq \varepsilon$, et son potentiel est infini en tout point de A. C. Q. F. D.

Appelons, avec Brelot, *ensemble polaire* tout ensemble A tel qu'il existe une distribution positive dont le potentiel soit infini en tout point de A sans être identiquement infini. Alors les théorèmes 3 et 3 *bis* fournissent une caractérisation des ensembles polaires :

Pour qu'un ensemble A *soit polaire, il faut et il suffit que sa capacité extérieure soit nulle.*

Signalons que ce résultat peut s'étendre à des cas plus généraux que celui du potentiel newtonien; par exemple au cas où la « fonction fondamentale » est $|x-y|^{\alpha-k}(0<\alpha<k)$, fonction qui donne naissance aux « potentiels d'ordre α » de M. Riesz et Frostman ([3]). Les démonstrations précédentes doivent être alors légèrement retouchées dans le détail, mais subsistent dans leurs traits essentiels.

Remarque. — Le problème se pose de caractériser entièrement l'ensemble des infinis d'un potentiel, c'est-à-dire de trouver un système de conditions nécessaires et suffisantes pour qu'un ensemble A soit l'ensemble de *tous* les points où un potentiel convenable (non identiquement infini) est infini.

8. **Familles décroissantes de potentiels.** — Contrairement à ce qui a lieu pour les suites *croissantes* (ou plus généralement les ensembles filtrants *croissants*) de potentiels de distributions positives, la borne inférieure d'une suite *décroissante* de potentiels n'est pas, en général, le potentiel d'une distribution positive : par exemple, si un ensemble A est intersection d'une suite décroissante d'ensembles ouverts B_n dont la capacité tend vers o, la suite des potentiels capacitaires des ensembles B_n est une suite décroissante dont la borne inférieure est *nulle quasi-partout* (comme cela va résulter du lemme 5 qui suit), mais est égale à 1 en tout point de A; une telle fonction n'est pas le potentiel d'une distribution positive.

M. Brelot ([24]) a démontré que la borne inférieure d'une *suite* décroissante de potentiels U^{μ_n} est *à peu près partout* égale à un potentiel U^{μ}. Sans avoir recours à ce résultat, nous allons démontrer directement ici que l'ensemble exceptionnel [celui des

---

([24]) Note citée en ([1]). Brelot étudie, en fait, les fonctions sousharmoniques plutôt que les potentiels (il s'agit alors de suites croissantes de fonctions sousharmoniques). Le cas des fonctions surharmoniques (dont l'étude est bien entendu équivalente à celle des fonctions sousharmoniques) sera traité ici (§ 9, théorème 6).

points où $U^{\mu}(x)$ n'est pas égal à la borne inférieure des $U^{\mu_n}(x)$] est non seulement de capacité intérieure nulle, mais de capacité *extérieure* nulle (résultat qui m'avait été signalé par Brelot comme probable, sans qu'il ait pu le démontrer). En outre, le théorème sera étendu au cas plus général d'un ensemble *filtrant décroissant* de potentiels.

Auparavant, nous aurons besoin d'un résultat préliminaire :

Lemme 5. — μ et ν désignant deux distributions positives d'énergie finie, l'ensemble des points où l'on a

$$U^{\mu}(x) > U^{\nu}(x) + \alpha \qquad (\alpha \text{ nombre} > 0)$$

a une *capacité extérieure* au plus égale à $\frac{1}{\alpha^2}\|\mu - \nu\|^2$.

Montrons d'abord que la capacité *intérieure* de cet ensemble A est $\leqq \frac{1}{\alpha^2}\|\mu - \nu\|^2$, c'est-à-dire que l'on a

$$c(K) \leqq \frac{1}{\alpha^2}\|\mu - \nu\|^2$$

pour tout ensemble compact K en tout point duquel

$$U^{\mu}(x) > U^{\nu}(x) + \alpha.$$

Désignons par λ la distribution capacitaire de K; alors

$$\alpha . c(K) = \alpha \int d\lambda \leqq \int (U^{\mu} - U^{\nu})\, d\lambda \leqq \|\mu - \nu\| . \|\lambda\| = \|\mu - \nu\| . \sqrt{c(K)}.$$

En comparant les membres extrêmes, on obtient le résultat annoncé.

Reste maintenant à majorer la capacité *extérieure* de A. Or, d'après la proposition 4 (§ 5), il existe une distribution positive ν' dont le potentiel est *continu* et partout $\leqq U^{\nu}$, et une telle distribution ν' peut être choisie de manière que $\|\nu - \nu'\|$ soit arbitrairement petit. L'ensemble des points où $U^{\mu}(x) > U^{\nu'}(x) + \alpha$ est *ouvert* et contient A; sa capacité est au plus égale à $\frac{1}{\alpha^2}\|\mu - \nu'\|^2$, d'après ce qui précède. Donc la capacité extérieure de A est au plus égale à $\frac{1}{\alpha^2}\|\mu - \nu'\|^2$; et comme $\|\mu - \nu'\|$ peut être arbitrairement voisin de $\|\mu - \nu\|$, le lemme est démontré.

Faisons tout de suite une application :

PROPOSITION 5. — *Pour toute distribution positive* μ *de potentiel* U^μ *non identiquement infini, on peut retrancher de l'espace un ensemble ouvert de capacité arbitrairement petite, de manière que, prise sur l'ensemble fermé restant, la fonction* U^μ *soit continue.*

Supposons d'abord μ d'énergie finie. $\varepsilon > 0$ étant donné, il existe une distribution positive μ_n d'énergie finie, de potentiel continu $\leqq U^\mu$, et telle que l'ensemble (ouvert) B_n des points où $U^\mu(x) - U^{\mu_n}(x) > \frac{1}{2^n}$ soit de capacité $\leqq \frac{\varepsilon}{2^n}$. Hors la réunion B des B_n, dont la capacité est au plus égale à ε, la fonction $U^\mu(x)$ est *limite uniforme* de la suite des fonctions continues $U^{\mu_n}(x)$, et par suite U^μ, considérée comme fonction sur l'ensemble fermé complémentaire de B, est *continue.*

Reste à examiner le cas général. Il suffit d'examiner le cas où μ est portée par un ensemble compact. Or, d'après le lemme 4 (§ 7), il existe un entier p tel que le potentiel $U^\nu = \inf(U^\mu, p)$ soit égal à U^μ en dehors d'un ensemble ouvert de capacité arbitrairement petite; et comme ν est d'énergie finie, on peut lui appliquer le résultat déjà obtenu. Ceci achève de démontrer la proposition 5.

Abordons maintenant l'étude des familles décroissantes de potentiels.

THÉORÈME 4. — *Soit une suite décroissante* (ou plus généralement un *ensemble filtrant décroissant*) de potentiels U^{μ_n} (μ_n distributions positives de potentiels non identiquement infinis). *Il existe une distribution positive* μ *et une seule dont le potentiel est partout au plus égal à la borne inférieure* $V(x)$ *des* $U^{\mu_n}(x)$, *et quasi-partout égal à* $V(x)$. *Le potentiel* U^μ *est la fonction « régularisée semi-continue inférieurement » de la fonction* V. *La distribution* μ *est limite forte des* μ_n *lorsque celles-ci sont d'énergie finie, limite vague des* μ_n *dans le cas général.*

Montrons d'abord l'*unicité* de μ, si elle existe : si un potentiel (ou plus généralement une fonction surharmonique) est partout au plus égal à une fonction $V(x)$, et *quasi-partout* (ou même seulement *presque-partout* au sens de Lebesgue, c'est-à-dire sauf sur un ensemble de mesure spatiale lebesguienne nulle) *égal* à $V(x)$, il est identique à la fonction $W(x)$ « régularisée semi-continue inférieurement » ([25]) de V, c'est-à-dire

$$W(x) = \liminf_{y \to x} V(y).$$

En effet, soit $U^\mu(x)$ un tel potentiel; on a

$$U^\mu(x) = \liminf_{y \to x} U^\mu(y) \leq W(x),$$

et $W(x)$ est lui-même au plus égal à la limite des moyennes spatiales de V (ou, ce qui revient au même, de U^μ) dans des boules de centre x dont le rayon tend vers zéro; or cette limite est précisément $U^\mu(x)$, d'où finalement

$$U^\mu(x) \leq W(x) \leq U^\mu(x),$$

ce qui établit l'égalité annoncée.

Reste à montrer l'*existence* d'une distribution μ jouissant des propriétés indiquées dans l'énoncé du théorème. Supposons d'abord que les μ_n soient d'*énergie finie*. Alors elles forment une suite de Cauchy [ou un filtre de Cauchy ([16]) si les U^{μ_n} forment un ensemble filtrant décroissant général], donc (§ 5, théor. 2) convergent fortement vers une distribution positive μ, d'énergie finie. En particulier, μ est limite vague des μ_n, donc, en tout point x,

$$U^\mu(x) \leq \liminf U^{\mu_n}(x),$$

ce qui donne $U^\mu(x) \leq V(x)$, $V(x)$ désignant, comme plus haut, la borne inférieure des $U^{\mu_n}(x)$. Pour tout $\varepsilon > 0$, l'ensemble des points où $V(x) > U^\mu(x) + \varepsilon$ est contenu dans l'ensemble des points où $U^{\mu_n}(x) > U^\mu(x) + \varepsilon$, ensemble dont la capacité extérieure tend vers 0 avec $\|\mu_n - \mu\|$, d'après le lemme 5; l'ensemble des points où $V(x) > U^\mu(x) + \varepsilon$ est donc de capacité extérieure nulle. L'ensemble des points où $V(x) > U^\mu(x)$ apparaît alors comme réunion dénombrable d'ensembles de capacité extérieure nulle : c'est un ensemble de capacité extérieure nulle. Et ceci

([25]) *Cf.* P. Lelong, *Ann. Éc. Norm. sup.*, 58, 1941, p. 83-177; *voir* p. 97.

démontre entièrement le théorème 4 dans le cas où l'énergie des μ_n est finie.

Nous allons ramener le cas général à ce cas-là : soit α une distribution positive fixe d'énergie finie; posons, pour chaque entier p,

$$\inf(U^{\mu_n}, pU^{\alpha}) = U^{\nu_{n,p}}.$$

p restant fixe, les $\nu_{n,p}$ ont pour limite forte une ν_p, telle que U^{ν_p} soit partout au plus égal et quasi-partout égal à

$$\inf(V, pU^{\alpha}) = \inf_n U^{\nu_{n,p}}.$$

Lorsque p varie, les U^{ν_p} forment une suite croissante de potentiels majorés par V, donc (§ 3, théor. 1) ont pour limite un potentiel $U^{\mu} \leqq V$. Enfin, hors d'un ensemble de capacité extérieure nulle, U^{μ} est égal à la limite de la suite des $\inf(V, pU^{\alpha})$, limite qui est précisément V. La démonstration du théorème 4 est ainsi achevée, à cela près qu'il reste à vérifier que la distribution μ que nous venons d'obtenir est bien *limite vague* des μ_n.

Pour l'établir, il suffit (*Cf.* lemme 3, § 2) de montrer que, pour toute distribution λ de la forme $\varepsilon_{a,r}$, on a

$$(4) \qquad \int U^{\mu} d\lambda = \lim_n \int U^{\mu_n} d\lambda.$$

C'est évident si les U^{μ_n} forment une *suite* décroissante, car alors le théorème de Lebesgue sur l'intégrale de la limite d'une suite décroissante est applicable; mais pour le cas général d'un ensemble filtrant décroissant de U^{μ_n}, le résultat n'est plus évident, et nécessite une démonstration spéciale, que voici.

Nous allons montrer que la relation (4) vaut pour toute distribution positive λ telle que tout potentiel (non identiquement infini) soit sommable par rapport à λ (en particulier, l'énergie de λ est finie). Désignons par U^{β} un potentiel fixe supérieur aux U^{μ_n}; étant donné $\varepsilon > 0$, il existe un entier p tel que

$$\int [U^{\beta} - \inf(U^{\beta}, pU^{\alpha})] \, d\lambda \leqq \varepsilon$$

(cela tient à ce que $\int U^{\beta} \, d\lambda$ est *fini*). En conservant les notations ci-dessus, $\inf(U^{\mu}, pU^{\alpha})$ n'est autre que U^{ν_p}, puisque tous deux sont quasi-partout égaux à $\inf(V, pU^{\alpha})$. Écrivons désormais μ'_n

au lieu de $\nu_{n,p}$, et μ' au lieu de ν_p. Puisque μ' est limite forte de μ'_n, et que λ est d'énergie finie, on a

$$\int U^{\mu'} d\lambda = \lim_n \int U^{\mu'_n} d\lambda ;$$

or

$$U^{\mu_n} - U^{\mu'_n} \leqq U^{\beta} - \inf(U^{\beta}, p U^{\alpha}),$$

donc

$$\int (U^{\mu_n} - U^{\mu'_n})\, d\lambda \leqq \varepsilon,$$

et

$$\lim_n \int U^{\mu_n} d\lambda \leqq \lim_n \int U^{\mu'_n} d\lambda + \varepsilon = \int U^{\mu'} d\lambda + \varepsilon \leqq \int U^{\mu} d\lambda + \varepsilon ;$$

comme ε a pu être choisi arbitrairement petit, on a

$$\lim_n \int U^{\mu_n} d\lambda \leqq \int U^{\mu} d\lambda.$$

L'inégalité inverse est évidente, puisque $U^{\mu_n} \geqq U^{\mu}$.

C. Q. F. D.

Remarque. — Une autre démonstration de l'inégalité (4) résulterait du fait suivant : dans l'ensemble filtrant décroissant des U^{μ_n}, on peut trouver une *suite* décroissante dont la limite est quasi-partout la borne inférieure des U^{μ_n}.

Corollaire du Théorème 4. — *Étant donné une famille quelconque de distributions positives, la borne inférieure de leurs potentiels est quasi-partout égale au potentiel d'une distribution positive, et partout au moins égale à ce potentiel.*

En effet, les bornes inférieures d'un nombre fini quelconque de potentiels de la famille forment un ensemble filtrant décroissant de potentiels, auquel on applique le théorème 4.

9. Limite inférieure d'une suite de potentiels. — Voici une conséquence du théorème 4 :

Théorème 5. — *Étant donnée une suite* [26] *quelconque de potentiels* U^{μ_n} (non nécessairement décroissante), *il existe une*

---

[26] Le fait qu'il s'agit d'une *suite dénombrable* est essentiel, contrairement à ce qui avait lieu pour le théorème 4.

fonction surharmonique φ *telle que l'on ait*

$$\varphi(x) = \liminf_{n \to \infty} U^{\mu_n}(x) \quad \text{quasi-partout},$$

$$\varphi(x) \leq \liminf_{n \to \infty} U^{\mu_n}(x) \quad \text{partout}.$$

En effet, $\liminf_{n \to \infty} U^{\mu_n}$ est limite de la suite croissante des fonctions $V_p(x) = \inf_{n \geqq p} U^{\mu_n}(x)$. D'après le corollaire du théorème 4, il existe une distribution positive ν_p telle que

$$U^{\nu_p}(x) = V_p(x) \quad \text{quasi-partout},$$

$$U^{\nu_p}(x) \leq V_p(x) \quad \text{partout}.$$

Les U^{ν_p} forment une suite croissante; leur borne supérieure φ est *surharmonique*, quasi-partout égale à $\lim V_p(x)$, et partout $\leq \lim V_p(x)$. C. Q. F. D.

Complément : pour que φ soit un *potentiel* de distribution positive, il *suffit* que l'une ou l'autre des conditions suivantes soit vérifiée :

1° les U^{μ_n} sont majorés par un potentiel fixe (non identiquement infini);

2° les distributions μ_n sont de *masse totale finie, uniformément bornée.*

Pour 1°, c'est évident, car alors les U^{ν_p} sont majorés par un potentiel fixe. Pour 2°, nous allons montrer que le critère de la proposition 1 (§ 3) est alors rempli : on a

$$\int U^{\nu_p} d\varepsilon_r \leqq \int U^{\mu_p} d\varepsilon_r = \int U^{\varepsilon_r} d\mu_p \leq m.M_r,$$

M_r désignant le maximum de U^{ε_r}, et m une borne supérieure de la masse totale de μ_p (valable quel que soit p). Ceci ayant lieu pour tout p, on a, à la limite,

$$\int \varphi \, d\varepsilon_r \leqq m.M_r,$$

et comme M_r tend vers o quand r tend vers R, le critère de la proposition 1 est bien vérifié.

Voici un complément intéressant au théorème 5 :

THÉORÈME 6 [27]. — *Soit une suite de distributions positives μ_n de masse totale uniformément bornée; si cette suite converge vaguement vers une distribution μ, on a*

$$U^{\mu}(x) = \liminf_{n\to\infty} U^{\mu_n}(x) \quad \text{quasi-partout},$$

$$U^{\mu}(x) \leqq \liminf_{n\to\infty} U^{\mu_n}(x) \quad \text{partout}.$$

(Autrement dit, la fonction φ du théorème 5 n'est autre que le potentiel de la distribution limite μ.)

Posons $V(x) = \liminf_{n\to\infty} U^{\mu_n}(x)$; il est bien connu que

$$U^{\mu}(x) \leqq V(x)$$

partout. Reste à montrer que U^{μ} est identique à la « régularisée semi-continue inférieurement » de V (qui est précisément la fonction φ du théorème 5); pour cela, il suffit de montrer que U^{μ} et V sont égaux *presque-partout* (au sens de Lebesgue).

Or soit g une fonction continue positive telle que $g(x)$ tende vers zéro quand $|x|$ tend vers R. On voit facilement que

$$\int g(x)\, d\mu(x) = \lim_{n\to\infty} \int g(x)\, d\mu_n(x).$$

Appliquons ceci au cas où g est le potentiel d'une distribution $\varepsilon_{a,r}$; il vient

$$\int U^{\mu}\, d\varepsilon_{a,r} = \lim_{n\to\infty} \int U^{\mu_n}\, d\varepsilon_{a,r} \geqq \int V\, d\varepsilon_{a,r}.$$

Ceci prouve que la fonction positive $V - U^{\mu}$ a pour moyenne o sur toute sphère dont l'intérieur appartient à l'espace de base E. Il en résulte bien qu'elle est presque-partout nulle.

---

[27] Ce théorème a déjà été donné par Brelot [lemme III de la Note citée en [1]], mais avec la restriction (en fait inutile) que les ensembles de capacité nulle soient de mesure nulle pour μ; en outre, l'ensemble des points où

$$U^{\mu}(x) < \liminf U^{\mu_n}(x),$$

dont nous démontrons qu'il est de capacité *extérieure* nulle, était seulement donné, par Brelot, comme un ensemble de capacité intérieure nulle.

10. Familles de fonctions surharmoniques. — Les résultats du paragraphe précédent conduisent à des propriétés des familles de *fonctions surharmoniques dans un ensemble ouvert quelconque*.

Théorème 7. — *Soit une famille quelconque de fonctions surharmoniques positives dans un ensemble ouvert* A. *Si* φ *désigne la borne inférieure de cette famille, il existe dans* A *une fonction surharmonique et une seule qui soit quasi-partout égale à* φ *et partout au plus égale à* φ. (Cette fonction surharmonique est évidemment la fonction « régularisée semi-continue inférieurement » de φ.)

Avant de démontrer ce théorème, faisons une remarque : il s'étend au cas d'une famille de fonctions surharmoniques minorées par une constante (finie) fixe. Plus généralement, sa conclusion reste valable si l'on suppose seulement que, sur tout compact K contenu dans A, les fonctions de la famille sont minorées par une constante finie (valable pour toutes les fonctions de la famille, mais pouvant dépendre de K).

Pour établir le théorème 7, il suffira, étant donné le caractère *local* de la surharmonicité, de démontrer ceci : soient une boule ouverte B et une boule fermée C contenue dans B; si l'on a une famille Φ de fonctions surharmoniques positives dans B, il existe, à l'intérieur de C, une fonction surharmonique qui est quasi-partout égale et partout au plus égale à la borne inférieure de la famille Φ.

Pour cela, il suffira de prouver :

Lemme 6. — Pour toute fonction g surharmonique positive dans la boule ouverte B (et non identiquement infinie) existe une distribution positive portée par la boule fermée C, telle que son potentiel (la « fonction fondamentale » étant la fonction de Green de B) soit égal à $g(x)$ en tout point de C.

Admettons en effet ce lemme pour un instant. En appliquant le théorème 4 (§ 9) à la boule ouverte B prise comme espace de base, la fonction fondamentale étant la fonction de Green de B, on obtiendra aussitôt le théorème 7.

Tout revient donc à démontrer le lemme 6. Voici la démonstration qu'en donne M. Brelot (lettre du 19 octobre 1943); elle utilise la solution du problème de Dirichlet pour l'ensemble ouvert borné B — C, la donnée sur la frontière étant o sur la frontière de B, et, sur la frontière de C, la trace sur cette frontière de la fonction surharmonique g de l'énoncé du lemme. La fonction h_g, solution du problème de Dirichlet, a, en chaque point frontière x de C, une limite inférieure au moins égale à $g(x)$. Il en résulte que la fonction égale à g sur C, et à h_g sur B — C, est, dans toute la boule ouverte B, au plus égale à g et *surharmonique*. D'après le critère du paragraphe **3** (prop. 1), cette fonction surharmonique est le potentiel d'une distribution positive, évidemment portée par C puisque la fonction est harmonique hors C. D'où le lemme.

Remarque. — Si deux distributions positives μ_1 et μ_2 portées par une boule fermée C (ou, plus généralement, par un ensemble fermé sans point « irrégulier ») sont telles que $U^{\mu_1}(x) \leq U^{\mu_2}(x)$ en tout point de C, l'inégalité a lieu en tout point de l'espace de base ([28]). La correspondance du lemme 6, qui à chaque fonction surharmonique positive dans B associe le potentiel d'une distribution portée par C, est donc *croissante*.

(Manuscrit reçu le 24 mai 1945).

([28]) Ce fait est une conséquence de la théorie moderne du « balayage », sur laquelle je me propose de revenir dans un autre travail.

75.

Théorie générale du balayage en potentiel newtonien

Annales de l'Université de Grenoble 22, 221–280 (1946)

INTRODUCTION

L'exposé général qui va suivre (1), et dont la conception remonte à deux années, concerne la théorie générale du « balayage » pour ensembles absolument quelconques (c'est-à-dire non nécessairement fermés, ou ouverts). L'opération que j'appelle balayage est essentiellement la même que celle que M. Brelot nomme « extrémisation » ([3], [5]) (2) ; la même opération a aussi été étudiée par A. F. Monna [12].

L'opération de balayage a été introduite pour la première fois par H. Poincaré en vue du problème de Dirichlet. Mais Poincaré procédait en une suite infinie d'étapes, sans chercher ce que devenaient à la limite les masses balayées. C'est de La Vallée Poussin (*Annales de l'Institut H. Poincaré*, 1930, p. 171-232) qui semble avoir vu le premier que la distribution de masses limite donnait la solution du problème de Dirichlet (à donnée continue), tout au moins lorsqu'on faisait des hypothèses restrictives sur les frontières. En fait, ces hypothèses étaient superflues, comme l'ont montré Frostman ([8], [9]) et de La Vallée Poussin lui-même [15], avec leur théorie générale du balayage sur ensembles *fermés* ; la solution du problème de Dirichlet pour un ensemble ouvert s'obtient en balayant une masse ponctuelle sur le *complémentaire* de cet ensemble.

Le « balayage » étudié ici s'applique à des ensembles quelconques. La théorie qui va être exposée englobe plusieurs théories antérieures d'aspects divers, qui s'étaient peu à peu constituées de manière plus

(1) Une partie de cet exposé a fait l'objet d'une conférence à l'Université de Zürich, le 28 mai 1946.

(2) Les numéros entre crochets renvoient à la bibliographie placée à la fin de cette Introduction.

ou moins autonome, et dont chacune avait ses notions et sa terminologie : notions de point régulier ou irrégulier, de point stable ou instable ([2 bis]). L'ensemble était d'autant plus hétéroclite que, sur ces questions, la terminologie varie avec les auteurs ; cela tient notamment au fait que certains fixent plutôt leur attention sur l'ensemble A sur lequel s'effectue le balayage, d'autres sur le complémentaire de A ([3]) (comme il est naturel dans l'étude du problème de Dirichlet). Il était donc impossible, dans le présent travail, d'adopter une terminologie qui fût en accord avec toutes celles utilisées auparavant. Celle qui a été choisie est cohérente ; elle est, en gros, conforme à celle de DE LA VALLÉE POUSSIN [16], bien que cet auteur n'utilise pas le terme de balayage dans un sens aussi général que celui qui est adopté ici (son « opération régularisante » est un cas particulier de notre balayage).

Les problèmes envisagés ici sont au fond les mêmes que ceux traités par M. BRELOT dans un mémoire récent [5], dont la conception est d'ailleurs contemporaine de celle du présent travail. Mais les points de vue sont différents : au lieu d'opérer directement sur les distributions de masses, Brelot opère sur les potentiels (plus généralement, sur les fonctions surharmoniques $\geqslant 0$; ou plutôt il se place au point de vue opposé des fonctions sousharmoniques $\leqslant 0$), et il axe sa théorie sur une propriété extrémale ([3 bis]) que nous donnerons ci-dessous (n° 19, corollaire des théorèmes 1 et 1 *bis*). Toutefois, si différents que soient les points de vue initiaux, il existe nécessairement de nombreuses interférences entre le mémoire de Brelot et le mien, notamment aux paragraphes V et VI ci-dessous. Je saisis d'ailleurs cette occasion pour remercier M. Brelot qui m'a aimablement tenu au courant de ses recherches et de ses résultats, et

([2 bis]) On en trouvera un exposé historique succinct chez BRELOT ([3], n° 5).

([3]) On en arrive par exemple au paradoxe que, chez un même auteur, le problème *intérieur* conduit à la capacité *extérieure*, et vice-versa. Notons aussi que la notion de « point frontière irrégulier *d'*un ensemble ouvert » selon Brelot, est entièrement différente de celle de « point frontière irrégulier *pour* un ensemble ouvert » chez De la Vallée Poussin [16].

([3 bis]) BRELOT reprend là une idée déjà utilisée par lui dans un mémoire antérieur [1], consacré à l'extrémisation pour ensembles *fermés* (c'est-à-dire, dans notre terminologie actuelle, au balayage pour ensembles *ouverts*), ou tout au moins pour ensembles fermés bornés. La transposition de ces idées au cas général se fait chez Brelot [5] grâce à l'utilisation systématique d'un théorème que j'avais annoncé dans une Note aux *Comptes Rendus* (214, 1942, p. 944 ; voir énoncé et démonstration dans [7], n°s 8 et 10) ; ce théorème concerne la borne inférieure d'une famille quelconque de fonctions surharmoniques $\geqslant 0$. A l'inverse de Brelot, je n'utiliserai pas ce théorème ici, car sa démonstration nécessite précisément une grande partie de la théorie de la capacité ; or ici je ne présuppose pas connue la théorie de la capacité, que je fonde à nouveau en application du balayage.

m'a largement fait profiter de sa profonde érudition en ces matières.

L'originalité du présent travail consiste surtout en ce que les problèmes sont abordés systématiquement du point de vue des *distributions de masses*. Tout d'abord, pour le cas des distributions d'*énergie finie*, je reprends les méthodes de *minimum* dont l'idée initiale remonte à GAUSS, et qui ont été remises en honneur par O. FROSTMAN [8] et DE LA VALLÉE POUSSIN [15]. Mais, contrairement à ces auteurs, je cherche la solution des problèmes de minimum en utilisant les techniques modernes de l'*espace de Hilbert*, ce qui permet d'éliminer toute hypothèse superflue et d'éviter le principe de choix. Ensuite, je ramène le cas des distributions *quelconques* à celui des distributions d'énergie finie, grâce à l'introduction d'une nouvelle *topologie* dans l'ensemble des distributions de masses (voir, au § 2, la définition de la « topologie fine »). De cette manière, la théorie des points *irréguliers*(4) suit, au lieu de la précéder, la théorie générale du balayage ; elle en découle pour ainsi dire naturellement.

Ce qui va suivre est un *exposé d'ensemble* destiné en principe à se suffire à lui-même. Il doit, autant que possible, éviter au lecteur de rechercher dans des mémoires spécialisés la démonstration, souvent compliquée, de tel théorème ; c'est à ce prix que, sans être préalablement initié, le lecteur peut se faire une idée d'ensemble de la question et dominer les problèmes. Toutefois, j'aurai à renvoyer aux premiers paragraphes d'un mémoire antérieur [7], où les notions de base (distributions de masses, potentiels, fonctions surharmoniques, énergie) sont exposées avec un peu plus de détails. Par contre, la théorie de la *capacité* est entièrement reprise ici, car elle est intimement liée aux problèmes de « balayage ».

J'ai laissé systématiquement de côté ce qui concerne les applications au problème de Dirichlet, qui du reste ne présentent pas de difficulté essentielle, une fois mise sur pied la théorie du balayage(4 *bis*). D'une manière générale, j'ai évité autant que possible d'insister sur les particularités de la théorie « newtonienne » (par exemple sur le fait que le balayage des masses sur un ensemble A ne modifie pas les masses portées par l'intérieur de A ; fait qui est lié au caractère *local* de l'harmonicité ou de la surharmonicité) : aussi la théorie,

(4) A laquelle ont été consacrés de très nombreux travaux, tels ceux de LEBESGUE (qui a introduit cette notion à propos du problème de Dirichlet), BOULIGAND, WIENER, KELLOGG, EVANS, DE LA VALLÉE POUSSIN, BRELOT, FROSTMAN, VASILESCO, pour n'en citer qu'une partie.

(4 *bis*) Toutefois, le problème de Dirichlet « ramifié » nécessite des développements spéciaux. Voir sur ce sujet l'article de M. Brelot dans ce même fascicule du présent périodique.

telle qu'on la trouve ici, peut-elle s'étendre à d'autres sortes de potentiels, comme par exemple les « potentiels d'ordre α » de M. Riesz [14] et Frostman [8], au moins pour $0 < \alpha < 2$. On sait qu'à ces potentiels correspond une notion de *fonction surharmonique* (« d'ordre α ») [10], mais cette notion n'a plus un caractère *local*. Néanmoins, l'essentiel des résultats du présent travail vaut encore dans ce cas ; en effet, les notions de base qui servent aux développements des paragraphes II à VII valent aussi bien pour les « potentiels d'ordre α » ($\alpha < 2$) que pour le potentiel newtonien. C'est seulement pour alléger l'exposé que j'ai préféré, au paragraphe I, me placer dans le cas « newtonien » pour établir les notions de base ; le cas des « potentiels d'ordre α » nécessiterait des modifications dans les démonstrations de ce paragraphe.

Même en se bornant au cas newtonien, il importe de ne pas perdre de vue que la « fonction fondamentale » servant à définir le potentiel (n° 2) pourrait être remplacée par la « fonction de Green » relative à un ensemble *ouvert* Ω, en même temps que Ω deviendrait l'espace dans lequel sont envisagés distributions et potentiels. Les potentiels pris par rapport à la fonction de Green jouissent, eux aussi, des propriétés de base qui permettent une théorie du « balayage » et de la « capacité ». Si néanmoins je me suis abstenu d'en traiter explicitement, c'est parce que la notion de fonction de Green est elle-même subordonnée au balayage dans le cas du potentiel newtonien classique.

Enfin, le lecteur désireux d'étendre la validité de la théorie à des ensembles ouverts Ω pouvant contenir le « point à l'infini » que M. Brelot adjoint à l'espace euclidien, pourra se reporter au mémoire fondamental de cet auteur [4]. D'ailleurs, dans son mémoire ultérieur [5], consacré au problème de l'extrémisation, Brelot se place précisément dans le cas général d'un ensemble ouvert Ω pouvant contenir le point à l'infini.

BIBLIOGRAPHIE (5)

[1] M. Brelot, Critères de régularité et de stabilité (*Bull. Acad. Roy. de Belgique*, 1939, p. 125-137).

[2] M. Brelot, Points irréguliers et transformations continues en théorie du potentiel (*Journal de Math.*, 19, 1940, p. 319-337).

(5) Cette bibliographie sommaire ne saurait évidemment avoir la prétention d'être complète sur un pareil sujet. Nous nous sommes efforcé de citer, parmi les travaux relativement récents, les plus caractéristiques ; notre rôle n'est pas de faire une histoire encyclopédique du développement de la théorie dans tous ses menus détails.

[3] M. Brelot, Sur les ensembles effilés (*Bull. Sciences Math.*, 2e série, 68, 1944, p. 12-36).

[4] M. Brelot, Sur le rôle du point à l'infini dans la théorie des fonctions harmoniques (*Ann. E. N. S.*, 3e série, 61, 1944, p. 301-332).

[5] M. Brelot, Minorantes sousharmoniques, extrémales et capacités (*Journal de Math.*, 24, 1945, p. 1-32).

[6] H. Cartan, Sur les fondements de la théorie du potentiel (*Bull. Soc. Math. France*, 69, 1941, p. 71-96).

[7] H. Cartan, Théorie du potentiel newtonien : énergie, capacité, suites de potentiels (*Bull. Soc. Math. France*, 73, 1945, p. 74-106).

[8] O. Frostman, *Thèse* (Lund, 1935).

[9] O. Frostman, Sur le balayage des masses (*Acta Szeged*, 9, 1938, p. 43-51).

[10] O. Frostman, Sur les fonctions surharmoniques d'ordre fractionnaire (*Arkiv for Mat., Astr. och Fysik*, 26 A, 1939).

[11] A. F. Monna, Sur la capacité des ensembles (*Proc. Kon. Ned. Akad. v. Wetensch.*, Amsterdam, 43, 1940, p. 81-86).

[12] A. F. Monna, Extension du problème de Dirichlet pour ensembles quelconques (*ibid.*, 43, 1940, p. 497-511).

[13] A. F. Monna, Sur un principe de variation dû à Gauss, etc. (*ibid.*, 49, 1946, p. 54-62).

[14] M. Riesz, Intégrales de Riemann-Liouville et potentiels (*Acta Szeged*, 9, 1938, p. 1-42).

[15] De la Vallée Poussin, Les nouvelles méthodes de la théorie du potentiel, etc. (*Actual. scient. et ind.*, fasc. 578, Hermann, 1937).

[16] De la Vallée Poussin, Points irréguliers, détermination des masses par les potentiels (*Bull. Ac. Royale de Belgique*, 1938, p. 368-384 et p. 672-689).

[17] F. Vasilesco, Sur la notion de capacité d'un ensemble borné quelconque (*Bull. Sciences Math.*, 2e série, 67, 1943, p. 49-68).

Enfin, pour les notions de topologie générale utilisées dans ce travail, nous renvoyons le lecteur au Traité de N. Bourbaki, dont nous adoptons la terminologie :

[18] N. Bourbaki, Topologie générale, chap. I et II (*Actualités scient. et ind.*, fascicule 858, 1940).

I. — NOTIONS PRÉLIMINAIRES

1. — Distributions de masses.

Nous nous plaçons une fois pour toutes dans l'espace euclidien à n dimensions R^n(n entier quelconque $\geqslant 3$), ou (dans le cas de *deux* dimensions) dans le cercle $|z| < 1$ du plan de la variable complexe z. Dans un cas comme dans l'autre, on a affaire à un espace localement compact (5 bis), et par suite on a une théorie des « distributions de masses positives » ou « mesures de Radon positives », et de l'intégrale des fonctions par rapport à de telles mesures. Nous nous bornons ici à renvoyer à deux mémoires antérieurs ([6] et [7]) et à rappeler quelques notations et notions essentielles.

$\mathcal{C}^+$ désignera l'ensemble des fonctions f *continues*, à valeurs numériques réelles $\geqslant 0$, et telles que l'on ait $f(x) = 0$ en tout point x extérieur à un ensemble *compact* (5 bis) convenable de l'espace envisagé (ensemble qui dépend de la fonction f). Une *distribution de masses positives*, ou mesure de Radon positive, est une fonctionnelle qui, à chaque $f \in \mathcal{C}^+$, fait correspondre un nombre $\mu(f) \geqslant 0$, de manière que

$$\mu(f_1 + f_2) = \mu(f_1) + \mu(f_2)$$

quelles que soient les fonctions f_1 et f_2 de $\mathcal{C}^+$; d'où résulte facilement

$$\mu(af) = a\mu(f)$$

pour toute constante $a > 0$. Il est essentiel de préciser que le nombre $+\infty$ est exclu aussi bien des valeurs que peuvent prendre les fonctions de $\mathcal{C}^+$, que des valeurs que peut prendre $\mu(f)$.

Par contre, lorsqu'on considère l'ensemble $\mathcal{I}^+$ des fonctions *semi-continues inférieurement* $\geqslant 0$, on n'exclut pas la valeur $+\infty$ de l'ensemble des valeurs que peuvent prendre ces fonctions. Ces fonctions ne sont autres que les *limites croissantes* de fonctions de $\mathcal{C}^+$. Pour $g \in \mathcal{I}^+$, on définit

$$\int g d\mu, \qquad \text{noté aussi} \qquad \int g(x) d\mu(x),$$

comme la borne supérieure (finie *ou infinie*) de $\mu(f)$ pour toutes les fonctions f de $\mathcal{C}^+$ telles que $f \leqslant g$ [c'est-à-dire $f(x) \leqslant g(x)$ en tout point x]. On est donc amené à noter $\int f d\mu$ la quantité $\mu(f)$ attachée. par définition, à une fonction de f de $\mathcal{C}^+$. On prouve que

$$\int (g_1 + g_2) d\mu = \int g_1 d\mu + \int g_2 d\mu$$

quelles que soient les fonctions g_1 et g_2 de $\mathcal{I}^+$.

On définit ensuite l'*intégrale supérieure* d'une fonction $h \geqslant 0$ quel-

(5 bis) Nous nous conformons à la terminologie de N. Bourbaki [18]. En fait, les sous-ensembles *compacts* de R^n (ou du cercle-unité du plan) ne sont autres que les ensembles *fermés bornés*.

conque (à valeurs finies ou infinies) comme la borne inférieure de $\int g d\mu$ lorsque g parcourt l'ensemble des fonctions de $\mathfrak{J}^+$ qui sont $\geqslant h$; on la note

$$\overline{\int} h d\mu \quad \text{ou} \quad \overline{\int} h(x) d\mu(x).$$

On voit facilement que

$$\overline{\int}(h_1 + h_2) d\mu \leqslant \overline{\int} h_1 d\mu + \overline{\int} h_2 d\mu$$

(propriété de « convexité »).

Lorsque h est la *fonction caractéristique* d'un ensemble A (fonction égale à 1 en tout point de A, à 0 ailleurs), $\overline{\int} h d\mu$ s'appelle la *mesure extérieure* de l'ensemble A. On appelle *ensemble de mesure nulle* (pour μ) tout ensemble dont la mesure extérieure est nulle. La réunion d'une famille finie ou dénombrable d'ensembles de mesure nulle est un ensemble de mesure nulle. Pour que l'intégrale supérieure $\overline{\int} h d\mu$ d'une fonction $h \geqslant 0$ quelconque soit nulle, il faut et il suffit que l'ensemble des points x où $h(x) > 0$ soit de mesure nulle ; on dit alors que h est *nulle presque partout* (pour μ).

On dit qu'une distribution μ est *portée par un ensemble* B (ou que B *est un noyau de* μ) si le complémentaire de B est de mesure nulle pour μ. Parmi les ensembles fermés F tels que μ soit portée par F, il en est un contenu dans tous les autres (c'est le complémentaire du plus grand ensemble ouvert de mesure nulle) ; on l'appelle le *noyau fermé* de la distribution μ.

Nous ne revenons pas ici sur la théorie de l'intégrale des fonctions numériques (« sommables » pour μ), ou de la mesure des ensembles (« mesurables » pour μ) ; pas plus que sur les intégrales *doubles* (pour un couple de mesures μ et ν). Les ensembles « boréliens » (qui constituent la plus petite famille contenant les ensembles ouverts et les ensembles fermés, et jouissant des deux propriétés : le complémentaire d'un ensemble de la famille appartient à la famille, toute réunion dénombrable d'ensembles de la famille appartient à la famille) sont mesurables pour *toute* distribution μ. Si A est un ensemble borélien, et μ une distribution, on notera μ_A la distribution, « restriction de μ à l'ensemble A », définie de la manière suivante : pour $f \in \mathcal{C}^+$, on pose

$$\int f d\mu_A = \int f \varphi_A d\mu,$$

φ_A désignant la fonction caractéristique de l'ensemble A. L'intégrale $\int f d\mu_A$ se note aussi $\int_A f d\mu$.

Rappelons encore que la *masse totale* d'une distribution positive μ est la mesure de l'espace, ou, ce qui revient au même, l'intégrale $\int d\mu$ de la constante 1 ; elle est finie ou infinie.

Enfin, on dit qu'une mesure μ est la somme de deux mesures μ' et μ'' si

$$\int f d\mu = \int f d\mu' + \int f d\mu'' \quad \text{pour toute } f \in \mathcal{C}^+,$$

ce qui entraîne la même relation pour toute f de $\mathfrak{J}^+$.

2. — Potentiel newtonien.

Rappelons quelques définitions et propriétés classiques (voir [7]). Dans l'espace R^n $(n \geqslant 3)$, on considère la « fonction fondamentale »

$$\varphi(x, y) = |x - y|^{2-n}$$

du couple de points x, y [on note $x - y$ le vecteur d'origine x et d'extrémité y, et $|x - y|$ la longueur euclidienne de ce vecteur]. Dans le cas du cercle $|z| < 1$ $(n = 2)$, on prend comme « fonction fondamentale »

$$\varphi(x, y) = \log \left| \frac{1 - \bar{x}y}{x - y} \right| \qquad (|x| < 1,\ |y| < 1)$$

($\bar{x}$ désigne le nombre complexe conjugué de x).

Dans un cas comme dans l'autre, la fonction fondamentale $\varphi(x, y)$ est symétrique $[\varphi(x, y) = \varphi(y, x)]$; pour chaque y, c'est une fonction de x, *harmonique* pour $x \neq y$, infinie pour $x = y$, et « nulle à l'infini » [pour chaque y, on a

$$\lim_{|x| \to \infty} \varphi(x, y) = 0 \quad \text{si} \quad n \geqslant 3,$$

$$\lim_{|x| \to 1} \varphi(x, y) = 0 \quad \text{si} \quad n = 2].$$

Le *potentiel* d'une distribution positive μ est la fonction de x

$$U^\mu(x) = \int \varphi(x, y) d\mu(y).$$

qui a une valeur bien déterminée ($\geqslant 0$, finie ou infinie) en chaque point x. C'est une fonction *semi-continue inférieurement* de x.

Rappelons la définition de *l'énergie mutuelle* de deux distributions positives μ et ν : on a l'égalité

$$\int U^{\mu} d\nu = \int U^{\nu} d\mu \qquad \text{(loi de réciprocité)},$$

car chacune de ces intégrales est égale à l'intégrale double

$$\int\int \varphi(x, y) d\mu(x) d\nu(y).$$

Leur valeur commune (qui est finie ou infinie) s'appelle l'énergie mutuelle de μ et ν.

Nous appellerons *distribution sphérique* toute distribution positive répartie uniformément sur une sphère (6) Σ, c'est-à-dire telle que l'intégrale d'une fonction $f \in \mathcal{C}^+$ soit proportionnelle à la valeur moyenne de f sur Σ ; le coefficient de proportionnalité, indépendant de f, est la masse totale m de la distribution sphérique. Le potentiel d'une telle distribution est constant à l'intérieur de Σ, et, à l'extérieur, c'est le même que celui d'une masse m placée au centre (7) de Σ.

Le potentiel U^{μ} d'une distribution positive μ peut être la constante $+\infty$. Hors ce cas, c'est une fonction *harmonique* (et, en particulier, finie) dans tout ensemble ouvert ne portant pas de masses de μ (c'est-à-dire de mesure nulle pour μ).

PROPOSITION 1. — *Pour qu'un potentiel* U^{μ} *ne soit pas identiquement infini, il faut et il suffit que l'énergie mutuelle* $\int U^{\lambda} d\mu$ *soit* FINIE *pour toute distribution sphérique* λ *; d'ailleurs, si cette énergie mutuelle est finie pour une distribution sphérique particulière (non nulle), elle l'est pour toute distribution sphérique.*

La condition est évidemment *suffisante*, car si $\int U^{\mu} d\lambda$ est *fini* pour une λ sphérique particulière (non nulle), U^{μ} ne peut être identiquement infini. Reste à montrer que si U^{μ} n'est pas identiquement infini, $\int U^{\lambda} d\mu$ est fini pour toute distribution sphérique λ. Considérons une sphère Σ' concentrique à la sphère Σ qui porte λ, et de rayon plus grand ; soient μ' la restriction de μ à la boule fermée

(6) Nous appelons *sphère* de centre a et de rayon ρ l'ensemble des points x tels que $|x - a| = \rho$; *boule fermée* de centre a et de rayon ρ l'ensemble des points x tels que $|x - a| \leq \rho$.

(7) On dit qu'une distribution μ est formée d'une masse m placée en un point a si $\int f d\mu = m f(a)$ pour toute $f \in \mathcal{C}^+$, et par suite pour toute $f \in \mathcal{I}^+$.

limitée par Σ', et μ'' la restriction de μ à l'extérieur de cette boule. On a

$$\int U^\lambda d\mu = \int U^\lambda d\mu' + \int U^\lambda d\mu''.$$

La première intégrale du second membre est finie (puisque U^λ est une fonction continue bornée) ; la seconde est égale à $\int U^{\mu''} d\lambda$, c'est-à-dire proportionnelle à la moyenne, sur Σ, de la fonction $U^{\mu''}$ qui est harmonique à l'intérieur de Σ' ; elle est donc finie. C. Q. F. D.

Désormais, nous concentrerons notre intérêt sur les distributions positives μ dont le potentiel n'est pas identiquement infini, c'est-à-dire par rapport auxquelles les potentiels U^λ (λ sphérique) sont *sommables* (d'intégrale finie). *Nous désignerons par* $\mathfrak{M}$ *l'ensemble de ces distributions*. On remarquera que *toute distribution de masse totale finie appartient à* $\mathfrak{M}$, d'après la proposition 1 ; en effet, U^λ est une fonction *bornée* si λ est une distribution sphérique.

Définition. — *On désigne par* $\mathfrak{L}$ *l'ensemble des distributions positives* λ *telles que l'énergie mutuelle* $\int U^\mu d\lambda$ *soit finie pour toute* $\mu \in \mathfrak{M}$.

Les distributions sphériques appartiennent à la famille $\mathfrak{L}$.

Proposition 2. — *Pour qu'une distribution* ν *appartienne à* $\mathfrak{L}$, *i faut et il suffit qu'il existe une distribution sphérique dont le potentiel majore le potentiel* U^ν.

Montrons, d'une façon précise : *soit* λ *une distribution sphérique donnée à l'avance (non nulle) ; pour que* $\nu \in \mathfrak{L}$, *il faut et il suffit qu'il existe une constante* $k > 0$ *telle que*

$$U^\nu(x) \leqslant k U^\lambda(x) \qquad \text{pour tout } x.$$

La condition est évidemment *suffisante*, car elle entraîne

$$\int U^\nu d\mu \leqslant k \int U^\lambda d\mu < +\infty \qquad \text{pour toute } \mu \in \mathfrak{M}.$$

Montrons qu'elle est *nécessaire* : supposons-la non remplie, et fabriquons une $\mu \in \mathfrak{M}$ telle que $\int U^\nu d\mu$ soit infinie. Il existe une suite de points x_p tels que

$$U^\nu(x_p) \geqslant 2^p U^\lambda(x_p).$$

De deux choses l'une : ou bien x_p s'éloigne « à l'infini » quand p augmente indéfiniment, ou bien il existe une sous-suite infinie de x_p situés dans un sous-ensemble compact de l'espace. Dans la deuxième éventualité, U^ν n'est pas borné, et il existe une suite de points y_p

tels que $U^{\nu}(y_p) \geqslant 2^p$; la distribution μ obtenue en plaçant une masse $1/2^p$ en chaque point y_p est telle que $\int U^{\nu} d\mu = +\infty$, et elle appartient à $\mathfrak{M}$ puisque sa masse totale est finie. Dans la première éventualité, plaçons une masse $1/U^{\nu}(x_p)$ en x_p ; l'ensemble de ces masses constitue une distribution μ, car il n'y en a qu'un nombre *fini* sur chaque ensemble compact ; on a $\int U^{\nu} d\mu = +\infty$, et μ appartient à $\mathfrak{M}$, car

$$\int U^{\lambda} d\mu = \sum_p U^{\lambda}(x_p)/U^{\nu}(x_p) \leqslant \sum_p 1/2^p < +\infty.$$

3. — Conditions d'égalité de deux distributions de la famille $\mathfrak{M}$.

Considérons deux sphères concentriques Σ et Σ' de rayons ρ et ρ' ($\rho < \rho'$), et les distributions sphériques correspondantes λ et λ', de masse totale 1. La différence $U^{\lambda} - U^{\lambda'}$ est nulle à l'extérieur de Σ', continue et $\geqslant 0$ en tout point, donc c'est une fonction de la famille $\mathcal{C}^+$ (n° 1). Les différences telles que $U^{\lambda} - U^{\lambda'}$ forment un sous-ensemble $\mathfrak{D}$ *total* de $\mathcal{C}^+$ (voir [7], p. 77) : pour toute $f \in \mathcal{C}^+$, pour tout voisinage V du compact en dehors duquel s'annule f, et pour tout nombre $\varepsilon > 0$, existe une combinaison linéaire g de fonctions de $\mathfrak{D}$, à coefficients positifs, qui est nulle hors de V et satisfait partout à $|g(x) - f(x)| < \varepsilon$. De là résulte (cf. lemme 3 du mémoire cité) : *si deux distributions positives μ et ν sont telles que*

$$\int U^{\lambda} d\mu = \int U^{\lambda} d\nu$$

pour toute distribution sphérique λ, les distributions μ et ν sont identiques.

Conséquence : *si deux distributions μ et ν de $\mathfrak{M}$ donnent naissance à des potentiels U^{μ} et U^{ν} partout égaux, elles sont identiques.* En effet, on a alors $\int U^{\mu} d\lambda = \int U^{\nu} d\lambda$ pour toute distribution sphérique λ.

4. — Fonctions surharmoniques.

Rappelons la notion classique, due essentiellement à F. Riesz, de fonction *surharmonique* dans un ensemble ouvert non vide A ; c'est une fonction V(x) définie dans A, semi-continue inférieurement (donc pouvant prendre la valeur $+\infty$, mais non la valeur $-\infty$), telle que :

1° V ne soit identiquement infinie dans aucun sous-ensemble ouvert non vide de A ;

2° pour chaque boule fermée contenue dans A, la valeur de V au centre de la boule soit au moins égale à la valeur moyenne de V sur la sphère frontière de la boule.

Une fonction H est harmonique si H et — H sont surharmoniques. La borne inférieure inf (V, W) de deux fonctions surharmoniques V et W est surharmonique [inf (V, W) désigne la fonction égale, en chaque point x, à la plus petite des valeurs $V(x)$ et $W(x)$].

En fait, nous n'envisagerons ici que des fonctions surharmoniques *dans tout l'espace* R^n (si $n \geqslant 3$) ou *dans tout le cercle* $|z| < 1$ (si $n = 2$).

Tout potentiel U^μ est surharmonique (conséquence immédiate, par la loi de réciprocité, du fait que le potentiel d'une distribution sphérique de masse totale $+1$ est majoré par le potentiel d'une masse $+1$ placée au centre de la sphère). On peut même caractériser [8] les potentiels comme les *fonctions surharmoniques* $\geqslant 0$ *dont la moyenne,* sur une sphère de centre O (origine) et de rayon ρ, *tend vers zéro* quand ρ tend vers l'infini (resp. quand ρ tend vers 1, pour le cas du plan $n = 2$). D'ailleurs, pour $n \geqslant 3$, toute fonction surharmonique $\geqslant 0$ (dans tout l'espace) est la somme d'un potentiel et d'une constante $\geqslant 0$.

Du critère précédent résulte notamment ceci : si V est une fonction surharmonique $\geqslant 0$ majorée par un potentiel U^μ, V est identique à un potentiel U^ν. De même, la borne inférieure inf (V, U^μ) d'une fonction surharmonique $V \geqslant 0$ (par exemple : une constante positive) et d'un potentiel U^μ est identique à un potentiel U^ν. Pour la même raison, la limite d'une suite *croissante* de potentiels U^{μ_p} (« croissante » signifie que $U^{\mu_{p+1}}(x) \geqslant U^{\mu_p}(x)$ pour tout x) est identique à un potentiel pourvu qu'elle soit majorée par un potentiel.

(8) Voir par exemple [7], proposition 1, p. 83. Je profite de cette occasion pour rectifier une incorrection dans la démonstration : lignes 4 et 5 du bas de la p. 83, il faut, au lieu de « comme sa moyenne sur la sphère de centre O et de rayon ρ tend vers zéro quand ρ tend vers R », lire « comme sa limite inférieure, quand $|x|$ tend vers R, est 0 ». Signalons encore que la caractérisation dont il s'agit vaut encore pour les « potentiels d'ordre α » de M. Riesz (on trouvera en [14], p. 37, des indications sur la possibilité de cette extension).

5. — Énergie.

On a défini (n° 2) l'énergie mutuelle de deux distributions positives μ et ν. Lorsque $\nu = \mu$, on obtient *l'énergie* d'une distribution

$$\int U^{\mu} d\mu.$$

Nous désignerons par $\mathcal{E}$ l'ensemble des *distributions positives dont l'énergie est finie*. On remarquera que la famille $\mathfrak{L}$ (n° 2) est *contenue dans* $\mathcal{E}$; car si $\nu \in \mathfrak{L}$, on a $\int U^{\nu} d\mu < +\infty$ pour toute $\mu \in \mathfrak{M}$, et en particulier pour $\mu = \nu$. En particulier, les distributions sphériques sont des distributions d'énergie finie.

L'inégalité fondamentale

$$\left(\int U^{\mu} d\nu\right)^2 \leqslant \left(\int U^{\mu} d\mu\right) \cdot \left(\int U^{\nu} d\nu\right) \text{(9)}$$

permet de définir *l'énergie d'une différence* $\mu - \nu$, lorsque $\mu \in \mathcal{E}$ et $\nu \in \mathcal{E}$; cette énergie

$$\int (U^{\mu} - U^{\nu})(d\mu - d\nu) = \int U^{\mu} d\mu + \int U^{\nu} d\nu - 2 \int U^{\mu} d\nu$$

est *toujours* $\geqslant 0$.

Nous désignerons par $\overline{\mathcal{E}}$ l'ensemble des différences $\mu - \nu$ (où $\mu \in \mathcal{E}$, $\nu \in \mathcal{E}$), où l'on identifie $\mu - \nu$ et $\mu' - \nu'$ si $\mu + \nu' = \nu + \mu'$. L'ensemble $\overline{\mathcal{E}}$ est pourvu d'une structure *d'espace vectoriel* sur le corps des nombres réels, d'une manière évidente ; en outre, on peut y définir un *produit scalaire* (α, α') de la manière suivante : si $\alpha = \mu - \nu$, $\alpha' = \mu' - \nu'$, on pose

$$\begin{aligned}(\alpha, \alpha') &= \int (U^{\mu} - U^{\nu})(d\mu' - d\nu') \\ &= \int U^{\mu} d\mu' + \int U^{\nu} d\nu' - \int U^{\mu} d\nu' - \int U^{\nu} d\mu'.\end{aligned}$$

(α, α') est une *fonction bilinéaire* de α et α', *symétrique* $[(\alpha, \alpha') = (\alpha', \alpha)]$, et, pour tout $\alpha \in \overline{\mathcal{E}}$, (α, α) est $\geqslant 0$. Nous définissons la *norme* $\|\alpha\|$ d'un élément α de $\overline{\mathcal{E}}$, par

$$\|\alpha\|^2 = (\alpha, \alpha).$$

(9) Voir une démonstration de cette inégalité dans [14], p. 5.

On a l'inégalité dite « de Schwarz » :

$$(5, 1) \qquad |(\alpha, \alpha')| \leqslant \|\alpha\| . \|\alpha'\|,$$

qui résulte du fait que la forme quadratique en u et v

$$\|u\alpha + v\alpha'\|^2$$

est toujours $\geqslant 0$. De (5, 1) résulte facilement

$$(5, 2) \qquad \|\alpha + \alpha'\| \leqslant \|\alpha\| + \|\alpha'\|.$$

Montrons que *la norme* $\|\alpha\|$ *ne peut être nulle que si* $\alpha = 0$. (C'est le théorème classique, suivant lequel l'*énergie* de $\mu - \nu$ ne peut être *nulle* que si μ et ν sont identiques.) En effet, soient deux distributions $\mu \in \mathcal{E}$ et $\nu \in \mathcal{E}$ telles que $\|\mu - \nu\| = 0$; l'inégalité (5, 1) prouve que

$$(\mu - \nu, \lambda) = 0$$

pour toute distribution $\lambda \in \mathcal{E}$, c'est-à-dire

$$\int U^\lambda d\mu = \int U^\lambda d\nu.$$

Cette égalité ayant lieu notamment chaque fois que λ est une « distribution sphérique », il s'ensuit (cf. n° 3) que $\mu = \nu$. C. Q. F. D.

Ainsi, le produit scalaire (α, α') et la norme $\|\alpha\|$ qui s'en déduit définissent sur $\bar{\mathcal{E}}$ une *structure préhilbertienne* ; en « complétant » $\bar{\mathcal{E}}$, on obtiendrait un véritable espace de Hilbert (réel). L'espace $\bar{\mathcal{E}}$ lui-même n'est pas complet (voir [7], p. 87) ; autrement dit, il peut exister, dans $\bar{\mathcal{E}}$, des *suites de Cauchy* qui ne convergent ([10]) vers aucun élément de $\bar{\mathcal{E}}$.

Le fait que $\int (U^\mu - U^\nu)(d\mu - d\nu)$ est toujours $\geqslant 0$ pour $\mu \in \mathcal{E}$, $\nu \in \mathcal{E}$, et ne peut s'annuler que si $\mu = \nu$, comporte la conséquence suivante ([11]) : si une distribution positive μ, *d'énergie finie*, et une fonction V surharmonique $\geqslant 0$ satisfont à l'inégalité

$$U^\mu(x) \leqslant V(x)$$

en tout point x d'un noyau de μ, l'inégalité a lieu en tout point sans exception. Lorsque V est une *constante* positive, c'est le « principe du maximum » de Frostman ([12]).

([10]) Une suite (α_p) est une *suite de Cauchy* si $\lim\limits_{\substack{p \to \infty \\ q \to \infty}} \|\alpha_p - \alpha_q\| = 0$. Une suite (α_p) *converge* vers α si $\lim\limits_{p \to \infty} \|\alpha - \alpha_p\| = 0$.

([11]) Démonstration dans [7], p. 87.

([12]) [8], p. 68.

II. — DIVERSES TOPOLOGIES SUR L'ENSEMBLE DES DISTRIBUTIONS DE MASSES POSITIVES

6. — Définition des divers modes de convergence.

Nous emploierons un langage intuitif, et parlerons d'une distribution *variable* μ qui « tend », ou « converge » vers une distribution fixe μ_0, dite *limite* de la distribution μ. Derrière ce langage se cache la notion de *filtre*; le lecteur désireux de l'approfondir pourra consulter le traité de N. Bourbaki ([18], chap. I). Le lecteur qu'une telle étude rebuterait se contentera, lorsque nous parlerons de limite d'une distribution *variable* μ, de penser au cas d'une *suite* de distributions $\mu_1, \ldots, \mu_p, \ldots$ dont on envisage la limite.

Mais il s'agit justement de préciser quand on dira qu'une distribution μ_0 est *limite* d'une distribution variable μ; or, il y a plusieurs définitions possibles, non équivalentes; chacune d'elles définit une *topologie* sur l'ensemble des mesures positives.

L'utilité que présente la considération de telles topologies tient à ceci: dans les problèmes qui se posent en théorie du potentiel, il faut souvent prouver l'*existence* (et aussi, en général, *l'unicité*) d'une distribution possédant certaines propriétés ; or, on prouve cette existence en « construisant » la distribution cherchée comme « limite » (dans un sens à préciser) de distributions connues.

Premier mode de convergence : convergence vague *des distributions positives quelconques*. — On dit que μ_0 est limite *vague* de μ variable si, pour chaque $f \in \mathcal{C}^+$, l'intégrale $\int f d\mu_0$ est limite de $\int f d\mu$. C'est le mode de convergence envisagé classiquement, le seul qu'utilisent, en général, les divers auteurs qui s'occupent de la théorie du potentiel. Mais son utilisation en vue des théorèmes d'existence nécessite un « principe de choix » (De La Vallée Poussin).

Si on identifie un point de l'espace R^n ($n \geqslant 2$) à la distribution formée d'une masse $+1$ en ce point, l'espace R^n est identifié à une partie de l'ensemble des distributions positives ; la convergence vague induit donc, sur R^n, un mode de convergence, qui d'ailleurs n'est autre que la convergence au sens de la topologie habituelle de R^n.

Remarque. — Si F est un sous-ensemble *fermé* de R^n, toute distribution μ_0 qui est limite vague de distributions portées par F, est elle-même portée par F ; autrement dit, l'ensemble des distributions portées par F constitue un sous-ensemble *fermé* (pour la topologie vague) de l'ensemble de toutes les distributions. Nous dirons : *vaguement fermé*.

Pour que μ converge vaguement vers μ_0, il *suffit* que l'on ait

$$(6,\ 1) \qquad \int U^{\lambda} d\mu_0 = \lim_{\mu} \int U^{\lambda} d\mu$$

pour chaque « distribution sphérique » λ (voir lemme 3 du mémoire [7]). Cela tient au fait que l'ensemble $\mathfrak{D}$ (défini au n° 3) est *total* dans $\mathcal{E}^+$.

Deuxième mode de convergence : convergence fine *des distributions de la famille* $\mathfrak{M}$.

Ici, il s'agit seulement de distributions positives μ dont le potentiel n'est pas identiquement infini (cf. ci-dessus, n° 2). Alors l'intégrale $\int U^{\lambda} d\mu$ est *finie* pour toute $\lambda \in \mathfrak{L}$. Par définition, $\mu_0 \in \mathfrak{M}$ est *limite fine* de μ variable ($\mu \in \mathfrak{M}$) si on a

$$(6,\ 2) \qquad \int U^{\lambda} d\mu_0 = \lim_{\mu} \int U^{\lambda} d\mu \qquad \text{pour chaque } \lambda \in \mathfrak{L}.$$

En particulier, cette relation a lieu pour chaque distribution sphérique λ, et la condition (6, 1) est donc remplie. Ainsi : *la convergence fine entraîne la convergence vague* (ou, comme on dit, elle est « plus fine » que la convergence vague, d'où précisément son nom).

A titre d'exemple, supposons qu'un potentiel U^{μ} ($\mu \in \mathfrak{M}$) soit limite d'une suite *croissante* de potentiels U^{μ_p} : dans ces conditions, μ *est limite fine de la suite* (μ_p), et, à fortiori, limite *vague* de la suite (μ_p). En effet, on a évidemment

$$\int U^{\mu} d\lambda = \lim_{p \to \infty} \int U^{\mu_p} d\lambda \qquad \text{pour } \lambda \in \mathfrak{L},$$

ce qui s'écrit aussi

$$\int U^{\lambda} d\mu = \lim_{p \to \infty} \int U^{\lambda} d\mu_p \qquad \text{pour } \lambda \in \mathfrak{L}.$$

Si nous identifions, comme plus haut, chaque point de l'espace R^n à la distribution formée d'une masse $+1$ en ce point, l'espace R^n est identifié à une partie de $\mathfrak{M}$, et se trouve ainsi muni d'une *topologie fine*. En explicitant la définition, on voit que la topologie fine de R^n est la moins fine des topologies rendant continues [13] toutes

[13] Voir N. BOURBAKI ([18], chap. 1).

les fonctions U^λ (où λ parcourt $\mathfrak{L}$) ([13 bis]). Cette topologie joue un rôle important dans l'étude du problème de Dirichlet et des points « irréguliers » (voir notamment ci-dessous, paragraphe VI). La notion de limite, au sens de la topologie fine de R^n, a été récemment utilisée par Brelot sous le nom de *pseudo-limite*. (Voir [3] et, dans ce même fascicule du présent périodique, ses deux articles sur « le problème de Dirichlet ramifié » et l' « étude générale des fonctions harmoniques ou surharmoniques > 0 au voisinage d'un point-frontière irrégulier »).

Troisième mode de convergence : convergence forte *des distributions de la famille* $\mathcal{E}$.

Ici n'interviennent que les distributions positives *d'énergie finie*. Par définition, $\mu_0 \in \mathcal{E}$ est limite forte de μ variable ($\mu \in \mathcal{E}$) si la distance $\|\mu - \mu_0\|$, déduite de la norme dans $\bar{\mathcal{E}}$, tend vers zéro.

Quatrième mode de convergence : convergence faible *des distributions de* $\mathcal{E}$.

C'est, par définition, la convergence faible au sens de la structure préhilbertienne de $\bar{\mathcal{E}}$. Autrement dit, $\mu_0 \in \mathcal{E}$ est limite faible de μ variable ($\mu \in \mathcal{E}$) si : 1° $\|\mu\|$ reste bornée ; 2° pour chaque $\nu \in \mathcal{E}$, le produit scalaire (μ_0, ν) est limite de (μ, ν).

7. — Comparaison des divers modes de convergence.

Il ne peut, bien entendu, être question de comparer deux modes de convergence que sur un ensemble de distributions où ils sont tous deux définis. Nous avons déjà vu que, sur $\mathfrak{M}$, *la convergence fine entraîne la convergence vague*. D'autre part, sur $\mathcal{E}$, *la convergence forte entraîne la convergence faible* ; c'est là une propriété classique des espaces hilbertiens, et elle résulte immédiatement de l'inégalité (5, 1), dite « de Schwarz ».

En outre, sur $\mathcal{E}$, *la convergence faible entraîne la convergence fine*, car si μ_0 est limite faible de μ, on a en particulier

$$(\mu_0, \lambda) = \lim (\mu, \lambda) \qquad \text{pour toute } \lambda \in \mathfrak{L},$$

(puisque $\mathfrak{L} \subset \mathcal{E}$), ce qui n'est autre chose que la condition (6, 2).

([13 bis]) On verra au n° 26 que la topologie fine de R^n rend aussi *continus* tous les potentiels sans exception.

On peut résumer schématiquement une partie de ces résultats :

Sur $\mathcal{E}$, forte → faible → fine → vague.

Mais il y a plus : plaçons-nous sur une *boule* de $\mathcal{E}$, c'est-à-dire sur l'ensemble des $\mu \in \mathcal{E}$ telles que $\|\mu\|$ soit majoré par un nombre fini fixe. Je dis que, dans ces conditions, les trois modes de convergence

faible, fine, vague

sont *identiques*. Il suffit de montrer que, sur une boule de $\mathcal{E}$, la convergence vague de μ vers μ_0 entraîne la convergence faible de μ vers μ_0. Or, ce fait se trouve démontré dans mon mémoire [7] (p. 90, réciproque de la proposition 3).

Enfin, considérons une *suite de Cauchy* formée d'éléments μ_p de $\mathcal{E}$. Pour qu'une μ_0 soit limite forte des μ_p, il faut et il suffit que μ_0 soit limite faible des μ_p (propriété valable dans tout espace préhilbertien ; cf. [7], p. 88) ; d'après ce qu'on vient de voir, il revient au même de dire que μ_0 est limite vague de la suite (μ_p). Or on montre précisément qu'il existe toujours une limite vague par une suite de Cauchy formée d'éléments de $\mathcal{E}$ ([7], p. 91). Il en résulte : toute suite de Cauchy, sur $\mathcal{E}$, converge fortement vers un élément de $\mathcal{E}$. Autrement dit, l'espace $\mathcal{E}$ est *complet* pour la norme ([14]).

C'est là un résultat fondamental pour toute la théorie. La suite de ce travail montrera le parti qu'on en peut tirer : les principaux théorèmes d'existence en découlent.

Signalons en passant : si U^{μ} $(\mu \in \mathcal{E})$ est limite d'une suite *croissante* de U^{μ_p}, μ est limite *forte* des μ_p ; en effet, la suite (μ_p) est une suite de Cauchy (car, pour $U^{\mu_p} \leqslant U^{\mu_q}$, on a $\|\mu_p - \mu_q\|^2 \leqslant \|\mu_q\|^2 - \|\mu_p\|^2$, et la relation

$$\int U^{\mu} d\nu = \lim_{p \to \infty} \int U^{\mu_p} d\nu \qquad \text{pour toute } \nu \in \mathcal{E},$$

prouve que μ est limite faible de la suite (μ_p) ; d'où le résultat. Il précise celui donné plus haut : en supposant seulement $\mu \in \mathfrak{M}$, et U^{μ} limite croissante des U^{μ_p}, on trouvait que μ était limite *fine* de la suite (μ_p).

([14]) Mais ce serait une erreur de croire que $\bar{\mathcal{E}}$ soit complet. A ce sujet, voir une Note récente de J. Deny (*Comptes Rendus*, 222, 1946, p. 1374-1376).

III. — BALAYAGE D'UNE DISTRIBUTION D'ÉNERGIE FINIE

8. — Principe général.

Nous voulons aborder les problèmes de balayage par le cas où la distribution μ étudiée est *d'énergie finie,* de manière à pouvoir faire usage de la convergence forte, et utiliser le fait que l'espace $\mathcal{E}$ (n° 5) est *complet.* Il en résulte que tout sous-ensemble *fermé* de $\mathcal{E}$ est complet (fermé s'entendant au sens de la convergence forte).

Nous mettrons à la base le principe général suivant, qui utilise seulement le fait que $\mathcal{E}$ est une partie *convexe* d'un espace préhilbertien, et *complète* au sens de la norme :

Principe (15) : étant donné un sous-ensemble $\mathcal{F}$ *fermé convexe* (16), non vide, de $\mathcal{E}$, et un point μ de $\mathcal{E}$, il existe, dans $\mathcal{F}$, un point $\mu_{\mathcal{F}}$ *et un seul* qui minimise la distance au point μ ; autrement dit, tel que

$$\|\mu - \nu\| > \|\mu - \mu_{\mathcal{F}}\| \qquad \text{pour tout } \nu \in \mathcal{F} \text{ tel que } \nu \neq \mu_{\mathcal{F}}.$$

C'est là un théorème bien connu, dont la démonstration, fort simple, remonte essentiellement à F. RIESZ. Elle repose sur la propriété classique du triangle en géométrie euclidienne : étant donnés 3 points μ, α, β, et le milieu γ du segment de droite joignant α et β, on a

$$(8,\ 1)\qquad \|\mu - \alpha\|^2 + \|\mu - \beta\|^2 = 2\|\mu - \gamma\|^2 + \frac{1}{2}\|\alpha - \beta\|^2.$$

Alors, μ étant donné, ainsi que le sous-ensemble fermé convexe $\mathcal{F}$, soit m la borne inférieure de $\|\mu - \alpha\|$ lorsque α parcourt $\mathcal{F}$; m se nommera la *distance* de μ à $\mathcal{F}$. Si $\alpha \in \mathcal{F}$ et $\beta \in \mathcal{F}$ sont tels que

$$\|\mu - \alpha\|^2 \leqslant m^2 + a, \qquad \|\mu - \beta\|^2 \leqslant m^2 + a \qquad (a > 0),$$

on a $\gamma \in \mathcal{F}$ (puisque $\mathcal{F}$ est convexe), d'où $\|\mu - \gamma\| \geqslant m$, et par suite, d'après (8, 1),

$$(8,\ 2)\qquad \|\alpha - \beta\|^2 \leqslant 4a.$$

(15) J'ai utilisé ce principe en théorie du potentiel dès mon mémoire [6] (p. 91 du mémoire).

(16) Pour un ensemble convexe, on sait que les deux propriétés de *fortement fermé* et de *faiblement fermé* sont équivalentes.

Toute suite (α_p) telle que $\|\mu - \alpha_p\|$ tende vers m est donc une suite de Cauchy, et par conséquent elle converge fortement vers un élément $\mu_{\mathcal{F}}$ de $\mathcal{F}$, tel que $\|\mu - \mu_{\mathcal{F}}\| = m$; et c'est le seul élément de $\mathcal{F}$ dont la distance à μ soit égale à m, à cause de (8, 2).

Le point $\mu_{\mathcal{F}}$ ainsi défini s'appellera la *projection* de μ sur $\mathcal{F}$. Voyons comment cette projection varie quand varie $\mathcal{F}$, μ restant fixe.

PROPOSITION 3. — *Si $\mathcal{F}$, supposé non vide, est l'intersection d'une suite décroissante d'ensembles fermés convexes $\mathcal{F}_p$* (ou, plus généralement, l'intersection d'une *famille filtrante décroissante* [17] d'ensembles fermés convexes), *la projection de μ sur $\mathcal{F}$ est limite forte des projections de μ sur les $\mathcal{F}_p$.*

PROPOSITION 3 *bis*. — *Si $\mathcal{F}$ est l'adhérence* [18] *de la réunion d'une suite croissante d'ensembles fermés convexes non vides $\mathcal{F}_p$* (ou, plus généralement, l'adhérence de la réunion d'une *famille filtrante croissante* d'ensembles fermés convexes), *la projection de μ sur $\mathcal{F}$ est limite forte des projections de μ sur les $\mathcal{F}_p$.*

Démontrons, par exemple, la proposition 3, en raisonnant, pour fixer les idées, dans le cas d'une *suite* décroissante d'ensembles $\mathcal{F}_p$. Soit m_p la distance de μ à l'ensemble $\mathcal{F}_p$, et notons (pour simplifier) μ_p la projection de μ sur $\mathcal{F}_p$. La suite (m_p) est croissante, et majorée par la distance m de μ à $\mathcal{F}$. Or, pour $p > q$ $(\mathcal{F}_p \subset \mathcal{F}_q)$ on a, d'après la relation (8, 1) appliquée à $\alpha = \mu_p$, $\beta = \mu_q$ (d'où $\gamma \in \mathcal{F}_q$),

$$\frac{1}{2}\|\mu_p - \mu_q\|^2 \leqslant (m_p)^2 - (m_q)^2.$$

Donc la suite (μ_p) est une *suite de Cauchy* ; par suite, elle converge fortement vers un point ν tel que

$$\|\mu - \nu\| = \lim_p \|\mu - \mu_p\| = \lim_p m_p \leqslant m.$$

Or ν est limite d'éléments de $\mathcal{F}_p$, et cela pour tout p ; donc ν appar-

[17] Une famille d'ensembles $\mathcal{F}_p$ (où p parcourt un ensemble d'indices I absolument quelconque) est dite *filtrante décroissante* si, quels que soient les indices p et q dans I, il existe dans I un indice r tel que $\mathcal{F}_r \subset \mathcal{F}_p$ et $\mathcal{F}_r \subset \mathcal{F}_q$. Définition analogue pour une famille *filtrante croissante*, le signe $\subset$ étant remplacé par $\supset$. Définition analogue pour une famille filtrante de *fonctions numériques*, le signe $\subset$ (ou $\supset$) étant remplacé par $\leqslant$ (ou $\geqslant$).

[18] Conformément à la terminologie de N. BOURBAKI, l'*adhérence* d'un ensemble A désigne le plus petit ensemble fermé contenant A.

tient à tous les $\mathcal{F}_p$, c'est-à-dire à $\mathcal{F}$. Puisque $\|\mu-\nu\| \leqslant m$, il s'ensuit que ν est la projection de μ sur $\mathcal{F}$.

On démontrerait d'une manière analogue la proposition 3 *bis*.

Corollaire : dans le cas de la proposition 3 comme dans celui de la proposition 3 *bis*, *la distance de* μ *à* $\mathcal{F}$ *est égale à la limite de la distance de* μ *à* $\mathcal{F}_p$.

9. — Caractérisation de la distribution minimisante.

Pour qu'un élément ν de $\mathcal{E}$ soit égal à $\mu_{\mathcal{F}}$, *il faut et il suffit que le produit scalaire* $(\mu-\nu, \lambda-\nu)$ *soit* $\leqslant 0$ *pour tout* $\lambda \in \mathcal{F}$ (en langage géométrique d'espace de Hilbert : les deux vecteurs $\mu-\nu$ et $\lambda-\nu$ doivent faire un angle obtus ou droit). En effet, écrivons

$$\|\mu-\lambda\|^2 \geqslant \|\mu-\nu\|^2 \qquad \text{pour tout } \lambda \in \mathcal{F},$$

ce qui équivaut à

$$(9,1) \qquad 2(\mu-\nu, \lambda-\nu) \leqslant \|\lambda-\nu\|^2 \qquad \text{pour tout } \lambda \in \mathcal{F}.$$

Tout point λ' tel que $\lambda'-\nu = k(\lambda-\nu)$ (où $0 < k \leqslant 1$) appartient encore à $\mathcal{F}$, puisque $\mathcal{F}$ est convexe ; (9, 1) entraîne donc

$$2k(\mu-\nu, \lambda-\nu) \leqslant k^2 \|\lambda-\nu\|^2 \qquad \text{pour tout } \lambda \in \mathcal{F} \text{ et tout } k \leqslant 1,$$

ce qui donne, en divisant par k et faisant tendre k vers 0,

$$(9,2) \qquad (\mu-\nu, \lambda-\nu) \leqslant 0 \qquad \text{pout tout } \lambda \in \mathcal{F}.$$

Réciproquement, (9, 2) entraîne évidemment (9, 1). Ainsi, la condition

$$(9,3) \qquad (\mu-\mu_{\mathcal{F}}, \lambda-\mu_{\mathcal{F}}) \leqslant 0 \qquad \text{pour tout } \lambda \in \mathcal{F}$$

caractérise la projection $\mu_{\mathcal{F}}$ parmi toutes les distributions de $\mathcal{F}$.

Transformons cette condition en faisant désormais sur $\mathcal{F}$ l'hypothèse supplémentaire (qui sera toujours vérifiée dans les applications que nous ferons) : $\mathcal{F}$ *contient l'élément* 0, *et la somme de deux éléments de* $\mathcal{F}$ *est un élément de* $\mathcal{F}$. Alors, si $\nu \in \mathcal{F}$, $\lambda = \mu_{\mathcal{F}} + \nu$ appartient à $\mathcal{F}$, d'où, d'après (9, 3),

$$(a) \qquad (\mu-\mu_{\mathcal{F}}, \nu) \leqslant 0 \qquad \text{pour tout } \nu \in \mathcal{F} ;$$

d'autre part, pour $\lambda = 0$, (9, 3) donne $(\mu-\mu_{\mathcal{F}}, \mu_{\mathcal{F}}) \geqslant 0$, ce qui, compte tenu de (a), donne

$$\text{(b)} \qquad (\mu - \mu_{\mathcal{F}}, \mu_{\mathcal{F}}) = 0.$$

Réciproquement, (a) et (b) entraînent évidemment (9, 3) ; par suite *l'ensemble des conditions* (a) *et* (b) *caractérise* $\mu_{\mathcal{F}}$ *parmi toutes les distributions de* $\mathcal{F}$, moyennant les hypothèses faites sur $\mathcal{F}$.

Cela va nous permettre de comparer $\mu_{\mathcal{F}}$ et $\mu_{\mathcal{F}'}$ lorsque $\mathcal{F}$ et $\mathcal{F}'$ sont deux ensembles satisfaisant aux conditions ci-dessus. Je dis que l'on a

$$(9, 4) \qquad \|\mu_{\mathcal{F}} - \mu_{\mathcal{F}'}\|^2 \leqslant \|\mu_{\mathcal{F}}\|^2 - \|\mu_{\mathcal{F}'}\|^2 \qquad \text{pour } \mathcal{F}' \subset \mathcal{F}.$$

En effet, cela revient à

$$(\mu_{\mathcal{F}}, \mu_{\mathcal{F}'}) \geqslant \|\mu_{\mathcal{F}'}\|^2 \qquad \text{pour } \mathcal{F}' \subset \mathcal{F}.$$

Or

$$(\mu_{\mathcal{F}}, \mu_{\mathcal{F}'}) = (\mu_{\mathcal{F}} - \mu, \mu_{\mathcal{F}'}) + (\mu, \mu_{\mathcal{F}'}),$$

et, d'après (b) appliqué à $\mathcal{F}'$,

$$(\mu, \mu_{\mathcal{F}'}) = \|\mu_{\mathcal{F}'}\|^2,$$

tandis que, d'après (a) appliqué à $\mathcal{F}$ et à la distribution $\nu = \mu_{\mathcal{F}'} \in \mathcal{F}$,

$$(\mu_{\mathcal{F}} - \mu, \mu_{\mathcal{F}'}) \geqslant 0 ;$$

d'où l'inégalité à démontrer.

Pour terminer, indiquons une *forme équivalente du problème du minimum* qui vient d'être traité. Introduisons la quantité

$$I_\mu(\nu) = (\nu - 2\mu, \nu)$$

qui, en théorie du potentiel, s'explicite comme suit

$$I_\mu(\nu) = \int (U^\nu - 2U^\mu) d\nu.$$

On a

$$\|\mu - \nu\|^2 = I_\mu(\nu) + \|\mu\|^2,$$

et par suite, lorsque μ est donné, la recherche du minimum de $\|\mu - \nu\|$ revient à la recherche du minimum de $I_\mu(\nu)$ lorsque ν parcourt $\mathcal{F}$. Le minimum est égal à

$$I_\mu(\mu_{\mathcal{F}}) = (\mu_{\mathcal{F}} - 2\mu, \mu_{\mathcal{F}}),$$

ce qui, compte tenu de (b), donne

$$I_\mu(\mu_{\mathcal{F}}) = -\|\mu_{\mathcal{F}}\|^2 = -(\mu, \mu_{\mathcal{F}}).$$

Introduisons la quantité

$$(9, 5) \qquad c_\mu(\mathcal{F}) = \|\mu_{\mathcal{F}}\|^2 = (\mu, \mu_{\mathcal{F}});$$

alors le minimum de $I_\mu(\nu)$ est égal à $-c_\mu(\mathcal{F})$, et la relation (9, 4) s'écrit

$$(9, 6) \qquad \|\mu_{\mathcal{F}} - \mu_{\mathcal{F}'}\|^2 \leqslant c_\mu(\mathcal{F}) - c_\mu(\mathcal{F}') \qquad \text{pour } \mathcal{F}' \subset \mathcal{F}.$$

Il en résulte que, si $\mathcal{F}' \subset \mathcal{F}$, on a $c_\mu(\mathcal{F}') \leqslant c_\mu(\mathcal{F})$, et si l'égalité $c_\mu(\mathcal{F}) = c_\mu(\mathcal{F}')$ a lieu, on a nécessairement $\mu_{\mathcal{F}} = \mu_{\mathcal{F}'}$.

Si $\mathcal{F}$ est l'intersection d'une famille *filtrante décroissante* d'ensembles $\mathcal{F}_p$, $c_\mu(\mathcal{F})$ est égal à la *borne inférieure* de la famille (filtrante décroissante) des $c_\mu(\mathcal{F}_p)$, d'après la proposition 3 ; de même, si $\mathcal{F}$ est l'adhérence de la réunion d'une famille *filtrante croissante* d'ensemble $\mathcal{F}_p$, $c_\mu(\mathcal{F})$ est égal à la *borne supérieure* de la famille (filtrante croissante) des $c_\mu(\mathcal{F}_p)$.

10. — Balayage d'une distribution d'énergie finie : cas d'un ensemble compact.

Nous allons définir plusieurs sortes de balayages ; tout d'abord, le balayage sur un ensemble *compact*.

Soit K un ensemble compact de l'espace euclidien R^n ($n \geqslant 3$) (resp. du cercle $|z| \leqslant 1$ si $n = 2$). Considérons l'ensemble $\mathcal{E}_K$ des distributions positives d'énergie finie *portées par* K ; il est convexe et fermé (car, étant *vaguement* fermé, il est, a fortiori, *fortement fermé*). Nous pouvons appliquer à $\mathcal{E}_K$ le principe général des n°s 8 et 9, principe qui vaut pour tout sous-ensemble fermé convexe de $\mathcal{E}$. Pour chaque $\mu \in \mathcal{E}$, nous noterons μ_K la « projection » de μ sur $\mathcal{E}_K$; la distribution μ_K, qui est portée par K, est dite *obtenue par balayage* de μ sur l'ensemble K. Pour la caractériser parmi toutes les distributions de $\mathcal{E}_K$, exprimons les conditions (a) et (b) du n° 9 ; elles s'écrivent ici

$$\text{(a)} \qquad \int (U^{\mu_K} - U^{\mu})\, d\lambda \geqslant 0 \qquad \text{pour toute distribution } \lambda \in \mathcal{E}_K;$$

$$\text{(b)} \qquad \int (U^{\mu_K} - U^{\mu})\, d\mu_K = 0.$$

(a) entraîne : l'ensemble des points $x \in K$ où $U^{\mu}(x) > U^{\mu_K}(x)$ est de mesure nulle pour toute distribution ν de $\mathcal{E}_K$; car si $\nu \in \mathcal{E}_K$, soit λ la restriction de ν à cet ensemble ; on a $\lambda \in \mathcal{E}_K$, et (a) prouve que l'ensemble envisagé est de mesure nulle pour λ, donc pour ν.

Nous dirons (définition provisoire, qui sera reprise au n° 16) qu'une propriété des points de l'espace euclidien a lieu *à peu près partout sur* K (en abrégé : à p. p. p. sur K) si l'ensemble des points de K où elle n'a pas lieu est de *mesure nulle pour toute distribution d'énergie finie*. On vient de prouver que l'on a $U^{\mu}(x) \leq U^{\mu_K}(x)$ à peu près partout sur K.

Mais (b) prouve alors que l'on a $U^{\mu_K}(x) = U^{\mu}(x)$ sur un noyau de μ_K, et par suite (cf. fin du n° 5) $U^{\mu_K}(x) \leqslant U^{\mu}(x)$ en tout point sans exception. Résumons :

On a $U^{\mu_K}(x) \leqslant U^{\mu}(x)$ *partout, et* $U^{\mu_K}(x) = U^{\mu}(x)$ *à peu près partout sur* K.

Ces conditions sont caractéristiques pour μ_K (parmi les distributions de $\mathcal{E}_K$), car elles entraînent (a) et (b) ; d'une façon plus précise, elles entraînent

$$\int (U^{\mu_K} - U^{\mu})d\lambda = 0 \qquad \text{pour toute } \lambda \in \mathcal{E}_K,$$

ce qui s'écrit encore, en notation de produit scalaire,

$$(10, 1) \qquad (\mu_K - \mu, \lambda) = 0 \qquad \text{pour toute } \lambda \in \mathcal{E}_K.$$

Cette relation exprime, en langage géométrique d'espace hilbertien, que le « vecteur » $\mu - \mu_K$ est « orthogonal » au sous-espace vectoriel (de $\mathcal{E}$) engendré par $\mathcal{E}_K$; autrement dit, μ_K est le « pied de la perpendiculaire » menée de μ sur ce sous-espace vectoriel.

11. — Balayage intérieur et extérieur pour un ensemble quelconque.

Envisageons maintenant, au lieu d'un ensemble compact K, un ensemble *quelconque* A. Nous allons définir, relativement à A, deux modes de balayages ; chacun d'eux correspondra à un sous-ensemble *fermé convexe* de $\mathcal{E}$, défini en fonction de A.

1) *Balayage intérieur* [19] : on prend pour $\mathcal{F}$ l'ensemble, que nous noterons $\mathcal{E}^i_A$, adhérence forte (dans $\mathcal{E}$) de l'ensemble des distribu-

(19) Le « balayage intérieur » a, sous un autre nom, été envisagé par F. Vasilesco [17], par des procédés assez compliqués qui font intervenir la notion préalable de *point irrégulier* ; en outre, cet auteur supposait A borné et U^{μ} borné.

tions de $\mathcal{E}$ *portées par* A. On vérifie sans peine que $\mathcal{E}_A^i$ est aussi l'adhérence forte de la réunion des $\mathcal{E}_K$ relatifs aux compacts K contenus dans A. Pour chaque $\mu\in\mathcal{E}$, on notera μ_A^i la « projection » de μ sur $\mathcal{E}_A^i$, et on dira que μ_A^i est obtenue par balayage intérieur de μ relativement à l'ensemble A. Cette distribution μ_A^i n'est pas nécessairement portée par A ; on peut seulement affirmer que toute distribution de $\mathcal{E}_A^i$ est portée par l'adhérence $\overline{A}$ de A, mais cette propriété ne suffit pas à caractériser les distributions de la famille $\mathcal{E}_A^i$. La signification de cette famille s'éclaircira plus tard avec la notion de « point intérieurement régulier », qu'elle contient en germe (voir n° 23).

2) *Balayage extérieur :* on prend pour $\mathcal{F}$ l'ensemble, que nous noterons $\mathcal{E}_A^e$, intersection des ensembles $\mathcal{E}_B^i$ relatifs aux ensembles *ouverts* B contenant A. C'est bien un sous-ensemble fermé convexe de $\mathcal{E}$. Pour chaque $\mu\in\mathcal{E}$, on notera μ_A^e la « projection » de μ sur $\mathcal{E}_A^e$, et on dira que μ_A^e est obtenue par balayage extérieur de μ relativement à l'ensemble A. La distribution μ_A^e, comme toutes celles de $\mathcal{E}_A^e$, est portée par $\overline{A}$, car elle est portée par l'adhérence $\overline{B}$ de n'importe quel ouvert B contenant A. La signification de la famille $\mathcal{E}_A^e$ s'éclaircira avec la notion de « point extérieurement régulier ».

Il est clair que les distributions μ de $\mathcal{E}_A^i$ (resp. de $\mathcal{E}_A^e$) sont précisément celles telles que $\mu=\mu_A^i$ (resp. $\mu=\mu_A^e$).

D'autre part, si $A\subset B$, on a $\mathcal{E}_A^i\subset\mathcal{E}_B^i$ et $\mathcal{E}_A^e\subset\mathcal{E}_B^e$. On en déduit aussitôt $\mathcal{E}_A^i\subset\mathcal{E}_A^e$ pour tout ensemble A. Lorsque les familles $\mathcal{E}_A^i$ et $\mathcal{E}_A^e$ sont identiques, on les note $\mathcal{E}_A$ simplement ; on a alors $\mu_A^i=\mu_A^e$ pour toute μ, et on note μ_A l'unique distribution balayée. Ceci est le cas, notamment, lorsque A est *ouvert*, d'après les définitions ; c'est aussi le cas lorsque A est *fermé*, car alors $\mathcal{E}_A^i$ n'est autre que l'ensemble (fermé) des distributions portées par A, et d'autre part, on a vu que toute distribution de $\mathcal{E}_A^e$ est portée par $\overline{A}$, donc ici par A, d'où

$$\mathcal{E}_A^e\subset\mathcal{E}_A^i. \qquad \text{C. Q. F. D.}$$

12. — Propriétés des distributions balayées.

Appliquons les propositions 3 et 3 *bis* (n° 8) aux familles $\mathcal{E}_A^e$ et $\mathcal{E}_A^i$ respectivement. Tout d'abord, puisque $\mathcal{E}_A^i$ est l'adhérence de la réunion des $\mathcal{E}_K$ relatifs aux compacts K contenus dans A, la proposition 3 *bis* montre que μ_A^i *est limite forte des distributions* μ_K *relatives aux compacts* K *contenus dans* A. Cela signifie, d'une façon précise : pour tout $a > 0$ existe un compact $H \subset A$ tel que, pour tout compact K tel que $H \subset K \subset A$, on ait $\|\mu_A^i - \mu_K\| \leqslant a$.

Pour une raison analogue, μ_A^e *est limite forte des* μ_B *relatives aux ouverts* B *contenant* A.

Notons encore ceci : si un compact K est l'intersection d'une suite décroissante de compacts K_p (ou, plus généralement, d'une famille filtrante décroissante de compacts), $\mathcal{E}_K$ est l'intersection des $\mathcal{E}_{K_p}$, donc μ_K *est limite forte des* μ_{K_p}. De même, si un ouvert B est réunion d'une suite croissante d'ouverts B_p (ou, plus généralement, d'une famille filtrante croissante), $\mathcal{E}_B$ est l'adhérence de la réunion des $\mathcal{E}_{B_p}$, donc μ_B *est limite forte des* μ_{B_p}.

Soit de nouveau A un ensemble quelconque. On a vu (n° 10) que, pour tout compact K contenu dans A, on a partout $U^{\mu_K}(x) \leqslant U^{\mu}(x)$. A la limite ([20]), il vient

$$(12, 1) \qquad U^{\mu_A^i}(x) \leqslant U^{\mu}(x) \text{ partout.}$$

Ce résultat étant acquis, on a, pour tout ouvert B contenant A, $U^{\mu_B}(x) \leqslant U^{\mu}(x)$, d'où, à la limite,

$$(12, 2) \qquad U^{\mu_A^e}(x) \leqslant U^{\mu}(x) \text{ partout.}$$

Nous caractériserons la distribution μ_A^i, parmi toutes les distributions de $\mathcal{E}_A^i$, en exprimant les conditions (a) et (b) du n° 9, qui s'écrivent ici

$$\text{(a)} \qquad \int (U^{\mu_A^i} - U^{\mu})\,d\lambda \geqslant 0 \qquad \text{pour toute } \lambda \in \mathcal{E}_A^i,$$

$$\text{(b)} \qquad \int (U^{\mu_A^i} - U^{\mu})\,d\mu_A^i = 0.$$

Compte tenu de (12, 1), (a) donne

$$\int (U^{\mu_A^i} - U^{\mu})\,d\lambda = 0 \qquad \text{pour toute } \lambda \in \mathcal{E}_A^i,$$

condition qui entraîne d'ailleurs (b). En notation de produit scalaire :

$$(12, 3) \qquad (\mu_A^i - \mu, \lambda) = 0 \qquad \text{pour toute } \lambda \in \mathcal{E}_A^i.$$

([20]) μ_A^i est limite vague des μ_K (cf. n° 7), et par suite, d'après une propriété classique,

$$U^{\mu_A^i}(x) \leqslant \liminf U^{\mu_K}(x)$$

en chaque point x.

On démontre de même

$$(12, 4) \qquad (\mu_A^e - \mu, \lambda) = 0 \qquad \text{pour toute } \lambda \in \mathcal{E}_A^e.$$

Les conditions caractéristiques (12, 3) et (12, 4) expriment que μ_A^i (resp. μ_A^e) est le pied de la perpendiculaire menée de μ sur le sous-espace vectoriel (de $\overline{\mathcal{E}}$) engendré par $\mathcal{E}_A^i$ (resp. par $\mathcal{E}_A^e$).

De là résulte d'abord la *transitivité* de l'opération de balayage: si A et B sont deux ensembles quelconques tels que $A \subset B$, μ_A^i s'obtient par balayage intérieur de μ_B^i relativement à A, μ_A^e s'obtient par balayage extérieur de μ_B^e relativement à A, et enfin μ_A^i s'obtient par balayage intérieur de μ_A^e relativement à A. En effet, cela résulte des relations $\mathcal{E}_A^i \subset \mathcal{E}_B^i$, $\mathcal{E}_A^e \subset \mathcal{E}_B^e$, $\mathcal{E}_A^i \subset \mathcal{E}_A^e$, et de la transitivité de l'opération qui consiste à projeter un point orthogonalement sur un sous-espace vectoriel.

En outre, μ_A^i et μ_A^e sont des fonctions *linéaires* de μ [et, en particulier, *additives* : $(\mu + \nu)_A^i = \mu_A^i + \nu_A^i$, $(\mu + \nu)_A^e = \mu_A^e + \nu_A^e$] ; et ce sont des fonctions *continues* de μ pour la topologie forte, car, d'une façon précise,

$$(12, 5) \qquad \|\mu_A^i - \nu_A^i\| \leqslant \|\mu_A^e - \nu_A^e\| \leqslant \|\mu - \nu\|.$$

13. — Une caractérisation des potentiels des distributions balayées.

Proposition 4. — *Le potentiel de μ_A^i est, parmi les potentiels des distributions de $\mathcal{E}_A^i$, le plus grand de ceux qui sont partout $\leqslant U^\mu$.*

Il suffit de montrer : si $\nu \in \mathcal{E}_A^i$, et si $U^\nu(x) \leqslant U^\mu(x)$ partout, on a $U^\nu(x) \leqslant U^{\mu_A^i}(x)$ partout. Or, d'après (12, 3), on a $U^{\mu_A^i}(x) = U^\mu(x)$ sur un noyau de ν, donc l'inégalité $U^\nu(x) \leqslant U^{\mu_A^i}(x)$ a lieu sur un noyau de ν, et par suite partout (cf. fin du n° 5).

On démontre de la même manière :

Proposition 4 *bis*. — *Le potentiel de μ_A^e est, parmi les potentiels des distributions de $\mathcal{E}_A^e$, le plus grand de ceux qui sont partout $\leqslant U^\mu$.*

Comme conséquence de ces propositions, on voit que si μ et ν sont deux distributions de $\mathcal{E}$ telles que $U^\mu \leqslant U^\nu$ partout, on a partout

$$U^{\mu_A^i} \leqslant U^{\nu_A^i}, \qquad U^{\mu_A^e} \leqslant U^{\nu_A^e}.$$

Si on a une suite de distributions $\mu_p \in \mathcal{E}$, dont les potentiels forment une suite *croissante* de limite U^{μ} (telle que $\mu \in \mathcal{E}$), alors les potentiels des distributions balayées $(\mu_p)^i_A$ [resp. $(\mu_p)^e_A$] forment une suite *croissante* dont la limite est précisément le potentiel de μ^i_A (resp. de μ^e_A); en effet, μ est limite forte des μ_p (cf. fin du n° 7), donc μ^i_A est limite forte des $(\mu_p)^i_A$, et μ^e_A limite forte des $(\mu_p)^e_A$.

D'autre part, les propositions 4 et 4 *bis* entraînent :

Si $A \subset B$, on a $U^{\mu^i_A} \leqslant U^{\mu^i_B}$, $U^{\mu^e_A} \leqslant U^{\mu^e_B}$ partout ; en outre, pour tout ensemble A,

$$U^{\mu^i_A} \leqslant U^{\mu^e_A} \text{ partout.}$$

IV. — APPLICATION A LA THÉORIE DE LA CAPACITÉ

14. — Capacités ; distributions capacitaires.

Supposons que la distribution $\mu \in \mathcal{E}$ que l'on veut balayer jouisse, vis-à-vis de l'ensemble A considéré, de la propriété suivante : on a $U^{\mu}(x) = 1$ sauf sur un ensemble qui est de mesure nulle pour toute distribution de $\mathcal{E}^i_A$ (resp. de $\mathcal{E}^e_A$). Alors l'intégrale $I_{\mu}(\nu)$ à minimiser est égale à

$$\int (U^{\nu} - 2)d\nu \qquad \text{pour } \nu \in \mathcal{E}^i_A \text{ (resp. pour } \nu \in \mathcal{E}^e_A).$$

C'est la célèbre *intégrale de Gauss* : elle est indépendante de la μ particulière choisie (si une telle μ existe). Donc la distribution balayée μ^i_A (resp. μ^e_A) ne dépend pas non plus de μ ; nous la noterons γ^i_A (resp. γ^e_A), et l'appellerons la *distribution capacitaire intérieure* (resp. *distribution capacitaire extérieure*) de l'ensemble A. Elle n'est pas portée par A, en général, mais par son adhérence $\overline{A}$. Le potentiel de γ^i_A (resp. de γ^e_A) est égal à 1 sauf sur un ensemble qui est de mesure nulle pour toute distribution de $\mathcal{E}^i_A$ (resp. de $\mathcal{E}^e_A$) ; il est d'ailleurs partout $\leqslant 1$.

Les définitions précédentes ne valent qu'à la condition qu'il existe au moins une distribution μ satisfaisant à la condition posée. Nous dirons que A satisfait à la condition Cp^i (resp. à la condition Cp^e) s'il existe une distribution $\mu \in \mathcal{E}$ telle que $U^{\mu}(x) = 1$ sauf sur un ensemble qui est de mesure nulle pour toute distribution de $\mathcal{E}^i_A$ (resp. de $\mathcal{E}^e_A$) ; la distribution capacitaire γ^i_A (resp. γ^e_A) satisfait alors, en particulier, à cette condition. Par exemple, tout ensemble *borné* A satisfait aux conditions Cp^i et Cp^e : il suffit de prendre pour μ une

« distribution sphérique » de masse totale convenable, portée par une sphère contenant l'adhérence $\overline{A}$ de A (méthode de DE LA VALLÉE POUSSIN pour la distribution capacitaire d'un ensemble compact).

Lorsque A satisfait à Cp^i, la valeur commune de $\|\gamma_A^i\|^2$ et de $\int d\gamma_A^i$ se note $c^i(A)$ [cf. la définition de $c_\mu(\mathcal{F})$, formule (9, 5)]; on l'appelle la *capacité intérieure* de A. De même, lorsque A satisfait à Cp^e, la valeur commune de $\|\gamma_A^e\|^2$ et de $\int d\gamma_A^e$ se note $c^e(A)$ et s'appelle la *capacité extérieure* de A. L'inégalité (9, 4), appliquée à $\mathcal{F} = \mathcal{E}_A^e$ et $\mathcal{F}' = \mathcal{E}_A^i$, donne ici

$$(14, 1) \qquad \|\gamma_A^i - \gamma_A^e\|^2 \leqslant c^e(A) - c^i(A);$$

on a même, à vrai dire, l'égalité. On voit que $c^i(A) \leqslant c^e(A)$, et que si l'égalité est atteinte, les deux distributions capacitaires γ_A^i et γ_A^e sont identiques. Dans ce cas, on note γ_A l'unique distribution capacitaire, et on note $c(A)$ la valeur commune de $c^i(A)$ et $c^e(A)$, qui prend le nom de *capacité* (tout court) de l'ensemble A. Lorsque $\mathcal{E}_A^i = \mathcal{E}_A^e$, on est sûr que $\gamma_A^i = \gamma_A^e$, et par suite $c^i(A) = c^e(A)$; c'est notamment le cas si A est *ouvert* (21) ou *fermé* (22).

D'après la fin du n° 9 et les résultats du n° 12, on voit que : $c^i(A)$ est égale à la borne supérieure des capacités $c(K)$ des compacts K contenus dans A ; $c^e(A)$ est égale à la borne inférieure des capacités $c(B)$ des ouverts B contenant A ; si un compact K est l'intersection d'une famille filtrante *décroissante* de compacts K_p, $c(K)$ est égale à la borne inférieure des $c(K_p)$; si un ouvert B est la réunion d'une famille filtrante *croissante* d'ouverts B_p et satisfait à la condition Cp^e, $c(B)$ est égale à la borne supérieure des $c(B_p)$.

La capacité intérieure $c^i(A)$ n'a encore été définie que pour les ensembles A satisfaisant à la condition Cp^i ; elle est donc toujours *finie*, puisque $c^i(A) = \|\gamma_A^i\|^2$. Mais nous pouvons maintenant donner, de $c^i(A)$, une nouvelle définition qui soit valable pour *tout* ensemble A : la capacité intérieure $c^i(A)$ sera, par définition, la *borne supérieure des capacités des ensembles compacts contenus dans* A (23). Cette

(21) La distribution capacitaire d'un ensemble ouvert a été considérée en premier lieu par DE LA VALLÉE POUSSIN, au moins dans le cas d'un ensemble ouvert borné ([16], p. 685).

(22) Cas classique envisagé depuis longtemps ; on a étudié initialement le cas des ensembles fermés bornés à frontière suffisamment régulière.

(23) C'est au fond la définition de DE LA VALLÉE POUSSIN, et c'est celle donnée explicitement par MONNA [11] et BRELOT [2], qui définissent aussi la capacité *extérieure*, comme on va le faire à la fin de ce n° 14.

définition est justifiée, puisque, pour un A qui satisfait à Cp^i, elle est en accord avec la définition antérieure. Mais nous allons montrer:

Pour qu'un ensemble A *satisfasse à la condition* Cp^i, *il faut et il suffit que sa capacité intérieure* $c^i(A)$ *soit finie.*

En effet, on vient de voir que la condition est nécessaire. Réciproquement, supposons $c^i(A)$ fini, et considérons la famille filtrante croissante des compacts contenus dans A; si K et H sont deux compacts tels que $H \subset K$, on a, d'après (9, 6),

$$\|\gamma_K - \gamma_H\|^2 \leqslant c(K) - c(H) \qquad \text{(il y a même égalité).}$$

Or, étant donné $a > 0$, il existe un compact $H \subset A$ tel que

$$c(H) \geqslant c^i(A) - a;$$

donc pour tout compact K tel que $H \subset K \subset A$, on a

$$\|\gamma_K - \gamma_H\|^2 \leqslant a.$$

De là résulte que γ_K converge fortement vers une distribution limite quand $c(K)$ tend vers $c^i(A)$ (parce que $\mathcal{E}$ est *complet*). Soit μ cette distribution limite; son potentiel U^μ sera limite de la famille croissante des potentiels U^{μ_K} relatifs aux compacts $K \subset A$; donc, si une ν est portée par un compact contenu dans A, on a

$$\int (U^\mu - 1)\,d\nu = 0.$$

Cette relation ayant lieu pour des ν partout denses dans $\mathcal{E}^i_A$, on aura, à la limite, pour chaque $\lambda \in \mathcal{E}^i_A$,

$$\int (U^\mu - 1)\,d\lambda \geqslant 0,$$

et comme $U^\mu(x) \leqslant 1$ partout, on voit que $U^\mu(x)$ est égal à 1 sauf aux points d'un ensemble qui est de mesure nulle pour toute $\lambda \in \mathcal{E}^i_A$. L'existence d'une telle μ exprime précisément que A satisfait à la condition Cp^i; il en résulte d'ailleurs que cette μ n'est autre que la distribution capacitaire intérieure γ^i_A.

De la même manière, on peut définir, pour tout ensemble A, la *capacité extérieure* $c^e(A)$ comme la *borne inférieure des capacités des ensembles ouverts contenant* A ([23 bis]). Cette définition est en accord avec celle antérieurement donnée dans le cas où A satisfait à Cp^e. Et

([23 bis]) Définition donnée tout d'abord par M. Brelot (*Comptes Rendus*, t. 209, 1939, p. 828), puis indépendamment par A. F. Monna [11].

l'on prouve : *pour que* A *satisfasse à la condition* Cp^e, *il faut et il suffit que la capacité extérieure* $c^e(A)$ *soit finie.*

15. — Capacités généralisées.

Au n° 9, on a introduit, d'une manière générale, la quantité

$$c_\mu(\mathcal{F}) = \|\mu_{\mathcal{F}}\|^2 = \int U^\mu d\mu_{\mathcal{F}} \qquad \text{[formule (9, 5)]}.$$

Dans le cas où $\mathcal{F}$ est $\mathcal{E}_A^i$ (resp. $\mathcal{E}_A^e$), et où $U^\mu(x) = 1$ sauf sur un ensemble de mesure nulle pour toute distribution de $\mathcal{E}_A^i$ (resp. de $\mathcal{E}_A^e$), $c_\mu(\mathcal{F})$ n'est autre que la capacité intérieure $c^i(A)$ [resp. la capacité extérieure $c^e(A)$]. Dans le cas général d'une μ *quelconque* de $\mathcal{E}$, $c_\mu(\mathcal{F})$ sera notée $c_\mu^i(A)$ lorsque $\mathcal{F} = \mathcal{E}_A^i$, et $c_\mu^e(A)$ lorsque $\mathcal{F} = \mathcal{E}_A^e$. Le nombre $c_\mu^i(A)$ prendra le nom de μ-*capacité intérieure* [24] de l'ensemble A, et $c_\mu^e(A)$ le nom de μ-*capacité extérieure* de A.

Ainsi, $c_\mu^i(A)$ est la valeur commune de l'intégrale $\int U^\mu d\mu_A^i$ et de l'énergie $\|\mu_A^i\|^2$; $c_\mu^e(A)$ est la valeur commune de l'intégrale $\int U^\mu d\mu_A^e$ et de l'énergie $\|\mu_A^e\|^2$. L'inégalité (9, 6) donne ici

$$(15,1) \qquad \|\mu_A^e - \mu_A^i\|^2 \leqslant c_\mu^e(A) - c_\mu^i(A),$$

$$(15,2) \qquad \|\mu_B^i - \mu_A^i\|^2 \leqslant c_\mu^i(B) - c_\mu^i(A) \qquad \text{pour } A \subset B,$$

$$(15,3) \qquad \|\mu_B^e - \mu_A^e\|^2 \leqslant c_\mu^e(B) - c_\mu^e(A) \qquad \text{pour } A \subset B.$$

A vrai dire, ce sont même ici des *égalités*. En particulier, on a toujours $c_\mu^i(A) \leqslant c_\mu^e(A)$; pour que l'égalité ait lieu, il faut et il suffit que $\mu_A^i = \mu_A^e$; on note alors $c_\mu(A)$ la valeur commune des deux μ-capacités.

Les relations (15, 1), (15, 2), (15, 3) valent en particulier pour les distributions capacitaires et les capacités proprement dites.

Comme dans le cas des capacités proprement dites, $c_\mu^i(A)$ est égal à la borne supérieure des $c_\mu(K)$ pour les compacts K contenus dans A ; $c_\mu^e(A)$ est égal à la borne inférieure des $c_\mu(B)$ pour les ouverts B contenant A ; etc.

Proposition 5. — *La* μ*-capacité intérieure (resp. extérieure) d'un ensemble* A *est égale à la borne supérieure de l'intégrale* $\int U^\mu d\nu$ *et de*

[24] La notion de μ-capacité *intérieure* a d'abord été envisagée par Vasilesco [17], dans le cas particulier d'un ensemble A *borné* et d'un potentiel U^μ *borné*. Brelot ([5], n° 18) considère les *deux* sortes de μ-capacités dans le cas général.

l'énergie $\|\nu\|^2$ *relatives à toutes les distributions* ν *de* $\mathcal{E}_A^i$ *(resp. de* $\mathcal{E}_A^e$*) telles que* $U^\nu(x) \leqslant U^\mu(x)$ *partout* (dans le cas de la capacité proprement dite, il faut remplacer, dans cet énoncé, le potentiel U^μ par la constante 1).

Il suffit d'établir la double inégalité

$$(15, 4) \qquad \|\nu - \mu_A^i\|^2 \leqslant c_\mu^i(A) - \int U^\mu d\nu \leqslant c_\mu^i(A) - \|\nu\|^2,$$

valable pour $\nu \in \mathcal{E}_A^i$ et $U^\nu \leqslant U^\mu$; de même

$$(15, 5) \qquad \|\nu - \mu_A^e\|^2 \leqslant c^\mu(A) - \int U^\mu d\nu \leqslant c_\mu^e(A) - \|\nu\|^2$$

pour $\nu \in \mathcal{E}_A^e$ et $U^\nu \leqslant U^\mu$.

Établissons par exemple (15, 4). On a

$$\|\nu - \mu_A^i\|^2 = \int U^\nu d\nu - 2\int U^{\mu_A^i} d\nu + \|\mu_A^i\|^2 ;$$

or $\|\mu_A^i\|^2 = c_\mu^i(A)$; en outre, en vertu de (12, 3), on a

$$\int U^{\mu_A^i} d\nu = \int U^\mu d\nu \qquad \text{pour } \nu \in \mathcal{E}_A^i ;$$

enfin, $\int U^\nu d\nu \leqslant \int U^\mu d\nu$ puisque $U^\nu \leqslant U^\mu$. D'où l'inégalité (15, 4).

Les inégalités (15, 4) et (15, 5) prouvent, en outre, que $\int U^\mu d\nu$ et $\|\nu\|^2$ ne peuvent atteindre leur borne supérieure $c_\mu^i(A)$ [resp. $c_\mu^e(A)$] que si $\nu = \mu_A^i$ (resp. $\nu = \mu_A^e$) ; si $\nu \in \mathcal{E}_A^i$ (resp. $\nu \in \mathcal{E}_A^e$) varie de manière que $\int U^\mu d\nu$ ou $\|\nu\|^2$ tende vers $c_\mu^i(A)$ [resp. vers $c_\mu^e(A)$], la distribution ν *converge fortement* vers μ_A^i (resp. vers μ_A^e).

Corollaire. — *La* μ*-capacité intérieure d'un ensemble borélien* A *est égale à la borne supérieure des intégrales* $\int_A U^\mu d\nu$ *relatives aux distributions positives* ν *telles que* $U^\nu(x) \leqslant U^\mu(x)$ *partout* (pour la capacité proprement dite, remplacer le potentiel U^μ par la constante 1 ; on a alors à envisager la borne supérieure de la masse $\int_A d\nu$ portée par A).

En effet, montrons que si $U^\nu \leqslant U^\mu$, on a $\int_A U^\mu d\nu \leqslant c_\mu^i(A)$. Or, soit λ la restriction de ν à A ; on a $U^\lambda \leqslant U^\mu$ et $\lambda \in \mathcal{E}_A^i$, d'où (prop. 5)

$$\int U^\mu d\lambda \leqslant c_\mu^i(A). \qquad \text{C. Q. F. D.}$$

On en déduit la propriété (classique, au moins dans le cas de la capacité proprement dite) : si A est une réunion d'une famille *finie ou dénombrable d'ensembles boréliens* A_p, on a

$$c^i_\mu(A) \leqslant \sum_p c^i_\mu(A_p). \tag{15, 6}$$

En effet, cela résulte de l'inégalité

$$\int_A U^\mu d\nu \leqslant \sum_p \int_{A_p} U^\mu d\nu,$$

valable pour chaque ν.

On peut étendre un peu le domaine de validité de (15, 6) ; il suffit que les A_p soient les intersections d'ensemble *boréliens* B_p avec un ensemble fixe C, non nécessairement borélien ; en effet, tout compact K contenu dans $A = B \cap C$ (B désigne la réunion des B_p) est alors la réunion des $K \cap B_p$ boréliens, d'où

$$c_\mu(K) \leqslant \sum_p c^i_\mu(K \cap B_p) \leqslant \sum_p c^i_\mu(A_p),$$

et comme $c^i_\mu(A)$ est la borne supérieure des $c_\mu(K)$, on obtient (15, 6).

Quant à la capacité *extérieure*, elle jouit de la propriété importante : si A est réunion *finie ou dénombrable* d'ensembles A_p *quelconques* (non nécessairement boréliens), on a

$$c^e_\mu(A) \leqslant \sum_p c^e_\mu(A_p). \tag{15, 7}$$

Cela se démontre en enfermant les A_p dans des *ouverts* B_p, auxquels on applique (15, 6).

16. — Ensembles de capacité nulle.

Proposition 6. — *Pour que la famille $\mathcal{E}^i_A$ (resp. $\mathcal{E}^e_A$) se réduise à la distribution nulle, il faut et il suffit que la capacité intérieure $c^i(A)$ [resp. la capacité extérieure $c^e(A)$] soit nulle.*

Faisons la démonstration pour $\mathcal{E}^i_A$ et la capacité intérieure. Si $\mathcal{E}^i_A = (0)$, A satisfait évidemment à la condition Cp^i (prendre $\mu = 0$), et γ^i_A est nulle puisque $\gamma^i_A \in \mathcal{E}^i_A$; donc $c^i(A) = \|\gamma^i_A\|^2 = 0$. Réciproquement, si $c^i(A) = 0$, γ^i_A est nulle, et comme $U^{\gamma^i_A}(x) = 1$ sauf sur un ensemble dont la mesure est nulle pour toute distribution de $\mathcal{E}^i_A$, il s'ensuit que toute distribution de $\mathcal{E}^i_A$ est nulle.

On aurait une proposition analogue en envisageant, au lieu de la capacité proprement dite, la μ-capacité relative à une distribut on particulière μ supposée non nulle. Il en résulte : si $c^i(A) = 0$, on a $c^i_\mu(A) = 0$ pour toute μ ; réciproquement, si $c^i_\mu(A) = 0$ pour *une* $\mu \in \mathcal{E}$, non nulle, alors $c^i(A) = 0$. Proposition analogue pour les capacités extérieures.

D'après (15, 7), *toute réunion finie ou dénombrable d'ensembles de capacité extérieure nulle a une capacité extérieure nulle ;* on a un résultat analogue pour la capacité *intérieure*, à condition de faire des hypothèses restrictives sur la nature *borélienne* des ensembles envisagés, de manière à pouvoir appliquer (15, 6).

PROPOSITION 7. — *Si* A *contient* B, *et si la différence* A — B *est de capacité extérieure nulle, les deux familles* $\mathcal{E}^e_A$ *et* $\mathcal{E}^e_B$ *coïncident.*

Il revient au même de montrer que $\mu^e_A = \mu^e_B$ pour toute $\mu \in \mathcal{E}$. Or, on a, d'après (15, 3),

$$\| \mu^e_A - \mu^e_B \|^2 \leqslant c^e_\mu(A) - c^e_\mu(B),$$

et d'après (15, 7),

$$c^e_\mu(A) - c^e_\mu(B) \leqslant c^e_\mu(A - B).$$

D'autre part, $c_\mu(A - B) = 0$ puisque A — B est de capacité extérieure nulle. D'où le résultat.

Notons encore : pour qu'un ensemble *borélien* A soit de capacité intérieure nulle, il faut et il suffit qu'il soit de *mesure nulle pour toute distribution d'énergie finie*. En effet, $\mathcal{E}^i_A = (0)$ signifie que $\mathcal{E}_K = (0)$ pour tout compact K contenu dans A ; or $\mathcal{E}_K = (0)$ signifie que K est de mesure nulle pour toute distribution d'énergie finie.

Introduisons maintenant une terminologie commode, déjà utilisée couramment par M. BRELOT :

1° On dira qu'une propriété *borélienne*(25) des points de l'espace *a lieu à peu près partout*(25 bis) *sur un ensemble* A (quelconque) [en abrégé: à p. p. p. sur A], si l'ensemble des points de A qui ne la possèdent pas est de *capacité intérieure nulle*. Lorsque A est borélien, cela revient à dire que l'ensemble (borélien) des points de A qui ne possèdent pas la propriété est de mesure nulle pour toute distribution d'énergie finie. Donc, si A est compact, la définition est en accord avec celle donnée antérieurement (n° 10). Pour un ensemble A quelconque, on a la proposition : pour qu'une propriété borélienne

(25) Une propriété des points de l'espace est dite *borélienne* si l'ensemble des points qui la possèdent est borélien.

(25 bis) Locution introduite par DE LA VALLÉE POUSSIN [16].

ait lieu à peu près partout sur A, il faut et il suffit qu'elle ait lieu à peu près partout sur tout compact contenu dans A.

2° On dira qu'une propriété borélienne des points de l'espace a lieu *quasi-partout sur* A (en abrégé : q. p. sur A) si l'ensemble des points de A qui ne la possèdent pas est de *capacité extérieure nulle.*

Dans le cas où A est l'espace entier, lorsqu'on dit qu'une propriété borélienne a lieu à peu près partout (resp. quasi partout), on entend que l'ensemble des points de l'espace où elle n'a pas lieu est de capacité intérieure (resp. extérieure) nulle.

17. — Nouvelles propriétés des potentiels des distributions balayées.

Proposition 8. — *Le potentiel de* μ_A^i *est égal à la borne supérieure des potentiels des distributions* μ_K *relatives aux compacts* K *contenus dans* A, *et est égal à* U^μ *à peu près partout sur* A.

La première partie de l'énoncé résulte du fait que les U^{μ_K} forment une famille filtrante croissante majorée par U^μ, et du fait que μ_A^i est limite forte des μ_K. Quant à la seconde partie, on doit montrer que $U^{\mu_A^i}(x) = U^\mu(x)$ à p. p. p. sur chaque compact K contenu dans A ; or $U^{\mu_K} \leqslant U^{\mu_A^i} \leqslant U^\mu$, et $U^{\mu_K}(x) = U^\mu(x)$ à p. p. p. sur K (n° 10), d'où le résultat.

Proposition 8 *bis*. — *Le potentiel de* μ_A^e *est égal quasi partout à la borne inférieure des potentiels des* μ_B *relatives aux ouverts* B *contenant* A, *et est égal à* U^μ *quasi partout sur* A.

Tout d'abord, si B est un ensemble *ouvert,* $U^{\mu_B}(x)$ est égal à $U^\mu(x)$ *en tout point de* B sans exception. Car, d'après la proposition 8, $U^{\mu_B}(x)$ est égal à $U^\mu(x)$ à p. p. p. sur B ; mais alors, en faisant des moyennes sphériques pour U^μ et U^{μ_B}, puis passant à la limite, on trouve l'égalité en tout point de B. Cette remarque vaut aussi pour le potentiel capacitaire d'un ensemble ouvert B (supposé de capacité finie) ; il est *égal à* 1 *en tout point de* B.

Cela posé, prouvons la proposition 8 *bis*. Les U^{μ_B} relatifs aux ouverts B contenant A forment une famille filtrante décroissante, et μ_A^e est limite forte des μ_B. Soit $V(x)$ la borne inférieure, en chaque point x, des $U^{\mu_B}(x)$. Puisque μ_A^e est limite vague des μ_B, on a $U^{\mu_A^e} \leqslant V$ partout. De plus, soit $a > 0$ arbitraire ; l'ensemble des points x où l'on a

$$U^{\mu_B}(x) > U^{\mu_A^e}(x) + a$$

a une capacité extérieure (26) $\leqslant \frac{1}{a^2}\| \mu_B - \mu_A^e \|^2$, donc l'ensemble des points où $V(x) > U^{\mu_A^e}(x) + a$ a une capacité extérieure arbitrairement petite, c'est-à-dire nulle. Ceci vaut pour tout $a > 0$, et par suite on a $V(x) \leqslant U^{\mu_A^e}(x)$ quasi partout.

Pour achever la démonstration, observons que $U^{\mu}(x) = U^{\mu_B}(x)$ en tout point de B, donc en tout point de A, d'où $V(x) = U^{\mu}(x)$ en tout point de A. Puisque $U^{\mu_A^e}(x) = V(x)$ quasi partout, on a $U^{\mu_A^e}(x) = U^{\mu}(x)$ quasi partout sur A. Rappelons d'ailleurs que $U^{\mu_A^e}(x) \leqslant U^{\mu}(x)$ partout [formule (12, 2)].

V. — BALAYAGE DANS LE CAS GÉNÉRAL

18. — Définition du balayage.

Revenons à la relation (12, 3). Elle prouve que, si λ et μ sont deux distributions positives d'énergie finie, on a

$$(\lambda_A^i - \lambda, \mu_A^i) = 0, \qquad (\mu_A^i - \mu, \lambda_A^i) = 0,$$

d'où par comparaison,

$$(\lambda, \mu_A^i) = (\mu, \lambda_A^i),$$

ce qui s'écrit aussi

$$\int U^{\mu_A^i} d\lambda = \int U^{\mu} d\lambda_A^i. \tag{18, 1}$$

Cette relation va nous permettre d'étendre la définition du balayage au cas d'une distribution μ quelconque de $\mathfrak{M}$, non plus nécessairement d'énergie finie. Je dis : $\mu \in \mathfrak{M}$ *étant donnée, il existe une* $\nu \in \mathfrak{M}$ *et une seule telle que*

$$\int U^{\nu} d\lambda = \int U^{\mu} d\lambda_A^i \qquad \text{pour toute } \lambda \in \mathcal{E}. \tag{18, 2}$$

Une fois que ceci aura été prouvé, nous *définirons* la distribution μ_A^i comme l'unique distribution ν satisfaisant à (18, 2); cette défi-

(26) Voir [7], lemme 5, p. 98. La démonstration, que nous nous dispensons de reproduire ici, est simple et ne fait intervenir que les notions déjà exposées dans le présent travail.

nition sera bien d'accord avec l'ancienne définition dans le cas où $\mu \in \mathcal{E}$, en vertu de (18, 1).

Plus généralement, nous allons prouver : V *étant une fonction surharmonique* $\geqslant 0$, *il existe une fonction* W *surharmonique* $\geqslant 0$ *et une seule qui satisfasse à*

$$(18, 3) \qquad \int W d\lambda = \int V d\lambda_A^i \qquad \text{pour toute } \lambda \in \mathcal{E}.$$

En effet W, si elle existe, est *unique*, car $\int W d\lambda$ a une valeur déterminée pour toute λ sphérique ; et l'on sait que, en un point a, $W(a)$ est limite des moyennes de W sur des sphères de centre a dont les rayons tendent vers zéro. Reste à prouver *l'existence* d'une W satisfaisant à (18, 3). Or V est limite d'une suite *croissante* de potentiels U^{μ_p}, avec $\mu_p \in \mathcal{E}$ [27] ; la suite des potentiels des $(\mu_p)_A^i$ est *croissante* (n° 13), donc sa limite W est surharmonique ; et W satisfait à (18, 3), qui résulte de

$$\int U^{(\mu_p)_A^i} d\lambda = \int U^{\mu_p} d\lambda_A^i$$

par un passage à la limite.

L'unique fonction W surharmonique $\geqslant 0$ qui satisfait à (18, 3) se notera V_A^i. D'après ce qui précède, $V_A^i(x) \leqslant V(x)$ partout. Lorsque V est un potentiel $U^\mu (\mu \in \mathfrak{M})$, V_A^i est le potentiel de la distribution balayée μ_A^i.

Tout ce qui précède peut se transposer au cas du balayage *extérieur*. On aura ainsi les relations caractéristiques

$$(18, 4) \qquad \int V_A^i d\lambda = \int V d\lambda_A^i, \qquad \int V_A^e d\lambda = \int V d\lambda_A^e \qquad \text{pour } \lambda \in \mathcal{E}\,;$$

$$(18, 5) \qquad \int U^\lambda d\mu_A^i = \int U^{\lambda_A^i} d\mu, \qquad \int U^\lambda d\mu_A^e = \int U^{\lambda_A^e} d\mu \qquad \text{pour } \lambda \in \mathcal{E}.$$

Ces relations prouvent que l'opération qui fait passer de V à V_A^i (resp. V_A^e), ou de μ à μ_A^i (resp. μ_A^e) est *linéaire* ; notamment, si V est une somme X + Y (X et Y surharmoniques $\geqslant 0$), on a

$$V_A^i = X_A^i + Y_A^i, \qquad V_A^e = X_A^e + Y_A^e.$$

Pour les distributions :

$$(\mu + \nu)_A^i = \mu_A^i + \nu_A^i. \qquad (\mu + \nu)_A^e = \mu_A^e + \nu_A^e.$$

[27] Par exemple, soit μ une distribution fixe de $\mathcal{E}$, non nulle ; il suffit de poser
$$U^{\mu_p} = \inf(V, pU^\mu) (p = 1, 2, \ldots).$$

L'inégalité $V \leqslant W$ (c'est-à-dire $V(x) \leqslant W(x)$ en tout point x) entre deux fonctions V et W surharmoniques $\geqslant 0$ entraîne

$$V^i_A \leqslant W^i_A \quad \text{et} \quad V^e_A \leqslant W^e_A.$$

En effet, il suffit de montrer que, pour toute distribution sphérique λ, on a

$$\int V^i_A d\lambda \leqslant \int W^i_A d\lambda, \qquad \int V^e_A d\lambda \leqslant \int W^e_A d\lambda;$$

or, d'après (18, 4), cela revient à

$$\int V d\lambda^i_A \leqslant \int W d\lambda^i_A, \qquad \int V d\lambda^e_A \leqslant \int W d\lambda^e_A,$$

ce qui a lieu évidemment.

Si V est limite d'une suite *croissante* de V_p surharmoniques $\geqslant 0$ (ou plus généralement, d'une famille *filtrante croissante*), V^i_A (resp. V^e_A) est limite de la suite croissante (ou de la famille filtrante croissante) des $(V_p)^i_A$ [resp. des $(V_p)^e_A$]. En effet, cela résulte de la caractérisation (18, 4), grâce à un passage à la limite sous le signe d'intégration.

Pour que V^i_A (ou V^e_A) soit un potentiel, il *suffit* que V soit un potentiel, mais ce n'est pas nécessaire. Par exemple, si V est la constante 1, V^i_A ou V^e_A peut être un potentiel; la distribution correspondante, lorsqu'elle existe, se notera γ^i_A (resp. γ^e_A); on l'appelle la *distribution capacitaire intérieure* (resp. *extérieure*) de l'ensemble A. On a vu au n° 14 qu'elle existe si la capacité intérieure $c^i(A)$ [resp. la capacité extérieure $c^e(A)$] est *finie*, mais cette condition suffisante n'est pas nécessaire pour l'existence d'une distribution capacitaire (voir plus loin, n° 29).

19. — Propriétés extrémales des potentiels des distributions balayées.

D'une manière générale, nous allons étudier les fonctions V^i_A et V^e_A obtenues à partir d'une fonction V surharmonique $\geqslant 0$.

Théorème 1. — *On a* $V^i_A \leqslant V$ *partout, et* $V^i_A(x) = V(x)$ *à p. p. p. sur* A. *Toute fonction* W *surharmonique* $\geqslant 0$ *qui satisfait à*

$$W(x) \geqslant V(x) \qquad \text{à p. p. p. sur A}$$

satisfait à

$$W(x) \geqslant V^i_A(x) \qquad \text{partout.}$$

V peut être considérée comme limite d'une suite croissante de potentiels U^{μ_p} ($\mu_p \in \mathcal{E}$) ; alors V_A^i est limite de la suite croissante des $(U^{\mu_p})_A^i$. Une fois le théorème 1 démontré pour les potentiels U^{μ_p}, il s'ensuivra pour V, d'une manière évidente ([28]).

Démontrons donc le théorème 1 lorsque V est le potentiel U^μ d'une $\mu \in \mathcal{E}$. La première partie du théorème résulte de la proposition 8. De plus, si W surharmonique $\geqslant 0$ satisfait à $U^\mu(x) \leqslant W(x)$ à p. p. p. sur A, on a, pour tout compact K contenu dans A,

$$U^{\mu_K}(x) \leqslant W(x)$$

à p. p. p. sur K, donc sur un noyau de μ_K, donc partout. Or $U^{\mu_A^i}$ est la borne supérieure des U^{μ_K} (prop. 8), d'où $U^{\mu_A^i} \leqslant W$ partout.

C. Q. F. D.

Théorème 1 *bis*. — *On a* $V_A^e \leqslant V$ *partout, et* $V_A^e(x) = V(x)$ *quasi partout sur* A. *Toute fonction* W *surharmonique* $\geqslant 0$ *qui satisfait à*

$$W(x) \geqslant V(x) \qquad \text{quasi partout sur A,}$$

satisfait à

$$W(x) \geqslant V_A^e(x) \qquad \text{partout.}$$

Ici encore, il suffira de faire la démonstration lorsque V est le potentiel U^μ d'une $\mu \in \mathcal{E}$. On pourra même se borner au cas où U^μ est une fonction *continue*, puisque tout potentiel est limite d'une suite croissante de potentiels continus.

La première partie du théorème résulte de la proposition 8 *bis* ([28 *bis*]). Soit alors B l'ensemble des points x de A où $U^\mu(x) \leqslant W(x)$; puisque A — B est, par hypothèse, de capacité extérieure nulle, on a $\mu_A^e = \mu_B^e$ (n° 16, prop. 7). Nous voulons montrer que l'on a $U^{\mu_B^e}(x) \leqslant W(x)$ partout, sachant que $U^\mu(x) \leqslant W(x)$ sur B. Soit $a > 0$; désignons

([28]) Le seul point un peu délicat consiste à montrer que $V_A^i = V$ à p. p. p. sur A. Or, l'ensemble des points de l'espace où $V_A^i(x) < V(x)$ est contenu dans la réunion B des ensembles (boréliens) B_p où le potentiel de $(\mu_p)_A^i$ est $< U^{\mu_p}$. D'après (15,6), on a

$$c^i(A \cap B) \leqslant \sum_p c^i(A \cap B_p),$$

et ici chaque terme du second membre est nul, donc le premier membre est nul.

C. Q. F. D.

([28 *bis*]) Il faut prendre garde que la proposition 8 *bis*, valable pour une μ *d'énergie finie*, cesse d'être vraie dans le cas général (tandis que la proposition 8 s'étend au cas général, comme on le vérifie sans peine). Par exemple, soit A un ensemble réduit à un point a, et soit μ la distribution formée d'une masse $+1$ placée en a ; on a évidemment $\mu_A^e = 0$, tandis que $\mu_B = \mu$ pour tout *ouvert* B contenant A ; donc le potentiel de μ_A^e n'est pas, même quasi partout, la borne inférieure des potentiels des μ_B.

par C l'ensemble des x tels que $U^{\mu}(x) < W(x) + a$, ensemble qui contient B et est *ouvert*, en vertu de la continuité de U^{μ}. D'après le théorème 1 appliqué à C, on a partout

$$U^{\mu_C}(x) \leqslant W(x) + a$$

et *a fortiori*

$$U^{\mu_B^e}(x) \leqslant W(x) + a \qquad \text{partout.}$$

Ceci vaut pour tout $a > 0$, d'où finalement

$$U^{\mu_B^e}(x) \leqslant W(x) \qquad \text{partout.}$$

C. Q. F. D.

Les théorèmes 1 et 1 *bis* fournissent la caractérisation suivante :

Corollaire. — V_A^i *(resp.* V_A^e*) est la plus petite des fonctions surharmoniques* $\geqslant 0$ *qui majorent* V *à peu près partout (resp. quasi partout) sur* A. C'est la propriété qui sert de *définition* dans la théorie de M. Brelot ([5], p. 10). D'où le nom *d'extrémisation* donné à l'opération qui fait passer de V à V_A^i ou V_A^e : V_A^i se nommera l'*extrémale intérieure*, V_A^e *l'extrémale extérieure* de V relativement à l'ensemble A ([28 ter]). Il est clair que $V_A^i \leqslant V_A^e$.

Théorème 2. — *Pour deux fonctions* V *et* W *surharmoniques* $\geqslant 0$, *les conditions suivantes sont toutes équivalentes :*

α) $V(x) \leqslant W(x)$ sauf sur un ensemble qui est de mesure nulle pour toute distribution de $\mathcal{E}_A^i$ (resp. de $\mathcal{E}_A^e$) ;

β) $V(x) \leqslant W(x)$ à p. p. sur A (resp. q. p. sur A) ;

γ) $V_A^i(x) \leqslant W(x)$ partout [resp. $V_A^e(x) \leqslant W(x)$ partout] ;

δ) $V_A^i(x) \leqslant W_A^i(x)$ partout [resp. $V_A^e(x) \leqslant W_A^e(x)$ partout].

Tout d'abord, δ) entraîne évidemment γ) ; inversement, si γ) a lieu, on a partout $(V_A^i)_A^i \leqslant W_A^i$, c'est-à-dire $V_A^i \leqslant W_A^i$; démonstration analogue pour les extrémales extérieures.

Ainsi, γ) et δ) sont équivalentes. D'autre part, le théorème 1 (resp. 1 *bis*) affirme que β) et γ) sont équivalents. Il suffira donc de montrer que α) entraîne δ) et que γ) entraîne α).

α) entraîne δ) : en effet, prouver δ) revient à prouver que, pour toute distribution sphérique λ, on a

$$\int V_A^i d\lambda \leqslant \int W_A^i d\lambda,$$

([28 ter]) C'est ce que M. Brelot [5] nomme l'extrémale relative au *complémentaire* de A.

inégalité dont les deux membres sont finis, et égaux respectivement à $\int V d\lambda_A^i$ et $\int W d\lambda_A^i$; d'après l'hypothèse α), on a $V \leqslant W$ sauf sur un ensemble de mesure nulle pour λ_A^i, d'où l'inégalité cherchée. Démonstration analogue pour les extrémales extérieures.

Enfin, γ) entraîne α) : comme V est limite croissante d'une suite de potentiels de distributions d'énergie finie, il suffit de faire la démonstration lorsque $V = U^\mu$ ($\mu \in \mathcal{E}$). Or, on sait que, pour toute $\lambda \in \mathcal{E}_A^i$, on a alors $U^{\mu_A^i}(x) = U^\mu(x)$ sauf sur un ensemble de mesure nulle pour λ, d'où $U^\mu(x) \leqslant W(x)$ sauf sur un ensemble de mesure nulle pour λ. Démonstration analogue pour l'extrémale extérieure.

La démonstration du théorème 2 est ainsi achevée.

Corollaire. — *Pour deux fonctions* V *et* W *surharmoniques positives, les conditions suivantes sont équivalentes :*

α) $V(x) = W(x)$ sauf sur un ensemble qui est de mesure nulle pour toute distribution de $\mathcal{E}_A^i$ (resp. de $\mathcal{E}_A^e$) ;

β) $V(x) = W(x)$ à p. p. p. sur A (resp. q. p. sur A) ;

δ) $V_A^i(x) = W_A^i(x)$ partout [resp. $V_A^e(x) = W_A^e(x)$ partout].

Remarque. — La condition α) du théorème 2 entraîne que

$$V(x) \leqslant W(x)$$

en tout point *intérieur* à A ; car $\int V d\lambda \leqslant \int W d\lambda$ pour toute λ sphérique portée par la frontière de toute boule fermée intérieure à A (puisqu'une telle λ appartient à $\mathcal{E}_A^i$) ; donc, si a est un point intérieur à A, on trouve, en faisant des médiations sur des sphères de centre a et passant à la limite, $V(a) \leqslant W(a)$.

En particulier, si A est un ensemble *ouvert*, $V_A(x)$ est égal à $V(x)$ en tout point x de A. Ceci vaut, notamment, si V est la constante 1 et si A possède une distribution capacitaire : le potentiel de cette dernière est *égal à* 1 en tout point de A si A est *ouvert*.

20. — Balayage et topologie fine.

Les relations (18, 5) montrent que si $\lambda \in \mathcal{L}$ [voir, au n° 2, la définition de $\mathcal{L}$], les intégrales $\int U^{\lambda_A^i} d\mu$ et $\int U^{\lambda_A^e} d\mu$ sont *finies* pour toute $\mu \in \mathfrak{M}$, donc λ_A^i et λ_A^e appartiennent à $\mathcal{L}$. Ceci résulte aussi du fait que $U^{\lambda_A^i} \leqslant U^\lambda$ et $U^{\lambda_A^e} \leqslant U^\lambda$, et du critère de la proposition 2.

Cela étant, considérons, dans $\mathfrak{M}$, la *topologie fine* définie au n° 6.

Supposons qu'une μ variable converge finement vers ν ; alors, pour chaque $\lambda \in \mathcal{L}$, $\int U^{\mu} d\lambda_A^i$ et $\int U^{\mu} d\lambda_A^e$ tendent vers $\int U^{\nu} d\lambda_A^i$ et $\int U^{\nu} d\lambda_A^e$ respectivement. D'après (18, 5), c'est dire $\int U^{\mu_A^i} d\lambda$ et $\int U^{\mu_A^e} d\lambda$ tendent vers $\int U^{\nu_A^i} d\lambda$ et $\int U^{\nu_A^e} d\lambda$; donc μ_A^i converge finement vers ν_A^i et μ_A^e vers ν_A^e. En d'autres termes, considérons μ_A^i (resp. μ_A^e) comme une fonction de $\mu \in \mathfrak{M}$, à valeurs dans $\mathfrak{M}$; alors cette fonction est *continue* lorsqu'on munit $\mathfrak{M}$ de la topologie *fine*.

Ceci permet d'interpréter le *balayage* : savoir balayer (intérieurement ou extérieurement), c'est savoir déterminer la valeur de la fonction précédente. Cette fonction étant supposée connue lorsque μ est *d'énergie finie* (par la méthode des n°s 11 et 12), il suffit de la *prolonger par continuité* à $\mathfrak{M}$, muni de la topologie fine. Or $\mathcal{E}$ est partout dense dans $\mathfrak{M}$: toute μ de $\mathfrak{M}$ est limite fine d'au moins une suite de $\mu_p \in \mathcal{E}$, puisque U^{μ} est limite d'une suite croissante de U^{μ_p} ($\mu_p \in \mathcal{E}$).

Ceci nous conduit à définir les deux sous-ensembles suivants de $\mathfrak{M}$: *l'adhérence fine* de $\mathcal{E}_A^i$ sera notée $\mathfrak{M}_A^i$, l'adhérence fine de $\mathcal{E}_A^e$ sera notée $\mathfrak{M}_A^e$. Il est clair que $\mathfrak{M}_A^i \subset \mathfrak{M}_A^e$. On remarquera que $\mathfrak{M}_A^i$ est l'adhérence fine de l'ensemble des distributions positives *d'énergie finie* portées par A ; car $\mathcal{E}_A^i$ est l'adhérence forte de cet ensemble.

Toute distribution balayée μ_A^i *(resp.* μ_A^e*) appartient à* $\mathfrak{M}_A^i$ *(resp.* $\mathfrak{M}_A^e$*)* ; car si μ est limite fine de distributions de $\mathcal{E}$, μ_A^i (resp. μ_A^e) est limite fine des distributions balayées, qui appartiennent à $\mathcal{E}_A^i$ (resp. $\mathcal{E}_A^e$).

$\mathfrak{M}_A^i$ *(resp.* $\mathfrak{M}_A^e$*) est précisément l'ensemble des distributions de* $\mathfrak{M}$ *identiques à leur balayée intérieurement (resp. extérieurement)*. Car si $\mu = \mu_A^i$, μ appartient à $\mathfrak{M}_A^i$ d'après ce qui précède ; réciproquement, si $\mu \in \mathfrak{M}_A^i$, μ est limite fine de distributions ν de $\mathcal{E}_A^i$; donc telles que $\nu = \nu_A^i$; d'où, à la limite, $\mu = \mu_A^i$. Démonstration analogue pour $\mathfrak{M}_A^e$.

$\mathcal{E}_A^i$ *(resp.* $\mathcal{E}_A^e$*) n'est autre que l'ensemble des distributions de* $\mathfrak{M}_A^i$ *(resp. de* $\mathfrak{M}_A^e$*) dont l'énergie est finie*. Car si $\mu \in \mathfrak{M}_A^i \cap \mathcal{E}$, on a $\mu = \mu_A^i$, et puisque $\mu \in \mathcal{E}$, cela exige $\mu \in \mathcal{E}_A^i$.

De là résulte : *pour que* $\mathfrak{M}_A^i = \mathfrak{M}_A^e$, *il faut et il suffit que* $\mathcal{E}_A^i = \mathcal{E}_A^e$. D'après le théorème 2, cela revient aussi à dire que l'inégalité $V(x) \leqslant W(x)$ *à peu près partout sur* A entraîne $V(x) \leqslant W(x)$ *quasi partout sur* A lorsque V et W sont surharmoniques $\geqslant 0$ [29]. Il

[29] Voici une application de ce critère. Considérons une famille finie ou dénombrable d'ensembles A_p pour chacun desquels les deux balayages (intérieur et extérieur) sont iden-

revient au même de dire que, pour toute V, $V_A^i(x)$ est égal à $V(x)$ quasi partout sur A, c'est-à-dire $V_A^i = V_A^e$.

On ignore si $\mathcal{E}_A^i = \mathcal{E}_A^e$ pour tout ensemble *borélien* A. S'il en était ainsi, tout ensemble borélien de capacité *intérieure* nulle serait de capacité *extérieure* nulle (cf. prop. 6, n° 16). Réciproquement, supposons qu'on puisse démontrer que tout ensemble borélien de capacité intérieure nulle est de capacité extérieure nulle ; soit alors un borélien quelconque A : si $V(x) \leqslant W(x)$ à p. p. p. sur A, on conclut $V(x) \leqslant W(x)$ q. p. sur A ; on pourrait donc conclure que $\mathcal{E}_A^i = \mathcal{E}_A^e$ pour tout A borélien, et en particulier que les deux capacités $c^i(A)$ et $c^e(A)$ sont *égales* pour tout ensemble borélien.

21. — Caractérisation des familles $\mathfrak{M}_A^i$ et $\mathfrak{M}_A^e$.

Nous allons donner une condition *nécessaire* pour qu'une μ de $\mathfrak{M}$ appartienne à $\mathfrak{M}_A^i$ (resp. $\mathfrak{M}_A^e$) ; puis une condition *suffisante*, apparemment plus faible que la condition nécessaire. Il en résultera que chacune des deux conditions est nécessaire et suffisante.

Pour que $\mu \in \mathfrak{M}_A^i$ (resp. $\mu \in \mathfrak{M}_A^e$), il faut que

$$\int V d\mu = \int V_A^i d\mu \qquad \left(\text{resp. } \int V d\mu = \int V_A^e d\mu\right)$$

ponr toute V *surharmonique* $\geqslant 0$. En effet, c'est une conséquence immédiate de (18, 4).

Pour que $\mu \in \mathfrak{M}_A^i$ (resp. $\mu \in \mathfrak{M}_A^e$), il suffit que, pour une distribution α de $\mathfrak{L}$ convenablement choisie, on ait

$$\int U^{\alpha} d\mu = \int U^{\alpha_A^i} d\mu \qquad \left(\text{resp. } \int U^{\alpha} d\mu = \int U^{\alpha_A^e} d\mu\right)$$

(le choix de α, qui va être indiqué, est indépendant de μ et de l'ensemble A).

Faisons par exemple la démonstration pour $\mathfrak{M}_A^i$. Pour que $\mu = \mu_A^i$, il *suffit* que

$$\int U^{\lambda} d\mu = \int U^{\lambda} d\mu_A^i$$

tiques. Alors *les deux balayages sont identiques pour leur réunion* A. En effet, soient V et W surharmoniques $\geqslant 0$, et soit B l'ensemble des x tels que $V(x) > W(x)$. Supposons que l'ensemble $A - (A \cap B)$ soit de capacité *intérieure* nulle et montrons qu'il est de capacité *extérieure* nulle. Or, c'est la réunion des $A_p - (A_p \cap B)$, dont chacun est de capacité intérieure nulle, donc de capacité *extérieure* nulle, puisque pour A_p les deux balayages coïncident.

pour toute distribution sphérique λ (cf. n° 3). Il suffit même d'exprimer cette condition pour une famille *dénombrable* convenable de λ_p (par exemple les distributions sphériques dont le centre a des coordonnées rationnelles et le rayon est rationnel), car alors on aura $\int f d\mu = \int f d\mu_A^i$ pour des $f \in \mathcal{C}^+$ formant un ensemble *total* (cf. n° 3). Il suffit donc d'écrire

$$\int U^\mu d\lambda_p = \int U^{\mu_A^i} d\lambda_p \tag{21, 1}$$

pour des λ_p convenables ($p = 1, 2, \ldots$). Choisissons des constantes numériques $a_p > 0$ telles que $\sum_p a_p \lambda_p$ appartienne à $\mathcal{L}$, ce qui est possible d'après la proposition 2 (n° 2). Soit α la distribution obtenue ; la relation

$$\int U^\mu d\alpha = \int U^{\mu_A^i} d\alpha$$

entraîne, à elle seule, toutes les relations (21, 1) puisque $U^{\mu_A^i} \leqslant U^\mu$ partout. Donc elle exprime que $\mu = \mu_A^i$; mais, en vertu de (18, 5) appliquée à μ et α, elle s'écrit aussi

$$\int U^\alpha d\mu = \int U^{\alpha_A^i} d\mu.$$

C. Q. F. D.

Remarque : puisque les U^{λ_p} sont *continus*, et qu'on peut choisir les a_p de manière à assurer la convergence uniforme de la série $\sum_p a_p U^{\lambda_p}$, on peut choisir α de manière que son potentiel U^α soit *continu*.

22. — Points réguliers, points irréguliers.

Désignons par ε_x la distribution formée d'une masse 1 au point x. Si on sait balayer les distributions ε_x, on sait balayer toute distribution, et même calculer l'extrémale de toute V surharmonique $\geqslant 0$, par les formules

$$V_A^i(x) = \int V(y) d(\varepsilon_x)_A^i(y), \qquad V_A^e(x) = \int V(y) d(\varepsilon_x)_A^e(y)$$

qui résultent de (18, 4) appliqué à $\lambda = \varepsilon_x$.

Lorsque $V = U^\mu$, on obtient aussi

$$U^{\mu_A^i}(x) = \int G_A^i(x, y) d\mu(y), \qquad U^{\mu_A^e}(x) = \int G_A^e(x, y) d\mu(y),$$

en posant

$$G_A^i(x, y) = U^{(\varepsilon_x)_A^i}(y), \qquad G_A^e(x, y) = U^{(\varepsilon_x)_A^e}(y).$$

Ces deux fonctions de deux variables x et y

sont *symétriques* en x et y; en effet, en appliquant (18, 5) aux distributions ε_x et ε_y, on obtient

$$\int U^{(\varepsilon_x)_A^i}(z)\,d\varepsilon_y(z) = \int U^{(\varepsilon_y)_A^i}(z)\,d\varepsilon_x(z),$$

c'est-à-dire

$$G_A^i(x, y) = G_A^i(y, x);$$

démonstration analogue pour G_A^e.

Définition : un point x de l'espace sera dit *intérieurement régulier* (resp. *extérieurement régulier*) pour l'ensemble A, si $(\varepsilon_x)_A^i = \varepsilon_x$ [resp. $(\varepsilon_x)_A^e = \varepsilon_x$]; condition équivalente : $\varepsilon_x \in \mathfrak{M}_A^i$ (resp. $\varepsilon_x \in \mathfrak{M}_A^e$).

Les critères du nº 21 donnent : *si x est intérieurement (resp. extérieurement) régulier, on a*

$$V_A^i(x) = V(x) \qquad [\text{resp. } V_A^e(x) = V(x)]$$

pour toute V *surharmonique* $\geqslant 0$. Pour que x soit intérieurement (resp. extérieurement) régulier, il *suffit* que la condition précédente soit vérifiée pour la fonction $V = U^\alpha$ (α désigne la distribution définie au nº 21); cette condition est alors vérifiée pour toute V.

Les points de l'espace qui ne sont pas intérieurement (resp. extérieurement) réguliers sont dits intérieurement (resp. extérieurement) *irréguliers* pour A.

Puisque l'on a $U^{\alpha_A^i}(x) = U^\alpha(x)$ à peu près partout sur A (théorème 1), on voit que l'ensemble des points intérieurement irréguliers *qui appartiennent à* A est de *capacité intérieure nulle*. De même, l'ensemble des points extérieurement irréguliers qui appartiennent à A est de *capacité extérieure nulle*.

Puisque $\mathfrak{M}_A^i \subset \mathfrak{M}_A^e$, tout point intérieurement régulier est extérieurement régulier. Tout point x *intérieur* à A est *intérieurement régulier*, car ε_x est limite fine de distributions sphériques portées par A, donc appartient à $\mathfrak{M}_A^i$. Tout point x *extérieurement régulier* appartient à l'adhérence de A, car ε_x appartient à $\mathfrak{M}_A^e$, et toute distribution de $\mathfrak{M}_A^e$ est portée par $\bar{A}$ (comme limite fine de distributions de $\mathcal{E}_A^e$, portées par $\bar{A}$).

Désignons par A^i (resp. A^e) l'ensemble des points intérieurement (resp. extérieurement) *réguliers*. Ce qui précède montre que

$$\mathring{A} \subset A^i \subset A^e \subset \overline{A}$$

($\mathring{A}$ désigne l'intérieur de A). Les ensembles A^i et A^e sont *boréliens*, puisqu'ils sont définis respectivement par les relations

$$U^{\alpha_A^i}(x) = U^\alpha(x), \qquad U^{\alpha_A^e}(x) = U^\alpha(x).$$

23. — Nouvelle interprétation des familles $\mathfrak{M}_A^i$ et $\mathfrak{M}_A^e$.

Théorème 3. — *Les distributions de $\mathfrak{M}_A^i$ (identiques à leur balayée intérieurement) sont les distributions portées par l'ensemble A^i des points intérieurement réguliers. Les distributions de $\mathfrak{M}_A^e$ (identiques à leur balayée extérieurement) sont les distributions portées par l'ensemble A^e des points extérieurement réguliers.*

Faisons la démonstration pour $\mathfrak{M}_A^i$. Pour que $\mu \in \mathfrak{M}_A^i$, il faut et il suffit que

$$\int U^\alpha d\mu = \int U^{\alpha_A^i} d\mu$$

(n° 21), donc que l'ensemble des points x où $U^{\alpha_A^i}(x) < U^\alpha(x)$ soit de mesure nulle pour μ; or, le complémentaire de cet ensemble est précisément A^i. C. Q. F. D.

Le raisonnement précédent est correct, parce que les intégrales envisagées sont *finies*; cela tient à ce que α appartient à $\mathfrak{L}$.

Corollaire. — *Les distributions de $\mathcal{E}_A^i$ ne sont autres que les distributions d'énergie finie portées par A^i; les distributions de $\mathcal{E}_A^e$ ne sont autres que les distributions d'énergie finie portées par A^e.*

Remarque : la condition $A^i = A^e$ est nécessaire et suffisante pour que $\mathfrak{M}_A^i = \mathfrak{M}_A^e$, c'est-à-dire pour que les deux balayages, intérieur et extérieur, coïncident pour l'ensemble A. Cette condition est notamment remplie lorsque A est *ouvert*, ou *fermé*. Lorsque $A^i = A^e$, on parle simplement de points *réguliers*, ou de points *irréguliers* pour l'ensemble A.

Le théorème 2, compte tenu des interprétations que l'on vient d'obtenir pour l'ensemble des points réguliers, conduit aux deux propositions suivantes :

Proposition 9. — *Pour deux fonctions* V *et* W *surharmoniques* $\geqslant 0$, *les deux conditions suivantes sont équivalentes :*

β) $V(x) \leqslant W(x)$ à peu près partout sur A (resp. quasi partout sur A) ;

β′) $V(x) \leqslant W(x)$ en tout point de A^i (resp. de A^e).

En effet, β′) entraîne β) puisque l'ensemble des points intérieurement (resp. extérieurement) irréguliers *de* A est de capacité intérieure (resp. extérieure) nulle. Inversement, reportons-nous au théorème 2 (n° 19) ; β) entraîne la condition γ) de ce théorème, et puisque $V^i_A(x) = V(x)$ en tout point de A^i (resp. $V^e_A(x) = V(x)$ en tout point de A^e), on trouve que β′) a lieu.

Proposition 10. — *Si l'inégalité* $U^\mu(x) \leqslant V(x)$ (entre le potentiel d'une $\mu \in \mathfrak{M}$ et une fonction V surharmonique $\geqslant 0$) *a lieu à peu près partout sur* A *(resp. quasi partout sur* A*), et si* μ *est portée par* A^i *(resp. par* A^e*), cette inégalité a lieu partout.*

En effet, d'après le théorème 2, on a partout $U^{\mu^i_A} \leqslant V$ (resp. $U^{\mu^e_A} \leqslant V$) ; or, si μ est portée par A^i, on a $\mu^i_A = \mu$ (resp. : si μ est portée par A^e, on a $\mu^e_A = \mu$).

Un cas particulier de cette proposition fournit le *théorème d'unicité :*

Théorème 4. — *Si deux distributions de* $\mathfrak{M}$ *sont portées par l'ensemble* A^i *des points intérieurement réguliers et donnent naissance à des potentiels à peu près partout égaux sur* A, *elles sont identiques.* Enoncé analogue avec A^e et « quasi partout ».

En particulier, μ^i_A *est la seule distribution portée par* A^i *dont le potentiel soit égal à* U^μ *à peu près partout sur* A ; μ^e_A *est la seule distribution portée par* A^e *dont le potentiel soit égal à* U^μ *quasi partout sur* A.

24. — Étude du balayage pour les ensembles A^i et A^e.

A titre d'exercice montrons ceci :

Proposition 11. — *Pour l'ensemble* A^i *des points intérieurement réguliers, les deux balayages (intérieur et extérieur) sont identiques et coïncident avec le balayage intérieur relatif à* A. *Pour l'ensemble* A^e *des points extérieurement réguliers, les deux balayages (intérieur et extérieur) sont identiques et coïncident avec le balayage extérieur relatif à* A.

Cet énoncé peut se mettre en formules :

(24, 1) $$V^i_{A^i} = V^e_{A^i} = V^i_A, \qquad V^i_{A^e} = V^e_{A^e} = V^e_A;$$

ou encore

(24, 2) $$\mathfrak{M}^i_{A^i} = \mathfrak{M}^e_{A^i} = \mathfrak{M}^i_A, \qquad \mathfrak{M}^i_{A^e} = \mathfrak{M}^e_{A^e} = \mathfrak{M}^e_A;$$

ou encore

(24, 3) $$(A^i)^i = (A^i)^e = A^i, \qquad (A^e)^i = (A^e)^e = A^e.$$

Montrons d'abord que le balayage *intérieur* relatif à A^i (resp. à A^e) est identique au balayage intérieur (resp. extérieur) relatif à A ; en formules :

(24, 4) $$\mathfrak{M}^i_{A^i} = \mathfrak{M}^i_A, \qquad \mathfrak{M}^i_{A^e} = \mathfrak{M}^e_A.$$

En effet, $\mathfrak{M}^i_{A^i}$ (resp. $\mathfrak{M}^i_{A^e}$) est l'adhérence fine de l'ensemble des distributions d'énergie finie portées par A^i (resp. par A^e) ; mais cet ensemble n'est autre que $\mathcal{E}^i_A$ (resp. $\mathcal{E}^e_A$), d'après le corollaire du théorème 3 (n° 23) ; son adhérence fine est donc $\mathfrak{M}^i_A$ (resp. $\mathfrak{M}^e_A$), ce qui établit (24, 4).

Reste à prouver que, pour toute V surharmonique $\geqslant 0$, on a

$$V^i_{A^i} = V^e_{A^i}, \qquad V^i_{A^e} = V^e_{A^e};$$

autrement dit, que l'extrémale $V^i_{A^i}$ (resp. $V^i_{A^e}$) est égale à V *quasi partout* sur A^i (resp. sur A^e). Or cette extrémale, on vient de le montrer, n'est autre que V^i_A (resp. V^e_A), et par suite elle est égale à V en tout point de A^i (resp. de A^e). C. Q. F. D.

Remarque : lorsque $A \supset A^e$, on peut affirmer que $A^i = A^e$, car on a alors $A^i \supset (A^e)^i$, et $(A^e)^i = A^e$ d'après (24, 3) ; d'où $A^i \supset A^e$, et par suite $A^i = A^e$. Il en est ainsi, par exemple, lorsque A est *fermé*. De même, lorsque $A \subset A^i$, on prouve que $A^i = A^e$; il en est ainsi notamment lorsque A est *ouvert*.

25. — Une propriété des points réguliers.

Nous raisonnerons sur le cas du balayage *intérieur*, mais les raisonnements et les résultats seraient les mêmes pour le balayage extérieur.

On a vu que μ^i_A est fonction *continue* de μ pour la topologie fine (n° 20). En particulier, si un point variable y tend *finement* vers un point *intérieurement régulier* x, la distribution $(\varepsilon_y)^i_A$ converge *finement* vers la distribution ponctuelle ε_x. Nous allons montrer qu'on a une proposition analogue pour la convergence *vague* des distributions :

THÉORÈME 5. — *Si un point variable y tend (au sens de la topologie habituelle de l'espace euclidien) vers un point x intérieurement (resp. extérieurement) régulier, la distribution balayée $(\varepsilon_y)^i_A$ [resp. $(\varepsilon_y)^e_A$] converge vaguement vers la distribution ponctuelle ε_x.*

de masse

Plus généralement : si une μ variable converge *vaguement* vers ε_x, et si le point x est intérieurement (resp. extérieurement) *régulier*, μ^i_A (resp. μ^e_A) *converge vaguement vers* ε_x.

Il suffit de prouver que, si x est intérieurement régulier,

$$\int U^\lambda d\varepsilon_x = \lim_\mu \int U^\lambda d\mu^i_A$$

pour chaque distribution *sphérique* λ (cf. n° 6). Ou encore

$$U^\lambda(x) = \lim_\mu \int U^{\lambda^i_A} d\mu,$$

et pour cela il suffit de prouver que $U^{\lambda^i_A}$ est une fonction *continue* au point x. Or ceci résulte, comme il est bien connu, du fait que $U^{\lambda^i_A}$ est semi-continue inférieurement, majorée par U^λ *continue*, et que, au point x, $U^{\lambda^i_A}(x) = U^\lambda(x)$.

Dans le cas où A est un ensemble *fermé* (son complémentaire Ω est donc *ouvert*), le théorème 5 ci-dessus conduit à la valeur de la limite, en un point frontière x de Ω qui est régulier pour A, de la solution du *problème de Dirichlet* relative à une donnée continue au point x et partout bornée.

VI. — TOPOLOGIE FINE, ENSEMBLES EFFILÉS ET POINTS IRRÉGULIERS

26. — Voisinages dans la topologie fine.

Nous considérons la topologie fine dans l'espace euclidien. On a vu (n° 6) que c'est la moins fine rendant *continus* les potentiels de distributions de $\mathfrak{L}$. Elle est plus fine que la topologie habituelle de l'espace.

Tout voisinage d'un point a, au sens de la topologie *fine*, sera dit « *voisinage fin* » du point a. Lorsque nous dirons *voisinage* tout court, il s'agira de voisinage au sens de la topologie habituelle. Tout voisinage est un voisinage fin, mais la réciproque n'est pas vraie. Quand nous parlerons d'ensemble *ouvert* (tout court) il sera sous-entendu que cela signifie « ouvert » au sens de la topologie habituelle.

Lemme. — *Tout voisinage fin d'un point a contient l'intersection d'une boule* B *de centre a, et d'un ensemble défini par une inégalité*

$$U^{\mu}(x) < U^{\mu}(a) + \rho, \tag{26, 1}$$

où μ est une distribution positive, telle que $U^{\mu}(a) < +\infty$, et ρ un nombre > 0. Réciproquement, l'intersection d'une boule de centre a et d'un ensemble tel que (26, 1) *est un voisinage fin de a.*

En effet, d'après la définition de la topologie la moins fine rendant continues les fonctions d'une famille donnée (voir [18]), tout voisinage fin de a contient un ensemble défini par un nombre *fini* p d'inégalités simultanées

$$-2\rho < U^{\mu_k}(x) - U^{\mu_k}(a) < 2\rho \qquad (\rho > 0,\ \mu_k \in \mathfrak{L}). \tag{26, 2}$$

Mais les inégalités

$$U^{\mu_k}(x) > U^{\mu_k}(a) - \frac{\rho}{p}$$

sont vérifiées dans un ensemble *ouvert* contenant a (à cause de la semi-continuité inférieure des U^{μ_k}), donc dans une *boule* B de centre a. Or, dans B, l'inégalité unique

$$\sum_k U^{\mu_k}(x) < \sum_k U^{\mu_k}(a) + \rho$$

entraîne les inégalités (26, 2). En posant $\sum_k \mu_k = \mu$, on obtient (26, 1).

Reste à montrer que, réciproquement, l'intersection d'une boule B de centre a et d'un ensemble tel que (26, 1) est un *voisinage fin* de a. Il suffit de faire la démonstration lorsque $\mu \in \mathfrak{L}$; car, dans le cas général, prenons une distribution sphérique λ telle que $U^{\lambda}(x)$ ait la valeur constante $U^{\mu}(a)$ sur B, et posons $U^{\nu} = \inf(U^{\mu}, U^{\lambda})$;

$+\rho$

sur B, l'inégalité (26, 1) équivaut à

$$U^{\nu}(x) < U^{\nu}(a) + \rho,$$

et $\nu \in \mathfrak{L}$. Ainsi, supposons que $\mu \in \mathfrak{L}$; l'ensemble défini par (26, 1) est évidemment ouvert pour la topologie fine, puisque U^{μ} est une fonction continue pour cette topologie ; donc c'est un voisinage fin de a. Comme B est aussi un voisinage fin de a, l'intersection de ces deux voisinages fins est un voisinage fin de a. C. Q. F. D.

Remarque. — Le lemme précédent prouve que tout potentiel est *continu* pour la topologie *fine*.

DÉFINITION. — *Un ensemble* A *sera dit* effilé (30) *au point* a (que a appartienne ou non à A) *s'il existe un voisinage fin de* a *qui ne rencontre pas* A *en d'autre point que* a *éventuellement*. En d'autres termes : A est effilé au point a si a est un point « *finement isolé* » de l'ensemble $A \cup \{a\}$.

Le lemme conduit alors au :

CRITÈRE D'EFFILEMENT (31) : pour que A soit *effilé* en un point a, il faut et il suffit qu'il existe une boule B de centre a, un potentiel U^{μ} fini au point a, et un nombre $\rho > 0$, tels que l'on ait

$$U^{\mu}(x) \geqslant U^{\mu}(a) + \rho$$

en tout point $x \in A \cap B$, sauf éventuellement au point a.

27. — Irrégularité et effilement.

Remarquons tout d'abord que les ensembles A^i et A^e sont fermés pour la topologie fine (nous dirons : *finement fermés*), puisqu'ils sont définis respectivement par les relations

$$U^{\alpha^i_A}(x) = U^{\alpha}(x), \qquad U^{\alpha^e_A}(x) = U^{\alpha}(x),$$

et que U^{α}, $U^{\alpha^i_A}$ et $U^{\alpha^e_A}$ sont des fonctions *continues* pour la topologie fine.

PROPOSITION 12. — *Pour qu'un point* a *soit intérieurement (resp.*

(30) La notion *d'effilement* est due à M. BRELOT [2], qui l'a introduite sans considérer la topologie fine.

(31) M. BRELOT a donné de nombreux autres critères d'effilement (voir [3]).

extérieurement) irrégulier pour un ensemble A, *il faut et il suffit qu'il existe une boule* B *de centre* a, *un potentiel* U^{μ} *fini au point* a, *et un nombre* $\rho > 0$, *tels que l'on ait* $U^{\mu}(x) \geqslant U^{\mu}(a) + \rho$ *à p. p. p. sur* $A \cap B$ *(resp. q. p. sur* $A \cap B$*).*

Raisonnons, par exemple, sur un point *intérieurement* régulier. La condition est *nécessaire* (et on peut même astreindre μ à appartenir à $\mathfrak{L}$); en effet, soit ν une distribution telle que $U^{\nu_A^i}(a) < U^{\nu}(a)$ (par exemple $\nu = \alpha$); en vertu de la semi-continuité inférieure de U^{ν}, on aura $U^{\nu}(x) \geqslant U^{\nu_A^i}(a) + \rho$ pour un $\rho > 0$ convenable et pour tout x de $A^i \cap B$ (B désignant une boule de centre a et de rayon convenable). Or, on a $U^{\nu_A^i}(x) = U^{\nu}(x)$ sur $A^i \cap B$; donc, en prenant $\mu = \nu_A^i$, on a $U^{\mu}(x) \geqslant U^{\mu}(a) + \rho$ à p. p. p. sur $A \cap B$.

La condition est *suffisante*. Elle entraîne, par exemple, l'existence d'une μ telle que $U^{\mu}(a) < 1$ et $U^{\mu}(x) \geqslant 1$ à p. p. p. sur $A \cap B$. Plaçons en a une masse ponctuelle assez petite pour que son potentiel $U^{\nu}(x)$ soit $\leqslant U^{\mu}(x)$ hors de B ; alors

$$\inf(U^{\mu}, U^{\nu}) \geqslant \inf(1, U^{\nu})$$

a lieu à p. p. p. sur A, donc (prop. 9, n° 23) en tout point de A^i. Comme cette inégalité n'a pas lieu au point a, a est intérieurement irrégulier.

Remarque. — La proposition 12 montre le *caractère local* de l'irrégularité (intérieure ou extérieure) d'un point a pour un ensemble A : pour que a soit irrégulier intérieurement (resp. extérieurement) pour A, il faut et il suffit que a le soit pour $A \cap B$, B désignant un voisinage particulier, d'ailleurs quelconque, de a.

Dans le cas d'un point *extérieurement* régulier, on peut renforcer le résultat précédent : pour que a soit extérieurement régulier, il *faut* qu'il existe une boule B de centre a, un potentiel U^{ν} fini au point a, et un nombre $\rho > 0$ tels que l'on ait $U^{\nu}(x) \geqslant U^{\nu}(a) + \rho$ *en tout point* de $A \cap B$, sauf éventuellement au point a. (On peut astreindre ν à être dans $\mathfrak{L}$.) Bien entendu, cette condition est suffisante, d'après la proposition 12. Pour voir qu'elle est *nécessaire*, considérons une μ telle que $U^{\mu}(x) \geqslant U^{\mu}(a) + \rho$ *quasi partout* sur $A \cap B$; on obtiendra la ν cherchée en ajoutant à μ une distribution λ (qu'on peut choisir dans $\mathfrak{L}$) telle que l'on ait $U^{\lambda}(x) \geqslant U^{\mu}(a)$ sur l'ensemble C des points de $A \cap B$ où $U^{\mu}(x) < U^{\mu}(a) + \rho$, sauf au point a où l'on astreint U^{λ} à être arbitrairement petit. C'est parce que C est de *capacité exté-*

rieure nulle, qu'on peut facilement construire un tel potentiel U^λ ([32]).

Le résultat qu'on vient d'obtenir, et le critère d'effilement du n° 26, prouvent :

Pour qu'un point a soit extérieurement irrégulier pour A, *il faut et il suffit que* A *soit effilé au point a.* Par conséquent : il faut et il suffit que a soit un point *finement isolé* de $A \cup \{a\}$. Ou encore :

Pour qu'un point a soit *extérieurement régulier* pour A, il faut et il suffit *que tout voisinage fin de a rencontre* A *en au moins un point différent de a.* Ceci signifie que l'ensemble A^e des points extérieurement réguliers est l'ensemble des « *points d'accumulation fine* » de A (c'est-à-dire des points d'accumulation pour la topologie fine) ; ou encore, que A^e *est l'adhérence fine de l'ensemble obtenu en retranchant de* A *les points finement isolés de* A.

Lorsque A est *fermé* (au sens habituel), A est finement fermé ; $A^e = A^i$ se compose alors des points de A qui ne sont pas finement isolés.

28. — Critère de Wiener ([32 bis]).

Nous renvoyons à M. Brelot ([5], n° 23) pour une démonstration du « critère de Wiener », donnant une condition nécessaire et suffisante pour qu'un ensemble A soit *effilé* en un point a : k désignant un nombre > 1 (d'ailleurs quelconque), soit S_p l'ensemble des points où le potentiel de ε_a est $> k^p$ et $\leqslant k^{p+1}$; *pour que* A *soit effilé au point a, il faut et il suffit que*

$$\sum_{p=1}^{\infty} k^p c^e(A \cap S_p) < +\infty \quad .$$

(le premier membre est une série formée avec les *capacités extérieures* des sections de A par les intersphères S_p).

Cette condition sera donc nécessaire et suffisante pour que a soit *extérieurement irrégulier pour* A. Nous allons en déduire un critère pour que a soit *intérieurement* irrégulier. En effet, A^i désignant l'en-

([32]) On coupe C par des intersphères B_p définies par

$$1/2^{p+1} \leqslant |x - a| < 1/2^p,$$

et on remarque qu'il existe une distribution de masse totale arbitrairement petite, portée par un voisinage arbitraire de B_p, dont le potentiel soit $\geqslant 1$ en tout point de $C \cap B_p$.

([32 bis]) Le « critère de Wiener » a été donné dès 1924 par Wiener pour caractériser les points *irréguliers* d'un ensemble *fermé*. Sa démonstration a été reprise et simplifiée par de nombreux auteurs ; il a été étendu par De la Vallée Poussin au cas d'un ensemble *ouvert* ([16], p. 676), puis donné par Brelot [2] pour caractériser l'*effilement* en général.

semble des points intérieurement réguliers pour A, on a

$$c^i(A \cap S_p) \leqslant c^e(A^i \cap S_p),$$

car la distribution capacitaire extérieure de $A^i \cap S_p$ est $\geqslant 1$ à p. p. p. sur $A \cap S_p$. Cela posé, si a est intérieurement irrégulier pour A, a est extérieurement irrégulier pour A^i (cf. n° 24, prop. 11), et par suite, d'après le critère de Wiener,

$$\sum_p c^i(A \cap S_p) < +\infty.$$

Mais, réciproquement, cette condition entraîne que a est intérieurement irrégulier pour A : en considérant les distributions capacitaires *intérieures* des $A \cap S_p$ pour p assez grand, on fabrique aisément un potentiel U^μ qui satisfait au critère de la proposition 12 (n° 27). En résumé :

Théorème 6. — *Pour qu'un point a soit intérieurement (resp. extérieurement) irrégulier pour un ensemble* A, *il faut et il suffit que la série*

$$\sum_{p=1}^{\infty} k^p c^i(A \cap S_p) \qquad \left[\text{resp. } \sum_{p=1}^{\infty} k^p c^e(A \cap S_p)\right]$$

soit convergente.

Nous laissons au lecteur le soin d'en déduire :

Corollaire 1. — *Pour qu'un point a d'un ensemble* A *soit intérieurement irrégulier pour* A, *il faut et il suffit que a soit irrégulier pour tout compact* K *tel que* $a \in K \subset A$. Le cas où a n'appartient pas à A se ramène au précédent en considérant l'ensemble $A \cup \{a\}$ qui possède les mêmes points irréguliers que A.

Corollaire 2. — *Pour qu'un point a, n'appartenant pas à* A, *soit extérieurement irrégulier pour* A, *il faut et il suffit que a soit irrégulier pour au moins un ensemble ouvert* B *contenant* A. Le cas où $a \in A$ se ramène au précédent en retranchant de A le point a.

D'ailleurs, le corollaire 2 résulte aussi directement du fait qu'un ensemble A, effilé en un point a tel que a n'appartient pas à A, est contenu dans un ensemble *ouvert* effilé au point a (remarque déjà utilisée par Brelot).

Quant à la caractérisation fournie par le corollaire 1, c'est celle que DE LA VALLÉE POUSSIN donnait comme *définition* de l'irrégularité ([33]) d'un point d'un ensemble A (cet auteur ne considérait que la notion de point *intérieurement* régulier).

Le corollaire 1 exprime aussi : pour que a soit intérieurement irrégulier pour A, il faut et il suffit que tout compact contenu dans $A \cup \{a\}$ soit effilé au point a. On retrouve la définition, donnée par BRELOT [2], d'un ensemble A *effilé intérieurement* en un point a. Le théorème 6 donne alors un critère pour l'effilement intérieur, déjà donné par BRELOT [5].

Comme les points de l'espace où A est effilé intérieurement sont aussi ceux où $A \cap A^i$ est effilé, on voit : pour que A soit *effilé intérieurement* au point a, il faut et il suffit qu'on puisse *retrancher de* A *un ensemble de capacité intérieure nulle,* de manière que l'ensemble restant soit *effilé au point a.*

29. — Usage de la transformation de Lord Kelvin.

Dans ce numéro, nous nous plaçons exclusivement dans le cas de l'espace euclidien de dimension $n \geqslant 3$, la « fonction fondamentale » étant $|x-y|^{2-n}$ ([34]). Un point O étant pris une fois pour toutes comme origine, désignons par x^{-1} le transformé du point x dans *l'inversion* de pôle O et de puissance 1. La transformation de LORD KELVIN fait, à toute fonction $f(x)$, correspondre la fonction

$$f^*(x) = |x|^{2-n} f(x^{-1}).$$

Cette transformation est *réciproque* : on a $f^{**}=f$. Elle conserve la relation d'ordre : si $f(x) \leqslant g(x)$ partout, on a $f^*(x) \leqslant g^*(x)$ partout. Elle transforme les fonctions surharmoniques $\geqslant 0$ en fonctions surharmoniques $\geqslant 0$. Comme l'inversion transforme tout ensemble de capacité intérieure (resp. extérieure) nulle en un ensemble de même espèce, la transformation de lord Kelvin transforme *l'extrémale* intérieure (resp. extérieure) de V pour A en l'extrémale intérieure (resp. intérieure) de V^* pour l'ensemble A', transformé de A par l'inversion (V désigne une fonction surharmonique $\geqslant 0$).

([33]) [16], p. 377. DE LA VALLÉE POUSSIN ne considérait que des ensembles boréliens bornés, et n'envisageait que les points irréguliers *appartenant à l'ensemble.*

([34]) Toutefois, on aurait des propriétés analogues pour la fonction fondamentale $|x-y|^{\alpha-n}$, avec $0 < \alpha < 2$ (« potentiels d'ordre α » de M. RIESZ ; voir [14], pp. 13-14).

Précisons : toute fonction surharmonique $\geqslant 0$ s'écrit d'une seule manière sous la forme

$$aU^{\varepsilon} + U^{\mu} + b,$$

où a et b sont des constantes $\geqslant 0$, ε désigne la distribution formée d'une masse $+1$ à l'origine, et μ une distribution de $\mathfrak{M}$ pour laquelle l'origine ne porte pas de masse. Dans la transformation de lord Kelvin, U^{ε} devient la constante 1, et réciproquement ; U^{μ} se transforme dans le potentiel d'une distribution μ^* définie par

$$d\mu^*(x) = |x|^{n-2} d\mu(x^{-1}) ;$$

μ^* appartient à $\mathfrak{M}$ et ne comporte pas de masse à l'origine.

Cela posé, soit à interpréter la condition pour que O soit *irrégulier* (intérieurement ou extérieurement) pour un ensemble A ; nous supposerons que O n'appartient pas à A, et nous désignerons par A′ le transformé de A dans l'inversion de pôle O et de puissance 1. De deux choses l'une : ou bien O est intérieurement régulier pour A, ce qui signifie que l'extrémale intérieure de U^{ε} pour A est U^{ε} ; alors, par la transformation de lord Kelvin, l'extrémale intérieure de la constante 1 pour A′ est la constante 1 ; ou bien O est intérieurement irrégulier pour A, ce qui signifie que l'extrémale intérieure de U^{ε} pour A est le potentiel d'une distribution qui ne charge pas O (puisqu'elle est portée par l'ensemble des points intérieurement réguliers) ; alors, par la transformation de lord Kelvin, l'extrémale intérieure de la constante 1 pour A′ est un véritable *potentiel* U^{μ^*}. Dans ce dernier cas, μ^* est *la distribution capacitaire intérieure de* A′.

On raisonne de même pour l'irrégularité *extérieure*. En résumé :

Pour que l'ensemble A *soit effilé à l'origine* O *(resp. effilé intérieurement* au point O*), il faut et il suffit que l'ensemble* A′, *transformé de* A *par inversion de pôle* O, *possède une distribution capacitaire extérieure (resp. intérieure).*

D'ailleurs, la condition relative à A′ peut s'exprimer directement par un critère du type Wiener : soient k un nombre > 0 et < 1, et T_p l'ensemble des points où le potentiel de ε est $< k^p$ et $\geqslant k^{p-1}$: *pour que* A′ *possède une distribution capacitaire intérieure (resp. extérieure), il faut et il suffit que la série*

$$\sum_{p=1}^{\infty} k^p c^i(A \cap T_p) \qquad \left[\text{resp. } \sum_{p=1}^{\infty} k^p c^e(A \cap T_p)\right]$$

soit convergente.

Le critère permet de fabriquer facilement un ensemble A′ qui possède une distribution capacitaire tout en ayant une *capacité infinie*; en effet, on peut voir facilement que si $c^i(A')$ [resp. $c^e(A')$] est finie, alors $c^i(A' \cap T_p)$ [resp. $c^e(A' \cap T_p)$] tend vers zéro quand p augmente indéfiniment. On construira donc un ensemble A′ tel que les $c^i(A' \cap T_p)$ [resp. $c^e(A' \cap T_p)$] soient *bornés* sans tendre vers zéro ([35]).

VII. — APPENDICE : DIVERSES PROPRIÉTÉS EXTRÉMALES DES DISTRIBUTIONS BALAYÉES

A titre de complément, nous allons grouper ici diverses propriétés extrémales de μ^i_A et μ^e_A lorsque μ est une distribution *d'énergie finie*. Au paragraphe III, nous n'en avons indiqué qu'une partie, pour ne pas alourdir l'exposé.

Dans tout ce qui suit, μ est une distribution de $\mathcal{E}$, donnée une fois pour toutes. Rappelons la définition des μ-capacités (n° 15) :

$$c^i_\mu(A) = \int U^\mu d\mu^i_A = \| \mu^i_A \|^2,$$

$$c^e_\mu(A) = \int U^\mu d\mu^e_A = \| \mu^e_A \|^2.$$

Tous les résultats qui vont suivre vaudront aussi pour les capacités proprement dites, en remplaçant, dans les énoncés, le potentiel U^μ par la constante 1, mais à condition, bien entendu, de ne considérer que des ensembles de capacité intérieure (resp. extérieure) *finie*.

PROPRIÉTÉ I. — *La quantité* $-c^i_\mu(A)$ [*resp.* $-c^e_\alpha(A)$] *est égale à la borne inférieure de*

$$I_\mu(\nu - \lambda) = \int (U^\nu - U^\lambda - 2U^\mu)(d\nu - d\lambda)$$

(cf. intégrale de Gauss) *lorsque* ν *et* λ *parcourent* $\mathcal{E}^i_A$ *(resp.* $\mathcal{E}^e_A$*). Cette borne inférieure n'est atteinte que pour* $\nu - \lambda = \mu^i_A$ (resp. $\nu - \lambda = \mu^c_A$).

([35]) Dire que A′ possède une capacité intérieure (resp. extérieure) *finie*, c'est dire que A′ est « effilé au point à l'infini », au sens de M. BRELOT : voir en [5], p. 31, un critère qui conduit facilement à celui-ci.

Cela résulte de

(I) $\|\nu-\lambda-\mu^i_A\|^2 = I_\mu(\nu-\lambda) + c^i_\mu(A)$ pour $\nu \in \mathcal{E}^i_A$, $\lambda \in \mathcal{E}^i_A$;

(I′) $\|\nu-\lambda-\mu^e_A\|^2 = I_\mu(\nu-\lambda) + c^e_\mu(A)$ pour $\nu \in \mathcal{E}^e_A$, $\lambda \in \mathcal{E}^e_A$.

La relation (I), par exemple, s'obtient immédiatement en remarquant que

$$\int U^\mu(d\lambda - d\nu) = \int U^{\mu^i_A}(d\lambda - d\nu), \qquad \|\mu^i_A\|^2 = c^i_\mu(A).$$

Propriété II. — *La μ-capacité intérieure $c^i_\mu(A)$ [resp. extérieure $c^e_\mu(A)$] est égale à la borne inférieure de l'énergie $\|\nu-\lambda\|^2$ des différences de distributions de $\mathcal{E}^i_A$ (resp. de $\mathcal{E}^e_A$) telles que*

$$\int U^\mu(d\nu - d\lambda) = c^i_\mu(A) \qquad \left[\text{resp. } \int U^\mu(d\nu - d\lambda) = c^e_\mu(A)\right].$$

Cette borne inférieure ne peut être atteinte que pour $\nu-\lambda=\mu^i_A$ (resp. $\nu-\lambda=\mu^e_A$).

En effet, en tenant compte de cette relation dans l'expression de $I_\mu(\nu-\lambda)$, puis portant dans (I) [resp. (I′)], on trouve

$$\left.\begin{array}{ll}(\text{II}) & \|\nu-\lambda-\mu^i_A\|^2 = \|\nu-\lambda\|^2 - c^i_\mu(A) \\ \text{resp. (II′)} & \|\nu-\lambda-\mu^e_A\|^2 = \|\nu-\lambda\|^2 - c^e_\mu(A)\end{array}\right\} \text{moyennant les hypothèses.}$$

Dans le cas où A est *compact* et où $U^\mu(x) = 1$ sur A, l'interprétation physique est évidente : sur un « conducteur » A, la distribution capacitaire (distribution d'équilibre) μ_A réalise le *minimum de l'énergie* pour toutes les distributions de masses (de signe quelconque) portées par A, dont la masse totale a la valeur $c(A)$.

Propriété III. — $c^i_\mu(A)$ [*resp.* $c^e_\mu(A)$] *est égale à la borne inférieure de l'intégrale* $\int U^\mu d\nu$ *pour toutes les distributions positives ν telles que* $U^\nu(x) \geqslant U^\mu(x)$ *à peu près partout (resp. quasi partout) sur* A.

Faisons la démonstration pour la capacité *intérieure*. Si $U^\nu \geqslant U^\mu$ à p. p. p. sur A, on a (cf. nº 19, théorème 2)

$$\int U^\nu d\mu^i_A \geqslant \int U^\mu d\mu^i_A \qquad \text{puisque } \mu^i_A \in \mathcal{E}^i_A.$$

Donc

$$\int U^\mu d\nu \geqslant \int U^{\mu^i_A} d\nu = \int U^\nu d\mu^i_A \geqslant \int U^\mu d\mu^i_A = c^i_\mu(A).$$

Propriété IV. — $c^i_\mu(A)$ [*resp.* $c^e_\mu(A)$] *est égale à la borne infé-*

rieure de l'énergie $\|\nu-\lambda\|^2$ *des différences de distributions de* $\mathcal{E}_A^i$ *(resp.* $\mathcal{E}_A^e$*) telles que*

$$(h) \qquad U^\nu \geqslant U^\lambda + U^\mu \quad \text{à p. p. p. sur A (resp. q. p. sur A)};$$

cette borne inférieure n'est atteinte que si $\nu-\lambda=\mu_A^i$ [resp. $\nu-\lambda=\mu_A^e$].

Raisonnons par exemple en supposant

$$(h) \qquad U^\nu \geqslant U^\lambda + U^\mu \qquad \text{à p. p. p. sur A};$$

on a

$$\|\nu-\lambda-\mu_A^i\|^2 = \|\nu-\lambda\|^2 - 2\int (U^\nu - U^\lambda)\,d\mu_A^i + c_\mu^i(A),$$

et

$$\int (U^\nu - U^\lambda)\,d\mu_A^i \geqslant \int U^\mu d\mu_A^i = c_\mu^i(A) \qquad \text{(cf. théorème 2)},$$

d'où

$$(\text{IV}) \quad \|\nu-\lambda-\mu_A^i\|^2 \leqslant \|\nu-\lambda\|^2 - c_\mu^i(A) \text{ moyennant l'hypothèse } (h).$$

Propriété V. — $c_\mu^i(A)$ [*resp.* $c_\mu^e(A)$] *est égale à la borne supérieure de l'énergie* $\|\nu\|^2$ *et de l'intégrale* $\int U^\mu d\nu$ *relatives aux* ν *de* $\mathcal{E}_A^i$ *(resp. de* $\mathcal{E}_A^e$*) telles que* $U^\nu \leqslant U^\mu$ *partout ; cette borne n'est atteinte que pour* $\nu=\mu_A^i$ *(resp.* $\nu=\mu_A^e$*).*

C'est la proposition 5 du n° 15, qui repose sur les inégalités

$$(\text{V}) \qquad \|\nu-\mu_A^i\|^2 \leqslant c_\mu^i(A) - \int U^\mu d\nu \leqslant c_\mu^i(A) - \|\nu\|^2$$
$$\text{pour } \nu \in \mathcal{E}_A^i,\ U^\nu \leqslant U^\mu;$$

$$(\text{V}') \qquad \|\nu-\mu_A^e\|^2 \leqslant c_\mu^e(A) - \int U^\mu d\nu \leqslant c_\mu^e(A) - \|\nu\|^2$$
$$\text{pour } \nu \in \mathcal{E}_A^e,\ U^\nu \leqslant U^\mu.$$

Propriété VI. — Considérons la famille $\mathcal{F}$ (resp. $\mathcal{F}'$) des distributions positives ν qui satisfont simultanément aux deux conditions

$$(\Gamma) \qquad U^\nu(x) \leqslant U^\mu(x) \qquad \text{partout};$$
$$(\Delta) \qquad U^\nu(x) = U^\mu(x) \qquad \text{à p. p. p. sur A}$$
$$[\text{resp. } (\Delta') \qquad U^\nu(x) = U^\mu(x) \qquad \text{q. p. sur A}].$$

Alors $-c_\mu^i(A)$ [*resp.* $-c_\mu^e(A)$] *est égal à la borne supérieure de l'intégrale* $I_\mu(\nu)$ *pour les* ν *de* $\mathcal{F}$ *(resp. de* $\mathcal{F}'$*). Cette borne n'est atteinte que pour* $\nu=\mu_A^i$ *(resp.* $\nu=\mu_A^e$*)* (36).

(36) Ces résultats complètent et précisent, en les simplifiant, un théorème de A. F. Monna [13], qui se trouve ainsi débarrassé d'hypothèses superflues sans rapport avec l'essentiel du problème.

En effet, on a

(VI) $\|\nu - \mu^i_A\|^2 \leqslant - I_\mu(\nu) - c^i_\mu(A)$ pour $\nu \in \mathcal{F}$;

(VI′) $\|\nu - \mu^e_A\|^2 \leqslant - I_\mu(\nu) - c^e_\mu(A)$ pour $\nu \in \mathcal{F}'$.

Ces relations s'écrivent encore

(VI, *a*) $\|\nu - \mu^i_A\|^2 \leqslant \|\mu - \mu^i_A\|^2 - \|\mu - \nu\|^2$ pour $\nu \in \mathcal{F}$;

(VI′, *a*) $\|\nu - \mu^e_A\|^2 \leqslant \|\mu - \mu^e_A\|^2 - \|\mu - \nu\|^2$ pour $\nu \in \mathcal{F}'$.

Pour les démontrer il suffit de prouver

$$(\mu - \nu, \nu) - (\mu - \nu, \mu^i_A) \geqslant 0 \quad \text{pour } \nu \in \mathcal{F} ;$$
$$(\mu - \nu, \nu) - (\mu - \nu, \mu^e_A) \geqslant 0 \quad \text{pour } \nu \in \mathcal{F}'.$$

Or $(\mu - \nu, \nu) = \int (U^\mu - U^\nu) d\nu$ est $\geqslant 0$ d'après (Γ) ; en outre $(\mu - \nu, \mu^i_A)$ est nul si (Δ) a lieu (cf. corollaire du théorème 2), et $(\mu - \nu, \mu^e_A)$ est nul si (Δ') a lieu. C. Q. F. D.

Remarque. — Les relations (VI *a*) et (VI′ *a*) sont susceptibles d'être interprétées en langage géométrique d'espace de Hilbert (dans l'espace $\mathcal{E}$ des distributions positives d'énergie finie) : la famille $\mathcal{F}$ est contenue dans la *boule* dont un diamètre a pour extrémités μ et μ^i_A ; la famille $\mathcal{F}'$ est contenue dans la boule dont un diamètre a pour extrémités μ et μ^e_A.

76.

Méthodes modernes en Topologie Algébrique

Commentarii Mathematici Helvetici 18, 1–15 (1945)

1. Limites projectives de groupes

Nous appelons *limite projective* d'une famille de groupes ce que Steenrod[2]) appelle „inverse homomorphism system"; l'expression „limite projective" a donc ici un sens plus général que chez A. Weil[3]).

Soit I un ensemble ordonné *filtrant à gauche*, c'est-à-dire un ensemble d'éléments $\alpha, \beta, \ldots$ muni d'une relation d'ordre (partielle) notée $\alpha \subset \beta$, telle que, quels que soient α et β, existe γ satisfaisant à $\gamma \subset \alpha$ et $\gamma \subset \beta$. Attachons à chaque $\alpha \in I$ un groupe topologique abélien G_α, noté additivement, et supposons donnée, pour tout couple (α, β) tel que $\alpha \subset \beta$, une représentation continue $\varphi_{\alpha\beta}$ de G_α dans G_β, de manière que soit satisfaite la condition de transitivité suivante: si $\alpha \subset \beta \subset \gamma$, la représentation $\varphi_{\alpha\gamma}$ est composée de $\varphi_{\alpha\beta}$ et $\varphi_{\beta\gamma}$ (ce que nous écrirons $\varphi_{\alpha\gamma} = \varphi_{\beta\gamma} \circ \varphi_{\alpha\beta}$). La *limite projective* des groupes G suivant les représentations $\varphi_{\alpha\beta}$ est l'ensemble des systèmes $(x_\alpha)_{\alpha \in I}$ tels que, pour $\alpha \subset \beta$, on ait $x_\beta = \varphi_{\alpha\beta}(x_\alpha)$, cet ensemble G étant muni de la structure de groupe $(x_\alpha) + (y_\alpha) = (x_\alpha + y_\alpha)$ (G est donc sous-groupe du groupe-produit des G_α). Le groupe G sera muni de la topologie induite par celle du groupe-produit[4]) des G_α; si les G_α sont *compacts*[5]), il en est de même de G.

Soit, pour chaque α, un sous-groupe H_α de G_α, de manière que, pour $\alpha \subset \beta$, $\varphi_{\alpha\beta}(H_\alpha) \subset H_\beta$. On identifiera la limite projective des H_α à un sous-groupe de la limite projective des G_α.

Soit J un sous-ensemble filtrant (à gauche) de I, et soit G' la limite projective des $G_\alpha (\alpha \in J)$ suivant les représentations $\varphi_{\alpha\beta}$. Il existe une représentation continue, dite canonique, de G dans G', savoir celle qui, à l'élément $(x_\alpha)_{\alpha \in I}$ de G, associe l'élément $(x_\alpha)_{\alpha \in J}$ de G'. Lorsque J est un sous-ensemble *fondamental* de I (pour tout $\alpha \in I$ existe un $\beta \in J$ tel

---

[2]) *Steenrod*, Amer. Journal of Math., t. 58, 1936, p. 661—701.

[3]) *A. Weil*, L'intégration dans les groupes topologiques (Actualités, n° 869, 1940, chez Hermann à Paris); voir pages 23 et suivantes.

[4]) Voir par ex. *N. Bourbaki*, Topologie générale, chap. III et IV (Actualités, n° 916), p. 18.

[5]) Le mot „compact" est employé au sens de Bourbaki (*bicompact* au sens d'Alexandroff-Hopf).

que $\beta \subset \alpha$), la représentation canonique de G dans G' est un *isomorphisme* de G *sur* G': on identifie alors G et G'.

Proposition 1.1. Attachons à chaque $\alpha \in I$ un sous-ensemble compact non vide A_α de G_α, de manière que, pour $\alpha \subset \beta$, $\varphi_{\alpha\beta}(A_\alpha) \subset A_\beta$. Alors il existe un élément (x_α) de la limite projective, tel que $x_\alpha \in A_\alpha$ pour tout α.

Proposition 1.2. Soient deux limites projectives relatives au même ensemble d'indices: G, lim. proj. de G_α suivant des $\varphi_{\alpha\beta}$, et G', lim. proj. de G'_α suivant des $\varphi'_{\alpha\beta}$. Soit, pour chaque α, une représentation continue f_α de G_α dans G'_α, de manière que, pour $\alpha \subset \beta$, on ait $f_\beta \circ \varphi_{\alpha\beta} = \varphi'_{\alpha\beta} \circ f_\alpha$. Alors il existe une représentation continue f et une seule de G dans G', qui transforme l'élément (x_α) de G dans l'élément $(f_\alpha(x_\alpha))$ de G'; si chaque f_α est un isomorphisme de G_α sur G'_α, f est un isomorphisme de G sur G'. Dans tous les cas, l'ensemble des $x = (x_\alpha)$ de G tels que $f(x) = 0$ n'est autre que la limite projective des sous-groupes H_α formés des x_α tels que $f_\alpha(x_\alpha) = 0$; en outre, lorsque les G_α sont *compacts*, le groupe image $f(G)$ n'est autre que la limite projective des sous-groupes $f_\alpha(G_\alpha)$.

Démontrons seulement la dernière partie de l'énoncé: soit (y_α) un élément de la lim. proj. des $f_\alpha(G_\alpha)$; on veut trouver un élément (x_α) de G tel que $f_\alpha(x_\alpha) = y_\alpha$ pour tout α. Pour cela, on considère, pour chaque α, l'ensemble A_α des $x_\alpha \in G_\alpha$ tels que $f_\alpha(x_\alpha) = y_\alpha$, et on applique la proposition 1.1.

2. Groupe d'homologie d'un espace compact

Nous supposons connues les notions[6]) de *complexe simplicial* abstrait (il s'agira seulement de complexes *finis*), de simplexe *orienté*, de *chaîne* (sur un complexe simplicial K et sur un groupe abélien g), de *bord* d'une chaîne (nous préférons le mot „bord" au mot „frontière" qui a un autre sens en Topologie générale). Le groupe d'homologie (ou groupe de Betti) du complexe K (pour un groupe de base g), que nous noterons $G_g(K)$, est le quotient du groupe des *cycles* (chaînes dont le bord est nul) par le sous-groupe des *bords* (le bord d'un bord est toujours nul); dans $G_g(K)$, on distingue, pour chaque entier $r \geqslant 0$, le sous-groupe $G_g^r(K)$ des cycles *de dimension* r, et $G_g(K)$ est somme directe des sous-groupes $G_g^r(K)$.

Plus généralement, le groupe d'homologie de K *modulo* H (H désignant un sous-complexe de K), que nous noterons $G_g(K/H)$ (ou $G(K/H)$ quand

[6]) Pour toutes les notions fondamentales, voir par ex. le Traité d'*Alexandroff-Hopf*.

il sera inutile de préciser le groupe de base g), est le quotient du groupe des cycles-modulo H (chaînes dont le bord est une chaîne de H) par le sous-groupe, somme des chaînes de H et des bords de chaînes de K. Ici encore, on distingue le sous-groupe $G_g^r(K/H)$ relatif à la dimension r.

Le groupe de base g sera toujours muni d'une topologie, ce qui donne une topologie évidente sur $G_g(K/H)$; cette dernière topologie est *séparée* si le groupe des bords est *fermé* dans le groupe des chaînes: pour cela, nous supposerons[2]) que g satisfait à la condition: pour tout entier n, le sous-groupe des $n\xi$ (où ξ parcourt g) est fermé dans g. Si g est *discret*, ou *compact*, cette condition est vérifiée.

Rappelons enfin qu'une *application simpliciale* f de K dans un complexe K', telle que $f(H) \subset H'$ (H' sous-complexe de K'), définit une représentation continue φ_f de $G(K/H)$ dans $G(K'/H')$, qui transforme tout élément de $G^r(K/H)$ en un élément $G^r(K'/H')$; et les représentations ainsi associées aux applications simpliciales satisfont à une évidente condition de transitivité.

Pour définir le *groupe d'homologie d'un espace compact A modulo un sous-espace fermé B*, nous suivons la méthode de Čech. Pour chaque recouvrement α de A par un nombre *fini* d'ensembles *ouverts*, on considère, avec Alexandroff, le *nerf* K_α du recouvrement: c'est un complexe simplicial dont les „sommets“ sont les ensembles du recouvrement, une famille de „sommets“ constituant un „simplexe“ si les ensembles correspondants du recouvrement ont une intersection non vide. On définit le sous-complexe H_α suivant: un simplexe de K_α appartient à H_α si ses „sommets“ (qui sont des ensembles du recouvrement α) ont, sur B, des traces dont l'intersection n'est pas vide. Pour chaque recouvrement α, soit G_α le groupe $G_g(K_\alpha/H_\alpha)$. Dans l'ensemble I des recouvrements ouverts finis, considérons la relation d'ordre: $\alpha \subset \beta$ si tout ensemble de α est contenu dans au moins un ensemble de β; I est filtrant à gauche. Pour $\alpha \subset \beta$, associons à chaque ensemble de α un ensemble de β le contenant; on obtient une application simpliciale $f_{\alpha\beta}$ de K_α dans K_β, telle que $f_{\alpha\beta}(H_\alpha) \subset H_\beta$; d'où une représentation continue $\varphi_{\alpha\beta}$ de G_α dans G_β. On prouve que $\varphi_{\alpha\beta}$ ne dépend pas de l'application particulière $f_{\alpha\beta}$, et que, pour $\alpha \subset \beta \subset \gamma$, on a $\varphi_{\alpha\gamma} = \varphi_{\beta\gamma} \circ \varphi_{\alpha\beta}$. Cela posé, le groupe d'homologie de A modulo B, noté $G_g(A/B)$, est par définition la limite projective des groupes $G_g(K_\alpha/H_\alpha)$ suivant les représentations $\varphi_{\alpha\beta}$; le sous-groupe $G_g^r(A/B)$ relatif à la dimension r est la limite projective des sous-groupes $G_g^r(K_\alpha/H_\alpha)$.

Si l'espace A est de *dimension brouwerienne* $\leqslant n$ (c'est-à-dire possède des recouvrements ouverts finis arbitrairement fins dont le nerf est de dimension $\leqslant n$), les groupes $G^r(A/B)$ sont *nuls* pour $r > n$.

Un cas important est celui où le groupe de base g est le *groupe additif des nombres réels modulo un*, que nous noterons T; alors le groupe $G_T(A/B)$ est *compact.*

3. Représentation définie par une application continue

Soient deux espaces compacts A et A', f une application continue de A dans A', B un sous-espace fermé de A, B' un sous-espace fermé de A' tel que $f(B) \subset B'$. Alors f définit une représentation continue φ_f de $G^r(A/B)$ dans $G^r(A'/B')$. Si f se déforme continûment sans que $f(B)$ cesse d'être contenu dans B', la représentation φ_f *reste invariable.*

Si l'on a un troisième espace compact A'', une application continue h de A' dans A'', un sous-espace fermé B'' de A'' tel que $h(B') \subset B''$, la représentation de $G^r(A/B)$ dans $G^r(A''/B'')$, définie par l'application composée $h \circ f$, n'est autre que la composée $\varphi_h \circ \varphi_f$.

Nous examinerons *trois cas particuliers importants:*

1° celui où A est un sous-espace de A', f étant l'application identique de A dans A', et où $B = B'$: d'où une représentation de $G^r(A/B)$ dans $G^r(A'/B)$;

2° celui où A' est identique à A, f étant l'application identique de A dans A, avec $B \subset B'$; d'où une représentation de $G^r(A/B)$ dans $G^r(A/B')$;

3° celui où f est l'application „canonique"[7] de A dans l'espace-quotient A' obtenu en identifiant entre eux les points de B, et où B' est le sous-espace $f(B)$ (réduit à un point); alors f est un homéomorphisme de $A - B$ sur $A' - B'$, et on démontre que φ_f est un *isomorphisme* de $G^r(A/B)$ *sur* $G^r(A'/B')$.

L'examen de ce dernier cas conduit à la nouvelle notion que voici:

4. Groupe de Lefschetz d'un espace localement compact

Soit E un espace localement compact; désignons par $\hat{E}$ l'espace E si celui-ci est compact, sinon l'espace compact obtenu par adjonction d'un point à E (Alexandroff)[8]. Soit I le sous-espace de $\hat{E}$ formé de ce point si E n'est pas compact; si E est compact, I désignera le sous-espace vide.

---

[7]) *Bourbaki,* Théorie des ensembles (fasc. de résultats) (Actualités, n° 846); voir p. 29.

[8]) Voir *Bourbaki,* Topologie générale, chap. I et II (Actualités, n° 858), p. 65—67.

Par définition, le *groupe de Lefschetz* $\Gamma^r_g(E)$ est le groupe $G^r_g(\hat{E}/I)$; il coïncide avec le groupe $G^r_g(E)$ si E est compact. Dans tous les cas, le groupe $\Gamma^r_T(E)$ est *compact.*

Théorème 4.1. Soient E un espace localement compact, A un espace compact et B un sous-espace fermé de A, f un homéomorphisme de $A - B$ sur E. Alors f définit un *isomorphisme* φ_f de $G^r(A/B)$ *sur* le groupe de Lefschetz $\Gamma^r(E)$.

Bornons-nous en effet au cas où E n'est pas compact. Alors f se prolonge en une application continue $\hat{f}$ de A dans $\hat{E}$, telle que $\hat{f}(B) = I$. Or la représentation $\varphi_{\hat{f}}$ de $G^r(A/B)$ dans $G^r(\hat{E}/I)$ est un isomorphisme du premier groupe sur le second (cf. 3e cas particulier du n° 3). Il suffit donc de prendre pour φ_f l'isomorphisme $\varphi_{\hat{f}}$.

En particulier, on identifiera le groupe $G^r(A/B)$ au groupe de Lefschetz $\Gamma^r(A - B)$.

Théorème 4.2. Soient E et E' deux espaces localement compacts, f une application continue de E dans E', telle que l'image réciproque de tout compact de E' soit un compact de E. Alors f définit une représentation continue φ_f de $\Gamma^r(E)$ dans $\Gamma^r(E')$. Si on a en outre une application continue h de E' dans un espace localement compact E'', telle que l'image réciproque de tout compact soit un compact, la représentation de $\Gamma^r(E)$ dans $\Gamma^r(E'')$, définie par l'application composée $h \circ f$, est la représentation composée $\varphi_h \circ \varphi_f$. En particulier, si f est un homéomorphisme de E sur E', φ_f est un isomorphisme de $\Gamma^r(E)$ sur $\Gamma^r(E')$.

Démonstration abrégée: f se prolonge en une application continue $\hat{f}$ de $\hat{E}$ dans $\hat{E}'$, telle que $\hat{f}(I) \subset I'$.

5. Les trois représentations fondamentales

Soit E un espace localement compact, F un sous-espace *fermé* de E, $U = E - F$ le complémentaire (*ouvert*) de F dans E. Pour un recouvrement ouvert fini α de $\hat{E}$, soit K_α le nerf de α, H_α le sous-complexe nerf de α en tant que recouvrement de $\hat{F}$ ($\hat{F}$ désigne l'adhérence de F dans $\hat{E}$), et L_α le sous-complexe nerf de α en tant que recouvrement de I (notation du n° 4). Les groupes $\Gamma^r(E)$, $\Gamma^r(F)$ et $\Gamma^r(U)$ sont respectivement identifiés aux limites projectives des $G^r(K_\alpha/L_\alpha)$, $G^r(H_\alpha/L_\alpha)$ et $G^r(K_\alpha/H_\alpha)$.

1° L'application simpliciale identique de H_α dans K_α définit une représentation de $G^r(H_\alpha/L_\alpha)$ dans $G^r(K_\alpha/L_\alpha)$; par passage à la limite projective (conformément à la proposition 1.2), on en déduit une *représentation continue* (dite *canonique*) *de* $\Gamma^r(F)$ *dans* $\Gamma^r(E)$; c'est aussi la représentation définie par l'application identique de F dans E (conformément au théorème 4.2).

2° L'application simpliciale identique de K_α dans K_α définit une représentation de $G^r(K_\alpha/L_\alpha)$ dans $G^r(K_\alpha/H_\alpha)$; par passage à la limite projective, on en déduit une *représentation continue* (dite *canonique*) *de* $\Gamma^r(E)$ *dans* $\Gamma^r(U)$; c'est aussi la représentation de $G^r(\hat{E}/I)$ dans $G^r(\hat{E}/\hat{E}-U)$ définie par l'application identique de $\hat{E}$ dans $\hat{E}$ (cf. n° 3, 2e cas particulier).

3° A chaque élément de $G^r(K_\alpha/H_\alpha)$ faisons correspondre son *bord*, qui est un cycle du complexe H_α; il définit un cycle de H_α modulo L_α; d'où une représentation de $G^r(K_\alpha/H_\alpha)$ dans $G^{r-1}(H_\alpha/L_\alpha)$. Par passage à la limite projective, on en déduit une *représentation continue* (dite *canonique*) *de* $\Gamma^r(U)$ *dans* $\Gamma^{r-1}(F)$; l'élément de $\Gamma^{r-1}(F)$ qui correspond ainsi à un élément de $\Gamma^r(U)$ sera appelé le *bord* de cet élément.

On a ainsi une cascade de représentations, dites canoniques, de chacun des groupes de la suite

$$\ldots, \Gamma^r(F), \quad \Gamma^r(E), \quad \Gamma^r(U), \quad \Gamma^{r-1}(F), \quad \Gamma^{r-1}(E), \quad \Gamma^{r-1}(U), \ldots$$

dans le suivant; et ces représentations jouissent de la propriété fondamentale suivante:

Théorème 5.1. (Théorème fondamental.) $\Gamma_1, \Gamma_2, \Gamma_3$ désignant trois groupes consécutifs quelconques de la suite précédente, φ désignant la représentation canonique de Γ_1 dans Γ_2, et ψ la représentation canonique de Γ_2 dans Γ_3, la représentation composée $\psi \circ \varphi$ est *nulle*. En outre, *lorsque le groupe de base g est le groupe* T, le sous-groupe de Γ_2 formé des éléments dont l'image par ψ est nulle, *est précisément l'image* $\varphi(\Gamma_1)$.

Démonstration: évidente à partir du cas simplicial, et en appliquant la proposition 1.2.

Le théorème précédent est la clef d'un grand nombre de théorèmes importants en Topologie algébrique, comme nous allons le montrer sur quelques exemples. Auparavant, examinons un cas particulier:

Proposition 5.1. Si F est un sous-ensemble à la fois *ouvert et fermé* de E localement compact, la représentation canonique de $\Gamma^r(F)$ dans $\Gamma^r(E)$ est un *isomorphisme* de $\Gamma^r(F)$ sur un *sous-groupe* de $\Gamma^r(E)$, auquel on identifiera toujours $\Gamma^r(F)$.

Démonstration: évidente à partir du cas simplicial, par passage à la limite projective conformément à la proposition 1.2.

Dans l'hypothèse de la proposition précédente, $\Gamma^r(E)$ est somme directe de ses sous-groupes $\Gamma^r(F)$ et $\Gamma^r(U)$ (U désigne toujours $E - F$). Plus généralement:

Proposition 5.2. Si un espace localement compact E est réunion (finie ou infinie) d'ensembles ouverts U_i deux à deux sans point commun (les U_i sont donc aussi fermés), $\Gamma^r(E)$ est *somme topologique directe*[9]) de ses sous-groupes $\Gamma^r(U_i)$.

Cette proposition peut se ramener à la précédente grâce à une récurrence et au théorème suivant, intéressant par lui-même.

Théorème 5.2. Soit E un espace localement compact, réunion d'une famille filtrante (croissante) de sous-ensembles *ouverts* E_i. Les applications canoniques de $\Gamma^r(E)$ dans les groupes $\Gamma^r(E_i)$ définissent (conformément à la proposition 1.2) une représentation continue de $\Gamma^r(E)$ dans la limite projective des $\Gamma^r(E_i)$; *cette représentation est un isomorphisme de $\Gamma^r(E)$ sur cette limite projective*, qu'on identifiera donc à $\Gamma^r(E)$.

Ce théorème résulte de la proposition suivante, facile à vérifier: Soit A compact, et soient B_i des sous-ensembles fermés de A formant une famille filtrante (décroissante) d'intersection B; les représentations canoniques de $G^r(A/B)$ dans $G^r(A/B_i)$ (cf. n° 3, 2e cas particulier) définissent une représentation de $G^r(A/B)$ dans la limite projective des $G^r(A/B_i)$, qui est *un isomorphisme de $G^r(A/B)$ sur cette limite projective.*

6. Application à l'invariance du domaine

Dans ce numéro et les suivants, *nous supposons que le groupe de base g est le groupe T* (groupe additif des nombres réels modulo 1), de manière à pouvoir nous servir du théorème 5.1.

Proposition 6.1. Soit E un espace localement compact[10]) de dimension $\leqslant n$, F un sous-espace fermé de E, U le complémentaire de F dans E. Les trois conditions suivantes sont équivalentes:

---

[9]) Un groupe abélien topologique G est *somme topologique directe* de sous-groupe G_i si tout élément x de G se met d'une manière et d'une seule sous la forme $\sum_i x_i$, la famille des $x_i \in G_i$ étant *sommable* (au sens de Bourbaki, loc. cit. en [4]), p. 34), et chaque x_i étant fonction continue de x.

[10]) Par définition, la dimension d'un espace localement compact est la borne supérieure des dimensions de ses sous-espaces compacts.

a) le groupe $\Gamma^n(F)$ est nul;

b) l'image canonique de $\Gamma^n(F)$ dans $\Gamma^n(E)$ est nulle;

c) la représentation qui, à chaque élément de $\Gamma^n(E)$, fait correspondre sa trace dans $\Gamma^n(U)$, est *biunivoque*[11]) (les traces de deux éléments distincts sont distinctes).

En effet, $\Gamma^{n+1}(U)$ est nul, donc (théorème 5.1) la représentation canonique de $\Gamma^n(F)$ dans $\Gamma^n(E)$ est biunivoque, ce qui prouve l'équivalence des conditions a) et b). Or la condition b) équivaut à c), d'après le théorème 5.1.

Proposition 6.2. Soit E localement compact de dimension $\leqslant n$, F et F' deux sous-ensembles fermés tels que $F' \subset F$. Si $\Gamma^n(F)$ est nul, $\Gamma^n(F')$ est aussi nul.

C'est une conséquence immédiate de la proposition 6.1 appliquée à F et à F', compte tenu du fait que la représentation canonique de $\Gamma^n(F')$ dans $\Gamma^n(E)$ est composée des représentations canoniques de $\Gamma^n(F')$ dans $\Gamma^n(F)$ et de $\Gamma^n(F)$ dans $\Gamma^n(E)$.

Théorème 6.1. B_n désignant la *boule ouverte* de l'espace numérique de dimension n, le groupe $\Gamma^n(F')$ est nul pour tout vrai sous-ensemble fermé F' de B_n.

En effet, soit V l'intérieur d'une boule fermée contenue dans B_n et sans point commun avec F', et soit F le complémentaire de V dans B_n. Le groupe $\Gamma^n(F)$ est nul, car F peut être continûment déformé en la frontière de B_n; donc $\Gamma^n(F')$ est nul, d'après la proposition 6.2.

Théorème 6.2. Soit U un sous-ensemble ouvert non vide de la boule ouverte B_n; la représentation canonique de $\Gamma^n(B_n)$ dans $\Gamma^n(U)$ est *biunivoque*, et, en particulier, $\Gamma^n(U)$ n'est pas nul[12]).

En effet, $\Gamma^n(B_n - U)$ est nul d'après le théorème 6.1; il suffit alors d'appliquer le théorème 5.1.

L'ensemble des théorèmes 6.1 et 6.2 fournit ce qu'il est convenu d'appeler le théorème de „l'invariance du domaine": soit A un sous-espace localement compact de la boule ouverte B_n; la propriété, pour un point a de A, d'être *intérieur à* A (propriété qui, a priori, est relative à l'espace ambiant B_n), peut être caractérisée intrinsèquement à l'espace topologique A: il faut et il suffit que, pour tout voisinage ouvert U suffisamment petit de a dans A, le groupe $\Gamma^n(U)$ ne soit pas nul.

---

[11]) Nous employons le mot *biunivoque* au sens de Bourbaki (loc. cit. en [7]), p. 10, n° 8).

[12]) Nous admettons que le groupe $\Gamma^n_T(B_n)$ est isomorphe au groupe de base T, ce qui serait du reste facile à démontrer par récurrence sur n, en utilisant le théorème fondamental 5.1.

On peut compléter le théorème 6.2:

Théorème 6.3. Soit U un sous-ensemble ouvert, homéomorphe à B_n, de la boule ouverte B_n. La représentation canonique de $\Gamma^n(B_n)$ dans $\Gamma^n(U)$ est un *isomorphisme* du premier groupe *sur* le second.

Démonstration: d'après le théorème 6.2, il suffit de montrer que cette représentation φ est une représentation de $\Gamma^n(B_n)$ *sur* $\Gamma^n(U)$. Or soit $a \in U$, et soit V l'intérieur d'une boule fermée de centre a contenue dans U. Le groupe $\Gamma^{n-1}(B_n - V)$ est nul, donc (théorème 5.1) la représentation canonique de $\Gamma^n(B_n)$ dans $\Gamma^n(V)$ est une représentation *sur* $\Gamma^n(V)$, et comme elle est composée de φ et de la représentation canonique ψ de $\Gamma^n(U)$ dans $\Gamma^n(V)$ (représentation ψ qui est biunivoque d'après le théorème 6.2), il s'ensuit que φ est une représentation *sur* $\Gamma^n(U)$. C. Q. F. D.

7. Le groupe de Lefschetz, pour la dimension n, d'une variété de dimension n

Nous appelons *variété de dimension* n un espace topologique (connexe ou non) dont chaque point possède un voisinage ouvert homéomorphe à une boule ouverte de dimension n. Nous laissons ici de côté les généralisations possibles de la notion de variété combinatoire[13]).

Une boule ouverte B_n de dimension n est une variété de dimension n. Par définition, *orienter* B_n, c'est choisir l'un des deux isomorphismes possibles du groupe $\Gamma^n_T(B_n)$ sur le groupe de base T. Une orientation de B_n induit une orientation pour tout sous-ensemble ouvert U de B_n homéomorphe à B_n, d'après le théorème 6.3.

Par définition, orienter une variété E de dimension n, c'est orienter chaque sous-ensemble ouvert de E homéomorphe à B_n, de manière que si U et V sont deux tels sous-ensembles satisfaisant à $U \subset V$, l'orientation de U soit induite par celle de V. Dans le cas où E est précisément une boule B_n, cette définition de l'orientation est d'accord avec la précédente.

Une variété E de dimension n est *orientable* s'il est possible de l'orienter, dans le sens qui vient d'être défini. Pour cela, il faut et il suffit que chaque composante connexe de E soit orientable, et alors il y a deux orientations possibles (opposées) pour chaque composante connexe de E.

Théorème 7.1. Pour une variété E de dimension n, le groupe de Lefschetz $\Gamma^n_T(E)$ est somme topologique directe des sous-groupes $\Gamma^n_T(E_i)$

[13]) Voir par ex. le deuxième des mémoires de Čech : Ann. of Math., t. 34, 1933, p. 621—730.

relatifs aux composantes connexes E_i de E; chaque groupe $\Gamma_T^n(E_i)$ est isomorphe à T si E_i est orientable, isomorphe au groupe Z_2 (groupe additif des entiers modulo 2) si E_i n'est pas orientable.

La première partie de l'énoncé résulte immédiatement de la proposition 5.2. La deuxième partie résultera d'un théorème général relatif au groupe $\Gamma_T^n(E)$ d'un *espace localement compact E de dimension* $\leqslant n$:

Théorème 7.2. Soit E localement compact de dimension $\leqslant n$. Soient des ensembles *ouverts* non vides U_i, formant une *base* de la topologie de E; et soit, pour chaque U_i, un élément γ_i du groupe $\Gamma_T^n(U_i)$. Pour que les γ_i soient respectivement les traces, sur les U_i, d'un même élément γ de $\Gamma_T^n(E)$, il faut et il suffit que, pour tout couple (U_i, U_j) tel que $U_i \subset U_j$, γ_i soit la trace de γ_j. (Nous dirons alors que les γ_i forment un *système cohérent.*) L'élément γ est alors *unique*.

Admettons ce théorème pour un instant. Il prouve que la détermination du groupe $\Gamma_T^n(E)$ revient à celle des systèmes cohérents; si E est une variété connexe de dimension n, les U_i étant les sous-ensembles ouverts homéomorphes à la boule B_n, le groupe des systèmes cohérents est isomorphe au groupe Γ_T^n de l'un des U_i si E est orientable, sinon il est isomorphe au sous-groupe de $\Gamma_T^n(U_i)$ formé des éléments égaux à leur opposé. Et ceci achève la démonstration du théorème 7.1.

L'intérêt du théorème 7.1 est qu'il ne fait intervenir aucune hypothèse de triangulabilité ni, au cours de la démonstration, aucun procédé rappelant de près ou de loin un pavage de la variété.

Reste à démontrer le théorème 7.2; il résultera des deux théorèmes qui vont suivre.

8. Deux théorèmes sur le groupe de Lefschetz[14]) de la réunion de deux ensembles ouverts

Théorème 8.1. Soit E localement compact, réunion de deux sous-ensembles ouverts U_1 et U_2, d'intersection V. Pour qu'un élément γ_1 de $\Gamma^r(U_1)$ et un élément γ_2 de $\Gamma^r(U_2)$ soient respectivement les traces d'un même élément γ de $\Gamma^r(E)$, il faut et il suffit que γ_1 et γ_2 aient même trace dans $\Gamma^r(V)$.

Théorème 8.2. Soit E localement compact, réunion de deux sous-ensembles ouverts U_1 et U_2, d'intersection V. Le sous-groupe de $\Gamma^r(E)$ formé des éléments dont la trace dans $\Gamma^r(U_1)$ et la trace dans $\Gamma^r(U_2)$

[14]) Il est entendu que jusqu'à la fin de ce travail il s'agit uniquement des groupes de Lefschetz *par rapport au groupe de base T*.

sont nulles, est isomorphe au quotient de $\Gamma^{r+1}(V)$ par le sous-groupe engendré par les traces (dans $\Gamma^{r+1}(V)$) des éléments de $\Gamma^{r+1}(U_1)$ et de $\Gamma^{r+1}(U_2)$.

Ces deux théorèmes se démontrent uniquement par application répétée du théorème fondamental 5.1. Donnons à titre d'exemple la démonstration du théorème 8.1. La condition de l'énoncé est évidemment nécessaire; reste à montrer qu'elle est suffisante. Soit donc δ la trace commune de γ_1 et de γ_2 dans $\Gamma^r(V)$; et soit à montrer l'existence d'un élément γ de $\Gamma^r(E)$, ayant pour trace γ_1 dans $\Gamma^r(U_1)$ et γ_2 dans $\Gamma^r(U_2)$.

La suite des groupes $\Gamma^r(U_1)$, $\Gamma^r(V)$, $\Gamma^{r-1}(U_1 - V)$ montre que δ a un bord nul dans $\Gamma^{r-1}(U_1 - V)$. De même, le bord de δ dans $\Gamma^{r-1}(U_2 - V)$ est nul. Comme $E - V$ est réunion des sous-ensembles ouverts $U_1 - V$ et $U_2 - V$ sans point commun, $\Gamma^{r-1}(E - V)$ est somme directe de $\Gamma^{r-1}(U_1 - V)$ et $\Gamma^{r-1}(U_2 - V)$, et par suite le *bord* de δ dans $\Gamma^{r-1}(E - V)$ est *nul*. La suite des groupes $\Gamma^r(E)$, $\Gamma^r(V)$, $\Gamma^{r-1}(E - V)$ montre alors que δ est la trace d'un élément ε de $\Gamma^r(E)$. Soient ε_1 et ε_2 les traces de ε dans $\Gamma^r(U_1)$ et $\Gamma^r(U_2)$ respectivement. L'élément $\gamma_1 - \varepsilon_1$ de $\Gamma^r(U_1)$ a une trace nulle dans $\Gamma^r(V)$; la suite des groupes $\Gamma^r(U_1 - V)$, $\Gamma^r(U_1)$, $\Gamma^r(V)$ prouve que $\gamma_1 - \varepsilon_1$ est l'image canonique d'un élément δ_1 de $\Gamma^r(U_1 - V)$. De même, l'élément $\gamma_2 - \varepsilon_2$ de $\Gamma^r(U_2)$ est l'image canonique d'un élément δ_2 de $\Gamma^r(U_2 - V)$.

Dans le groupe $\Gamma^r(E)$, soit γ la somme de ε et des images canoniques de $\delta_1 \in \Gamma^r(U_1 - V)$ et de $\delta_2 \in \Gamma^r(U_2 - V)$. Cherchons la trace de γ dans $\Gamma^r(U_1)$: c'est la somme des traces de ε et de l'image canonique $\gamma_1 - \varepsilon_1$ de δ_1; c'est donc γ_1. De même, γ a pour trace γ_2 dans $\Gamma^r(U_2)$. Et ceci achève la démonstration du théorème.

Il nous reste à montrer comment le théorème 7.2 peut se déduire des théorèmes 8.1 et 8.2. Soit donc, avec les notations du théorème 7.2, un système cohérent d'éléments γ_i; montrons d'abord qu'il existe *au plus un* élément γ de $\Gamma^n(E)$ ayant pour trace γ_i dans $\Gamma^n(U_i)$, et ceci pour tout i. Autrement dit: *si un élément δ de $\Gamma^n(E)$ a une trace nulle dans chacun des $\Gamma^n(U_i)$, il est nul*; cela, moyennant la seule hypothèse que E est un espace localement compact de dimension $\leqslant n$. Et en effet, grâce au théorème 8.2, on voit de proche en proche que la trace de δ est nulle dans tout groupe $\Gamma^n(W)$, W désignant une réunion finie d'ensembles U_i. D'autre part, $\Gamma^n(E)$ est limite projective des $\Gamma^n(W)$ (théorème 5.2); donc δ est bien nul.

Pour achever de démontrer le théorème 7.2, il reste à prouver *l'existence* d'un élément γ de $\Gamma^n(E)$ ayant pour trace γ_i dans chaque $\Gamma^n(U_i)$. Il suffira de prouver que, pour chaque réunion finie W d'ensembles U_i, existe un élément δ_W de $\Gamma^n(W)$ ayant pour trace γ_i dans chacun des $\Gamma^n(U_i)$ relatifs aux U_i dont se compose W; car, en vertu de l'unicité de chacun des δ_W, les δ_W sont les traces mutuelles les uns des autres (d'une façon précise: si $W_1 \subset W_2$, δ_{W_1} est la trace de δ_{W_2} dans $\Gamma^n(W_1)$, et par suite définissent un élément γ de la limite projective $\Gamma^n(E)$. Quant à l'existence de l'élément δ_W, elle se prouve par récurrence sur le nombre des U_i dont W est la réunion. Supposons-la en effet démontrée pour un certain W, et soit W' la réunion de W et d'un certain U_i. Les éléments $\delta_W \in \Gamma^n(W)$ et $\gamma_i \in \Gamma^n(U_i)$ ont même trace dans $\Gamma^n(W \cap U_i)$, car ils ont même trace dans chacun des $\Gamma^n(U_j)$ relatifs aux U_j contenus dans $W \cap U_i$. Donc, en vertu du théorème 8.1, il existe un élément $\delta_{W'}$ de $\Gamma^n(W')$ ayant pour trace δ_W dans $\Gamma^n(W)$ et γ_i dans $\Gamma^n(U_i)$. C. Q. F. D.

Ceci achève la démonstration du théorème 7.2 et, par là, celle du théorème 7.1.

9. Le théorème de Jordan-Brouwer

Sous sa forme la plus générale, il se déduit facilement des résultats précédents.

Tout d'abord, les théorèmes 6.1 et 6.2 se généralisent de la manière suivante:

Théorème 9.1. Soit E une variété *connexe* de dimension n. Pour tout sous-ensemble ouvert non vide U de E, la représentation canonique de $\Gamma^n(E)$ dans $\Gamma^n(U)$ est *biunivoque*. Pour tout vrai sous-ensemble fermé F de E, le groupe $\Gamma^n(F)$ est nul.

Démonstration: la deuxième partie de l'énoncé se déduit de la première, d'après la proposition 6.1. Il reste seulement à prouver que si un élément γ de $\Gamma^n(E)$ a une trace nulle dans $\Gamma^n(U)$, il est nul. Or soit V_0 un sous-ensemble ouvert de U, homéomorphe à la boule B_n; γ a une trace nulle dans $\Gamma^n(V_0)$, donc, de proche en proche, dans tous les $\Gamma^n(V)$ (quel que soit le sous-ensemble ouvert V homéomorphe à B_n); par suite γ est nul.

Théorème 9.2. Soit E une variété *connexe* de dimension n, F un* sous-ensemble fermé tel que $\Gamma^{n-1}(F)$ soit nul. Alors la représentation canonique de $\Gamma^n(E)$ dans $\Gamma^n(E-F)$ est un *isomorphisme* du premier groupe *sur* le second; par suite $E-F$ est une variété connexe, orientable si E est orientable, non-orientable si E est non-orientable. C'est en particulier le cas si F est de dimension $\leqslant n-2$.

*vrai

Démonstration: on applique le théorème 5.1 à la suite des groupes $\Gamma^n(F)$, $\Gamma^n(E)$, $\Gamma^n(E - F)$, $\Gamma^{n-1}(F)$, dont le premier et le dernier sont nuls.

Théorème 9.3. Soit E une variété *connexe orientable* de dimension n, telle que $\Gamma^{n-1}(E)$ soit nul (par exemple, l'espace numérique de dimension n). Si F est un*sous-ensemble *fermé* de E, le groupe $\Gamma^{n-1}(F)$ est un produit de groupes isomorphes à T, en nombre égal au nombre des composantes connexes de $E - F$ diminué d'une unité.

En effet, d'après le théorème fondamental 5.1, $\Gamma^{n-1}(F)$ est isomorphe au quotient de $\Gamma^n(E - F)$ par le sous-groupe, image canonique de $\Gamma^n(E)$, sous-groupe qui est isomorphe au groupe $\Gamma^n(E)$ (lui-même isomorphe au groupe de base T) puisque la représentation canonique de $\Gamma^n(E)$ dans $\Gamma^n(E - F)$ est biunivoque (théorème 9.1). Or le groupe Γ^n de la variété orientable $E - F$ est fourni par le théorème 7.1. D'où le résultat.

Pour obtenir le théorème de Jordan-Brouwer, il suffit, dans les hypothèses du théorème 9.3, de supposer en outre que *F est une variété de dimension $n - 1$* (sans oublier que F est supposé *fermé* dans E). En appliquant le théorème 7.1 à la variété F, on voit que *F est orientable*, et que *le nombre de ses composantes connexes est égal au nombre des composantes connexes de $E - F$ diminué d'une unité.* Si en outre F est supposé *connexe*, $E - F$ a *deux* composantes connexes; et, pour tout vrai sous-ensemble fermé F' de F, $E - F'$ est *connexe* (car $\Gamma^{n-1}(F')$ est nul en vertu du théorème 9.1).

On remarquera que notre démonstration du théorème de Jordan-Brouwer ne fait à aucun moment intervenir des considérations de triangulation ou de pavage, tant pour la variété E que pour la sous-variété F. Elle repose uniquement sur l'usage répété du théorème fondamental 5.1. J'ignore si une méthode analogue pourrait conduire simplement au théorème général de dualité d'Alexander-Pontrjagin, sans hypothèse de triangulabilité.

10. Le groupe de Lefschetz d'un complexe cellulaire

Nous appelons *complexe cellulaire* un espace localement compact E muni de la donnée de sous-espaces *fermés* E_i appelés *cellules*, en nombre fini ou infini, tels que tout sous-ensemble compact n'en rencontre qu'un nombre fini, et qui satisfont aux conditions suivantes:

1° l'intersection de deux cellules est vide ou est une réunion de cellules;

*vrai

2° si d'une cellule E_i on enlève la réunion des cellules *incidentes* à E_i (c'est-à-dire contenues dans E_i et autres que E_i), il reste un ensemble E'_i, ouvert dans E_i, appelé le *noyau* de E_i. On suppose que, pour chaque noyau, les groupes $\Gamma^r_T(E'_i)$ sont nuls pour toutes les valeurs de r sauf une au plus; si $\Gamma^r_T(E'_i)$ n'est pas nul, r s'appellera la *pseudo-dimension* du noyau E'_i (ou de la cellule E_i); la pseudo-dimension de E'_i sera -1 si $\Gamma^r_T(E'_i)$ est nul pour tout $r \geqslant 0$;

3° si une cellule E_j est incidente à une cellule E_i, sa pseudo-dimension est strictement plus petite que celle de E_i.

Par exemple, les hypothèses précédentes sont vérifiées si chaque noyau est réduit à un point ou homéomorphe à une boule ouverte de dimension quelconque; la dimension du noyau coïncide alors avec sa pseudo-dimension.

L'application répétée du théorème fondamental 5.1 permet de déterminer entièrement le groupe de Lefschetz $\Gamma^n_T(E)$ d'un tel complexe cellulaire, et cela pour toute dimension n. Sans entrer dans le détail, voici l'essentiel des idées et des résultats:

Soit A_n la réunion des cellules de pseudo-dimension $\leqslant n$; A_n est *fermé*. L'ensemble $B_{n+1} = A_{n+1} - A_n$ est la réunion des noyaux de pseudo-dimension $n+1$; B_{n+1} est ouvert dans A_{n+1}. Le groupe $\Gamma^r(B_{n+1})$ est nul pour $r \neq n+1$. On voit alors par récurrence sur n que $\Gamma^r(A_n)$ est nul pour $r > n$. Le groupe $\Gamma^{n+1}(A_{n+1})$ peut être identifié à un sous-groupe de $\Gamma^{n+1}(B_{n+1})$, savoir celui des éléments dont le *bord* (élément de $\Gamma^n(A_n)$) est nul. Mais comme tout élément de $\Gamma^n(A_n)$ peut être à son tour identifié à un élément de $\Gamma^n(B_n)$, *le bord d'un élément de* $\Gamma^{n+1}(B_{n+1})$ *peut être identifié à un élément de* $\Gamma^n(B_n)$. D'ailleurs $\Gamma^n(B_n)$ est somme topologique directe des groupes Γ^n des noyaux de pseudo-dimension n.

Ensuite, $\Gamma^n(A_{n+1})$ est isomorphe au quotient de $\Gamma^n(A_n)$ par le sous-groupe des *bords* des éléments de $\Gamma^{n+1}(B_{n+1})$; $\Gamma^n(A_{n+1})$ peut donc être identifié au *quotient d'un sous-groupe de* $\Gamma^n(B_n)$ (savoir celui des éléments dont le bord est nul) *par le sous-groupe des bords des éléments de* $\Gamma^{n+1}(B_{n+1})$.

Enfin, on montre que $\Gamma^n(E)$ est isomorphe à $\Gamma^n(A_{n+1})$, auquel on l'identifie. Bref, lorsqu'on connaît le *bord* de chaque élément de chaque groupe Γ^n de chaque noyau (n désignant la pseudo-dimension de ce noyau), bord qui est identifié à une somme (finie ou infinie) d'éléments des groupes Γ^{n-1} des noyaux des cellules incidentes, on sait déterminer les groupes de Lefschetz, de toutes dimensions, du complexe cellulaire E. Tout revient ainsi à déterminer, pour chaque couple d'une cellule E_i de pseudo-dimension n et d'une cellule E_j, incidente à E_i, de dimension $n-1$, une représentation continue du groupe Γ^n du noyau de E_i dans le groupe Γ^{n-1} du noyau de E_j. Lorsque tous les noyaux sont homéomorphes à des boules ouvertes (ou réduits à un point), supposées orientées (d'une manière arbitraire), chacune de ces représentations est définie par une représentation du groupe de base T dans T, c'est-à-dire, en fin de compte, *par un nombre entier*, positif, négatif ou nul. La connaissance de ces entiers détermine le groupe de Lefschetz pour toute dimension.

Ce résultat vaut sans aucune hypothèse de triangulabilité relative aux cellules.

(Reçu le 1er mai 1945.)

Erratum

Page 6, ligne 4, *rajouter:*

L'élément de $\Gamma^r(E)$ qui correspond ainsi à un élément de $\Gamma^r(F)$ s'appellera l'*image canonique*, ou plus brièvement l'*image* de cet élément.

Page 6, ligne 10, *rajouter:*

L'élément de $\Gamma^r(U)$ qui correspond ainsi à un élément de $\Gamma^r(E)$ s'appellera la *trace* de cet élément.

Page 7, lignes 3—4, { *au lieu de:* somme directe / *lire:* somme directe topologique[9]) }

Page 7, ligne 8, { *au lieu de:* *somme topologique directe* / *lire:* *somme directe topologique* }

Page 7, la note 9) de bas de page est à supprimer et à remplacer par la suivante:

[9]) Un groupe abélien topologique G est *somme directe topologique* de sous-groupes G_i si: 1° de quelque manière que l'on choisisse un élément x_i dans chaque G_i, la famille des x_i est *sommable* (au sens de Bourbaki, loc. cit. en [4]), p. 34); 2° tout élément x de G se met d'une manière et d'une seule sous la forme $\sum_i x_i$ (où $x_i \in G_i$), chaque x_i étant fonction continue de x.

Page 9, dernière ligne, { *au lieu de:* somme topologique directe / *lire:* somme directe topologique[9]) }

77.

Extension de la théorie de Galois aux corps non commutatifs

Comptes Rendus de l'Académie des Sciences de Paris 224, 87–89 (1947)

1. La *théorie de Galois*, sous la forme que lui a donnée Artin, consiste à étudier les relations entre les groupes d'automorphismes d'un corps (commutatif) K, et les sous-corps du corps K. De ce point de vue, elle est susceptible d'être généralisée au cas des corps non commutatifs (Schiefkörper), comme nous allons le montrer dans cette Note et dans une Note ultérieure. Notre théorie englobe celle que E. Nœther ([2]) nommait la *théorie de Galois* des corps non commutatifs, et qui concernait les groupes d'automorphismes *intérieurs* d'un corps de rang fini sur son centre. Mais notre théorie englobe aussi la théorie de Jacobson ([3]), relative aux groupes d'automorphismes *extérieurs* d'un corps (commutatif ou non), théorie qui elle-même contenait comme cas particulier celle de Galois-Artin pour le cas commutatif. Ainsi les théories de Skolem-Nœther d'une part, de Galois-Artin-Jacobson d'autre part, apparaissent comme les deux pôles d'une théorie unitaire ([4]).

2. Pour pouvoir énoncer nos théorèmes, il faut préciser certaines notions et notations.

Par *automorphisme* d'un corps K (commutatif ou non), on entend une application biunivoque ω de K sur K, telle que $\omega(x-y)=\omega(x)-\omega(y)$, et $\omega(xy)=\omega(x)\omega(y)$. Soit K^* le groupe multiplicatif des éléments $\neq 0$ de K; plus généralement, L^* désignera le sous-groupe de K^* formé des éléments $\neq 0$ d'un sous-corps L. Pour $k \in K^*$, l'application $x \to kxk^{-1}$ de K sur K est un automorphisme de K, dit *intérieur*, et noté σ_k. Les automorphismes intérieurs de K forment un *groupe* Γ, isomorphe au groupe quotient K^*/C^* (C désigne le *centre* de K). Pour tout groupe G d'automorphismes (quelconques) de K, $G \cap \Gamma$ est sous-groupe *distingué* de G; notons K(G) le *sous-groupe* de K^* formé des k tels que $\sigma_k \in G$; K(G) contient C^* et est *invariant* (dans son ensemble) par le groupe G. Soit $\widehat{K(G)}$ le *sous-corps* (de K) engendré par K(G). Les

---

([1]) Séance du 6 janvier 1947.

([2]) *Nichtkommutative Algebra* (*Math. Zeits.*, 37, 1933, pp. 514-541). Pour ces questions, consulter Deuring, *Algebren* (*Ergebnisse*, IV, 1, 1935). Voir aussi van der Waerden, *Modern Algebra*, II, 2e éd., pp. 202-204 (*Hauptsätze der Schiefkörpertheorie*).

([3]) *Ann. of Math.*, 41, 1940, pp. 1-7.

([4]) Toutefois les résultats de Skolem-Nœther valent non seulement pour les corps, mais pour les *anneaux simples*, tandis que nos résultats et les méthodes qui y conduisent sont particuliers au cas des corps.

automorphismes composés de la forme $\sigma_k \circ \omega$, où ω parcourt G, et k parcourt $(\widehat{K(G)})^*$, forment un *groupe* $\widehat{G}$ contenant G. On dira que G est *achevé* si $\widehat{G} = G$, c'est-à-dire si $K(G) \cup \{0\}$ est un *sous-corps* de K. Dans tous les cas, $\widehat{G}$ est achevé; c'est le plus petit sous-groupe achevé contenant G.

3. La donnée d'un *sous-corps* L de K définit sur K une structure *d'espace vectoriel* (à gauche) sur le corps L, et aussi une structure d'espace vectoriel (à droite) sur L. Pour toute partie E de K, on appelle *rang* (à gauche) de E sur L, la dimension du sous-espace vectoriel (à gauche sur L) engendré par E; on définit de même le rang à droite. Si K est de rang *fini* (à gauche) sur L, tout *sous-anneau* de K contenant L est un *sous-corps* de K.

En particulier, K est muni d'une structure d'espace vectoriel sur son centre C (les deux structures à gauche et à droite sont identiques). G désignant un groupe d'automorphismes de K, le sous-espace vectoriel (sur C) engendré par K(G) est un *sous-anneau* de K; en outre, si K(G) est de rang *fini* sur C, ce sous-anneau est un *sous-corps*, et c'est donc $\widehat{K(G)}$.

4. A chaque sous-corps L de K on associe le groupe, noté G_L^K, de tous les automorphismes de K qui laissent invariants tous les éléments de L (individuellement). Ce sont, en somme, les automorphismes de la structure de *corps* de K qui sont aussi automorphismes de la structure *d'espace vectoriel sur* L. Le groupe G_L^K est *achevé*.

Inversement, à tout groupe G d'automorphismes de K, on associe le sous-corps des éléments (de K) invariants par G. Un sous-corps L est dit *sous-corps galoisien* de K s'il est le sous-corps des invariants d'un groupe convenable d'automorphismes de K; dans ce cas, on dit aussi que K est une *extension galoisienne* de L, et G_L^K s'appelle le *groupe de Galois* de K relativement à L.

Deux groupes distincts peuvent posséder le même sous-corps d'invariants. Par exemple, le plus petit groupe achevé $\widehat{G}$ contenant un groupe d'automophismes G possede le même sous-corps d'invariants que G.

Dans une prochaine Note, nous énoncerons les principaux théorèmes de la *théorie de Galois* pour les corps non nécessairement commutatifs.

78.

Les principaux théorèmes de la théorie de Galois pour les corps non commutatifs

Comptes Rendus de l'Académie des Sciences de Paris 224, 249–251 (1947)

1. Grâce aux notions introduites dans une Note antérieure ([2]), nous sommes en mesure d'énoncer les principaux théorèmes de la *théorie de Galois* pour un *corps* quelconque K, non nécessairement commutatif.

THÉORÈME 1. — *Soit* $\mathcal{G}$ *un groupe d'*automorphismes *d'un corps* K, *et soit* L *le sous-corps des invariants de* $\mathcal{G}$. *Pour que* K *soit de rang* fini (*à gauche*) *sur* L, *il faut et il suffit que :* 1° *le groupe quotient* $\mathcal{G}/\mathcal{G}\cap\Gamma$ *soit* fini; 2° $K(\mathcal{G})$ *soit de* rang fini *sur le* centre C *de* K ([3]). *Dans ces conditions :*

α. *on a la relation*

$$r = nd$$

entre le rang r *de* K *sur* L, *l'ordre* n *du groupe* $\mathcal{G}/\mathcal{G}\cap\Gamma$, *et le rang* d *de* $K(\mathcal{G})$ *sur* C;

β. *le groupe de Galois* G_L^K *n'est autre que le groupe* $\widehat{\mathcal{G}}$, *plus petit groupe* achevé *contenant* $\mathcal{G}$.

COROLLAIRE. — Si L est sous-corps *galoisien* d'un corps K, et si le rang (à gauche) de K sur L est fini, le rang (à droite) de K sur L est fini et égal au rang à gauche.

THÉORÈME 2. — *Soit* L *un sous-corps galoisien d'un corps* K, *tel que* K *soit de* rang fini *sur* L (cf. *théor.* 1). *Tout sous-corps* H *contenant* L *est sous-corps* galoisien *de* K, *et tout sous-groupe* achevé $\mathcal{H}$ *de* G_L^K *est groupe de Galois de* K *relativement à un sous-groupe contenant* L. *D'une façon précise, il existe une* correspondance biunivoque *entre les sous-corps* H *tels que* $L \subset H \subset K$, *et les sous-groupes achevés* $\mathcal{H}$ *de* G_L^K, *telle que chaque* H *soit le corps des invariants du groupe* $\mathcal{H}$ *associé à* H, *et que chaque* $\mathcal{H}$ *soit le groupe de Galois de* K *relativement au sous-corps associé à* $\mathcal{H}$.

Remarques. — 1° Le sous-groupe associé à une intersection $H_1 \cap H_2$ est le plus petit groupe achevé contenant les groupes $\mathcal{H}_1$ et $\mathcal{H}_2$ associés à H_1 et H_2 respectivement; le sous-groupe associé au sous-corps $[H_1, H_2]$ engendré par H_1 et H_2 est l'intersection des sous-groupes $\mathcal{H}_1$ et $\mathcal{H}_2$.

([2]) *Comptes rendus*, **224**, 1947, p. 87. Nous conservons les notations et la terminologie de cette Note.

2° Pour tout sous-corps H contenant L, le rang de H sur L est le même à droite et à gauche.

THÉORÈME 3. — *Soit* K *une* extension galoisienne *d'un corps* L, *de* rang fini *sur* L, *et soit* H *un sous-corps de* K *contenant* L (cf. théorème 2).

α. *si un isomorphisme de* H *sur un sous-corps de* K *laisse fixes les éléments de* L, *il peut se prolonger en un* automorphisme *de* K;

β. $G_L^K(H)$ *désignant le sous-groupe de* G_L^K *formé des automorphismes qui laissent* H invariant (*dans son ensemble*), *le groupe* G_L^H *est isomorphe au quotient de* $G_L^K(H)$ *par son sous-groupe* distingué G_H^K;

γ. *pour que* H *soit extension* galoisienne *de* L, *il faut et il suffit que* G_L^K *soit le plus petit groupe achevé contenant* $G_L^K(H)$;

δ. *la condition* $G_L^K = G_L^K(H)$ *est* suffisante *pour que* H *soit extension galoisienne de* L (*d'après* γ); *elle exprime que* G_H^K *est sous-groupe* distingué *de* G_L^K.

COROLLAIRE DU THÉORÈME 3. — α. Si K est extension galoisienne de L, de rang fini sur L, une condition nécessaire et suffisante pour qu'il existe un automorphisme de G_L^K qui transforme un élément $x \in K$ en un élément $y \in K$ est que x et y satisfassent aux mêmes *relations algébriques* à coefficients dans L.

2. Supposons désormais K de *rang fini sur son centre* C. Si l'on prend pour $\mathcal{G}$ le groupe Γ des automorphismes *intérieurs* de K, le groupe L du théorème 1 est C; les théorèmes précédents redonnent alors les théorèmes de Skolem-Noether [voir la Note citée en ([2])], par une voie différente de celle connue jusqu'ici : d'après le théorème 1, β, le groupe G_C^K n'est autre que Γ; le théorème 2 donne une correspondance biunivoque entre les sous-corps H contenant C, et les sous-corps H′ contenant C, chacun des sous-corps H et H′ se composant des éléments de K qui permutent avec les éléments de l'autre; le théorème 1, α donne une relation entre les rangs de K, H, H′ sur C; enfin le théorème 3, α donne un résultat intéressant (connu). On peut en outre prouver :

THÉORÈME 4. — *Soit* K *un corps de* rang fini sur son centre C. *Si un sous-corps* H *contenant* C *est* invariant (*dans son ensemble*) *par tous les automorphismes intérieurs de* K, *il est* identique à K ou à C.

J'ignore si ce théorème est déjà connu. Il exprime que si un polynome à coefficients dans C possède une racine dans K (et non dans C), tout sous-corps qui contient C et toutes les racines de ce polynome est identique à K tout entier.

3. Les démonstrations des théorèmes précédents paraîtront ailleurs. Elles reposent en partie sur un théorème relatif aux anneaux d'*endomorphismes* ([4])

([3]) Dans ces conditions, le sous-corps $\widehat{K(\mathcal{G})}$ n'est autre que le sous-espace vectoriel (sur C) engendré par $K(\mathcal{G})$. Voir Note citée en ([2]), n° 3.

([4]) Il s'agit d'endomorphismes pour la structure du *groupe additif* de K.

d'un corps K. Ce théorème, qui constitue essentiellement le sujet d'un mémoire de Jacobson ([5]) pour le cas d'un corps *commutatif*, a été récemment généralisé par Bourbaki ([6]) au cas d'un corps non commutatif. Grâce à ce théorème, et en se servant en outre de la notion, due à Bourbaki ([6]), d'éléments *primordiaux* d'un sous-espace vectoriel d'un espace vectoriel donné, on obtient assez aisément les théorèmes ci-dessus.

([5]) *Amer. Journal*, **66**, 1944, p. 1.

([6]) *Algèbre*, Chap. II, § 5 (à paraître prochainement aux *Actualités scient. et ind.*).

79.

Théorie de Galois pour les corps non commutatifs

Annales Scientifiques de l'Ecole Normale Supérieure 64, 59–77 (1947)

Nous nous proposons de généraliser aux corps non commutatifs ce qu'on appelle aujourd'hui la *théorie de Galois* des corps *commutatifs*, c'est-à-dire l'étude des relations entre certains *sous-corps* d'un corps donné K, et certains *groupes d'automorphismes* du corps K. Notre théorie contient en particulier les théorèmes de Skolem-Nœther ([1]) relatifs aux automorphismes intérieurs d'un corps de rang fini sur son centre, théorèmes qui constituent ce que E. Nœther ([2]) appelait précisément la « théorie de Galois » des corps non commutatifs (*voir* ci-après, § 9). Mais notre actuelle théorie est plus compréhensive, car elle englobe également les résultats de Jacobson ([3]) relatifs aux groupes d'automorphismes *extérieurs* d'un corps (commutatif ou non), résultats qui contiennent eux-mêmes comme cas particuliers ceux de la théorie de Galois pour un corps commutatif, sous la forme que leur ont donnée Artin et Baer.

Ainsi les deux théories connues, celles de Skolem-Nœther, et celle de Galois-Artin-Jacobson, apparaissent comme les deux pôles d'une théorie unitaire, celle qui fait l'objet du présent article.

1. *Notions générales sur les corps.* — Nous ne revenons pas sur la notion de *corps* ([4]). Un *isomorphisme* d'un corps K sur un corps K′ est une application

---

([1]) *Voir* Deuring, *Algebren* (*Ergebnisse*, IV, 1, 1935), p. 42-44. *Voir* aussi Van den Waerden, *Moderne Algebra*, II, 2ᵉ édition, p. 202-204.

([2]) E. Nœther, *Nichtkommutative Algebra* (*Math. Zeits.*, 37, 1933, p. 514-541).

([3]) *Ann. of Math.*, 41, 1940, p. 1-7.

([4]) Nous adoptons la terminologie de N. Bourbaki [*Algèbre*, Chap. I (*Actual. scient. et ind.*, fasc. 934; Paris, Hermann, 1942)]. Un *corps* (c'est-à-dire un anneau dont l'ensemble des éléments $\neq 0$ forme un groupe pour la multiplication) n'est donc pas nécessairement supposé commutatif.

biunivoque f de K sur K' telle que l'on ait, pour tout x et tout y de K,

$$f(x-y)=f(x)-f(y), \qquad f(xy)=f(x)f(y),$$

d'où résulte

$$f(0)=0, \qquad f(1)=1, \qquad f(x^{-1})=[f(x)]^{-1}.$$

En particulier, un *automorphisme* d'un corps K est un isomorphisme de K sur K.

La donnée d'un *sous-corps* L d'un corps K définit sur K deux structures d'*espace vectoriel* (5) par rapport au corps L : une structure d'espace vectoriel *à gauche*, pour laquelle le « produit » d'un élément x de K et d'un « scalaire » α de L est l'élément αx de K; une structure d'espace vectoriel *à droite*, pour laquelle le « produit » d'un élément x de K et d'un « scalaire » α de L est l'élément $x\alpha$ de K. On appellera *rang à gauche* de K sur L, la dimension de K comme espace vectoriel à gauche sur L; on définit de même le *rang à droite*. Ces rangs peuvent être infinis, et ils ne sont pas nécessairement égaux. D'une manière générale, soit E une partie quelconque de K; on appellera rang (à gauche) de E sur L la dimension du sous-espace vectoriel (à gauche sur L) engendré par E; on définit de même le rang (à droite) de E sur L.

Si L est le *centre* C de K, c'est-à-dire le sous-corps des éléments qui permutent avec tout élément de K, les deux structures d'espace vectoriel sur C sont identiques; on parlera donc du *rang* (de K, ou d'une partie de K) sur C, sans spécifier s'il s'agit de rang à droite ou de rang à gauche.

Pour qu'un automorphisme f de K soit en même temps un automorphisme pour la structure d'espace vectoriel (à gauche sur un sous-corps L), il faut et il suffit que $f(\alpha x)=\alpha f(x)$ pour tout $\alpha\in L$, ce qui donne $f(\alpha)=\alpha$ pour tout $\alpha\in L$. Autrement dit, il faut et il suffit que tous les éléments de L soient *invariants* par f. Les automorphismes qui jouissent de cette propriété forment évidemment un *groupe*, que nous noterons G_L^K.

Inversement, soit $\mathcal{G}$ un groupe d'automorphismes du corps K. Les éléments de K invariants par ce groupe (c'est-à-dire invariants par chaque automorphisme du groupe) forment évidemment un *sous-corps* de K. Nous l'appellerons le sous-corps des invariants de $\mathcal{G}$.

Un sous-corps L de K sera dit *galoisien* s'il existe un groupe d'automorphismes $\mathcal{G}$ tel que L soit précisément le sous-corps des invariants de $\mathcal{G}$. Cela revient à dire que L est le sous-corps des invariants du groupe G_L^K, qui prend alors le nom de *groupe de Galois* de K relativement à L. La notion de sous-corps galoisien est relative au surcorps K de L; on dit aussi que K est une *extension galoisienne* de L.

Un sous-corps quelconque L de K étant donné, il existe un plus petit sous-

---

(5) Pour les notions d'algèbre linéaire, *voir* Bourbaki, *Algèbre*, Chap. II (*Actual. scient. et ind.*, fasc. 1032; Paris, Hermann, 1947).

corps galoisien de K contenant L : c'est le sous-corps des invariants du groupe G_L^K. D'autre part, l'intersection d'une famille quelconque de sous-corps galoisiens L_i de K est un sous-corps galoisien de K, car c'est le sous-corps des invariants du groupe engendré par les automorphismes des groupes $G_{L_i}^K$.

Soit K un corps (commutatif ou non) qui soit de *rang fini* (à gauche) sur un sous-corps L. Alors tout *sous-anneau* de K qui contient L est un *sous-corps*; cela résulte du fait général suivant : si un anneau A, sans diviseur de zéro, contient un *corps* L (commutatif ou non) dont l'élément unité est élément unité de A, et si le rang de A (comme espace vectoriel à gauche sur L) est *fini*, alors A est un *corps* ([6]).

Dans la même hypothèse (K de rang fini sur L), tout isomorphisme de K sur un sous-corps de K, qui laisse invariants les éléments de L, est un isomorphisme de K *sur* K, c'est-à-dire un élément du groupe G_L^K ([7]).

2. *Théorie de Galois pour un corps commutatif.* — Nous voulons, dans ce paragraphe, rappeler quelques points essentiels de la théorie de Galois pour corps *commutatifs*, sous la forme donnée par Artin.

Tout d'abord, en adoptant la définition donnée plus haut d'une extension galoisienne, on a le critère classique :

Pour que K (commutatif) *soit extension galoisienne de* L, *il faut et il suffit que :* 1° *tout polynome à coefficients dans* L, *irréductible sur* L, *et qui possède au moins une racine dans* K, *se décompose dans* K *en un produit de polynomes du premier degré;* 2° dans le cas où la caractéristique *p* de K est $\neq 0$, *tout élément de* K *dont la puissance* $p^{\text{ième}}$ *appartient à* L *appartienne lui-même à* L.

Cela étant, on peut établir, indépendamment du critère précédent, les trois théorèmes suivants :

THÉORÈME A. — *Soit* $\mathcal{G}$ *un groupe d'automorphismes d'un corps* (com.) K, *et soit* L *le sous-corps des invariants de* $\mathcal{G}$. *Pour que* K *soit de rang fini sur* L, *il faut et il suffit que* $\mathcal{G}$ *soit fini; s'il en est ainsi, le rang de* K *sur* L *est égal à l'ordre de* $\mathcal{G}$, *et* $\mathcal{G}$ *est le groupe de Galois* G_L^K.

([6]) Cette proposition est bien connue lorsque L est dans le *centre* de A, c'est-à-dire lorsque A est une *algèbre* sur L. Elle se démontre aussi aisément dans le cas général : désignons par 1 l'élément unité de A, et montrons d'abord que, pour tout a non nul de A, existe un $b \in A$ tel que $ba = 1$. L'application $x \rightarrow xa$ de A dans A est *linéaire* (pour la structure d'espace vectoriel à gauche sur K) et *biunivoque* (sinon a serait diviseur de zéro); comme l'espace vectoriel A est de dimension finie, cette application applique A *sur* A, et il existe donc un b tel que $ba = 1$. On a aussi $ab = 1$, car il existe de même un c tel que $cb = 1$, d'où $c = c(ba) = (cb)a = a$. Ainsi, tout élément $\neq 0$ de A possède un inverse.

C. Q. F. D.

([7]) En effet, un tel isomorphisme est une application linéaire biunivoque de l'espace vectoriel K (de dimension finie) sur un sous-espace de K, donc sur K tout entier.

Théorème B. — *Soit* K *une extension galoisienne* (commutative) *de* L, *de rang fini sur* L. *Tout sous-corps* H *contenant* L *est sous-corps galoisien de* K. *En outre, il existe une correspondance biunivoque entre les sous-corps* H *tels que* $L \subset H \subset K$, *et les sous-groupes* $\mathcal{H}$ *du groupe de Galois* G_L^K, *telle que chaque sous-corps* H *soit le sous-corps des invariants du groupe* $\mathcal{H}$ *associé à* H, *et que chaque sous-groupe* $\mathcal{H}$ *soit le groupe de Galois* K *de relativement au sous-corps* H *associé à* $\mathcal{H}$.

Théorème C. — *Soit* K *une extension galoisienne* (commutative) *de* L, *de rang fini sur* L. *Pour qu'un sous-corps* H *contenant* L *soit extension galoisienne de* L, *il faut et il suffit que le groupe* G_H^K *soit sous-groupe distingué de* G_L^K, *et alors le groupe de Galois* G_L^H *est isomorphe au groupe quotient* G_L^K/G_H^K.

Les théorèmes précédents ont été étendus par Jacobson ([3]) au cas où, K n'étant plus supposé commutatif, on envisage un groupe $\mathcal{G}$ qui ne contient, en dehors de l'automorphisme identique, aucun automorphisme *intérieur* (*voir* § 4 ci-dessous); les théorèmes B et C valent alors si l'on suppose que le groupe de Galois G_L^K satisfait à cette condition.

Nous ne rappellerons pas ici les démonstrations des théorèmes précédents, puisqu'ils apparaîtront comme cas particuliers des théorèmes fondamentaux du paragraphe 5, que nous démontrerons aux paragraphes 6, 7 et 8.

3. *Le théorème de Jacobson-Bourbaki.* — Le théorème que nous allons exposer constitue le résultat essentiel d'un travail de Jacobson ([8]), où n'était envisagé que le cas d'un corps K *commutatif*. La présentation actuelle du théorème et son extension au cas d'un corps non commutatif sont dus à N. Bourbaki ([9]). C'est ce théorème qui nous servira de base de départ pour la généralisation des théorèmes A, B, C (§ 2) au cas non commutatif.

Alors que la théorie de Galois proprement dite n'envisage de correspondance qu'entre certains sous-corps de K (les sous-corps *galoisiens* L tels que K soit de rang fini sur L) et les groupes finis d'*automorphismes* de K, on va envisager ici *tous* les sous-corps L tels que K soit de rang fini sur L; de l'autre côté, il faudra remplacer la considération des groupes d'automorphismes par quelque chose de plus compréhensif.

Nous appellerons *endomorphisme* du corps K un endomorphisme de la structure du *groupe additif* de K, c'est-à-dire une application f de K dans K telle que $f(x-y)=f(x)-f(y)$ pour tout x et tout y de K. Sur l'ensemble $\mathcal{E}(K)$ des endomorphismes de K, nous considérerons les deux structures suivantes : 1° une structure d'*anneau*, la somme h de deux endomorphismes f et g étant définie par $h(x)=f(x)+g(x)$ pour tout $x \in K$, et le produit p de f et g étant défini par $p(x)=f[g(x)]$ pour tout $x \in K$; 2° une structure d'*espace*

([8]) *Amer. Journal*, 66, 1944, p. 1.

([9]) *Voir*, dans le volume de Bourbaki cité en ([5]), le paragraphe 5.

vectoriel (à droite) sur K, la somme de deux éléments de $\mathcal{E}(K)$ étant définie comme plus haut, et le « produit » d'un endomorphisme f par un élément $k \in K$, noté fk, étant défini comme l'endomorphisme qui, à $x \in K$, fait correspondre l'élément $f(x)k$ du corps K.

Nous dirons qu'un sous-anneau $\mathfrak{A}$ de $\mathcal{E}(K)$ est *sous-anneau vectoriel* s'il satisfait aux deux conditions suivantes : 1° $\mathfrak{A}$ contient l'endomorphisme *identique* (qui, à chaque x de K, fait correspondre ce même x); 2° $\mathfrak{A}$ est sous-espace vectoriel de $\mathcal{E}(K)$ pour la structure d'espace vectoriel (à droite sur K) définie ci-dessus.

Le théorème de Jacobson-Bourbaki peut alors s'énoncer ainsi :

Il existe une correspondance biunivoque entre les sous-corps L *de* K *tels que* K *soit de rang fini (à gauche) sur* L, *et les sous-anneaux vectoriels de* $\mathcal{E}(K)$ *qui sont de dimension finie* (comme espaces vectoriels à droite sur K). *Cette correspondance associe à chaque sous-corps* L *le sous-anneau des endomorphismes* f *tels que* $f(\alpha x) = \alpha f(x)$ *pour tout* $x \in K$ *et tout* $\alpha \in L$ (endomorphismes de la structure d'espace vectoriel à gauche sur L); *inversement, elle associe à chaque sous-anneau vectoriel* $\mathfrak{A}$ *le sous-corps des* $\alpha \in K$ *tels que l'on ait* $f(\alpha x) = \alpha f(x)$ *pour tout* $f \in \mathfrak{A}$ *et tout* $x \in K$. *Dans la correspondance précédente, la dimension d'un sous-anneau vectoriel est égale au rang de* K *sur le sous-corps associé au sous-anneau.*

La définition du sous-corps *associé* à un sous-anneau vectoriel $\mathfrak{A}$ a un sens même si $\mathfrak{A}$ n'est pas de dimension finie. Il résulte du théorème précédent le critère que voici : pour que le sous-corps L associé à un sous-anneau vectoriel $\mathfrak{A}$ soit tel que K soit de *rang fini* (à gauche sur L), il faut et il suffit que $\mathfrak{A}$ soit de *dimension finie* (à droite sur K), et alors le rang de K est *égal* à la dimension de $\mathfrak{A}$.

Pour la démonstration du théorème précédent, nous renvoyons au Traité de Bourbaki ([9]). Elle fait intervenir la notion d'éléments *primordiaux* d'un sous-espace vectoriel d'un espace vectoriel de base (e_i) donnée (finie ou infinie). Tout élément d'un tel espace vectoriel E (à droite sur un corps K) s'écrivant d'une seule manière sous la forme $\sum_i e_i k_i$ (les coefficients $k_i \in K$ étant tous nuls sauf un nombre fini), on désigne, pour chaque élément x de E, par $I(x)$ l'ensemble (fini) des i tels que les coefficients k_i de x soient $\neq 0$; cet ensemble n'est vide que si $x = 0$. Soit alors V un sous-espace vectoriel de E; un élément x de V sera dit *primordial* [sous-entendu : relativement à la base (e_i) de E] si : 1° l'un au moins des coefficients k_i de x est égal à 1 (unité de K); 2° pour tout y de V tel que $I(y) \subset I(x)$, $I(y)$ est vide ou identique à $I(x)$, ce qui entraîne que y a la forme xk (où le coefficient $k \in K$; nous dirons que y est *proportionnel* à x). On voit facilement que *tout* élément de V est combinaison linéaire (à coefficients à droite dans K) d'éléments *primordiaux*; autrement dit, le sous-espace vectoriel V est *engendré* par ses éléments primordiaux.

La notion d'élément primordial jouera un rôle essentiel dans les démonstrations des théorèmes fondamentaux (*voir* ci-après, § 6, 7 et 8).

4. *Automorphismes intérieurs d'un corps; groupes achevés.* — Pour pouvoir énoncer simplement nos théorèmes, nous avons encore à préciser certaines notions et notations.

Étant donné un corps K, nous désignerons par K^* le *groupe multiplicatif* des éléments $\neq 0$ de K; plus généralement, pour tout sous-corps L de K, L^* désignera le sous-groupe de K^* formé des éléments $\neq 0$ de L.

A chaque $k \in K^*$, associons la transformation de K dans K

$$x \to kxk^{-1},$$

transformation que nous noterons σ_k [autrement dit, $\sigma_k(x) = kxk^{-1}$]. C'est un automorphisme de K (§ 1). Les automorphismes de la forme σ_k s'appellent les *automorphismes intérieurs* de K; ils forment un *groupe* que nous noterons Γ (tant qu'il n'y aura pas ambiguïté sur le corps K). L'application $k \to \sigma_k$ de K^* sur Γ est une *représentation* du premier groupe sur le second (le composé $\sigma_k \circ \sigma_h$ est égal à σ_{kh}); les k tels que σ_k soit l'automorphisme identique sont les éléments (autres que o) du *centre* C de K, et par suite la représentation précédente définit un *isomorphisme* du groupe quotient K^*/C^* sur le groupe Γ des automorphismes intérieurs. Tout ceci est bien classique.

Si ω est un automorphisme (quelconque) de K, le « transformé » de σ_k par ω, c'est-à-dire l'automorphisme composé $\omega \circ \sigma_k \circ \omega^{-1}$, n'est autre que l'automorphisme intérieur σ_h, avec $h = \omega(k)$. Il én résulte que si $\mathcal{G}$ est un groupe quelconque d'automorphismes de K, le sous-groupe $\mathcal{G} \cap \Gamma$ est sous-groupe *distingué* de $\mathcal{G}$. Désignons par $K(\mathcal{G})$ l'ensemble des $k \in K^*$ tels que $\sigma_k \in \mathcal{G}$; c'est un sous-groupe de K^* qui contient C^*, et qui est *invariant* (dans son ensemble) par le groupe $\mathcal{G}$.

Considérons le *sous-corps* engendré par $K(\mathcal{G})$, sous-corps que nous noterons $\widehat{K(\mathcal{G})}$. Lui aussi est *invariant* (dans son ensemble) par $\mathcal{G}$. L'ensemble des automorphismes (de K) de la forme $\sigma_k \circ \omega$, où ω parcourt $\mathcal{G}$, et k parcourt $\widehat{K(\mathcal{G})}$, constitue donc un *groupe* qui contient $\mathcal{G}$, et que nous noterons $\widehat{\mathcal{G}}$; les groupes quotients $\mathcal{G}/\mathcal{G} \cap \Gamma$ et $\widehat{\mathcal{G}}/\widehat{\mathcal{G}} \cap \Gamma$ sont d'ailleurs isomorphes.

On remarquera que $\widehat{K(\mathcal{G})}$ contient le sous-espace vectoriel (sur C) engendré par $K(\mathcal{G})$; ce sous-espace vectoriel est un *sous-anneau* de K. Lorsque $K(\mathcal{G})$ est de *rang fini* sur C, ce sous-anneau est un *sous-corps* (*cf.* fin du § 1); c'est donc $\widehat{K(\mathcal{G})}$.

Nous dirons qu'un groupe $\mathcal{G}$ d'automorphismes de K est *achevé* si $\widehat{\mathcal{G}} = \mathcal{G}$; autrement dit, si $K(\mathcal{G}) \cup \{0\}$ est un *sous-corps* de K. Dans tous les cas, le groupe $\widehat{\mathcal{G}}$ est achevé; c'est le plus petit groupe achevé contenant $\mathcal{G}$.

Pour tout sous-corps L de K, le groupe G_L^K (défini au paragraphe 1) est *achevé*, car $\sigma_k \in G_L^K$ signifie que k est $\neq 0$ et permute avec tout élément de L; donc $K(\mathcal{G}) \cup \{0\}$ est le *sous-corps* (que nous noterons toujours L′) des éléments de K qui permutent avec tout élément de L.

Si l'on part d'un groupe quelconque $\mathcal{G}$, et si L désigne le sous-corps des invariants de $\mathcal{G}$, le groupe *achevé* G_L^K a même sous-corps d'invariants que $\mathcal{G}$, et par suite le plus petit groupe achevé contenant $\mathcal{G}$ a même sous-corps d'invariants que $\mathcal{G}$. Il ne peut donc pas être question, comme dans la théorie de Galois pour corps *commutatifs*, de caractériser un groupe d'automorphismes de K par le sous-corps (galoisien) des invariants de ce groupe. Toutefois, nous allons voir moyennant quelles hypothèses de finitude un groupe *achevé* peut être caractérisé par son sous-corps d'invariants.

5. *Énoncé des théorèmes fondamentaux.*

Théorème 1. — *Soit $\mathcal{G}$ un groupe d'automorphismes d'un corps* K, *et soit* L *le sous-corps des invariants de $\mathcal{G}$. Pour que* K *soit de rang fini (à gauche) sur* L, *il faut et il suffit que : 1° le groupe quotient $\mathcal{G}/\mathcal{G} \cap \Gamma$ soit fini; 2° $K(\mathcal{G})$ soit de rang fini sur le centre* C *de* K [10]. *Dans ces conditions :*

α. *on a la relation*

$$r = nd$$

entre le rang r de K *sur* L, *l'ordre n du groupe $\mathcal{G}/\mathcal{G} \cap \Gamma$, et le rang d de $K(\mathcal{G})$ sur* C;

β. *le groupe de Galois G_L^K n'est autre que le plus petit groupe achevé contenant $\mathcal{G}$; en particulier, si $\mathcal{G}$ est achevé, il est groupe de Galois de* K *sur le sous-corps des invariants de $\mathcal{G}$.*

Ce théorème, qui généralise le théorème A du paragraphe 2, sera démontré plus loin (§ 6). On a bien entendu le même théorème pour le rang *à droite* (de K sur L), et par suite :

Corollaire du théorème 1. — *Si* L *est un sous-corps galoisien de* K, *et si le rang (à gauche) de* K *sur* L *est fini et égal à r, le rang (à droite) de* K *sur* L *est fini et égal à r.* On parlera désormais simplement du *rang* (tout court) de K sur un sous-corps *galoisien* de K.

Remarques. — 1° Soit L un sous-corps (galoisien ou non) tel que K soit de rang *fini* r (à gauche) sur L. Alors le groupe G_L^K satisfait aux conditions du théorème 1, puisque son sous-corps d'invariants H contient L. Le rang de K sur H est un diviseur du rang de K sur L, et ne lui est égal que si L est sous-

(10) S'il en est ainsi, on vient de voir (§ 4) que le sous-corps $\widehat{K(\mathcal{G})}$ engendré par $K(\mathcal{G})$ est identique au sous-espace vectoriel (sur C) engendré par $K(\mathcal{G})$.

corps *galoisien* de K. Si n désigne l'ordre de $G_L^K/G_L^K \cap \Gamma$, et d le rang de L' sur C, on voit que *nd divise r* et ne peut être *égal* à r que si L est sous-corps galoisien de K.

2° Le cas envisagé par Jacobson ([3]) est celui où $d = 1$. C'est celui qui se présente toujours si K est *commutatif*.

Théorème 2. — *Soit* L *un sous-corps galoisien d'un corps* K, *tel que* K *soit de rang fini sur* L. *Tout sous-corps* H *contenant* L *est sous-corps galoisien de* K, *et tout sous-groupe achevé du groupe de Galois* G_L^K *est groupe de Galois de* K *relativement à un sous-corps contenant* L. *D'une façon précise, il existe une correspondance biunivoque entre les sous-corps* H *tels que* $L \subset H \subset K$, *et les sous-groupes achevés* $\mathcal{H}$ *de* G_L^K, *telle que chaque* H *soit le sous-corps des invariants du groupe* $\mathcal{H}$ *associé à* H, *et que chaque* $\mathcal{H}$ *soit le groupe de Galois de* K *relativement au sous-corps* H *associé à* $\mathcal{H}$.

Ce théorème, qui généralise le théorème B (§ 2), sera démontré au paragraphe 7.

Remarque. — La correspondance précédente est évidemment décroissante : si $L \subset H_1 \subset H_2 \subset K$, le sous-groupe $\mathcal{H}_1$ associé à H_1 contient le sous-groupe $\mathcal{H}_2$ associé à H_2. De là résulte : le sous-groupe associé à l'intersection de deux sous-corps est le plus petit groupe achevé contenant les sous-groupes associés à ces sous-corps respectivement; le sous-groupe associé au sous-corps $[H_1, H_2]$ engendré par deux sous-corps H_1 et H_2 est l'intersection des sous-groupes associés respectivement à H_1 et H_2.

Si H est un sous-corps tel que $L \subset H \subset K$, le rang de K sur L est égal au produit des rangs de K sur H et de H sur L; tenant compte du théorème 2 et du corollaire du théorème 1, on voit que *si* K *est extension galoisienne de* L, *de rang fini sur* L, *le rang (à gauche) de* K *sur tout sous-corps* H *contenant* L *est égal au rang (à droite) de* K *sur ce même sous-corps.*

Théorème 3. — *Soit* K *une extension galoisienne d'un corps* L, *de rang fini sur* L, *et soit* H *un sous-corps de* K *contenant* L (*cf.* théorème 2). On désignera par $G_L^K(H)$ le sous-groupe de G_L^K formé des automorphismes qui laissent H *invariant* (dans son ensemble). *Alors :*

α. *si un isomorphisme de* H *sur un sous-corps de* K *laisse invariants les éléments de* L, *il peut se prolonger en un automorphisme de* K;

β. *en particulier, les automorphismes du groupe* G_L^H *sont induits, sur* H, *par les automorphismes de* $G_L^K(H)$, *et par suite* G_L^H *est isomorphe au quotient du groupe* $G_L^K(H)$ *par son sous-groupe distingué* G_H^K;

γ. *pour que* H *soit extension galoisienne de* L, *il faut et il suffit que* G_L^K *soit le plus petit groupe achevé contenant* $G_L^K(H)$;

δ. *en particulier, si* H *est invariant par tout automorphisme du groupe de Galois* G_L^K [c'est-à-dire si $G_L^K(H) = G_L^K$], H *est extension galoisienne de* L: *pour qu'il en soit ainsi, il faut et il suffit que* G_H^K *soit sous-groupe distingué de* G_L^K, *et* G_L^H *est alors isomorphe au quotient* G_L^K/G_H^K.

Remarque. — Si $\mathcal{G}$ est un sous-groupe *distingué* (non nécessairement achevé) de G_L^K, le sous-corps H des invariants de $\mathcal{G}$ est *invariant* par G_L^K, et le groupe de Galois G_L^H est isomorphe au quotient de G_L^K par le groupe $\widehat{\mathcal{G}}$.

Le théorème 3 généralise le théorème C (§ 2) et sera démontré au paragraphe 8.

Dès maintenant, nous pouvons tirer une conséquence intéressante de la partie α de ce théorème. Appelons *polynome* en x, à coefficients dans le corps L, toute somme finie de termes dont chacun a la forme

$$a x b x c x \ldots e x l,$$

où les éléments a, b, c, ..., e, l, en nombre fini quelconque, appartiennent à L, et où x est un « variable » qui va prendre ses valeurs dans K. Si l'on fixe x dans K, les polynomes en x sont des éléments de K qui constituent un *sous-anneau* de K contenant L. Donc, dans les hypothèses du théorème 3, ce sous-anneau est un *sous-corps* de K (*cf*. fin du paragraphe 1); c'est évidemment le sous-corps $[L, x]$ *engendré par* L *et* x. En tant qu'anneau, il est isomorphe au quotient de l'anneau des polynomes à une variable par l'*idéal bilatère* des polynomes qui s'annulent pour l'élément x considéré de K. Cela posé, convenons de dire que deux éléments x et y de K *satisfont aux mêmes relations algébriques à coefficients dans* L s'ils annulent les mêmes polynomes (à une variable) à coefficients dans L; dans ce cas, il existe un isomorphisme évident du sous-corps $[L, x]$ sur le sous-corps $[L, y]$, par passage au quotient à partir de l'isomorphisme des anneaux de polynomes. D'après le théorème 3, α, l'isomorphisme de $[L, x]$ sur $[L, y]$ se prolonge en un automorphisme de K.

Convenons alors de dire que deux éléments x et y de K sont *conjugués* par rapport à L s'il existe un automorphisme du groupe G_L^K qui transforme x en y. Il est évident que deux éléments conjugués satisfont aux mêmes relations algébriques (à coefficients dans L). Mais ce qui précède montre que la réciproque est exacte. Ainsi :

COROLLAIRE DU THÉORÈME 3, α. — *Dans les hypothèses du théorème* 3, *une condition nécessaire et suffisante pour que deux éléments de* K *soient conjugués par rapport à* L *est qu'ils satisfassent aux mêmes relations algébriques à coefficients dans* L.

Dans le cas où L est dans le centre de K, cette condition exprime que les deux éléments sont racines d'un même polynome *irréductible* sur L. On retrouve une proposition bien connue, lorsque K est un corps commutatif.

6. *Démonstration du premier théorème fondamental.* — Reportons-nous aux notions exposées au paragraphe 3. Tout automorphisme du corps K est *a fortiori* un endomorphisme du groupe additif de K, c'est-à-dire un élément de $\mathcal{E}(K)$, espace vectoriel (à droite) sur K. On peut considérer les *combinaisons linéaires* $\sum_i \omega_i k_i$ d'automorphismes ω_i, à coefficients (à droite) dans K; ce sont des endomorphismes de K, et, exceptionnellement, des automorphismes de la structure de corps de K. On a aussi la notion d'automorphismes *linéairement dépendants* (sous-entendu : à droite sur K). Le lemme suivant va nous donner une condition pour la dépendance linéaire des automorphismes de K.

Lemme 1. — *Pour que les automorphismes d'une famille* $(\omega_i)_{i\in I}$ *soient linéairement dépendants, il faut et il suffit qu'il existe une partie finie non vide* J *de l'ensemble d'indices* I, *et, pour chaque* $i \in J$, *un élément* $k_i \in K^*$, *de manière que* $\sum_{i\in J} k_i = 0$, *et* $\omega_i = \sigma_{k_i} \circ \omega$ *pour tout* $i \in J$ (ω désignant l'un des automorphismes ω_i).

La condition est suffisante, car on a alors, pour tout $x \in K$,

$$\sum_{i\in J} \omega_i(x) k_i = \sum_{i\in J} [k_i \omega(x) k_i^{-1}] k_i = \left(\sum_{i\in J} k_i\right) \omega(x) = 0.$$

Montrons que la condition est nécessaire. Les systèmes (k_i) d'éléments de K tels que les k_i soient tous nuls sauf un nombre fini, et que $\sum_i \omega_i k_i = 0$, forment un sous-espace vectoriel V de l'espace E (vectoriel à droite sur K) de *tous* les systèmes d'éléments de K, nuls sauf un nombre fini. Désignons par e_i le système des k_j tels que $k_j = 0$ pour $j \neq i$ et $k_i = 1$. Les e_i forment une *base* de E. On a alors la notion d'élément primordial de V (*cf.* § 3), c'est-à-dire de *relation primordiale* entre automorphismes ω_i. Cela posé, si les ω_i sont linéairement dépendants, il existe au moins une relation primordiale entre les ω_i (car l'espace vectoriel E de toutes les relations est engendré par les relations primordiales). Soit $\sum_i \omega_i k_i = 0$ une telle relation primordiale, et soit J l'ensemble des indices i tels que $k_i \neq 0$. Puisque

$$(1) \qquad \sum_{i\in J} \omega_i(x) k_i = 0 \qquad \text{pour tout } x \in K,$$

on a en particulier, pour $x = 1$, $\sum_{i\in J} k_i = 0$. De plus, remplaçons x par xy dans (1); on a, pour tout $y \in K$, la relation

$$\sum_{i\in J} \omega_i(x) \omega_i(y) k_i = 0,$$

et par suite $\sum_{i\in I}\omega_i h_i = 0$, avec $h_i = 0$ pour $i \notin J$ et $h_i = \omega_i(y)k_i$ pour $i \in J$. La relation (1) étant primordiale, il s'ensuit que le système (h_i) est *proportionnel* (avec coefficient à droite) au système (k_i). Le coefficient de proportionnalité est évidemment $\omega(y)$, ω désignant celui des ω_i pour lequel $k_i = 1$. On a donc, pour tout $i \in J$,

$$\omega_i(y)k_i = k_i\omega(y) \quad \text{pour tout } y \in K, \quad \text{c'est-à-dire } \omega_i = \sigma_{k_i}\circ\omega.$$

Ceci démontre le lemme.

Corollaire. — *Pour que des automorphismes intérieurs* σ_{h_i} *soient linéairement dépendants* (*à droite sur* K), *il faut et il suffit que les* h_i *soient linéairement dépendants sur le centre* C. (La même condition exprimera aussi la dépendance linéaire des σ_{h_i} *à gauche* sur K.)

En effet, la condition du lemme s'écrit $\sigma_{h_i} = \sigma_{k_i}\circ\sigma_h$, avec $\sum_{i\in J} k_i = 0$.

Abordons maintenant la démonstration du théorème 1. Soit $\mathcal{G}$ un groupe d'automorphismes du corps K. L'ensemble des combinaisons linéaires (à coefficients à droite dans K) d'automorphismes ω_i de $\mathcal{G}$ constitue un *sous-anneau vectoriel* de $\mathcal{E}(K)$: le seul point à vérifier est que le composé d'un endomorphisme $\omega_i k_i$ et d'un endomorphisme $\omega_j k_j$ est proportionnel à $\omega_i\circ\omega_j$; or c'est l'endomorphisme $(\omega_i\circ\omega_j)\omega_i(k_j)k_i$. Cherchons à quelle condition ce sous-anneau vectoriel $\mathcal{A}$ est de *dimension finie* (à droite sur K). Il *faut* d'abord que $K(\mathcal{G})$ soit de *rang fini* sur C : car si $\mathcal{A}$ est de dimension r, il existe au plus r éléments $k_i \in K^*$, linéairement indépendants sur C, tels que $\sigma_{k_i} \in \mathcal{G}$, en vertu du corollaire du lemme 1. Il *faut* en outre que le groupe quotient $\mathcal{G}/\mathcal{G}\cap\Gamma$ soit *fini* : car il existe au plus r éléments ω_j de $\mathcal{G}$, non congrus modulo $\mathcal{G}\cap\Gamma$, en vertu du lemme 1.

Réciproquement, supposons que $K(\mathcal{G})$ soit de rang fini d sur C, et que $\mathcal{G}/\mathcal{G}\cap\Gamma$ soit d'ordre fini n. Prenons d éléments $k_i \in K(\mathcal{G})$, formant une base de $\widehat{K(\mathcal{G})}$ [qui, rappelons-le, est le sous-espace vectoriel sur C, engendré par $K(\mathcal{G})$; *voir* § 4]. Prenons en outre n éléments ω_j de $\mathcal{G}$, représentant respectivement les classes de $\mathcal{G}$ modulo $\mathcal{G}\cap\Gamma$. Les $\sigma_{k_i}\circ\omega_j$ sont linéairement indépendants (à droite sur K), et engendrent le sous-espace vectoriel $\mathcal{A}$ de $\mathcal{E}(K)$, comme cela résulte du lemme 1. Puisque ces éléments sont en nombre nd, on voit que $\mathcal{A}$ est de dimension finie égale à nd.

Ainsi : pour que le sous-anneau vectoriel $\mathcal{A}$ formé des combinaisons linéaires (à coefficients à droite dans K) d'automorphismes de $\mathcal{G}$ soit de dimension finie, il faut et il suffit que : 1° le groupe quotient $\mathcal{G}/\mathcal{G}\cap\Gamma$ soit fini; 2° $K(\mathcal{G})$ soit de rang fini sur C; et l'on a alors la relation $r = nd$ entre la dimension r de $\mathcal{A}$, l'ordre n de $\mathcal{G}/\mathcal{G}\cap\Gamma$, et le rang d de $K(\mathcal{G})$ sur C.

A partir de là, on obtient le théorème 1 en utilisant le théorème de Jacobson-Bourbaki (§ 3), suivant lequel la condition pour que $\mathfrak{A}$ soit de dimension finie égale à r, est que K soit de rang fini, égal à r, sur le sous-corps L des éléments α de K tels que l'on ait

$$f(\alpha x) = \alpha f(x) \quad \text{pour tout } f \in \mathfrak{A} \text{ (et tout } x \in K). \tag{2}$$

Or il suffit d'exprimer la relation (2) pour les f d'un système de générateurs de l'espace vectoriel $\mathfrak{A}$, ici pour les automorphismes ω du groupe $\mathcal{G}$. Le sous-corps L est donc le sous-corps des invariants de $\mathcal{G}$, ce qui démontre le théorème 1, sauf l'assertion β.

Pour démontrer β, cherchons les automorphismes du groupe de Galois G_L^K; ce sont des endomorphismes f qui satisfont à (2); d'après le théorème de Jacobson-Bourbaki, ils appartiennent précisément à l'anneau $\mathfrak{A}$ ci-dessus, puisque cet anneau vectoriel est associé au sous-corps L. Le lemme 1 prouve alors que ces automorphismes ont la forme $\sigma_k \circ \omega$, où ω appartient à $\mathcal{G}$, et k est combinaison linéaire (à coefficients dans C) d'éléments de $K(\mathcal{G})$. Autrement dit, les automorphismes de G_L^K sont ceux du groupe $\widehat{\mathcal{G}}$, plus petit groupe achevé contenant $\mathcal{G}$.

Remarque. — On voit que lorsque n et d sont *finis*, le groupe $\widehat{\mathcal{G}}$ se compose des automorphismes qui sont combinaisons linéaires (à coefficients dans K) d'automorphismes du groupe $\mathcal{G}$. Les coefficients à gauche donnent les mêmes automorphismes que les coefficients à droite.

7. *Démonstration du deuxième théorème fondamental.*

LEMME 2. — *Si un sous-anneau vectoriel $\mathfrak{A}$ de $\mathcal{E}(K)$ est engendré* [en tant que sous-espace vectoriel de $\mathcal{E}(K)$] *par des automorphismes de* K, *tout sous-anneau vectoriel $\mathfrak{B}$ contenu dans $\mathfrak{A}$ est engendré par des automorphismes du corps* K.

En effet, soient ω_i des *automorphismes* formant une *base* de l'espace vectoriel $\mathfrak{A}$ (à droite sur K). Pour cette base, considérons les éléments *primordiaux* du sous-espace vectoriel $\mathfrak{B}$. Je dis que si un endomorphisme $f = \sum_i \omega_i k_i$ est un élément primordial de $\mathfrak{B}$, f est *proportionnel* à un automorphisme ϖ du corps K; autrement dit, il existe un $h \in K$ tel que $\varpi = fh$. Le lemme en résultera, puisque $\mathfrak{B}$ est engendré par ses éléments primordiaux.

Puisque $f(x) = \sum_i \omega_i(x) k_i$ pour tout $x \in K$, on a, en remplaçant x par xy,

$$f(xy) = \sum_i \omega_i(x)\, \omega_i(y)\, k_i.$$

Or, pour chaque $y \in K$, l'endomorphisme $x \to f(xy)$ appartient à $\mathcal{B}$; en effet $\mathcal{B}$ contient l'endomorphisme identique $x \to x$, et est espace vectoriel sur K, donc contient l'endomorphisme $x \to xy$; de plus, $\mathcal{B}$ est un anneau, donc contient le composé de cet endomorphisme et de l'endomorphisme f, ce qui prouve l'assertion. Cela étant, l'endomorphisme $x \to f(xy)$, qui appartient à $\mathcal{B}$, est combinaison des ω_i, avec pour coefficients les $\omega_i(y)k_i$. Comme l'élément f de $\mathcal{B}$ a été supposé primordial, les $\omega_i(y)k_i$ sont proportionnels aux k_i; le coefficient de proportionnalité (à droite) est $\omega(y)$, en désignant par ω celui des ω_i pour lequel $k_i = 1$. Ainsi, on a

$$f(xy) = f(x)\omega(y), \qquad \text{d'où en particulier } f(y) = f(1)\omega(y).$$

$f(1)$ n'est pas nul, sinon $f(y)$ serait nul pour tout y, et f ne serait pas un élément primordial de $\mathcal{B}$. Posons alors

$$\varpi(x) = f(x)[f(1)]^{-1};$$

on a $\varpi(x) = f(1)\omega(x)[f(1)]^{-1}$, donc ϖ, comme ω, est un *automorphisme*.

C. Q. F. D.

Abordons maintenant la démonstration du théorème 2. Dans les hypothèses de ce théorème, désignons par $\mathcal{A}$ le sous-anneau vectoriel de $\mathcal{E}(K)$ engendré par les automorphismes du groupe G_L^K. D'après le théorème de Jacobson-Bourbaki (§ 3), il y a correspondance biunivoque entre les sous-corps H tels que $L \subset H \subset K$, et les sous-anneaux vectoriels contenus dans $\mathcal{A}$. D'après le lemme 2, un tel sous-anneau vectoriel $\mathcal{B}$ est engendré par des *automorphismes* du corps K, et par suite, le sous-corps H associé à $\mathcal{B}$ est le sous-corps des éléments de K invariants par ces automorphismes; H est donc sous-corps ***galoisien*** de K. En outre, pour qu'un automorphisme appartienne à $\mathcal{B}$, il faut et il suffit qu'il laisse invariants les éléments du sous-corps H associé; donc les automorphismes qui appartiennent à $\mathcal{B}$ sont précisément ceux du groupe de Galois G_H^K. Les groupes G_H^K relatifs aux sous-corps H de K contenant L constituent *tous* les sous-groupes *achevés* de G_L^K, car si $\mathcal{H}$ est un sous-groupe achevé de G_L^K, le sous-corps H des invariants de $\mathcal{H}$ contient L, donc K est de rang fini sur H, et par suite (théor. 1, β) $\mathcal{H}$ est le groupe de Galois de K relativement à H.

Le théorème 2 est donc entièrement démontré.

8. *Démonstration du troisième théorème fondamental.* — Les parties β et δ du théorème 3 étant des conséquences immédiates des parties α et γ, nous nous bornerons à démontrer α et γ.

La démonstration de α est analogue à celle du lemme 1 (§ 6). Plaçons-nous dans les hypothèses du théorème 3. Soit ω un isomorphisme de H sur un sous-corps de K, qui laisse invariants les éléments du sous-corps L. Si l'on envisage sur K la structure d'espace vectoriel (à gauche) sur L, ω est une application *linéaire* du sous-espace vectoriel H dans l'espace K. On peut donc prolonger ω (de plusieurs manières) en une application linéaire $\overline{\omega}$ de K dans K, c'est-à-dire en un élément du sous-anneau vectoriel $\mathfrak{A}$ que le théorème de Jacobson-Bourbaki associe au sous-corps L. Or on a supposé que K est une extension *galoisienne* de L, de rang fini sur L; donc $\mathfrak{A}$ se compose des combinaisons linéaires (à droite sur K) des automorphismes du groupe de Galois G_L^K.

Bref, le prolongement $\overline{\omega}$ de ω est combinaison linéaire d'automorphismes ω du groupe G_L^K; on aura en particulier une relation de la forme

$$\omega(x) = \sum_i \omega_i(x) k_i \quad \text{pour tout } x \in H.$$

Les éléments 1 et $-k_i$ sont ainsi les coefficients d'une relation linéaire entre ω et les ω_i *sur le sous-corps* H; et l'on peut, parmi toutes les relations linéaires de ce type, en choisir une qui soit *primordiale* (au sens du paragraphe 6, démonstration du lemme 1), et telle que le coefficient de ω soit égal à 1. Une telle relation primordiale s'écrira

$$\omega(x) = \sum_{i \in J} \omega_i(x) k_i \quad \text{pour } x \in H, \tag{3}$$

les k_i étant $\neq 0$ pour $i \in J$, et déterminés de façon *unique*. Or, si l'on remplace, dans (3), x par xy ($y \in H$), on obtient

$$\omega(x)\omega(y) = \sum_{i \in J} \omega_i(x)\omega_i(y) k_i \quad \text{pour } x \in H,$$

d'où, en vertu de l'unicité,

$$k_i \omega(y) = \omega_i(y) k_i \quad \text{pour tout } y \in H.$$

Ceci exprime que ω est la restriction à H de l'automorphisme de K

$$x \to k_i^{-1} \omega_i(x) k_i,$$

i désignant un élément particulier (d'ailleurs quelconque) de J.

La partie α du théorème 3 étant ainsi démontrée, démontrons γ. Soit L_1 le sous-corps des invariants de $G_L^K(H)$; comme $G_L^K(H) \supset G_H^K$, L_1 est contenu dans H. Dire que L est sous-corps galoisien de H, c'est dire que $L_1 = L$, donc (théor. 1, β) que G_L^K est le plus petit groupe achevé contenant $G_L^K(H)$.

C. Q. F. D.

9. *Application aux théorèmes de Skolem-Nœther* (1). — Soit K un corps de *rang fini sur son centre* C. Appliquons le théorème 1, β en prenant pour groupe $\mathcal{G}$ le groupe Γ des automorphismes *intérieurs* de K. Le groupe Γ étant

évidemment achevé, et le sous-corps L étant ici le centre C, on voit que Γ *est le groupe de Galois de* K *relativement à son centre* C.

Un sous-groupe *achevé* de Γ est formé des σ_k relatifs aux k non nuls d'un *sous-corps* contenant C. Le théorème 2 nous dit alors que les sous-corps contenant C se correspondent deux à deux, chacun des deux se composant des éléments de K qui *permutent* avec les éléments de l'autre. Si H est un sous-corps contenant K, et si H′ désigne le sous-corps associé (formé des éléments qui permutent avec ceux de H), le théorème 1, α donne l'égalité $r = d$ entre le rang r de K sur H et le rang d de H′ sur C; c'est dire que *le rang de* K *sur* C *est égal au produit des rangs de* H *sur* C *et de* H′ *sur* C.

Enfin, le théorème 3, α montre que *si un isomorphisme de* H *sur un sous-corps de* K *laisse invariants les éléments de* C, *il est induit* (*sur* H) *par un automorphisme intérieur de* K (dans cet énoncé, H désigne un sous-corps contenant C).

On retrouve ainsi les principaux théorèmes de Skolem et E. Nœther, par une voie différente de celles suivies jusqu'ici. Mais, tandis que les résultats de Skolem-Nœther valent plus généralement pour un *anneau simple* (de rang fini sur son centre) et ses sous-anneaux simples contenant le centre, nous ne les trouvons ici que pour un *corps*. Toutefois J. Dieudonné me fait remarquer qu'un théorème général qu'il a démontré en 1942 ([11]) permet de déterminer la nature des automorphismes d'un anneau simple (c'est-à-dire d'un anneau de matrices sur un *corps*, au moins dans le cas où l'anneau en question est de rang fini sur son centre), lorsqu'on connaît les automorphismes de ce corps; on retrouverait donc, par cette voie, le théorème de Skolem-Nœther relatif aux automorphismes d'un anneau simple qui laissent invariants les éléments du centre de cet anneau.

Remarque. — Soit K un corps dont nous ne supposons même plus qu'il soit de rang fini sur son centre C, et soit H un sous-corps contenant C et de *rang fini* d sur C. Appliquons le théorème 1 au groupe formé des automorphismes intérieurs σ_k relatifs aux $k \in$ H. En désignant toujours par H′ le sous-corps des éléments qui permutent avec les éléments de H, on obtient les résultats suivants : 1° *le rang* r *de* K *sur* H′ *est égal au rang* d *de* H *sur* C; 2° *le sous-corps des éléments qui permutent avec les éléments de* H′ *n'est autre que* H. Ceci généralise l'un des théorèmes de Skolem-Nœther aux corps de rang infini sur leur centre.

10. *Interprétation de la théorie générale dans le cas d'un corps de rang fini sur son centre.* — Dans tout ce paragraphe, K désigne un corps de rang *fini* sur son centre C.

Soit L un sous-corps *galoisien* de K, tel que K soit de rang fini sur L. Le sous-corps |C, L| engendré par C et L, sous-corps que nous désignerons par H,

---

([11]) *Bull. Soc. Math. de France*, 70, 1942, p. 46-75; *voir* p. 69, théorème 5.

est sous-corps *galoisien* de K, puisqu'il contient L (*cf.* théor. 2) [12], et le groupe de Galois G_H^K est l'*intersection* des groupes de Galois de K relativement à C et L respectivement; c'est donc $G_L^K \cap \Gamma$. Ainsi G_H^K *se compose des automorphismes intérieurs qui appartiennent au groupe* G_L^K, c'est-à-dire des σ_k relatifs aux k non nuls du sous-corps $L' = H'$.

H *est une extension galoisienne de* L, car, C étant invariant (dans son ensemble) par tout automorphisme du corps K, le sous-corps $H = [C, L]$ est invariant (dans son ensemble) par le groupe G_L^K. Il en résulte bien que H est extension galoisienne de L (théor. 3, δ). En outre (théor. 3, δ), le groupe de Galois G_L^H est isomorphe au quotient $G_L^K/G_H^K = G_L^K/G_L^K \cap \Gamma$, groupe qui est *fini*. Soit n l'ordre de ce groupe, qui est aussi le *rang* de H sur L (théor. 1, α).

L'intersection $C \cap L$ est le sous-corps des invariants du groupe $\mathcal{G}$ engendré par $G_C^K = \Gamma$ et G_L^K, groupe qui se compose des automorphismes $\sigma_k \circ \omega$, où $k \in K^*$ et $\omega \in G_L^K$. Ce groupe est évidemment achevé; l'entier d que lui attache le théorème 1 est égal au rang de K sur C, et l'entier n que lui attache le théorème 1 est égal à l'ordre de $G_L^K/G_L^K \cap \Gamma$, c'est-à-dire à l'entier précisément désigné par n auparavant, et égal au rang de H sur L. D'après le théorème 1, $\mathcal{G}$ est le groupe de Galois de K relativement à $C \cap L$, et le rang de K sur $C \cap L$ est égal à nd, produit du rang de K sur C et du rang de H sur L; d'où il résulte que *le rang de* C *sur* $C \cap L$ *est égal au rang* n *de* $H = [C, L]$ *sur* L.

D'ailleurs, C *est extension galoisienne de* $C \cap L$, car tout automorphisme du groupe de Galois de K relativement à $C \cap L$ laisse C invariant; il suffit alors d'appliquer le théorème 3, δ. Nous allons voir que *les groupes de Galois* (finis) $G_{C\cap L}^C$ et G_L^H *sont isomorphes*, de sorte que $G_{C\cap L}^C$ (groupe de Galois d'un corps *commutatif*, relativement à un sous-corps galoisien $C \cap L$) est isomorphe à $G_L^K/G_L^K \cap \Gamma$. Nous allons définir un isomorphisme canonique, bien déterminé, de G_L^H sur $G_{C\cap L}^C$. Pour cela, remarquons que tout automorphisme ϖ de C qui laisse invariants les éléments de $C \cap L$ peut se prolonger en un automorphisme du groupe $G_{C\cap L}^K$, d'après le théorème 3, α. Mais ce dernier groupe, on l'a vu, se compose des $\sigma_k \circ \omega$ où $k \in K^*$ et $\omega \in G_L^K$. Comme σ_k laisse invariants les éléments de C, on voit que ϖ est la restriction (à C) d'un $\omega \in G_L^K$. Un tel ω laisse invariants les sous-corps C et L, donc laisse invariant le sous-corps $H = [C, L]$. Bref, *tout automorphisme de* $G_{C\cap L}^C$ *est la restriction à* C *d'un automorphisme de* G_L^H. Réciproquement, tout automorphisme de G_L^H laisse C invariant, puisqu'il se prolonge en un automorphisme du corps K (théor. 3, α), donc sa restriction à C est un automorphisme du groupe $G_{C\cap L}^C$; en outre deux automorphismes distincts de G_L^H induisent sur C deux isomorphismes *distincts* de $G_{C\cap L}^C$, car si un automorphisme du corps H laisse invariants les éléments de L et ceux de C, c'est l'automorphisme identique. En résumé, si à chaque automorphisme du

(12) Ce résultat vaut même si le rang de K sur C est infini.

groupe G_L^H on fait correspondre sa restriction à C, on obtient une fois et une seule les automorphismes du groupe $G_{C\cap L}^C$. C. Q. F. D.

Remarque. — Puisque le rang de H sur L est égal au rang de C sur $C\cap L$, le rang de H sur C est égal au rang de L sur $C\cap L$; ou encore, le rang de $H=[C, L]$ sur $C\cap L$ est égal au *produit* des rangs de C et de L sur $C\cap L$. Ceci exprime que les corps C et L sont « linéairement disjoints », ou encore que [C, L] est isomorphe au *produit tensoriel* de C et L considérés comme *algèbres* sur $C\cap L$ ([13]).

11. *Nouvelle propriété des corps de rang fini sur leur centre.* — Soit K un corps de rang fini sur son centre C. Il peut fort bien exister un sous-corps H contenant C, distinct de K et de C, tel que H soit une *extension galoisienne* de C : il suffit par exemple de prendre pour K le corps des quaternions réels, pour C le sous-corps *réel* de K, et pour H une extension de rang deux de C, isomorphe au corps des nombres complexes. Dans le cas général, le théorème 3, γ affirme que si H est une extension galoisienne de C, le sous-corps de K engendré par les k tels que σ_k laisse H invariant (dans son ensemble), n'est autre que K lui-même.

Il est naturel de se demander s'il est possible que *tous* les automorphismes intérieurs σ_k laissent H invariant (dans son ensemble). Nous allons voir que ce cas ne peut se présenter; d'une façon précise :

THÉORÈME 4. — *Soit* K *un corps de rang fini sur son centre* C. *Si un sous-corps* H, *tel que* $C\subset H\subset K$, *est invariant par tout automorphisme intérieur de* K, *il est identique à* C *ou à* K.

Ce théorème, que je crois nouveau, peut être interprété de la façon suivante, en tenant compte du corollaire du théorème 3 (fin du § 5). D'après ce corollaire, une condition nécessaire et suffisante pour que deux éléments x et y de K puissent être transformés l'un dans l'autre par un automorphisme intérieur de K, est qu'ils soient racines du même polynome *irréductible* (sur C, à coefficients dans C). Le théorème 4 exprime donc que si un polynome irréductible possède au moins une racine qui soit dans K sans être dans C, *l'ensemble des racines de ce polynome engendre, avec* C, *le corps* K *tout entier* (le mot « engendre » s'entendant au sens de la structure de *corps*; autrement dit, le plus petit sous-corps contenant C et les racines du polynome n'est autre que K). D'ailleurs, ce résultat vaut pour un polynome *quelconque* (non nécessairement irréductible) à coefficients dans C : il suffit de le décomposer en facteurs irréductibles.

Nous allons démontrer le théorème 4 en supposant $K\neq C$ (si $K=C$ il est trivial), c'est-à-dire K non commutatif. En particulier, nous pourrons supposer

---

([13]) *Voir* un volume de BOURBAKI à paraître prochainement : *Algèbre*, Chapitre III (Algèbre multilinéaire); *voir* en particulier § 3, n° 3.

que K *a une infinité d'éléments*, puisqu'on sait que tout corps fini est commutatif.

Puisque H est supposé invariant par tout automorphisme intérieur, c'est-à-dire par tout automorphisme du groupe de Galois G_C^K, le théorème 3, δ prouve que H est une extension *galoisienne* de C, et que le groupe de Galois G_C^H est isomorphe au quotient G_C^K/G_H^K. Or G_C^K se compose des σ_k tels que $k \in K^*$, et G_H^K des σ_k tels que $k \in H'^*$ (On désigne toujours par H′ le sous-corps des éléments de K qui permutent avec tout élément de H). Le groupe G_C^H contient le sous-groupe $\mathcal{G}$ des automorphismes intérieurs *du corps* H, c'est-à-dire des automorphismes induits sur L par les σ_k tels que k ait la forme xy, avec $x \in H'^*$ et $y \in H^*$; de plus, le groupe quotient $G_C^H/\mathcal{G}$ est *fini* (théor. 1). Cela signifie que si l'on désigne par A le sous-groupe de K^* formé des éléments xy (tels que $x \in H'^*$ et $y \in H^*$), le groupe quotient K^*/A est *fini*.

Considérons le sous-corps [H, H′] engendré par H et H′; il contient A, et par suite l'ensemble des éléments $\neq 0$ de ce sous-corps est un *sous-groupe d'indice fini de* K^*. Or K est espace vectoriel (à gauche) sur [H, H′]; je dis que le *rang* de K sur [H, H′] ne peut pas être strictement plus grand que *un*. En effet, soit $(k_1, \ldots, k_r)$ une *base* de K sur [H, H′]; on obtient un représentant de chaque classe de K^* suivant $[H, H']^*$ en prenant les combinaisons $\sum_{i=1}^{r} \alpha_i k_i$ telles que le premier α_i non nul soit égal à 1, les suivants étant des éléments arbitraires de [H, H′]. Puisque le nombre de ces représentants est *fini*, le rang r ne peut être $\geqq 2$ que si le corps [H, H′] des coefficients est fini. Or ceci est impossible, sinon K, qui est de rang fini sur ce corps, serait lui-même fini, contrairement à l'hypothèse.

Ainsi le rang de K sur [H, H′] est égal à un; autrement dit, [H, H′] est identique à K. Le corps $H \cap H'$, formé des éléments qui permutent avec H′ et H respectivement, est donc réduit au centre C. Cela signifie que C *est le centre de* H. Il s'ensuit que tous les automorphismes du groupe G_C^H sont des automorphismes intérieurs *du corps* H. Comme tout automorphisme intérieur de K induit, sur H, un automorphisme du groupe G_C^H, on voit que tout $k \in K^*$ a la forme xy, où $x \in H'^*$ et $y \in H^*$.

Or soit (k_i) une base de H sur C, et (h_j) une base de H′ sur C. Les produits $k_i h_j$ engendrent [H, H′] = K, comme espace vectoriel sur C; et comme leur nombre est égal au *rang* de K sur C (§ 9), ils forment une *base* de K sur C. Ceci va nous permettre de montrer que H *ou* H′ *est identique à* C, ce qui démontrera évidemment le théorème. En effet, dans le cas contraire, les k_i seraient en nombre au moins égal à deux, ainsi que les h_j; considérons l'élément $k_1 h_1 + k_2 h_2$ de K^* : il doit avoir la forme $xy = yx$, où $x \in H'^*$ et $y \in H^*$. Or ceci est impossible, car si $y = \sum_i c_i k_i$ et $x = \sum_j c'_j h_j$ (les c_i et les c'_j étant dans C), l'identification de yx à $k_1 h_1 + k_2 h_2$ conduit notamment aux relations

$$c_1 c'_1 = c_2 c'_2 = 1, \qquad c_1 c'_2 = c_2 c'_1 = 0,$$

qui sont évidemment contradictoires.

La démonstration du théorème 4 est ainsi terminée.

Le théorème 4 et le théorème 3, γ (§ 5) prouvent : si un sous-groupe *distingué* de K^* contient C^* et est $\neq C^*$, le *sous-corps* qu'il engendre n'est autre que K. Il est naturel de se demander si un tel sous-groupe n'est pas nécessairement *identique* à K^*; autrement dit, on est conduit au problème, que je n'ai pas su résoudre : si un corps K est de rang fini sur son centre C, peut-on affirmer que le groupe quotient K^*/C^* est *simple*, ou, ce qui revient au même, que le groupe Γ des automorphismes intérieurs de K est *simple?*

Note rajoutée lors de la correction des épreuves (novembre 1947). — Depuis que cet article a été écrit (décembre 1946-janvier 1947), j'ai eu connaissance d'un article de Jacobson (*Amer. Journal of Math.*, t. 69, janvier 1947, p. 27-36) où se trouvent démontrés des théorèmes équivalents à mes théorèmes 1 et 2.

80.

(avec R. Godement)

Théorie de la dualité et analyse harmonique dans les groupes abéliens localement compacts

Annales Scientifiques de l'Ecole Normale Supérieure 64, 79–99 (1947)

INTRODUCTION.

Le but du présent article est d'exposer, avec le maximum de généralité et le minimum d'artifices techniques, les principes essentiels de l'Analyse harmonique. Pour cela, et comme l'a vu André Weil [1], il faut poser le problème en termes de théorie des groupes. Mais nous nous séparons de Weil en ce que notre théorie ne nécessite, à aucun moment, d'hypothèse relative à la *structure* particulière des groupes envisagés; elle s'applique indistinctement à n'importe quel groupe abélien, et permet par exemple de traiter les classiques *séries* et *intégrales* de Fourier suivant des procédés rigoureusement identiques.

Notre exposé n'aurait sans doute pas vu le jour sans le travail fondamental de I. Gelfand et D. Raïkov [2]; à ces deux auteurs revient le mérite d'avoir mis en pleine lumière le rôle des fonctions de type positif en théorie des groupes; bien entendu, leurs résultats ont une portée qui va bien au delà du sujet du présent article; on pourra consulter, à ce propos, outre leur Mémoire cité plus haut, la Thèse de l'un d'entre nous [3]. Nous nous sommes bornés ici à appliquer aux groupes *abéliens* les méthodes de ces deux auteurs, et avons cherché à en tirer, sur ce terrain particulier, le parti maximum. Il semble d'autre part que ces deux mathématiciens, se basant sur la théorie des anneaux normés de Gelfand, aient obtenu dès 1941 une construction directe de la transformation de Fourier; mais l'impossibilité de consulter en France, actuellement, les travaux publiés à Moscou entre 1939 et 1942, nous interdit malheureusement d'en parler (cf. *Note* suivant la Bibliographie).

Notre exposé n'est pas « élémentaire »; il suppose connues du lecteur certaines notions fondamentales relatives aux espaces de Hilbert et de Banach, à la théorie de la mesure et au produit de composition dans les groupes. Mais l'expérience prouve que les exposés élémentaires de la transformation de Fourier sont souvent obscurs et, au sens propre du terme, mystérieux. Il nous semble au contraire que les notions de base que nous venons de nommer jouent dans cette question un rôle essentiel, bien que ce rôle n'ait été reconnu qu'une fois les principaux résultats obtenus. Enfin, c'est peut-être l'intervention simultanée de méthodes aussi diverses qui constitue précisément le caractère le plus passionnant de l'Analyse harmonique, et qui en fait une branche particulièrement instructive des Mathématiques. Nous espérons donc que le lecteur voudra bien fournir, s'il y a lieu, l'effort préliminaire que nous lui demandons; les instruments employés ici s'appliquent du reste à beaucoup d'autres branches des Mathématiques.

I. — Rappel de notions fondamentales.

Les quelques définitions et résultats que nous allons rappeler ont pour but d'orienter le lecteur désireux d'acquérir les notions de base indispensables. Pour plus de détails, le lecteur consultera les ouvrages cités dans la Bibliographie [1, 4, 5, 6].

Nous nous dispensons de parler ici des espaces hilbertiens (opérateurs hermitiens ou unitaires, décomposition spectrale de tels opérateurs); ces notions sont en effet assez répandues aujourd'hui [1].

1. *Espaces de Banach.* — Un espace de Banach (complexe) est un espace vectoriel (sur le corps des nombres complexes), normé, complet. Le *dual* d'un tel espace E est l'espace E′ des formes linéaires *continues* sur E (fonctions linéaires continues à valeurs complexes), muni de la norme

$$\|f\| = \sup_{\|x\| \leq 1} |f(x)|.$$

Un sous-ensemble de E′ sera *borné* s'il existe $M \geq 0$ tel que $\|f\| \leq M$ pour tout f de cet ensemble. La *topologie faible* est définie de la façon suivante, sur tout ensemble borné de E′ : une f variable converge faiblement vers une f_0 de E′ si $f(x)$ tend vers $f_0(x)$ pour tout $x \in E$; il suffit du reste (f restant de norme bornée) qu'il en soit ainsi pour les x d'un sous-ensemble partout dense de E.

(1) On pourra consulter la monographie de B. von Sz. Nagy (*Ergebn. der Math.*, Bd. 5, H. 5, Berlin, 1942) ou le traité classique de M. H. Stone.

Tout sous-ensemble *borné* de E′, *fermé* pour la topologie faible de E′, est *compact* (²) pour cette topologie.

Pour qu'un sous-espace vectoriel *fermé* V de E soit $\neq E$, il faut et il suffit qu'il existe une $f \in E'$ telle que $f \not\equiv 0$ et $f(x) = 0$ pour tout $x \in V$.

2. *Mesures de Radon.* — Pour un espace *localement compact* G (²), on notera L^+ l'ensemble des fonctions numériques continues $\geqq 0$, nulles en dehors d'ensembles compacts. Une mesure de Radon *positive* est une fonctionnelle additive $\mu(f)$ définie pour $f \in L^+$, à valeurs réelles $\geqq 0$ et finies. Elle se prolonge d'une manière évidente en une fonctionnelle *linéaire* sur l'espace vectoriel complexe L des fonctions continues numériques *complexes*, nulles en dehors de compacts. Une mesure de Radon *complexe* est une fonctionnelle linéaire sur L, qui soit de la forme $\mu_1 - \mu_2 + i\mu_3 - i\mu_4$ (μ_1, μ_2, μ_3, μ_4 désignant des mesures de Radon positives).

Pour chaque mesure de Radon *positive* μ, on définit les fonctions f (numériques complexes) *sommables* pour μ; leur intégrale, essentiellement *finie*, est notée $\int f(x)\,d\mu(x)$. L'ensemble des fonctions sommables constitue un espace de Banach L^1 où la norme est $\|f\|_1 = \int |f(x)|\,d\mu(x)$. Une fonction φ est *sommable sur tout compact* si $f\varphi$ est sommable quelle que soit $f \in L$. Les fonctions bornées et sommables sur tout compact constituent un second espace de Banach L^∞ où la norme est $\|f\|_\infty = \sup_{x \in G} |f(x)|$. Dans l'espace L^1 comme dans l'espace L^∞ on ne distingue pas entre deux fonctions dont la différence a une norme nulle, c'est-à-dire entre deux fonctions qui sont égales *presque partout* pour μ. Une mesure *positive* variable μ *converge vaguement* vers une mesure (positive) μ_0, si $\mu(f)$ tend vers $\mu_0(f)$ pour chaque $f \in L^+$ et par suite pour chaque $f \in L$.

Une mesure positive μ est de *masse totale finie* (ou encore *bornée*) si la constante *un* est sommable; son intégrale $\int d\mu$, qui est finie, est alors la *masse totale* de μ. Lorsque G est *compact*, toute μ est de masse totale finie, et la convergence vague s'identifie à la convergence *faible* dans le dual de L (considéré comme espace de Banach avec la norme

$$\|f\| = \sup_{x \in G} |f(x)|\Big).$$

Lorsque G n'est pas compact, soit G′ l'espace compact obtenu en adjoignant à G un « point à l'infini » (théorème d'Alexandroff) (³). Pour une f continue et bornée sur G, posons encore $\|f\| = \sup_{x \in G} |f(x)|$; pour cette *norme*, l'adhérence L_∞ de L se compose des f continues (sur G) telles que $f(x)$ tende vers zéro

(²) La terminologie est celle du traité de Bourbaki [6].
(³) *Voir* Bourbaki [6], Chap. I, § 10.

lorsque x « tend vers l'infini » ([4]). Une mesure de masse totale finie définit une *forme linéaire continue* sur l'espace de Banach L_∞ (normé par $\|f\|$); la réciproque est évidente : tout élément du dual de L_∞ peut être identifié à une mesure de Radon sur G (en général *complexe*), combinaison linéaire de mesures positives et de *masses totales finies*. La convergence *vague* des mesures positives de masse totale $\leqq 1$ s'identifie à la convergence *faible* dans le dual de L_∞ : *l'ensemble des mesures positives de masse totale au plus égale à un est donc compact pour la topologie vague*. Enfin, une mesure positive de masse totale finie peut être considérée comme une mesure sur l'espace compact G′, mesure pour laquelle le « point à l'infini » est de mesure nulle. On dira qu'une μ positive variable, de masse totale $\leqq 1$, converge *étroitement* vers une μ_0 de même nature, si la convergence a lieu au sens de la convergence *vague* des mesures *sur l'espace* G′. Pour cela, il faut et il suffit que :

a. μ converge vaguement vers μ_0 (au sens de G);

b. en outre, $\int d\mu$ tende vers $\int d\mu_0$.

Les μ positives de masse totale $\leqq 1$ ne forment pas un ensemble compact pour la topologie *étroite*, sauf bien entendu si G est compact.

3. *Mesure de Haar et produit de composition sur un groupe localement compact*. — Soit G un groupe *localement compact*; l'élément neutre sera noté e, la loi de composition sera notée multiplicativement. La *mesure de Haar* (à gauche) sur G est une mesure de Radon positive, notée dx, telle que

$$\int f(x)\,dx = \int f(s^{-1}x)\,dx \qquad \text{pour tout } s \in G \text{ et toute } f \in L.$$

Cette mesure est bien déterminée à un facteur constant (positif) près. De même, il existe une mesure de Haar *à droite*.

Le *produit de composition* $f \star g$ de deux fonctions définies sur G (et sommables sur tout compact pour dx, comme toutes les fonctions que l'on aura à envisager par la suite) est défini par la formule

$$f \star g(x) = \int f(y)\,g(y^{-1}x)\,dy$$

lorsque celle-ci a un sens; ce qui est le cas par exemple si $f \in L^1$ et $g \in L^\infty$ (dans ce cas $f \star g$ est une fonction *continue et bornée* sur G); ou si f et g sont *sommables* pour dx (dans ce cas $f \star g$ est aussi sommable, et l'on a

$$\|f \star g\|_1 \leqq \|f\|_1 \cdot \|g\|_1,$$

([4]) On aura soin de ne pas confondre L_∞ et L^∞.

où la norme $\|f\|_1$ est relative à la mesure dx); enfin c'est encore le cas si f et g sont de *carré sommable* sur G pour dx (on désignera par L^2 l'espace des fonctions de carré sommable sur G pour dx; on sait que, si l'on y introduit la norme

$$\|f\|_2 = \left\{ \int |f(x)|^2 dx \right\}^{1/2}$$

et le *produit scalaire*

$$[f, g] = \int f(x) \overline{g(x)} \, dx,$$

on obtient un espace de Hilbert).

Notons encore le fait important suivant : le dual de l'espace de Banach L^1 peut être identifié à l'espace L^∞, la fonctionnelle linéaire continue sur L^1 associée à l'élément $\varphi \in L^\infty$ étant donnée par

$$(f, \varphi) = \int f(x) \overline{\varphi(x)} \, dx.$$

Cette remarque permet de définir une *topologie faible* dans L^∞; sur toute partie bornée de L^∞, cette topologie n'est autre que celle définie par la convergence vague de la mesure $f(x)\,dx$ associée à $f \in L^\infty$.

Si G est *abélien*, les mesures de Haar à droite et à gauche coïncident, et l'on a $f \star g = g \star f$.

II. — Fonctions de type positif. Caractères d'un groupe abélien.

On considère un groupe G localement compact; G ne sera supposé abélien qu'à partir du n° 6.

4. *Fonctions de type positif.* — Une fonction φ, sommable sur tout compact, est de type positif si l'on a

$$\int \varphi(x^{-1} y) f(x) \, dx \, \overline{f(y)} \, dy \geq 0 \quad \text{pour toute} \quad f \in L.$$

Une telle φ de type positif définit un espace hilbertien $\mathcal{H}_\varphi$ de la manière suivante : pour f et $g \in L$, on définit le « produit scalaire »

$$(f, g)_\varphi = \int \varphi(x^{-1} y) f(x) \, dx \, \overline{g(y)} \, dy;$$

les $f \in L$ telles que $(f, f)_\varphi = 0$ constituent un sous-espace L_φ de L; l'expression $\sqrt{(f, f)_\varphi}$, considérée sur l'espace quotient L/L_φ, constitue une véritable norme hilbertienne, et l'on obtient alors $\mathcal{H}_\varphi$ en complétant L/L_φ pour cette norme; il en résulte en outre une « représentation canonique » de L sur un sous-espace partout dense de $\mathcal{H}_\varphi$.

Pour toute fonction f, soit $f_s(x) = f(s^{-1}x)$; pour $f \in L$, l'opérateur linéaire $f \to f_s$ définit un opérateur *unitaire* U_s dans $\mathcal{H}_\varphi$. Alors $s \to U_s$ est une *représentation unitaire continue* de G dans $\mathcal{H}_\varphi$.

Toute φ *de type positif et bornée* (donc située dans le dual L^∞ de L^1) *est presque partout égale à une fonction continue* (de type positif) (Gelfand et Raïkov, [2]). En effet :

Soit une g variable de L^+, vérifiant $\int g(x)\,dx = 1$, et nulle en dehors d'un voisinage V de e, voisinage qui va être pris de plus en plus petit. Alors la mesure positive $g(x)\,dx$ converge étroitement vers la « masse 1 en e », et g, considéré comme élément de $\mathcal{H}_\varphi$, converge *faiblement* vers un élément ε de $\mathcal{H}_\varphi$; car $(g, g)_\varphi$ reste borné, et, pour toute $f \in L$, $(f, g)_\varphi$ tend, d'après la remarque précédente, vers la limite $\int \overline{\varphi(x)} f(x)\,dx$. Ainsi $(f, \varepsilon)_\varphi = \int \overline{\varphi(x)} f(x)\,dx$; plus généralement

$$(f, U_s\varepsilon)_\varphi = \lim_g (f, U_s g)_\varphi = \int \overline{\varphi(s^{-1}x)} f(x)\,dx.$$

On voit qu'on a

$$(1) \qquad (f, g)_\varphi = \int (f, U_s\varepsilon)_\varphi g(s)\,ds$$

pour toute $f \in L$; et comme les deux membres sont fonctions continues de f (pour la topologie forte de $\mathcal{H}_\varphi$), la relation subsiste pour tout élément f de $\mathcal{H}_\varphi$. Elle prouve : si un $f \in \mathcal{H}_\varphi$ est orthogonal aux $U_s\varepsilon$, il est nul; autrement dit, $\mathcal{H}_\varphi$ est le plus petit sous-espace vectoriel fermé contenant les transformés de ε par le groupe G; nous dirons que les $U_s\varepsilon$ *engendrent* $\mathcal{H}_\varphi$.

Appliquons (1) pour $f = \varepsilon$:

$$(\varepsilon, g)_\varphi = \int (\varepsilon, U_s\varepsilon)_\varphi \overline{g(s)}\,ds$$

pour toute $g \in L$; explicitons

$$\int \varphi(s)\overline{g(s)}\,ds = \int (\varepsilon, U_s\varepsilon)_\varphi \overline{g(s)}\,ds,$$

et par suite

$$\varphi(s) = (\varepsilon, U_s\varepsilon)_\varphi$$

presque partout; or le second membre est une fonction *continue* de s.

C. Q. F. D.

Remarque. — On vient de prouver que toute $\varphi(x)$ continue, de type positif, a la forme $(X, U_x X)$, où (X, Y) désigne le produit scalaire dans un certain espace hilbertien $\mathcal{H}_\varphi$ et où $x \to U_x$ est une représentation unitaire continue de G dans $\mathcal{H}$. Réciproquement, toute fonction de la forme $(X, U_x X)$ est de type positif.

5. *Fonctions élémentaires.* — Soit $\mathfrak{L}_0$ l'ensemble des φ continues, de type positif, telles que $\varphi(e) \leqq 1$; ou encore le sous-ensemble des $\varphi \in L^\infty$, telles que $\|\varphi\|_\infty \leqq 1$ et que φ soit de type positif. La définition des fonctions de type positif montre immédiatement que $\mathfrak{L}_0$ est *fermé* pour la topologie *faible* de L^∞ (dual de L^1). En outre, $\mathfrak{L}_0$ est un *ensemble convexe*, et, bien entendu, est une partie *bornée* de L^∞. Un théorème de Krein et Milman ([5]) permet alors d'affirmer que : tout sous-ensemble *convexe* et *faiblement fermé* de $\mathfrak{L}_0$, qui contient les « points extrémaux » de $\mathfrak{L}_0$, est identique à $\mathfrak{L}_0$ tout entier.

Rappelons qu'un point x d'un ensemble convexe K est dit *extrémal* pour K si tout segment de droite contenu dans K et contenant x admet nécessairement x comme extrémité. Appliquons cette notion à $\mathfrak{L}_0$; on voit facilement que les points extrémaux de $\mathfrak{L}_0$ se composent :

1° de la fonction zéro (identiquement nulle);

2° des φ (continues de type positif) telles que $\varphi(e)=1$, et jouissant de la propriété suivante : pour toute décomposition $\varphi=\varphi_1+\varphi_2(\varphi_1, \varphi_2 \in \mathfrak{L}_0)$ on a nécessairement $\varphi_1 \equiv \lambda_1\varphi$, $\varphi_2 \equiv \lambda_2\varphi$ (λ_1 et λ_2 constantes réelles $\geqq 0$ telles que $\lambda_1+\lambda_2=1$).

Les fonctions φ de la catégorie 2° s'appellent *fonctions élémentaires.*

THÉORÈME A. — *Pour qu'une φ continue, de type positif, telle que $\varphi(e)=1$, soit élémentaire, il faut et il suffit que la représentation unitaire de* G *dans $\mathcal{H}_\varphi$ soit irréductible; autrement dit, que $\{0\}$ et $\mathcal{H}_\varphi$ soient les seuls sous-espaces vectoriels fermés de $\mathcal{H}_\varphi$ invariants par les opérateurs* U_s.

Démonstration. — 1° Si φ est élémentaire, tout opérateur de projection orthogonale A, s'il est permutable aux U_s, est nécessairement E (identité) ou zéro, car

$$\varphi(x)=(\varepsilon, U_x\varepsilon)_\varphi=(A\varepsilon, U_x\varepsilon)_\varphi+(\varepsilon-A\varepsilon, U_x\varepsilon)_\varphi=(A\varepsilon, U_xA\varepsilon)_\varphi+(\varepsilon-A\varepsilon, U_x(\varepsilon-A\varepsilon))_\varphi$$

et le dernier membre est somme de deux fonctions de $\mathfrak{L}_0$; d'où

$$(A\varepsilon, U_x\varepsilon)_\varphi=\lambda(\varepsilon, U_x\varepsilon)_\varphi \qquad \text{pour tout} \quad x \in G,$$

et par suite $A=\lambda E$, ce qui exige (puisque $A^2=A$) $\lambda=0$ ou $\lambda=1$.

2° Inversement, supposons irréductible la représentation $s \to U_s$ de G dans $\mathcal{H}_\varphi$, et soit $\varphi=\varphi_1+\varphi_2(\varphi_1, \varphi_2 \in \mathfrak{L}_0)$. Pour $f \in L$, on aura $(f, f)_{\varphi_1} \leqq (f, f)_\varphi$, donc $(f, f)_{\varphi_1}$ définit une forme hermitienne dans $\mathcal{H}_\varphi$, et par suite un opérateur hermitien A tel que

$$(Af, f)_\varphi=(f, f)_{\varphi_1} \qquad \text{pour toute} \quad f \in L.$$

([5]) KREIN et MILMAN, *On extremal points of regularly convex sets* (*Studia Math.*, 1940). On trouvera une démonstration de ce théorème dans [3] (Chap. II, B).

On aura donc

$$(A\varepsilon, U_x\varepsilon)_\varphi = (\varepsilon, U_x\varepsilon)_{\varphi_1} = \varphi_1(x).$$

Comme A permute évidemment aux U_s, on a nécessairement $A = \lambda E$, et par suite $\varphi_1(x) \equiv \lambda\varphi(x)$; donc φ est élémentaire.

Remarque. — Le contenu des numéros 4 et 5 est dû essentiellement à Gelfand et Raïkov [2].

6. *Cas d'un groupe abélien.*

THÉORÈME B. — *Si* G *est abélien, les fonctions élémentaires ne sont autres que les caractères continus du groupe* G.

Rappelons qu'une fonction $\chi(x)$ est un *caractère* de G si l'on a

$$\chi(x.y) = \chi(x)\,\chi(y), \qquad |\chi(x)| = 1.$$

Un tel caractère, s'il est continu, est évidemment une fonction de type positif telle que $\chi(e) = 1$. Reste à montrer que, pour une φ continue de type positif telle que $\varphi(e) = 1$, les deux conditions suivantes sont équivalentes :

α. la représentation de G dans $\mathcal{H}_\varphi$ est irréductible;
β. φ est un caractère.

Montrons que (α) entraine (β). Les sous-espaces de la décomposition spectrale d'un opérateur U_s sont invariants par G, puisque U_s permute à tous les $U_{s'}$; donc, si la représentation de G dans $\mathcal{H}_\varphi$ est irréductible, chaque U_s a la forme λE, où λ est un nombre complexe de valeur absolue égale à 1 (U_s est *unitaire*), et qui dépend continûment de s; la fonction $\lambda(s)$ est évidemment un caractère. L'espace $\mathcal{H}_\varphi$ est engendré par les $U_s\varepsilon = \lambda(s).\varepsilon$, donc est à *une* dimension, et

$$\varphi(s) = (\varepsilon, U_s\varepsilon) = \overline{\lambda(s)}$$

est un caractère continu.

Réciproquement, l'espace $\mathcal{H}_\chi$ associé à un caractère continu est de dimension *un*, donc donne lieu à une représentation irréductible, en sorte que tout caractère continu de G est une fonction élémentaire.

En tenant compte du théorème de Krein et Milman, on aboutit donc au

THÉORÈME C. — *Soit* G *un groupe abélien localement compact; désignons par* $\mathfrak{P}_0$ *l'ensemble des fonctions continues* φ, *de type positif, telles que* $\varphi(e) \leqq 1$. *Alors tout ensemble convexe, fermé* (pour la topologie faible de L^∞), *contenant la constante zéro et les caractères de* G *contient* $\mathfrak{P}_0$.

III. — Transformation de Fourier. Théorèmes de Lebesgue et de Bochner.

7. *Dual d'un groupe abélien.* — G est désormais supposé *abélien*. Les caractères continus de G et la constante zéro forment un sous-ensemble G′ de $\mathfrak{L}_0$; les caractères seuls, un sous-ensemble $\hat{G}$. On va montrer que :

1° G′ est *faiblement fermé* dans $\mathfrak{L}_0$ (donc *compact* pour la topologie faible de L^∞), et par suite $\hat{G}$ est *localement compact*;

2° Sur $\hat{G}$, la topologie faible de L^∞ est aussi celle de la *convergence uniforme sur tout compact de* G (rappelons que les éléments de $\hat{G}$ sont des fonctions définies sur G).

Les deux propositions se montrent d'un seul coup en prouvant que, si un caractère variable λ converge *faiblement* vers une fonction φ de $\mathfrak{L}_0$, *autre que la constante zéro*, alors la convergence a lieu *uniformément sur tout compact de* G, en sorte que φ est lui-même un caractère de G.

Or, si $\varphi \not\equiv 0$, il existe une $f \in L$ telle que $\int \overline{\varphi(y)} f(y)\, dy \neq 0$. La fonction composée

$$\lambda \star f(x) = \int \lambda(y) f(y^{-1}x)\, dy = \int \lambda(xy^{-1}) f(y)\, dy$$

converge, uniformément sur tout compact, vers $\varphi \star f(x)$; mais on a

$$\lambda \star f(x) = \lambda(x) \int \overline{\lambda(y)} f(y)\, dy,$$

et $\int \overline{\lambda(y)} f(y)\, dy$ tend vers $\int \overline{\varphi(y)} f(y)\, dy \neq 0$. En faisant le quotient, on voit que $\lambda(x)$ converge uniformément sur tout compact; sa limite est $\varphi(x)$, puisque φ est déjà limite faible de λ. C. Q. F. D.

Notation. — Les éléments de G′ seront désignés par des lettres $\hat{x}, \hat{y}, \ldots$; $(x, \hat{x})$ désignera la valeur, au point $x \in G$, du caractère $\hat{x}$ (si $\hat{x} \in \hat{G}$) et zéro si $\hat{x}$ est la fonction zéro.

8. *Transformée de Fourier d'une fonction de* L^1. — A chaque f, sommable pour la mesure de Haar, associons « sa transformée de Fourier »

$$\hat{f}(\hat{x}) = \int \overline{(x, \hat{x})} f(x)\, dx,$$

fonction définie sur G′, et en particulier sur $\hat{G}$. C'est une fonction *continue* sur G′, d'après la définition de la topologie faible de L^∞, dual de L^1. Cette fonction $\hat{f}$ est nulle pour $\hat{x}=o$. En identifiant l'élément zéro de G′ au « point à l'infini » dont l'adjonction à $\hat{G}$ le rend compact (théorème d'Alexandroff), on voit que $\hat{f}(\hat{x})$ tend vers zéro quand le caractère $\hat{x}$ « s'éloigne à l'infini » : c'est le *théorème de Lebesgue*.

Si $h=f\star g (f\in L^1, g\in L^1)$, il est clair que $h\in L^1$ et que $\hat{h}=\hat{f}.\hat{g}$. Donc les transformées de Fourier des $f\in L^1$ constituent un *anneau* $\mathfrak{A}$ de fonctions, à valeurs numériques complexes, jouissant des propriétés suivantes :

1° Ces fonctions sont définies et continues sur l'espace compact G′;

2° Si une fonction $\hat{f}$ appartient à $\mathfrak{A}$, la fonction imaginaire conjuguée appartient aussi à $\mathfrak{A}$ (car c'est la transformée de Fourier de la fonction

$$\tilde{f}(x)=\overline{f(x^{-1})}$$

de L^1);

3° Toutes les fonctions de $\mathfrak{A}$ s'annulent pour $\hat{x}=o$; si $\hat{x}\neq\hat{y}$, il existe une $\hat{f}\in\mathfrak{A}$ telle que $\hat{f}(\hat{x})\neq\hat{f}(\hat{y})$ (sinon, $\hat{x}$ et $\hat{y}$ désigneraient le même élément de L^∞, donc de G′).

Un théorème classique de *Stone* (6) permet de conclure :

Toute fonction complexe, continue sur G′, et nulle pour $\hat{x}=o$, est limite *uniforme sur* G′ de fonctions de $\mathfrak{A}$. En d'autres termes : *toute mesure complexe* $\hat{\mu}$, *portée par* $\hat{G}$, *de masse totale finie, et telle que l'on ait* $\int \hat{f}\, d\hat{\mu}=o$ *pour toute* $f\in L^1$, *est identiquement nulle*.

La conclusion subsiste si l'on suppose que $\int \hat{f} d\hat{\mu}=o$ a lieu pour les f d'un sous-espace partout dense de L^1.

9. *Transformée de Fourier d'une mesure de* $\hat{G}$. — Soit $\hat{\mu}$, de masse totale finie sur l'espace $\hat{G}$. Posons

$$\mathfrak{C}\hat{\mu}(x)=\int (x, \hat{x})\, d\hat{\mu}(\hat{x});$$

c'est une fonction *bornée* et *continue* de x. Si en outre $f\in L^1$, on a la relation évidente

$$\int \overline{\hat{f}(\hat{x})}\, d\hat{\mu}(\hat{x}) = \int \overline{f(x)}\, \mathfrak{C}\hat{\mu}(x)\, dx. \tag{2}$$

THÉORÈME 1. — *Si* $\mathfrak{C}_{\hat{\mu}}(x)=o$ *pour tout* $x\in G$, *on a* $\hat{\mu}=o$ (unicité de la détermination d'une mesure $\hat{\mu}$ par la connaissance de sa transformée de Fourier).

En effet, on a alors $\int \overline{\hat{f}}\, d\hat{\mu}=o$ pour toute $f\in L^1$.

---

(6) M. H. STONE, *Applications of the theory of Boolean rings to general topology* (*Trans. Am. Math. Soc.*, 41, 1937, pp. 375-481; cf. en particulier pp. 466-469).

THÉORÈME 2 (Bochner). — *Les fonctions de $\mathfrak{T}_0$ ne sont autres que les transformées de Fourier des mesures positives et de masse totale $\leqq 1$ portées par $\hat{G}$.*

Démonstration. — Soit $\hat{\mathfrak{M}}_0$ l'ensemble des $\hat{\mu}$ positives portées par $\hat{G}$ et de masse totale $\leqq 1$. A chaque $\hat{\mu} \in \hat{\mathfrak{M}}_0$, associons la fonction $\mathcal{C}_{\hat{\mu}}(x)$. Si $\hat{\mu}$ est une masse ponctuelle $+1$ placée en un point $\hat{y}$, $\mathcal{C}_{\hat{\mu}}(x) = (x, \hat{y})$ est un *caractère*. D'autre part, si une $\hat{\mu}_0$ est limite *vague* d'une $\hat{\mu}$ variable de $\hat{\mathfrak{M}}_0$, on a $\int d\hat{\mu}_0 \leqq 1$, et $\int \bar{\hat{f}}\, d\hat{\mu}_0 = \lim \int \bar{\hat{f}}\, d\hat{\mu}$ pour toute $f \in L^1$ (puisque $\hat{f} \in \hat{L}_\infty$), c'est-à-dire

$$\int \bar{f} \mathcal{C}_{\hat{\mu}_0}\, dx = \lim \int \bar{f} \mathcal{C}_{\hat{\mu}}\, dx;$$

donc $\mathcal{C}_{\hat{\mu}_0}$ est *limite faible* de $\mathcal{C}_{\hat{\mu}}$. En particulier, comme toute $\hat{\mu}$ de $\hat{\mathfrak{M}}_0$ est limite vague de mesures formées d'un nombre fini de masses ponctuelles positives dont la somme est $\leqq 1$, on voit que les $\mathcal{C}_{\hat{\mu}}$ (pour $\hat{\mu} \in \hat{\mathfrak{M}}_0$) sont limites faibles de combinaisons linéaires de caractères, à coefficients positifs, et par suite appartiennent à $\mathfrak{T}_0$. L'application $\hat{\mu} \to \mathcal{C}_{\hat{\mu}}$ de $\hat{\mathfrak{M}}_0$ dans $\mathfrak{T}_0$ étant *continue* (pour la topologie vague de $\hat{\mathfrak{M}}_0$ et la topologie faible de $\mathfrak{T}_0$), et $\hat{\mathfrak{M}}_0$ étant *compact*, il s'ensuit que les $\mathcal{C}_{\hat{\mu}}$ forment un sous-ensemble faiblement compact (donc *faiblement fermé*) de $\mathfrak{T}_0$; ce sous-ensemble est en outre *convexe*, et contient les caractères de G; c'est donc (th. C) $\mathfrak{T}_0$ tout entier.

C. Q. F. D.

Remarque. — L'application biunivoque de $\hat{\mathfrak{M}}_0$ sur $\mathfrak{T}_0$ qui vient d'être définie est *bicontinue* (lorsque $\hat{\mathfrak{M}}_0$ est muni de la topologie vague et $\mathfrak{T}_0$ de la topologie faible). Mais elle est aussi bicontinue lorsqu'on considère sur $\hat{\mathfrak{M}}_0$ la convergence *étroite*, et sur $\mathfrak{T}_0$ la *convergence uniforme sur tout compact*; en effet, la convergence étroite de $\hat{\mu}$ variable vers $\hat{\mu}_0$ entraine la convergence uniforme sur tout compact de $\mathcal{C}_{\hat{\mu}}$ vers $\mathcal{C}_{\hat{\mu}_0}$; réciproquement, si $\mathcal{C}_{\hat{\mu}}$ converge *faiblement* vers $\mathcal{C}_{\hat{\mu}_0}$, et si en outre $\mathcal{C}_{\hat{\mu}}(e) = \int d\hat{\mu}$ converge vers $\mathcal{C}_{\hat{\mu}_0}(e) = \int d\hat{\mu}_0$, alors $\hat{\mu}$ converge étroitement vers $\hat{\mu}_0$, et par suite la convergence de $\mathcal{C}_{\hat{\mu}}$ vers $\mathcal{C}_{\hat{\mu}_0}$ est uniforme sur tout compact.

IV. — La formule d'inversion de Fourier.

10. *Groupe dual*. — Le produit de deux caractères (au sens du produit de deux fonctions sur G) étant un caractère, et l'inverse d'un caractère étant un caractère, la multiplication des caractères définit sur $\hat{G}$ une *structure de groupe abélien*, compatible avec la topologie introduite sur $\hat{G}$ (n° 7). Le groupe topolo-

gique $\hat{G}$ est le *groupe dual* de G. Avec la notation $(x, \hat{x})$ (*cf.* n° 7), on aura les formules

$$(xy^{-1}, \hat{x}) = (x, \hat{x}).\overline{(y, \hat{x})}; \qquad (x, \hat{x}\hat{y}^{-1}) = (x, \hat{x}).\overline{(x, \hat{y})}.$$

Sur le groupe dual $\hat{G}$ on a une mesure de Haar, définie à un facteur près que l'on déterminera tout à l'heure (théorème d'inversion de Fourier).

11. *Le théorème d'inversion.* — $\mathcal{V}$ désignera désormais l'ensemble des combinaisons linéaires (à coefficients complexes) de fonctions continues de type positif sur le groupe G. On posera $\mathcal{V}^1 = \mathcal{V} \cap L^1$; $\mathcal{V}^2 = \mathcal{V} \cap L^2$. Puisque toute fonction de $\mathcal{V}$ est bornée, on a $\mathcal{V}^1 \subset \mathcal{V}^2$. D'autre part, toute fonction de la forme $f \star \tilde{f}$, où $f \in L$, est de type positif ([7]) et appartient à L, donc est dans $\mathcal{V}^1$; $\mathcal{V}^1$ contient donc tous les produits de composition $f \star g$ (où f et g sont dans L), qui forment un ensemble dense dans L^1. Ainsi $\mathcal{V}^1$ est dense dans L^1; de même, $\mathcal{V}^2$ est dense dans L^2.

Dans le groupe dual $\hat{G}$, on emploiera les notations $\hat{L}$, $\hat{L}^1$, $\hat{L}^2$, $\hat{\mathcal{V}}$, $\hat{\mathcal{V}}^1 = \hat{\mathcal{V}} \cap \hat{L}^1$, $\hat{\mathcal{V}}^2 = \hat{\mathcal{V}} \cap \hat{L}^2$.

D'après les théorèmes 1 et 2, toute f de $\mathcal{V}$ détermine univoquement une mesure complexe $\hat{\mu}_f$ sur $\hat{G}$, de masse totale finie, et telle que f soit la transformée de $\hat{\mu}_f$:

$$f(x) = \int (x, \hat{x})\, d\hat{\mu}_f(\hat{x}).$$

Nous nous proposons de démontrer le

THÉORÈME 3. — *On peut choisir le facteur arbitraire de la mesure de Haar $d\hat{x}$ sur $\hat{G}$ de manière que, pour toute $f \in \mathcal{V}^1$, on ait l'égalité des mesures*

$$d\hat{\mu}_f(\hat{x}) = \hat{f}(\hat{x})\, d\hat{x}. \tag{3}$$

En d'autres termes : *si $f \in \mathcal{V} \cap L^1$, la transformée*

$$\hat{f}(\hat{x}) = \int \overline{(x, \hat{x})}\, f(x)\, dx$$

est sommable pour $d\hat{x}$, et l'on a réciproquement

$$f(x) = \int (x, \hat{x})\, \hat{f}(\hat{x})\, d\hat{x}. \qquad \text{(Formule d'inversion de Fourier).}$$

([7]) La formule $f \star \tilde{f}(x) = \int f(y)\overline{f(x^{-1}y)}\, dy$ met en évidence le fait que $f \star \tilde{f}$ est de type positif (*cf.* la *Remarque* finale du n° 4).

12. *Démonstration du théorème d'inversion.*

LEMME 1. — *Si f et φ appartiennent à $\mathcal{V}^1$, on a l'égalité des mesures*

$$\hat{\varphi}(\hat{x})\, d\hat{\mu}_f(\hat{x}) = \hat{f}(\hat{x})\, d\hat{\mu}_\varphi(\hat{x}). \tag{4}$$

En effet, d'après le théorème 1, il suffit de prouver l'identité des transformées de Fourier de ces deux mesures : or ces transformées ne sont autres que $\varphi \star f$ et $f \star \varphi$.

On voit que la transformée $\hat{\varphi}$ d'une φ de $\mathcal{V}^1$ fait partie de la famille $\hat{\mathcal{F}}$ des $\Phi(\hat{x})$ *continues, bornées,* et qui jouissent de la propriété suivante : il existe, sur $\hat{G}$, une mesure complexe $\hat{\nu}_\Phi$ de *masse totale finie* telle que

$$\Phi(\hat{x})\, d\hat{\mu}_f(\hat{x}) = \hat{f}(\hat{x})\, d\hat{\nu}_\Phi(\hat{x}) \quad \text{pour toute} \quad f \in \mathcal{V}^1. \tag{4'}$$

Étudions de plus près cette famille $\hat{\mathcal{F}}$.

1° Si $\Phi \in \hat{\mathcal{F}}$, la mesure $\hat{\nu}_\Phi$ associée est *unique*. En effet, il existe sur $\mathcal{V}^1$ un filtre Λ suivant lequel $\hat{f}$ converge vers la constante 1 uniformément sur tout compact [8]. La mesure $d\hat{\nu}_\Phi$ est alors limite vague de la mesure $\hat{f}\, d\hat{\nu}_\Phi$ [laquelle est univoquement déterminée d'après (4')], et par suite $\hat{\nu}_\Phi$ est univoquement déterminée par Φ.

2° Si la fonction Φ de $\hat{\mathcal{F}}$ est *positive*, la mesure associée est aussi *positive*. En effet, si $f = g \star \tilde{g}$ ($g \in L$), la mesure $\hat{\mu}_f$ est positive (car f est de type positif), donc la mesure $\hat{f}\, d\hat{\nu}_\Phi$ est positive d'après (4'); quand f varie suivant le filtre Λ, $\hat{\nu}_\Phi$ est limite vague de mesures positives, donc est elle-même positive.

3° Si Φ est la transformée d'une φ de $\mathcal{V}^1$, alors Φ appartient à $\hat{\mathcal{F}}$, et $\hat{\nu}_\Phi = \hat{\mu}_\Phi$ d'après (4).

4° Si Φ_1 et Φ_2 appartiennent à $\hat{\mathcal{F}}$, il en est de même de $\Phi = \Phi_1 + \Phi_2$, et $\hat{\nu}_\Phi = \hat{\nu}_{\Phi_1} + \hat{\nu}_{\Phi_2}$. En outre, si $\Phi \in \hat{\mathcal{F}}$ et si $A(\hat{x})$ est une fonction *continue bornée* quelconque sur $\hat{G}$, la fonction $\Psi = A\Phi$ appartient à $\hat{\mathcal{F}}$, et l'on a

$$d\hat{\nu}_\Psi(\hat{x}) = A(\hat{x})\, d\hat{\nu}_\Phi(\hat{x}),$$

comme on le voit en multipliant les deux membres de (4') par $A(\hat{x})$.

5° Si $\Phi \in \hat{\mathcal{F}}$, toute translatée Ψ de Φ appartient à $\hat{\mathcal{F}}$, et pour obtenir $\hat{\nu}_\Psi$ on effectue sur $\hat{\nu}_\Phi$ la même translation. Cela résulte de ce que, si l'on multiplie f par un caractère de G, $\hat{f}$ et $\hat{\mu}_f$ subissent une même translation.

---

(8) *Cf.* n° 18.

La démonstration du théorème 3 va maintenant se faire en trois étapes :

a. Toute fonction Ψ *de* $\hat{L}$ *appartient à* $\hat{\mathfrak{F}}$. — En effet, il existe une $f \in \mathcal{V}^1$ dont la transformée est très voisine de 1 (donc $\neq 0$) sur le compact en dehors duquel Ψ est identiquement nulle. On a donc $\Psi = A.\hat{f}$, où A est continue et bornée; or $\hat{f}$ est dans $\hat{\mathfrak{F}}$, donc aussi Ψ (propriété 4°).

b. Choix de la mesure de Haar. — Associons à toute Ψ de $\hat{L}$ le nombre $\int d\hat{\nu}_\Psi$. On a ainsi une fonctionnelle *additive* (propriété 4°), *positive* (propriété 2°) et enfin *invariante par translation* (propriété 5°) : c'est donc la mesure de Haar $d\hat{x}$ sur $\hat{G}$, mesure dont le facteur arbitraire se trouve ainsi fixé sans ambiguïté; à condition toutefois que l'on prouve que cette mesure n'est pas identiquement nulle. Or si f appartient à $\mathcal{V}^1$ et n'est pas identiquement nulle, la mesure $\hat{\mu}_f$ n'est pas identiquement nulle, donc il existe une A de $\hat{L}$ telle que la mesure $A\,d\hat{\mu}_f$ ne soit pas non plus identiquement nulle; si alors on prend $\Psi = A.\hat{f}$, on a $d\hat{\nu}_\Phi = A\,d\hat{\mu}_f$ (d'après 3° et 4°), donc $\hat{\nu}_\Psi$ n'est pas nulle.

Cela étant, le choix que l'on vient de faire de la mesure de Haar $d\hat{x}$ permet d'écrire

$$(5) \qquad \int \Psi(\hat{x})\,d\hat{x} = \int d\hat{\nu}_\Psi(\hat{x}) \qquad \text{pour toute} \quad \Psi \in \hat{L}.$$

c. Démonstration de la formule (3). — Soit Φ une fonction quelconque de $\hat{\mathfrak{F}}$. Pour toute A de $\hat{L}$, la fonction $\Psi = A.\Phi$ appartient à $\hat{L}$, et, d'après 4°, on a $d\hat{\nu}_\Psi = A\,d\hat{\nu}_\Phi$. La formule (5) donne alors

$$\int A(\hat{x})\Phi(\hat{x})\,d\hat{x} = \int A(\hat{x})\,d\hat{\nu}_\Phi(\hat{x}) \qquad \text{pour toute} \quad A \in \hat{L},$$

d'où l'égalité annoncée des mesures

$$(6) \qquad \Phi(\hat{x})\,d\hat{x} = d\hat{\nu}_\Phi(\hat{x}).$$

Ceci étant, soit $f \in \mathcal{V}^1$; prenons pour Φ la fonction $\hat{f}$, d'où (d'après 2°) $\hat{\nu}_\Phi = \hat{\mu}_f$; la formule (6) donne la relation (3) cherchée, ce qui démontre le théorème 3.

13. *Corollaires du théorème d'inversion.*

COROLLAIRE 1 DU THÉORÈME 3. — *Si* f *continue de type positif est sommable pour* dx, *sa transformée de Fourier* $\hat{f}$ *est positive* (en effet, d'après le théorème 3, $\hat{f}$ est sommable, et f est transformée de Fourier de la mesure $\hat{f}(\hat{x})\,d\hat{x}$ qui, d'après les théorèmes 1 et 2, est positive).

En particulier, on a $f(\hat{e}) \geqq 0$, d'où

$$\int f(x)\,dx \geqq 0$$

pour toute f sommable, continue, de type positif. En fait, ce résultat vaut encore si l'on abandonne l'hypothèse de la continuité, comme on le voit en « régularisant » (9).

COROLLAIRE 2 DU THÉORÈME 3. — *Soit* $F(\hat{x})$ *une fonction sommable pour* $d\hat{x}$; *si sa transformée*

$$f(x) = \int (x, \hat{x})\, F(\hat{x})\, d\hat{x}$$

est sommable pour dx, *on a presque partout*

$$F(\hat{x}) = \int \overline{(x, \hat{x})}\, f(x)\, dx.$$

Plus généralement, si une mesure $\hat{\mu}$ de masse totale finie sur $\hat{G}$ est telle que sa transformée de Fourier

$$(7) \qquad f(x) = \int (x, \hat{x})\, d\hat{\mu}(\hat{x})$$

soit sommable pour dx, alors on a $d\hat{\mu}(\hat{x}) = \hat{f}(\hat{x})\, d\hat{x}$.

En effet, d'après (7), on a $f \in \mathcal{V}$; si en outre $f \in L^1$, d'après le théorème 3, f est transformée de Fourier de la mesure $\hat{f}(\hat{x})\, d\hat{x}$, et aussi de $d\hat{\mu}(\hat{x})$; d'où l'égalité de ces deux mesures.

Remarque. — Si $f \in \mathcal{V}^1$, alors $\hat{f}$ appartient à $\hat{\mathcal{V}}$, comme on le voit en décomposant f en $f_1 - f_2 + i(f_3 - f_4)$, où les f_i sont positives et sommables (alors les $\hat{f}_i$ sont de type positif sur $\hat{G}$ comme on le vérifie immédiatement). Le théorème 3 affirme donc que *la transformée de Fourier d'une fonction de* $\mathcal{V}^1$ *appartient à* $\hat{\mathcal{V}}^1$. (Quand on aura identifié, plus loin, le groupe G au dual de $\hat{G}$, on pourra affirmer que $f \to \hat{f}$ est une *application biunivoque de* $\mathcal{V}^1$ *sur* $\hat{\mathcal{V}}^1$).

V. — LE THÉORÈME DE PLANCHEREL.

14. Rappelons que $\mathcal{V}^1 \subset \mathcal{V}^2 \subset L^2$; de même, $\hat{\mathcal{V}}^1 \subset \hat{\mathcal{V}}^2 \subset \hat{L}^2$. On peut donc considérer la transformation de Fourier comme définie entre parties de L^2 et $\hat{L}^2$. On va voir qu'en fait cette transformation est prolongeable en un *isomorphisme de* L^2 *sur* $\hat{L}^2$.

Soit une $f \in \mathcal{V}^1$; montrons que *la norme* $\|f\|_2$ *de f dans* L^2 *est égale à la norme* $\|\hat{f}\|_2$ *de* $\hat{f}$ *dans* $\hat{L}^2$. Plus généralement, *si* $f \in L^1 \cap L^2$, *sa transformée appartient à* $\hat{L}^2$ *et donc à* $\hat{\mathcal{V}}^2$. En effet, la fonction $g = f \star \tilde{f}$ est dans $\mathcal{V}^1$, donc sa transformée $\hat{g} = |\hat{f}|^2$ est dans $\hat{\mathcal{V}}^1$; par suite, $\hat{f}$ est de carré sommable pour $d\hat{x}$.

(9) *Voir* [4], § 2; et [3], Introduction, § 4.

De plus, la formule d'inversion de Fourier appliquée à g donne $g(e)=\int \hat{g}(\hat{x})d\hat{x}$, c'est-à-dire en explicitant

$$\int |f(x)|^2 dx = \int |\hat{f}(\hat{x})|^2 d\hat{x}. \qquad \text{C. Q. F. D.}$$

De là résulte que l'application $f \to \hat{f}$, qui est déjà définie dans $L^1 \cap L^2$ (partout dense dans L^2) peut être prolongée en une application de L^2 *dans* $\hat{L}^2$, avec toujours $\|f\|_2 = \|\hat{f}\|_2$.

Inversement, partons d'une $F \in \hat{L}^1 \cap \hat{L}^2$, et soit

$$\mathcal{C}_F(x) = \int (x, \hat{x})\, F(\hat{x})\, d\hat{x}$$

la transformée de la mesure $F(\hat{x})d\hat{x}$. Je dis que $\mathcal{C}_F$ *appartient à* L^2; en effet, la relation (2) (§ III) montre que, pour toute $f \in L^1 \cap L^2$, on a

$$(8) \qquad \int \overline{\hat{f}(\hat{x})}\, F(\hat{x})\, d\hat{x} = \int \overline{f(x)}\, \mathcal{C}_F(x)\, dx;$$

le second membre est donc en module inférieur ou égal à

$$\|\hat{f}\|_2 . \|F\|_2 = \|f\|_2 . \|F\|_2 .$$

Il en résulte bien que $\mathcal{C}_F \in L^2$, et que $\|\mathcal{C}_F\|_2 \leqq \|F\|_2$. Bien entendu, la relation (8) s'étend au cas où f est une fonction quelconque de L^2, et $\hat{f}$ sa transformée de Fourier définie par prolongement.

Voici en passant une application de (8) : *la transformée $\hat{f}$ d'une f de $\mathcal{V}^2$ est sommable pour $d\hat{x}$* (le théorème 3 affirmait seulement que $\hat{f}$ est sommable lorsque $f \in \mathcal{V}^1$). En effet, appliquons (8) à une F transformée de Fourier d'une φ de $\mathcal{V}^1$; on a donc $F = \hat{\varphi}$, $\mathcal{C}_F = \varphi$ (th. 3), d'où

$$(9) \qquad \int \overline{\hat{f}(\hat{x})}\, \hat{\varphi}(\hat{x})\, d\hat{x} = \int \overline{f(x)}\, \varphi(x)\, dx.$$

Puisque $f \in \mathcal{V}$, il existe une mesure $\hat{\mu}_f$ de masse totale finie, et une seule, telle que $f(x) = \int (x, \hat{x})\, d\hat{\mu}_f(\hat{x})$. En remplaçant $f(x)$ par cette valeur dans (9), il vient

$$\int \hat{\varphi}(\hat{x})\overline{\hat{f}(\hat{x})}\, d\hat{x} = \int \hat{\varphi}(\hat{x})\, \overline{d\hat{\mu}_f(\hat{x})} \qquad \text{pour toute } \varphi \text{ de } \mathcal{V}^1;$$

or $\mathcal{V}^1$ est partout dense dans L^1, ce qui exige (n° 8) l'égalité des mesures $\hat{f}(\hat{x})d\hat{x}$ et $d\hat{\mu}_f(\hat{x})$: donc $\hat{f}$ est sommable.

15. Théorème 4. — *L'application $f \to \hat{f}$ de L^2 dans $\hat{L}^2$, définie plus haut, est un isomorphisme de L^2 sur $\hat{L}^2$.*

Il suffit de montrer que *les transformées* $\hat{f}$ *des* $f \in \mathcal{V}^1$ *sont partout denses dans* $\hat{L}^2$. Pour cela, il suffit de prouver le

LEMME 2. — *Toute fonction* $F \star G$ (*où* F *et* $G \in \hat{L}$) *est transformée de Fourier d'une fonction de* $\mathcal{V}^1$.

En effet, de $H = F \star G$ résulte $\mathcal{C}_H = \mathcal{C}_F . \mathcal{C}_G$, donc $\mathcal{C}_H$, produit de deux fonctions de L^2 (nº 14), est sommable, et par suite appartient à $\mathcal{V}^1$. Il en résulte (corollaire 2 du théorème 3) que H est transformée de Fourier de $\mathcal{C}_H$.

C. Q. F. D.

VI. — THÉORIE DE LA DUALITÉ.

16. A chaque x de G associons la fonction $\overline{(x, \hat{x})}$ de la variable $\hat{x} \in \hat{G}$. C'est un caractère continu de $\hat{G}$, donc un élément du dual $\hat{\hat{G}}$ de $\hat{G}$, élément que nous noterons $\alpha(x)$.

THÉORÈME 5. — *La représentation* $x \to \alpha(x)$ *de* G *dans* $\hat{\hat{G}}$ *est un isomorphisme du groupe topologique* G *sur le groupe topologique* $\hat{\hat{G}}$.

Montrons d'abord que c'est un isomorphisme du groupe topologique G sur un sous-groupe $\alpha(G)$ de $\hat{\hat{G}}$. Autrement dit : pour que $y = \lim x$ dans G, il faut et il suffit que $\alpha(y) = \lim \alpha(x)$ dans $\hat{\hat{G}}$. Or $y = \lim x$ signifie évidemment que $f(y) = \lim f(x)$ pour toute f de $\mathcal{V}^1$, ce qui s'écrit

$$\int (y, \hat{x}) \hat{f}(\hat{x}) \, d\hat{x} = \lim \int (x, \hat{x}) \hat{f}(\hat{x}) \, d\hat{x}. \tag{10}$$

Lorsque f parcourt $\mathcal{V}^1$, les $\hat{f}$ parcourent un sous-ensemble partout dense de $\hat{L}^1$ (d'après le lemme du nº 15), donc (10) exprime que la fonction $(x, \hat{x})$ (fonction de $\hat{x}$) converge faiblement, dans $\hat{L}^\infty$, vers la fonction $(y, \hat{x})$; autrement dit, que le caractère $\alpha(x)$ converge vers le caractère $\alpha(y)$ au sens de la topologie de $\hat{\hat{G}}$.

Cela étant, le sous-groupe $\alpha(G)$ de $\hat{\hat{G}}$ est localement compact (puisque isomorphe à G), donc il est *fermé* dans G (*cf.* BOURBAKI, *Top. gén.*, Chap. III, § 2, exercice 6). Pour achever de démontrer le théorème, il ne reste plus qu'à prouver que tout ensemble ouvert non vide de $\hat{G}$ rencontre $\alpha(G)$. D'après le lemme 2, il revient au même de prouver : si une fonction F, sur $\hat{\hat{G}}$, est transformée d'une fonction $\hat{f}$ de $\hat{\mathcal{V}}^1$ et s'annule identiquement sur $\alpha(G)$, elle est identiquement nulle. Or soit

$$F(\hat{\hat{x}}) = \int \overline{(\hat{x}, \hat{\hat{x}})} \hat{f}(\hat{x}) \, d\hat{x}.$$

On a par hypothèse

$$f(x) = \int (x, \hat{x}) \hat{f}(\hat{x}) \, d\hat{x} = 0$$

pour tout $x \in G$, ce qui exige (th. 1) $\hat{f} \equiv 0$, donc $F \equiv 0$. C. Q. F. D.

17. *Sous-groupes et groupes quotients.*

Théorème 6. — *Soit* Γ *un sous-groupe fermé de* G, *et soit* Γ' *le sous-groupe de* $\hat{G}$ *orthogonal à* Γ (c'est-à-dire le sous-groupe des $\hat{x}$ tels que $(x, \hat{x}) = 1$ pour tout $x \in \Gamma$). *Alors tout élément* $x \in G$ *qui est orthogonal à* Γ' *appartient à* Γ.

(On observera que la démonstration que nous allons donner de cette propriété aurait pu se placer dès la fin du paragraphe II.)

Lemme 3. — *Pour qu'une fonction* f *de* $\mathcal{V}$ *soit invariante par* Γ, *il faut et il suffit que la mesure* $\hat{\mu}_f$ *dont elle est la transformée soit portée par le sous-groupe* Γ' *orthogonal à* Γ.

En effet, la condition est évidemment suffisante. Réciproquement, supposons $f(sx) = f(x)$ pour tout $s \in \Gamma$ et tout $x \in G$; on a donc, pour $s \in \Gamma$,

$$\int (x, \hat{x})(s, \hat{x}) \, d\hat{\mu}_f(\hat{x}) = \int (x, \hat{x}) \, d\hat{\mu}_f(\hat{x}) \qquad \text{quel que soit } x \in G,$$

d'où (th. 1)

$$(s, \hat{x}) \, d\hat{\mu}_f(\hat{x}) = d\hat{\mu}_f(\hat{x}) \qquad \text{pour tout } s \in \Gamma.$$

Ainsi l'ensemble (ouvert) des points $\hat{x}$ où $(s, \hat{x}) \neq 1$ est de mesure nulle pour $\hat{\mu}_f$; sur le noyau fermé de $\hat{\mu}_f$, on a donc $(s, \hat{x}) = 1$ pour tout $s \in \Gamma$, ce qui signifie précisément que ce noyau est contenu dans Γ'.

Ce lemme étant établi, la formule

$$f(x) = \int (x, \hat{x}) \, d\hat{\mu}_f(\hat{x})$$

montre que si $f \in \mathcal{V}$ est invariante par Γ, f est aussi invariante par le sous-groupe de G orthogonal à Γ'. Le théorème 6 sera prouvé si nous montrons : pour chaque $s \notin \Gamma$ (rappelons que Γ est supposé *fermé* dans G), il existe une $f \in \mathcal{V}$ invariante par Γ, et telle que $f(s) \neq f(e)$. Or la f cherchée va provenir d'une fonction φ sur le groupe quotient G/Γ; sur ce groupe, il existe en effet une fonction continue, nulle en dehors d'un ensemble compact, qui soit combinaison linéaire de fonctions de type positif, et qui prenne en un point s différent de l'élément neutre une valeur autre qu'en ce dernier point : il suffit de prendre un produit de composition convenable sur le groupe G/Γ.

Le théorème 6 étant démontré, on en déduit aisément les résultats de Weil ([1], p. 108-109), et notamment celui-ci : *si* Γ *est un sous-groupe fermé de* G, *le groupe dual de* Γ *est isomorphe au groupe quotient* $\hat{G}/\Gamma'$ (Γ' *désignant le sous-groupe fermé de* $\hat{G}$ *orthogonal à* Γ).

VII. — Compléments.

18. *Approximation d'une fonction quelconque par des produits de composition.*

Lemme α [relatif à la Note ([8]) du n° 12]. — *Il existe sur* $\mathfrak{V}^1$ *un filtre* Λ *suivant lequel* $\hat{f}$ *converge vers la constante un uniformément sur toute partie compacte de* $\hat{G}$.

Démonstration. — K désignant un voisinage compact de e, désignons par A_K l'ensemble des $g \in L^+$ qui sont nulles en dehors de K, et vérifient en outre $\int g(x)\,dx = 1$. Soit B_K l'ensemble des $f = g \star \tilde{g}$ où g décrit A_K. Ces f sont à la fois *positives* (au sens ordinaire), *de type positif* et *nulles en dehors de voisinages compacts de e* (qui convergent vers e avec K); de plus

$$\int f(x)\,dx = \left(\int g(x)\,dx\right)^2 = 1.$$

Il est clair alors que les B_K constituent sur $\mathfrak{L}^1$, une *base de filtre* Λ, et que la mesure $f(x)\,dx$ converge étroitement, suivant Λ, vers la masse $+1$ en e. Alors

$$\hat{f}(\hat{x}) = \int \overline{(x, \hat{x})}\, f(x)\,dx$$

converge, uniformément sur tout compact de $\hat{G}$, vers la constante *un*.

C. Q. F. D.

Conséquences du lemme α. — Comme $f \in L^+$, on a $\hat{f} \in \hat{\mathfrak{L}}^1$. Donc : *sur tout groupe abélien localement compact* G, *on peut approcher la constante un, uniformément sur tout compact, par des fonctions continues, sommables et de type positif sur* G.

(Si $G = R$, groupe additif des nombres réels, on peut prendre par exemple la suite

$$f_n(x) = e^{-\frac{x^2}{n}};$$

ce qui explique l'intervention de ces fonctions dans certains exposés classiques.)

Plus généralement, *toute fonction continue* φ *de type positif* sur G est limite, uniforme sur tout compact, de fonctions de $\mathfrak{L}^1$. Car si $f \in \mathfrak{L}^1$ tend vers 1, $f\varphi \in \mathfrak{L}^1$ tend vers φ.

LEMME β. — *Toute* $f \in \mathfrak{L}^1$ *est de la forme*

$$f(x) = g \star \tilde{g}(x) = \int g(y)\,\overline{g(x^{-1}y)}\,dy,$$

où $g \in L^2$.

Il suffit de prendre pour g la transformée de Fourier de $\sqrt{\hat{f}(\hat{x})}$ (cette dernière fonction est dans $\hat{L}^2$, puisque $\hat{f}$ est *positive* et *sommable*).

C. Q. F. D.

Comme g est limite *forte* dans L^2 de fonctions $h \in L$, il en résulte que f est limite, *uniforme sur* G, de fonctions $h \star \tilde{h} \in \mathfrak{L} \cap L$. Finalement, on a le

THÉORÈME 7. — *Toute fonction continue et de type positif sur* G *est limite, uniformément sur tout compact, de fonctions de la forme* $h \star \tilde{h}$, *où* $h \in L$.

19. *Cas particulier des groupes compacts et des groupes discrets.*

Si G *est discret*, $\hat{G}$ *est compact*. — Il suffit de montrer que le point $o \in G'$ (notations du n° 7) est *isolé* dans G'. Or, considérons la fonction $\varepsilon(x)$ égale à 1 si $x = e$, à 0 si $x \neq e$; on a $\varepsilon \in L^1$, et si l'on choisit la mesure de Haar dx de manière que chaque point de G porte une masse 1, la transformée de Fourier de ε est la fonction $\hat{\varepsilon}(\hat{x})$ égale à 0 si $\hat{x} = o$, à 1 si $\hat{x} \in \hat{G}$. Comme $\hat{\varepsilon}$ est *continue* sur G', la proposition est démontrée. En outre, la formule d'inversion, pour la fonction ε, donne, pour $x = e$, $\int d\hat{x} = 1$.

Si G *est compact*, $\hat{G}$ *est discret*. — En effet, prenons sur G la mesure de Haar dont la masse totale est égale à 1, et cherchons la transformée de Fourier $\hat{\varepsilon}$ de la fonction $\varepsilon(x)$ égale à 1 pour tout $x \in G$. On a évidemment $\hat{\varepsilon}(\hat{e}) = 1$; si nous montrons que $\hat{\varepsilon}(\hat{x}) = 0$ pour tout $\hat{x} \neq \hat{e}$, nous aurons prouvé ($\hat{\varepsilon}$ étant continue sur $\hat{G}$) que $\hat{G}$ est discret. Or la fonction $(y, \hat{x})\hat{\varepsilon}(\hat{x})$ est identique à $\hat{\varepsilon}(\hat{x})$, et cela pour tout $y \in G$; donc si un $\hat{x}$ est tel que $\hat{\varepsilon}(\hat{x}) \neq 0$, on a $(y, \hat{x}) = 1$ pour tout y, d'où $\hat{x} = \hat{e}$. C'est ce que nous voulions démontrer. En outre, la mesure de Haar $d\hat{x}$ que la formule d'inversion attache à $\hat{G}$ porte une masse 1 en chaque point de $\hat{G}$.

Si G n'est ni compact ni discret, il en est de même de $\hat{G}$, puisque G est isomorphe au dual de $\hat{G}$.

BIBLIOGRAPHIE.

[1]. A. Weil, *L'intégration dans les groupes topologiques et ses applications* (*Actual. Scient. et Ind.*, n° **869**, Paris, 1940).

[2]. I. Gelfand et D. Raïkov, *Irreducible unitary representations of arbitrary locally bicompact groups* (*Recueil Math. Moscou*, **13**, 1943, p. 316).

[3]. R. Godement, *Les fonctions de type positif et la théorie des groupes* (*Thèse*, Paris, juillet 1946).

[4]. H. Cartan, *Sur les fondements de la théorie du potentiel* (*Bull. Soc. Math. de France*, **69**, 1941, p. 71).

[5]. J. Dieudonné, *La dualité dans les espaces vectoriels topologiques* (*Ann. Éc. Norm. Sup.*, (3), t. **59**, 1942, p. 107-139).

[6]. N. Bourbaki, *Topologie générale*, Chap. I (*Actual. Scient. et Ind.*, n° **858**, Paris, 1940).

[7]. S. Bochner, *Vorlesungen über Fouriersche Integrale* (Leipzig, 1932).

[8]. S. Bochner, *Monotone Funktionen, Stieltjessche Integrale und harmonische Analyse* (*Math. Ann.*, **108**, 1933, p. 378).

[9]. N. Wiener, *The Fourier integral and certain of its applications* (Cambridge U. P., 1933).

[10]. E. C. Titchmarsh, *Introduction to the theory of Fourier integrals* (Oxford, 1937).

[11]. T. Carleman, *L'intégrale de Fourier et questions qui s'y rattachent* (Uppsala, 1944).

Note. — Nous avons pris connaissance en novembre 1946 d'un Mémoire de D. A. Raïkov [*Harmonic Analysis on commutative groups with the Haar measure and the theory of characters* (*Travaux de l'Inst. Math. Stekloff*, **14**, 1945, p. 5-86)]. Ce Mémoire constitue un exposé, au moyen de la théorie des anneaux normés, des questions traitées dans le présent article.

81.

Sur la notion de carapace en topologie algébrique

Topologie Algébrique, Colloque International du C.N.R.S., n° 12, 1–2 (1949)

Les idées que j'avais exposées en 1947, sous ce titre, dans une conférence au Colloque international de Topologie algébrique, à Paris, ont passablement évolué depuis cette date, sinon dans les principes essentiels, du moins dans la présentation. De plus, leur champ d'applicabilité a été assez notablement étendu. On comprendra que, deux ans plus tard, l'auteur ait préféré ne pas donner à l'impression un texte qui ne correspond plus entièrement à ses vues actuelles; celles-ci seront livrées à la publication dans un Mémoire détaillé, dont la rédaction n'est pas encore entièrement achevée.

Je voudrais néanmoins tenter de caractériser ici en quelques lignes la tentative qui avait fait l'objet de mon exposé du 27 juin 1947. Il s'agit essentiellement de construire une théorie axiomatique de la cohomologie des espaces *localement compacts*. Cette théorie diffère de celle d'Eilenberg et Steenrod (*Proc. nat. Acad. Sc.*, 31, 1945, p. 117-120) sur plusieurs points importants. Tout d'abord, elle ne vise à axiomatiser que la cohomologie au sens de Čech, ou au sens d'Alexander (on sait que les définitions de Čech et celles d'Alexander, comme celles de Kolmogoroff, conduisent à des anneaux de cohomologie isomorphes, au moins dans le cas des espaces compacts); au contraire, la théorie d'Eilenberg-Steenrod se donnait pour but d'englober toutes les théories de l'homologie ou de la cohomologie. Précisément à cause de sa généralité, la théorie d'Eilenberg-Steenrod ne pouvait comporter de théorème d'unicité que pour des espaces de nature très particulière; tandis que l'intérêt principal de notre théorie réside dans ses théorèmes d'unicité. Ceux-ci contiennent comme cas particulier les théorèmes de De Rham sur la cohomologie d'une variété différentiable, et aussi les théorèmes dits « de dualité » dus à Poincaré, Alexander, Pontrjagin et quelques autres pour le cas des variétés triangulées (mais qui sont ici établis sans triangulation).

Un autre point sur lequel notre théorie se différencie de celle d'Eilenberg-Steenrod est le suivant : elle travaille non point sur les groupes ou anneaux de cohomologie, mais directement sur des groupes (ou anneaux) munis d'un « opérateur différentiel » qui donne naissance à la cohomologie; elle est ainsi plus maniable, et c'est ce qui lui permet, par exemple, d'être appliquée à l'anneau des formes différentielles sur une variété différentiable et de conduire ainsi aux théorèmes de De Rham. Enfin, un autre avantage de notre théorie axiomatique réside dans le fait qu'elle vaut aussi pour la cohomologie à « coefficients locaux » (au sens de Steenrod, et, plus généralement, de Leray), ce qui n'est pas le cas de l'axiomatique d'Eilenberg-Steenrod.

J'ajoute que non seulement notre théorie axiomatique fournit des démonstrations unifiées de théorèmes connus (et dont la démonstration, à juste titre considérée comme difficile, nécessitait jusqu'à présent des hypothèses parasites), mais qu'elle donne aisément des résultats nouveaux, applicables notamment à la cohomologie des espaces fibrés.

Je m'en voudrais de ne pas dire, dans ce bref commentaire, ce que je dois aux idées de J. Leray, dont le Mémoire du *Journal de Mathématiques* (**24**, 1945, p. 95-248) est à l'origine de mes recherches. En lisant une démonstration du théorème de De Rham proposée par A. Weil (démonstration inédite, dans une lettre de février 1947), je reconnus une parenté entre le procédé de Weil et les raisonnements utilisés à maintes reprises par Leray dans son grand Mémoire (*loc. cit.*). C'est de ce rapprochement que naquit l'idée de ma théorie axiomatique; il me restait alors à systématiser le raisonnement et à formuler des énoncés précis dont le champ d'application fût cependant aussi large que possible.

Dans la mise au point définitive que j'espère publier bientôt, j'ai été influencé par les travaux plus récents de Leray (notamment par le texte provisoire de sa conférence au Colloque de 1947), et par le cours que j'ai professé sur ce sujet à l'Université Harvard au printemps de 1948. J'ai finalement adopté le cadre des « faisceaux » de J. Leray (*C. R. Acad. Sci.*, Paris, **222**, 1946, p. 1366-1369).

82.

Sur la cohomologie des espaces où opère un groupe. Notions algébriques préliminaires

Comptes Rendus de l'Académie des Sciences de Paris 226, 148–150 (1948)

Soient $\mathcal{E}$ un espace localement compact, et G un groupe d'homéomorphismes de $\mathcal{E}$, discret et sans point fixe. L'étude des relations algébriques existant entre l'homologie (resp. la cohomologie) de $\mathcal{E}$, la structure de G, et l'homologie (resp. la cohomologie) de l'espace quotient $\mathcal{E}'$ a fait l'objet d'importantes recherches ces dernières années ([2]). J. Leray (dans une conférence au Colloque de Topologie algébrique, à Paris, en juillet 1947) a suggéré le principe d'une méthode devant permettre d'approfondir cette étude; mais ce principe ne s'applique qu'au cas où G est *fini*. Dans une prochaine Note, nous donnerons une méthode valable pour le cas général; elle repose sur des notions algébriques préliminaires, que voici ([3]) :

1. Sur un anneau A (non nécessairement commutatif, ni pourvu d'élément unité), une structure d'*anneau gradué* est définie par une décomposition du groupe additif de A comme somme directe de sous-groupes A^p (p entier $\geqq 0$) tels que le produit d'un élément de A^p et d'un élément de A^q soit dans A^{p+q}; un élément de A^p est dit de *degré p*. Deux structures graduées sur un anneau A (définies par des A^p et des B^q respectivement) sont *compatibles* si A est somme directe des $A^p \cap B^q = A^{p,q}$; A est dit *bigradué*. Généralisation évidente à un nombre quelconque de structures graduées.

Une structure d'*anneau filtré* est définie, sur un anneau A, par la donnée d'idéaux bilatères A_n (n entier $\geqq 0$) tels que $A_0 = A$, $A_{n+1} \subset A_n$, $\bigcap_n A_n = \{0\}$, le produit d'un élément de A_n et d'un élément de A_m étant dans A_{n+m}. Si A est filtré, l'*anneau gradué associé* à A est l'anneau A′ suivant : son groupe additif est somme directe des $A'^n = A_n/A_{n+1}$, et le produit d'un élément de A'^n et d'un élément de A'^m est l'élément de A'^{n+m} obtenu par passage au quotient à partir de la multiplication dans A. Sur un anneau A, une structure filtrée (définie par des A_n) et une structure graduée (définie par des A^p) sont *compatibles* si,

---

([2]) Voir notamment H. Hopf. S. Eilenberg et S. Mac Lane, B. Eckmann, H. Freudenthal.

([3]) Une partie de ces notions est exposée dans une Note de J. L. Koszul (*Comptes rendus*, 225, 1947, p. 217); J. Leray développe des considérations analogues dans le texte qu'il a rédigé pour le volume des Comptes rendus du Colloque de Paris.

pour tout n, A_n est somme directe des $A_n \cap A^p = A_n^p$; alors l'anneau gradué A' associé à la structure filtrée de A est somme directe des $A'^{n,p} = A_n^p / A_{n+1}^p$: il est *bigradué*. Généralisation évidente au cas où un A filtré est muni de plusieurs structures graduées.

2. Un *anneau différentiel* est un anneau A où sont définis un automorphisme involutif ω et un endomorphisme δ du groupe additif, tels que

$$\delta(xy) = (\delta x)y + (\omega x)(\delta y), \qquad \delta(\delta x) = 0, \qquad \delta(\omega x) + \omega(\delta x) = 0.$$

δ est l'*opérateur différentiel* de A. L'*anneau de cohomologie* de A est le quotient du sous-anneau C des x tels que $\delta x = 0$, par l'idéal (de C) des x de la forme δy. Un *anneau différentiel filtré* est un anneau différentiel A dont la structure filtrée est définie par des idéaux A_n tels que $\omega(A_n) = A_n$, $\delta(A_n) \subset A_n$; alors l'anneau de cohomologie de A est aussi *filtré*. Un *anneau différentiel gradué* est un anneau différentiel A dont la structure graduée est définie par des A^p tels que $\omega(A^p) = A^p$, $\delta(A^p) \subset A^{p+r}$ (r entier indépendant de p; r s'appelle le *degré* de l'opérateur δ); alors l'anneau de cohomologie de A est *gradué*. En particulier, si $\omega(x) = (-1)^p x$ pour $x \in A^p$, et si $r = 1$, on dira que A est un *anneau différentiel normal*.

3. Tout anneau différentiel *filtré* A définit une *suite de Leray-Koszul* (en abrégé : suite L. K.; *voir* Koszul, Note citée en ([3])]. C'est une suite d'anneaux différentiels *gradués* E_r ($r = 0, 1, 2, \ldots$); l'opérateur différentiel δ_r de E_r est de degré r; les structures graduées des E_r sont comme suit : E_0 est l'anneau gradué associé à A, E_{r+1} est l'anneau de cohomologie de E_r. L'anneau terminal E_∞, limite (en un sens facile à préciser) des E_r, n'est autre que *l'anneau gradué associé à l'anneau de cohomologie (filtré) de* A.

4. Soit A un anneau bigradué (somme directe de $A^{p,q}$). Pour n entier $\geqq 0$, posons $A^n = \sum_{p+q=n} A^{p,q}$; ceci définit un nouveau degré (*degré total*). Soit ω l'automorphisme tel que $\omega(x) = (-1)^n x$ pour $x \in A^n$. Supposons donnés deux opérateurs d_1 et d_2 tels que $d_1(A^{p,q}) \subset A^{p+1,q}$, $d_2(A^{p,q}) = A^{p,q+1}$, $d_1(xy) = (d_1 x)y + (\omega x)(d_1 y)$, $d_2(xy) = (d_2 x)y + (\omega x)(d_2 y)$, $d_1 d_1 = d_2 d_2 = 0$, $d_1 d_2 + d_2 d_1 = 0$, $d_1 \omega + \omega d_1 = d_2 \omega + \omega d_2 = 0$. Alors l'opérateur $d = d_1 + d_2$ définit sur A, avec le degré total, une structure d'anneau différentiel normal. On peut définir sur A *deux* structures *filtrées* compatibles avec cette structure : par exemple, la *première* est définie par les idéaux $A_r = \sum_{p=r}^{\infty} \sum_{q=0}^{\infty} A^{p,q}$; elle est compatible avec toutes les structures graduées de A. L'anneau E_0 de la suite L. K. n'est autre que A; il est muni de trois structures graduées, comme chacun des E_r. L'opérateur δ_r est de degré r vis-à-vis de la graduation p, de degré $1 - r$ vis-à-vis de la graduation q, de degré 1 vis-à-vis de la graduation $p + q$. Pour une valeur donnée de n, δ_r est *nul* pour tout élément

de degré total n dès que $r > n$; donc, dans E_∞, le sous-groupe des éléments de degré total n est le même que dans E_{n+1}. Pour la graduation p, E_∞ est l'anneau gradué associé à l'anneau de cohomologie (filtré) de A ([4]).

([4]) Ces phénomènes ont été décrits pour la première fois par J. Leray, à propos d'un problème particulier (*Comptes rendus*, 222, 1946, p. 1419).

83.

Sur la cohomologie des espaces où opère un groupe: étude d'un anneau différentiel où opère un groupe

Comptes Rendus de l'Académie des Sciences de Paris 226, 303–305 (1948)

Cette Note fait suite à la précédente ([2]); nous en conservons la terminologie et les notations.

1. Soient A un anneau différentiel normal, et $\mathcal{G}$ un groupe opérant dans A de manière que, pour tout $s \in \mathcal{G}$, $s(x+y)=s(x)+s(y)$, $s(xy)=s(x)s(y)$, $s(\delta x)=\delta(sx)$, $s(A^q)=A^q$. Définissons un anneau *bigradué* $\mathcal{A}$ comme suit : $\mathcal{A}^{p,q}$ est le groupe additif des fonctions $f(s_0, \ldots, s_p)$ à valeurs dans A^q ($s_0, \ldots, s_p \in \mathcal{G}$); le *produit* d'une $f(s_0, \ldots, s_p) \in \mathcal{A}^{p,q}$ et d'une $g(s_0, \ldots, s_m) \in \mathcal{A}^{m,n}$ est l'élément de $\mathcal{A}^{p+m,q+n}$ défini par la fonction $h(s_0, \ldots, s_{p+m}) = (-1)^{qm} f(s_0, \ldots, s_p)\, g(s_p, \ldots, s_{p+m})$. Dans l'anneau $\mathcal{A}$ ainsi défini, soient d_1 et d_2 les opérateurs définis, pour l'élément

$$a^{p,q} = f(s_0, \ldots, s_p) \in \mathcal{A}^{p,q},$$

par

$$d_1 a^{p,q} = f(s_1, \ldots, s_{p+1}) - f(s_0, s_2, \ldots, s_{p+1}) + \ldots + (-1)^{p+1} f(s_0, \ldots, s_p) \in \mathcal{A}^{p+1,q},$$
$$d_2 a^{p,q} = (-1)^p \delta\big(f(s_0, \ldots, s_p)\big) \in \mathcal{A}^{p,q+1}$$

[δ désigne l'opérateur différentiel dans A]. On est dans les conditions du n° 4 de la Note citée en ([2]) : l'opérateur $d = d_1 + d_2$, et le *degré total* $p+q$, définissent sur $\mathcal{A}$ une structure d'*anneau différentiel normal*.

2. Faisons opérer $\mathcal{G}$ sur $\mathcal{A}$: le transformé de $f(s_0, \ldots, s_p)$ par $s \in \mathcal{G}$ sera, par définition, $s[f(s^{-1}s_0, \ldots, s^{-1}s_p)]$. Le sous-anneau $\mathcal{B}$ des éléments de $\mathcal{A}$ *invariants* par $\mathcal{G}$ est un anneau différentiel normal pour l'opérateur d et le degré total; il est en outre muni de deux structures graduées (définies par les $\mathcal{B}^{p,q} = \mathcal{B} \cap \mathcal{A}^{p,q}$), dont chacune définit une structure *filtrée* (cf. n° 4 de la Note citée). L'anneau de cohomologie de $\mathcal{B}$, que nous noterons $\mathcal{H}(\mathcal{G}, A)$, est muni de la structure *graduée* définie par le degré total, et de deux structures *filtrées* dont chacune est compatible avec la structure graduée. Il est attaché intrinsèquement à l'anneau différentiel normal A *dans lequel opère* $\mathcal{G}$. Lorsque tous les éléments de A sont de degré zéro (et par suite $\delta = 0$), $\mathcal{H}(\mathcal{G}, A)$ est muni seulement d'une structure graduée, et se réduit à ce que Eilenberg et Mac Lane nomment l'*anneau de cohomologie de groupe* $\mathcal{G}$ *relativement à l'anneau* A (dans lequel opère $\mathcal{G}$).

([2]) *Comptes rendus*, **226**, 1948, p. 148.

3. Appliquons à l'anneau $\mathcal{B}$ les résultats de la Note citée (n° 4). Sa *première* structure filtrée définit une suite L. K.; on démontre que l'anneau E_2 de cette suite est isomorphe (canoniquement) à $\mathcal{H}(\mathcal{G}, \mathcal{H}(A))$, où $\mathcal{H}(A)$ désigne l'anneau de cohomologie (gradué) de A [noter que $\mathcal{G}$ opère dans $\mathcal{H}(A)$]; c'est un anneau trigradué (pour p, q et $p+q$). A partir de l'anneau $E_2 \cong \mathcal{H}(\mathcal{G}, \mathcal{H}(A))$, les opérateurs $\delta_r (r \geqq 2)$ définissent de proche en proche les anneaux E_{r+1} et l'anneau E_∞; ils sont trigradués, et E_∞, pour la graduation p, est l'anneau gradué associé à l'anneau (filtré) $\mathcal{H}(\mathcal{G}, A)$. Ces résultats conduisent au théorème de topologie :

Théorème 1. — *Soit $\mathcal{E}$ un espace localement compact dans lequel opère un groupe $\mathcal{G}$. Si $\mathcal{H}(\mathcal{E})$ désigne l'anneau de cohomologie* ([3]) *de $\mathcal{E}$ (anneau dans lequel opère $\mathcal{G}$), il existe une suite* L. K. *qui commence à l'anneau trigradué $\mathcal{H}[\mathcal{G}, \mathcal{H}(\mathcal{E})]$ et qui constitue un invariant topologique de l'espace $\mathcal{E}$ muni du groupe d'opérateurs $\mathcal{G}$.* Cette suite L. K. possède toutes les particularités décrites au n° 4 de la Note citée en ([2]).

4. Revenons à l'étude algébrique de l'anneau $\mathcal{B}$. La considération de sa *deuxième* structure filtrée conduit à un résultat simple si l'on fait sur A et $\mathcal{G}$ les hypothèses suivantes :

α. L'anneau A est muni d'une topologie définie par des idéaux bilatères I_k (où k parcourt un ensemble K) et est complet pour cette topologie; on suppose évidemment $I_k = \sum_{q=0}^{\infty} I_k \cap A^q$, $\delta(I_k) \subset I_k$;

β. Il existe un endomorphisme continu λ du groupe additif de A, tel que $\lambda(A^q) \subset A^q$, et que, pour tout $k \in K$, on ait $s[\lambda(A)] \subset I_k$ sauf si s appartient à un sous-ensemble *fini* de $\mathcal{G}$ (ensemble qui dépend de k); en outre, pour tout $x \in A$, on suppose que

$$x = \sum_{s \in \mathcal{G}} s \lambda s^{-1} x \qquad \text{(série convergente).}$$

Dans ces conditions, on montre que $\mathcal{H}(\mathcal{G}, A)$, muni de sa structure graduée, est isomorphe (canoniquement) à l'anneau de cohomologie (gradué) du sous-anneau B des éléments de A *invariants* par $\mathcal{G}$. Cet anneau $\mathcal{H}(B)$ est donc muni d'une structure *filtrée* [celle définie au n° 3 sur $\mathcal{H}(\mathcal{G}, A)$], telle que l'anneau gradué associé soit isomorphe à l'anneau terminal de la suite L. K. du n° 3. On peut en déduire le théorème de topologie :

Théorème 2. — *Soit $\mathcal{E}$ un espace localement compact, réunion dénombrable de compacts. Si un groupe $\mathcal{G}$ opère dans $\mathcal{E}$ et est discontinu sans point fixe, l'anneau de cohomologie* ([3]) *de l'espace quotient $\mathcal{E}'$ possède, outre sa structure graduée, une*

([3]) Relatif à un anneau quelconque de coefficients, qui sera constamment sous-entendu dans ce qui suit.

structure filtrée, et l'anneau gradué associé est isomorphe à l'anneau terminal de la suite L.K. *dont parle le théorème* 1.

Ce théorème exprime des relations précises entre les anneaux de cohomologie de $\mathcal{E}$ et de $\mathcal{E}'$. On peut y rattacher les résultats antérieurement connus. Ajoutons que les théorèmes 1 et 2 valent non seulement pour la *cohomologie singulière* des espaces localement compacts, mais aussi pour la cohomologie au sens de Čech.

84.

(avec J. Deny)

Le principe du maximum en théorie du potentiel et la notion de fonction surharmonique

Acta scientarium mathematicarum, Szeged 12, 81–100 (1950)

1.

Dans la théorie classique du potentiel newtonien (ou plus généralement des potentiels d'ordre α de M. RIESZ), on peut distinguer deux problèmes fondamentaux:

Le *problème d'équilibre:* Tout compact C admet-il une distribution d'équilibre? Autrement dit: existe-t-il une distribution *positive* portée par C dont le potentiel soit égal à 1 sur C, à l'exception des points d'un sous-ensemble de capacité nulle?

Le *problème du balayage:* Toute distribution positive μ peut-elle être "balayée" sur un ensemble fermé quelconque F? Autrement dit: existe-t-il une distribution μ' portée par F, telle que les potentiels engendrés par μ et μ' soient égaux sur F, à l'exception des points d'un sous-ensemble de capacité nulle? [1])

On sait que le problème d'équilibre reçoit une réponse affirmative pour $0<\alpha\leqq 2$.[2]) La solution donnée par O. FROSTMAN [5] repose sur la remarque suivante, que l'auteur nomme "principe (élémentaire) du maximum": un potentiel continu, engendré par une distribution à support [3]) compact C, atteint son maximum sur C. Ce théorème s'étend au cas d'un potentiel qui n'est

---

[1]) Avec cette définition la distribution balayée μ' n'est *unique* que lorsque μ ne charge pas l'ensemble des points "irréguliers" de F, ce qui a lieu notamment lorsque le support de μ est disjoint de F, ou lorsque μ est d'énergie finie; dans le cas contraire la définition du balayage doit être précisée (cf. par exemple [6] et [3]). Dans ce travail il sera seulement question du balayage d'une distribution d'énergie finie ou d'une masse ponctuelle située dans l'extérieur de l'ensemble fermé sur lequel on effectue le balayage, de sorte qu'on pourra adopter la définition du texte.

[2]) Pour $2<\alpha<m$ (où m est la dimension de l'espace), il existe encore une solution (et une seule) dans le champ des distributions de SCHWARTZ (cf. [4], chap. I), mais ce n'est plus une distribution *positive.*

[3]) Rappelons que le *support* d'une mesure μ est le plus petit ensemble *fermé* dont le complémentaire est de mesure nulle pour μ.

pas continu, sous la forme suivante, que nous appellerons *premier principe du maximum* ou *principe de Frostman:* Si le potentiel U d'une distribution positive μ est majoré par une constante c sur le support de μ, on a $U \leqq c$ dans tout l'espace [4]).

Soit maintenant F un ensemble fermé et x un point extérieur à F; le problème du balayage sur F de la distribution ε^x (masse-unité placée au point x) se ramène aussitôt, grâce à la transformation de KELVIN, au problème d'équilibre pour le compact F' déduit de F par une inversion de centre x. C'est le point de vue de M. RIESZ [10]. Du balayage d'une masse ponctuelle on passe ensuite facilement au cas général.

Pour des généralisations ultérieures, il est utile d'édifier une théorie autonome du balayage, indépendamment du problème d'équilibre. On sait qu'on peut le faire en utilisant le résultat suivant, que nous appellerons *second principe du maximum:* soient U et V les potentiels engendrés par des distributions positives d'énergie finie μ et ν; si on a $U \leqq V$ sauf sur un ensemble de mesure nulle pour μ (nous dirons alors: *presque partout pour* μ), on a $U \leqq V$ dans tout l'espace. [5])

Dans la première partie de ce travail nous envisagerons des potentiels pris par rapport à un *noyau quelconque* K (satisfaisant toutefois à des conditions précisées au paragraphe 2). Nous donnerons plusieurs systèmes (équivalents) de conditions nécessaires et suffisantes que doit remplir ce noyau K pour que le problème d'équilibre et le problème du balayage d'une distribution positive d'énergie finie admettent tous les deux une réponse affirmative. Nous verrons notamment que, pour qu'il en soit ainsi, il faut et il suffit que le "premier principe du maximum" et le "second principe du maximum" soient vérifiés tous deux. La conjonction de ces deux principes sera appelée *principe complet du maximum.*

Dans la deuxième partie de ce travail nous imposerons a priori des conditions de "régularité" au noyau K. Pour de tels noyaux *réguliers,* nous donnerons un critère (théorème 3) qui permet de reconnaître effectivement si un noyau donné (supposé régulier) satisfait au principe complet du maximum.

Chemin faisant, nous aurons été amenés à introduire diverses classes de fonctions positives. Lorsque le second principe est satisfait, toutes ces classes coïncident; les fonctions de ces classes jouent alors, pour le noyau K, le rôle joué par les fonctions surharmoniques $\geqq 0$ dans le cas du noyau newtonien. Une étude plus approfondie de ces fonctions "surharmoniques" (déjà considérées par M. RIESZ et O. FROSTMAN dans le cas des "noyaux d'ordre α") fera l'objet d'une publication ultérieure.

---

4) Ce théorème a été établi par A. J. MARIA [8] dans le cas newtonien et par O. FROSTMAN [5] pour les potentiels d'ordre α.

5) Ce théorème, qui est vrai notamment dans le cas du noyau d'ordre α pour $0 < \alpha \leqq 2$, est appelé *principe du maximum* dans l'article [1], de la terminologie duquel nous nous écartons donc un peu.

I. NOYAUX GÉNÉRAUX.

2. Rappel de définitions et lemmes.

On se placera une fois pour toutes dans l'espace euclidien R^m à m dimensions. On emploiera la notation additive pour les opérations du groupe R^m, et on désignera par $|x|$ la distance euclidienne du point x à l'origine 0.

Dans un but de concision on appellera "mesure" (mesure de RADON) toute distribution *positive*. La mesure invariante par translation sera notée dx.

On supposera toujours que le noyau K est une mesure de type positif dont la transformée de Fourier est une fonction (positive) à croissance lente ainsi que son inverse[6]); il ne sera pas fait d'autre hypothèse sur K dans cette première partie.

Par définition le *potentiel* engendré par la mesure μ est la mesure $K*\mu$, pourvu que ce produit de composition ait un sens (ce qui a certainement lieu si μ est à support compact). Si la mesure $K*\mu*\check{\mu}$ est définie et est à densité continue f[7]) on dit que μ est d'énergie finie (infinie dans le cas contraire); *l'énergie* de μ est alors le nombre $f(0) = \mathrm{Sp}\, K*\mu*\check{\mu}$ (trace de f), qui est non négatif, et nul dans le seul cas $\mu \equiv 0$. On désigne par $\|\mu\|$ la racine carrée de ce nombre.

Si λ et μ sont d'énergie finie, la mesure $K*\lambda*\check{\mu}$ est à densité continue; la quantité $(\lambda, \mu) = \mathrm{Sp}\, K*\lambda*\check{\mu}$ est appelée *énergie mutuelle* de λ et μ; elle vérifie l'inégalité de Schwarz: $(\lambda, \mu) \leqq \|\lambda\|\,\|\mu\|$.

On peut définir l'énergie de la distribution $\lambda - \mu$, différence de deux mesures λ et μ d'énergie finie: c'est le nombre non négatif $\|\lambda-\mu\|^2 = \|\lambda\|^2 + \|\mu\|^2 - 2(\lambda, \mu)$ (nul seulement si $\lambda = \mu$). La racine carrée de l'énergie est une norme sur l'espace vectoriel de ces distributions (la "norme-énergie"). Ainsi normé, cet espace vectoriel (préhilbertien) H n'est pas complet en général, mais *les sous-ensembles E et E_F de H, constitués respectivement par les mesures* (positives) *d'énergie finie et par les mesures d'énergie finie portées par un ensemble fermé F de R^m sont complets.*

Comme en théorie classique la notion d'énergie permet de définir la *capacité* d'un ensemble compact, puis les capacités intérieure et extérieure d'un ensemble quelconque. Un ensemble de capacité intérieure nulle est de mesure intérieure nulle pour la mesure invariante. Nous dirons qu'une propriété a lieu à peu près partout (à p.p.p.) si elle ne tombe en défaut qu'aux points d'un ensemble de capacité intérieure nulle; elle a lieu quasi-partout (q.p.) si l'ensemble exceptionnel est de capacité extérieure nulle.

---

[6]) C'est-à-dire: si $\mathfrak{K}$ est la transformée de K, il existe un nombre $p > 0$ tel que les intégrales $\int \frac{\mathfrak{K}\, dx}{(1+|x|^2)^p}$ et $\int \frac{dx}{\mathfrak{K}(1+|x|^2)^p}$ soient toutes deux finies. Cette restriction suffit pour entraîner les lemmes qui vont être rappelés et dont on pourra trouver la démonstration dans [4], chap. I et II.

[7]) C'est-à-dire si les mesures $K*\mu*\check{\mu}$ et $f\, dx$ coïncident; $\check{\mu}$ désigne la mesure symétrique de μ.

Si μ est une mesure d'énergie finie, le produit de composition $K*\mu$ est défini. C'est une mesure (positive), dont on montre qu'elle a la forme $f(x)dx$, où f est une fonction sommable sur tout compact (pour la mesure de Lebesgue). A priori, cette fonction n'est définie qu'à un ensemble de mesure nulle près; mais on montre ([4], Chap. II, théorème 1) qu'on peut la préciser à un ensemble de capacité extérieure nulle près. On a le résultat précis suivant: à chaque mesure μ d'énergie finie est associée une classe $\Phi(\mu)$ de fonctions $\geqq 0$, deux à deux égales q.p., de telle manière que les conditions suivantes soient satisfaites:

1° si $K*\mu$ est à densité continue f, la fonction f appartient à la classe $\Phi(\mu)$;

2° la classe $\Phi(\mu_1+\mu_2)$ est constituée par les sommes d'une fonction de $\Phi(\mu_1)$ et d'une fonction de $\Phi(\mu_2)$;

3° si $f\in\Phi(\mu)$ et si $\lambda\in E$, l'énergie mutuelle (μ,λ) est égale à l'intégrale $\int f d\lambda$;

4° si une suite de mesures $\mu_n\in E$ converge fortement[8]) vers une $\mu\in E$, et si $f_n\in\Phi(\mu_n)$, il existe une suite partielle telle que les fonctions f_{n_k} convergent q.p. vers une fonction $f\in\Phi(\mu)$, la convergence étant uniforme sur le complémentaire d'un ensemble ouvert de capacité arbitrairement petite.

Il en résulte que si $f\in\Phi(\mu)$, il existe, pour tout nombre $h>0$, un ouvert ω de capacité $\leqq h$, tel que la restriction de f au complémentaire de ω soit une fonction *continue*.

Désormais, on désignera par U^μ l'une quelconque des fonctions de la classe $\Phi(\mu)$, et on l'appellera le *potentiel* de la mesure μ supposée d'énergie finie.

Les lemmes suivants seront constamment utilisés par la suite:

Lemme 1. (Régularisation.) *Soit $\{\alpha_n\}$ une suite de mesures portées par un compact fixe et convergeant vaguement*[9]) *vers la mesure ε (masse-unité à l'origine). Pour toute $\mu\in E$, le produit de composition $\mu_n=\mu*\alpha_n$ est une mesure de E qui converge fortement vers μ. On peut donc extraire, de la suite des potentiels U^{μ_n}, une suite partielle convergeant p.q. vers U^μ (la convergence étant uniforme sur le complémentaire d'un ouvert de capacité arbitrairement petite).*

Si les mesures α_n sont de la forme $\varphi_n(x)dx$ (où chaque φ_n est sommable et bornée), les potentiels U^{μ_n} sont *continus*; la suite μ_n est alors dite *régularisante* pour μ.

Lemme 2. (Suites monotones de potentiels.) *Si $\{U^{\mu_n}\}$ est une suite décroissante (q.p.) de potentiels d'énergie finie, ou une suite croissante (q.p.) de*

---

8) C'est-à-dire $\|\mu-\mu_n\|$ tend vers 0.

9) Ceci signifie que $\lim\int f(x)\,d\alpha_n(x)=f(0)$ pour toute fonction continue f.

potentiels d'énergie uniformément bornée, μ_n *converge fortement vers une mesure* $\mu \in E$, *et on a:* $\lim U^{\mu_n} = U^{\mu}$ *q.p.*

Lemme 3. (Propriété de minimum.) *Soient F un ensemble fermé, et f une fonction positive, sommable pour toute mesure de E, et majorée sur F par un potentiel d'énergie finie; il existe une mesure de* E_F *et une seule, soit* μ, *qui vérifie:*

$$U^{\mu} \geqq f \text{ à p. p. p. sur } F,$$
$$U^{\mu} = f \text{ presque partout pour } \mu;$$

cette mesure μ *est, parmi les mesures* $\nu \in E_F$, *celle qui rend minimum l'intégrale:*

$$I_f(\nu) = \int (U^{\nu} - 2f)\, d\nu. \text{ [10]}$$

Si $f = U^{\lambda}$, avec $\lambda \in E$, l'opération qui fait passer de λ à μ est appelée dans [5] le "balayage imprécis de λ sur F". Si λ admet une balayée λ' sur F (au sens donné au § 1), on a $\mu = \lambda'$.

Si F est compact, la constante 1 satisfait aux hypothèses du lemme 3. La mesure μ correspondante coïncide avec la distribution d'équilibre dans le cas où celle-ci existe.

3. Classes de fonctions associées au noyau.

Dans ce paragraphe et le suivant, on ne considère que des fonctions f positives jouissant de la propriété suivante: *la restriction de f à tout compact est sommable pour toute mesure d'énergie finie.* Un potentiel d'énergie finie, une fonction continue positive, vérifient cette condition. Parmi ces fonctions, on va considérer trois classes de plus en plus restreintes, qui toutes contiennent trivialement la constante 0.

Fonctions de la classe α. *Une fonction f est dans la classe* α *si, pour tout compact C, il existe une mesure* $\mu \in E_C$ *telle que* $U^{\mu} = f$ *à p.p.p. sur C.*

Les fonctions de la classe α jouissent des propriétés suivantes:

(i) La mesure μ associée à une telle fonction f et à un compact quelconque C satisfait à $U^{\mu} \leqq f$ *à p. p. p. dans l'espace.* En effet cette mesure satisfait aux conditions du lemme 3 et par conséquent est *unique;* soit alors c un compact en tout point duquel on ait $U^{\mu} > f$, et ν la mesure (unique) de E_F telle que $U^{\nu} = f$ à p. p. p. sur l'ensemble fermé $F = C \cup c$; puisque $\mu \in E_F$, on a $\mu = \nu$ (lemme 3), ce qui exige que c soit de capacité nulle.

(ii) La somme de deux fonctions de la classe α est dans la classe α.

---

[10]) Sous différentes formes ce lemme est d'un usage courant en théorie du potentiel (cf. notamment [5], p. 66, et [1], § V). L'existence et l'unicité de la mesure minimisant "l'intégrale de Gauss" $I_f(\nu)$ résultent facilement de ce que l'espace E_F est convexe et complet (application d'un théorème bien connu de F. Riesz).

Fonctions de la classe β. *Une fonction f est dans la classe β si*

a) *sur tout compact, f est majorée par un potentiel d'énergie finie*[11]),

b) *pour toute $\mu \in E$ à support compact F_μ, la relation $U^\mu \leqq f$ à p. p. p. sur F_μ entraîne $U^\mu \leqq f$ à p. p. p. dans l'espace.*

Observons qu'on obtient encore la classe β en substituant à b) la condition en apparence plus forte:

b') *Pour toute $\mu \in E$ la relation $U^\mu \leqq f$ presque partout pour μ entraîne $U^\mu \leqq f$ à p. p. p. dans tout l'espace.*

Il suffit évidemment de montrer que toute fonction f de la classe β satisfait à b'): soit en effet μ une mesure de E (à support quelconque), avec $U^\mu \leqq f$ presque partout pour μ. Il existe une suite croissante de compacts E_n contenus dans l'ensemble des points où $U^\mu \leqq f$, et tels que μ soit limite des restrictions μ_n de μ aux ensembles E_n. D'après le lemme 2, on a $U^\mu = \lim U^{\mu_n}$ q. p. Or on a $U^{\mu_n} \leqq f$ à p. p. p. dans l'espace (d'après b)), donc, à la limite, $U^\mu \leqq f$ à p. p. p. Par suite f satisfait à b').

Les fonctions de la classe β jouissent des propriétés suivantes:

(i) La borne inférieure de deux fonctions de la classe β est dans la classe β.

(ii) Si une fonction de la classe β est majorée par un potentiel d'énergie finie, elle est à p. p. p. égale à un potentiel d'énergie finie.

(iii) La restriction d'une fonction de la classe β à un compact C est égale à p. p. p. sur C au potentiel d'une mesure de E_C.

(i) est évident; quant aux propriétés (ii) et (iii), elles s'obtiennent très simplement à l'aide du lemme 3 et de la propriété b'), en prenant pour l'ensemble F qui figure dans l'énoncé du lemme 3 soit l'espace R^m tout entier, soit le compact C. La propriété (iii) exprime que *la classe β est contenue dans la classe α.*

Fonctions de la classe γ. *Une fonction f est dans la classe γ si elle vérifie la condition* a) *et si, pour toute mesure $\mu \in E$, la fonction $\inf(U^\mu, f)$ est à p. p. p. égale à un potentiel d'énergie finie.*

Les fonctions de la classe γ jouissent des propriétés évidentes:

(i) La borne inférieure de deux fonctions de la classe γ est dans la classe γ.

(ii) Si une fonction de la classe γ est majorée par un potentiel d'énergie finie, elle est à p. p. p. égale à un potentiel d'énergie finie.

La classe γ est contenue dans la classe β (et a fortiori dans la classe α): il suffit de montrer que toute fonction f de la classe γ satisfait à b'; or soit μ une mesure de E telle que $U^\mu \leqq f$ presque partout pour μ; posons

---

11) Si f et g sont deux fonctions définies à p. p. p., on dit que f est majorée par g si on a $f \leqq g$ à p. p. p.

$\inf(U^\mu, f) = U^\nu$ à p. p. p.; comme U^ν est majorée par U^μ et $U^\nu = U^\mu$ presque partout pour μ, on a: $\|\mu - \nu\|^2 = \int (U^\mu - U^\nu)\,d\mu - \int (U^\mu - U^\nu)\,d\nu \leqq 0$, d'où $\mu = \nu$, ce qui entraîne $U^\mu \leqq f$ à p. p. p.

4. Second principe du maximum.

Considérons les hypothèses suivantes:

Hypothèse I. *La classe α contient tous les potentiels d'énergie finie.*

Cette hypothèse exprime *la possibilité de faire le balayage de toute mesure d'énergie finie sur tout compact.* La propriété (i) des fonctions de la classe α montre que *le potentiel engendré par la mesure balayée est majoré dans tout l'espace par le potentiel de la mesure donnée.* En considérant des suites croissantes de compacts on en déduit la possibilité de faire le balayage sur tout fermé.

L'hypothèse I est satisfaite si on suppose seulement que la classe α contient les potentiels continus d'énergie finie. A cet effet désignons par V l'espace hilbertien obtenu en complétant (pour la norme-énergie) l'espace déjà considéré H des distributions qui sont différences de deux mesures de E; désignons par V_C l'espace obtenu d'une manière analogue à partir de E_C (V_C est un sous-espace linéaire de V) Dire que le potentiel U^μ est dans la classe α revient à dire que, pour tout compact C, la "projection" de μ sur V_C appartient au sous-ensemble E_C [12]). Or les mesures de potentiels continus (et même les mesures à densité continue et support compact) sont denses dans E (d'après les lemmes 1 et 2); si les projections sur V_C de ces mesures sont des éléments de E_C, il en est de même pour toutes les mesures de E, d'où le résultat.

Hypothèse II. *La classe β contient tous les potentiels d'énergie finie.*

Autrement dit, si μ et ν sont des mesures quelconques de E, et si $U^\mu \leqq U^\nu$ presque partout pour μ, on a $U^\mu \leqq U^\nu$ à p. p. p. (donc q. p., comme on le voit aussitôt en régularisant). Cette hypothèse n'est autre que l'énoncé du *second principe du maximum*, rappelé au § 1 (à cette différence près que la dernière majoration a lieu seulement q. p., puisque, dans le cas général envisagé ici, un potentiel est une fonction qui n'est définie qu'à un ensemble de capacité extérieure nulle près).

Hypothèse III. *La classe γ contient tous les potentiels d'énergie finie.*

Autrement dit, si λ et μ sont des mesures quelconques de E, il existe une mesure $\nu \in E$ telle que $U^\nu = \inf(U^\lambda, U^\mu)$ à p. p. p. (et on peut montrer que l'égalité a même lieu q. p)

---

12) En effet si la projection de μ sur V_C est une *mesure* μ', on a $(\mu, \nu) = (\mu', \nu)$ pour toute $\nu \in E$, ce qui exprime que $U^{\mu'} = U^\mu$ à p. p. p. sur C; si inversement μ admet une balavée μ' sur C, la distribution $\mu - \mu'$ est orthogonale à toutes les mesures $\nu \in E_C$, donc à V_C.

Théorème 1. *Les trois hypothèses précédentes sont équivalentes; lorsqu'elles sont satisfaites, les classes α, β et γ sont identiques.*

A priori les hypothèses I, II et III sont de plus en plus fortes, puisque les classes α, β et γ sont de plus en plus restreintes. Il suffit donc de montrer que, moyennant l'hypothèse I, toute fonction de la classe α est dans la classe β, et toute fonction de la classe β est dans la classe γ.

Faisons donc l'hypothèse I, et soient f une fonction de la classe α, et μ une mesure de E à support compact C, telle que $U^\mu \leqq f$ à p. p. p. sur C; il s'agit de montrer que $U^\mu \leqq f$ à p. p. p. dans l'espace. Puisque f est dans la classe α il existe dans E_C une mesure ν (unique) satisfaisant à $U^\nu = f$ à p. p. p. sur C, $U^\nu \leqq f$ à p p. p. dans l'espace. D'après l'hypothèse I toute $\lambda \in E$ admet une balayée λ' sur C, et on a $(\lambda', \mu) = (\lambda, \mu)$, $(\lambda', \nu) = (\lambda, \nu)$ (puisque μ et ν sont deux éléments de E_C). Comme U^μ est majoré sur C par U^ν, on a $(\lambda', \mu) \leqq (\lambda', \nu)$, d'où $(\lambda, \mu) \leqq (\lambda, \nu)$ pour toute $\lambda \in E$, ce qui entraîne $U^\mu \leqq U^\nu$ à p. p. p., et a fortiori $U^\mu \leqq f$ à p. p. p.

Soient maintenant f une fonction de la classe β, et μ une mesure quelconque de E. U^μ est dans la classe β, puisque U^μ est dans la classe α par hypothèse, et qu'on vient de montrer que toute fonction de la classe α est dans la classe β. D'après les propriétés (i) et (ii) des fonctions de la classe β, la fonction $\inf(f, U^\mu)$ est un potentiel d'énergie finie, ce qui montre bien que f est dans la classe γ.

Remarques: *a*) L'hypothèse II est satisfaite si on suppose seulement que les potentiels *continus* d'énergie finie [18]) sont dans la classe β, car alors ils sont aussi dans la classe α, et on a montré que dans ce cas l'hypothèse I est satisfaite.

b) De même l'hypothèse III est satisfaite si on suppose seulement que les potentiels continus d'énergie finie sont dans la classe γ, mais on peut même donner un énoncé un peu meilleur: l'hypothèse III est satisfaite si on suppose seulement que la borne inférieure de deux potentiels *continus* d'énergie finie est un potentiel. [14])

c) La somme de deux fonctions de la classe α est dans la classe α; donc, moyennant l'une quelconque des hypothèses I, II ou III, la somme de deux fonctions de la classe β (ou de la classe γ) appartient à la même classe.

---

[18]) Ou même seulement si les potentiels engendrés par les mesures à densité continue et à support compact sont dans la classe β.

[14]) Pour établir ce résultat on montre d'abord que l'hypothèse affaiblie entraîne la propriété suivante: Si $\{U^{\nu_n}\}$ est une suite de potentiels continus et si l'énergie $\|\nu_n\|$ est uniformément bornée, il existe une mesure $\nu \in E$ telle que $\liminf U^{\nu_n} = U^\nu$ q. p. (c'est une conséquence facile du lemme 2). Soient alors λ et μ deux mesures quelconques de E; il suffit de considérer deux suites régularisantes $\{\lambda_n\}$ et $\{\mu_n\}$ convergeant fortement vers λ et μ, les potentiels continus U^{λ_n} et U^{μ_n} convergeant q. p. vers U^λ et U^μ (lemme 1), et d'appliquer la propriété précédente à la suite $\{\nu_n\}$ définie par $U^{\nu_n} = \inf(U^{\lambda_n}, U^{\mu_n})$.

5. Le principe complet du maximum.

Nous venons d'établir trois énoncés équivalents du second principe du maximum (hypothèses I, II et III). Occupons-nous maintenant du problème d'équilibre; à cet effet exprimons successivement que la constante *un* est dans l'une des classes α, β ou γ; on obtient les conditions suivantes, qui sont de force croissante, mais qui deviennent équivalentes si le noyau satisfait au second principe:

Condition (1): *Tout compact admet une distribution d'équilibre.* Le potentiel engendré (potentiel d'équilibre) est alors $\leqq 1$ à p. p. p. (et même q. p.) dans tout l'espace (propriété (i) des fonctions de la classe α).

Condition (2): *Si le potentiel U^μ est majoré par* 1 (à p. p. p.) *sur le support de μ* (qu'on peut supposer compact), *il en est de même dans tout l'espace.* C'est le *principe de Frostman* (cf. § 1); il entraîne la condition (1), c'est-à-dire l'existence d'une distribution d'équilibre pour tout compact (même si on ne suppose pas que le noyau satisfait au second principe).

Condition (3): *Quelle que soit la mesure $\mu \in E$, la fonction* $\inf(U^\mu, 1)$ *est un potentiel.*

On appellera *principe complet du maximum* la conjonction de l'une quelconque des hypothèses I, II ou III et de l'une quelconque des conditions (1), (2) ou (3), c'est-à-dire la conjonction du second principe du maximum et du principe de Frostman. Il revient au même de dire que les potentiels d'énergie finie et les constantes non négatives sont dans la classe β, ou encore (d'après la remarque *c*, § 4) que la classe β contient les fonctions de la forme $U^\nu + c$, où ν est une mesure de E et c une constante non négative.

Finalement on obtient l'énoncé suivant du principe complet: *Quelles que soient les mesures μ et ν de E et la constante $c \geqq 0$, la relation $U^\mu \leqq U^\nu + c$ presque partout pour μ entraîne $U^\mu \leqq U^\nu + c$ q.p. dans l'espace.* Il est utile d'observer que dans cet énoncé on peut se borner à considérer des potentiels U^ν *continus* (remarque *a*, § 4) et des mesures μ à *support compact.* Nous verrons que dans le cas d'un noyau "régulier" on peut également supposer les potentiels U^μ continus.

II. NOYAUX RÉGULIERS.

6. Définitions.

Nous supposerons dans cette deuxième partie que le noyau K, satisfaisant toujours aux hypothèses générales de la première partie (§ 2), vérifie également les trois conditions de régularité suivantes:

(a) *Le noyau est une fonction $K(x)$* [15]) *strictement positive, continue, finie en tout point x sauf peut-être en* 0.

---

[15]) C'est-à-dire que la mesure K est de la forme $K(x)dx$, la fonction $K(x)$ étant sommable sur tout compact; d'ailleurs la sommabilité de $K(x)$ sur tout compact résulte aussi de la condition (c).

(b) *L'ensemble e_s des points x tels que $K(x) \geqq s$ est compact quel que soit $s>0$, et convexe pour s suffisamment grand.*

(c) *Il existe un nombre $h<m$ (où m est la dimension de l'espace R^m), tel que $K(x) \leqq 2^h K(2x)$ pour tout x d'un voisinage de 0.*

Remarques. 1⁰) Puisque K est de type positif, on a $K(x)=K(-x)$ pour tout x; *les compacts e_s admettent donc l'origine pour centre de symétrie.*

2⁰) Si $K(0)<+\infty$, la seconde partie de la condition (b) est satisfaite (les e_s étant vides pour $s>K(0)$); la condition (c) est aussi satisfaite.

3⁰) Si $K=K(r)$ est une fonction continue de la seule distance $|x|=r$, strictement positive, décroissante pour $r>0$, avec $K(r) \to 0$ pour $r \to +\infty$, la condition (b) est satisfaite.

Notation. Si F désigne un ensemble quelconque, on notera F^x l'ensemble déduit de F par la translation x; de même μ^x sera la mesure déduite de la mesure μ par cette translation.

Lemme 4. *Dans un voisinage de 0 la valeur moyenne $K_s(x)$ de K sur le compact e_s^x est majorée par $AK(x)$, où A est une constante indépendante de s (suffisamment grand).* [16])

Esquissons brièvement la démonstration: on observe d'abord que, pour s assez grand, $K_s(0) \leqq 2^h s/(1-2^{h-m})$; pour cela désignons par I_k l'ensemble des points x définis par $K(2^k x) \geqq s$, $K(2^{k+1}x)<s$ $(k=0,1,\ldots)$; e_s, privé de l'origine, est la réunion des I_k; or on a $K(x) \leqq 2^h s$ pour $x \in I_0$ et, par récurrence, $K(x) \leqq 2^{h(k+1)} s$ pour $x \in I_k$; de ces majorations on déduit aisément l'inégalité annoncée.

Soit alors x un point arbitraire d'un voisinage (suffisamment petit) de 0. Posons $K(x/2)=t$, $F=e_s^x \cap e_t$, $F'=e_s^x \cap (R^m - e_t)$ (F est vide pour $s>t$, d'après la convexité et la symétrie des e_s); on a $\int_{F'} K(y)\,dy/\operatorname{mes}(e_s^x) \leqq t \leqq 2^h K(x)$ (dans tous les cas); $\int_F K(y)\,dy/\operatorname{mes}(e_s^x)=0$ pour $s>t$, sinon cette quantité est, d'après la première partie de la démonstration, $\leqq 2^h t/(1-2^{h-m})$; on a donc bien $K_s(x) \leqq AK(x)$, en prenant $A=2^h(1+2^h/(1-2^{h-m}))$.

Suivant l'usage classique, nous appellerons *potentiel* engendré par une mesure (positive) quelconque μ, la fonction $\int K(x-y)\,d\mu(y)$, qui est définie pour *tout* x (à valeurs finies ou infinies) et *semi-continue inférieurement* (s. c. i.). Désignons-la provisoirement par $V^\mu(x)$. Il faut vérifier que cette définition du potentiel est en accord avec celle donnée dans la première partie (§ 2),

[16]) Ce lemme a été établi par O. Frostman ([5], p. 27) dans le cas des potentiels d'ordre α.

autrement dit que la fonction V^μ est dans la classe $\Phi(\mu)$, lorsque μ est une mesure d'énergie finie. Le théorème 2 ci-dessous montrera qu'il en est bien ainsi. Avant de le démontrer, il nous faut étudier la fonction V^μ dans le cas où la mesure μ est à support compact; si $K(0) < +\infty$, V^μ est alors continue, et par suite appartient à la classe $\Phi(\mu)$. On peut donc se borner au cas où $K(0) = +\infty$; dans ce cas:

Lemme 5. *Soit μ une mesure à support compact; en tout point x la valeur moyenne $V_s^\mu(x)$ de V^μ sur e_s^x converge vers $V^\mu(x)$ lorsque s tend vers $+\infty$.*

Ce lemme est évident si $V^\mu(x) = +\infty$ (grâce à la s. c. i.); sinon il existe un voisinage de x tel que, si μ' est la restriction de μ à ce voisinage, $V^{\mu'}(x)$ soit arbitrairement petit. Il suffit alors d'appliquer le lemme 4, qui entraîne $V_s^{\mu'}(x) \leq A\, V^{\mu'}(x)$ pour s assez grand, et de tenir compte de la continuité de $V^{\mu-\mu'}$ au voisinage de x.

Remarque. Le lemme 5 exprime que V^μ est partout limite de ses régularisées par les fonctions $\psi_n/\mathrm{mes}\,(e_n)$, où ψ_n est la fonction caractéristique de e_n. V^μ est également limite de ses régularisées par une suite de fonctions continues $\varphi_n \geqq 0$, ne dépendant que de $K(x)$, s'annulant, pour n assez grand, en dehors de voisinages de plus en plus petits de l'origine, et telles enfin que $\int \varphi_n(x)\,dx = 1$.

On peut alors énoncer d'une façon précise:

Théorème 2. *Pour qu'une mesure μ soit d'énergie finie, il faut et il suffit que l'intégrale*

$$\iint K(x-y)\,d\mu(x)\,d\mu(y) \tag{1}$$

soit finie, et alors sa valeur est égale à l'énergie $\|\mu\|^2$. Dans ce cas la fonction $V^\mu(x) = \int K(x-y)\,d\mu(y)$ est dans la classe $\Phi(\mu)$.

Par la suite nous pourrons donc adopter la notation usuelle U^μ au lieu de V^μ, que μ soit d'énergie finie ou non.

Pour démontrer le théorème, considérons d'abord une mesure μ de E à support compact, et soit μ_n le produit de composition de μ par la distribution homogène de la masse $+1$ sur e_n; V^{μ_n} est continue, donc appartient à la classe $\Phi(\mu_n)$; comme μ_n converge fortement vers μ, on peut extraire de la suite V^{μ_n} une suite partielle convergeant q. p. vers une fonction $U^\mu \in \Phi(\mu)$ (lemme 1), mais comme V^{μ_n} converge partout vers V^μ (lemme 5), on a bien $V^\mu \in \Phi(\mu)$ et par suite, pour toute $\lambda \in E$:

$$(\lambda, \mu) = \int U^\mu\,d\lambda = \int V^\mu\,d\lambda;$$

en particulier:

$$\|\mu\|^2 = \int V^\mu\,d\mu = \iint K(x-y)\,d\mu(x)\,d\mu(y).$$

Soit inversement μ une mesure à support compact, pour laquelle l'intégrale (1) soit finie; les régularisées μ_n sont d'énergie finie et il résulte du lemme 2 que $\|\mu_n\|^2 = \int V^{\mu_n} d\mu_n$ converge vers $\int V^{\mu} d\mu$ [17]); $\|\mu_n\|$ étant uniformément bornée, μ_n converge faiblement vers une mesure de E qui n'est autre que μ (puisque μ_n converge vaguement vers μ); μ_n converge donc fortement vers μ (puisque μ_n est la régularisée de μ qui, on vient de le voir, est d'énergie finie), et $\|\mu\|^2 = \lim \|\mu_n\|^2 = \int V^{\mu} d\mu$. On a bien montré l'identité entre les deux définitions de l'énergie pour toute mesure à support compact.

Soit enfin μ une mesure quelconque, μ_p sa restriction à la boule $B(0, p)$; on a dans tous les cas (compte tenu de la s. c. i.): $\|\mu\|^2 = \lim \|\mu_p\|^2 = \lim \int V^{\mu_p} d\mu_p = \int V^{\mu} d\mu$, et d'autre part: $V^{\mu} = \lim V^{\mu_p}$ partout, ce qui achève de démontrer le théorème.

Pour la suite il sera utile d'étendre le lemme 5 à certaines mesures qui ne sont pas à support compact; un point essentiel de la démonstration du lemme 5 était la continuité du potentiel $U^{\mu-\mu'}$ au voisinage de x; la généralisation suivante est donc immédiate, et il suffit de l'énoncer:

L e m m e 5 bis. Soit μ une mesure telle que, pour tout point x, on puisse trouver un compact C tel que le potentiel engendré par les masses extérieures à C soit arbitrairement petit au voisinage de x; alors *la valeur moyenne $U_s^{\mu}(x)$ de U^{μ} sur e_s^x converge vers $U^{\mu}(x)$ lorsque s tend vers $+\infty$.*

R e m a r q u e s. 1⁰) Avec des hypothèses convenables de "régularité à l'infini" pour K, *toute* mesure de potentiel non identiquement infini satisfait aux conditions du lemme 5 bis, et par suite tout potentiel est partout limite de ses régularisés [18]). Par exemple il en est ainsi lorsque la condition suivante est vérifiée: A tout compact C on peut associer un nombre k et un compact C' tels que $K(x-y) \leqq kK(x-z)$ pour tous points $y \in C$, $z \in C$, x non $\in C'$. Les conséquences d'une telle hypothèse relativement à la théorie des fonctions "surharmoniques" seront étudiées dans un travail ultérieur.

2⁰) Si K satisfait au principe de Frostman, toute mesure μ d'énergie finie dont le potentiel est majoré par le potentiel d'une mesure λ à support compact satisfait aux conditions du lemme 5 bis. En effet à tout nombre $\alpha > 0$ on peut associer un compact C tel que U^{λ}, donc U^{μ}, soit $\leqq \alpha$ sur le

---

17) En effet on a, d'après le théorème de FUBINI-TONELLI, $\int V^{\mu} d\mu = V^{\nu}(0)$, avec $\nu = \mu * \check{\mu}$, et $\int V^{\mu_n} d\mu_n = V^{\nu_n}(0)$, où ν_n s'obtient en régularisant ν par *deux* médiations successives.

18) La nécessité d'une hypothèse de régularité à l'infini est mise en évidence par l'exemple suivant: $K(x) = e^{-x^2}$ (avec $m = 1$), $\mu = e^{x^2} dx/(1 + x^2)$; on a $U^{\mu}(0) < +\infty$, $U^{\mu}(x) = +\infty$ pour tout $x \neq 0$, donc $\lim_{s \to \infty} U_s^{\mu}(0) = +\infty \neq U^{\mu}(0)$. Notons toutefois que ce noyau, bien que de type positif, ne satisfait pas à toutes les hypothèses exigées au § 2 (l'inverse e^{x^2} de sa transformée de Fourier n'est pas à croissance lente).

complémentaire de C; or soit μ_1 la restriction de μ au complémentaire de C; a fortiori $U^{\mu_1} \leqq \alpha$ sur le complémentaire de C, donc $U^{\mu_1} \leqq \alpha$ q p. (principe de FROSTMAN), et enfin $U^{\mu_1} \leqq \alpha$ partout (d'après la s. c. i. de U^{μ_1}).

7. Le théorème d'Evans-Vasilesco.

Soit μ une mesure à support compact, ou plus généralement une mesure satisfaisant aux conditions du lemme 5 bis; le théorème suivant, établi par G. C. EVANS [4 bis] et F. VASILESCO [11] dans le cas newtonien, et étendu par O. FROSTMAN [5] (p. 26) aux potentiels d'ordre α, est également une conséquence des hypothèses de régularité:

Lemme 6. *Si la restriction de U^μ au support d'une telle mesure μ est continue, U^μ est une fonction continue dans tout l'espace.*

Une simple adaptation des démonstrations classiques montre en effet que le résultat est vrai toutes les fois que, dans un voisinage de 0, la relation $K(x) \leqq K(y)$ entraîne $K(x) \leqq qK(x-y)$, où q est une constante positive indépendante de x et de y (le noyau K étant supposé d'autre part continu, symétrique et fini pour $x \neq 0$). Or cette condition est réalisée lorsque les compacts e_s sont convexes pour s assez grand et que la relation $K(x) \leqq qK(2x)$ est satisfaite pour x voisin de 0.

On en déduit la conséquence suivante:

Lemme 7. *Toute mesure $\mu \in E$ est limite croissante de mesures μ_n à support compact, dont le potentiel U^{μ_n} est continu dans tout l'espace et converge partout vers U^μ.*

Soit en effet $\{\omega_n\}$ une suite décroissante d'ouverts dont la capacité tend vers 0 avec $1/n$, la restriction de U^μ au complémentaire de ω_n étant continue (une telle suite existe puisque la fonction partout définie U^μ est dans la classe $\Phi(\mu)$). Désignons par μ_n la restriction de μ au compact $C_n = B_n - B_n \cap \omega_n$, où B_n est la boule fermée $B(0, n)$; la suite croissante $\{\mu_n\}$ converge vaguement (et même fortement) vers μ [19]), et le potentiel U^{μ_n} converge partout vers U^μ. [20])

Il reste à montrer que U^{μ_n} est continu dans tout l'espace, et pour cela que la restriction de U^{μ_n} au compact C_n, qui contient le support de μ_n, est continue. Or les restrictions à C_n des fonctions s. c. i. U^{μ_n} et $U^{\mu-\mu_n}$ ayant pour somme une fonction continue (la restriction de U^μ), chacune d'elles est continue.

---

[19]) Les μ_n ont en effet une limite (vague ou forte) $\nu \leqq \mu$, et la différence $\mu - \nu$ est portée par l'intersection des ω_n, qui est de capacité extérieure nulle; il en résulte que tout compact contenu dans cette intersection est de mesure nulle pour la mesure $\mu - \nu$ dont l'énergie est finie, et donc que $\mu - \nu$ est nulle.

[20]) Cela résulte des propriétés elémentaires de l'intégrale d'une fonction s. c. i. (non négative) par rapport à une suite croissante de mesures.

Remarque. Si F est un ensemble de mesure nulle pour μ, on peut évidemment astreindre les mesures μ_n de l'énoncé ci-dessus à avoir leur support contenu dans le complémentaire de F.

8. Classes de fonctions associées à un noyau régulier.

Considérons les deux classes de fonctions $\geqq 0$, dont l'analogie avec les classes β et γ de la première partie est évidente [21]).

Classe B: *f est dans la classe B si f est s. c. i. et si, pour toute* $\mu \in E$, *la relation* $U^{\mu} \leqq f$ *presque partout pour* μ *entraîne* $U^{\mu} \leqq f$ *partout.*

Classe C: *f est dans la classe C si, pour toute* $\mu \in E$, *la fonction* $\inf(U^{\mu}, f)$ *est partout égale à un potentiel (d'énergie évidemment finie).*

Ces définitions entraînent aisément les remarques suivantes:

1⁰) *La classe C est contenue dans la classe B*: on observe d'abord que toute fonction f de la classe C est s. c. i. [22]); soit alors μ une mesure quelconque de E, avec $U^{\mu} \leqq f$ presque partout pour μ, et posons $U^{\nu} = \inf(U^{\mu}, f)$; le raisonnement utilisé au § 3 pour montrer que la classe γ est contenue dans la classe β prouve encore que $\mu = \nu$, d'où $U^{\mu} \leqq f$ partout.

2⁰) *La classe B est identique à la suivante* (qui est plus large en apparence seulement):

Classe B': *f est dans la classe B' si f est s. c. i. et si, pour toute mesure* μ *à support compact et à potentiel continu, la relation* $U^{\mu} \leqq f$ *sur le support de* μ *entraîne* $U^{\mu} \leqq f$ *partout.*

Il suffit de montrer que toute fonction f de la classe B' est dans la classe B; or soit $\mu \in E$, avec $U^{\mu} \leqq f$ presque partout pour μ. D'après le lemme 7 et la remarque qui le suit, μ est limite d'une suite croissante de mesures μ_n dont le support est compact et contenu dans l'ensemble des points x tels que $U^{\mu}(x) \leqq f(x)$, et dont le potentiel U^{μ_n} est continu et converge partout vers U^{μ}; comme f est dans la classe B', on a partout $U^{\mu_n} \leqq f$, d'où, à la limite, la propriété à démontrer: $U^{\mu} \leqq f$ partout.

3⁰) *La borne inférieure de deux fonctions de la classe B (respect. de la classe C) est dans la même classe.*

C'est une conséquence évidente des définitions.

---

21) On pourrait aussi définir une classe A analogue à la classe α, mais cela exigerait une étude approfondie des points irréguliers que nous n'envisagerons pas ici; dans le cas du noyau d'ordre α $(0 < \alpha < 2)$, cela conduirait à la définition bien connue des fonctions surharmoniques d'ordre fractionnaire de M. Riesz [10] et O. Frostman [7].

22) Si en effet on pose $U^{\nu_n} = \inf(n U^{\mu}, f)$, où μ est une mesure de E non nulle (donc de potentiel strictement positif dans tout l'espace), on voit que f est partout limite d'une suite croissante de fonctions s. c. i., donc est elle-même s. c. i.

4⁰) *Si une fonction f de la classe B est majorée par un potentiel d'énergie finie, il existe une $\mu \in E$ telle que $U^\mu \leqq f$ partout, $U^\mu = f$ à p. p. p.*; en effet f est alors dans la classe β, et, d'après la propriété (ii) des fonctions de cette classe, il existe une $\mu \in E$ avec $U^\mu = f$ à p. p. p., donc $U^\mu \leqq f$ partout (puisque f est dans la classe B).

Comme application de la remarque 2⁰), montrons que, dans le cas d'un noyau régulier, le principe complet du maximum (§ 5) est équivalent à la forme suivante, qu'on peut appeler la "forme élémentaire" (par analogie avec la forme élémentaire du principe de Frostman):

(M) *Si les potentiels d'énergie finie U^μ et U^ν sont continus, et si la borne supérieure de $U^\mu - U^\nu$ est strictement positive, cette borne est atteinte sur le support de μ, supposé compact.*

En effet, d'après la définition du § 5, le principe complet exprime que la classe B contient toutes les fonctions de la forme $U^\nu + c$, où U^ν est un potentiel *continu* d'énergie finie, et c une constante non négative. Il est clair que cette hypothèse entraîne (*M*); inversement on voit facilement, en raisonnant par l'absurde, que si (M) est vérifié, les fonctions de la forme $U^\nu + c$ sont dans la classe B', et par suite dans la classe B; d'où le résultat.

9. Critère pour le principe complet du maximum.

Le théorème suivant donne un critère pour le principe complet, et met en évidence les propriétés principales des fonctions surharmoniques par rapport à un noyau régulier satisfaisant à ce principe:

Théorème 3. *Pour qu'un noyau régulier K satisfasse au principe complet du maximum, il faut et il suffit qu'il existe une famille $\mathfrak{F}$ de mesures σ, distinctes de ε*[23]), *de masse totale $\leqq 1$, telles que $U^\sigma \leqq K$ partout, et telles que, pour tout voisinage V de 0, il existe une mesure $\sigma \in \mathfrak{F}$ avec $U^\sigma = K$ hors de V.*

S'il en est ainsi, tout potentiel, toute constante $\geqq 0$ est dans les classes B et C; en outre, pour une fonction $f \geqq 0$ et s. c. i., les quatre propriétés suivantes sont équivalentes:

(i) *f est dans la classe B.*

(ii) *f est dans la classe C.*

(iii) *f est limite d'une suite croissante de potentiels d'énergie finie.*

(iv) *f satisfait en tout point x à la relation:*

$$f(x) \geqq \int f(x+y)\, d\sigma(y) \quad \textit{pour toute } \sigma \in \mathfrak{F}. \tag{2}$$

---

23) Rappelons que ε désigne la mesure qui consiste en une masse $+1$ placée à l'origine.

Pour démontrer ce théorème nous établirons successivement les propositions suivantes:

Proposition 1. *Si le noyau $K(x)$ satisfait au principe complet, il est dans la classe B.*

Il suffit de montrer que K est alors dans la classe B': soit donc μ une mesure à support compact F, dont le potentiel est continu et majoré par K sur F; d'après la continuité de K et de U^μ on a, pour toute constante $c>0$, $U^\mu \leqq K+c$ dans un voisinage de F; si donc U^{μ_n} et K_n sont les régularisés de U^μ et de K (par exemple par médiations sur les e_n^x) on a $U^{\mu_n} \leqq K_n + c$ sur le support de μ_n pour n assez grand; K_n étant lui-même un potentiel d'énergie finie, cette relation a lieu dans tout l'espace (principe complet); il suffit alors de faire $n \to +\infty$, puis $c \to 0$, pour obtenir la relation à démontrer: $U^\mu \leqq K$ partout.

Proposition 2. *Si le noyau satisfait au principe complet, il existe une famille $\mathfrak{F}$.*

On va montrer qu'on peut "balayer" la mesure ε (qui est d'énergie finie seulement si $K(0) < +\infty$) sur l'ensemble fermé (non borné) F_s des points x tels que $K(x) \leqq s$, ou tout au moins qu'on peut trouver, pour tout $s>0$, une mesure ε_s de masse totale $\leqq 1$, portée par F_s, dont le potentiel vaut K en tout point intérieur de F_s et est majoré partout par K. De telles mesures ε_s constitueront évidemment une famille $\mathfrak{F}$.

Soit à cet effet un nombre t $(0<t<s)$; K est borné sur le compact $F_s \cap e_t$, donc il existe (d'après le lemme 3 et la proposition 1 ci-dessus) une mesure μ de E portée par ce compact, avec $U^\mu = K$ à p. p. p. sur ce compact, $U^\mu \leqq K$ partout.

La masse totale de cette mesure μ est $\leqq 1$: soit en effet γ la distribution d'équilibre de la boule fermée $B_r = B(0, r)$ (l'existence de γ découle du principe complet); par définition $U^\gamma \leqq 1$ q p., $U^\gamma = 1$ q. p. sur B_r; comme γ est à support compact, le lemme 5 entraîne $U^\gamma \leqq 1$ partout, $U^\gamma = 1$ en tout point intérieur de B_r; on peut donc écrire:

$$\int_{B_r} d\mu \leqq \int U^\gamma d\mu = \int U^\mu d\gamma \leqq \int K d\gamma = U^\gamma(0) = 1,$$

d'où le résultat, pour $r \to +\infty$.

L'énergie de μ est donc bornée, indépendamment de t; lorsque t tend vers 0 en décroissant, U^μ croît (d'après le second principe), donc μ converge fortement vers une mesure ε_s portée par F_s, de masse totale $\leqq 1$, de potentiel $U^{\varepsilon_s} = K$ q. p. sur F_s (lemme 3), donc $\leqq K$ partout (proposition 1). Il reste à vérifier qu'on a effectivement $U^\mu = K$ en tout point intérieur de F_s, ce qui résulte de la continuité de K et de ce que U^{μ} est partout limite de ses régularisées (remarque 2° du lemme 5 bis). [24])

D é f i n i t i o n. Nous venons de voir que le critère est nécessaire; *à l'avenir nous supposerons l'existence d'une famille* $\mathfrak{F}$ et nous appellerons *fonction surharmonique* toute fonction $f \geqq 0$, s. c. i, telle que, en tout point x, on ait la relation

$$(2) \qquad f(x) \geqq \int f(x+y)\, d\sigma(y) = \int f\, d\sigma^{x} \text{ pour toute } \sigma \in \mathfrak{F}.$$

Cette condition est indépendante de la famille $\mathfrak{F}$ particulière considérée, comme cela résultera du théorème 3 lorsqu'il aura été démontré: l'une quelconque des conditions (i), (ii), (iii) de ce théorème caractérisera en effet les fonctions surharmoniques.

P r o p o s i t i o n 3. *Tout potentiel est surharmonique.*

Un potentiel U^{μ} (engendré par une mesure positive tout à fait arbitraire) étant s. c. i., il suffit de montrer (2), qui est une conséquence du théorème de FUBINI (que les intégrales écrites soient finies ou non):

$$\int U^{\mu}\, d\sigma^{x} = \int U^{\sigma^{x}}\, d\mu \leqq \int K(y-x)\, d\mu(y) = U^{\mu}(x).$$

On démontre aussi facilement les propositions suivantes:

Toute constante c $(0 \leqq c \leqq +\infty)$ *est surharmonique.*

La borne inférieure de deux fonctions surharmoniques est surharmonique.

La limite d'une suite croissante de fonctions surharmoniques est surharmonique.

P r o p o s i t i o n 4. *Toute fonction surharmonique est dans la classe B.*

Il suffit de montrer qu'une telle fonction f est dans la classe B'; ou encore: si une mesure μ, à support compact C, engendre un potentiel continu, et si la borne supérieure c de $U^{\mu} - f$ est strictement positive, cette borne est atteinte en un point de C (au moins).

A cet effet désignons par F l'ensemble des points x tels que $U^{\mu}(x) - f(x) = c$; cet ensemble est non-vide et compact [25]); nous allons montrer que l'hypothèse: "C est disjoint de F" conduit à une contradiction.

---

[24]) On peut même préciser davantage: pour s assez grand, $U^{\mu_s} = K$ en tout point de F_s sans exception. Supposons en effet s assez grand pour que e_s soit convexe, et soit x un point frontière; on peut trouver un voisinage V de x tel que, si μ est la restriction de ε_s à V, $U^{\mu}(x)$ soit arbitrairement petit. Pour t assez grand la valeur moyenne de U^{μ} sur $e_t^x \cap F_s$ est $\leqq 2^m A\, U^{\mu}(x)$ (d'après le lemme 4 et les hypothèses de convexité), d'où le résultat, compte tenu de la continuité de $U^{\varepsilon_s - \mu}$ au voisinage de x.

[25]) Car $U^{\mu} - f$ est semi continue supérieurement, et $U^{\mu}(x)$ est arbitrairement petit pour $|x|$ assez grand (μ étant à support compact).

En effet la distance de tout point de C à tout point de F est alors bornée inférieurement par un nombre strictement positif; il existe donc une mesure $\sigma \in \mathfrak{F}$ telle que la fonction $U^{\sigma}(y-x)$, potentiel engendré au point y par la mesure σ^x déduite de σ par la translation x, soit égale à $K(y-x)$ quels que soient $y \in C$ et $x \in F$. On a donc:

$$\int U^{\mu}(x+y)\,d\sigma(y) = \int U^{\mu} d\sigma^x = \int U^{\sigma^x} d\mu = \int K(y-x)\,d\mu(y) = U^{\mu}(x).$$

En rapprochant de (2) il vient, pour tout $x \in E$:

$$\int (U^{\mu} - f)\,d\sigma^x \geqq U^{\mu}(x) - f(x) = c.$$

La moyenne, par rapport à la mesure σ^x, de la fonction $U^{\mu} - f - c \leqq 0$ étant $\geqq 0$, l'ensemble des points où cette fonction est < 0 est de mesure nulle pour σ^x; comme cet ensemble est ouvert (car f est s.c.i.), on a $U^{\mu} - f = c$ en tout point du support de σ^x (et en outre la masse totale de σ^x doit être égale à 1).

Le support F_{σ} de σ n'est pas réduit au seul point 0 (puisque σ est de masse totale 1 et est, par hypothèse, distincte de ε); soit un point $z \neq 0$, $z \in F_{\sigma}$; le point $x_1 = x + z$ appartient au support de σ^x, donc aussi à F; en recommençant le raisonnement avec x_1 on met en évidence une suite infinie de points $x_k = x + kz$ $(k = 0, 1, \ldots)$ appartenant tous à F, ce qui est en contradiction avec l'hypothèse que F est compact.

Le résultat est donc établi. Il résulte des propositions 3 et 4 que tout potentiel et toute constante positive sont dans la classe B, ce qui démontre que tout noyau régulier qui possède une famille $\mathfrak{F}$ satisfait au principe complet.

La démonstration du théorème fondamental sera achevée si nous prouvons les propositions 6 et 7 qu'on va lire ci-dessous; voici d'abord une proposition auxiliaire:

Proposition 5. *Soient U^{μ} un potentiel quelconque, et f une fonction s.c.i.; si on a $U^{\mu} \leqq f$ partout, et $U^{\mu} = f$ presque partout (pour la mesure de Lebesgue), alors $U^{\mu} = f$ partout.*

Si U^{μ} est majorée par le potentiel d'une mesure à support compact, U^{μ} est partout limite de ses régularisées (lemme 5 bis), qui sont égales aux régularisées de f, d'où $U^{\mu} \geqq f$ (en vertu de la s.c.i. de f), et par suite $U^{\mu} = f$ partout.

Dans le cas général, soit ν une mesure de E à support compact; $g = \inf(U^{\mu}, U^{\nu})$ est surharmonique (proposition 3); elle est donc dans la classe B, et il existe une mesure $\lambda \in E$ avec $U^{\lambda} = g$ à p.p.p., $U^{\lambda} \leqq g$ partout (remarque 4º du § 8). D'après la première partie de la démonstration, $U^{\lambda} = g$ partout, d'où $U^{\lambda} = \inf(U^{\nu}, f)$ presque partout, et $U^{\lambda} \leqq \inf(U^{\nu}, f)$ partout, ce qui entraîne (toujours d'après la première partie) $U^{\lambda} = \inf(U^{\nu}, f)$ partout. En résumé on a $\inf(U^{\mu}, U^{\nu}) = \inf(f, U^{\nu})$ pour toute $\nu \in E$ à support compact, d'où finalement $U^{\mu} = f$ partout.

Proposition 6. *La classe B est contenue dans la classe C.*

Soient effet f une fonction de la classe B, et U^{μ} un potentiel d'énergie finie; U^{μ} est dans la classe B et il en est de même de $\inf(U^{\mu}. f)$ (remarque 3° du § 8); cette fonction étant majorée par un potentiel d'énergie finie, il existe une mesure $\lambda \in E$ avec $U^{\lambda} \leqq \inf(U^{\mu}, f)$ partout, $U^{\lambda} = \inf(U^{\mu}, f)$ à p. p. p. (remarque 4° du § 8); la proposition 5 entraîne alors l'égalité à démontrer: $U^{\lambda} = \inf(U^{\mu}, f)$ partout.

Proposition 7. *Toute fonction de la classe C est limite d'une suite croissante de potentiels d'énergie finie.*

Soient en effet f une telle fonction et μ une mesure de E non identiquement nulle; la fonction $\inf(nU^{\mu}, f)$ est partout égale à un potentiel d'énergie finie U^{μ_n} (proposition 6), et on a partout: $f = \lim U^{\mu_n}$.

Ceci achève la démonstration du théorème. Signalons les corollaires suivants: *tout potentiel est limite d'une suite croissante de potentiels d'énergie finie; toute fonction surharmonique majorée par un potentiel d'énergie finie est partout égale à un potentiel d'énergie finie.*

10. Remarques finales.

a) Rappelons que la forme élémentaire du principe de FROSTMAN est vérifiée lorsque le noyau régulier K est sousharmonique (au sens ordinaire) en tout point $x \neq 0$ (cf. [5]); pour un tel noyau, tout compact admet une distribution d'équilibre dont le potentiel vaut 1 en tout point intérieur au compact.

b) La définition donnée par F. RIESZ des fonctions surharmoniques [9] concorde bien avec celle donnée ici lorsque le noyau est le noyau newtonien r^{2-m} (dans l'espace de dimension $m \geqq 3$); en effet il suffit alors de prendre pour famille $\mathfrak{F}$ celle des distributions homogènes, de masse totale un, portées par les sphères de centre 0

c) Un noyau régulier étant donné, il se peut qu'une famille $\mathfrak{F}$ soit en évidence a priori. Par exemple si le noyau est $r^{\alpha-m}$ ($m \geqq 2, 0 < \alpha < 2$), on obtient les mesures d'une famille $\mathfrak{F}$ en effectuant la transformation de KELVIN sur les distributions d'équilibre des boules de centre 0 (cf. [10]). En utilisant cette famille $\mathfrak{F}$ pour caractériser les fonctions surharmoniques relatives à un tel noyau, on retrouve une des deux définitions des fonctions "surharmoniques d'ordre α" données par M. RIESZ; elle généralise la définition de F. RIESZ.

Signalons rapidement un autre exemple de noyau pour lequel une famille $\mathfrak{F}$ est en évidence a priori: il s'agit de la solution élémentaire, bien connue, de l'équation $\Delta U - a^2 U = 0$ (a constante > 0). Par exemple, pour trois dimensions, on obtient le noyau e^{-ar}/r, qui est évidemment régulier; sa transformée de Fourier $(a^2 + 4\pi^2 r^2)^{-1}$ (à un facteur constant positif près) est bien une fonction positive à croissance lente, ainsi que son inverse, de sorte que la fonction e^{-ar}/r est bien le noyau d'une théorie du potentiel. Pour ce noyau, associons à la sphère de centre 0 et de rayon r la distribution de la masse totale $ar/\operatorname{sh} ar$, répartie uniformément sur la sphère: lorsque r varie on obtient une famille $\mathfrak{F}$ dont l'existence prouve que *le noyau e^{-ar}/r satisfait au principe complet*. Dans un travail ultérieur, nous étudierons plus en détail ce noyau et les fonctions surharmoniques correspondantes.

Références bibliographiques.

[1] H. Cartan, Sur les fondements de la théorie du potentiel, *Bulletin de la Société Math. de France*, **69** (1941), p. 71—96.

[2] H Cartan, Théorie du potentiel newtonien: énergie, capacité, suites de potentiels, *ibidem*, **73** (1945), p. 74—106.

[3] H. Cartan, Théorie générale du balayage en potentiel newtonien, *Annales Université de Grenoble*, **22** (1946), p. 221—280.

[4] J. Deny, Les potentiels d'énergie finie, *Acta Math.*, **82** (1950), p. 107—183.

[4 bis] G. C. Evans, On potentials of positive mass, *Transactions American Math. Society*, **37** (1935), p. 226—253.

[5] O. Frostman, Potentiels d'équilibre et capacité des ensembles, *Thèse* (Lund, 1935).

[6] O. Frostman, Sur le balayage des masses, *ces Acta*, **9** (1938), p. 43—51.

[7] O. Frostman, Sur les fonctions surharmoniques d'ordre fractionnaire, *Arkiv för Math., Astronomi och Fysik*, **26 A** (1939).

[8] A. J. Maria, The potential of a positive mass and the weight function of Wiener, *Proceedings National Academy of Sciences, USA*, **20** (1934), p. 485—489.

[9] F. Riesz, Sur les fonctions subharmoniques et leur rapport à la théorie du potentiel, *Acta Math.*, **54** (1930), p. 321—360.

[10] M. Riesz, Intégrales de Riemann-Liouville et potentiels, *ces Acta*, **9** (1938), p. 1—42.

[11] F. Vasilesco, Sur la continuité du potentiel à travers les masses, etc., *Comptes Rendus Acad. Sci. Paris*, **200** (1935), p. 1173—1174.

(Reçu le 27 octobre 1949)

85.

Une théorie axiomatique des carrés de Steenrod

Comptes Rendus de l'Académie des Sciences de Paris 230, 425–427 (1950)

1. Soient donnés deux groupes abéliens G et G′, et une application bilinéaire symétrique $(x, y) \to f(x, y)$ de $G \times G$ dans G′. Si K est un complexe simplicial, notons C(K, G) [resp. C(K, G′)] le groupe gradué des cochaînes de K à valeurs dans G(resp. G′). On sait que N. E. Steenrod ([1]) associe à f une suite d'applications bilinéaires $(x, y) \to p_i(x, y)$ de $C(K, G) \times C(K, G)$ dans C(K, G′) (i entier, $p_i = 0$ pour $i < 0$; nous notons $p_i(x, y)$ ce que Steenrod appelle $x \cup_i y$). Ces applications satisfont notamment aux conditions

(1) $p_i(x, y)$ est de degré $m + n - i$;

(2) $$\delta p_i(x, y) = p_i(\delta x, y) + (-1)^m p_i(x, \delta y) + (-1)^{m+n+i} p_{i-1}(x, y) + (-1)^{m+n+mn} p_{i-1}(y, x),$$

(m désigne le degré de x, n le degré de y, δ l'opérateur cobord).

Considérons, d'une manière générale, deux groupes abéliens gradués A et A′ (à degrés ≥ 0), munis chacun d'un opérateur *cobord* δ qui satisfait à $\delta\delta = 0$ et augmente le degré d'une unité; et une suite d'applications bilinéaires p_i de $A \times A$ dans A′, qui satisfont aux conditions (1) et (2). L'ensemble des données (A, A', p_i) constitue ce que nous appellerons un *système de i-produits.*

Quand on a un tel système, on en déduit, comme Steenrod, des homomorphismes Sq_i des groupes de cohomologie, à savoir : pour $m - i$ impair, Sq_i applique $H^m(A)$ dans le sous-groupe des éléments d'ordre 2 de $H^{2m-i}(A')$; pour $m - i$ pair, Sq_i applique $H^m(A)$ dans $H^{2m-i}(A'/2A')$.

2. Soient maintenant (A, A', p_i) et (B, B', q_i) deux systèmes de i-produits. On sait que les produits tensoriels $A \otimes B = C$ et $A' \otimes B' = C'$ peuvent être munis d'une structure graduée (le degré de $x \otimes y$ est la somme des degrés de x et de y) et d'un opérateur δ défini par

$$\delta(x \otimes y) = (\delta x) \otimes y + (-1)^m x \otimes (\delta y) \qquad (m = \text{degré de } x).$$

([1]) Steenrod, *Annals of Math.*, 48, 1947, p. 290-320.

Théorème 1. — *Si l'on définit des applications bilinéaires r_i de $C \times C$ dans C' par la formule*

$$(3) \qquad r_i(x \otimes x', y \otimes y') = (-1)^{m'n} \sum_j p_{2j}(x, y) \otimes q_{i-2j}(x', y') + (-1)^{m'(n+n')+m'+n'} \sum_j p_{2j+1}(x, y) \otimes q_{i-2j-1}(y', x')$$

(où x et $y \in A$, x' et $y' \in B$, $m = \deg x$, $m' = \deg x'$, $n = \deg y$, $n' = \deg y'$), *alors* (C, C', r_i) *est un système de i-produits.*

3. Le théorème 1 a d'importantes conséquences. Bornons-nous, pour simplifier, au cas des *espaces compacts*. Soit, sur un tel espace $\mathcal{E}$, une carapace ([2]), c'est-à-dire un groupe abélien gradué A, muni d'un opérateur δ comme ci-dessus, et dont chaque élément x est affecté d'un *support* $\sigma(x)$ qui est une partie fermée de $\mathcal{E}$; on suppose vérifiées les conditions suivantes :

a. $\sigma(x)$ est vide si et seulement si $x = 0$;

b. le support d'une somme d'éléments homogènes est la réunion des supports de ces éléments;

c. $\sigma(x - y) \subset \sigma(x) \cup \sigma(y)$, $\sigma(\delta x) \subset \sigma(x)$.

Alors, pour chaque fermé $\mathcal{F} \subset \mathcal{E}$, soit $A_{\mathcal{F}}$ le quotient de A par le sous-groupe des $x \in A$ dont le support ne rencontre pas $\mathcal{F}$; $A_{\mathcal{F}}$ est un groupe gradué muni d'un opérateur noté encore δ. Considérons une autre carapace A', et supposons définies des applications bilinéaires p_i de $A \times A$ dans A' satisfaisant à (1) et (2), et telles que $\sigma[p_i(x, y)] \subset \sigma(x) \cap \sigma(y)$. Il s'ensuit que les p_i définissent, pour chaque fermé $\mathcal{F}$, un système de i-produits $(A_{\mathcal{F}}, A'_{\mathcal{F}}, p_i)$.

Supposons que A satisfasse en outre aux deux conditions :

1° pour tout recouvrement fini de $\mathcal{E}$ par des ouverts U_k, existent des endomorphismes l_k du groupe A, conservant les degrés, et tels que

$$\sigma[l_k(x)] \subset U_k \cap \sigma(x), \qquad \sum_k l_k(x) = x;$$

2° si $\mathcal{F}$ est réduit à un point P, le groupe A_P $(= A_{\mathcal{F}})$ est tel que $H^m(A_P) = 0$ pour tout $m \neq 0$.

On sait ([2]) que le groupe de cohomologie H(A) s'identifie alors canoniquement au groupe de cohomologie de l'espace $\mathcal{E}$, relatif au *système local* de coefficients constitué par les groupes $H^0(A_P)$. De plus, le théorème 1 entraîne :

Théorème 2. — *Si deux carapaces* A *et* A' *d'un espace compact* $\mathcal{E}$ *satisfont aux*

([2]) Pour la théorie des *faisceaux* et *carapaces*, voir les articles de J. Leray et de H. Cartan dans le fascicule du *Colloque de Topologie algébrique* de Paris 1947 (*Publications du C. N. R. S.*), ainsi que les notes miméographiées du cours de H. Cartan à l'Université Harvard (1948) et à l'École Normale Supérieure (1948-1949).

conditions 1° et 2° et sont munies d'un système de i-produits, les i-carrés Sq_i *déduits de ces ι-produits ne sont autres que les carrés de Steenrod relatifs à la cohomologie de l'espace* $\mathcal{E}$.

4. *Application* : on pourrait, en huit lignes, expliquer comment le théorème 2 et la formule (3) conduisent, en *cohomologie modulo* 2, aux formules

$$\mathrm{Sq}_i(\xi \otimes \eta) = \sum_{j+k=i} \mathrm{Sq}_j(\xi) \otimes \mathrm{Sq}_k(\eta) \qquad \text{(cohomologie d'un espace-produit)}, \tag{4}$$

$$\mathrm{Sq}_i(\xi \cup \eta) = \sum_{j+k=i} \mathrm{Sq}_j(\xi) \cup \mathrm{Sq}_k(\eta) \qquad (\cup \text{ désigne le } \textit{cup product}). \tag{5}$$

Les formules (4) et (5) m'avaient été signalées par MM. Thom et Wu Wen-tsün comme vraisemblables ; je dois à M. Wu d'avoir attiré mon attention sur l'intérêt qui s'attache à une théorie axiomatique des carrés de Steenrod.

86.

Notions d'algèbre différentielle; application aux groupes de Lie et aux variétés où opère un groupe de Lie

Colloque de Topologie, C.B.R.M., Bruxelles 15–27 (1950)

1. Algèbres graduées

Soit A une algèbre (associative) sur un anneau commutatif K ayant un élément unité. Une structure graduée est définie par la donnée de sous-espaces vectoriels A^p ($p=0$, 1, ...) tels que l'espace vectoriel A soit somme directe des A^p; un élément de A^p est dit « homogène de degré p ». On suppose de plus que le produit d'un élément de A^p et d'un élément de A^q est un élément de A^{p+q}.

On note $a \longrightarrow \bar{a}$ l'automorphisme de A qui, à un élément $a \in A^p$, associe l'élément $(-1)^p a$.

Un endomorphisme θ de la structure vectorielle de A est dit *de degré* r s'il applique A^p dans A^{p+r} pour chaque p. Parmi les endomorphismes, nous distinguerons les catégories suivantes :

1. On appelle *dérivation* tout endomorphisme θ de A, de degré *pair*, qui, vis-à-vis de la multiplication dans A, jouit de la propriété

$$\theta(ab) = (\theta a)b + a(\theta b) . \tag{1}$$

2. On appelle *antidérivation* tout endomorphisme δ de A, de degré *impair*, qui jouit de la propriété

$$\delta(ab) = (\delta a)b + \bar{a}(\delta b) . \tag{2}$$

Si en outre δ est de degré $+1$ et si $\delta\delta = 0$, δ s'appelle une *différentielle*; on définit alors, classiquement, l'*algèbre de cohomologie* H(A) de A, relativement à δ. C'est une algèbre graduée.

Une dérivation (resp. antidérivation) est nulle sur l'élément unité de A, s'il existe.

Si δ est une antidérivation, $\delta\delta$ est une dérivation; si δ_1 et

δ_2 sont des antidérivations, $\delta_1\delta_2+\delta_2\delta_1$ est une dérivation. Définissons le *crochet* $[\theta_1,\theta_2]$ de deux endomorphismes θ_1 et θ_2, comme d'habitude, par la formule

$$[\theta_1, \theta_2]=\theta_1\theta_2-\theta_2\theta_1 .$$

Alors le crochet de deux dérivations est une dérivation; le crochet d'une dérivation et d'une antidérivation est une antidérivation.

Une dérivation, ou une antidérivation, est déterminée quand elle est connue sur les sous-espaces A^0 et A^1, pourvu que l'algèbre A soit engendrée (au sens multiplicatif) par ses éléments de degré 0 et 1. Dans certains cas, on peut se donner arbitrairement les valeurs d'une dérivation (ou d'une antidérivation) sur A^1, en lui donnant la valeur 0 sur A^0 : par exemple, lorsque A est l'*algèbre extérieure* d'un module M (sur K) dont les éléments sont de degré un (¹).

Exemple. — Soit $\mathfrak{a}$ un module sur K, et soit A l'algèbre extérieure du dual $\mathfrak{a}'$ de ce module. Chaque élément x de $\mathfrak{a}$ définit un endomorphisme $i(x)$ de l'algèbre A, de degré -1, appelé « produit intérieur » par x : c'est l'unique *antidérivation*, nulle sur $A^0=K$, qui, sur $A^1=\mathfrak{a}'$, est égale au « produit scalaire » définissant la dualité entre $\mathfrak{a}$ et $\mathfrak{a}'$:

$$i(x)\cdot x'=\langle x, x'\rangle \text{ pour } x\in\mathfrak{a} \text{ et } x'\in A^1 ;$$

on a alors

$$i(x)\cdot(x_1'\wedge x_2'\wedge\cdots\wedge x_p') = \sum_{1\leqslant k\leqslant p}(-1)^{k+1}\langle x, x_k'\rangle x_1'\wedge\cdots\wedge\widehat{x_k'}\wedge\cdots\wedge x_p' \quad (3)$$

(le signe $\wedge$ signifiant que le terme situé au-dessous doit être supprimé). L'opérateur $i(x)$ est de *carré nul* : car $i(x)i(x)$ est une dérivation, évidemment nulle sur A^0 et A^1, donc nulle partout.

Produit tensoriel d'algèbres graduées. — Soient A et B deux algèbres graduées. Sur le produit tensoriel $A\otimes B$ de leurs espaces vectoriels, considérons la loi multiplicative définie par $(a\otimes b)\cdot(a'\otimes b')=(-1)^{p'q}(aa')\otimes(bb')$, si b est de degré q et a' de degré p'. Définissons sur $C=A\otimes B$ une structure graduée, en appelant C^r le sous-espace de C, somme directe des $A^p\otimes B^q$ tels que $p+q=r$. Alors C est munie d'une structure d'*algèbre graduée*; cette algèbre graduée s'appelle le produit tensoriel des algèbres graduées A et B.

Le cas le plus intéressant est celui où A et B ont un élément unité, les sous-algèbres A^0 et B^0 étant isomorphes à l'an-

(¹) Pour ce qui concerne les algèbres extérieures en général, voir Bourbaki, *Algèbre*, chap. III.

neau de base K. Dans ce cas, on identifiera toujours A à une sous-algèbre de $A \otimes B$, par l'application biunivoque $a \rightarrow a \otimes 1$ de A dans $A \otimes B$ (on note 1 l'élément unité); de même, on identifiera B à une sous-algèbre de $A \otimes B$. En outre, désignons par B^+ la somme directe des B^q pour $q \geqslant 1$; $A \otimes B$ est somme directe de la sous-algèbre $A \otimes B^0$ (identifiée à A) et de l'idéal $A \otimes B^+$. Cette décomposition directe définit un projecteur de $A \otimes B$ sur $A \otimes B^0$, donc une application linéaire de $A \otimes B$ sur A; cette application est compatible avec les structures multiplicatives; nous l'appellerons la *projection canonique* de $A \otimes B$ sur A. Elle identifie A à l'algèbre quotient de $A \otimes B$ par l'idéal $A \otimes B^+$. On définit de même la projection canonique de $A \otimes B$ sur B.

Plaçons-nous toujours dans l'hypothèse où $A^0 = B^0 = K$. Soit donnée une application linéaire θ_1 de A dans $C = A \otimes B$, de degré pair, satisfaisant à la condition (1), et une application linéaire θ_2 de B dans C, de même degré, satisfaisant aussi à (1). Il existe alors une *dérivation* θ de l'algèbre $A \otimes B$, et une seule, qui se réduise à θ_1 sur A et à θ_2 sur B; elle est définie par

$$\theta(a \otimes b) = \theta_1(a) \cdot b + a \cdot \theta_2(b) \tag{4}$$

(le signe $\cdot$ désignant la multiplication dans $A \otimes B$) .

De même, étant données une application linéaire δ_1 de A dans C, de degré impair, satisfaisant à (2), et une application linéaire δ_2 de B dans C, de même degré, satisfaisant aussi à (2), il existe une *antidérivation* δ de l'algèbre $A \otimes B$, et une seule, qui se réduise à δ_1 sur A et à δ_2 sur B; elle est définie par

$$\delta(a \otimes b) = \delta_1(a) \cdot b + \bar{a} \cdot \delta_2(b) . \tag{5}$$

2. Variétés différentiables

Pour simplifier l'exposition, on se bornera aux variétés indéfiniment différentiables. Les *champs de vecteurs tangents* que l'on considérera seront toujours supposés indéfiniment différentiables; de même, les formes différentielles extérieures, de tous degrés, seront supposées à coefficients indéfiniment différentiables.

Les champs de vecteurs tangents constituent un module T sur l'anneau K des fonctions numériques (indéfiniment différentiables). Le module dual T′ est le module des formes différentielles *de degré un*. L'algèbre extérieure A(T′) du module T′ est l'algèbre des formes différentielles de tous degrés (les fonctions, éléments de K, ne sont autres que les formes différentielles de degré 0). La différentiation extérieure, notée *d*, est une « différentielle » sur A(T′), au sens du § 1. Chaque élément *x* de T définit, outre le *produit intérieur* *i*(*x*) (qui opère sur $A(T')$ et est de degré -1), une « transformation infinitésimale » $\theta(x)$ qui opère aussi bien sur T que sur T′ et $A(T')$; sur $A(T')$, c'est une *dérivation* de degré 0, qui est entièrement caractérisée par les deux conditions suivantes :

$$\theta(x)d = d\theta(x) \quad \text{(c'est-à-dire : } \theta(x) \text{ commute avec } d) \; ; \qquad (6)$$

$$\theta(x) \cdot f = i(x) \cdot df \text{ pour toute } \textit{fonction } f \in A^0(T') . \qquad (7)$$

Si x et y sont deux champs de vecteurs tangents, le champ de vecteurs $\theta(x) \cdot y$ se note $[x, y]$; cette notation se justifie parce que

$$\theta([x, y]) = \theta(x)\theta(y) - \theta(y)\theta(x) . \qquad \text{(I)}$$

En outre, sur l'algèbre différentielle $A(T')$, on a les relations

$$\theta(x)i(y) = i(y)\theta(x) + i([x, y]) , \qquad \text{(II)}$$

$$\theta(x) = i(x)d + di(x) \qquad \text{(III)}$$

(formule qui, compte tenu de $dd = 0$, entraîne la relation n° 6).

3. Groupes de Lie

Soit G un groupe de Lie connexe. Les champs de vecteurs tangents, invariants par les translations à gauche, forment un *espace vectoriel* $\mathfrak{a}(G)$ sur le corps réel; cet espace est en dualité avec l'espace vectoriel $\mathfrak{a}'(G)$ des formes différentielles de degré un, invariantes à gauche. L'algèbre extérieure $A(G)$ de $\mathfrak{a}'(G)$ est l'algèbre (sur le corps réel) des formes différentielles de tous degrés, invariantes à gauche. Les éléments de degré 0 (fonctions constantes) s'identifient aux scalaires (multiples de l'unité). L'algèbre différentielle $A(G)$ a une algèbre de cohomologie qui, lorsque G est *compact*, s'identifie à l'algèbre de cohomologie (réelle) de l'espace G.

Chaque élément x de $\mathfrak{a}(G)$ définit un groupe à un paramètre d'automorphismes de G, qui ne sont autres que les *translations à droite* par un sous-groupe à un paramètre de G. La transformation infinitésimale $\theta(x)$ de ce groupe opère dans $\mathfrak{a}(G)$; donc $\mathfrak{a}(G)$ est stable pour le crochet $[x, y]$. L'espace $\mathfrak{a}(G)$, muni de la structure définie par ce crochet, est l'*algèbre de Lie* du groupe G. En outre, les $\theta(x)$ opèrent dans $A(G)$, ainsi que les produits intérieurs $i(x)$. Sur l'algèbre différentielle $A(G)$, les opérateurs d, $i(x)$ et $\theta(x)$ satisfont aux relations (I), (II) et (III) du paragraphe précédent.

Ici, on peut expliciter l'opérateur différentiel d de $A(G)$: désignons par $e(x')$ la multiplication (à gauche) par un élément $x' \in A^1(G)$ dans l'algèbre $A(G)$; alors, en prenant dans

$\mathfrak{a}(G)$ et dans son dual $\mathfrak{a}'(G) = A^1(G)$ deux bases duales (x_k) et (x_k'), on a

$$d = \frac{1}{2}\sum_k e(x_k')\,\theta(x_k)\,. \tag{IV}$$

Cette formule a été donnée par Koszul dans sa thèse [1]. Appliquée aux éléments de degré un de A(G), elle donne les « équations de Maurer-Cartan ».

4. Espace fibré principal

C'est une variété $\mathcal{E}$, que nous supposerons indéfiniment différentiable, et où un groupe de Lie connexe G opère de manière que :

1° L'application $(P, s) \longrightarrow P\cdot s$ de $\mathcal{E}\times G$ dans $\mathcal{E}$ soit indéfiniment différentiable; et $(P\cdot s)\cdot t = P\cdot(st)$ (ce qu'on exprime en disant que G opère « à droite ») ;

2° G soit simplement transitif dans chaque classe d'équivalence (fibre) ;

3° L'espace $\mathcal{B}$ (« espace de base ») quotient de $\mathcal{E}$ par la relation d'équivalence définie par G, soit une variété indéfiniment différentiable;

4° Chaque point de $\mathcal{B}$ possède un voisinage ouvert $\mathcal{U}$ tel que l'image réciproque de $\mathcal{U}$ dans $\mathcal{E}$ soit isomorphe (comme variété indéfiniment différentiable) au produit $\mathcal{U}\times G$, la transformation définie par un élément s de G étant alors $(u, g) \longrightarrow (u, gs)$.

On notera E l'algèbre des formes différentielles (à coefficients indéfiniment différentiables) de l'espace $\mathcal{E}$, munie de sa graduation et de l'opérateur d de différentiation extérieure. Tout vecteur x de l'algèbre de Lie $\mathfrak{a}(G)$ définit un *champ de vecteurs tangents* à $\mathcal{E}$: en effet, chaque fibre de $\mathcal{E}$ s'identifie à G, d'une manière bien déterminée à une translation à gauche près du groupe G; donc un champ invariant à gauche, sur G, se transporte sur chaque fibre d'une seule manière. Ainsi, chaque élément x de $\mathfrak{a}(G)$ définit, dans l'algèbre E, un produit intérieur $i(x)$ et une transformation infinitésimale $\theta(x)$; et les relations (I), (II) et (III) du § 2 sont satisfaites.

D'ailleurs la transformation infinitésimale $\theta(x)$ n'est autre que celle du sous-groupe à un paramètre de G (groupe d'opérateurs à droite dans $\mathcal{E}$) défini par l'élément x de l'algèbre de Lie $\mathfrak{a}(G)$.

(1) *Bull. Soc. math. de France*, 1950, pp. 65-127; voir formule (3.4), p. 74.

L'algèbre B des formes différentielles de l'espace de base $\mathcal{B}$ s'identifie à une *sous-algèbre* de E, stable pour d, à savoir la sous-algèbre des éléments annulés par tous les opérateurs $i(x)$ et $\theta(x)$ relatifs aux éléments x de $\mathfrak{a}(G)$.

D'une manière générale, soit E une algèbre différentielle graduée où opèrent des antidérivations $i(x)$ (de degré -1 et de carré nul) et des dérivations $\theta(x)$ (de degré 0) correspondant aux éléments x d'une algèbre de Lie $\mathfrak{a}(G)$, de manière à satisfaire à (I), (II) et (III). Nous dirons, pour abréger, que G *opère dans l'algèbre* E. Cela étant, nous appellerons *éléments basiques* de E les éléments annulés par tous les $i(x)$ et les $\theta(x)$; ils forment une sous-algèbre graduée B, *stable pour d* [en vertu de (III)]. On appelle éléments *invariants* de E les éléments annulés par les $\theta(x)$; ils forment une sous-algèbre *stable pour d*, que nous noterons I_E.

Dans certains cas, l'homomorphisme canonique $H(I_E) \longrightarrow H(E)$ des algèbres de cohomologie de I_E et de E est un *isomorphisme* de la première *sur* la seconde. Il en est ainsi notamment dans les cas suivants : 1) E est de dimension finie, et l'algèbre de Lie $\mathfrak{a}(G)$ est *réductive* (i.e. : composée directe d'une algèbre abélienne et d'une algèbre semi-simple) ; 2) E est l'algèbre des formes différentielles d'un espace fibré principal $\mathcal{E}$ dont le groupe G est *compact*.

On a un homomorphisme canonique $H(B) \longrightarrow H(I_E)$. Un problème important consiste à chercher des relations plus précises entre les algèbres de cohomologie $H(I_E)$ et $H(B)$; dans le cas 2) ci-dessus, ce sont respectivement les algèbres de cohomologie de l'espace fibré $\mathcal{E}$ et de son espace de base $\mathcal{B}$.

5. Connexion infinitésimale dans un espace fibré principal

Une connexion infinitésimale est définie par la donnée, en chaque point P de l'espace fibré $\mathcal{E}$, d'un *projecteur* φ_P de l'espace tangent à $\mathcal{E}$ au point P, sur le sous-espace des vecteurs tangents à la fibre au point P, de manière que :

1° φ_P soit fonction indéfiniment différentiable du point P;

2° Les projecteurs φ_P relatifs aux points d'une même fibre se transforment les uns dans les autres par les opérations du groupe G.

On peut prouver l'*existence* de telles connexions infinitésimales [1]. De plus, la donnée d'une connexion infinitésimale dans $\mathcal{E}$ revient à la donnée d'une application linéaire f du dual $A^1(G)$ de l'algèbre de Lie $\mathfrak{a}(G)$, dans le sous-espace E^1

[1] Voir la conférence de Ch. Ehresmann à ce Colloque.

des éléments de degré un de l'algèbre E, application qui satisfasse aux deux conditions suivantes :

$$\left.\begin{array}{l} i(x)\cdot f(x') = i(x)\cdot x' \\ \text{(scalaire de E, c'est-à-dire fonction constante sur } \mathcal{E}\text{)}, \\ \theta(x)\cdot f(x') = f(\theta(x)\cdot x') \end{array}\right\} \quad (8)$$

pour tout $x \in \mathfrak{a}$ (G) et tout $x' \in A^1(G)$.

Supposons qu'on ait un autre espace fibré principal $\mathcal{E}'$ de même groupe G, et un G-*homomorphisme* de $\mathcal{E}'$ dans $\mathcal{E}$ (c'est-à-dire une application indéfiniment différentiable de $\mathcal{E}'$ dans $\mathcal{E}$, compatible avec les opérations de G dans $\mathcal{E}'$ et $\mathcal{E}$). Un tel homomorphisme définit d'une manière évidente l'image réciproque d'une connexion infinitésimale sur $\mathcal{E}$: c'est une connexion infinitésimale sur $\mathcal{E}'$. On vérifie aisément que l'application f' de $A^1(G)$ dans E'^1 définie par cette dernière est composée de l'application f et de l'homomorphisme de E dans E' défini par l'application de l'espace $\mathcal{E}'$ dans l'espace $\mathcal{E}$.

Ce qui précède conduit à la notion abstraite de « connexion algébrique » dans une algèbre différentielle E (avec élément-unité) dans laquelle opère un groupe G (au sens de la fin du § 4) : ce sera une application linéaire de $A^1(G)$ dans E^1 qui satisfasse aux conditions (8).

Soit alors f une telle connexion algébrique. Supposons en outre que l'algèbre E satisfasse à la loi d'anticommutation $vu = (-1)^{pq}uv$ pour u de degré p et v de degré q. Alors on peut prolonger f, d'une seule manière, en un *homomorphisme (multiplicatif) de l'algèbre* A(G) *dans l'algèbre* E, qui transforme l'élément unité de A(G) dans l'élément unité de E. Notons encore f ce prolongement. On a alors, pour tout élément $a \in A(G)$,

$$\left.\begin{array}{l} i(x)\cdot f(a) = f(i(x)\cdot a) \\ \theta(x)\cdot f(a) = f(\theta(x)\cdot a)\,. \end{array}\right\} \quad (8')$$

Autrement dit, f est *compatible* avec les opérateurs $i(x)$ et $\theta(x)$, qui opèrent dans A(G) et dans E.

Mais, si $x' \in A^1(G)$, *on n'a pas*, en général, $d(f(x')) = f(dx')$; autrement dit, f n'est pas compatible avec les différentielles de A(G) et de E. L'application $x' \to d(f(x')) - f(dx')$ de $A^1(G)$ dans E^2 est ce qu'on appelle le *tenseur de courbure* de la connexion.

L'élément $d(f(x')) - f(dx')$ n'est pas, en général, un élément basique de E; toutefois il est *annulé par tous les produits intérieurs* $i(x)$. Démonstration :

$$i(x)d\cdot(f(x')) = \theta(x)\cdot f(x') - d\cdot(i(x)\cdot f(x')) = f(\theta(x)\cdot x')$$

d'après (8) et, d'après (8'),

$$i(x) \cdot f(dx') = f(i(x) \cdot dx') = f(\theta(x) \cdot x') - f(di(x) \cdot x')$$
$$= f(\theta(x) \cdot x') .$$

6. L'algèbre de Weil d'une algèbre de Lie

Les considérations précédentes ont conduit André Weil (dans un travail non publié) à associer à l'algèbre de Lie $\mathfrak{a}(G)$ une autre algèbre différentielle, dont $A(G)$ est un quotient, et que nous allons définir maintenant.

Désignons par $S(G)$ l'*algèbre symétrique* du dual $\mathfrak{a}'(G)$ de $\mathfrak{a}(G)$. Si on prend une base (x_k') dans $\mathfrak{a}'(G)$, $S(G)$ s'identifie à l'algèbre des *polynômes* par rapport aux lettres x_k' (commutant deux à deux). $S(G)$ s'identifie aussi canoniquement à l'algèbre des formes multilinéaires *symétriques* sur l'espace vectoriel $\mathfrak{a}(G)$.

On distinguera l'espace $\mathfrak{a}'(G)$ comme sous-espace $A^1(G)$ de $A(G)$, et comme sous-espace $S^1(G)$ de $S(G)$. On a un isomorphisme canonique h de $A^1(G)$ sur $S^1(G)$. On notera souvent $\tilde{x}'$ l'élément $h(x')$, pour $x' \in A^1(G)$.

Si on a une connexion algébrique f de $A^1(G)$ dans une algèbre E comme ci-dessus, et qu'on prolonge f en un homomorphisme de $A(G)$ dans E, on est amené à définir une application linéaire $\tilde{f}$ de $S^1(G)$ dans E^2, en posant

$$\tilde{f}(\tilde{x}') = d(f(x')) - f(dx') .$$

Pour que $\tilde{f}$ conserve les degrés, on convient que les éléments de $S^1(G)$ sont de *degré 2*. Ceci conduit à graduer $S(G)$ en convenant que les éléments de $S^p(G)$ (formes p-linéaires symétriques sur $\mathfrak{a}(G)$) sont de degré $2p$. L'application $\tilde{f}$ se prolonge alors en un homomorphisme multiplicatif, de degré 0, de l'algèbre (commutative) $S(G)$ dans l'algèbre E. On notera encore $\tilde{f}$ l'homomorphisme prolongé.

L'*algèbre de Weil* de l'algèbre de Lie $\mathfrak{a}(G)$ sera, par définition, l'algèbre graduée

$$W(G) = A(G) \otimes S(G) ,$$

produit tensoriel des algèbres graduées $A(G)$ et $S(G)$ (cf. § 1). Les homomorphismes $f : A(G) \longrightarrow E$, et $\tilde{f} : S(G) \longrightarrow E$, définissent un homomorphisme $\bar{f}$ de l'algèbre $W(G)$ dans l'algèbre E, par la formule

$$\bar{f}(a \otimes s) = f(a) \otimes \tilde{f}(s) .$$

L'homomorphisme (multiplicatif) $\bar{f}$ est de degré 0.

On va définir, sur $W(G)$, *d'une manière indépendante de*

l'algèbre E *et de la connexion* f, des opérateurs $i(x)$, $\theta(x)$ et une différentielle δ, de telle manière que, pour toute connexion f dans une algèbre différentielle graduée E dans laquelle opère G (avec la loi d'anticommutation $vu=(-1)^{pq}uv$), l'homomorphisme $\bar{f}$ défini par f soit *compatible* avec les opérateurs $i(x)$, $\theta(x)$ et les opérateurs différentiels δ (de W(G)) et d (de E).

Définition de $i(x)$: $i(x)$ est déjà défini sous la sous-algèbre A(G) de $W(G)=A(G)\otimes S(G)$. Sur S(G), convenons que l'opérateur $i(x)$ est nul. Sur W(G), $i(x)$ sera l'unique antidérivation qui prolonge $i(x)$ sur A(G) et 0 sur S(G); on a $i(x)i(x)=0$, car $i(x)i(x)$ est une dérivation nulle sur A(G) et sur S(G). Cela posé, on a, pour tout élément $w\in W(G)$,

$$i(x)\cdot\bar{f}(w)=\bar{f}(i(x)\cdot w)\quad\text{(compatibilité de } \bar{f} \text{ avec } i(x)),$$

parce qu'il en est ainsi lorsque w est dans A(G) (relation (8')) et lorsque w est dans $S^1(G)$ (les deux membres étant alors nuls).

Définition de $\theta(x)$: $\theta(x)$ est déjà défini sur A(G). On va le définir sur $S^1(G)$, puis on le prolongera en une dérivation (de degré 0) sur $W(G)=A(G)\otimes S(G)$. Or soit $\tilde{x}'\in S^1(G)$, donc $\tilde{x}'=h(x')$; on pose $\theta(x)\cdot\tilde{x}'=h(\theta(x)\cdot x')$; ceci définit $\theta(x)$ sur $S^1(G)$.

$\theta(x)$ étant alors prolongé à W(G), on a bien, pour tout $w\in W(G)$,

$$\theta(x)\cdot\bar{f}(w)=\bar{f}(\theta(x)\cdot w)$$

(compatibilité de $\bar{f}$ avec $\theta(x)$), parce qu'il en est ainsi lorsque w est dans A(G) (relations (8')), et lorsque w est dans $S^1(G)$; en effet

$$\theta(x)\cdot\tilde{f}(\tilde{x}')=\tilde{f}(\theta(x)\cdot\tilde{x}')\quad\text{(vérification immédiate, grâce à (8'))}.$$

Il y a intérêt à décomposer l'opérateur $\theta(x)$ sur W(G) en la somme de deux opérateurs partiels :

$$\theta(x)=\theta_A(x)+\theta_S(x)\,,$$

où $\theta_A(x)$ est égal à $\theta(x)$ sur A(G) et nul sur S(G), et $\theta_S(x)$ est égal à $\theta(x)$ sur S(G) et nul sur A(G).

Définition de l'opérateur différentiel δ *de* W(G). — La relation

$$d(f(x'))=f(dx')+\tilde{f}(\tilde{x}')$$

conduit à poser (si l'on veut que $\bar{f}$ soit compatible avec les opérateurs différentiels)

$$\delta x'=dx'+\tilde{x}'=dx'+h(x')\,. \tag{9}$$

De même la relation

$$i(x)d\cdot\tilde{f}(\tilde{x}')=\theta(x)\cdot\tilde{f}(\tilde{x}')=\tilde{f}(\theta(x)\cdot\tilde{x}')$$

conduit à poser

$$i(x)\cdot\delta\tilde{x}'=\theta(x)\cdot\tilde{x}',$$

ou, ce qui revient au même,

$$\delta\tilde{x}'=\sum_k x_k'\otimes\theta(x_k)\cdot\tilde{x}' \tag{10}$$

((x_k) et (x_k') étant deux bases duales).

L'opérateur δ étant ainsi défini sur $A^1(G)$ et $S^1(G)$, il se prolonge d'une seule manière en une antidérivation (notée encore δ) de $W(G)=A(G)\otimes S(G)$. Son degré est $+1$. Les formules (9) et (10) permettent d'ailleurs d'expliciter δ sur $W(G)$ tout entier :

$$\delta=d_A+d_S+h, \tag{11}$$

où h prolonge l'application (déjà notée h) de $A^1(G)$ dans $S^1(G)$ en une antidérivation de $W(G)$, nulle sur $S(G)$:

$$h=\sum_k i(x_k)\,e(\tilde{x}_k') \tag{12}$$

($e(\tilde{x}')$ désigne la multiplication par l'élément $\tilde{x}'\in S^1(G)$).

Quant aux opérateurs d_A et d_S, ils sont explicités par les formules suivantes (dont la première résulte de la formule (IV) du § 3) :

$$d_A=\frac{1}{2}\sum_k e(x_k')\,\theta_A(x_k), \tag{13}$$

$$d_S=\sum_k e(x_k')\,\theta_S(x_k). \tag{14}$$

Les formules (11), (12), (13), (14) explicitent complètement l'opérateur δ de $W(G)$.

La relation analogue à (III) (§ 2) :

$$\theta(x)=i(x)\delta+\delta i(x)$$

a lieu sur $W(G)$. Elle résulte des relations suivantes :

$$i(x)h+hi(x)=0, \tag{15}$$

$$\theta_A(x)=i(x)d_A+d_A i(x), \tag{16}$$

$$\theta_S(x)=i(x)d_S+d_S i(x). \tag{17}$$

On vérifie que δ est une différentielle : $\delta\delta=0$. Il suffit de vérifier que la dérivation $\delta\delta$ est nulle sur $A^1(G)$ et $S^1(G)$. Ainsi, $W(G)$ est une algèbre différentielle graduée, munie d'opérateurs $i(x)$ et $\theta(x)$ satisfaisant aux conditions (I), (II), (III) du § 2.

Chaque fois qu'on a une connexion algébrique dans une algèbre différentielle graduée E où opère G [avec la loi d'anticommutation $vu = (-1)^{pq}uv$], on obtient un homomorphisme $\bar{f}$ de l'algèbre de Weil W(G) dans l'algèbre E, compatible avec les graduations, les opérateurs $i(x)$ et $\theta(x)$, et enfin *compatible avec les opérateurs différentiels*. Seuls, ce dernier point reste à vérifier; or la relation

$$\bar{f}(\delta w) = d(\bar{f}(w))$$

a lieu si w est dans $A^1(G)$ ou dans $S^1(G)$, d'après la manière même dont δ a été défini (cf. relations (9) et (10)); il en résulte qu'elle a lieu pour tout $w \in A(G) \otimes S(G)$. C. Q. F. D.

Cas particulier. — Prenons pour E l'algèbre A(G), f étant l'application identique de $A^1(G)$ dans $A^1(G)$. Alors $\bar{f}$ n'est autre que la *projection canonique* (cf. fin du § 1) de W(G) = $A(G) \otimes S(G)$ sur A(G); cette projection canonique est compatible avec les opérateurs différentiels δ (de W(G)) et $d = d_A$ (de A(G)). Donc l'algèbre différentielle A(G) s'identifie à un quotient de l'algèbre différentielle W(G).

Remarque. — Si le groupe G est *abélien*, les opérateurs $\theta(x)$ sont nuls; alors la différentielle δ de W(G) se réduit à l'antidérivation h définie par la formule (12).

7. Classes caractéristiques (réelles) d'un espace fibré principal

Soit $\mathcal{E}$ un espace fibré principal de groupe G, et soit E l'algèbre des formes différentielles de l'espace $\mathcal{E}$. Il existe une *connexion* f, d'où un homomorphisme $\bar{f}$ de l'algèbre de Weil W(G) dans E.

Les éléments basiques de W(G) sont transformés par $\bar{f}$ dans des éléments basiques de E, c'est-à-dire des éléments de l'algèbre B des formes différentielles de l'espace de base $\mathcal{B}$. Or les éléments basiques de W(G) ne sont autres que les éléments *invariants* de S(G). Nous noterons $I_S(G)$ la sous-algèbre de ces éléments invariants; elle s'identifie à l'algèbre des formes multilinéaires symétriques sur $\mathfrak{a}(G)$, invariantes par le groupe adjoint; on n'oubliera pas que les éléments de $I^p_S(G)$ sont de *degré* $2p$. Dans la seconde conférence, nous étudierons la structure de l'algèbre $I_S(G)$.

La formule (14) montre ceci : pour qu'un élément de S(G) soit un *cocycle* de W(G) (c'est-à-dire pour que le δ de cet élément soit nul), il faut et il suffit qu'il soit *invariant*.

Revenant à l'homomorphisme $\bar{f}$, il applique les éléments de $I_S(G)$, qui sont des cocyles de $W(G)$, dans des cocycles de B, c'est-à-dire des *cocycles de l'espace de base.* On les appelle les *cocycles caractéristiques de la connexion;* ils sont de *degrés pairs.* Ils forment une sous-algèbre du centre de B, appelée la sous-algèbre caractéristique de la connexion.

Si on a un G-homomorphisme d'un espace fibré principal $\mathcal{E}'$ (de groupe G) dans l'espace fibré $\mathcal{E}$, et qu'on envisage la connexion f' qu'il définit (image réciproque de la connexion f), l'homomorphisme $\bar{f}'$ de $W(G)$ dans E' est évidemment composé de $\bar{f}$ et de l'homomorphisme de E dans E' (défini par l'application de $\mathcal{E}'$ dans $\mathcal{E}$). Donc l'homomorphisme $I_S(G) \longrightarrow B'$ est composé de $I_S(G) \longrightarrow B$ et de l'homomorphisme $B \longrightarrow B'$.

Passons maintenant des cocycles de B à leurs classes de cohomologie, éléments de l'algèbre de cohomologie $H(B)$. La connexion f définit un *homomorphisme de* $I_S(G)$ *dans* $H(B)$, *qui applique* $I^p_S(G)$ *dans* $H^{2p}(B)$. Cet homomorphisme, introduit par A. Weil, joue un rôle fondamental; on verra (2e conférence) qu'il est *indépendant du choix de la connexion.* C'est donc un *invariant de la structure fibrée* de l'espace $\mathcal{E}$. L'image de $I_S(G)$ par cet homomorphisme est une sous-algèbre de l'algèbre de cohomologie $H(B)$ de l'espace de base, appelée la sous-algèbre caractéristique de la structure fibrée; ses éléments sont les *classes caractéristiques* de la structure fibrée; elles sont de *degrés pairs.*

Si on a un G-homomorphisme d'un espace fibré principal $\mathcal{E}'$, de même groupe G, dans l'espace $\mathcal{E}$, l'homomorphisme $H(B) \longrightarrow H(B')$ qu'il définit applique la sous-algèbre caractéristique de $H(B)$ *sur* la sous-algèbre caractéristique de $H(B')$.

8. L'algèbre de Weil comme algèbre universelle

On sait [1] que si un espace fibré principal $\mathcal{E}$, de groupe G, est tel que ses groupes d'homotopie $\pi_i(\mathcal{E})$ soient nuls pour $0 \leqslant i \leqslant N$ ($\pi_0(\mathcal{E}) = 0$ signifiant que $\mathcal{E}$ est connexe), alors, pour tout espace fibré principal $\mathcal{E}'$, de groupe G, dont la base $\mathcal{B}'$ est un espace de dimension $\leqslant N$, il existe un G-homomorphisme de $\mathcal{E}'$ dans $\mathcal{E}$; d'où un homomorphisme $E \longrightarrow E'$ et un homomorphisme $B \longrightarrow B'$. De plus, deux quelconques de ces G-homomorphismes définissent des applications de $\mathcal{B}'$ dans $\mathcal{B}$ qui sont *homotopes,* et par suite l'homomorphisme

[1] Voir par exemple Steenrod, *Annals of Math.*, 45, 1944, pp. 294-311, pour le cas où G est le groupe orthogonal.

H(B) ⟶ H(B′) est univoquement déterminé par la structure fibrée de $\mathcal{E}'$. Un tel espace $\mathcal{E}$ est dit *classifiant pour la dimension* N.

Par exemple, si G est le groupe orthogonal, on connaît des espaces classifiants pour des dimensions arbitrairement grandes (mais un même espace n'est pas classifiant pour toutes les dimensions). Leurs bases sont des grassmanniennes (réelles).

Revenant à l'algèbre de Weil W(G), on voit qu'elle se comporte, du point de vue homologique, comme une algèbre universelle pour les espaces fibrés de groupe G, c'est-à-dire comme une algèbre de cochaînes d'un espace fibré qui serait classifiant pour tous les espaces fibrés de groupe G, quelle que soit la dimension de leur espace de base. L'algèbre $I_s(G)$ joue le rôle de l'algèbre des cochaînes de l'espace de base d'un tel espace fibré universel, avec la particularité que les éléments de $I_s(G)$ sont tous des cocycles. L'homomorphisme de W(G) dans E′, défini par une connexion dans l'algèbre E′ des cochaînes de l'espace $\mathcal{E}'$, joue le rôle que jouait l'homomorphisme E ⟶ E′ défini par un G-homomorphisme d'un espace classifiant $\mathcal{E}$ dans l'espace $\mathcal{E}'$; l'homomorphisme $I_s(G) \longrightarrow B'$ joue le rôle que jouait l'homomorphisme B ⟶ B′; enfin, l'homomorphisme (unique) $I_s(G) \longrightarrow H(B')$ joue le rôle que jouait l'homomorphisme (unique) H(B) ⟶ H(B′).

En fait, on verra, dans la deuxième conférence (§ 7), que si, G étant *compact* (connexe), l'espace $\mathcal{E}$ est classifiant pour la dimension N, alors $H^m(B)$ est nul pour les *m impairs* $\leqslant$ N, et l'homomorphisme canonique $I_s(G) \longrightarrow H(B)$ applique *biunivoquement* $I^p_s(G)$ *sur* $H^{2p}(B)$ pour $2p \leqslant N$. Ceci donnera une preuve, *a priori*, du fait que les espaces de cohomologie des bases de deux espaces classifiants pour la dimension N sont isomorphes pour tous les degrés $\leqslant$ N.

87.

La transgression dans un groupe de Lie et dans un espace fibré principal

Colloque de Topologie, C.B.R.M., Bruxelles 57–71 (1950)

Les notations de la première conférence [1] sont conservées. En particulier, $I_S(G)$ continue à désigner l'algèbre des éléments invariants de $S(G)$, c'est-à-dire des éléments basiques de l'algèbre de Weil $W(G) = A(G) \otimes S(G)$. De plus, nous introduirons les notations suivantes : $I_A(G)$ pour l'algèbre des éléments invariants de $A(G)$, et $I_W(G)$ pour l'algèbre des éléments invariants de $W(G)$. Ce sont des algèbres différentielles graduées (l'opérateur différentiel étant induit, pour $I_A(G)$, par celui de l'algèbre ambiante $A(G)$, et, pour $I_W(G)$, par celui de l'algèbre ambiante $I_W(G)$).

En fait, l'opérateur différentiel de $I_A(G)$ *est nul*, en vertu de la formule (IV) de la première conférence (§ 3).

On notera $H_A(G)$ l'algèbre de cohomologie de $A(G)$, qui, lorsque G est un groupe compact (connexe), s'identifie à l'algèbre de cohomologie réelle de l'espace compact G. Puisque les éléments de $I_A(G)$ sont des cocycles, on a un homomorphisme canonique $I_A(G) \to H_A(G)$. Il est bien connu que, lorsque l'algèbre de Lie $\mathfrak{a}(G)$ est *réductive* (c'est-à-dire composée directe d'une algèbre abélienne et d'une algèbre semi-simple), l'homomorphisme $I_A(G) \to H_A(G)$ est une application *biunivoque de* $I_A(G)$ *sur* $H_A(G)$. On en trouvera une démonstration dans la thèse de Koszul [2]. Ceci vaut notamment lorsque G est un groupe compact.

1. La cohomologie de l'algèbre de Weil

En relation avec le caractère universel de l'algèbre de Weil (1re conférence, § 8), on a le théorème suivant :

(1) Page 15 de ce Recueil.
(2) *Bull. Soc. Math. de France*, 1950, pp. 65-127; voir le théorème 9.2 du chapitre IV.

THÉORÈME 1. — *L'algèbre de cohomologie de* W(G) *est triviale :* $H^m(W(G))$ *est nul pour tout entier* $m \geqslant 1$ (pour $m=0$, $H^0(W(G))$ s'identifie évidemment au corps des scalaires). *De même, l'algèbre de cohomologie de la sous-algèbre* $I_W(G)$ *est triviale.*

Ce théorème vaut sans aucune hypothèse restrictive sur l'algèbre de Lie $\mathfrak{a}(G)$. Il se démontre comme suit : soit k l'antidérivation de W(G), de degré -1, nulle sur A(G), et définie sur $S^1(G)$ par $k(\tilde{x}')=x'$ (autrement dit : l'endomorphisme composé kh est l'identité sur $A^1(G)$). L'opérateur k commute avec les transformations infinitésimales $\theta(x)$, par suite k opère dans la sous-algèbre $I_W(G)$ des éléments invariants de W(G).

$\delta k + k\delta$ est une *dérivation*; elle est entièrement définie quand on la connaît sur $A^1(G)$ et sur $S^1(G)$: or elle transforme tout $x' \in A^1(G)$ en x' lui-même, et tout $\tilde{x}' \in S^1(G)$ en $\tilde{x}' - d_A x'$. Appelons *poids* d'un élément de W(G) le plus grand des entiers q tels que sa composante dans $A(G) \otimes S^q(G)$ ne soit pas nulle (le poids étant, par définition, -1 si l'élément considéré est nul). Soit alors u un élément homogène de degré m $(m \geqslant 1)$ de W(G); $\delta k u + k \delta u$ est homogène de degré m. Soit $q \geqslant 0$ le poids de u (u étant supposé $\neq 0$); le poids de

$$v = u - \frac{1}{m-q}(\delta k u + \delta k u)$$

est $\leqslant q-1$. Le processus qui fait passer de u à l'élément v de poids strictement plus petit peut être itéré, et conduira finalement à un élément nul. *Supposons que u soit un cocycle :* $\delta u = 0$; alors v est un cocycle homologue à u, et de proche en proche on voit que u est le cobord d'un élément de W(G). Ceci montre bien que $H^m(W(G))$ est nul.

Si en outre u est un cocycle *invariant*, le processus montre que u est le cobord d'un élément invariant de W(G); donc $H^m(I_W(G))$ est nul.

2. L'APPLICATION CANONIQUE $I_S^p(G) \rightarrow I_A^{2p-1}(G)$.

Soit $u \in I_S^p(G)$ $(p \geqslant 1)$. Puisque c'est un cocycle de degré $2p$ de l'algèbre $I_W(G)$, il existe, d'après le théorème 1, un $w \in I_W(G)$, de degré $2p-1$, tel que $\delta w = u$. La projection canonique de W(G) sur A(G) transforme w en un élément w_A de $I_A(G)$, de degré $2p-1$. Cet élément ne dépend pas du choix de w; car si $\delta w' = \delta w$, il existe un $v \in I_W(G)$ tel que $w' - w = \delta v$. Alors $w_A' - w_A = d_A v_A$, et comme $v_A \in I_A(G)$, $d_A v_A$ est nul.

En associant ainsi à chaque $u \in I_S^p(G)$ l'élément $w_A \in I_A^{2p-1}(G)$, on définit une *application linéaire canonique de* $I_S^p(G)$ *dans* $I_A^{2p-1}(G)$, pour toute valeur de l'entier $p \geqslant 1$; cette application sera notée ρ.

Les éléments de l'image de cet homomorphisme jouissent de la propriété d'être *transgressifs* dans l'algèbre $I_W(G)$. Voici ce qu'on entend par là : un élément $a \in I_A^q(G)$ est dit transgressif s'il est l'image, par la projection canonique de $W(G)$ sur $A(G)$, d'un élément $w \in I_W^q(G)$ dont le cobord δw soit dans $S(G)$, et par suite dans $I_S(G)$. Alors w s'appelle une *cochaîne de transgression* pour a; un élément transgressif a peut avoir plusieurs cochaînes de transgression.

Tout élément transgressif non nul est de degré impair : car si a transgressif est de degré pair, δw est de degré impair, et comme δw est dans $I_S(G)$ dont tous les degrés sont pairs, δw est nul. D'après le théorème 1, il existe alors un $v \in I_W(G)$ tel que $\delta v = w$; d'où $a = w_A = d_A v_A$, et comme $v_A \in I_A(G)$, cela implique $d_A v_A = 0$.

Les éléments transgressifs de $I_A(G)$ forment un sous-espace vectoriel $T_A(G)$, engendré par des éléments de degrés impairs; $T_A(G)$ est le sous-espace de $I_A(G)$, *image* de l'application ρ. Prenons une base homogène de $T_A(G)$, et, à chaque élément a de cette base, associons le cobord $\delta w \in I_S(G)$ d'une cochaîne de transgression w. On obtient une application linéaire de $T_A(G)$ dans $I_S(G)$, qu'on appellera *une transgression*. On peut encore définir une transgression comme suit : c'est une application linéaire τ de $T_A(G)$ dans $I_S(G)$, qui, suivie de l'application canonique ρ, donne l'application identique de $T_A(G)$.

3. La transgression dans le cas d'une algèbre de Lie réductive

Rappelons d'abord le théorème de Hopf (¹) : si $\mathfrak{a}(G)$ est réductive, l'algèbre $I_A(G)$ s'identifie à l'*algèbre extérieure* d'un sous-espace bien déterminé $P_A(G)$ de $I_A(G)$; l'espace $P_A(G)$ est engendré par des éléments homogènes de degrés impairs, appelés éléments *primitifs* de $I_A(G)$; la dimension de $P_A(G)$ est le *rang* $r(G)$ du groupe G. Voici comment on définit un élément homogène primitif : considérons l'algèbre extérieure $A_*(G)$ de l'algèbre de Lie $\mathfrak{a}(G)$ (algèbre des « chaînes » du groupe G), et la sous-algèbre $I_*(G)$ des éléments invariants de $A_*(G)$. L'hypothèse de réductivité entraîne que la dualité canonique entre $A_*(G)$ et $A(G)$ induit une dualité entre $I_*(G)$ et $I_A(G)$;

(¹) Voir thèse de Koszul, chap. IV, § 10.

cela étant, un élément homogène de $I_A^p(G)$ $(p \geqslant 1)$ est appelé *primitif* s'il est orthogonal aux éléments (de degré p) *décomposables* de $I_*(G)$ (dans une algèbre graduée quelconque, un élément homogène de degré p est décomposable s'il est somme de produits d'éléments homogènes de degrés strictement plus petits que p).

Ceci étant rappelé, revenons à l'application ρ et à la transgression :

Théorème 2. — *Si l'algèbre de Lie est réductive, l'image de l'application canonique* ρ *est l'espace* $P_A(G)$ *des éléments primitifs de* $I_A(G)$ (*autrement dit,* $P_A(G)$ *est identique à l'espace* $T_A(G)$ *des éléments transgressifs*). *Le noyau de l'application* ρ *est formé des éléments décomposables de* $I_S(G)$.

Ce théorème a d'abord été conjecturé par A. Weil en mai 1949; le fait que tout élément primitif est transgressif a aussitôt été prouvé par Chevalley, s'inspirant d'une démonstration donnée par Koszul du théorème de transgression de sa thèse (th. 18.3). Puis H. Cartan a démontré qu'il n'y a, dans l'image de ρ, que des éléments primitifs, et que le noyau est formé exactement des éléments décomposables de $I_S(G)$.

Le théorème 2 (qu'il n'est pas question de démontrer ici) entraîne ceci : pour toute transgression $\tau : P_A(G) \longrightarrow I_S(G)$, l'image de τ *engendre* (au sens multiplicatif) l'algèbre (commutative) $I_S(G)$. Une étude plus approfondie (Chevalley, Koszul; cf. la conférence de Koszul à ce Colloque) montre que les transformés, par une transgression τ, des éléments d'une *base* homogène de $P_A(G)$, sont *algébriquement indépendants* dans $I_S(G)$; par suite $I_S(G)$ a la structure d'une *algèbre de polynômes* à $r(G)$ variables ($r(G)$: rang du groupe G). D'une façon plus précise, le nombre des générateurs de poids p de l'algèbre $I_S(G)$ est égal à la dimension de l'espace des éléments primitifs de $I_A(G)$, de degré $2p-1$.

Ce résultat relatif à la structure de l'algèbre $I_S(G)$ est le pendant du théorème de Hopf sur la structure de l'algèbre $I_A(G)$.

4. Transgression dans un espace fibré principal de groupe G

L'algèbre de Lie est désormais supposée *réductive*.

Soit, avec les notations de la première conférence, E l'algèbre des formes différentielles d'un espace fibré principal $\mathcal{E}$, de groupe G (groupe de Lie connexe, tel que son algèbre de Lie $\mathfrak{a}(G)$ soit réductive). Choisissons une connexion infinitésimale dans $\mathcal{E}$; elle définit un homomorphisme $\bar{f}$ de W(G) dans E, compatible avec les graduations et tous les opérateurs.

Soit alors a un élément primitif de $I_A(G)$ (cocycle invariant de la *fibre* de l'espace $\mathcal{E}$); choisissons une cochaîne de transgression w (comme il a été dit au § 2); alors $\bar{f}(w)$ est un élément de E qui « induit » le cocycle a sur chaque fibre. Sa différentielle $d\bar{f}(w) = \bar{f}(\delta w)$ est l'élément de B (algèbre des formes différentielles de l'espace de base $\mathcal{B}$) que la connexion associe à l'élément δw de $I_S(G)$. Ainsi la forme différentielle $\bar{f}(w)$ (« forme de transgression ») *a pour différentielle un cocycle de l'espace de base.*

Il est ainsi prouvé que les cocycles invariants primitifs de la fibre sont « transgressifs » dans l'espace fibré principal $\mathcal{E}$; fait qui a d'abord été mis en évidence par Koszul dans le cas particulier où $\mathcal{E}$ est l'espace d'un groupe de Lie dont G est un sous-groupe (¹), puis a été généralisé par A. Weil en se servant de la transgression dans W(G), comme il vient d'être expliqué.

Faisons choix une fois pour toutes d'une transgression τ dans W(G); alors le choix d'une connexion f dans E définit une forme de transgression $\bar{f}(w)$ pour chaque cocycle invariant primitif $a \in P_A(G)$; l'application linéaire $a \longrightarrow d\bar{f}(w)$ de $P_A(G)$ dans B, appelée « transgression » dans l'espace fibré, applique $P_A^{2p-1}(G)$ dans B^{2p}; elle est composée de la transgression $\tau : P_A^{2p-1}(G) \longrightarrow I_S^p(G)$, et de l'application $I_S^p(G) \longrightarrow B^{2p}$ définie par la connexion (cf. première conférence, § 7).

Soit φ l'application linéaire $P_A(G) \longrightarrow B$ ainsi obtenue. Sur l'algèbre graduée $I_A(G) \otimes B$, il existe une antidérivation et une seule qui, sur le sous-espace $P_A(G)$ de $I_A(G)$, soit égale à φ, et, sur B, soit égale à la différentielle d de B. Cette antidérivation Δ est de degré $+1$, et son carré est nul : c'est une différentielle. Un théorème de Chevalley (²) permet d'affirmer, lorsque G est un groupe *compact* (connexe), que l'algèbre de cohomologie de $I_A(G) \otimes B$, pour la différentielle Δ, s'identifie canoniquement à l'algèbre de cohomologie de la sous-algèbre I_E des éléments invariants de E. D'ailleurs $H(I_E)$ s'identifie canoniquement à l'algèbre H(E), algèbre de cohomologie de l'espace fibré $\mathcal{E}$. En résumé : *la connaissance de l'homomorphisme* $I_S(G) \longrightarrow B$ *défini par une connexion de l'espace fibré permet de définir, sur l'algèbre* $I_A(G) \otimes B$, *une différentielle pour laquelle l'algèbre de cohomologie s'identifie à l'algèbre de cohomologie (réelle) de l'espace fibré.* En particulier : quand on connaît l'espace de base $\mathcal{B}$, et l'homomorphisme $I_S(G) \longrightarrow B$ défini par une connexion, on connaît l'algèbre de cohomologie (réelle) de l'espace fibré.

(¹) Thèse, théorème 18.3.
(²) Voir la conférence de Koszul à ce Colloque.

5. Recherche de la cohomologie de l'espace de base

Nous nous intéressons désormais au problème inverse du précédent : il s'agit de trouver un processus qui permette, de la cohomologie H(E) de l'espace fibré, de passer à la cohomologie H(B) de l'espace de base. Pour cela, nous nous placerons dans le cadre algébrique général : E est une algèbre différentielle graduée dans laquelle opère un groupe de Lie G (dans le sens du § 4 de la première conférence); B est alors la sous-algèbre des *éléments basiques* de E.

Considérons le produit tensoriel $E\otimes W(G)$ (produit tensoriel d'algèbres graduées). C'est une algèbre graduée, sur laquelle nous considérons la différentielle $\overline{\delta}$ qui prolonge la différentielle d de E et la différentielle δ de W(G). De plus, les antidérivations $i(x)$ (déjà définies sur E et sur W(G)) se prolongent en antidérivations de $E\otimes W(G)$, que l'on notera encore $i(x)$; on définit de même les dérivations $\theta(x)$ sur $E \otimes W(G)$. Il est clair que les relations (I), (II) et (III) de la première conférence (où d serait remplacé par $\overline{\delta}$) sont satisfaites sur $E\otimes W(G)$, puisqu'elles le sont sur E et sur W(G).

Soit $\overline{B}$ la sous-algèbre des éléments basiques de $E\otimes W(G)$: éléments annulés par les $i(x)$ et les $\theta(x)$. Elle est stable pour $\overline{\delta}$, et l'on peut considérer l'algèbre de cohomologie $H(\overline{B})$.

Si l'on songe à l'interprétation de W(G) comme algèbre de cochaînes d'un espace fibré universel (cf. § 8 de la première conférence), les opérations précédentes admettent l'interprétation géométrique suivante : soit $\mathcal{E}'$ un espace fibré classifiant; considérons l'espace produit $\mathcal{E}\times\mathcal{E}'$, et faisons-y opérer le groupe G par la loi : $(P, P') \longrightarrow (P \cdot s, P' \cdot s)$. L'espace quotient $\mathcal{F}$ est un espace fibré de même base $\mathcal{B}$ et de fibre $\mathcal{E}'$. L'algèbre $E \otimes W(G)$ joue alors le rôle de l'algèbre des cochaînes de l'espace $\mathcal{E}\times\mathcal{E}'$, et $\overline{B}$ joue le rôle de l'algèbre des cochaînes de l'espace fibré $\mathcal{F}$. Or, dans un sens à préciser, la fibre $\mathcal{E}'$ est « triviale »; cela laisse supposer que la cohomologie de $\mathcal{F}$ s'identifie à la cohomologie de l'espace de base $\mathcal{B}$. En fait, nous allons voir que, sous certaines hypothèses, on peut identifier $H(\overline{B})$ et H(B).

Les algèbres différentielles B et $I_s(G)$ (l'opérateur différentiel de la seconde est d'ailleurs nul) s'identifient canoniquement à des sous-algèbres de l'algèbre différentielle $\overline{B}$. On en déduit des homomorphismes *canoniques*

$$H(B)\longrightarrow H(\overline{B}) \text{ et } I_s(G)\longrightarrow H(\overline{B}) . \qquad (1)$$

Théorème 3. — *S'il existe une « connexion »* (au sens algébrique du mot) *dans* E, *l'homomorphisme* $H(B)\longrightarrow H(\overline{B})$ *est un isomorphisme de* H(B) *sur* $H(\overline{B})$.

Ceci étant admis, le second homomorphisme (1) donne un homomorphisme $I_s(G) \longrightarrow H(B)$, et on voit facilement que c'est précisément celui que définit la connexion (première conférence, § 7). Par conséquent, l'homomorphisme défini par une connexion est *indépendant de la connexion*, comme il avait été annoncé.

Pour démontrer le théorème 3, on utilise sur

$$E \otimes W(G) = E \otimes A(G) \otimes S(G),$$

l'antidérivation k, de degré -1, qui est nulle sur E et A(G), et est définie, sur $S^1(G)$, par

$$k(1 \otimes 1 \otimes \tilde{x}') = 1 \otimes x' \otimes 1 - f(x') \otimes 1 \otimes 1,$$

f désignant l'application $A^1(G) \longrightarrow E^1$ définie par la connexion. On raisonne alors comme dans la démonstration du théorème 1, en considérant la dérivation $\bar{\delta}k + k\bar{\delta}$; la récurrence est un peu plus subtile, elle permet de montrer que tout élément de $\overline{B}$ dont la différentielle est dans B est la somme d'un élément de B et de la différentielle d'un élément de $\overline{B}$.

6. Transformation de l'algèbre différentielle $\overline{B}$

$\overline{B}$ est contenue dans la sous-algèbre de $E \otimes A(G) \otimes S(G)$ formée des éléments annulés par les produits intérieurs $i(x)$, c'est-à-dire dans le produit tensoriel $F \otimes S(G)$, F désignant la sous-algèbre de $E \otimes A(G)$ formée des éléments annulés par les $i(x)$. D'une façon précise, $\overline{B}$ s'identifie à la sous-algèbre des éléments *invariants* de $F \otimes S(G)$.

Pour interpréter F, considérons la projection canonique de $E \otimes A(G)$ sur E; elle commute avec les $\theta(x)$ et applique *biunivoquement* la sous-algèbre F *sur* E, comme on s'en assure aisément. D'où un isomorphisme canonique de F sur E, qui permet d'identifier $\overline{B}$ à la sous-algèbre C des éléments *invariants* de $E \otimes S(G)$. Reste à expliciter la différentielle Δ que l'on obtient en transportant à C la différentielle $\bar{\delta}$ de $\overline{B}$: on trouve que Δ est induite, sur C, par la différence $d - h$ des antidérivations d et h de $E \otimes S(G)$ que voici :

d se réduit, sur E, à la différentielle de E, et est nulle sur S(G);

h est nulle sur S(G), et est donnée par la formule

$$h = \sum_k i(x_k)\, e(\tilde{x}_k') \tag{2}$$

(où (x_k) et (x_k') sont deux bases duales de $\mathfrak{a}(G)$ et $A^1(G)$,

$e(\tilde{x}_k')$ désignant la multiplication par $\tilde{x}_k'$ dans l'algèbre $E \otimes S(G)$).

On notera que le carré de $d - h$ n'est pas nul en général; mais sa restriction Δ à la sous-algèbre C a un carré nul.

Reste à voir ce que deviennent les homomorphismes

$$I_S(G) \longrightarrow H(B) \quad \text{et} \quad H(B) \longrightarrow H(I_E)$$

quand on identifie H(B) à H(C). On voit aussitôt que le premier est défini en considérant $I_S(G)$ comme une sous-algèbre de C, tandis que le second s'obtient à partir de l'application de C sur I_E définie par la projection canonique de $E \otimes S(G)$ sur E. Résumons :

THÉORÈME 4. — *S'il existe une connexion dans* E, *l'algèbre de cohomologie* H(B) *de la sous-algèbre* B *des éléments basiques de* E *s'identifie canoniquement à l'algèbre de cohomologie* H(C) *de la sous-algèbre* C *des éléments invariants de* $E \otimes S(G)$, *munie de la différentielle* Δ *explicitée ci-dessus. Par cette identification, l'homomorphisme* $I_S(G) \longrightarrow H(B)$ *devient l'homomorphisme* $I_S(G) \longrightarrow H(C)$ *obtenu en considérant* $I_S(G)$ *comme sous-algèbre de* C, *et l'homomorphisme* $H(B) \longrightarrow H(I_E)$ *devient l'homomorphisme* $H(C) \longrightarrow H(I_E)$ *obtenu en considérant* I_E *comme algèbre quotient* de C.

Observons que si G est un groupe compact (connexe), ou si, E étant de dimension finie, $\mathfrak{a}(G)$ est réductive, $H(I_E)$ s'identifie canoniquement à H(E).

Remarque. — Examinons le cas où E est l'algèbre A(G) elle-même, la connexion étant définie par l'application identique de $A^1(G)$ dans $A^1(G)$ (cf. première conférence, fin du § 6). Alors C est la sous-algèbre des éléments invariants de $A(G) \otimes S(G)$, c'est-à-dire la sous-algèbre $I_W(G)$; l'opérateur h est le même que celui défini par la formule (12) de la première conférence; et on constate que $\Delta = d - h$, sur $I_W(G)$, est égale à $-\delta$, δ étant la différentielle de l'algèbre de Weil W(G).

7. Utilisation de la théorie de Hirsch-Koszul

La théorie de Hirsch (¹), mise au point par Koszul (²), peut s'appliquer à l'algèbre C et conduit aux résultats suivants :

Supposons que G soit un groupe *compact* (connexe); ou que, E étant de dimension finie, l'algèbre $\mathfrak{a}(G)$ soit *réductive*. Alors il existe une application linéaire φ, biunivoque (mais non déterminée de manière unique) de l'espace vectoriel gra-

(¹) *Comptes rendus*, 227, 1948, p. 1328.
(²) Dans un travail non encore publié.

dué $H(E) \otimes I_s(G)$ sur un sous-espace vectoriel de l'espace vectoriel gradué C, application qui conserve les degrés et possède les propriétés suivantes :

1. Sur $I_s(G)$ (sous-algèbre de $H(E) \otimes I_s(G)$), φ se réduit à l'application identique ($I_s(G)$ étant aussi identifiée à une sous-algèbre de C) ;

2. φ applique chaque élément $a \otimes 1$ de $H(E) \otimes 1$ sur un élément de C dont la projection canonique (élément de I_E) est un cocycle de la classe de a;

3. L'image de $H(E) \otimes I_s(G)$ par φ est *stable pour* Δ.

Grâce à φ, on peut alors identifier $H(E) \otimes I_s(G)$ à un sous-espace vectoriel de C, ce qui définit sur $H(E) \otimes I_s(G)$ un opérateur cobord (de carré nul, obtenu en transportant Δ) ; et l'on montre que l'application de l'espace de cohomologie de $H(E) \otimes I_s(G)$ (relatif à cet opérateur cobord) dans $H(C)$ est *biunivoque sur*. (Par contre, comme φ n'est pas, en général, un homomorphisme multiplicatif, il n'y a pas de structure multiplicative sur $H(H(E) \otimes I_s(G))$.)

Finalement, on voit qu'il existe sur $H(E) \otimes I_s(G)$ un opérateur cobord, de degré $+1$, nul sur $I_s(G)$, et qui applique $H(E)$ dans l'idéal engendré par $I_s^+(G)$; de plus, il existe un isomorphisme de l'espace de cohomologie $H(H(E) \otimes I_s(G))$ sur $H(B)$, compatible avec les homomorphismes du diagramme

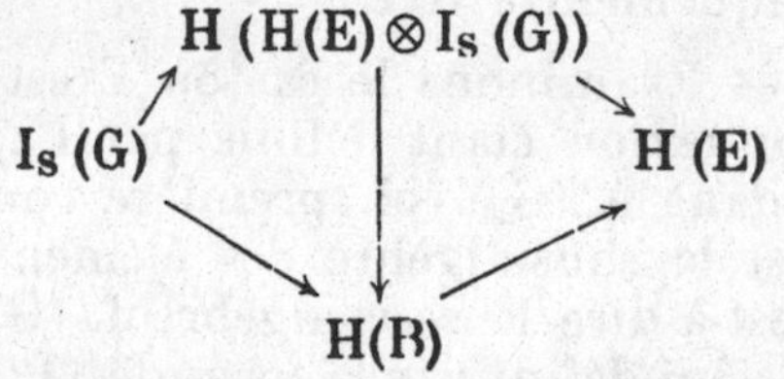

Application. — Supposons que $\mathcal{E}$ soit un espace fibré principal de groupe compact connexe G, *classifiant* pour la dimension N (cf. § 8 de la première conférence). Alors les espaces de cohomologie $H^m(E)$ sont nuls pour $1 \leqslant m \leqslant N$, et $H^0(E)$ se réduit au corps des scalaires. Dans ces conditions, l'espace de cohomologie de $H(E) \otimes I_s(G)$ s'identifie à $I_s(G)$ pour tous les degrés $m \leqslant N$. Ceci prouve que l'homomorphisme $I_s(G) \longrightarrow H(B)$ est un *isomorphisme* de $I_s^p(G)$ *sur* $H^{2p}(B)$ pour $2p \leqslant N$, et que $H^m(B)$ est nul pour les valeurs *impaires* de $m \leqslant N$. C'est le résultat annoncé à la fin de la première conférence.

8. Réduction du groupe structural

Soit g un sous-groupe fermé, connexe, du groupe compact G; ou encore, dans un cadre purement algébrique, supposons que E soit de dimension finie, que l'algèbre de Lie $\mathfrak{a}(G)$ et sa sous-algèbre $\mathfrak{a}(g)$ soient réductives. On notera B_G ce qui était noté B auparavant : B_G sera la sous-algèbre de E, formée des éléments annulés par les $i(x)$ et les $\theta(x)$ relatifs aux éléments $x \in \mathfrak{a}(G)$. De même, B_g désignera la sous-algèbre de E formée des éléments annulés par les $i(x)$ et les $\theta(x)$ relatifs aux $x \in \mathfrak{a}(g)$. On notera C_G (resp. C_g) la sous-algèbre des éléments G-invariants de $E \otimes S(G)$ (resp. des éléments g-invariants de $E \otimes S(g)$). L'homomorphisme naturel de $S(G)$ dans $S(g)$ définit un homomorphisme de $E \otimes S(G)$ dans $E \otimes S(g)$, qui applique C_G dans C_g et est compatible avec les différentielles; d'où un homomorphisme $H(C_G) \longrightarrow H(C_g)$, qui s'identifie à l'homomorphisme $H(B_G) \longrightarrow H(B_g)$ quand on identifie $H(C_G)$ à $H(B_G)$ et $H(C_g)$ à $H(B_g)$.

Cela étant, remontons à la définition d'un opérateur cobord δ_G dans l'espace vectoriel $H(E) \otimes I_S(G)$, obtenu à partir d'une application φ de $H(E) \otimes I_S(G)$ dans C_G, qui satisfasse aux conditions 1, 2 et 3 du § 7. Cette application est déterminée quand on connaît sa restriction φ_0 au sous-espace $H(E) \otimes 1$. Composons φ_0 avec l'application canonique de C_G dans C_g; on obtient une application ψ_0 de $H(E) \otimes 1$ dans C_g, qui, prolongée à $H(E) \otimes I_S(g)$, donne une application ψ satisfaisant aussi aux conditions 1, 2 et 3. D'où un opérateur cobord δ_g dans $H(E) \otimes I_S(g)$, pour lequel l'espace de cohomologie de $H(E) \otimes I_S(g)$ s'identifie à l'espace $H(B_g)$.

Finalement : l'application canonique

$$H(E) \otimes I_S(G) \longrightarrow H(E) \otimes I_S(g)$$

(définie par l'application $I_S(G) \longrightarrow I_S(g)$ déduite de $S(G) \longrightarrow S(g)$) associe à tout opérateur cobord δ_G de $H(E) \otimes I_S(G)$ (obtenu par le procédé du § 7) un opérateur cobord δ_g dans $H(E) \otimes I_S(g)$, lui aussi obtenu par le procédé du § 7. Pour définir δ_g sur $H(E) \otimes 1$, on effectue successivement δ_G puis l'application canonique de $H(E) \otimes I_S(G)$ dans $H(E) \otimes I_S(g)$.

Application. — Soit $\mathcal{E}$ un espace fibré principal dont le groupe G est compact et connexe; soit g un sous-groupe fermé, connexe, de G. Notons $\mathcal{B}_G$ l'espace quotient de $\mathcal{E}$ par G, et $\mathcal{B}_g$ l'espace quotient de $\mathcal{E}$ par g. L'application canonique $H(\mathcal{B}_G) \longrightarrow H(\mathcal{B}_g)$ est donnée par

$$H(H(E) \otimes I_S(G)) \longrightarrow H(H(E) \otimes I_S(g)) .$$

Lorsque g a *même rang* que G, l'application $I_S(G) \longrightarrow I_S(g)$ est *biunivoque* (voir ci-dessous). Il en résulte très facilement que *l'application* $H(\mathcal{B}_G) \longrightarrow H(\mathcal{B}_g)$ *est biunivoque*. On retrouve ainsi, au moins dans le cas des espaces fibrés indéfiniment différentiables, un résultat de J. Leray [1].

[1] *Comptes rendus*, 25 juillet 1949.

9. Cohomologie des espaces homogènes

Nous allons appliquer la théorie précédente à la recherche de l'algèbre de cohomologie (réelle) d'un espace homogène G/g, lorsque G est un groupe compact connexe et g un sous-groupe fermé connexe de G. Cette question a déjà fait l'objet d'importants travaux de Samelson, Leray et Koszul [2]. Nous nous placerons ici dans le cadre algébrique suivant : $\mathfrak{a}(G)$ sera une algèbre de Lie réductive, et $\mathfrak{a}(g)$ une sous-algèbre *réductive dans* $\mathfrak{a}(G)$ [3].

E sera alors l'algèbre $A(G)$, dans laquelle opèrent les $i(x)$ et les $\theta(x)$ relatifs aux $x \in \mathfrak{a}(g)$. La sous-algèbre B des « éléments basiques » de E s'identifie, lorsque G est un groupe compact connexe et g un sous-groupe fermé connexe, à l'algèbre des formes différentielles de l'espace homogène G/g, invariantes à gauche par G; et l'on sait que son algèbre de cohomologie s'identifie à l'algèbre de cohomologie $H(G/g)$ de l'espace homogène. C'est pourquoi nous noterons désormais $H(G/g)$ l'algèbre de cohomologie $H(B)$.

D'autre part, l'algèbre de cohomologie $H(G)$ de l'espace fibré G s'identifie canoniquement à la sous-algèbre $I_A(G)$ des éléments G-invariants de $A(G)$.

Le théorème 4 est applicable, parce qu'il existe une « connexion » dans $E = A(G)$: une application linéaire f de $A^1(g)$ dans $A^1(G)$, compatible avec les $i(x)$ et les $\theta(x)$ relatifs aux $x \in \mathfrak{a}(g)$. Une telle connexion est définie par un projecteur de l'algèbre de Lie $\mathfrak{a}(G)$ sur la sous-algèbre $\mathfrak{a}(g)$, projecteur qui soit compatible avec les $\theta(x)$ relatifs aux $x \in \mathfrak{a}(g)$; ou encore, par un sous-espace vectoriel de $\mathfrak{a}(G)$, supplémentaire de $\mathfrak{a}(g)$, et stable par les transformations infinitésimales de $\mathfrak{a}(g)$. L'existence d'un tel sous-espace résulte de l'hypothèse suivant laquelle $\mathfrak{a}(g)$ est réductive dans $\mathfrak{a}(G)$.

Appliquons le théorème 4 : $H(G/g)$ s'identifie canoniquement à l'algèbre de cohomologie de la sous-algèbre C_g des éléments g-invariants de l'algèbre $A(G) \otimes S(g)$, munie de l'opérateur Δ_g explicité au théorème 4. Mais ici, non seulement la théorie de Hirsch-Koszul est applicable comme au § 7, mais (cf. la conférence de Koszul) on peut astreindre l'application φ du § 7 à être compatible avec les structures *multiplicatives*. D'une façon précise, l'algèbre $H(E) \otimes I_S(G)$ envisagée au § 7 devient ici $I_A(G) \otimes I_S(g)$; et φ va être un isomorphisme de cette

([2]) Références bibliographiques dans la thèse de Koszul; voir en outre les *Notes* de Leray aux *Comptes rendus*, t. 228, 1949, p. 1902, et t. 229, 1949, p. 280.

([3]) Pour cette notion, voir thèse de Koszul, § 9.

algèbre sur une sous-algèbre de l'algèbre C_g. Pour définir φ, on remarque que $I_A(G)$ est l'algèbre extérieure du sous-espace $P_A(G)$ de ses éléments primitifs; par suite φ sera déterminé quand on le connaîtra sur le sous-espace $P_A(G) \otimes 1$ de $I_A(G) \otimes I_S(g)$. Pour définir φ sur ce sous-espace de manière à satisfaire aux conditions 1, 2 et 3 du § 7, on observe que *tout élément de* $P_A(G)$ *est transgressif dans l'algèbre* C_g (voir ci-dessous), de sorte qu'on définira φ en associant, à tout élément $a \otimes 1$ de $P_A(G) \otimes 1$, une cochaîne de transgression dans l'algèbre C_g des éléments g-invariants de $A(G) \otimes S(g)$.

Démontrons que tout élément de $P_A(G)$ est *transgressif* dans C_g, comme il a été annoncé. On va, pour cela, se servir à nouveau de la transgression dans l'algèbre de Weil de $\mathfrak{a}(G)$: considérons l'homomorphisme canonique λ de $A(G) \otimes S(G)$ dans $A(G) \otimes S(g)$, défini par $S(G) \longrightarrow S(g)$. Il applique la sous-algèbre $I_W(G)$ des éléments G-invariants de $A(G) \otimes S(G) = W(G)$ dans la sous-algèbre C_g des éléments g-invariants de $A(G) \otimes S(g)$; en outre, il est compatible avec les opérateurs différentiels Δ_G et Δ_g de $I_W(G)$ et C_g respectivement (cf. la remarque de la fin du § 6). Soit alors a un élément de $P_A(G)$; il est transgressif dans $I_W(G)$; si w est une cochaîne de transgression de $a \otimes 1$ dans $I_W(G)$, $\lambda(w)$ sera, dans C_g, une cochaîne de transgression pour $a \otimes 1$, puisque sa différentielle $\Delta_g \lambda(w)$ sera égale à l'image, par l'application $I_S(G) \longrightarrow I_S(g)$, de $\Delta_G(w)$, qui est un élément de $I_S(G)$.

Ceci prouve en outre que, pour obtenir une transgression $P_A(G) \longrightarrow I_S(g)$ dans l'algèbre C_g, il suffit de prendre une transgression $P_A(G) \longrightarrow I_S(G)$ (cf. § 3), et de la composer avec l'homomorphisme canonique $I_S(G) \longrightarrow I_S(g)$. Résumons les résultats obtenus :

THÉORÈME 5. — *Choisissons une transgression* $\tau : P_A(G) \longrightarrow I_S(G)$, *et composons-la avec l'homomorphisme canonique de* $I_S(G)$ *dans* $I_S(g)$. *On obtient une application linéaire de* $P_A(G)$ *dans* $I_S(g)$, *qu'on prolonge en une antidérivation de* $I_A(G) \otimes I_S(g)$, *nulle sur* $I_S(g)$. *Cette antidérivation, de degré* $+1$, *est une différentielle* δ *sur l'algèbre graduée* $I_A(G) \otimes I_S(g)$; *l'algèbre de cohomologie de* $I_A(G) \otimes I_S(g)$, *pour* δ, *est isomorphe à l'algèbre de cohomologie* $H(G/g)$ *de l'espace homogène* G/g, *par un isomorphisme compatible avec les homomorphismes du diagramme*

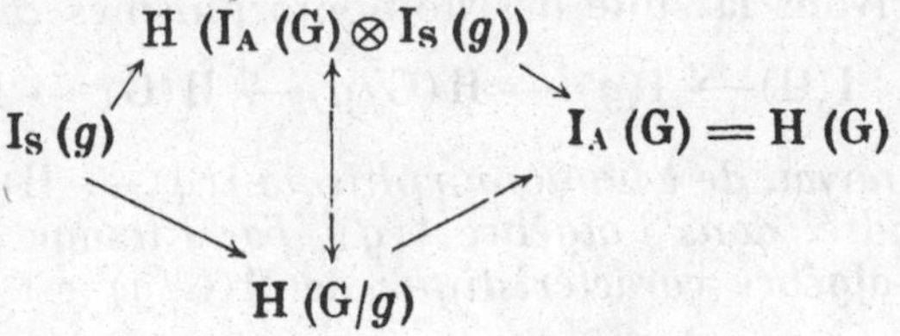

(Dans ce diagramme, l'homomorphisme

$$I_S(g) \longrightarrow H(I_A(G) \otimes I_S(g))$$

est celui obtenu en considérant $I_S(g)$ comme *sous-algèbre* de $I_A(G) \otimes I_S(g)$, tandis que l'homomorphisme

$$H(I_A(G) \otimes I_S(g)) \longrightarrow I_A(G)$$

est celui obtenu en considérant $I_A(G)$ comme algèbre quotient de $I_A(G) \otimes I_S(g)$ par l'idéal engendré par $I_S^+(g)$.)

Corollaire. — L'algèbre de cohomologie $H(G/g)$ et les homomorphismes $I_S(g) \longrightarrow H(G/g) \longrightarrow H(G)$ sont entièrement déterminés par la connaissance de l'homomorphisme $I_S(G) \longrightarrow I_S(g)$, qui caractérise ainsi la « position homologique » du sous-groupe g dans le groupe G. Signalons les deux cas extrêmes :

1° Celui où l'homomorphisme $I_S(G) \longrightarrow I_S(g)$ applique $I_S(G)$ *sur* $I_S(g)$: c'est le cas, classique, où g est non homologue à zéro dans G;

2° Celui où l'homomorphisme $I_S(G) \longrightarrow I_S(g)$ est *biunivoque* : c'est le cas où les *rangs* $r(g)$ et $r(G)$ sont égaux.

Dans tous les cas, le théorème 5 montre que l'algèbre de cohomologie $H(G/g)$ est justiciable de la théorie de Koszul concernant l' « homologie des S-algèbres » (voir la conférence de Koszul) : $H(G/g)$ s'identifie à l' « algèbre d'homologie de la S-algèbre $I_S(g)$ », S désignant ici l'algèbre $I_S(G)$, et la structure de S-algèbre de $I_S(g)$ étant définie par l'homomorphisme de $I_S(G)$ dans $I_S(g)$.

10. Quelques résultats concernant la cohomologie des espaces homogènes

Signalons, sans démonstration, une série de résultats qui se déduisent assez facilement de ce qui précède. Nous écrirons, pour abréger, $I(G)$ et $I(g)$ au lieu de $I_S(G)$ et $I_S(g)$. On notera $I^+(G)$ l'idéal de $I(G)$ formé des éléments de degré > 0; définition analogue de $I^+(g)$. Enfin, on écrira $P(G)$ au lieu de $P_A(G)$.

Ecrivons la suite des homomorphismes canoniques

$$I(G) \longrightarrow I(g) \longrightarrow H(G/g) \longrightarrow H(G) \longrightarrow H(g) .$$

Le noyau de l'homomorphisme $I(g) \longrightarrow H(G/g)$ *est l'idéal* J *engendré, dans l'algèbre* $I(g)$, *par l'image de* $I^+(G)$. Donc la *sous-algèbre caractéristique* de $H(G/g)$ est canoniquement isomorphe à l'algèbre quotient $I(g)/J$. Rappelons que ses éléments sont de *degrés pairs*.

L'*image* de $H(G/g)$ dans $H(G)$ est une sous-algèbre (que nous noterons $H_g(G)$) engendrée par un sous-espace $P_g(G)$ de l'espace $P(G)$ des éléments primitifs de $H(G)$ [1]. On obtient $P_g(G)$ de la façon suivante : la différentielle δ applique $P(G)$ sur un sous-espace V de $I(g)$; soit J' l'idéal de $I(g)$, formé des combinaisons linéaires d'éléments de V à coefficients dans $I^+(g)$; J' est contenu dans J et indépendant du choix de δ. Alors $P_g(G)$ *est le sous-espace de* $P(G)$ *formé des éléments que* δ *applique dans* J'.

La dimension de l'espace vectoriel $P_g(G)$ est *au plus égale à la différence* $r(G) - r(g)$ des *rangs* de G et de g. D'autre part, l'image de $I^+(g)$ dans $H(G/g)$ est toujours contenue dans le noyau de l'homomorphisme $H(G/g) \to H(G)$; pour que *ce noyau soit exactement l'idéal engendré par les éléments de degré* > 0 *de la sous-algèbre caractéristique*, il faut et il suffit que

$$\dim P_g(G) = r(G) - r(g) . \qquad (3)$$

La condition (3) est trivialement vérifiée si $r(g) = r(G)$; dans ce cas, $H(G/g)$ est canoniquement isomorphe à $I(g)/J$. Elle est aussi vérifiée quand l'espace homogène G/g est *symétrique* (au sens de E. Cartan). Chaque fois qu'elle est vérifiée, $H(G/g)$ s'identifie au produit tensoriel d'algèbres

$$(I(g)/J) \otimes H_g(G) ,$$

et on a, d'après Koszul, une « formule de Hirsch » qui donne le polynôme de Poincaré de $I(g)/J$ (cf. conférence de Koszul) connaissant les polynômes de Poincaré de $H(G)$ et de $H(g)$, ainsi que les degrés des éléments primitifs de $H_g(G)$, on trouve immédiatement le polynôme de Poincaré de $H(G/g)$.

Si $\dim P_g(G) < r(G) - r(g)$, l'algèbre $H(G/g)$ est encore isomorphe à un produit tensoriel $K \otimes H_g(G)$, mais la structure de l'algèbre K est plus compliquée que lorsque (3) a lieu : K contient alors, outre une sous-algèbre isomorphe à $I(g)/J$, des générateurs de *degré impair*. Signalons qu'il existe des cas simples (J. Leray, A. Borel) où $r(g) < r(G)$, et où néanmoins $H_g(G)$ est réduit à 0.

En application des résultats relatifs au cas où (3) a lieu, on peut déterminer explicitement les polynômes de Poincaré des grassmanniennes réelles $G_{n,N}$ (il s'agit des grassmanniennes « orientées » : $G_{n,N}$ désigne l'espace des sous-espaces vectoriels

[1] Théorème connu de SAMELSON, *Ann. of Math.*, 42, 1941, Satz V.

orientés de dimension n dans l'espace numérique de dimension $N+n$). Posons

$$Q(t, p) = \prod_{1 \leqslant k \leqslant p} (1 - t^{4k}).$$

Alors le polynôme de Poincaré de la grassmanienne $G_{n, N}$ est :

si n et N sont pairs :

$$\frac{1 - t^{n+N}}{(1 - t^n)(1 - t^N)} \frac{Q\left(t, \frac{n+N}{2} - 1\right)}{Q\left(t, \frac{n}{2} - 1\right) Q\left(t, \frac{N}{2} - 1\right)}$$

si n est pair et N impair :

$$\frac{1}{1 - t^n} \frac{Q\left(t, \frac{n+N-1}{2}\right)}{Q\left(t, \frac{n}{2} - 1\right) Q\left(t, \frac{N-1}{2}\right)}$$

si n et N sont impairs :

$$(1 + t^{n+N-1}) \frac{Q\left(t, \frac{n+N}{2} - 1\right)}{Q\left(t, \frac{n-1}{2}\right) Q\left(t, \frac{N-1}{2}\right)}.$$

88.

Extension du théorème des «chaînes de syzygies»

Rendiconti di Matematica e delle sue applicazioni, V, 11, 1–11 (1952)

1. — Formulation du théorème classique.

Voici comment on peut formuler le théorème de HILBERT sur les « chaînes de syzygies » (D. HILBERT, Über die Theorie der algebraischen Formen, *Math. Annalen* 36, 1890, p. 473-534; voir aussi W. GRÖBNER, *Monatshefte für Math.* 53, 1949, p. 1-16). Soit A l'algèbre des polynômes à n variables sur un corps K; c'est une algèbre *graduée*: comme espace vectoriel sur K, A est somme directe de sous-espaces A_h (h entier ≥ 0); le produit d'un élément de A_h et d'un élément de A_k est dans A_{k+h} (les éléments de A_h sont les polynômes homogènes de degré h). Soit M un module sur l'anneau A (par exemple, M peut être un idéal de A); on suppose M gradué: cela veut dire que, comme espace vectoriel sur K, M est somme directe de sous-espaces vectoriels M_k (k entier ≥ 0), et que le produit d'un élément de M_k et d'un élément de A_h est dans M_{k+h}. Par exemple, si M est un idéal de A, on suppose vérifiée l'hypothèse suivante: chaque fois qu'un polynôme (élément de A) appartient à M, ses composantes homogènes appartiennent à M (un tel idéal est appelé *homogène*). Dans le cas général, un élément de M_k sera dit homogène de degré k.

Le théorème de HILBERT affirme ceci: dans les hypothèses précédentes, choisissons des éléments homogènes $m_i \in M$ qui engendrent M pour sa structure de A-module (il n'est même pas nécessaire de

(¹) Conferenza tenuta il 10 marzo 1952 durante il convegno Matematico Internazionale.

supposer les m_i en nombre fini); considérons les relations linéaires qui existent entre les m_i:

$$\sum_i m_i a_i = 0 \quad \text{(les } a_i \in A \text{ étant nuls sauf un nombre fini).}$$

Les systèmes (a_i) correspondants forment à leur tour un module M_1 sur l'anneau A (module des syzygies); ce module est engendré par ceux des systèmes (a_i) pour lesquels les a_i sont homogènes et les $m_i a_i$ ont le même degré. Convenons d'appeler « degré » d'un tel système la valeur commune du degré des $m_i a_i$: on voit que M_1 est un module gradué. On peut donc recommencer avec M_1 ce qui a été fait avec M, c'est-à-dire considérer un système de générateurs homogènes de M_1, et le module M_2 des relations linéaires entre ces générateurs, module qui est gradué. Et ainsi de suite. Le théorème de HILBERT affirme que *le module M_n est un module libre* (sur A): il possède un système de générateurs entre lesquels n'existe aucune relation à coefficients non tous nuls.

On peut encore formuler ce théorème comme suit: écrivons le module M comme quotient d'un module *gradué libre* F_0 (dont la base est formée d'éléments homogènes); soit M_1 le *noyau* de l'homomorphisme de F sur M, c'est-à-dire le sous-module de F_0 formé des éléments dont l'image dans M est nulle. Ecrivons M_1 (qui est gradué) comme quotient d'un module gradué libre F_1, et soit M_2 le noyau de l'homomorphisme $F_1 \to M_1$; etc... On a une suite de modules et d'homomorphismes

$$\text{(1)} \qquad \ldots \to F_p \to F_{p-1} \to \ldots \to F_1 \to F_0 \to M \to 0,$$

et c'est une *suite exacte,* dans le sens suivant: le noyau de chaque homomorphisme est identique à l'image de l'homomorphisme précédent. Le théorème de HILBERT dit que le noyau de $F_{n-1} \to F_{n-2}$ (resp. de $F_0 \to M$ si $n = 1$) est un *module libre.*

Or, en général, une suite exacte telle que (1) définit ce que les spécialistes de Topologie algébrique nomment un « complexe acyclique »: *complexe,* parce que la suite des modules F_p définit un module $\mathcal{F}$ (somme directe des F_p), gradué par les F_p, et que les homomorphismes $F_p \to F_{p-1}$ (resp. $F_0 \to 0$ si $p = 0$) définissent dans $\mathcal{F}$ un opérateur « bord » d, qui abaisse le degré de un, et satisfait à $dd = 0$; *acyclique,* parce que, la suite (1) étant exacte, les « modules d'homologie » $H_p(\mathcal{F})$ sont nuls pour $p > 0$, et que $H_0(\mathcal{F})$ s'identifie au module M.

Ces complexes interviennent non seulement en Topologie, mais aussi, de plus en plus fréquemment, en Algèbre.

2. — Rappel concernant l'opération de produit tensoriel et ses « satellites ».

Nous ne rappelons pas la définition complète du produit tensoriel de deux modules M et N sur un même anneau A (commutatif ou non, mais associatif avec un élément unité). Le produit tensoriel $M \otimes_A N$ est défini quand M est module à droite sur A, et N module à gauche sur A; c'est simplement un groupe abélien. Les éléments de $M \otimes_A N$ s'écrivent (de plusieurs manières) comme sommes finies $\sum_i m_i \otimes n_i$ (où $m_i \in M$ et $n_i \in N$), avec les règles de calcul suivantes:

$$(m_1 + m_2) \otimes n = (m_1 \otimes n) + (m_2 \otimes n),$$

$$m \otimes (n_1 + n_2) = (m \otimes n_1) + (m \otimes n_2),$$

$$(m\,a) \otimes n = m \otimes (a\,n) \text{ pour tout } a \in A.$$

En fait, ces seules règles déterminent, dans un certain sens, le produit tensoriel $M \otimes_A N$ comme groupe abélien. Si on a un homomorphisme $M \to M'$ (de modules à droite) et un homomorphisme $N \to N'$ (de modules à gauche), ils définissent un homomorphisme de $M \otimes N$ dans $M' \otimes N'$; on a une propriété évidente de transitivité pour ces homomorphismes (le produit tensoriel est un « foncteur », au sens d'EILENBERG-MACLANE).

Chaque fois qu'on a une suite exacte $0 \to M' \to M \to M'' \to 0$ (ce qui identifie M' à un sous-module de M, et M'' au module quotient de M par M'), la suite correspondante

$$M' \otimes N \to M \otimes N \to M'' \otimes N \to 0$$

est exacte; mais, en général, le premier de ces homomorphismes n'est pas biunivoque (son noyau n'est pas réduit à zéro). Ce fait est lié à l'existence des « foncteurs satellites » du produit tensoriel, dont nous allons dire quelques mots; nous renvoyons, pour un exposé général et détaillé, à un mémoire de H. CARTAN et S. EILENBERG à paraître aux Annals of Mathematics Studies.

Ecrivons M au bout d'une suite exacte telle que (1), où les F_p sont des modules (à droite) libres sur A; ce qui est toujours possible. Alors $\mathcal{F} \otimes_A N$ est un complexe gradué, avec « bord »; en général, ses groupes d'homologie $H_p(\mathcal{F} \otimes_A N)$ *ne sont pas nuls*. Il est immédiat que $H_0(\mathcal{F} \otimes_A N)$ s'identifie au produit tensoriel $M \otimes_A N$; pour $p \geq 1$, le groupe $H_p(\mathcal{F} \otimes_A N)$ est noté $Tor_p(M, N)$ (ou simplement $Tor(M, N)$ pour $p = 1$). Cette notation se justifie par le fait que $H_p(\mathcal{F} \otimes_A N)$ ne dépend que des modules M et N, et non de la suite (1) que l'on a choisie. On pourrait d'ailleurs considérer un complexe non pas pour M, mais pour N; on obtiendrait les mêmes groupes $Tor_p(M, N)$. Lorsqu'on veut spécifier que M et N sont considérés comme modules *sur l'anneau* A, on écrit $Tor_p^A(M, N)$.

La propriété essentielle des satellites Tor_p est la suivante: chaque fois que l'on a une suite exacte d'homomorphismes

$$0 \to M' \to M \to M'' \to 0,$$

il lui correspond une suite (illimitée) d'homomorphismes, canoniquement définis par cette suite:

$$\ldots \to Tor_p(M', N) \to Tor_p(M, N) \to Tor_p(M'', N) \to Tor_{p-1}(M', N) \to \ldots$$

$$\ldots \to Tor(M', N) \to Tor(M, N) \to Tor(M'', N) \to$$

$$\to M' \otimes N \to M \otimes N \to M'' \otimes N \to 0,$$

et cette suite est *exacte*. De plus, si M est A-libre, les $Tor_p^A(M, N)$ sont nuls pour $p \geq 1$.

Exemples: si A est un *anneau principal* (par exemple, l'anneau des entiers ordinaires) ou, plus généralement, un « anneau de Dedekind », on a $Tor_p^A(M, N) = 0$ pour $p \geq 2$, quels que soient les A-modules M et N. — Si A est l'algèbre d'un groupe discret Π, à coefficients dans l'anneau Z des entiers, et si on considère l'homomorphisme (multiplicatif) $A \to Z$ qui, à chaque combinaison d'éléments de Π, associe la somme des coefficients de cette combinaison, ceci définit Z comme A-module (à gauche). Alors, soit M un module à droite sur A, c'est-à-dire un groupe abélien dans lequel Π opère à droite; les $Tor_p^A(M, Z)$ ne sont autres que les *groupes d'homologie du groupe discret* Π, à coefficients dans le groupe abélien M (dans lequel opère Π). — Enfin, dernier exemple: supposons que A soit l'algèbre des polynômes à n variables, à coefficients dans un anneau

K (commutatif avec élément unité; pas même nécessairement un corps); considérons K comme A-module, grâce à l'homomorphisme $A \to K$ qui associe à chaque polynôme sa composante de degré 0. Alors, comme nous le montrerons tout à l'heure, on a

$$Tor_p^A(M, K) = 0 \text{ pour } p > n,$$

quel que soit le module M sur A; et nous verrons que ce fait est à la source du théorème des « chaînes de syzygies ».

3. — Hypothèses d'une théorie générale.

Nous supposerons désormais que A est un anneau (associatif avec élément unité, non nécessairement commutatif), ***muni de la donnée d'un idéal bilatère*** I, tel que ***l'intersection des puissances*** I^p ***soit réduite à zéro.*** On notera K l'anneau-quotient A/I (qu'on ne suppose pas nécessairement être un corps); K se trouve muni d'une structure de A-module à gauche (et aussi d'une structure de A-module à droite, à laquelle nous ne nous intéressons pas).

Exemple 1 : A est l'algèbre des polynômes à n variables à coefficients dans un anneau K, et I est l'idéal des polynômes « sans terme constant ».

Exemple 2 : A est l'algèbre des ***séries formelles*** à n variables à coefficients dans un anneau K, et I est l'idéal des séries « sans terme constant ».

Exemple 3 : A est l'anneau de ***séries entières convergentes*** à n variables à coefficients dans un corps valué complet K, et I est l'idéal des séries prenant la valeur 0 à l'origine (une série entière est dite « convergente » si elle converge dans un voisinage de l'origine; sa somme est une ***fonction analytique*** au voisinage de l'origine).

Revenons au cas général. A chaque A-module à droite M, associons le produit tensoriel $M \otimes_A K$, qui est évidemment muni d'une structure de K-module à droite. On peut l'interpréter comme suit: notons $M \,.\, I$ le sous-module de M, formé des combinaisons linéaires (finies) $\sum_k m_k \lambda_k$ d'éléments $m_k \in M$ à coefficients $\lambda_k \in I$; c'est l'image de $M \otimes_A I$ dans $M = M \otimes_A A$. Alors $M \otimes_A K$ s'identifie au module-quotient $M/(M \,.\, I)$.

On va voir que, pour certaines catégories de modules M, la relation $M \otimes_A K = 0$ entraîne $M = 0$; autrement dit, la relation $M = M . I$ entraîne $M = 0$. Pour cela, *il suffit que M soit sous-module d'un module libre F;* car alors $M = M . I^p \subset F . I^p$, et l'intersection des $F . I^p$ est réduite à zéro. On va voir qu'il suffit aussi que l'on se trouve dans l'un ou l'autre des deux cas suivants :

Cas (*I*) : A est un *anneau gradué*, I est l'idéal des éléments dont la composante homogène de degré 0 est nulle ; alors K s'identifie au sous-anneau de A, formé des éléments de degré 0. Dans ces conditions, *si M est un A-module gradué, la relation* $M = M . I$ *entraîne* $M = 0$.

Démonstration : si $M \neq 0$, considérer dans M un élément homogène non nul de degré minimum; si $M = M . I$, on trouve une contradiction.

Cas (*II*) : l'idéal I satisfait à la condition : pour tout $\lambda \in I$, $1 + \lambda$ est inversible à droite (ceci exprime que I est *contenu dans le radical* R de l'anneau A, et entraîne que $1 + \lambda$ est inversible pour tout $\lambda \in I$). Alors, *si M est un A-module de type fini,* la relation $M = M . I$ entraîne $M = 0$.

La démonstration, facile, se fait par récurrence sur le nombre des générateurs de M. Voir aussi un article récent de T. Nakayama (A remark on finitely generated modules, *Nagoya Math. Journal,* 3, 1951, p. 139-140).

Lemme 1. — Plaçons-nous dans l'un des cas (I) ou (II), et soit $f : N \to M$ un homomorphisme de A-modules à droite. Supposons, d'une façon précise, que dans le cas (I), M et N soient gradués et que l'homomorphisme f conserve les degrés; et que, dans le cas (II), M et N soient de type fini. Alors, si l'homomorphisme $N \otimes_A K \to M \otimes_A K$ défini par f applique $N \otimes_A K$ *sur* $M \otimes_A K$, f applique N *sur* M.

Il suffit de considérer l'image N' de N dans M, et le module M/N' ; l'hypothès implique que $(M/N') \otimes_A K$ est nul, d'où l'on conclut que M/N' est nul.

4. — Les théorèmes fondamentaux.

A partir de maintenant, *nous supposerons que K est un corps;* nous nous placerons toujours dans l'un des cas (I) ou (II) du numéro précédent.

THÉORÈME 1. — *Soit M un A-module (gradué dans le cas (I), resp. de type fini dans le cas (II)). Si $Tor^A\ (M, K) = 0$, M est un A-module libre; de façon plus précise :*

dans le cas (I), *tout système de générateurs homogènes de M contient une A-base;*

dans le cas (II), *tout système fini de générateurs de M contient une A-base.*

Démonstration : on observe d'abord que $M \otimes_A K$ est un espace vectoriel sur K. Tout système de générateurs du A-module M a pour image, dans $M \otimes_A K$, un système de générateurs de cet espace vectoriel. Il suffit alors de prouver le :

LEMME 2. — (Dans ce lemme, il n'est même pas nécessaire de supposer que K soit un corps). Si des $m_i \in M$ (homogènes dans le cas (I), en nombre fini dans le cas (II)) ont pour images, dans $M \otimes_A K$, les éléments d'une K-base de $M \otimes_A K$, les m_i constituent une A-base de M.

Voici comment se démontre ce lemme: soit F un module A-libre ayant une base en correspondance biunivoque avec les m_i; on a donc un homomorphisme $F \to M$, et on en déduit un homomorphisme $F \otimes_A K \to M \otimes_A K$, qui, par hypothèse, est un isomorphisme sur. D'après le lemme 1, $F \to M$ est un homomorphisme sur; on va montrer que son noyau est nul. Or soit N ce noyau; on a une suite exacte

$$0 = Tor^A (M, K) \to N \otimes_A K \to F \otimes_A K \to M \otimes_A K,$$

d'où il résulte que $N \otimes_A K = 0$. Comme N est sous-module d'un module A libre, ceci entraîne que $N = 0$. Et le lemme est démontré.

Remarque : les hypothèses du théorème 1 entraînent que $Tor_p^A (M, K)$ est nul pour tout p; en effet, elles entraînent que M est A-libre.

A toutes les hypothèses faites jusqu'ici, ajoutons désormais la suivante : lorsqu'on est dans le cas (II), on suppose que *l'anneau A est noethérien à droite* (ceci signifie que tout idéal à droite est de type fini, et entraîne que tout sous-module d'un module à droite de type fini, est lui-même de type fini). Cette hypothèse, ainsi que toutes les précédentes, est vérifiée dans chacun des exemples 2 et 3 du § 3.

THÉORÈME 2. — *Soit M un A-module à droite* (gradué dans le cas (I); de type fini dans le cas (II), A étant alors supposé noethérien). *Alors, pour chaque entier $n \geq 1$, les conditions suivantes sont équivalentes :*

(α) $Tor^A_{n+1}(M, K) = 0$;

(α') $Tor^A_p(M, K) = 0$ pour tout $p > n$;

(β) *il existe une suite exacte de A-modules et de A-homomorphismes*

$$0 \to M_n \to M_{n-1} \to \ldots \to M_1 \to M_0 \to M \to 0,$$

où les M_i $(0 \leq i \leq n)$ sont A-libres (libres gradués dans le cas (I), libres de base finie dans le cas (II));

(γ) *pour chaque suite exacte*

$$M_{n-1} \to M_{n-2} \to \ldots \to M_1 \to M_0 \to M \to 0,$$

où les M_i sont A-libres pour $0 \leq i \leq n-1$ (libres gradués dans le cas (I), libres de base finie dans le cas (II)), le noyau de $M_{n-1} \to M_{n-2}$ (resp. de $M_0 \to M$ si $n = 1$) est A-libre.

Démonstration : d'abord, (γ) entraîne (β) : il suffit de prouver l'existence d'une suite telle que celle figurant dans (γ) ; c'est évident, parce qu'on a supposé que, dans le cas (II), A est noethérien. (β) entraîne (α'), parce que la suite exacte de (β) fournit un « complexe » pour M, lequel permet de calculer les $Tor_p(M, K)$, comme il a été dit au § 2. Il est trivial que (α') entraîne (α). Reste à prouver que (α) entraîne (γ) : or on voit facilement que (α) entraîne $Tor(N, K) = 0$, N désignant le noyau de $M_{n-1} \to M_{n-2}$ (resp. de $M_0 \to M$ si $n = 1$); d'après le théorème 1, ceci entraîne que N est A-libre. Le théorème 2 est donc entièrement démontré.

Les propriétés (β) et (γ) constituent des « théorèmes de chaînes de syzygies ». La condition (α) indique quand de tels théorèmes sont vrais. Pour l'expliciter, il suffit de savoir « calculer » $Tor^A_{n+1}(M, K)$; dans ce but, on construit un complexe acyclique pour K considéré comme A-module :

$$\ldots \to K_p \to K_{p-1} \to \ldots \to K_1 \to K_0 \to K \to 0,$$

les K_p $(p \geq 0)$ étant A-libres (à gauche). Soit $\mathcal{K}$ un tel complexe ; alors $Tor_{n+1}(M, K)$ est donné par la formule

$$Tor^A_{n+1}(M, K) = H_{n+1}(M \otimes_A \mathcal{K}). \tag{2}$$

En particulier, ***supposons que K possède un complexe $\mathcal{K}$ tel que*** $K_{n+1}=0$ (ce qui permet d'ailleurs de supposer $K_p=0$ pour tout $p>n$); on a alors $Tor_{n+1}^A(M, K)=0$ pour tout A-module M. ***S'il en est ainsi, tout module gradué*** (dans le cas (I)), ***tout module de type fini*** (dans le cas (II)) ***satisfait aux conditions*** (β) ***et*** (γ). Telle est la généralisation du théorème de HILBERT que nous avions en vue. Il nous reste à donner des exemples d'anneaux A satisfaisant à la condition précédente.

5. — Etude d'anneaux particuliers.

Nous allons étudier les exemples 1, 2 et 3 donnés au § 3, et prouver que, dans chacun d'eux, l'anneau K, considéré comme A-module à gauche, possède un complexe acyclique ***de dimension n*** (c'est-à-dire pour lequel $K_p=0$ pour $p>n$). Pour le démontrer, il n'est même plus nécessaire (dans les exemples 1 et 2) de supposer que K soit un corps. Nous allons faire une démonstration unique pour ces trois cas, en nous servant d'une propriété commune aux trois anneaux en question. En effet, dans chacun des 3 cas (anneau de polynômes, anneau de séries formelles, anneau de séries convergentes), il est attaché à chaque suite de n lettres $x_1, \ldots, x_n$ un anneau A, que nous noterons $K[x_1, \ldots, x_n]$, avec les conditions suivantes:

1) pour $n=0$, l'anneau A se réduit à l'anneau K;

2) pour $n\geq 1$, l'anneau $K[x_1, \ldots, x_n]$ contient des éléments $x_1, x_2, \ldots, x_n$ qui appartiennent à son centre;

3) pour $n\geq 1$, l'anneau $K[x_1, \ldots, x_{n-1}]$ s'identifie à un sous-anneau de $K[x_1, \ldots, x_n]$, et tout élément a de $K[x_1, \ldots, x_n]$ s'écrit d'une seule manière

$$a=u\,x_n+v,\quad \text{où}\quad u\in K[x_1, \ldots, x_n]\quad\text{et}\quad v\in K[x_1, \ldots, x_{n-1}].$$

Il résulte de là que tout élément $u\in K[x_1, \ldots, x_n]$ s'écrit d'une seule manière sous la forme

$$u=a_0+a_1\,x_1+\ldots+a_n\,x_n$$

avec $a_p\in K[x_1, \ldots, x_p]$. L'idéal I de l'anneau $A=K[x_1, \ldots, x_n]$ se compose des u pour lesquels $a_0=0$; l'homomorphisme $A\to K$ est celui qui associe a_0 à u.

Soit alors $\mathcal{K}$ l'*algèbre extérieure* construite sur n lettres $y_1, \dots, y_n$ et à coefficients dans $A = K[x_1, \dots, x_n]$; munissons-la de sa graduation naturelle. On a donc $K_0 = A$; K_1 est l'ensemble des combinaisons linéaires de $y_1, \dots, y_n$ à coefficients dans A ; d'une manière générale, K_p est l'ensemble des combinaisons linéaires, à coefficients dans A, des « produits extérieurs » $y_{k_1} y_{k_2} \dots y_{k_p}$ relatifs à toutes les suites *strictement croissantes* d'indices $k_1, k_2, \dots, k_p$. On a $K_p = 0$ pour $p > n$. L'opérateur « bord » du complexe $\mathcal{K}$ est défini par les homomorphismes $d_p : K_p \to K_{p-1}$ (pour $p \geq 1$) que voici :

$$d_p (y_{k_1} y_{k_2} \dots y_{k_p}) = \sum_i (-1)^{i+1} x_{k_i} y_{k_1} \dots \widehat{y_{k_i}} \dots y_{k_p}$$

(où le signe $\widehat{\ }$ indique que le terme correspondant doit être omis). Quant à l'homomorphisme $K_0 \to K$, c'est par définition l'homomorphisme naturel de $A = K[x_1, \dots, x_n]$ dans K.

Il reste seulement à vérifier que la suite d'homomorphismes

$$0 \to K_n \to K_{n-1} \to \dots \to K_1 \to K_0 \to K \to 0$$

est une *suite exacte.* D'abord, il est immédiat que le composé de deux homomorphismes consécutifs est nul, parce que les x_i sont dans le centre de $K[x_1, \dots, x_n]$. Pour montrer que le noyau de chaque homomorphisme est identique à l'image de l'homomorphisme précédent, il suffit de définir des homomorphismes $D_i : K_i \to K_{i+1}$ satisfaisant à

$$(3) \quad \begin{cases} d_1 D_0(u) = u - \varepsilon(u) \text{ pour } u \in K_0 \text{ (ε désignant l'homomorphisme de K_0 dans K)} \\ d_{p+1} D_p + D_{p-1} d_p = \text{identité sur } K_p \ (p \geq 1). \end{cases}$$

Or on a la solution que voici :

si $u \in K_0$ est $a_0 + a_1 x_1 + \dots + a_n x_n$ (avec $a_p \in K[x_1, \dots, x_p]$), on pose

$$D_0(u) = a_1 y_1 + \dots + a_n y_n ;$$

pour $p \geq 1$, on définit $D_p(u\, y_{k_1} y_{k_2} \dots y_{k_p})$, où $u = a_0 + a_1 x_1 + \dots + a_n x_n$ (avec $a_j \in K[x_1, \dots, x_j]$) comme suit :

$$D_p(a_0 y_{k_1} \dots y_{k_p}) = 0 ;$$

$$D_p(a_j x_j y_{k_1} \dots y_{k_p}) = 0 \text{ si } j \leq k_p, \ = (-1)^p a_j y_{k_1} \dots y_{k_p} y_j \text{ si } j > k_p .$$

On vérifie alors sans peine les relations (3).

Nous avons ainsi construit un complexe acyclique pour K, considéré comme module sur l'anneau $A = K[x_1, \ldots, x_n]$, et cette construction est valable dans chacun des trois cas envisagés : anneau des polynômes en $x_1, \ldots, x_n$, anneau des séries formelles en $x_1, \ldots, x_n$, anneau des séries convergentes en $x_1, \ldots, x_n$.

On en déduit un procédé de calcul de $Tor_p(M, K)$ lorsque M est un module à droite sur l'anneau $K[x_1, \ldots, x_n]$: c'est le p-ième groupe d'homologie du complexe $M \otimes_A \mathcal{K}$, qui s'identifie au produit tensoriel *ordinaire* (au sens des groupes abéliens) de M et de l'algèbre extérieure à coefficients entiers construite sur $(y_1, \ldots, y_n)$; l'opérateur « bord » de ce complexe est donné par la formule

$$(4) \qquad d(m \otimes y_{k_1} y_{k_2} \ldots y_{k_p}) = \sum_i (-1)^{i+1} (m\, x_{k_i}) \otimes (y_{k_1} \ldots \widehat{y_{k_i}} \ldots y_{k_p}).$$

(m désigne un élément de M).

On voit que, même dans le cas où M est un module sur l'anneau des séries formelles ou des séries convergentes, cette formule ne fait intervenir que la structure de M comme module sur l'anneau des polynômes. Dans le cas où $K[x_1, \ldots, x_n]$ est l'anneau des polynômes, la formule (4) a été donnée par KOSZUL dans sa théorie de l'« homologie des S-modules » (voir la conférence de KOSZUL au Colloque de Topologie algébrique de Bruxelles, 1950). C'est lui qui, le premier, a mis en évidence les rapports étroits de cette question avec le théorème des syzygies ; nous nous sommes largement inspiré des méthodes de KOSZUL pour obtenir les généralisations que nous venons d'exposer dans cette conférence et qui se placent naturellement dans le cadre de la théorie générale de S. EILENBERG et H. CARTAN (voir ci-dessus, § 2).

89.

(avec J-P. Serre)

Espaces fibrés et groupes d'homotopie. I. Constructions générales

Comptes Rendus de l'Académie des Sciences de Paris 234, 288–290 (1952)

Construction d'espaces fibrés (1) permettant de « tuer » le groupe d'homotopie $\pi_n(X)$ d'un espace X dont les $\pi_i(X)$ sont nuls pour $i < n$. Cette méthode généralise celle qui consiste, pour $n = 1$, lorsque X est connexe, à « tuer » le groupe fondamental $\pi_1(X)$ en passant au revêtement universel de X.

1. Soient X un espace connexe par arcs, $x \in X$, $\mathfrak{S}(X)$ le complexe singulier de X. Pour tout entier $q \geqq 1$, soit $\mathfrak{S}(X; x, q)$ le sous-complexe engendré par les simplexes dont les $(q-1)$-faces sont en x. Les groupes d'homologie (resp. cohomologie) de $\mathfrak{S}(X; x, q)$ à coefficients dans G sont les *groupes d'Eilenberg* (2) de l'espace X en x; on les notera $H_i(X; x, q, G)$, resp. $H^i(X; x, q, G)$. Ils forment des systèmes locaux. Rappelons (2) que $\pi_q(X; x) \approx H_q(X; x, q, Z)$ pour $q \geqq 2$.

Définition. — Un espace Y, muni d'une application continue f de Y dans X, *tue* les groupes d'homotopie $\pi_i(X)$ pour $i \leqq n (n \geqq 1)$ si $\pi_i(Y) = 0$ pour $i \leqq n$ et si f définit un isomorphisme de $\pi_i(Y)$ sur $\pi_i(X)$ pour $i > n$.

Théorème 1. — *Si un espace* Y *tue les* $\pi_i(X)$ *pour* $i \leqq n$, *les groupes d'homologie* $H_j(Y)$ *sont isomorphes aux groupes d'Eilenberg* $H_j(X; x, n+1)$; *de même pour la cohomologie.*

Cela résulte du :

Lemme 1. — *Si une application f d'un* Y *dans un* X *applique* $y \in Y$ *en* $x \in X$ *et définit, pour tout* $i > n$, *un isomorphisme* $\pi_i(Y; y) \approx \pi_i(X; x)$, *l'homomorphisme* $\mathfrak{S}(Y; y, n+1) \to \mathfrak{S}(X; x, n+1)$ *défini par f est une chaîne-équivalence.* (*En considérant le « mapping cylinder » de f, on se ramène au cas où* Y *est plongé dans* X; *le lemme s'obtient alors par un procédé standard de déformation.*)

---

(1) L'expression « espace fibré » est prise dans le sens général défini par Serre (*Ann. of Math.*, 54, 1951, p. 425-505). Ce Mémoire sera désigné par [S].

(2) *Ann. of Math.*, 45, 1944, p. 407-447; *voir* § 32.

Le théorème 1 justifie la notation $(X, n+1)$ pour n'importe quel espace qui tue les $\pi_i(X)$ pour $i \leqq n$.

2. Théorème 2. — *A tout* X *connexe par arcs, on peut associer une suite d'espaces* (X, n) [où $n = 1, 2, \ldots$ et $(X, 1) = X$] *et d'applications continues* f_n : $(X, n+1) \to (X, n)$, *de manière que* $(X, n+1)$ *tue les* $\pi_i(X, n)$ *pour* $i \leqq n$, *et que :*

(I) *l'application* f_n *munisse* $(X, n+1)$ *d'une structure d'espace fibré* ([1]) *de base* (X, n), *ayant pour fibre un espace* $\mathcal{K}[\pi_n(X), n-1]$([3]);

(II) *il existe un espace* X'_n *de même type d'homotopie que* (X, n), *et une fibration de* X'_n, *de fibre* $(X, n+1)$, *ayant pour base un* $\mathcal{K}[\pi_n(X), n]$.

Il suffira de dire comment $(X, n+1)$, f_n et X'_n se construisent à partir de (X, n). On utilise d'abord deux lemmes, déjà employés par certains auteurs ([4]) :

Lemme 2. — *Étant donné un espace connexe* A *et un entier* $k \geqq 1$, *on peut plonger* A *dans un espace* U *de manière que* $\pi_i(A) \to \pi_i(U)$ *soit un isomorphisme (sur) pour* $i < k$, *et* $\pi_k(U) = 0$. [*Pour tout* $\alpha \in \pi_k(A)$ *on choisit un représentant* $g_\alpha : S_\alpha \to A$, *où* S_α *est une sphère de dimension* k, *frontière d'une boule* E_α *de dimension* $k+1$; *on « attache » à* A *les boules* E_α *au moyen des applications* g_α].

Lemme 3. — *Étant donné un espace* A *tel que* $\pi_i(A) = 0$ *pour* $i < n$, *on peut plonger* A *dans un espace* V *de manière que* $\pi_n(A) \to \pi_n(V)$ *soit un isomorphisme sur, et* $\pi_i(V) = 0$ *pour* $i \neq n$. (*Se déduit du lemme* 2 *par itération, en prenant l'espace-réunion.*)

Constructions. — Étant donné une application continue φ d'un espace A dans un $V = \mathcal{K}(\pi, n)$, soit A' l'espace des couples (a, ω) où $a \in A$ et ω est un chemin ([5]) de V d'extrémité $\varphi(a)$; A' se rétracte sur A, identifié à l'espace des couples (a, ω) tels que ω soit ponctuel en $\varphi(a)$. L'application g qui, à (a, ω), associe l'origine de ω, définit A' comme espace fibré de base V. Soit B la fibre au-dessus de $\varphi(a_0)$(a_0, point fixé de A); l'application f qui, à (a, ω), associe a, définit B comme espace fibré de base A, de fibre l'espace W des lacets sur V, qui est un $\mathcal{K}(\pi, n-1)$.

Appliquons ces constructions à l'espace $A = (X, n)$ supposé déjà obtenu, au groupe $\pi = \pi_n(X)$ et à l'injection φ de A dans V (lemme 3). La suite

---

([3]) Rappelons (*cf.* Eilenberg-MacLane, *Ann. of Math.*, **46**, 1945, p. 480-509, § **17**; *ibid.*, **51**, 1950, p. 514-533) que si un espace V satisfait à $\pi_i(V) = 0$ pour tout $i \neq n$, $\pi_n(V) = \pi$, le complexe $\mathfrak{S}(V)$ a même type d'homotopie qu'un complexe $K(\pi, n)$ explicité par ces auteurs, et qui dépend seulement de n et du groupe π (abélien si $n \geqq 2$). D'un tel espace V, nous dirons que c'est un espace $\mathcal{K}(\pi, n)$; ses groupes d'homologie $H_i(\pi; n)$ (resp. de cohomologie) sont les *groupes d'Eilenberg-MacLane* du groupe π, pour l'entier n.

([4]) *Voir*, par exemple, J. H. C. Whitehead, *Ann. of Math.*, **50**, 1949, p. 261-263.

([5]) Pour tout ce qui concerne les espaces de chemins, *voir* [S], Chap. IV.

exacte d'homotopie des espaces fibrés montre que B tue les $\pi_i(A)$ pour $i \leqq n$; on peut donc prendre $(X, n+1) = B$, $f_n = f$, $X'_n = A'$, et le théorème 2 est démontré.

3. *Utilisation.* — Chacune des fibrations (I) et (II) définit (pour chaque n) une suite spectrale ([6]). Dans la mesure où l'on connaît les groupes d'Eilenberg-MacLane d'un groupe π donné, on obtient une méthode de calcul (partiel) des groupes d'Eilenberg de X, et notamment des groupes d'homotopie de X.

La méthode utilisée par Hirsch ([7]) pour étudier $\pi_3(X)$ quand $\pi_1(X) = 0$ et que $\pi_2(X)$ est libre de base finie, rentre dans notre méthode générale; elle revient à prendre au-dessus de X une fibre $\mathcal{K}(\pi_2, 1)$ qui est ici un produit de cercles.

En vue des applications, la remarque suivante est utile : l'espace $W = \mathcal{K}[\pi_n(X), n-1]$ opère à gauche dans $B = (X, n+1)$, et par suite chaque $\alpha \in H_i[\pi_n(X), n-1]$ définit un endomorphisme λ_α de la suite spectrale d'homologie de la fibration (I); on démontre que λ_α commute avec toutes les différentielles de cette suite spectrale.

([6]) Il s'agit de la suite spectrale en homologie (resp. cohomologie) singulière; *voir* [S], Chap. I et II.

([7]) *Comptes rendus*, 228, 1949, p. 1920.

90.

(avec J-P. Serre)

Espaces fibrés et groupes d'homotopie. II. Applications

Comptes Rendus de l'Académie des Sciences de Paris 234, 393–395 (1952)

Applications de la méthode générale exposée dans une Note précédente (1). On retrouve la plupart des relations connues entre homologie et homotopie; les résultats nouveaux concernent notamment les groupes d'homotopie des groupes de Lie et des sphères.

Dans toute la suite X désignera un espace *connexe par arcs*.

Considérons la fibration (II) de la Note (1), pour $n \geqq 2$; en lui appliquant la Proposition 5 du Chapitre III de [S], on obtient :

Proposition 1. — *Pour tout espace* X *et tout* $n \geqq 2$ (2), *on a une suite exacte :*

$$(1)\left\{\begin{array}{l} H_{2n}(X, n+1) \to H_{2n}(X, n) \to H_{2n}(\pi_n(X); n) \to H_{2n-1}(X, n+1) \to H_{2n-1}(X, n) \to \ldots \\ \ldots \to H_{n+2}(X, n+1) \to H_{n+2}(X, n) \to H_{n+2}(\pi_n(X); n) \to \pi_{n+1}(X) \to H_{n+1}(X, n) \to 0. \end{array}\right.$$

Compte tenu de ce que $H_{n+2}(\pi; n) = \pi/2\pi \, (n \geqq 3)$ et $H_{n+3}(\pi; n) = {}_2\pi \, (n \geqq 4)$, on retrouve des résultats de G. W. Whitehead (3).

Corollaire 1. — *Les groupes d'homologie relatifs* $H_i[\mathcal{S}(X; x, n), \mathcal{S}(X; x, n+1)]$ *(où* x *est un point de* X*) sont isomorphes aux groupes d'Eilenberg-MacLane* $H_i(\pi_n(X); n)$ *pour* $1 \leqq i \leqq 2n$.

Ce résultat semble en rapport étroit avec une suite spectrale annoncée récemment par W. Massey et G. W. Whitehead (lorsque X est une sphère) (4).

Corollaire 2. — *Si* $\pi_i(X) = 0$ *pour* $i < n$ *et* $H_j(X) = 0$ *pour* $n < j \leqq 2n$ *(en particulier si* X *est une sphère* $\mathbf{S}_n$*), on a des isomorphismes :*

$$H_j(X, n+1) \approx H_{j+1}(\pi_n(X); n) \quad \textit{pour} \quad n \leqq j \leqq 2n-1 \quad (n \geqq 2).$$

---

(1) *Comptes rendus*, **234**, 1952, p. 288. Nous renvoyons a cette Note dont nous conservons la terminologie et les notations.

(2) Le cas $n = 1$ est spécial et n'apporte d'ailleurs rien de nouveau.

(3) *Proc. Nat. Acad. Sc. USA*, 34, 1948, p. 207-211.

(4) *Bull. Amer. Math. Soc.*, 57, 1951, Abstracts 544 et 545.

On notera que, si $j < 2n - 1$, les groupes $H_{j+1}(\pi; n)$ sont « stables » et isomorphes aux groupes $A_{j-n+2}(\pi)$ introduits par Eilenberg-Mac Lane [5], ce qui fournit une interprétation géométrique de ces derniers groupes.

Proposition 2. — *Si* $\pi_i(X) = 0$ *pour* $i < n$ *et* $n < i < m$ *(n et m étant deux entiers tels que* $0 < n < m$*), on a une suite exacte :*

$$H_{m+1}(X) \to H_{m+1}(\pi_n(X); n) \to \pi_m(X) \to H_m(X) \to H_m(\pi_n(X); n) \to 0.$$

Ceci se démontre au moyen de la fibration (II) et complète des résultats d'Eilenberg-MacLane [6] (à l'exception, toutefois, de ceux relatifs à l'invariant **k**).

Proposition 3. — *Supposons que* $\pi_1(X) = 0$, *que les nombres de Betti de* X *soient finis en toute dimension et que l'algèbre de cohomologie* $H^*(X, Q)$ (Q *désignant le corps des rationnels) soit le produit tensoriel d'une algèbre extérieure engendrée par des éléments de degrés impairs et d'une algèbre de polynomes engendrée par des éléments de degrés pairs; si* d_n *désigne le nombre des générateurs de degré n, on a*

$$\text{rang}\,[7]\ \text{de}\ \pi_n(X) = d_n \qquad \text{pour tout } n.$$

On utilise la fibration (I), et le calcul des algèbres de cohomologie d'Eilenberg-MacLane à coefficients dans Q; on montre par récurrence sur n que $H^*(X; n, Q)$ est l'algèbre quotient de $H^*(X, Q)$ par l'idéal engendré par les générateurs de degrés $< n$.

Remarques. — 1. La démonstration montre aussi que le noyau de l'homomorphisme $\pi_n(X) \to H_n(X)$ est un groupe de torsion.

2. La proposition subsiste même si $\pi_1(X) \neq 0$, pourvu que $\pi_1(X)$ soit abélien et opère trivialement dans $H^*(X; 2, Q)$.

3. La proposition 3 s'applique notamment : *a.* à une sphère de dimension impaire; *b.* à un espace de lacets sur un espace simplement connexe dont les nombres de Betti sont finis; *c.* à un groupe de Lie. En particulier, *les groupes d'homotopie d'un groupe de Lie sont finis en toute dimension où il n'y a pas d'élément « primitif »* (donc en toute dimension *paire*).

Proposition 4. — *Soit* X *tel que* $\pi_1(X) = 0$, *et q un entier. Si* $H_i(X)$ *est un groupe de torsion pour* $1 < i < q$, *il en est de même du noyau et du conoyau* [8] *de l'homomorphisme* $\varphi_j : H_j(X, q) \to H_j(X)$ *pour tout j. Si en outre la compo-*

---

[5] *Proc. Nat. Acad. Sc. USA*, 36, 1950, p. 657-663.

[6] *Ann. of Math.*, 51, 1950, p. 514-533.

[7] Le *rang* d'un groupe G est la dimension du Q-espace vectoriel $Q \otimes G$.

[8] Le *conoyau* d'un homomorphisme $A \to B$ est le quotient de B par l'image de A.

sante p-primaire (p premier) de $H_i(X)$ *est nulle pour* $1 < i < q$, *il en est de même du noyau et du conoyau de* φ_j. *Ceci vaut notamment pour* $\varphi_q : \pi_q(X) \to H_q(X)$.

PROPOSITION 5. — *Les groupes d'homologie de la sphère* $\mathbf{S}_3$ *dont on a tué le troisième groupe d'homotopie sont les suivants :*

$$H_i(\mathbf{S}_3, 4) = 0 \quad \text{pour } i \text{ impair} \quad \text{et} \quad H_{2q}(\mathbf{S}_3, 4) = Z/qZ$$

(Les premiers groupes d'homologie sont donc : Z, 0, 0, 0, Z_2, 0, Z_3, 0, Z_4, ...).

COROLLAIRE. — *La composante p-primaire de* $\pi_{2p}(\mathbf{S}_3)$ *est* Z_p [3].

La proposition 5 permet de retrouver aisément les résultats connus sur les $\pi_i(\mathbf{S}_3)$, $i = 4, 5, 6$: pour $i = 4$, c'est évident; appliquant la suite (1) pour $n = 4$, et utilisant le fait que $H_7(Z_2; 4) = Z_2$, on obtient $\pi_5(\mathbf{S}_3) = Z_2$ et $H_6(\mathbf{S}_3, 5) = Z_6$; en appliquant la suite (1) pour $n = 5$ on obtient une suite exacte : $\pi_5(\mathbf{S}_3) \to \pi_6(\mathbf{S}_3) \to Z_6 \to 0$, qui montre que $\pi_6(\mathbf{S}_3)$ a 6 ou 12 éléments [4].

PROPOSITION 6. — *Les groupes* $\pi_7(\mathbf{S}_3)$ *et* $\pi_8(\mathbf{S}_3)$ *sont des groupes 2-primaires;* $\pi_9(\mathbf{S}_3)$ *est somme directe de* Z_3 *et d'un groupe 2-primaire.*

On utilise le fait que $H_i(Z_3; 5) = 0$ pour $i = 7$, 8, et $H_9(Z_3; 5) = Z_3$ [5].

Enfin, si l'on admet les résultats sur les groupes d'Eilenberg-MacLane obtenus par H. Cartan au moyen de calculs dont le fondement théorique n'a pas encore reçu de justification complète, on obtient les résultats suivants (que nous donnons donc comme *conjecturaux*) : *pour n impair* ≥ 3, *et p premier, la composante p-primaire de* $\pi_i(\mathbf{S}_n)$ *est* Z_p *si* $i = n + 2p - 3$, *nulle si* $n + 2p - 3 < i < n + 4p - 6$; *celle de* $\pi_{4p-3}(\mathbf{S}_3)$ *est* Z_p, *de même (si* $p \neq 2$*) que celle de* $\pi_{4p-2}(\mathbf{S}_3)$. *Par exemple,* $\pi_{10}(\mathbf{S}_3)$ *est somme directe de* Z_{15} *et d'un groupe 2-primaire.*

---

(3) Notre méthode montre également que l'homomorphisme $f_p : \pi_{2p}(\mathbf{S}_3) \to Z_p$ introduit par N. E. Steenrod est *sur*..

91.

Sur les groupes d'Eilenberg-MacLane $H(\Pi, n)$: I. Méthode des constructions

Proceedings of the National Academy of Sciences U.S.A., 40, 467–471 (1954)

Communicated by Saunders Mac Lane, April 28, 1954

1. *Notion de DGA-Algèbre.*—Soit Λ un anneau commutatif avec élément unité $1 \neq 0$ (dans les applications, Λ sera l'anneau Z des entiers ou le corps Z_p des entiers modulo p, p premier). Soit A une Λ-algèbre (associative, avec élément unité noté encore 1; on identifie Λ à une sous-algèbre de A). A est une *algèbre graduée* si on s'est donné des sous-Λ-modules A_k (k entier) tels que $A_k = 0$ pour $k < 0$, $xy \in A_{k+h}$ pour $x \in A_k$ et $y \in A_h$; donc $1 \in A_0$. Une algèbre graduée A est *anticommutative* si $yx = (-1)^{kh}xy$ pour $x \in A_k$, $y \in A_h$.

Le *produit tensoriel* $A \otimes_\Lambda A' = A''$ de deux algèbres graduées est une algèbre graduée, avec graduation et multiplication définies par

$$A_q'' = \sum_{k+h=q} A_k \otimes A_h',$$

$$(a \otimes a')\,(b \otimes b') = (-1)^{kh}\,(ab) \otimes (a'b') \text{ pour } a' \in A_k',\ b \in A_h.$$

Si A et A' sont anticommutatives, $A \otimes A'$ est anticommutative.

Une *differentielle* sur une algèbre graduée A est une application Λ-linéaire d: $A \to A$ telle que

$$dd = 0, \qquad d(A_k) \subset A_{k-1}, \qquad d(xy) = (dx)y + (-1)^k x(dy) \text{ pour } x \in A_k.$$

Une algèbre différentielle graduée possède une *algébre d'homologie* $H_*(A) = \sum_k H_k(A)$.

Une *augmentation* est une application Λ-linéaire ϵ: $A \to \Lambda$ telle que $\epsilon(1) = 1$, $\epsilon(xy) = (\epsilon x)\,(\epsilon y)$, $\epsilon x = 0$ pour $x \in A_k$ ($k \geq 1$), $\epsilon d = 0$. Par passage au quotient, ϵ définit une augmentation $H_0(A) \to \Lambda$.

Une algèbre différentielle graduée et augmentée A est *acyclique* si $H_k(A) = 0$ pour $k \geq 1$, et si l'augmentation $H_0(A) \to \Lambda$ est un isomorphisme.

Pour abréger, on appelle DGA-*algèbre* une Λ-algèbre différentielle graduée, augmentée, à multiplication anticommutative, et qui, comme Λ-module gradué, possède une base contenant 1 et formée d'éléments homogènes. Soient A et A' deux DGA-algèbres sur Λ; on définit sur $A \otimes_\Lambda A'$ une structure de DGA-algèbre en posant

$$d''(a \otimes a') = (da) \otimes a' + (-1)^k\, a \otimes (d'a') \text{ pour } a \in A_k,$$
$$\epsilon''(a \otimes a') = (\epsilon a) \otimes (\epsilon' a').$$

Une application Λ-linéaire f: $A \to A'$ s'appelle un DGA-*homomorphisme* si $f(A_k) \subset A_k'$, $f(1) = 1$, $f(xy) = (fx)\,(fy)$, $d'f = fd$, $\epsilon' f = \epsilon$. Une telle f induit une application Λ-linéaire f_*: $H_*(A) \to H_*(A')$ compatible avec les structures multiplicatives, les graduations et les augmentations.

Le produit tensoriel de deux DGA-homomorphismes $A \to A'$ et $B \to B'$ est un DGA-homomorphisme $A \otimes A' \to B \otimes B'$.

2. *Notion de Construction.*—Une *construction* (A, N, M) consiste en la donnée

(i) d'une DGA-algèbre A sur l'anneau Λ;

(ii) d'une Λ-algèbre graduée anticommutative N, ayant une base homogène contenant 1, et telle que tout élément de base $\neq 1$ soit de degré > 0;

(iii) d'une différentielle sur l'algèbre graduée anticommutative $M = A \otimes_\Lambda N$, telle que (1) l'injection $A \to M$ (définie par $a \to a \otimes 1$) soit compatible avec les différentielles de A et de M; (2) si on munit M de l'augmentation ϵ définie par $\epsilon(a \otimes 1) = \epsilon(a)$, M soit une DGA-algèbre *acyclique.*

Soit une construction (A, N, M); l'homomorphisme $M \to N$ (dit "projection") qui envoie $a \otimes n$ dans $(\epsilon a)n$, identifie N à une algèbre-quotient de M; la différentielle de M passe au quotient, donc N devient une DGA-algèbre. La DGA-algèbre A s'appelle l'*algèbre initiale* de la construction, la DGA-algèbre N l'*algèbre finale.*

Produit tensoriel de deux constructions: Soient (A, N, M) et (A', N', M') deux constructions. *Il existe une construction dont l'algebre initiale est $A \otimes A'$ et l'algèbre finale $N \otimes N'$.* En effet, soit φ l'isomorphisme de l'algèbre graduée $M \otimes M'$ sur $(A \otimes A') \otimes (N \otimes N')$ défini par $\varphi((a \otimes n) \otimes (a' \otimes n')) = (-1)^{kh} (a \otimes a') \otimes (n \otimes n')$ $(n \in N_k, a' \in A_h')$. Par φ, la différentielle de la DGA-algèbre $M \otimes M'$ se transporte à $(A \otimes A') \otimes (N \otimes N')$; d'où la construction cherchée.

On appelle *homomorphisme* d'une construction (A, N, M) dans une construction (A', N', M') un DGA-homomorphisme $g: M \to M'$ tel que, si on identifie A à une sous-algèbre de M (par l'injection $a \to a \otimes 1$) et A' à une sous-algèbre de M', g applique A dans A'; alors g définit, par passage aux quotients, un DGA-homomorphisme $\bar{g}: N \to N'$.

3. *Construction Spéciale.*—Une construction spéciale (A, N, M, s) consiste en la donnée d'une construction (A, N, M) et d'un Λ-endomorphisme s de $M = A \otimes N$ tel que

(i) $dsx + sdx = x - \epsilon x \ (x \in M)$;

(ii) $s(1) = 0, \quad s(M_k) \subset M_{k+1}, \quad ss = 0$;

(iii) pour $n \in N_k$ $(k \geq 1)$, $1 \otimes n$ est dans l'image $s(M)$;

(iv) l'image $s(M)$ est stable pour la multiplication de M.

Pour définir le *produit tensoriel* de deux constructions spéciales, on prend, sur $M'' = M \otimes M'$,

$$s'' = s \otimes 1' + \epsilon \otimes s' \tag{3.1}$$

($1'$ désigne l'application identique de M'). Le produit tensoriel de plusieurs constructions spéciales est *associatif.*

Soient (A, N, M) une construction et (A', N', M', s') une construction spéciale. Un homomorphisme $g: M \to M'$ de la première construction dans la seconde est dit *spécial* si, pour $n \in N_k$ $(k \geq 1)$, l'élément $g(1 \otimes n)$ est dans l'image $s'(M')$. Le produit tensoriel de deux homomorphismes spéciaux est spécial.

THÉORÈME 1. *Soient (A, N, M) une construction, (A', N', M', s') une construction spéciale, et f: $A \to A'$ un DGA-homomorphisme. Il existe un homomorphisme spécial g: $M \to M'$ qui prolonge f; un tel g est unique. Si l'homomorphisme f_*: $H_*(A) \to H_*(A')$ est un isomorphisme, alors l'homomorphisme $\bar{g}_*$: $H_*(N) \to H_*(N')$ défini par $\bar{g}$: $N \to N'$ est aussi un isomorphisme.*

4. *La "Bar Construction."*[1]—Soit A une DGA-algèbre; soit $\bar{A}$ le Λ-module quotient A/Λ. Posons $\bar{\mathcal{B}}_0(A) = \Lambda$, et, pour k entier ≥ 1, $\bar{\mathcal{B}}_k(A) = \bar{A} \otimes \ldots \otimes \bar{A}$ (k facteurs). Pour $k \geq 0$, soit $\mathcal{B}_k(A) = A \otimes_\Lambda \bar{\mathcal{B}}_k(A)$. Alors $\mathcal{B}(A) = \sum_{k \geq 0} \mathcal{B}_k(A)$ est un

A-module à gauche. Notons $[a]$ l'image de $a \in A$ dans $\tilde{A}$; pour $a, a_1, \ldots, a_k \in A$ notons $a[a_1, \ldots, a_k]$ l'élément $a \otimes [a_1] \otimes \ldots \otimes [a_k]$ de $\mathcal{B}_k(A)$, qui est nul si un a_i $(1 \leq i \leq k)$ est égal à 1. Si $a = 1$, on écrit simplement $[a_1, \ldots, a_k]$. Pour $k = 0$, notons $[]$ l'élément $1 \in \Lambda$. La graduation de $\mathcal{B}(A)$ est définie par

$$\deg (a[a_1, \ldots, a_k]) = \deg (a) + \sum_{1 \leq i \leq k} \deg(a_i) + k.$$

L'augmentation ϵ: $\mathcal{B}(A) \to \Lambda$ est définie par $\epsilon(a[]) = \epsilon(a)$. On définit s par $s(a[a_1, \ldots, a_k]) = [a, a_1, \ldots, a_k]$ (observer que le noyau de s est $\bar{\mathcal{B}}(A) = \sum_{k \geq 0} \bar{\mathcal{B}}_k(A)$, l'image de s est $\sum_{k \geq 1} \bar{\mathcal{B}}_k(A)$). On définit d comme l'unique Λ-endomorphisme de $\mathcal{B}(A)$ qui abaisse le degré de 1, prolonge la différentielle de A (identifié à $\mathcal{B}_0(A)$), et satisfait à

$$d(ax) = (da)x + (-1)^h a(dx) \text{ pour } a \in A_h \text{ et } x \in \mathcal{B}(A),$$
$$dsx + sdx = x - \epsilon x \text{ pour } x \in \mathcal{B}(A).$$

Enfin, utilisant l'anticommutativité de A, on définit[2] sur $\bar{\mathcal{B}}(A)$ une multiplication anticommutative. Alors $\mathcal{B}(A) = A \otimes \bar{\mathcal{B}}(A)$ est une DGA-algèbre *acyclique*, et $(A, \bar{\mathcal{B}}(A), \mathcal{B}(A), s)$ est une *construction spéciale.*

Soit f un DGA-homomorphisme $A \to A'$; l'homomorphisme spécial g: $\mathcal{B}(A) \to \mathcal{B}(A')$ qui prolonge f (théorème 1) s'explicite par

$$g(a[a_1, \ldots, a_k]) = (fa)\, [fa_1, \ldots, fa_k].$$

$\mathcal{B}(A)$ et $\bar{\mathcal{B}}(A)$ sont des *foncteurs covariants* de la DGA-algèbre A.

Soit (A, N, M) une construction. D'après le théorème 1, il existe un homomorphisme spécial, et un seul, g: $M \to \mathcal{B}(A)$, qui induise l'identité sur A; par passage au quotient, on obtient un DGA-homomorphisme $\bar{g}$: $N \to \bar{\mathcal{B}}(A)$, et *l'application* $\bar{g}_*$: $H_*(N) \to H_*(\bar{\mathcal{B}}(A))$ *est un isomorphisme d'algèbres graduées.*

THÉORÈME 2.—*Soient (A, N, M) une construction, (A', N', M', s') une construction spéciale, f un DGA-homomorphisme $A \to A'$. Le diagramme*

$$\begin{array}{ccc} H_*(N) & \to & H_*(N') \\ \downarrow & & \downarrow \\ H_*(\bar{\mathcal{B}}(A)) & \to & H_*(\bar{\mathcal{B}}A')) \end{array}$$

est commutatif (les flèches verticales désignent les isomorphismes qui viennent d'être définis; les homomorphismes horizontaux sont ceux du théorème 1).

5. *Suspension.*—Soit une construction (A, N, M); identifions A à une sous-algèbre de $M = A \otimes N$, par l'injection $a \to a \otimes 1$. La suite exacte d'homologie $H_{q+1}(M) \to H_{q+1}(M/A) \to H_q(A) \to H_q(M)$ et l'acyclicité de M donnent un isomorphisme $H_q(A) \approx H_{q+1}(M/A)$ $(q \geq 1)$. La projection $M \to N$ définit $H_{q+1}(M/A) \to H_{q+1}(N)$, d'où, par composition,

$$S_q: \; H_q(A) \to H_{q+1}(N), \quad q \geq 1 \text{ (application de ``suspension'')}.$$

Si un élément de $H_q(A)$ est *decomposable* dans l'algèbre $H_*(A)$ (i.e., est somme de produits d'éléments de degrés $< q$), sa suspension est nulle.

Soit (A, N, M, s) une construction spéciale. Soit $\bar{s}$: $A \to N$ le composé de l'injection $A \to M$, de s: $M \to M$, et de la projection $M \to N$. Dans N, on a

$\bar{s}da + d\bar{s}a = 0$ pour $a \in A_q$ $(q \geq 1)$, donc $\bar{s}$ induit des applications $H_q(A) \to H_{q+1}(N)$; *ce sont les applications* S_q.

Soient (A, N, M) et (A', N', M') deux constructions, et g: $M \to M'$ un homomorphisme de ces constructions. Soient f: $A \to A'$ et $\bar{g}$: $N \to N'$ les homomorphismes déduits de g. Le diagramme suivant est commutatif:

$$\begin{array}{ccc} H_q(A) & \xrightarrow{S_q} & H_{q+1}(N) \\ \downarrow f_* & & \downarrow \bar{g}_* \\ H_q(A') & \xrightarrow{S_q'} & H_{q+1}(N'). \end{array}$$

6. *Constructions Itérées.*—Considérons une suite de constructions

$$(A, A^{(1)}, B^{(1)}), (A^{(1)}, A^{(2)}, B^{(2)}), \ldots, (A^{(n)}, A^{(n+1)}, B^{(n+1)}) \ldots$$

telle que l'algèbre finale de chacune d'elles soit l'algèbre initiale de la suivante. Par exemple, la "bar construction itérée" est définie par

$$A^{(n)} = \bar{\mathfrak{B}}^{(n)}(A), \quad B^{(n)} = \mathfrak{B}^{(n)}(A) = A \otimes \bar{\mathfrak{B}}^{(n)}(A), \text{ avec}$$
$$\bar{\mathfrak{B}}^{(n+1)}(A) = \bar{\mathfrak{B}}(\bar{\mathfrak{B}}^{(n)}(A)), \qquad \bar{\mathfrak{B}}^{(1)}(A) = \bar{\mathfrak{B}}(A).$$

Notons $H_*(A, n)$ l'algèbre d'homologie $H_*(\bar{\mathfrak{B}}^{(n)}(A))$; la suspension envoie $H_q(A, n)$ dans $H_{q+1}(A, n + 1)$.

Pour toute construction itérée, le théorème 1 définit des DGA-homomorphismes $f^{(n)}$: $A^{(n)} \to \bar{\mathfrak{B}}^{(n)}(A)$ ($f^{(0)}$ étant l'application identique de A), d'où des *isomorphismes* $H_*(A^{(n)}) \approx H_*(A, n)$. Ces isomorphismes commutent avec les suspensions.

Considérons le cas où $\Lambda = Z$ et A est l'algèbre $Z(\Pi)$ d'un *groupe abélien* Π, munie de l'augmentation habituelle (tous les éléments de A sont de degré 0, et $d = 0$). Alors l'algèbre $H_*(A, n)$ est isomorphe à l'algèbre $H_*(\Pi, n)$, algèbre d'homologie du classique complexe d'Eilenberg-Mac Lane $K(\Pi, n)$ (complexe minimal d'un espace topologique X dont tous les groupes d'homotopie sont nuls, sauf $\pi_n(X) = \Pi$). D'une façon précise, Eilenberg et Mac Lane ont défini[3] des DGA-homomorphismes $\bar{\mathfrak{B}}^{(n)}(A) \to K(\Pi, n)$ qui sont compatibles avec les "suspensions" et induisent des *isomorphismes* des algèbres d'homologie $H_*(\bar{\mathfrak{B}}^{(n)}(A)) \approx H_*(\Pi, n)$.

Soit maintenant $A' = \Lambda(\Pi) = \Lambda \otimes_Z Z(\Pi)$. On a $\bar{\mathfrak{B}}^{(n)}(A') = \Lambda \otimes_Z \bar{\mathfrak{B}}^{(n)}(A)$, donc $H_*(A', n)$ est isomorphe *à* $H_*(\Pi, n; \Lambda)$, algèbre d'homologie de $K(\Pi, n)$ à coefficients dans Λ. *Pour calculer les algèbres* $H_*(\Pi, n; \Lambda)$ *et leurs suspensions, on peut utiliser n'importe quelle construction itérée, ayant* $\Lambda(\Pi)$ *comme algèbre initiale.* Par produit tensoriel, le cas où Π a un nombre fini de générateurs se ramène à celui d'un *groupe cyclique* (fini où infini).

7. *Structure Multiplicative de la Cohomologie.*—Pour simplifier, on se borne au cas d'un *corps* Λ. Soit une suite de constructions *spéciales* $(A^{(n)}, A^{(n+1)}, B^{(n+1)})$, d'algèbre initiale $A = \Lambda(\Pi)$. L'application diagonale $x \to (x, x)$ de Π dans $\Pi \times \Pi$ définit $A \to A \otimes A$, d'ou (théorème 1) des homomorphismes $\delta^{(n)}$: $A^{(n)} \to A^{(n)} \otimes A^{(n)}$ qui induisent $\delta_*^{(n)}$: $H_*(A^{(n)}) \to H_*(A^{(n)}) \otimes H_*(A^{(n)})$. Ceci définit une *multiplication dans la cohomologie* $\mathrm{Hom}_\Lambda(H_*(A^{(n)}), \Lambda)$. En particulier, soit $\Delta_*^{(n)}$ l'homomorphisme relatif à la bar construction itérée; d'après le théorème 2, le diagramme

$$\begin{array}{ccc} H_*(A^{(n)}) & \xrightarrow{\delta_*^{(n)}} & H_*(A^{(n)}) \otimes H_*(A^{(n)}) \\ \updownarrow & & \updownarrow \\ H_*(\bar{\mathfrak{B}}^{(n)}(A)) & \xrightarrow{\Delta_*^{(n)}} & H_*(\bar{\mathfrak{B}}^{(n)}(A)) \otimes H_*(\bar{\mathfrak{B}}^{(n)}(A)) \end{array}$$

est commutatif (les isomorphismes verticaux sont ceux du théorème 1). Or la cohomologie $H^*(\Pi, n; \Lambda) = \mathrm{Hom}_\Lambda(H_*(\Pi, n; \Lambda), \Lambda) \approx \mathrm{Hom}_\Lambda(H_*(\bar{\mathfrak{B}}^{(n)}(A))\Lambda)$ possède une multiplication (cohomologie d'un espace topologique): on montre que *c'est celle définie par* $\Delta_*^{(n)}$.

[1] La "bar construction" est due à Eilenberg-Mac Lane: PROC. NAT. ACAD. SCI., **36,** 657–663, 1950; *Ann. Math.*, **58,** 55–106, 1953, chap. ii. D'une façon précise, notre $\mathfrak{B}(A)$ est la "normalized bar construction" (*Ann. Math.*, **58,** 79, 1953); Eilenberg et Mac Lane n'ont pas introduit l'algebra *acyclique* $\mathfrak{B}(A)$.

[2] *Ann. Math.*, **58,** 55–106, 1953: produit * défini par la formule (7.10).

[3] *Ibid.*, théorèmes 20.1–20.3.

92.

Sur les groupes d'Eilenberg-MacLane. II

Proceedings of the National Academy of Sciences U. S. A., 40, 704–707 (1954)

Communicated by Saunders Mac Lane, May 18, 1954

1. *Les Algèbres d'Homologie $H_*(\Pi, n; Z_p)$.*—Π désigne un *groupe cyclique* (fini ou infini), Z_p le corps des entiers mod p (premier). On notera $E(m; \Lambda)$ la Λ-algèbre graduée de base $(1, x)$, x de degré m, avec $x^2 = 0$; x s'appelle le générateur de l'*algèbre extérieure* $E(m; \Lambda)$, à coefficients dans l'anneau Λ. On notera $P(m; \Lambda)$ la Λ-algèbre graduée de base $(1, x^{(1)}, x^{(2)}, \ldots, x^{(k)}, \ldots)$, $x^{(k)}$ de degré km, avec la multiplication

$$x^{(k)}x^{(h)} = \frac{(k+h)!}{k!h!}\, x^{(k+h)};$$

$x^{(1)} = x$ s'appelle le "générateur" de l'*algèbre des polynômes modifiée* $P(m; \Lambda)$. Les algèbres $E(m; \Lambda)$ et $P(m; \Lambda)$ sont *anticommutatives* (car on supposera, pour $P(m; \Lambda)$, que m est pair si Λ n'est pas de caractéristique 2).

Prenons $\Lambda = Z_p$. On a une "construction" (au sens de I, § 2), d'algèbre initiale $A = Z_p(\Pi)$, et dont voici l'algèbre finale N: si Π est cyclique infini, $N = E(1; Z_p)$ avec différentielle nulle; si Π est cyclique d'ordre p^f, $N = E(1; Z_p) \otimes_{Z_p} P(2; Z_p)$ avec différentielle nulle. Si Π est cylique d'ordre premier à p, l'algèbre N est acyclique, donc $H_*(\Pi, n; Z_p)$ est acyclique pour tout $n \geq 1$.

On cherche une *construction itérée* ayant comme algèbre initiale $E(1; Z_p) \approx H_*(Z, 1; Z_p)$, resp. $E(1; Z_p) \otimes P(2; Z_p) \approx H_*(Z_{p^f}, 1; Z_p)$. D'après I, §2, il suffit de faire une construction pour chaque facteur du produit tensoriel. Plus généralement:

I. *Construction ayant $E(m-1; Z_p)$ pour algèbre initiale (m pair).* Soit $A = E(m-1; Z_p)$, $N = P(m; Z_p)$; l'algèbre $M = A \otimes N$, munie de la différentielle d définie par $dx = 0$, $dy^{(h)} = xy^{(h-1)}$ (x générateur de A, y générateur de N), est acyclique; par passage au quotient, d est nul sur l'*algèbre finale* $P(m; Z_p)$. La *suspension* envoie x en y.

II. *Construction ayant $P(m; Z_p)$ comme algèbre initiale.* Soit x le "générateur" de $P(m; Z_p)$. Notons $Q_p(n)$ l'algèbre graduée, quotient de l'algèbre des polynômes $Z_p[u]$ par l'idéal (u^p), u de degré n. Soit f_k l'homomorphisme d'algèbres $Q_p(p^k m) \to P(m; Z_p)$ qui envoie le générateur u_k de $Q_p(p^k m)$ dans $x^{(p^k)}$. Les f_k identifient l'algèbre $P(m; Z_p)$ au produit tensoriel (infini) $\otimes_{k \geq 0} Q_p(p^k m)$. Soit $A_k = Q_p(p^k m)$; c'est l'algèbre initiale d'une construction: prendre $N_k = E(p^k m + 1; Z_p) \otimes P(p^{k+1}m + 2; Z_p)$ et, sur l'algèbre $M_k = A_k \otimes N_k$, la différentielle d définie par

$$du_k = 0, \qquad dy_k = u_k, \qquad dz_k^{(h)} = (u_k)^{p-1} y_k z_k^{(h-1)} \tag{1.1}$$

(y_k, z_k: générateurs de $E(p^k m + 1; Z_p)$, $P(p^{k+1}m + 2; Z_p)$). Par passage au quotient, d est nul sur N_k. Par produit tensoriel, on trouve une *construction d'algèbre initiale $A = P(m; Z_p)$ et d'algèbre finale $N = \otimes_{k \geq 0} N_k$.* La *suspension* envoie $x^{(p^k)} = u_k$ en y_k, et est nulle sur les autres éléments de la base de $P(m; Z_p)$.

Par itération des constructions I et II, l'algèbre d'homologie $H_*(\Pi, n; Z_p)$ (pour $\Pi = Z$ ou Z_{p^f}) est un produit tensoriel d'algèbres extérieures à un générateur de degré impair, et d'algèbres de polynômes modifiées à un générateur de degré pair. Chaque générateur u de $H_*(\Pi, n; Z_p)$ a pour suspension un générateur de $H_*(\Pi, n+1; Z_p)$; u est dit *primitif* s'il n'est pas le suspendu d'un générateur de $H_*(\Pi, n-1; Z_p)$. Chaque générateur u de $H_*(\Pi, n; Z_p)$ est caractérisé par l'unique générateur primitif v dont il est le suspendu itéré; si $v \in H_*(\Pi, m; Z_p)$, m s'appelle l'*indice* de u. Si u est de degré $n + q$, q est le *degré stable* de u (invariant par suspension). L'ensemble de tous les générateurs primitifs est en correspondance biunivoque avec l'ensemble des suites d'entiers $(a_0, a_1, \ldots, a_k)$ (k entier ≥ 0 quelconque) telles que

$$a_0 = 0 \text{ si } \Pi = Z, \qquad a_0 = 0 \text{ ou } 1 \text{ si } \Pi = Z_{p^f}; \tag{1.2}$$

$$\left.\begin{aligned} &a_i \equiv 0 \text{ ou } 1 \pmod{2p-2} \text{ pour } 0 \leq i \leq k; \\ &a_1 \geq 2p-2, \qquad a_{i+1} \geq pa_i \qquad (1 \leq i \leq k-1). \end{aligned}\right\} \tag{1.3}$$

Le degré stable q et l'indice m sont donnés par

$$q = a_0 + a_1 + \ldots + a_k, \tag{1.4}$$

$$m + q = \left[\frac{p}{p-1} a_k\right] \tag{1.5}$$

(on note $[\lambda]$ le plus petit entier $> \lambda$). Mais la formule (1.5) est en défaut si $p = 2$ et a_k impair.

Or, pour $p = 2$, $E(m; Z_2) \otimes P(2m; Z_2) \approx P(m; Z_2)$; d'où une *construction d'algèbre initiale* $P(m; Z_2)$ *et d'algèbre finale* $\otimes_{k \geq 0} P(2^k m + 1; Z_2)$. La suspension envoie $x^{(2^k)} \in P(m; Z_2)$ dans le "générateur" de $P(2^k m + 1; Z_2)$. Par itération, l'algèbre d'homologie $H_*(\Pi, n; Z_2)$ est un produit tensoriel d'algèbres de polynômes modifiées; les générateurs primitifs admettent encore la description (1.2), (1.3), et les formules (1.4) et (1.5) sont valables sans restriction. D'où:

THÉORÈME 3.—*Pour $n \geq 1$, p premier impair, l'algèbre d'homologie $H_*(\Pi, n; Z_p)$ ($\Pi = Z$ ou Z_{p^f}) est isomorphe à un produit tensoriel d'algèbres extérieures (à un générateur de degré impair) et d'algèbres de polynômes modifiées (à un générateur de degré pair). Pour $n \geq 2$, $p = 2$, l'algèbre d'homologie $H_*(\Pi, n; Z_2)$ ($\Pi = Z$ ou Z_{2^f}) est isomorphe à un produit tensoriel d'algèbres de polynômes modifiées. Dans tous les cas, le nombre des générateurs dont le degré stable est q est celui des suites $(a_0, \ldots, a_k)$ satisfaisant aux formules* (1.2), (1.3), *et* (1.4), *et telles que $pa_k < (p-1)(n+q)$.*

2. *Les Algèbres de Cohomologie $H^*(\Pi, n; Z_p)$.*—Notons $P^*(m; \Lambda)$ l'algèbre des polynômes $\Lambda[u]$ à un générateur u de degré m, munie de la *multiplication ordinaire;* $E^*(m; \Lambda)$ désigne la même chose que $E(m; \Lambda)$.

On sait que l'algèbre de cohomologie $H^*(Z_{p^f}, 1; Z_p)$ est isomorphe à $E^*(1, Z_p) \otimes P^*(2; Z_p)$, sauf si $p^f = 2$; et que $H^*(Z_2, 1; Z_2) \approx P^*(1; Z_2)$. Dans chacune des constructions I et II ci-dessus, on peut définir un opérateur s qui en fait une construction *spéciale* (cf. I, § 3). En appliquant la méthode de I, § 7, on trouve, par itération:

THÉORÈME 4.[1]—*Pour $n \geq 1$, p premier impair, l'algèbre de cohomologie $H^*(\Pi, n; Z_p)$ ($\Pi = Z$ ou Z_{p^f}) est isomorphe à un produit tensoriel d'algèbres extérieures (à un générateur de degré impair) et d'algèbres de polynômes ordinaires (à un générateur de degré pair). Pour $n \geq 2$, $p = 2$, $H^*(\Pi, n; Z_2)$ ($\Pi = Z$ ou Z_{2^f}) est isomorphe à un* *produit tensoriel d'algèbres de polynômes ordinaires. Dans tous les cas, le nombre des générateurs dont le degré stable est q est celui des suites* $(a_0, \ldots, a_k)$ *satisfaisant aux formules* (1.2), (1.3), *et* (1.4), *et telles que* $pa_k < (p-1)(n+q)$.

3. *Constructions à Coefficients Entiers.*—Soit m un entier pair ≥ 2. On note simplement $E(m-1)$ l'algèbre extérieure $E(m-1; Z)$, et $P(m)$ l'algèbre $P(m; Z)$. Pour tout entier h, soit $E_h(m-1)$ l'algèbre graduée $E(m-1) \otimes P(m)$ munie de la différentielle $dx = 0$, $dy^{(k)} = hxy^{(k-1)}$ (x, y: générateurs de $E(m-1)$, $P(m)$); c'est une DGA-algèbre, et x s'appelle le "générateur" de $E_h(m-1)$. On introduit aussi une DGA-algèbre $P_h(m)$ dont la définition complète est trop longue pour être explicitée ici; il suffit de savoir ceci: comme algèbre graduée, $P_h(m) = P(m) \otimes C$, où C est une algèbre graduée dont tous les éléments de base (sauf l'élément 1) sont de degé $> m$; l'injection $x \to x \otimes 1$ de $P(m)$ dans $P_h(m)$ identifie $P(m)$ à une sous-algèbre de $P_h(m)$ sur laquelle la différentielle de $P_h(m)$ est nulle, et définit donc un homomorphisme $P(m) \to H_*(P_h(m))$; en fait, ceci identifie $H_*(P_h(m))$ à un quotient de $P(m)$. D'une façon précise, soit u le "générateur" de $P(m)$, qu'on appelle aussi le "générateur" de $P_h(m)$; l'élément $u^{(i)} \in P(m)$ a pour image dans $H_*(P_h(m))$ un élément dont l'ordre est le quotient de ih par le produit des composantes p-primaires de ih (relatives à tous les p premiers ne divisant pas h).

Une méthode analogue à celle du § 1, mais plus compliquée, donne le résultat suivant:

THÉORÈME 5.—*Soit* $\Pi = Z$ (*resp.* Z_h *avec* $h = p^f$). *Pour n impair, l'algèbre* $H_*(\Pi, n; Z)$ *est isomorphe à l'algèbre d'homologie d'un produit tensoriel de DGA-algèbres*[2] $E(n) \otimes G(\Pi, n)$ (*resp.* $E_h(n) \otimes G(\Pi, n)$); *pour n pair,* $H_*(\Pi, n; Z)$ *est isomorphe à l'algèbre d'homologie d'un produit tensoriel* $P(n) \otimes G(\Pi, n)$ (*resp.* $P_h(n) \otimes G(\Pi, n)$). *Dans tous les cas,* $G(\Pi, n)$ *est un produit tensoriel* (*en général infini*) *de DGA-algèbres de la forme* $E_p(m-1)$ *et* $P_p(m)$ *pour tous les p premiers* (*resp. pour l'unique p premier divisant h*). *Le nombre des "générateurs" de* $G(\Pi, n)$ *relatifs à un p premier, et de degré stable* $q \geq 1$, *est celui des suites* $(a_0, \ldots, a_k)$ *satisfaisant aux formules* (1.2), (1.3), (1.4) *et*

$$a_k \equiv 0 \pmod{2p-2}, \tag{3.1}$$

et telles que $pa_k < (p-1)(n+q)$.

Les constructions à coefficients entiers permettent aussi de déterminer les *opérateurs de Bockstein* dans la cohomologie $H^*(\Pi, n; Z_p)$. Soit X un complexe de cochaînes (à coefficients entiers, sans torsion); soit $x \in X$, de degré q, tel que $dx = (-1)^{q+1}p^f x'$; x' est un cocyle dont l'image dans $H^{q+1}(X \otimes Z_p)$ est transformé, par l'opérateur $\beta(p^f)$, de l'image de x dans $H^q(X \otimes Z_p)$. L'opérateur $\beta(p)$ est défini sur $H^q(X \otimes Z_p)$ et à valeurs dans $H^{q+1}(X \otimes Z_p)$; $\beta(p^f)$ n'est défini que sur le noyau de $\beta(p^{f-1})$, et prend ses valeurs dans le conoyau de $\beta(p^{f-1})$. Les $\beta(p^f)$ *commutent avec la suspension.*

On démontre: soit u_0 l'unique générateur de degré n de $H^*(Z_{p^f}, n; Z_p)$ ("classe fondamentale"); alors $\beta(p^h) \cdot u_0 = 0$ pour $h < f$, et $\beta(p^f) \cdot u_0$ est l'unique générateur de degré $n+1$. Pour $\Pi = Z$ ou Z_{p^f}, soit u un générateur de $H^*(\Pi, n; Z_p)$, de schéma $(a_0, \ldots, a_k)$ avec $k \geq 1$, $a_k \equiv 0 \pmod{2p-2}$; alors[3] $\beta(p) \cdot u$ est le générateur de schéma $(a_0', \ldots, a_k')$, avec $a_i' = a_i$ pour $i < k$ et $a_k' = a_k + 1$.

4. *Relation avec les Opérations de Steenrod.*—Soit $a = (2p - 2)\lambda + \epsilon$, λ entier, $\epsilon = 0$ ou 1. Pour tout espace topologique X, définissons St_p^a: $H^i(X, Z_p) \to H^{i+a}(X, Z_p)$ comme suit: si $\epsilon = 0$, St_p^a est l'opération $\mathcal{P}_p^\lambda$ de Steenrod;[4] si $\epsilon = 1$, St_p^a est le composé $\beta(p) \circ \mathcal{P}_p^\lambda$ (pour $p = 2$, on prend simplement $St_2^a = Sq^a$, carré de Steenrod). Soit I une suite $(a_0, \ldots, a_k)$ satisfaisant à la formule (1.3); on pose $St_p^I = St_p^{a_k} \circ \ldots \circ St_p^{a_1}$ si $a_0 = 0$; si $a_0 = 1$, on pose $St_p^{I,f} = St_p^{a_k} \circ \ldots \circ St_p^{a_1} \circ \beta(p^f)$.

Les générateurs qui interviennent dans le Théorème 4 peuvent être choisis de plusieurs manières. Les opérations de Steenrod permettent de fixer ce choix; leurs propriétés vis-à-vis des puissances p-ièmes et de la suspension conduisent en effet au:

THÉORÈME 6.[1]—*Soit* $\Pi = Z$ (*resp.* $\Pi = Z_{p^f}$), *et soit* u_0 *la classe fondamentale de* $H^*(\Pi, n; Z_p)$. *On peut prendre comme système de générateurs des algèbres extérieures et des algèbres de polynômes du Théorème 4, l'ensemble des* $St_p^I(u_0)$ (*resp. des* $St_p^I(u_0)$ *et des* $St_p^{I,f}(u_0)$), *où I parcourt l'ensemble des suites* $(a_0, \ldots, a_k)$ *satisfaisant aux formules* (1.2) *et* (1.3), *et telles que* $pa_k < (p - 1)(n + a_0 + \ldots + a_k)$.

COROLLAIRE. Pour un entier q donné, l'ensemble des $St_p^I(u_0)$ (resp. des $St_p^I(u_0)$ et des $St_p^{I,f}(u_0)$), où I parcourt l'ensemble des suites $(a_0, \ldots, a_k)$ satisfaisant *aux* formules (1.2), (1.3), et (1.4), est une *base* du Z_p-espace vectoriel $H^{n+q}(\Pi, n; Z_p)$, dès que $n > q$.

5. *Calcul des "Groupes Stables"* $H_{n+q}(\Pi, n; Z), n > q$.—Les opérations de Steenrod St_p^I sont transposées d'homomorphismes dans l'*homologie*, qu'on notera St_I^p. Soit Π un groupe abélien *quelconque;* si $I = (a_0, \ldots, a_k)$, avec $a_0 = 0$, $a_1 + \ldots + a_k = q$, soit θ_I^p l'homomorphisme composé

$$H_{n+q}(\Pi, n; Z) \to H_{n+q}(\Pi, n; Z_p) \xrightarrow{St_I^p} H_n(\Pi, n; Z_p) \approx \Pi/p\Pi.$$

Si $I = (a_0, \ldots, a_k)$, avec $a_0 = 1$, $a_1 + \ldots + a_k = q - 1$, soit θ_I^p le composé

$$H_{n+q}(\Pi, n; Z) \to H_{n+q}(\Pi, n; Z_p) \xrightarrow{St_J^p} H_{n+1}(\Pi, n; Z_p) \approx {}_p\Pi,$$

où J désigne $(a_1, \ldots, a_k)$, et ${}_p\Pi$ désigne le groupe des éléments d'ordre p de Π.

THÉORÈME 7.[5]—*Pour* $q \geq 1$, *et* $n > q$, $H_{n+q}(\Pi, n; Z)$ *est un groupe de torsion; soit* $L_q(\Pi; p)$ *sa composante p-primaire. Pour chaque suite* $I = (a_0, \ldots, a_k)$ *telle que* $a_0 =$ 0 *ou* 1, *et satisfaisant aux formules* (1.3), (1.4), *et* (3.1), θ_I^p *applique* $L_q(\Pi; p)$ *sur* $\Pi/p\Pi$, *resp. sur* ${}_p\Pi$. *Soit* N_I^p *l'intersection des noyaux des* θ_J^p *pour toutes les suites* $J \neq I$; *alors* $L_q(\Pi; p)$ *est somme directe des* N_I^p, *et* θ_I^p *est un isomorphisme de* N_I^p *sur* $\Pi/p\Pi$, *resp. sur* ${}_p\Pi$.

COROLLAIRE. Pour $n > q \geq 1$, $H_{n+q}(\Pi, n; Z)$ est isomorphe (non canoniquement) à $H_{n+q}(Z, n; \Pi)$.

* Cette note fait suite à la précédente, citée "I." Voir, these PROCEEDINGS, **40**, 467–471, 1954.

[1] Ce théorème a déjà été démontré, dans le cas $p = 2$, par J. P. Serre, *Comm. Math. Helv.*, **27**, 198–231, 1953; voir §2.

[2] Le produit tensoriel de deux DGA-algèbres a été défini en I, §1.

[3] Il y a une exception: $p = 2$, $a_k + 1 = n + a_0 + \ldots + a_{k-1}$ impair; alors $\beta(2)\cdot u$ est le carré du générateur dont le schéma est $(a_0, \ldots, a_{k-1})$.

[4] N. Steenrod, these PROCEEDINGS, **39**, 217–223, 1953, formule (6.8).

[5] Les groupes stables $H_{n+q}(\Pi, n; Z)$ $(n > q)$, pour Π abélien quelconque, étaient connus au moins pour $q \leq 3$; dans le cas $\Pi = Z$, ils avaient été calculés pour $q \leq 10$ (Eilenberg-Mac Lane, these PROCEEDINGS, **36**, 657–663, 1950). On trouve aussi chez Serre, *op. cit.*, des renseignements sur la composante 2-primaire des groupes stables $H_{n+q}(\Pi, n; Z)$.

93.

Algèbres d'Eilenberg-MacLane

Séminaire Henri Cartan, Ecole Normale Supérieure, 1954–1955,
exposés 2 à 11, deuxième édition (1956)

Exposé 2. DGA-algèbres et DGA-modules

Introduction. Cette série d'exposés a pour but final le calcul explicite de l'homologie et de la cohomologie des espaces du type $\mathscr{K}(\Pi, n)$ (voir Exp. 1).

Dans ce qui suit, Λ désigne un anneau commutatif, avec un élément unité $1 \neq 0$; Λ est donné une fois pour toutes, tous les "modules" considérés seront des Λ-modules unitaires, toutes les "algèbres" seront des algèbres unitaires sur l'anneau Λ. Dans les applications ultérieures, Λ sera le plus souvent soit l'anneau Z des entiers naturels, soit le corps Z_p des entiers modulo p (p premier).

1. Notion de DGA-algèbre

Soit A une Λ-algèbre (qu'on supposera toujours *associative* et munie d'un élément unité $1 \neq 0$). A est une *algèbre graduée* si l'on s'est donné des sous-Λ-modules A_k (k entier) dont A est somme directe, tels que

$$A_k = 0 \quad \text{pour} \quad k < 0, \quad xy \in A_{k+h} \quad \text{pour} \quad x \in A_k \quad \text{et} \quad y \in A_h, \tag{1.1}$$

d'où $1 \in A_0$. Un élément de A_k est dit homogène de degré k.

Une algèbre graduée A est *anticommutative* si

$$yx = (-1)^{kh} xy \quad \text{pour} \quad x \in A_k,\ y \in A_h. \tag{1.2}$$

Une *différentielle* sur une algèbre graduée A est une application Λ-linéaire $d\colon A \to A$ telle que

$$dd = 0, \quad d(A_k) \subset A_{k-1}, \quad d(xy) = (dx)y + (-1)^k x(dy) \quad \text{pour} \quad x \in A_k. \tag{1.3}$$

Les deux premières relations (1.3) permettent de définir un *module d'homologie* gradué $H_*(A) = \sum_k H_k(A)$ (définition classique). La troisième relation (1.3) permet de définir dans $H_*(A)$ une multiplication, qui est associative parce que celle de A a été supposée associative. Le produit d'un élément de $H_k(A)$ et d'un élément de $H_h(A)$ est dans $H_{k+h}(A)$. Ainsi $H_*(A)$ est une Λ-algèbre graduée, dont l'élément unité est l'image de l'élément unité de A.

Soit A une algèbre différentielle graduée. On appelle *augmentation* une application Λ-linéaire $\varepsilon\colon A \to \Lambda$ telle que

$$\varepsilon(1) = 1, \quad \varepsilon(xy) = (\varepsilon x)(\varepsilon y), \quad \varepsilon x = 0 \ \text{pour} \quad x \in A_k \quad (k \geqslant 1), \quad \varepsilon d = 0. \tag{1.4}$$

Une augmentation est déterminée par sa restriction à A_0. Soit l'application Λ-linéaire $\sigma\colon \Lambda \to A$ définie par $\sigma(\lambda) = \lambda \cdot 1$; la composée $\varepsilon\sigma$ est l'application identique de Λ, donc σ est un isomorphisme de Λ sur un sous-anneau de A, auquel on l'identifie; grâce à cette identification, on pourra considérer que ε prend ses valeurs dans A. Observer que Λ est *facteur direct* de A.

Par passage au quotient, une augmentation $\varepsilon\colon A \to \Lambda$ définit une augmentation $H_*(A) \to \Lambda$; et Λ est facteur direct de $H_0(A)$.

Définition 1. *On appelle DGA-algèbre* (sur Λ) *une algèbre graduée munie d'une différentielle et d'une augmentation satisfaisant à* (1.3) *et* (1.4). *Etant données deux DGA-algèbres A et A′, on appelle DGA-homomorphisme de A dans A′ une application Λ-linéaire $f\colon A \to A'$ satisfaisant à*

$$f(A_k) \subset A'_k, \quad f(1) = 1, \quad f(xy) = (fx)(fy), \quad d'f = fd, \quad \varepsilon' f = \varepsilon. \tag{1.5}$$

Il est clair qu'un DGA-homomorphisme f définit une application Λ-linéaire $f_*\colon H_*(A) \to H_*(A')$ qui conserve le degré, et est compatible avec les structures multiplicatives et les augmentations.

2. Exemples de DGA-algèbres

Pour tout espace topologique X, notons $S(X)$ le complexe singulier (simplicial) de X. On définit classiquement une application

$$\sigma\colon S(X_1) \otimes S(X_2) \to S(X_1 \times X_2),$$

où $S(X_1) \otimes S(X_2)$ désigne le produit tensoriel (gradué) des deux Z-modules gradués $S(X_1)$ et $S(X_2)$ (produit tensoriel pris sur l'anneau Z). Pour une explicitation de σ, voir par exemple S. MacLane, *Proc. Amer. Math. Soc.* 5 (1954), p. 642–651 (voir formules (2) et (5′)); l'origine géométrique de la formule réside dans la décomposition en simplexes du produit de deux simplexes. Si on munit $S(X_1) \otimes S(X_2)$ de l'opérateur différentiel d défini par

$$d(u_1 \otimes u_2) = (du_1) \otimes u_2 + (-1)^k u_1 \otimes (du_2) \quad (k = \text{degré de } u_1),$$

σ commute avec les opérateurs différentiels, et définit un *isomorphisme* $\sigma_*\colon H(S(X_1) \otimes S(X_2)) \approx H(S(X_1 \times X_2))$. En outre, σ est *naturel*, c'est-à-dire compatible avec les homomorphismes qu'on déduit d'applications continues d'espaces topologiques.

Supposons alors qu'on ait un espace X muni d'une multiplication continue $f\colon X \times X \to X$. L'application composée

$$S(X) \otimes S(X) \xrightarrow{\sigma} S(X \times X) \to S(X)$$

définit une multiplication dans $S(X)$, et cette multiplication satisfait à la dernière condition (1.3). Si la multiplication f est associative (ce qui est le cas si X est un groupe topologique, ce qu'on va supposer), la multiplication dans $S(X)$ est associative. D'autre part, on a classiquement une augmentation $S(X) \to Z$, nulle sur les simplexes de dimension $\geqslant 1$, et qui à chaque simplexe de dimension 0 (point) associe $1 \in Z$. On voit que $S(X)$ est une DGA-algèbre (sur Z), dont l'élément unité est le 0-simplexe du point e (élément neutre du groupe X). La multiplication de $S(X)$ est appelée le "produit de Pontrjagin"; elle passe dans l'homologie, d'où l'algèbre d'homologie $H_*(S(X))$, notée $H_*(X)$. Si on considère l'homologie à coefficients dans un anneau commutatif Λ, $S(X) \otimes \Lambda$ est une DGA-algèbre sur Λ, et $H_*(S(X)) \otimes \Lambda)$, notée $H_*(X; \Lambda)$, est une algèbre graduée.

Lorsque la multiplication $f: X \times X \to X$ est *commutative*, il est immédiat (en utilisant la définition explicite de σ) que la multiplication de $S(X)$ est *anti-commutative*. L'algèbre d'homologie $H_*(X; \Lambda)$ est alors anticommutative.

Soit maintenant Π un groupe *abélien*. On a vu (Exp. 1) qu'il existe des espaces du type $\mathscr{K}(\Pi, n)$, et que parmi eux il y a des H-espaces, par exemple l'espace des lacets (d'origine donnée) sur un espace du type $\mathscr{K}(\Pi, n+1)$. Tous les "sous-complexes minimaux" d'un tel espace X sont isomorphes à un complexe $K(\Pi, n)$ décrit par Eilenberg-MacLane (voir par exemple *Ann. of Math.* 58 (1953), p. 55–106; voir p. 86); la multiplication de Pontrjagin dans $S(X)$ induit alors dans $K(\Pi, n)$ une multiplication, indépendante du choix de l'espace X; cette multiplication est *associative* (bien que la multiplication dans X ne le soit pas, en général), et *anticommutative*. Ainsi le complexe $K(\Pi, n)$ est muni d'une structure de DGA-algèbre anticommutative. L'algèbre d'homologie $H_*(K(\Pi, n) \otimes \Lambda) = H_*(\Pi, n; \Lambda)$ est l'algèbre d'homologie de tout espace multiplicatif du type $\mathscr{K}(\Pi, n)$; cette algèbre d'homologie est anticommutative.

Pour $n = 0$, il est commode de convenir que $K(\Pi, 0)$ est l'algèbre $Z(\Pi)$, algèbre du groupe Π à coefficients entiers. Bien entendu, cette algèbre est définie même si Π n'est pas abélien; on peut la considérer comme une DGA-algèbre (où tous les degrés sont nuls, et l'opérateur d est nul); l'augmentation $\varepsilon: Z(\Pi) \to Z$ associe à l'élément $\sum_i n_i x_i$ ($x_i \in \Pi$, $n_i \in Z$) l'entier $\sum_i n_i$.

3. Produit tensoriel de DGA-algèbres

On suppose connue la définition du produit tensoriel de deux Λ-modules gradués (produit tensoriel pris sur Λ); c'est un Λ-module gradué. Soient alors A et A' deux Λ-*algèbres* gradués: on définit, sur $A \otimes_\Lambda A'$, une multiplication par la formule

$$(a \otimes a') \cdot (b \otimes b') = (-1)^{kh}(ab) \otimes (a'b') \quad \text{pour} \quad a' \in A'_k,\ b \in A_h. \tag{3.1}$$

On vérifie qu'avec cette multiplication $A \otimes_\Lambda A'$ est une algèbre graduée; de plus, si A et A' sont anticommutatives, $A \otimes_\Lambda A'$ est aussi anticommutative.

Si maintenant A et A' sont des DGA-algèbres (avec différentielles d et d', augmentations ε et ε'), on définit, sur $A'' = A \otimes A'$, une différentielle d'' et une augmentation ε'' par les formules

$$d''(a \otimes a') = (da) \otimes a' + (-1)^k a \otimes (d'a'), \quad a \in A_k, \tag{3.2}$$

$$\varepsilon''(a \otimes a') = (\varepsilon a)(\varepsilon' a'). \tag{3.3}$$

Ceci munit bien $A \otimes A'$ d'une structure de DGA-algèbre.

Soient $f: A \to B$ et $f': A' \to B'$ deux DGA-homomorphismes; le produit tensoriel $g = f \otimes f'$ de ces applications, défini par

$$g(a \otimes a') = (fa) \otimes (f'a'),$$

est un DGA-homomorphisme de la DGA-algèbre $A \otimes A'$ dans la DGA-algèbre $B \otimes B'$. La vérification, fastidieuse, est facile.

Exemples: Soient X et X' deux groupes topologiques, et $X \times X'$ leur produit. $S(X) \otimes S(X')$ est une DGA-algèbre, et

$$\sigma: S(X) \otimes S(X') \to S(X \times X')$$

est un DGA-homomorphisme, qui induit un isomorphisme des algèbres d'homologie.

De même, soient Π et Π' deux groupes abéliens, et $\Pi \times \Pi'$ leur produit. L'application σ définit un DGA-homomorphisme

$$K(\Pi, n) \otimes K(\Pi', n) \to K(\Pi \times \Pi', n),$$

qui induit un isomorphisme des algèbres d'homologie. En faisant le produit tensoriel par un anneau commutatif Λ, on obtient un DGA-homomorphisme

$$H_*(\Pi, n; \Lambda) \otimes H_*(\Pi', n; \Lambda) \to H^*(\Pi \times \Pi', n; \Lambda)$$

qui, lorsque Λ est un corps, est un isomorphisme (sur).

4. Notion de DGA-module

Définition 4.1. Etant donnée une DGA-algèbre A (sur Λ), on appelle DGA-module (à gauche) sur A un A-module à gauche M, muni:

1) de la donnée de sous-Λ-modules M_k dont M soit somme directe, avec les conditions: $M_k = 0$ pour $k < 0$, $am \in M_{k+h}$ pour $a \in A_k$ et $m \in M_h$;

2) d'un Λ-homomorphisme $d: M \to M$, qui applique M_k dans M_{k-1}, et satisfait à

$$dd = 0, \quad d(am) = (da)m + (-1)^k a(dm) \quad \text{pour} \quad a \in A_k, \ m \in M \tag{4.1}$$

(où da désigne la différentielle de a dans l'algèbre A);

3) d'une application Λ-linéaire $\eta: M \to \Lambda$, appelée augmentation, satisfaisant

$$\eta m = 0 \quad \text{pour} \quad m \in M_k \quad (k \geqslant 1), \quad \eta d = 0, \quad \eta(am) = (\varepsilon a)(\eta m). \tag{4.2}$$

Soit donc M un DGA-module sur la DGA-algèbre A, et notons I l'idéal bilatère de A, noyau de l'augmentation $\varepsilon: A \to \Lambda$. Soit IM le sous-module (gradué) de M, formé des sommes finies $\sum_i a_i m_i$ où $a_i \in I$. Soit $\overline{M}$ le module-quotient M/IM, qui est gradué; η induit une augmentation $\bar{\eta}: \overline{M} \to \Lambda$, car η est nul sur IM, d'après la dernière condition (4.2). De plus, IM est stable pour d, en vertu de (4.1) et du fait que $\varepsilon da = 0$; donc d induit un Λ-endomorphisme $\bar{d}$ de $\bar{M}$, et on vérifie que $\bar{d}\bar{d} = 0$. Ainsi $\bar{M}$ est un DGA-module sur Λ, qu'on appelle le *module associé* à M.

Exemple: Soit X un espace topologique dans lequel un groupe topologique G opère (à gauche). L'application continue $G \times X \to X$ définie par ces opérations définit une application

$$S(G) \otimes S(X) \to S(X)$$

qui fait de $S(X)$ un DGA-module sur la DGA-algèbre $S(G)$. Soit Y l'espace-quotient X/G, et soit I le noyau de l'augmentation $S(G) \to Z$; il est clair que $I.S(X)$ est dans le noyau de $S(X) \to S(Y)$, d'où un homomorphisme $\bar{M} \to S(Y)$, en désignant par $\bar{M}$ le module associé au *DGA*-module $M = S(X)$. On peut montrer que, sous certaines hypothèses, $\bar{M} \to S(Y)$ induit un isomorphisme des homologies; par exemple, il en est ainsi lorsque X est fibré principal de groupe G (mais il n'est pas question de le démontrer ici).

Définition 4.2. Soient A et A' deux DGA-algèbres (sur Λ), et $f: A \to A'$ un DGA-homomorphisme. Soient M un DGA-module sur A, et M' un DGA-module sur A'. On dit qu'une application Λ-linéaire $g: M \to M'$ est un *DGA-homomorphisme compatible avec* f si

$$g(M_k) \subset M'_k, \quad g(am) = (fa)(gm), \quad d'g = gd, \quad \eta' g = \eta. \tag{4.3}$$

S'il en est ainsi, g définit, par passage aux quotients, un Λ-homomorphisme $\bar{g}: \bar{M} \to \bar{M}'$ des modules associés, et $\bar{g}$ est compatible avec les opérateurs différentiels $\bar{d}$ et $\bar{d}'$, ainsi qu'avec les augmentations $\bar{\eta}$ et $\bar{\eta}'$.

5. Un théorème sur les DGA-homomorphismes

Avant de l'énoncer, rappelons la définition d'un Λ-module *acyclique*: M étant un Λ-module gradué ($M_k = 0$ pour $k < 0$), avec un opérateur différentiel d et une augmentation η satisfaisant à

$$dd = 0, \quad d(M_k) \subset M_{k-1}, \quad \eta(M_k) = 0 \quad \text{pour} \quad k \geqslant 1, \ \eta d = 0,$$

la suite de Λ-modules et de Λ-homomorphismes

$$\ldots \to M_k \xrightarrow{d} M_{k-1} \to \ldots \to M_1 \xrightarrow{d} M_0 \xrightarrow{\eta} \Lambda \to 0 \tag{5.1}$$

est telle que le composé de deux homomorphismes consécutifs est zéro. On dit que M est *acyclique* si cette suite est *exacte*. Il revient au même de dire que $H_k(M) = 0$ pour $k \geqslant 1$, et que η induit un *isomorphisme* $H_0(M) \approx \Lambda$.

Théorème 1. *Soient A et A' deux DGA-algèbres, f un DGA-homomorphisme de A dans A'. Soit M un DGA-module sur A, ayant une A-base formée d'éléments homogènes. Soit M' un DGA-module sur A', acyclique. Alors:*

α) *il existe au moins un DGA-homomorphisme $g: M \to M'$, compatible avec* f (au sens de la définition 4.2);

β) *l'homomorphisme* $\bar{g}_*: H_*(\overline{M}) \to H_*(\overline{M}')$ *induit par* $\bar{g}: \overline{M} \to \overline{M}'$, *est indépendant du choix de* g.

Démonstration: elle se fait suivant une méthode classique, en montant sur les degrés. D'une façon précise, choisissons une A-base $\{m_i\}$ de M, formée d'éléments homogènes. La connaissance des $g(m_i) = m'_i$ déterminera l'application g cherchée, par la formule

$$g(\textstyle\sum_i a_i m_i) = \sum_i (fa_i)m'_i. \tag{5.1}$$

Etant donnés des m'_i, pour que l'application g définie par (5.1) soit un DGA-homomorphisme compatible avec f, il faut que:

(i) m'_i soit homogène, de même degré que m_i;

(ii) pour tout m_i de degré 0, on ait $\eta'(m'_i) = \eta(m_i)$;

(iii) pour tout m_i de degré $\geqslant 1$, on ait $d'm'_i = g(dm_i)$,

où $g(dm_i)$ est calculé grâce à (5.1).

Il est immédiat que ces conditions nécessaires sont aussi suffisantes. Pour les réaliser, on choisit d'abord les m'_i associés aux m_i de degré 0; on veut qu'un tel m'_i soit de degré 0 et satisfasse à $\eta'(m'_i) = \eta(m_i)$, condition qu'on peut réaliser parce que, M' étant acyclique, η' applique M'_0 *sur* Λ. Supposons que l'on ait déjà choisi les m'_i relatifs à tous les m_i de degré $<k$ ($k \geqslant 1$), de manière à satisfaire à (i), (ii), (iii); la formule (5.1) définit alors g sur le sous-Λ-module $\sum_{h<k} M_h$, et on a

$$\eta m = \eta' g m, \quad g d m = d' g m \quad \text{pour} \quad m \in \textstyle\sum_{h<k} M_h.$$

Soit alors m_i de degré k; on cherche m'_i de degré k, tel que $d'm'_i = g(dm_i)$, le second membre étant un élément connu $u' \in M'$, de degré $k-1$; on a $d'u' = 0$, $\eta' u' = 0$, et comme M' est acyclique, il existe bien un m'_i de degré k tel que $d'm'_i = u'$. Ceci achève de prouver l'existence d'un g compatible avec f.

Il reste à démontrer l'assertion β) de l'énoncé. Considérons deux DGA-homomorphismes g_1, g_2 de M dans M', compatibles avec f.

On va montrer que g_1 et g_2 sont *homotopes*, dans le sens suivant: il existe une application Λ-linéaire $s: M \to M'$ telle que

$$s(M_k) \subset M'_{k+1}; \tag{5.2}$$

$$d's + sd = g_1 - g_2; \tag{5.3}$$

$$s(am) = (-1)^k (fa)(sm) \quad \text{pour} \quad a \in A_k, \quad m \in M. \tag{5.4}$$

Une fois qu'on aura prouvé l'existence d'une telle application s, s définira, par passage aux quotients, une application Λ-linéaire $\bar{s}$ de $\overline{M}$ dans $\overline{M}'$ (car, d'après (5.4), s applique IM dans $I'M'$); et $\bar{s}$ satisfera aux conditions

$$\bar{s}(\overline{M}_k) \subset \overline{M}'_{k+1}; \tag{5.2'}$$

$$\bar{d}'\bar{s} + \bar{s}\bar{d} = \bar{g}_1 - \bar{g}_2. \tag{5.3'}$$

Il en résultera que $\bar{g}_1$ et $\bar{g}_2$ définissent la même application $H_*(\overline{M}) \to H_*(\overline{M}')$.

Tout revient donc à prouver l'existence de s. Une fois connus les éléments $s(m_i) = n'_i$, on posera

$$s(\textstyle\sum_i a_i m_i) = \sum_i (-1)^{\alpha_i}(fa_i)n'_i \quad (\alpha_i = \text{degré de } a_i). \tag{5.5}$$

Pour que s, ainsi défini, satisfasse à (5.2), (5.3) et (5.4), il faut que:

(i) n'_i soit homogène, de degré égal au degré de m_i plus un;

(ii) $d'n'_i = g_1(m_i) - g_2(m_i) - s(dm_i)$,

où $s(dm_i)$ est calculé grâce à (5.5).

Ces conditions nécessaires sont aussi suffisantes (la vérification, laissée au lecteur, fait usage du signe $(-1)^k$ qui figure dans la condition (5.4)). Pour choisir les n'_i de manière à satisfaire à (i) et (ii), on procède par récurrence sur le degré de m_i. Supposons déjà choisis les n' associés aux m_i de degré $<k$ ($k \geqslant 0$), et définissons s, sur le sous-module $\sum_{h<k} M_h$, par la formule (5.5); s satisfait à (5.3) sur $\sum_{h<k} M_h$. Soit alors m_i de degré k; on cherche n'_i de degré $k+1$, qui satisfasse à (ii), dont le second membre v'_i est déjà connu. Si $k = 0$, on vérifie que $\eta'(v'_i) = 0$, et si $k \geqslant 1$, on vérifie que $d'v'_i = 0$; dans les deux cas, l'acyclicité de M' prouve l'existence de l'élément n'_i cherché.

La démonstration du théorème 1 est achevée.

Un complément essentiel au théorème 1 est le suivant:

Théorème 2.—*Soit M un DGA-module sur une DGA-algèbre A, ayant une A-base homogène; et soit M' un DGA-module sur une DGA-algèbre A', ayant une A'-base homogène. Supposons M et M' acycliques. Soit g un DGA-homomorphisme $M \to M'$ compatible avec un DGA-homomorphisme f: $A \to A'$, et soit $\bar{g}_*$: $H_*(\overline{M}) \to H_*(\overline{M}')$ l'homomorphisme déduit de g. Alors $\bar{g}_*$ est un isomorphisme sous l'une des hypothèses suivantes*:

(a) *f est un isomorphisme*;

(b) *f induit un isomorphisme f_*: $H_*(A) \approx H_*(A')$, et l'augmentation induit des isomorphismes $H_0(A) \approx \Lambda$ et $H_0(A') \approx \Lambda$.*

La démonstration sous l'hypothèse (a) est immédiate grâce au théorème 1, et est laissée au lecteur. La démonstration sous l'hypothèse (b) sera donnée dans l'Exposé suivant, comme conséquence d'un résultat général dû à J. C. Moore.

Exposé 3. DGA-modules (suite); notion de construction

1. Rappels concernant la suite spectrale

Le théorème 2, énoncé sans démonstration à la fin de l'exposé précédent, sera démontré ci-dessous (n° 4) comme conséquence d'un théorème dû à J. C. Moore (théorème A ci-dessous, n° 2). Auparavant, quelques rappels seront utiles.

Soit M un *Λ-module différentiel gradué et filtré*. Par là nous entendrons que: M est gradué: $M = \sum_n M_n$, $M_n = 0$ pour $n < 0$;

M est muni d'un Λ-endomorphisme d tel que $dd = 0$, $dM_n \subset M_{n-1}$;

M est muni d'une *filtration croissante*, ce qui veut dire qu'on a associé à tout entier p un sous-module $F_p(M)$ de manière que:

$$\begin{cases} F_p(M) = 0 \quad \text{pour} \quad p < 0, \quad F_p(M) \subset F_{p+1}(M), \\ F_p(M) = \sum_n F_p(M_n), \quad \text{en notant } F_p(M_n) \text{ le sous-module } F_p(M) \cap M_n, \\ M_p \subset F_p(M), \quad F_p(M) \text{ est stable pour } d. \end{cases}$$

Dans une telle situation, on sait (voir par exemple J. -P. Serre, *Ann. of Math.* 54, 1951, p. 425–505, Chap. I; et H. Cartan-S. Eilenberg, *Homological Algebra*, Chap. XV, à paraître) que M définit une *suite spectrale*. On a une suite de modules bigradués $E^r(M) = \sum_{p,q} E^r_{p,q}(M)$, $r = 0, 1, 2, \ldots$ (avec $E^r_{p,q}(M) = 0$ pour $p < 0$ ou $q < 0$), et $E^r(M)$ est muni d'un opérateur différentiel d^r tel que

$$d^r d^r = 0, \quad d^r(E^r_{p,q}) \subset E^r_{p-r,q+r-1}.$$

$E^{r+1}(M)$, abstraction faite de son opérateur d^{r+1}, est le module d'homologie de $E^r(M)$. Pour p et q donnés, le module $E^r_{p,q}(M)$ est indépendant de r pour r assez grand; d'où un module bigradué $E^\infty(M)$. Filtrons $H_n(M)$ en notant $F_p(H_n(M))$ l'image, dans $H_n(M)$, des cycles de $F_p(M_n)$; alors $E^\infty(M)$ est le *module bigradué associé* au module gradué-filtré $H(M)$, c'est-à-dire

$$E^\infty_{p,q}(M) \approx F_p(H_{p+q}(M))/F_{p-1}(H_{p+q}(M)).$$

Rappelons enfin que $E^0(M)$ est le module bigradué associé à M:

$$E^0_{p,q}(M) = F_p(M_{p+q})/F_{p-1}(M_{p+q}).$$

Soient maintenant M et M' deux Λ-modules différentiels gradués et filtrés, et soit $g: M \to M'$ un Λ-homomorphisme compatible avec les graduations, les filtrations et les opérateurs différentiels. On sait qu'alors g induit, pour chaque r, un homomorphisme $g^r: E^r(M) \to E^r(M')$ compatible avec les bigraduations et les opérateurs d^r, et que g^{r+1} se déduit de g^r par passage à la d^r-homologie. Dans une telle situation, on va, avec J. C. Moore, introduire un troisième module différentiel gradué et filtré M'', appelé le "mapping cylinder" de l'application $g: M \to M'$.

On prend $M'' = M' + M$ (somme directe), avec la graduation $M''_n = M'_n + M_{n-1}$ et l'opérateur différentiel $d(x', x) = (dx' + g(x), -dx)$. Les applications $x' \to (x', 0)$ et $(x', x) \to x$ définissent une suite exacte de complexes

$$0 \to M' \to M'' \to M \to 0,$$

à laquelle correspond une suite exacte d'homologie

$$\ldots \to H_{n+1}(M'') \to H_n(M) \to H_n(M') \to H_n(M'') \to \ldots, \tag{1}$$

et si on explicite l'homomorphisme médian $H_n(M) \to H_n(M')$, on voit que c'est l'homomorphisme g_* déduit de g par passage à l'homologie.

Définissons sur M'' la filtration croissante

$$F_p(M'') = F_p(M') + F_{p-1}(M). \tag{2}$$

Alors M'' est bien un module différentiel gradué et filtré (au sens précis défini plus haut). La décomposition directe (2) induit une décomposition directe $E^0_{p,q}(M'') = E^0_{p,q}(M') + E^0_{p-1,q}(M)$, compatible avec les différentielles d^0; d'où une décomposition directe

$$E^1_{p,q}(M'') = E^1_{p,q}(M') + E^1_{p-1,q}(M) \tag{3}$$

et on va chercher comment s'exprime l'opérateur d^1 de $E^1(M'')$ dans cette décomposition. Soit $(x', x) \in F_p(M''_{p+q})$ tel que $d(x', x) \in F_{p-1}(M''_{p+q-1})$; alors l'opérateur d^1 de $E^1(M'')$ transforme la classe de (x', x) dans la classe de $d(x', x) = (dx' + g(x), -dx)$. Ainsi, pour $\xi' \in E^1_{p,q}(M')$ et $\xi \in E^1_{p-1,q}(M)$, on a

$$d^1(\xi', \xi) = (d^1\xi' + g^1(\xi), -d^1\xi);$$

en d'autres termes, $E^1(M'')$ est le "mapping-cylinder" de l'application g^1: $E^1(M) \to E^1(M')$.

Appliquons à ce mapping cylinder la suite exacte (1), en y remplaçant M, M' et g par $E^1(M)$, $E^1(M')$ et g^1; il vient une suite exacte

$$\ldots \to E^2_{p+1,q}(M'') \to E^2_{p,q}(M) \xrightarrow{g^2} E^2_{p,q}(M') \to E^2_{p,q}(M'') \to \ldots, \tag{4}$$

où g^2 est l'homomorphisme induit par g.

2. Enoncé du double théorème de Moore

Hypothèses du théorème: soient M, M' et $g: M \to M'$ comme dans le n° 1. Supposons en outre donnés deux Λ-modules gradués U et U' (avec $U_q = 0$ et $U'_q = 0$ pour $q < 0$), et un Λ-homomorphisme $h: U \to U'$, conservant les degrés. Supposons aussi donnés deux Λ-modules différentiels gradués N et N', et un Λ-homomorphisme $\bar{g}: N \to N'$ compatible avec les graduations et les opérateurs différentiels (ces derniers notés $\bar{d}$). On suppose que $N_p = 0$ et $N'_p = 0$ pour $p < 0$, et que, pour $p \geqslant 0$, N_p et N'_p sont *Λ-libres*. Enfin, supposons donné un diagramme commutatif

$$\begin{array}{ccc} E^1(M) & \xrightarrow{g^1} & E^1(M') \\ \downarrow \psi & & \downarrow \psi' \\ U \otimes_\Lambda N & \xrightarrow{h \otimes \bar{g}} & U' \otimes_\Lambda N' \end{array}$$

où ψ et ψ' sont compatibles avec les bigraduations (i.e.: ψ envoie $E^1_{p,q}(M)$ dans $U_q \otimes N_p$, et de même pour ψ'), ainsi qu'avec les opérateurs différentiels: dans $U \otimes N$, on considère d défini par $d(u \otimes n) = (-1)^q u \otimes (\bar{d}n)$ pour $u \in U_q$; de même dans $U' \otimes N'$; dans $E^1(M)$ et $E^1(M')$, on considère les opérateurs d^1. On suppose en outre que

$$\psi_*: E^2(M) \to H(U \otimes N) \quad \text{et} \quad \psi'_*: E^2(M') \to H(U' \otimes N')$$

sont des *isomorphismes.*

Sous toutes les hypothèses précédentes, on a les deux théorèmes suivants:

Théorème A. Si $g_*: H(M) \to H(M')$ est un *isomorphisme,* si $h: U \to U'$ est un *isomorphisme*, et si l'anneau Λ est facteur direct de U_0, alors $\bar{g}_*$: $H(N) \to H(N')$ est un *isomorphisme.*

Théorème B. Si $g_*: H(M) \to H(M')$ est un *isomorphisme*, si $\bar{g}_*$: $H(N) \to H(N')$ est un *isomorphisme*, et si l'anneau Λ est facteur direct de $H_0(N)$, alors $h: U \to U'$ est un *isomorphisme.*

Rappelons pour mémoire le théorème bien connu:

Théorème C. Si $h: U \to U'$ est un *isomorphisme*, et si $\bar{g}_*: H(N) \to H(N')$ est un *isomorphisme*, alors $g_*: H(M) \to H(M')$ est un *isomorphisme.* (En effet, $g^2: E^2(M) \to E^2(M')$ est alors un isomorphisme, d'où la conclusion suit par un raisonnement connu).

Remarque: avant de démontrer ces théorèmes, observons qu'ils s'appliquent à l'*homologie des espaces fibrés*, dans le cas où le groupe fondamental de la base opère trivialement dans l'homologie de la fibre. Alors M désigne le complexe des chaînes (singulières cubiques) de l'espace fibré, N celui des chaînes de la base, et U l'homologie de la fibre. Soit Φ une application continue d'un tel espace fibré X dans un espace fibré X', compatible avec les fibrations; le théorème A dit que si Φ induit un isomorphisme des homologies des espaces fibrés et un isomorphisme des homologies des fibres, alors Φ induit un isomorphisme des homologies des bases. Les théorèmes B et C s'interprètent de même.

3. Démonstration des théorèmes A et B

Lemme 1. Sous les hypothèses du théorème A, les assertions suivantes sont équivalentes: (α_p) $H_s(N) \to H_s(N')$ est un isomorphisme pour $s \leqslant p$;

(β_p) $E^2_{s,0}(M) \to E^2_{s,0}(M')$ est un isomorphisme pour $s \leqslant p$;

(γ_p) $E^2_{s,q}(M) \to E^2_{s,q}(M')$ est un isomorphisme pour $s \leqslant p$ et tout entier q.

En effet, (β_p) signifie que $H_s(U_0 \otimes N) \to H_s(U'_0 \otimes N')$ est un isomorphisme pour $s \leqslant p$, et (γ_p) signifie que $H_s(U_q \otimes N) \to H_s(U'_q \otimes N')$ est un isomorphisme pour $s \leqslant p$ et tout q. Or (β_p) entraîne (α_p) parce que $U_0 \to U'_0$ est un isomorphisme et que Λ est facteur direct de U_0; (α_p) entraîne (γ_p) à cause du "théorème des coefficients universels" (compte tenu du fait que N_p et N'_p sont Λ-libres); enfin, (γ_p) entraîne trivialement (β_p).

Le lemme 1 étant prouvé, il suffit, pour établir le théorème A, de montrer que (α_p) est vrai pour tout p. Or c'est trivial pour $p < 0$. Montrons que (α_p) entraîne (α_{p+1}); d'après le lemme 1, il revient au même de montrer que (γ_p) entraîne (β_{p+1}). D'après la suite exacte (4), (γ_p) implique que $E^2_{s,q}(M'') = 0$ pour $s \leqslant p$ et tout q. Considérons $E^2_{s,0}(M'')$ pour $s \leqslant p + 2$; ses éléments sont des cycles pour toutes les différentielles d^r $(r \geqslant 2)$, et seul 0 est un *bord* pour ces différentielles. Donc $E^2_{s,0}(M'') \approx E^\infty_{s,0}(M'')$, et ce dernier module est nul, puisque

$E^\infty(M'')$ est le module bigradué associé à $H(M'')$, lequel est nul d'après la suite exacte (1) et l'hypothèse suivant laquelle $g_*: H(M) \to H(M')$ est un isomorphisme. Ainsi $E^2_{s,0}(M'') = 0$ pour $s \leqslant p + 2$; la suite exacte (4) montre alors que $E^2_{s,0}(M) \to E^2_{s,0}(M')$ est un isomorphisme pour $s \leqslant p + 1$, ce qui est l'assertion (β_{p+1}) à démontrer.

Le théorème B se prouve de la même manière. On établit d'abord:

Lemme 2. Sous les hypothèses du théorème B, les assertions suivantes sont équivalentes:

(α_q) $U_s \to U'_s$ est un isomorphisme pour $s \leqslant q$;

(β_q) $E^2_{0,s}(M) \to E^2_{0,s}(M')$ est un isomorphisme pour $s \leqslant q$;

(γ_q) $E^2_{p,s}(M) \to E^2_{p,s}(M')$ est un isomorphisme pour $s \leqslant q$, et tout entier p.

Une fois prouvé le lemme 2, on montre que (γ_q) entraîne (β_{q+1}). D'après la suite exacte (4), (γ_q) entraîne $E^2_{p,s}(M'') = 0$ pour $s \leqslant q$ et tout p. Considérons $E^2_{0,s}(M'')$ et $E^2_{1,s}(M'')$ pour $s \leqslant q + 1$; pour des raisons de degré, leurs éléments sont des cycles pour toutes les différentielles d^r $(r \geqslant 2)$, et seul 0 est un bord, à cause de (γ_q). Donc, pour $s \leqslant q + 1$, on a $E^2_{0,s}(M'') \approx E^\infty_{0,s}(M'') = 0$, $E^2_{1,s}(M'') \approx E^\infty_{1,s}(M'') = 0$. Alors la suite exacte (4) montre que $E^2_{0,s}(M) \to E^2_{0,s}(M')$ est un isomorphisme pour $s \leqslant q + 1$, et ceci est l'assertion (β_{q+1}) à démontrer.

4. Démonstration du théorème 2 (de l'exposé 2) sons l'hypothèse (b)

Soit A une DGA-algèbre, et soit M un DGA-module sur A. On définit sur M une *filtration*, en appelant $F_p(M)$ le sous-A-module de M engendré par les éléments de degré $\leqslant p$. Il est immédiat que toutes les conditions imposées à un module différentiel gradué et filtré (n° 1) sont remplies.

Dans les hypothèses du théorème 2, l'application $g: M \to M'$ est compatible avec les filtrations. Choisissons une A-base homogène de M; ceci définit un isomorphisme $\varphi: M \approx A \otimes_\Lambda N$, où N est un Λ-module ayant une base homogène; l'application $M \to \overline{M}$ de M sur son quotient (Exp. 1, n° 4) définit un isomorphisme $N \approx \overline{M}$; par cet isomorphisme, on transporte à N l'opérateur différentiel $\bar{d}$ de $\overline{M}$ (on notera encore $\bar{d}$ l'opérateur de N). Par l'isomorphisme φ, la filtration de M se transporte à $A \otimes N$; on a $F_p(A \otimes N) = \sum_{s \leqslant p} A \otimes N_s$. Alors φ induit un isomorphisme de $E^0_{p,q}(M)$ sur $A_q \otimes N_p$, isomorphisme qui transforme l'opérateur d^0 dans l'opérateur de $A \otimes N$ défini par $d^0(a \otimes n) = (da) \otimes n$. Faisons de même pour M'. On a alors le diagramme commutatif

$$\begin{array}{ccc} E^0(M) & \xrightarrow{g^0} & E^0(M') \\ \downarrow{\scriptstyle \varphi^0} & & \downarrow{\scriptstyle \varphi'^0} \\ A \otimes N & \xrightarrow{f \otimes \bar{g}} & A' \otimes N' \end{array}$$

où φ^0 et φ'^0 sont des *isomorphismes* compatibles avec les bigraduations et les opérateurs différentiels; $\bar{g}: N \to N'$ est l'homomorphisme de $\overline{M}$ dans $\overline{M}'$ induit par g, il est compatible avec les opérateurs différentiels $\bar{d}$ de N et N'.

Or, N et N' étant libres, l'homologie de $A \otimes N$ (resp. de $A' \otimes N'$) pour l'opérateur d^0 s'identifie à $H(A) \otimes N$, resp. $H(A') \otimes N'$. Si dans le diagramme précédent on passe à l'homologie, on obtient un diagramme commutatif

$$\begin{array}{ccc} E^1(M) & \xrightarrow{g^1} & E^1(M') \\ \downarrow{\scriptstyle \varphi^1} & & \downarrow{\scriptstyle \varphi'^1} \\ H(A) \otimes N & \xrightarrow{H(f)\otimes \bar{g}} & H(A') \otimes N' \end{array}$$

où φ^1 et φ'^1 sont des isomorphismes. La différentielle d^1 de $H(A) \otimes N$ est définie par

$$d^1(\alpha \otimes n) = (-1)^q \alpha \otimes \bar{d}n \quad \text{pour} \quad \alpha \in H_q(A) \quad \text{et} \quad n \in N_p;$$

de même pour $H(A') \otimes N'$. On va montrer que φ^1 et φ'^1 sont compatibles avec les différentielles d^1. On a *a priori*

$$d\varphi^{-1}(1 \otimes n) = \varphi^{-1}(1 \otimes \bar{d}n + \textstyle\sum_i a_i \otimes n_i + \sum_j b_j \otimes n'_j),$$

où $\deg a_i = 0$, $\deg b_j > 0$, les a_i étant d'augmentation nulle. D'après l'hypothèse (b) du théorème 2, les a_i sont de la forme da'_i, $a'_i \in A_1$. Donc si a est un cycle de A_q dans la classe α, la différence

$$d\varphi^{-1}(a \otimes n) - (-1)^q a \cdot \varphi^{-1}(1 \otimes \bar{d}n)$$

a une image nulle dans $E^1_{p,q-1}$, d'où

$$d^1(\varphi^1)^{-1}(\alpha \otimes n) = (-1)^q(\varphi^1)^{-1}(\alpha \otimes \bar{d}n),$$

ce qui prouve bien que φ^1 est compatible avec d^1.

Cela étant, si l'on pose $H(A) = U$, $H(A') = U'$, on se trouve dans la situation du diagramme du n° 2 ci-dessus. On peut alors appliquer le théorème *A* ci-dessus, car $H(M) \to H(M')$ est bien un isomorphisme puisque, par hypothèse, M et M' sont acycliques. Et ceci achève la démonstration du théorème 2 sous l'hypothèse (b).

[Dans l'édition originale de ce séminaire, l'énoncé et la démonstration du théorème 2 étaient incomplets.]

5. Notion générale de "construction"

Une *construction* consiste dans la donnée:

1) d'une DGA-algèbre A (sur l'anneau Λ);

2) d'un Λ-module gradué N (tel que $N_q = 0$ pour $q < 0$) et d'une augmentation $\eta: N_0 \to \Lambda$;

3) d'un opérateur différentiel sur le A-module à gauche $M = A \otimes_\Lambda N$, qui fasse de M un DGA-module sur A, lorsqu'on utilise sur M l'augmentation η définie par $\eta(a \otimes n) = \varepsilon(\alpha)\eta(n)$.

Une construction (A, N, M) est dite *acyclique* si M est acyclique.

Soit (A, N, M) une construction. L'application $M \to \overline{M}$ de M sur le module quotient associé, induit un isomorphisme $N \approx \overline{M}$; on transporte à N l'opérateur différentiel $\bar{d}$ de $\overline{M}$, et N devient un DGA-module sur Λ. Ce DGA-module N s'appelle le *module final* de la construction; A s'appelle l'*algèbre initiale* de la construction.

L'application $n \to 1 \otimes n$ de N dans M permet d'identifier N à un sous-Λ-module de M (mais cette identification n'est pas compatible avec les opérateurs différentiels $\bar{d}$ et d de N et M).

Exemple: la donnée d'une A-base homogène d'un DGA-module M sur une DGA-algèbre A, définit une construction.

Théorème 3. *Soit donnée une DGA-algèbre A. Il existe au moins une construction acyclique (A, N, M) ayant A pour algèbre initiale. Il existe même une construction satisfaisant à la condition supplémentaire:*

(B) *l'augmentation $\eta: N_0 \to \Lambda$ est un isomorphisme; pour $k \geqslant 0$, l'opérateur différentiel d de M applique biunivoquement N_{k+1} sur le sous-module de M_k formé des éléments d'augmentation nulle (si $k = 0$), resp. des cycles de degré k (si $k \geqslant 1$).*

Deux constructions satisfaisant à (B) sont isomorphes.

(Le sens du mot "isomorphe" sera précisé au cours de la démonstration).

Remarque: la condition (B) entraîne l'acyclicité de M.

Démonstration de l'unicité: L'unicité (à un isomorphisme près) va résulter de la proposition suivante:

Proposition 1. *Soient (A, N, M) et (A', N', M') deux constructions dont la seconde satisfait à* (B). *Pour tout DGA-homomorphisme $f: A \to A'$, il existe un DGA-homomorphisme $g: M \to M'$ et un seul qui soit compatible avec f et envoie N dans N'.*

Prouvons cette proposition. Un tel g est déterminé par sa restriction $\bar{g}$ à N, puisque

$$g(a \otimes n) = f(a) \otimes \bar{g}(n). \tag{5}$$

Donnons-nous donc un Λ-homomorphisme $\bar{g}: N \to N'$; pour que g défini par (5) soit un DGA-homomorphisme, il faut et il suffit que

$$\eta'\bar{g}(n) = \eta(n), \qquad n \in N_0, \tag{6}$$

$$d'(1 \otimes \bar{g}(n)) = gd(1 \otimes n), \quad n \in N_k \quad (k \geqslant 1), \tag{7}$$

où, dans le second membre de (7), g est calculé par (5). Par récurrence sur le degré k de n, les relations (6) et (7) entraînent l'existence et l'unicité de $\bar{g}$, compte tenu de la condition (B); et la linéarité de $\bar{g}$ suit de l'unicité.

La proposition 1 étant ainsi prouvée, appliquons-la à deux constructions (A, N, M) et (A', N', M') sur la même DGA-algèbre A, ces constructions étant supposées toutes deux satisfaire à (B). On prend pour $f: A \to A$ l'application identique. La prop. 1 définit $g: M \to M'$ et $g': M' \to M$; en composant, $g' \circ g: M \to M$ satisfait aux conditions de la proposition 1, donc, en vertu de l'unicité, c'est l'application identique de M. De même, $g \circ g'$ est l'application identique de M'. Ceci prouve l'*isomorphisme* des deux constructions, en précisant le sens du mot "isomorphisme".

Le reste de la démonstration du théorème 3 (preuve de l'existence d'une construction acyclique satisfaisant à (B)) fait l'objet du paragraphe suivant.

6. La "bar construction"

On va exhiber une construction (appelée la "bar construction" de A) qui satisfait à la condition (B) du théorème 3.

Notons $\bar{A}$ le Λ-module A/Λ, qui est gradué et muni d'un opérateur différentiel (déduit de d par passage au quotient). Notons $\bar{A}^k$ le produit tensoriel (sur Λ) $\bar{A} \otimes \ldots \otimes \bar{A}$ (k facteurs); convenons que $\bar{A}^0 = \Lambda$. Posons

$$N = \sum_{k \geqslant 0} \bar{A}^k,$$

et utilisons la notation $[a_1, \ldots, a_k]$ à la place de $\bar{a}_1 \otimes \ldots \otimes \bar{a}_k$ ($\bar{a}_i$ désignant l'image de $a_i \in A$ dans $\bar{A}$). L'élément $1 \in \Lambda = N_0$ sera noté [ ]. Observons que $[a_1, \ldots, a_k]$ est une fonction multilinéaire des a_i, nulle lorsque l'un d'eux est un scalaire. Graduons N en posant

$$\deg\,[a_1, \ldots, a_k] = k + \sum_{i=1}^k \deg(a_i).$$

Dans le A-module $M = A \otimes N$, l'élément $a \otimes [a_1, \ldots, a_k]$ sera noté simplement $a[a_1, \ldots, a_k]$; si $a = 1$, on écrit simplement $[a_1, \ldots, a_k]$ (ce qui est conforme à l'identification de N et d'un sous-module de M). Définissons un Λ-homomorphisme $s: M \to N$, de degré $+1$, par:

$$s(a[a_1, \ldots, a_k]) = [a, a_1, \ldots, a_k].$$

Utilisant la factorisation directe définie par l'augmentation de A, on voit que le *noyau* de s est $N = \sum_{q \geqslant 0} N_q$, et que l'*image* de s est $\sum_{q \geqslant 1} N_q$. On notera que $s[\ ] = 0$, $ss = 0$.

Proposition 2. *Il existe, dans $M = A \otimes N$, un Λ-endomorphisme d, de degré -1, qui satisfait aux deux conditions*

(i) $d(ax) = (da)x + (-1)^{deg(a)}a(dx)$, pour $a \in A$, $x \in M$,

(ii) $dsx + sdx = x - (\eta x)[\ ]$ pour $x \in M$.

Un tel d est unique, et satisfait à

(iii) $\eta d = 0$, $dd = 0$.

Démonstration: d sera déterminé par ses valeurs sur N, car

$$d(a \otimes n) = (da) \otimes n + (-1)^{deg(a)} a \cdot d(1 \otimes n). \tag{9}$$

L'application d ainsi prolongée à M satisfera à (i). Il reste à exprimer la condition (ii): une fois d connu sur $\sum_{q \leqslant k} \bar{A}^q$, (ii) sert précisément à définir d sur $\bar{A}^{k+1}$, par

$$\begin{cases} d[a] = a[\ ] - [da] - (\varepsilon a)[\ ] & \text{si} \quad k = 0, \\ d[a, a_1, \ldots, a_k] = a[a_1, \ldots, a_k] - sd(a[a_1, \ldots, a_k]) & \text{si} \quad k \geqslant 1. \end{cases} \tag{10}$$

Ces formules prouvent l'unicité de d; pour prouver l'existence, il suffit de vérifier que le second membre de (10) est nul quand $a = 1$, c'est-à-dire que

$$[a_1, \ldots, a_k] = sd[a_1, \ldots, a_k]. \tag{11}$$

Or, on a déjà, d'après la deuxième formule (10) appliquée à $k - 1$:

$$d[a_1, \ldots, a_k] = a_1[a_2, \ldots, a_k] - sd(a_1[a_2, \ldots, a_k]);$$

en appliquant s aux deux membres et observant que $ss = 0$, on obtient (11).

L'existence et l'unicité de d satisfaisant à (i) et (ii) est donc prouvée. Montrons maintenant que $\eta d = 0$, $dd = 0$. Il suffit de prouver que $\eta dx = 0$, $ddx = 0$ quand $x \in N$, car (i) montre que ce sera alors vrai pour tout $x \in M$. Pour $x \in N$, la relation $\eta dx = 0$ est immédiate. Quant à $ddx = 0$, on la montre par récurrence sur le degré de $x \in N$; si c'est prouvé pour les degrés $\leqslant q$ on a aussi $ddy = 0$ pour $y \in M_q$. Soit alors $x \in N_{q+1}$; on a $x = sy$, $y \in M_q$, d'où $ddx = ddsy = -dsdy + dy$; or $ds(dy) + sd(dy) = dy$, et $ddy = 0$ par l'hypothèse de récurrence. Ceci prouve bien que $ddx = 0$.

La proposition 2 est donc établie. Elle montre que l'opérateur d, sur $M = A \otimes N$, définit une construction (A, N, M). *La condition* (B) *du théorème* 3 *est satisfaite*; en effet:

1) d applique *biunivoquement* N_{k+1} dans M_k. Car si $x \in N_{k+1}$, on a $sx = 0$ et $\eta x = 0$; d'où, d'après (ii), $x = sdx$; et $dx = 0$ entraîne $x = 0$.

2) tout $x \in M_k$, tel que $dx = 0$ et $\eta x = 0$, est dans l'image de N_{k+1} par d; car on a $x = dsx$.

La construction (A, N, M) qui vient d'être définie s'appelle la *bar construction*. Elle a été introduite par Eilenberg-MacLane dès 1950 (voir par exemple Eilenberg-MacLane, *Ann. of Math.* 58, 1953, p. 55–106). D'une façon plus précise, ces auteurs n'ont pas considéré le A-module acyclique M, mais seulement le Λ-module final N (qui n'est pas acyclique), qu'ils ont appelé la "bar construction normalisée".

Nous utiliserons désormais les notations suivantes: $\bar{\mathscr{B}}(A)$ pour le module final N de la bar construction, $\mathscr{B}(A)$ pour le module acyclique M. On a donc $\mathscr{B}(A) = A \otimes \bar{\mathscr{B}}(A)$. On notera d l'opérateur différentiel de $\mathscr{B}(A)$, $\bar{d}$ celui de $\bar{\mathscr{B}}(A)$.

Conformément à la proposition 1 (n° 5), tout DGA-homomorphisme $A \to A'$ définit des DGA-homomorphismes de modules $\mathscr{B}(A) \to \mathscr{B}(A')$ et $\bar{\mathscr{B}}(A) \to \bar{\mathscr{B}}(A')$; on peut les expliciter d'une manière évidente. Ainsi $\mathscr{B}(A)$ et $\bar{\mathscr{B}}(A)$ sont des *foncteurs covariants* de la DGA-algèbre A.

Remarque finale: lorsque A possède une Λ-base homogène contenant l'élément unité 1, $\bar{\mathscr{B}}(A)$ possède évidemment une Λ-base homogène contenant l'élément [ ], et $\mathscr{B}(A)$ possède une A-base homogène. Dans le cas particulier où A est l'algèbre d'un groupe Π, munie de l'augmentation habituelle, $\mathscr{B}(A)$

n'est autre que le classique "complexe non homogène" (normalisé) qui permet de calculer l'homologie et la cohomologie du groupe Π à coefficients dans un Π-module.

Exposé 4. Constructions multiplicatives

1. Produit tensoriel de deux DGA-modules, de deux constructions

Soient M un DGA-module sur une DGA-algèbre A, et M' un DGA-module sur une DGA-algèbre A'. On a déjà défini (Exposé 2, nº 3) le produit tensoriel $A \otimes_\Lambda A'$ qui est une DGA-algèbre A''. Sur le Λ-module $M'' = M \otimes_\Lambda M'$, nous définissons:

—une graduation, en posant $M''_q = \sum_{k+h=q} M_k \otimes M'_h$;

—une structure de A''-module à gauche, en posant

$$(a \otimes a')\cdot(m \otimes m') = (-1)^{kh}(am) \otimes (a'm') \quad \text{pour} \quad a' \in A'_k, \quad m \in M_h; \tag{1}$$

—un opérateur différentiel d'', par la formule

$$d''(m \otimes m') = (dm) \otimes m' + (-1)^k m \otimes (d'm') \quad \text{pour} \quad m \in M_k; \tag{2}$$

—une augmentation η'', en posant $\eta''(m \otimes m') = (\eta m)(\eta' m')$.

On vérifie que ces données définissent sur M'' une structure de DGA-module sur la DGA-algèbre A''.

On va maintenant définir le *produit tensoriel de deux constructions* (A, N, M) *et* (A', N', M'). C'est une construction (A'', N'', M''), où:

$A'' = A \otimes A'$, produit tensoriel de DGA-algèbres;

$N'' = N \otimes N'$, produit tensoriel de deux Λ-modules gradués et augmentés;

$M'' = M \otimes M'$, produit tensoriel de deux DGA-modules comme ci-dessus;

ainsi M'' est un module sur A''.

Pour obtenir une construction, il faut encore définir un isomorphisme de M'' sur $A'' \otimes N''$; par définition, l'isomorphisme de $(A \otimes N) \otimes (A' \otimes N')$ sur $(A \otimes A') \otimes (N \otimes N')$ est l'application linéaire qui envoie $(a \otimes n) \otimes (a' \otimes n')$ dans $(-1)^{kh}(a \otimes a') \otimes (n \otimes n')$, où k désigne le degré de n et h celui de a'. On vérifie que c'est bien un isomorphisme de A''-modules gradués et augmentés, en utilisant (1). Par cet isomorphisme, d'' se transporte de $M \otimes M'$ à $A'' \otimes N''$; par passage au quotient, on obtient $\bar{d}''$ sur N'', et il résulte de (2) que

$$\bar{d}''(n \otimes n') = (\bar{d}n) \otimes n' + (-1)^k n \otimes (\bar{d}'n') \quad \text{pour} \quad n \in N_k.$$

Ainsi le *module final* N'', comme module différentiel gradué, est le *produit tensoriel des modules finaux* N et N'.

Ce qui précède s'applique notamment à deux bar-constructions $(A, \bar{\mathscr{B}}(A), \mathscr{B}(A))$ et $(A', \bar{\mathscr{B}}(A'), \mathscr{B}(A'))$; on obtient une construction

$(A \otimes A', \bar{\mathscr{B}}(A) \otimes \bar{\mathscr{B}}(A'), \quad \mathscr{B}(A) \otimes \mathscr{B}(A'))$.

On notera que $\mathscr{B}(A) \otimes \mathscr{B}(A')$ est *acyclique*, car les opérateurs d'homotopie s et s' de $\mathscr{B}(A)$ et $\mathscr{B}(A')$ définissent un opérateur d'homotopie dans $\mathscr{B}(A) \otimes \mathscr{B}(A')$ (cf ci-dessous, n° 5, formule (8)). Comparons cette construction à la bar construction $\mathscr{B}(A \otimes A')$. La proposition 1 de l'Exposé 3 donne aussitôt:

Proposition 3. *Il existe un DGA-homomorphisme*

$$\varphi: \mathscr{B}(A) \otimes \mathscr{B}(A') \to \mathscr{B}(A \otimes A')$$

qui envoie $\bar{\mathscr{B}}(A) \otimes \bar{\mathscr{B}}(A')$ dans $\bar{\mathscr{B}}(A \otimes A')$ et est compatible avec l'application identique $A \otimes A' \to A \otimes A'$. Un tel φ est unique. Par passage à l'homologie, on obtient

$$\bar{\varphi}_*: H_*(\bar{\mathscr{B}}(A) \otimes \bar{\mathscr{B}}(A')) \to H_*(\bar{\mathscr{B}}(A \otimes A')),$$

qui est un isomorphisme lorsque les algèbres A et A' ont chacune une Λ-base homogène contenant l'élément unité.

La dernière assertion résulte aussitôt du théorème 2 (Exposé 2) sous l'hypothèse (a).

Remarque: l'application φ a été explicitée par Eilenberg-MacLane au moyen des "shuffles". Nous n'aurons pas besoin de la formule explicite.

2. Structure multiplicative de la bar construction

Nous supposerons maintenant que l'algèbre graduée A est *anticommutative*. Alors l'homomorphisme $\mu: A \otimes A \to A$ défini par la multiplication (i.e.: $\mu(a \otimes b) = ab$) est multiplicatif; c'est donc un DGA-homomorphisme de DGA-algèbres. Puisque la bar construction est un foncteur covariant, μ induit des homomorphismes

$$\mathscr{B}(A \otimes A) \to \mathscr{B}(A) \quad \text{et} \quad \bar{\mathscr{B}}(A \otimes A) \to \bar{\mathscr{B}}(A),$$

qui, composés avec l'application de la proposition 3, donnent:

$$\mathscr{B}(A) \otimes \mathscr{B}(A) \to \mathscr{B}(A), \quad \bar{\mathscr{B}}(A) \otimes \bar{\mathscr{B}}(A) \to \bar{\mathscr{B}}(A).$$

On obtient ainsi une *multiplication* dans $\mathscr{B}(A)$, pour laquelle le sous-Λ-module $\bar{\mathscr{B}}(A)$ est stable. L'image de $x \otimes y$, pour cette multiplication, sera notée $x{*}y$. Exprimons que l'application $*$ est un DGA-homomorphisme: $x{*}y$ est Λ-bilinéaire, $\deg(x{*}y) = \deg(x) + \deg(y)$, et:

$$(ax){*}(by) = (-1)^{kh}(ab){*}(xy) \quad \text{pour} \quad a \in A, \ b \in A_h, \ x \in \mathscr{B}_k(A), \ y \in \mathscr{B}(A). \tag{3}$$

$$d(x{*}y) = (dx){*}y + (-1)^k x{*}(dy) \quad \text{pour} \quad x \in \mathscr{B}_k(A), \ y \in \mathscr{B}(A); \tag{4}$$

$$\eta(x{*}y) = (\eta x)(\eta y). \tag{5}$$

Ces propriétés, et le fait que $x*y \in \bar{\mathscr{B}}(A)$ chaque fois que x et y sont dans $\bar{\mathscr{B}}(A)$, *caractérisent la multiplication* $*$, en vertu de l'unicité énoncée à la proposition 1 de l'Exposé 3. Par passage au quotient, la relation (4), où d serait remplacé par $\bar{d}$, est vraie dans $\bar{\mathscr{B}}(A)$.

On va montrer que $\mathscr{B}(A)$ et $\bar{\mathscr{B}}(A)$, munies de la multiplication $*$, sont des *DGA-algèbres*. D'une façon précise:

Théorème 4. *Si la DGA-algèbre A est anticommutative, alors la multiplication* $*$ *de* $\mathscr{B}(A)$ *jouit des propriétés suivantes:*

(i) *l'élément* [ ] *est élément unité;*

(ii) *la multiplication* $*$ *est associative;*

(iii) *la multiplication* $*$ *est anticommutative;*

Ces propriétés sont vraies aussi pour $\bar{\mathscr{B}}(A)$*; de plus:*

(iv) *si* $x \in \bar{\mathscr{B}}(A)$ *est de degré impair, on a* $x*x = 0$*; si en outre* $1 + 1 = 0$ *dans l'anneau* Λ*, alors* $x*x = 0$ *pour* $x \in \bar{\mathscr{B}}(A)$ *de degré pair* $\geqslant 2$.

Démonstration: (i) L'application $x \to [\ ]*x$ est un DGA-homomorphisme du A-module $\mathscr{B}(A)$ dans lui-même, compatible avec l'application identique $A \to A$, et qui applique $\bar{\mathscr{B}}(A)$ dans $\bar{\mathscr{B}}(A)$. Donc, d'après la propriété d'unicité (Exposé 3, prop. 1), c'est l'application identique. On montre de même que [ ] est élément unité à droite.

(ii) Considérons les deux DGA-homomorphismes

$$\mathscr{B}(A) \otimes \mathscr{B}(A) \otimes \mathscr{B}(A) \to \mathscr{B}(A)$$

qui envoient $x \otimes y \otimes z$ respectivement en $(x*y)*z$ et $x*(y*z)$. Pour la même raison d'unicité, ils sont identiques.

(iii) Considérons les deux DGA-homomorphismes $\mathscr{B}(A) \otimes \mathscr{B}(A) \to \mathscr{B}(A)$ qui envoient $x \otimes y$ respectivement en $x*y$ et en $(-1)^{kh}\, y*x$ (h et k désignant les degrés de x et y). Pour la même raison d'unicité, ils sont identiques.

(iv) Si $x \in \bar{\mathscr{B}}(A)$, alors $x*x \in \bar{\mathscr{B}}(A)$. Utilisons la propriété (B) de la bar construction (Exposé 3, théorème 3): pour montrer que $x*x = 0$, il suffit de montrer que $d(x*x) = 0$ dans $\mathscr{B}(A)$. Or, d'après (4) et l'anticommutativité du produit $*$, on a

$$d(x*x) = (dx)*x - x*(dx) = 0.$$

Même démonstration si x est de degré pair $\geqslant 2$ et si $-1 = 1$ dans Λ.

Remarque: si on a un DGA-homomorphisme d'algèbres anticommutatives $A \to A'$, l'application fonctorielle $\mathscr{B}(A) \to \mathscr{B}(A')$ est compatible avec la multiplication $*$; autrement dit, c'est un DGA-homomorphisme d'algèbres. De même pour $\bar{\mathscr{B}}(A) \to \bar{\mathscr{B}}(A')$. Ainsi, les DGA-*algèbres* $\mathscr{B}(A)$ et $\bar{\mathscr{B}}(A)$ sont des foncteurs covariants de la DGA-algèbre anticommutative A.

3. La bar construction itérée

Soit A une DGA-algèbre *anticommutative*. Alors $\bar{\mathscr{B}}(A)$ est une DGA-algèbre anticommutative, et l'on peut considérer la bar construction ayant $\bar{\mathscr{B}}(A)$ comme algèbre initiale. D'une manière générale, définissons par récurrence une suite de constructions $(A^{(n)}, A^{(n+1)}, M^{(n+1)})$, en posant

$$A^{(0)} = A, \quad A^{(n+1)} = \bar{\mathscr{B}}(A^{(n)}), \quad M^{(n+1)} = \mathscr{B}(A^{(n)}).$$

L'algèbre $A^{(n)}$ se notera $\bar{\mathscr{B}}^{(n)}(A)$, et $M^{(n)}$ se notera $\mathscr{B}^{(n)}(A)$. On a

$$\bar{\mathscr{B}}^{(0)}(A) = A, \quad \mathscr{B}^{(n+1)}(A) = \bar{\mathscr{B}}^{(n)}(A) \otimes \bar{\mathscr{B}}^{(n+1)}(A).$$

Si A possède une Λ-base homogène contenant l'élément unité 1, il en est de même pour chacune des algèbres $\bar{\mathscr{B}}^{(n)}(A)$.

Lorsque A est l'algèbre $\Lambda(\Pi)$ d'un groupe abélien Π, munie de l'augmentation habituelle, *les algèbres d'homologie* $H_*(\bar{\mathscr{B}}^{(n)}(A))$ *sont canoniquement isomorphes aux algèbres d'Eilenberg-MacLane* $H_*(\Pi, n; \Lambda)$, comme on le montrera plus tard (cf. Eilenberg-MacLane, *Ann. of Math.* 58, 1953, p. 55–106).

4. Notion générale de construction (multiplicative)

Une construction multiplicative (A, N, M) consiste dans la donnée:
(i) d'une DGA-algèbre A (sur l'anneau Λ);
(ii) d'une *Λ-algèbre* graduée N, munie d'une augmentation $\eta: N_0 \to \Lambda$;
(iii) d'une différentielle d sur l'*algèbre graduée* $M = A \otimes N$, telle que l'injection $A \to M$ (définie par $a \to a \otimes 1$) soit compatible avec les différentielles de A et de M, et telle que M, munie de d, soit une DGA-algèbre.

Dans ces conditions, on obtient une différentielle $\bar{d}$ sur $N \approx \bar{M}$, par passage au quotient. Avec cette différentielle, N est une DGA-algèbre, qu'on appelle l'*algèbre finale* de la construction; A s'appelle l'*algèbre initiale*. La construction est dite *acyclique* si M est acyclique.

Produit tensoriel de deux constructions (A, N, M) et (A', N', M'): la définition est la même qu'au n° 1 ci-dessus, avec cette différence que $N \otimes N'$ et $M \otimes M'$ sont maintenant des *algèbres*. Par exemple, soient A et A' deux DGA-algèbres anticommutatives; on a une construction multiplicative $(A \otimes A', \bar{\mathscr{B}}(A) \otimes \bar{\mathscr{B}}(A'), \mathscr{B}(A) \otimes \mathscr{B}(A'))$, ayant pour algèbre initiale $A \otimes A'$, et pour algèbre finale $\bar{\mathscr{B}}(A) \otimes \bar{\mathscr{B}}(A')$.

Homomorphisme de constructions: soient deux constructions multiplicatives (C, Q, P) et (A, N, M). Un *homomorphisme* de la première dans la seconde consiste dans la donnée d'une application $g: P \to M$ qui est un DGA-homomorphisme d'algèbres, tel que la restriction f de g à C (identifiée à une sous-algèbre de P) applique C dans A (identifiée à une sous-algèbre de M). On dit alors que g est compatible avec le DGA-homomorphisme $f: C \to A$. *On n'exige pas* que g applique Q dans N; mais, par passage aux quotients, g définit un DGA-homomorphisme d'algèbres $\bar{g}: Q \to N$. On verra de nombreux exemples dans la suite.

5. La notion de construction spéciale

La propriété (B) de la bar construction (Exp. 3, théorème 3) se généralise comme suit. On appelle *construction spéciale* $(A, N, M, \tilde{N})$ la donnée d'une construction multiplicative (A, N, M) et d'une sous-Λ-*algèbre* $\tilde{N}$ de M, contenant N, et satisfaisant à la condition suivante:

(S) *η est un isomorphisme de $\tilde{N}_0$ sur Λ (d'où $\tilde{N}_0 = N_0$); et, pour tout entier $k \geqslant 0$, l'opérateur différentiel d de M applique biunivoquement $\tilde{N}_{k+1}$ sur le noyau de η (si $k = 0$), resp. sur le noyau de d (si $k \geqslant 1$).*

Dans le cas où $\tilde{N} = N$, on retrouve la propriété (B) de la bar construction. Dans tous les cas, (S) implique que M est *acyclique*.

Soit $(A, N, M, \tilde{N})$ une construction spéciale. Par récurrence sur le degré, on définit un Λ-homomorphisme $s\colon M \to \tilde{N}$, qui envoie M_k dans $\tilde{N}_{k+1}$ et satisfait à

$$dsx + sdx = x - \sigma\eta x \quad \text{pour} \quad x \in M \tag{6}$$

(σ désigne l'injection canonique $\Lambda \to M$ telle que $\sigma(1) = 1$).

Alors $\sum_{k\geqslant 0} \tilde{N}_{k+1}$ est exactement l'image de l'application s; de plus

$$s(1) = 0, \quad ss = 0 \quad \text{(vérification par récurrence sur le degré).} \tag{7}$$

Réciproquement, la donnée, dans une construction (A, N, M), d'un Λ-homomorphisme $s\colon M \to M$ augmentant le degré de un et satisfaisant à (6) et (7), définit un sous-module $\tilde{N}$ de M, à savoir $\sigma(\Lambda) + s(M)$; si $\tilde{N}$ contient N et est stable pour la multiplication de M, alors $(A, N, M, \tilde{N})$ est une construction spéciale.

Produit tensoriel de deux constructions spéciales: soient $(A, N, M, \tilde{N})$ et $(A', N', M', \tilde{N}')$ deux constructions spéciales, s et s' leurs opérateurs d'homotopie. Sur le produit tensoriel $M'' = M \otimes M'$, définissons l'endomorphisme

$$s'' = s \otimes 1' + (\sigma\eta) \otimes s', \tag{8}$$

où $1'$ désigne l'application identique de M'. Si on note d'' l'opérateur différentiel de M'' (défini par la formule (2)), on a

$$d''s''(x \otimes x') + s''d''(x \otimes x') = x \otimes x' - (\sigma\eta x)(\sigma'\eta' x')$$

pour $x \in M$, $x' \in M'$ (vérification facile). Ainsi s'' est un opérateur d'homotopie dans M''. Soit $\tilde{N}''$ l'image $\sigma''(\Lambda) + s''(M'')$ dans M''; on a

$$\tilde{N}'' = \left(\textstyle\sum_{k\geqslant 0} \tilde{N}_{k+1}\right) \otimes M' + N_0 \otimes \tilde{N}'. \tag{9}$$

On voit que $\tilde{N}''$ contient N'' et est multiplicativement stable. Ainsi $(A'', N'', M'', \tilde{N}'')$ *est une construction spéciale, dont l'opérateur s'' est donné par* (8), *et la sous-algèbre $\tilde{N}''$ donnée par* (9). C'est cette construction spéciale qu'on appelle, par définition, le produit tensoriel des constructions spéciales $(A, N, M, \tilde{N})$ et $(A', N', M', \tilde{N}')$.

Exemple: Le produit tensoriel de deux bar-constructions $\mathscr{B}(A)$ et $\mathscr{B}(A')$ est une construction spéciale, avec

$$\tilde{N}'' = (\textstyle\sum_{k\geq 0} \bar{\mathscr{B}}_{k+1}(A)) \otimes \mathscr{B}(A') + \Lambda \otimes \bar{\mathscr{B}}(A').$$

Associativité du produit tensoriel: soient trois constructions spéciales, dont les opérateurs d'homotopie sont s, s' et s'' respectivement. L'opérateur d'homotopie que l'on obtient sur leur produit tensoriel ne dépend pas de la manière dont on les associe successivement, car on trouve dans les deux cas l'opérateur

$$s \otimes 1' \otimes 1'' + (\sigma\eta) \otimes s' \otimes 1'' + (\sigma\eta) \otimes (\sigma'\eta') \otimes s''.$$

On peut donc parler, sans ambiguïté, du produit tensoriel de trois constructions spéciales, rangées dans un ordre déterminé; ceci s'étend au produit tensoriel d'une suite quelconque de constructions spéciales.

6. Homomorphismes spéciaux

Soit (C, Q, P) une construction (multiplicative), et soit $(A, N, M, \tilde{N})$ une construction spéciale. Un homomorphisme de constructions $g: P \to M$ sera dit *spécial* si $g(Q) \subset \tilde{N}$. L'application identique d'une construction spéciale est un homomorphisme spécial. Un homomorphisme spécial de (C, Q, P) dans la bar construction $(A, \bar{\mathscr{B}}(A), \mathscr{B}(A), \bar{\mathscr{B}}(A))$ est précisément un homomorphisme qui satisfait à la condition de la proposition 1 (Exposé 3).

Théorème 5. *Soient données deux constructions multiplicatives (C, Q, P) et $(A, N, M, \tilde{N})$, dont la seconde est spéciale, et un DGA-homomorphisme $f: C \to A$. Si l'algèbre A est anticommutative, il existe un homomorphisme spécial (multiplicatif) $g: P \to M$ compatible avec f, et un tel homomorphisme spécial est unique.*

Démonstration: on va d'abord (sans supposer l'anticommutativité de A) prouver l'existence et l'unicité d'un DGA-homomorphisme de *modules* $g: P \to M$, compatible avec f, et tel que $g(Q) \subset \tilde{N}$. Ensuite on montrera que si A est anticommutative, cet homomorphisme g est compatible avec les structures multiplicatives de P et M.

D'abord, si g existe, on a nécessairement

$$g(c \otimes q) = f(c)g(1 \otimes q), \tag{10}$$

$$g(1 \otimes q) = sgd(1 \otimes q), \quad g(1 \otimes 1) = 1. \tag{11}$$

Réciproquement, toute application Λ-linéaire $g: P \to M$ qui conserve le degré et satisfait à (10) et (11) est un DGA-homomorphisme de modules, compatible avec f, et tel que $g(Q) \subset \tilde{N}$. Or les relations (10) et (11) déterminent sans ambiguïté g, par récurrence sur le degré. D'où l'existence et l'unicité de g.

Supposons maintenant que l'algèbre A soit *anticommutative*. Supposons prouvé que $g(1 \otimes q_1)g(1 \otimes q_2) = g(1 \otimes (q_1 q_2))$ pour les couples (q_1, q_2) dont la somme des degrés est $\leqslant n$; il s'ensuivra que $g(c_1 \otimes q_1)g(c_2 \otimes q_2)$

$=g((c_1 \otimes q_1)\cdot(c_2 \otimes q_2))$ lorsque la somme des degrés de c_1, c_2, q_1 et q_2 est $\leqslant n$. (On le voit en utilisant la relation $f(c_2)g(1 \otimes q_1) = (-1)^{kh}g(1 \otimes q_1)f(c_2)$ pour c_2 et q_1 de degrés k et h respectivement; cette relation provient de l'anticommutation des éléments de A avec ceux de $M = A \otimes N$, et cette anticommutation suit de l'anticommutativité de l'algèbre A et de la définition de la multiplication dans un produit tensoriel d'algèbres graduées.)

Après ces remarques, on va prouver que $g(1 \otimes q_1)g(1 \otimes q_2) = g(1 \otimes (q_1q_2))$, par récurrence sur la somme des degrés de q_1 et q_2. C'est trivial si ces degrés sont nuls. Supposons que ce soit prouvé quand la somme des degrés est $<n$ $(n \geqslant 1)$, et prenons q_1 et q_2 dont la somme des degrés soit n. Puisque $g(1 \otimes q_1)g(1 \otimes q_2)$ et $g(1 \otimes (q_1q_2))$ sont deux éléments de $\tilde{N}$ (supposé multiplicativement stable), leur égalité suivra de l'égalité de leurs différentielles. Or cette dernière suit de l'hypothèse de récurrence, qui permet d'affirmer que

$$gd(1 \otimes q_1)\cdot g(1 \otimes q_2) = g(d(1 \otimes q_1)\cdot(1 \otimes q_2)),$$

$$g(1 \otimes q_1)\cdot gd(1 \otimes q_2) = g((1 \otimes q_1)\cdot d(1 \otimes q_2)).$$

Ceci achève la démonstration.

Remarque: dans la situation du théorème 5, g définit, par passage aux quotients, un DGA-homomorphisme d'algèbres $\bar{g}: Q \to N$, qui est ainsi entièrement déterminé par la donnée de f.

Exemple: l'unique homomorphisme spécial $\varphi: \mathcal{B}(A) \otimes \mathcal{B}(A') \to \mathcal{B}(A \otimes A')$ (cf. proposition 3) est compatible avec les structures multiplicatives, lorsque A et A' sont anticommutatives. De même, il y a un unique homomorphisme spécial $\psi: \mathcal{B}(A \otimes A') \to \mathcal{B}(A) \otimes \mathcal{B}(A')$ (compatible avec l'application identique de $A \otimes A'$) qui est multiplicatif. Enfin, *le composé* $\psi \circ \varphi: \mathcal{B}(A) \otimes \mathcal{B}(A') \to \mathcal{B}(A) \otimes \mathcal{B}(A')$ *est l'identité*, car il est évidemment spécial, et on peut lui appliquer le résultat d'unicité du théorème 5.

Exposé 5. Constructions multiplicatives itérées; cohomologie

1. Constructions itérées

Définition: Une construction itérée $\mathfrak{A}$, d'algèbre initiale A, est une suite de constructions multiplicatives (cf. Exposé 4, n° 4):

$$(A^{(n)}, A^{(n+1)}, M^{(n+1)}), \quad n = 0, 1, 2, \ldots$$

avec $A^{(0)} = A$. L'algèbre $A^{(n+1)}$ s'appelle la n-ième algèbre finale, et aussi la $(n + 1)$-ième algèbre initiale de la construction.

Homomorphisme: soit une autre construction itérée $\mathfrak{C}$, formée d'une suite $(C^{(n)}, C^{(n+1)}, P^{(n+1)})$. Un homomorphisme $g: \mathfrak{C} \to \mathfrak{A}$ consiste dans la donnée de DGA-homomorphismes d'algèbres

$$g^{(n+1)}: P^{(n+1)} \to M^{(n+1)}, \quad n = 0, 1, \ldots,$$

satisfaisant aux conditions suivantes:
1) pour chaque n, $g^{(n+1)}$ applique la sous-algèbre $C^{(n)}$ de $P^{(n+1)}$ dans la sous-algèbre $A^{(n)}$ de $M^{(n+1)}$. On notera $f^{(n)}$ le DGA-homomorphisme $C^{(n)} \to A^{(n)}$ ainsi obtenu;
2) l'homomorphisme $\bar{g}^{(n+1)}: C^{(n+1)} \to A^{(n+1)}$ déduit de $g^{(n+1)}$ par passage aux algèbres quotients, est identique à $f^{(n+1)}$.

Lorsqu'il en est ainsi, on dit que l'homomorphisme g de la construction itérée $\mathfrak{C}$ dans la construction itérée $\mathfrak{A}$, est compatible avec le DGA-homomorphisme $f^{(0)}: C \to A$.

Construction spéciale itérée: une construction *spéciale* itérée consiste dans la donnée d'une construction itérée $\mathfrak{A}$ et, pour chaque $n \geqslant 0$, d'une structure de construction spéciale pour $(A^{(n)}, A^{(n+1)}, M^{(n+1)})$. On doit donc se donner, pour chaque n, un opérateur d'homotopie $s^{(n+1)}$ dans $M^{(n+1)}$, satisfaisant aux conditions (6) et (7) de l'Exposé 4; ou encore se donner une sous-algèbre $\tilde{A}^{(n+1)}$ de $M^{(n+1)}$, contenant $A^{(n+1)}$, et satisfaisant à la condition (S) de l'Exposé 4 (n° 5).

Exemple: la bar construction itérée (Exp. 4, n° 3) est une construction spéciale itérée.

Soient $\mathfrak{C}$ et $\mathfrak{A}$ deux constructions itérées, dont la seconde est spéciale. Un homomorphisme $g: \mathfrak{C} \to \mathfrak{A}$ sera dit *spécial* si, pour chaque $n \geqslant 0$, $g^{(n+1)}$ est un homomorphisme spécial de $P^{(n+1)}$ dans $M^{(n+1)}$; autrement dit, si $g^{(n+1)}(C^{(n+1)}) \subset \tilde{A}^{(n+1)}$.

Par application itérée du théorème 5 (Exp. 4, n° 6), on obtient:

Théorème 5 bis. *Soient $\mathfrak{C}$ et $\mathfrak{A}$ deux constructions itérées, dont la seconde est spéciale et anticommutative* (i.e.: les $A^{(n)}$ sont des algèbres anticommutatives). *Etant donné un DGA-homomorphisme $f: C \to A$ des algèbres initiales, il existe un homomorphisme spécial $g: \mathfrak{C} \to \mathfrak{A}$, compatible avec f; et un tel g est unique.*

2. Un diagramme de compatibilité

Théorème 6. *Soient $\mathfrak{C}$ et $\mathfrak{A}$ deux constructions itérées, dont les algèbres initiales C et A sont anticommutatives. Supposons que $\mathfrak{A}$ soit spéciale et anticommutative. Soit donné un DGA-homomorphisme $f: C \to A$. Considérons le diagramme*

$$\begin{array}{ccc} C^{(n)} & \xrightarrow{f^{(n)}} & A^{(n)} \\ \downarrow g^{(n)} & & \uparrow h^{(n)} \\ \bar{\mathscr{B}}^{(n)}(C) & \xrightarrow{\varphi^{(n)}} & \bar{\mathscr{B}}^{(n)}(A) \end{array}$$

où $f^{(n)}$ désigne l'homomorphisme spécial défini par $f: C \to A$;
$\varphi^{(n)}$ désigne l'homomorphisme fonctoriel défini par $f: C \to A$;
$g^{(n)}$ désigne l'homomorphisme spécial défini par l'identité $C \to C$;
$h^{(n)}$ désigne l'homomorphisme spécial défini par l'identité $A \to A$.
Alors ce diagramme est commutatif.

Démonstration: par récurrence sur n. C'est trivial pour $n = 0$. Supposons-le démontré pour $n - 1$ ($n \geqslant 1$). Soit $G: P^{(n)} \to \mathscr{B}^{(n)}(C)$ l'unique homomorphisme spécial défini par $g^{(n-1)}: C^{(n-1)} \to \overline{\mathscr{B}}^{(n-1)}(C)$. Soit de même F (resp. Φ, resp. H) l'unique homomorphisme spécial défini par $f^{(n-1)}$ (resp. $\varphi^{(n-1)}$, resp. $h^{(n-1)}$). Le composé

$$H \circ \Phi \circ G: P^{(n)} \to M^{(n)}$$

est compatible avec $h^{(n-1)} \circ \varphi^{(n-1)} \circ g^{(n-1)}$, qui, d'après l'hypothèse de récurrence, est égal à $f^{(n-1)}$. Or une simple inspection montre que $H \circ \Phi \circ G$ envoie $C^{(n)}$ dans $\tilde{A}^{(n)}$, donc est *spécial*. C'est donc l'unique homomorphisme spécial compatible avec $f^{(n-1)}$; en passant au quotient, on obtient donc $f^{(n)}: C^{(n)} \to A^{(n)}$, mais on obtient aussi le composé des quotients $h^{(n)} \circ \varphi^{(n)} \circ g^{(n)}$.

C.Q.F.D.

Corollaire du théorème 6: prenons $\mathfrak{C} = \mathfrak{A}$, f étant l'application identique $A \to A$. Alors *le composé des deux homomorphismes spéciaux* $A^{(n)} \to \overline{\mathscr{B}}^{(n)}(A) \to A^{(n)}$ *est l'identité*. Ainsi: *toute construction spéciale anticommutative* $\mathfrak{A}$, *d'algèbre initiale* A, *est* (canoniquement) *facteur direct de la bar construction itérée d'algèbre initiale* A.

3. Applications

Première application: soit A une DGA-algèbre *anticommutative*, et soit $\mathfrak{A}$ une construction itérée, d'algèbre initiale A. Il existe un unique homomorphisme spécial (compatible avec l'identité $A \to A$) de $\mathfrak{A}$ dans la bar construction itérée d'algèbre initiale A; d'où des homomorphismes, dits *canoniques*:

$$f^{(n)}: A^{(n)} \to \overline{\mathscr{B}}^{(n)}(A), \quad f^{(n)}: H_*(A^{(n)}) \to H_*(\overline{\mathscr{B}}^{(n)}(A)).$$

Si de plus la construction $\mathfrak{A}$ est acyclique (i.e. les $M^{(n+1)}$ sont acycliques), et si chaque $A^{(n)}$ possède une Λ-base homogène contenant l'élément unité, alors $f_*^{(n)}$ est un *isomorphisme* pour tout n. (La dernière assertion résulte d'une application répétée du théorème 2 de l'Exp. 2: th. 2(a) pour $n = 1$, th. 2(b) pour $n > 1$.)

Ainsi, pour "calculer" les algèbres d'homologie $H_*(\overline{\mathscr{B}}^{(n)}(A))$, on pourra utiliser n'importe quelle construction acyclique itérée $\mathfrak{A}$, d'algèbre initiale A, pourvu que les $A^{(n)}$ aient chacune une Λ-base homogène contenant 1 (ce qui exige que A satisfasse déjà à cette condition).

Deuxième application: Soient $\mathfrak{C}$ et $\mathfrak{A}$ des constructions itérées, dont les algèbres initiales C et A soient *anticommutatives*. Supposons que $\mathfrak{A}$ soit une construction *spéciale*, et que, pour tout n, $A^{(n)}$ soit anticommutative et possède une Λ-base homogène contenant l'élément unité. Soit donné un DGA-homomorphisme $f: C \to A$ des algèbres initiales. Alors le diagramme suivant est commutatif

$$\begin{array}{ccc} H_*(C^{(n)}) & \xrightarrow{f_*^{(n)}} & H_*(A^{(n)}) \\ \downarrow{\scriptstyle u^{(n)}} & & \downarrow{\scriptstyle w^{(n)}} \\ H_*(\overline{\mathscr{B}}^{(n)}(C)) & \xrightarrow{v^{(n)}} & H_*(\overline{\mathscr{B}}^{(n)}(A)) \end{array}$$

où $f_*^{(n)}$ est déduit de l'homomorphisme *spécial* défini par f, $v^{(n)}$ est l'homomorphisme fonctoriel défini par f, et où $u^{(n)}$ et $w^{(n)}$ sont les homomorphismes *canoniques* (dont le second, $w^{(n)}$, est un *isomorphisme*).

Démonstration: puisque $A^{(n)}$ est canoniquement facteur direct de $\bar{\mathscr{B}}^{(n)}(A)$, l'isomorphisme $w^{(n)}$ est l'isomorphisme réciproque de l'isomorphisme $H_*(\bar{\mathscr{B}}^{(n)}(A)) \to H_*(A^{(n)})$ défini par l'unique homomorphisme spécial de la bar construction dans la construction $\mathfrak{A}$. Il suffit alors d'utiliser la commutativité du diagramme du théorème 6.

Remarque: Supposons en outre que la construction $\mathfrak{C}$ soit acyclique et que chaque $C^{(n)}$ possède une Λ-base homogène contenant 1. Alors $u^{(n)}$ est aussi un isomorphisme. Si l'on identifie $H_*(C^{(n)})$ et $H_*(A^{(n)})$ à $H_*(\bar{\mathscr{B}}^{(n)}(C))$ et $H_*(\bar{\mathscr{B}}^{(n)}(A))$ grâce aux isomorphismes canoniques $u^{(n)}$ et $w^{(n)}$, on voit que l'homomorphisme $f_*^{(n)}$ permet de "calculer" l'homomorphisme fonctoriel $v^{(n)}$. Mais, pour obtenir ce résultat, on a dû supposer que $f_*^{(n)}$ a été obtenu à partir de l'unique homomorphisme *spécial* de la construction $\mathfrak{C}$ dans la construction $\mathfrak{A}$.

Cette remarque trouvera notamment à s'appliquer dans le cas suivant: on se donne deux groupes abéliens Π et Π', et un homomorphisme $\theta: \Pi \to \Pi'$. On prend $C = \Lambda(\Pi)$, $A = \Lambda(\Pi')$, f étant l'homomorphisme $C \to A$ défini par θ. La méthode précédente permettra alors de "calculer" les homomorphismes $H_*(\Pi, n; \Lambda) \to H_*(\Pi', n; \Lambda)$ définis par θ.

4. Cohomologie des constructions

Rappelons d'abord des notions élémentaires. Soit un complexe $X = \sum_q X_q$ (avec $X_q = 0$ pour $q < 0$), muni d'un opérateur différentiel d tel que $dd = 0$, $dX_q \subset X_{q-1}$. On suppose que les X_q sont des Λ-modules, et que d est Λ-linéaire. On notera $\mathrm{Hom}'(X, \Lambda)$ le complexe $X' = \sum_q X'^q$, où $X'^q = \mathrm{Hom}_\Lambda(X_q, \Lambda)$, et où $\delta: X'^q \to X'^{q+1}$ est transposé de d. Le *module* de "cohomologie" du complexe X':

$$H^*(\mathrm{Hom}'(X, \Lambda)) = \textstyle\sum_q H^q(\mathrm{Hom}'(X, \Lambda))$$

se notera aussi, par abus de langage, $H^*(X) = \sum_q H^q(X)$. C'est un Λ-module gradué.

Un homomorphisme de complexes $f: X \to Y$ (f étant une application Λ-linéaire telle que $f(X_q) \subset Y_q$, $fd = df$) définit un homomorphisme de complexes $\mathrm{Hom}'(Y, \Lambda) \to \mathrm{Hom}'(X, \Lambda)$, transposé de f; d'où un homomorphisme des modules de cohomologie

$$f^*: H^*(Y) \to H^*(X),$$

qui conserve les degrés.

Si l'homomorphisme $f_*: H_*(X) \to H_*(Y)$ des modules d'*homologie* est un *isomorphisme*, alors f^* est un *isomorphisme* des modules de *cohomologie*, tout au moins si on suppose que X et Y ont des Λ-bases homogènes.

Démonstration: le "mapping cylinder" M de $f: X \to Y$ (Exp. 3, n° 1) est acyclique et Λ-libre. Il possède donc un opérateur d'homotopie, qui par transposition définit un opérateur d'homotopie dans $\mathrm{Hom}'(M, \Lambda)$; ce dernier complexe est donc acyclique, et comme il s'identifie au mapping cylinder de l'application $\mathrm{Hom}'(Y, \Lambda) \to \mathrm{Hom}'(X, \Lambda)$ (transposée de f), il s'ensuit bien que f^* est un isomorphisme.

Revenons au cas d'une construction itérée $\mathfrak{A}$ (cf. n° 1). On a des modules de cohomologie $H^*(A^{(n)}) = H^*(\mathrm{Hom}'(A^{(n)}, \Lambda))$. Si l'algèbre initiale A est anticommutative, les homomorphismes canoniques $f^{(n)}: A^{(n)} \to \bar{\mathscr{B}}^{(n)}(A)$ induisent des homomorphismes

$$H^*(\bar{\mathscr{B}}^{(n)}(A)) \to H^*(A^{(n)}),$$

qu'on qualifie encore de canoniques. Lorsque la construction $\mathfrak{A}$ est acyclique et que les $A^{(n)}$ ont une Λ-base homogène contenant 1, les homomorphismes précédents sont des *isomorphismes*.

Dans les mêmes hypothèses que la "deuxième application" du n° 3, le diagramme suivant est commutatif:

$$
\begin{array}{ccc}
H^*(C^{(n)}) & \longleftarrow & H^*(A^{(n)}) \\
\uparrow & & \uparrow \\
H^*(\bar{\mathscr{B}}^{(n)}(C)) & \longleftarrow & H^*(\bar{\mathscr{B}}^{(n)}(A))
\end{array}
$$

où les homomorphismes verticaux sont les homomorphismes "canoniques", et les homomorphismes horizontaux sont déduits des homomorphismes spéciaux. Cette commutativité résulte de la commutativité exprimée au théorème 6; il suffit de renverser le sens d'une flèche (en remplaçant un isomorphisme par l'isomorphisme réciproque).

5. Structure multiplicative de la cohomologie

Supposons donné un DGA-homomorphisme d'algèbres

$$\Delta: A \to A \otimes_\Lambda A,$$

A étant une DGA-algèbre *anticommutative*. (Par exemple, si $A = \Lambda(\Pi)$ est l'algèbre d'un groupe abélien, considérons l'application "diagonale" $x \to (x, x)$ de Π dans $\Pi \times \Pi$, d'où un DGA-homomorphisme $\Lambda(\Pi) \to \Lambda(\Pi \times \Pi)$, qui est bien compatible avec les augmentations. D'ailleurs $\Lambda(\Pi \times \Pi)$ s'identifie canoniquement à $\Lambda(\Pi) \otimes_\Lambda \Lambda(\Pi)$.)

La donnée de Δ définit des homomorphismes

$$\bar{\mathscr{B}}^{(n)}(A) \to \bar{\mathscr{B}}^{(n)}(A \otimes A) \to \bar{\mathscr{B}}^{(n)}(A) \otimes \bar{\mathscr{B}}^{(n)}(A),$$

dont le premier est l'homomorphisme fonctoriel défini par Δ, et le second est l'homomorphisme spécial de deux constructions ayant même algèbre initiale

$A \otimes A$. Le composé de ces homomorphismes

$$\Delta^{(n)}: \bar{\mathscr{B}}^{(n)}(A) \to \bar{\mathscr{B}}^{(n)}(A) \otimes \bar{\mathscr{B}}^{(n)}(A)$$

est l'homomorphisme spécial défini par l'homomorphisme $\Delta: A \to A \otimes A$ des algèbres initiales.

Par dualité, on obtient un homomorphisme de Λ-complexes

$$\mathrm{Hom}'(\bar{\mathscr{B}}^{(n)}(A), \Lambda) \otimes_\Lambda \mathrm{Hom}'(\bar{\mathscr{B}}^{(n)}(A), \Lambda) \to \mathrm{Hom}'(\bar{\mathscr{B}}^{(n)}(A), \Lambda).$$

Passons à la cohomologie, et observons que $H^*(X') \otimes H^*(X')$ s'envoie canoniquement dans $H^*(X' \otimes X')$: en appliquant cette remarque au complexe $X' = \mathrm{Hom}'(\bar{\mathscr{B}}^{(n)}(A), \Lambda)$, on obtient une application

$$H^*(\bar{\mathscr{B}}^{(n)}(A)) \otimes_\Lambda H^*(\bar{\mathscr{B}}^{(n)}(A)) \to H^*(\bar{\mathscr{B}}^{(n)}(A)). \qquad (1)$$

Cette application envoie $H^k(\bar{\mathscr{B}}^{(n)}(A)) \otimes H^h(\bar{\mathscr{B}}^{(n)}(A))$ dans $H^{k+h}(\bar{\mathscr{B}}^{(n)}(A))$. Ainsi (1) définit une *multiplication* dans $H^*(\bar{\mathscr{B}}^{(n)}(A))$, dans laquelle les degrés s'ajoutent.

Les propriétés de cette multiplication dépendent, bien entendu, de celles de l'application Δ. Signalons-en quelques-unes, sans démonstration:

(i) considérons l'application $\varepsilon \otimes 1$ de $A \otimes A$, qui transforme $a \otimes a'$ dans $(\varepsilon a)a'$ (rappelons que ε désigne l'augmentation $A \to \Lambda$). Supposons que le composé de Δ et de $\varepsilon \otimes 1$ soit l'application identique de A (il en est bien ainsi dans le cas de l'application diagonale d'un groupe). Alors la même propriété est vraie pour toutes les applications $\Delta^{(n)}: \bar{\mathscr{B}}^{(n)}(A) \to \bar{\mathscr{B}}^{(n)}(A) \otimes \bar{\mathscr{B}}^{(n)}(A)$. Dans ces conditions, l'élément de degré 0 de $\mathrm{Hom}'(\bar{\mathscr{B}}^{(n)}(A), \Lambda)$, défini par l'augmentation $\bar{\mathscr{B}}^{(n)}(A) \to \Lambda$, est *élément unité à gauche* pour la multiplication; comme c'est un cocycle, il définit un élément de degré 0 de $H^*(\bar{\mathscr{B}}^{(n)}(A))$, qui est unité à gauche pour la multiplication (1). Si maintenant le composé de Δ et de $1 \otimes \varepsilon$ est l'application identique de A, le même élément que ci-dessus est unité à droite pour la multiplication.

(ii) Supposons que l'application Δ soit "associative", c'est-à-dire que l'application de A dans $A \otimes A \otimes A$, composée de $\Delta: A \to A \otimes A$ et de $\Delta \otimes 1$: $A \otimes A \to (A \otimes A) \otimes A$, soit identique à la composée de $\Delta: A \to A \otimes A$ et de $1 \otimes \Delta: A \otimes A \to A \otimes (A \otimes A)$. Alors on montre que chaque application $\Delta^{(n)}$ est associative. Il en résulte que la multiplication de $\mathrm{Hom}'(\bar{\mathscr{B}}^{(n)}(A), \Lambda)$ est *associative*, et cette associativité se conserve en passant à la cohomologie.

(iii) Supposons que l'application Δ soit "anticommutative", c'est-à-dire que Δ soit égal au composé de Δ et de l'automorphisme de $A \otimes A$ qui envoie $a \otimes a'$ dans $(-1)^{kh} a' \otimes a$ pour $\deg(a) = k$ et $\deg(a') = h$. Cette propriété cesse d'être vraie pour les $\Delta^{(n)}$, mais quand on passe à la cohomologie on peut montrer que la multiplication (1) est *anticommutative*. Par exemple, si $A = \Lambda(\Pi)$ et si Δ est l'application diagonale, $H^*(\bar{\mathscr{B}}^{(n)}(A))$ est une *algèbre anticommutative*.

Remarque: on définira plus tard des DGA-homomorphismes canoniques $\bar{\mathscr{B}}^{(n)}(A) \to K(\Pi, n)$, lorsque $A = Z(\Pi)$, en désignant par $K(\Pi, n)$ le complexe d'Eilenberg-MacLane du groupe abélien Π (cf. Exp. 2, n° 2). Ces applications définissent des *isomorphismes* $H_*(\bar{\mathscr{B}}^{(n)}(A)) \approx H_*(\Pi, n)$; il en résulte que si $C = \Lambda(\Pi)$, on a des isomorphismes canoniques $H^*(\Pi, n; \Lambda) \approx H^*(\bar{\mathscr{B}}^{(n)}(C))$. On verra que ces isomorphismes sont *compatibles avec les structures multiplicatives*: celle de $H^*(\bar{\mathscr{B}}^{(n)}(C))$ comme définie ci-dessus, et celle de $H^*(\Pi, n; \Lambda)$ comme on la définit en Topologie.

6. Calcul de la multiplication en cohomologie

Soit $\mathfrak{A}$ une construction *spéciale* itérée, d'algèbre initiale A. On suppose que chaque algèbre $A^{(n)}$ de la construction est *anticommutative* et possède une Λ-base homogène contenant 1. Alors le produit tensoriel $\mathfrak{A} \otimes \mathfrak{A}$ de ces deux constructions est une construction spéciale itérée, anticommutative, dont la n-ième algèbre initiale est $A^{(n)} \otimes A^{(n)}$; son algèbre initiale est $A \otimes A$. Un DGA-homomorphisme $\Delta: A \to A \otimes A$ définit un unique homomorphisme spécial

$$\delta^{(n)}: A^{(n)} \to A^{(n)} \otimes A^{(n)}.$$

Proposition 4. *Le diagramme suivant est commutatif:*

$$\begin{array}{ccc}
A^{(n)} & \xrightarrow{\delta^{(n)}} & A^{(n)} \otimes A^{(n)} \\
\downarrow{\scriptstyle g^{(n)}} & & \uparrow{\scriptstyle h^{(n)} \otimes h^{(n)}} \\
\bar{\mathscr{B}}^{(n)}(A) & \xrightarrow{\Delta^{(n)}} & \bar{\mathscr{B}}^{(n)}(A) \otimes \bar{\mathscr{B}}^{(n)}(A)
\end{array}$$

où $g^{(n)}$ désigne l'homomorphisme "canonique", et $h^{(n)}$ désigne l'homomorphisme spécial $\bar{\mathscr{B}}^{(n)}(A) \to A^{(n)}$.

Démonstration: considérons le diagramme

$$\begin{array}{ccccc}
A^{(n)} & \xrightarrow{\delta^{(n)}} & A^{(n)} \otimes A^{(n)} & \xleftarrow{h^{(n)} \otimes h^{(n)}} & \\
\downarrow{\scriptstyle g^{(n)}} & & \uparrow{\scriptstyle \text{spécial}} & & \\
\bar{\mathscr{B}}^{(n)}(A) & \xrightarrow{\text{défini par } \Delta} & \bar{\mathscr{B}}^{(n)}(A \otimes A) & \xrightarrow{\text{spécial}} & \bar{\mathscr{B}}^{(n)}(A) \otimes \bar{\mathscr{B}}^{(n)}(A).
\end{array}$$

Le carré de gauche est commutatif d'après le théorème 6. On montre que le triangle de droite est commutatif, en procédant par récurrence sur n, comme pour la démonstration du théorème 6. Le composé des deux homomorphismes de la ligne inférieure du diagramme est $\Delta^{(n)}$, ce qui démontre la proposition.

Prenons le diagramme de la prop. 4; transposons-le, puis passons à la cohomologie: on obtient un diagramme commutatif

$$\begin{array}{ccc}
H^*(\bar{\mathscr{B}}^{(n)}(A)) \otimes H^*(\bar{\mathscr{B}}^{(n)}(A)) & \longrightarrow & H^*(\bar{\mathscr{B}}^{(n)}(A)) \\
\uparrow{\scriptstyle u \otimes u} & & \downarrow{\scriptstyle v} \\
H^*(A^{(n)}) \otimes H^*(A^{(n)}) & \longrightarrow & H^*(A^{(n)})
\end{array}$$

où la première flèche horizontale désigne la multiplication de $H^*(\bar{\mathscr{B}}^{(n)}(A))$

définie par $\Delta^{(n)}$, et la deuxième flèche horizontale désigne la multiplication de $H^*(A^{(n)})$ définie par $\delta^{(n)}$. Quant à u: $H^*(A^{(n)}) \to H^*(\bar{\mathscr{B}}^{(n)}(\Lambda))$, c'est l'isomorphisme réciproque de l'isomorphisme canonique v. Il en résulte:

Théorème 7. *Soit* $\mathfrak{A}$ *une construction spéciale itérée anticommutative, d'algèbre initiale* Λ*, de n-ième algèbre initiale* $A^{(n)}$ *(ayant une* Λ*-base homogène contenant* 1). *Soit* $\Delta: \Lambda \to \Lambda \otimes \Lambda$ *un DGA-homomorphisme, et soient* $\delta^{(n)}$: $A^{(n)} \to A^{(n)} \otimes A^{(n)}$, *et* $\Delta^{(n)}: \bar{\mathscr{B}}^{(n)}(\Lambda) \to \bar{\mathscr{B}}^{(n)}(\Lambda) \otimes \bar{\mathscr{B}}^{(n)}(\Lambda)$ *les homomorphismes qu'il détermine. Alors l'isomorphisme canonique des modules de cohomologie* $H^*(\bar{\mathscr{B}}^{(n)}(\Lambda)) \approx H^*(A^{(n)})$ *est compatible avec les structures multiplicatives définies, sur* $H^*(\bar{\mathscr{B}}^{(n)}(\Lambda))$ *et* $H^*(A^{(n)})$ *respectivement, par* $\Delta^{(n)}$ *et par* $\delta^{(n)}$.

D'un point de vue pratique, on peut donc "calculer" la structure multiplicative de $H^*(\bar{\mathscr{B}}^{(n)}(\Lambda))$ en utilisant une construction spéciale anticommutative, la multiplication de $H^*(A^{(n)})$ étant calculée à l'aide de $\delta^{(n)}$.

Remarque: si Λ est un *corps*, on peut interpréter comme suit la multiplication de $H^*(A^{(n)}) = H^*(\mathrm{Hom}'(A^{(n)}, \Lambda))$ définie par $\delta^{(n)}$: en passant à l'homologie, $\delta^{(n)}$ définit $H_*(A^{(n)}) \to H_*(A^{(n)} \otimes A^{(n)})$, et ce dernier module est isomorphe (canoniquement) à $H_*(A^{(n)}) \otimes H_*(A^{(n)})$. En séparant les degrés, on obtient, pour tout couple d'entiers k et h, un homomorphisme

$$H_{k+h}(A^{(n)}) \to H_k(A^{(n)}) \otimes H_h(A^{(n)}).$$

Par transposition, et compte tenu du fait que le dual de $H_k(A^{(n)})$ est canoniquement isomorphe à la cohomologie $H^k(\mathrm{Hom}'(A^{(n)}, \Lambda))$ notée $H^k(A^{(n)})$, on obtient une application

$$H^k(A^{(n)}) \otimes H^h(A^{(n)}) \to H^{k+h}(A^{(n)}),$$

qui n'est autre que la multiplication cherchée.

Exposé 6. Opérations dans les constructions acycliques

1. Suspension

Soit A une DGA-algèbre, et soit M un DGA-module sur A, *acyclique*. On notera N le module quotient associé $\overline{M}$ (cf. Exp. 2, n° 4) et $\bar{d}$ son opérateur différentiel. Supposons donné un A-homomorphisme $A \to M$, qui soit biunivoque et compatible avec les graduations, les opérateurs différentiels et les augmentations; ceci permettra d'identifier désormais A à un sous-A-module de M. (Exemple: si on a une construction multiplicative (A, N, M), on prend l'application $a \to a \otimes 1$ de A dans $A \otimes N = M$).

Soit $a \in A$, homogène de degré $q \geqslant 0$, tel que $da = 0$. Puisque M est acyclique, il existe $m \in M_{q+1}$ tel que $dm = a - \varepsilon a$ (observer d'ailleurs que $\varepsilon a = 0$ si $q \geqslant 1$). Soit $\bar{m}$ l'image de m dans N; on a $\bar{d}\bar{m} = 0$. L'élément de $H_{q+1}(N)$, classe d'homologie du cycle $\bar{m}$, ne dépend que de a, non du choix de m; car on peut tout au plus remplacer m par $m + dm'$, et $\bar{m}$ est remplacé par $\bar{m} + \bar{d}\bar{m}'$. De plus, la classe d'homologie de $\bar{m}$ ne dépend que de la classe d'homologie de a dans $H_q(A)$; car si on remplace a par $a + da'$, il suffit de remplacer m par $m + a'$, et $\bar{m}$ n'est pas changé. Enfin, il est évident que la classe d'homologie de $\bar{m}$ dépend *linéairement* de celle de a. On a ainsi défini une *application linéaire*, appelée *suspension*:

$$\sigma: H_q(A) \to H_{q+1}(N), \quad q \geqslant 0.$$

Cette application est *naturelle* vis-à-vis des DGA-homomorphismes de DGA-modules (Exp. 2, déf. 4.2): si $g: M \to M'$ est un tel homomorphisme, compatible avec $f: A \to A'$, et si $\bar{g}: N \to N'$ est l'homomorphisme des modules associés, le diagramme suivant est commutatif

$$\begin{array}{ccc} H_q(A) & \xrightarrow{\sigma} & H_{q+1}(N) \\ \downarrow{\scriptstyle f_*} & & \downarrow{\scriptstyle g_*} \\ H_q(A') & \xrightarrow{\sigma'} & H_{q+1}(N') \end{array}$$

Définition. Dans une algèbre graduée munie d'une augmentation ε, on dit qu'un élément est *décomposable* s'il a la forme $\sum_i u_i v_i$, avec $\varepsilon u_i = 0$ et $\varepsilon v_i = 0$. En particulier, si les scalaires sont les seuls éléments de degré 0, alors les éléments décomposables sont les éléments de la forme $\sum_i u_i v_i$, avec $\deg(u_i) > 0$, et $\deg(v_i) > 0$.

Proposition 1. *Le noyau de la suspension σ contient les éléments décomposable de $H_*(A)$.*

Démonstration. Soit $a = bc$, b et c étant des cycles homogènes de A, d'augmentation nulle. Il existe $x \in M$ tel que $dx = b$; alors $d(xc) = a$, et on peut prendre $m = xc$ pour calculer la suspension de a. Or l'image de xc dans N est nulle, puisque $\varepsilon c = 0$.

2. Calcul de la suspension à l'aide d'un opérateur d'homotopie

Supposons dans M un endomorphisme s, de degré $+1$, tel que $dsx + sdx = x - \eta x$ pour tout $x \in M$. Soit $\bar{s}: A \to N$ le composé de l'injection $A \to M$, de $s: M \to M$, et de la projection $M \to N$. On a

$$\bar{d}\bar{s}x + \bar{s}dx = 0 \quad \text{pour tout} \quad x \in A. \tag{1}$$

Ainsi l'application $\bar{s}$, qui augmente le degré de un, anticommute avec les opérateurs différentiels de A et N. Par passage à l'homologie, $\bar{s}$ définit une application $H_*(A) \to H_*(N)$, *qui n'est autre que la suspension σ.*

La vérification est immédiate: on peut prendre $m = sa$, car si $da = 0$, on a $dsa = a - \varepsilon a$. Alors l'image de m dans N est $\bar{s}a$.

Exemple: dans la *bar construction* $\mathscr{B}(A)$, on a explicité un opérateur d'homotopie s (Exp. 3, n° 6). L'application $\bar{s}$ de A dans $\bar{\mathscr{B}}(A)$ est tout simplement: $a \to [a]$. Par passage à l'homologie, on obtient l'application de suspension $\sigma\colon H_q(A) \to H_{q+1}(\bar{\mathscr{B}}(A))$.

Puisque la suspension est "naturelle", on a un diagramme commutatif

$$\begin{array}{ccc} H_q(A^{(n)}) & \xrightarrow{\sigma} & H_{q+1}(A^{(n+1)}) \\ \downarrow u^{(n)} & & \downarrow u^{(n+1)} \\ H_q(\bar{\mathscr{B}}^{(n)}(A)) & \xrightarrow{\sigma} & H_{q+1}(\bar{\mathscr{B}}^{(n+1)}(A)) \end{array}$$

où $A^{(n)}$ et $A^{(n+1)}$ désignent la n-ième algèbre initiale et la n-ième algèbre finale d'une construction itérée (multiplicative et acyclique), dont l'algèbre initiale A est anticommutative; $u^{(n)}$ et $u^{(n+1)}$ désignent les homomorphismes "canoniques" (Exp. 5, n°. 3).

3. Exemples

Théorème 1. *Soit A une DGA-algèbre anticommutative. On a $H_q(\bar{\mathscr{B}}^{(n)}(A)) = 0$ pour $0 < q < n$, et la suspension $\sigma\colon H_q(\bar{\mathscr{B}}^{(n)}(A)) \to H_{q+1}(\bar{\mathscr{B}}^{(n+1)}(A))$ est un isomorphisme pour $n \leqslant q < 2n$, un épimorphisme pour $q = 2n$. En outre, pour $n \geqslant 0$, le noyau de $H_{2n}(\bar{\mathscr{B}}^{(n)}(A)) \to H_{2n+1}(\bar{\mathscr{B}}^{(n+1)}(A))$ est formé des éléments "décomposables" de $H_{2n}(\bar{\mathscr{B}}^{(n)}(A))$;* donc, pour $n \geqslant 1$, ce noyau se compose des *sommes de produits d'éléments de $H_n(\bar{\mathscr{B}}^{(n)}(A))$.*

Démonstration: tout d'abord, on vérifie, par récurrence sur n, que $\bar{\mathscr{B}}_q^{(n)}(A) = 0$ pour $0 < q < n$. Cette assertion est triviale pour $n = 0$ et $n = 1$; supposons-la prouvée pour n ($n \geqslant 1$). Alors les éléments $\neq 0$ de $\bar{\mathscr{B}}^{(n+1)}(A)$, de plus bas degré >0, ont la forme $[a]$, où $a \in \bar{\mathscr{B}}^{(n)}(A)$; donc $\deg(a) \geqslant n$, et par suite $\deg([a]) \geqslant n + 1$.

Dans $\bar{\mathscr{B}}^{(n+1)}(A)$, tout élément de degré $q + 1$, avec $0 \leqslant q \leqslant 2n$, est de la forme $[a]$, où $A \in \bar{\mathscr{B}}_q^{(n)}(a)$. Ainsi l'application $\bar{s}\colon \bar{\mathscr{B}}_q^{(n)}(A) \to \bar{\mathscr{B}}_{q+1}^{(n+1)}(A)$ est un isomorphisme pour $q \leqslant 2n$. En passant à l'homologie, on voit que $H_q(\bar{\mathscr{B}}^{(n)}(A)) \to H_{q+1}(\bar{\mathscr{B}}^{(n+1)}(A))$ est un *isomorphisme* pour $q < 2n$, et un *épimorphisme* pour $q = 2n$. Pour $q = 2n$, le noyau se compose des classes des cycles $a \in \bar{\mathscr{B}}_{2n}^{(n)}(A)$ dont l'image dans $\bar{\mathscr{B}}_{2n+1}^{(n+1)}(A)$ est le bord d'un élément de degré $2n + 2$, somme d'éléments de la forme $[b, c]$, où b et c satisfont aux conditions suivantes: b et c sont des éléments de degré n de $\bar{\mathscr{B}}^{(n)}(A)$, dont le bord est nul pour une raison de degré; de plus, si $n = 0$, on peut supposer que $\varepsilon b = 0$ et $\varepsilon c = 0$ (puisque $[b, c] = 0$ chaque fois que b ou c est un scalaire). En utilisant la formule (10) de l'Exposé 3, on trouve

$$\bar{d}[b, c] = (-1)^{n+1}[bc].$$

Ainsi, le noyau de $H_{2n}(\bar{\mathscr{B}}^{(n)}(A)) \to H_{2n+1}(\bar{\mathscr{B}}^{(n+1)}(A))$ se compose des classes d'homologie des sommes d'éléments de la forme bc, où b et c sont des cycles de $\bar{\mathscr{B}}^{(n)}(A)$ tels que $\varepsilon b = 0$, $\varepsilon c = 0$. Ceci achève la démonstration.

Le théorème 1 s'applique au cas où $A = \Lambda(\Pi)$, Π étant un groupe abélien. Alors $H_*(\bar{\mathscr{B}}^{(n)}(A)) \approx H_*(\Pi, n; \Lambda)$, et on obtient les propriétés connues de la suspension des algèbres d'Eilenberg-MacLane. De plus:

Théorème 2. *Soit Π un groupe (abélien ou non), et soit $A = Z(\Pi)$ l'algèbre du groupe Π. La suspension $\sigma\colon Z(\Pi) \to H_1(\bar{\mathscr{B}}^{(1)}(A)) \approx H_1(\Pi, 1; Z)$* (homologie du groupe discret Π à coefficients entiers), *si on la restreint à Π (plongé canoniquement dans $Z(\Pi)$), donne*

$$\sigma\colon \Pi \to H_1(\Pi, 1; Z)$$

qui est un homomorphisme du groupe Π sur le groupe abélien $H_1(\Pi, 1; Z)$. Son noyau est le sous-groupe des commutateurs de Π.

(Interprétation géométrique: le premier groupe d'homologie d'un espace connexe est isomorphe au groupe fondamental rendu abélien).

Démonstration: d'après la proposition 1, σ est nul sur les éléments de $Z(\Pi)$ de la forme $(x - 1)(y - 1)$, avec $x \in \Pi$, $y \in \Pi$ (1: élément neutre de Π). D'où $\sigma(xy - 1) = \sigma(x - 1) + \sigma(y - 1)$, ou encore $\sigma(xy) = \sigma(x) + \sigma(y)$. Ainsi σ est un homomorphisme du groupe Π dans le groupe abélien $H_1(\Pi, 1; Z)$. Comme les éléments $[x]$, où $x \in \Pi$ est $\neq 1$, forment une base de $\bar{\mathscr{B}}_1(A)$, dont tous les éléments sont des cycles, σ applique Π *sur* $H_1(\Pi, 1; Z)$. Dans $\bar{\mathscr{B}}_1(A)$, les bords des éléments de degré 2 sont les combinaisons linéaires d'éléments de la forme $[x] + [y] - [xy]$, avec $x \in \Pi$, $y \in \Pi$. Ceci prouve à nouveau que $\sigma(xy) = \sigma(x) + \sigma(y)$. Il est immédiat que le noyau de σ contient les éléments de la forme $xyx^{-1}y^{-1}$, qui engendrent un sous-groupe noté $[\Pi, \Pi]$. Pour montrer que $[\Pi, \Pi]$ est exactement le noyau, il suffit de définir un homomorphisme $\tau\colon H_1(\Pi, 1; Z) \to \Pi/[\Pi, \Pi]$, et de vérifier que $\tau\sigma$ et $\sigma\tau$ sons les applications identiques. Or l'application qui envoie $[x]$ dans la classe de x modulo $[\Pi, \Pi]$, se prolonge par linéarité (puisqu'on envoie dans un groupe abélien); l'application prolongée envoie $[x] + [y] - [xy]$ dans l'élément neutre, donc passe au quotient et définit $\tau\colon H_1(\Pi, 1; Z) \to \Pi/[\Pi,\Pi]$. Il est évident que $\tau\sigma$ et $\sigma\tau$ sont les applications identiques.

Supposons maintenant Π *abélien*. D'après le théorème 1, les applications $H_1(\Pi, 1; Z) \to H_2(\Pi, 2; Z) \to \ldots \to H_n(\Pi, n; Z) \to \ldots$ sont toutes des *isomorphismes*. En composant avec l'isomorphisme précédent $\Pi \to H_1(\Pi, 1; Z)$, on trouve des isomorphismes canoniques

$$\Pi \approx H_n(\Pi, n; Z) \quad (\Pi \text{ abélien}),$$

définis par la suspension itérée.

4. La transpotence

On va, sous certaines hypothèses, définir une nouvelle opération dans les constructions acycliques *modulo p* (p premier), c'est-à-dire les constructions acycliques sur un anneau de base Λ tel que $p = 0$ dans Λ.

Soit (A, N, M) une construction *multiplicative, anticommutative, acyclique,* en caractéristique p (p premier).

On notera ${}_p(A_{2q})$ le sous-module des $a \in A_{2q}$ (de degré pair $2q$) tels que $da = 0$ et $a^p = (\varepsilon a)^p$, ou, ce qui revient au même, $da = 0$ et $(a - \varepsilon a)^p = 0$. Pour $q \geqslant 1$, ce sont donc les a tels que $da = 0$ et $a^p = 0$. Observons que $\sum_q {}_p(A_{2q})$ est une sous-algèbre de A. On va définir, pour chaque q, une application

$$\psi\colon {}_p(A_{2q}) \to H_{2pq+2}(N).$$

Soit donc $a \in A_{2q}$ tel que $da = 0$, $(a - \varepsilon a)^p = 0$. Puisque M est acyclique, il existe $x \in M_{2q+1}$ tel que

$$dx = a - \varepsilon a. \tag{2}$$

$(a - \varepsilon a)^{p-1}x$ est un cycle de M; il existe donc $y \in M_{2pq+2}$ tel que

$$dy = (a - \varepsilon a)^{p-1}x. \tag{3}$$

Soit $\bar{y}$ l'image de y dans l'algèbre quotient N; on a $\bar{d}\bar{y} = 0$, puisque $p - 1 > 0$ et que $a - \varepsilon a$ est d'augmentation nulle.

Proposition 2. *Si à l'élément $a \in {}_p(A_{2q})$ on associe $x \in M_{2q+1}$ et $y \in M_{2pq+2}$ satisfaisant à* (2) *et* (3), *la classe de $\bar{d}$-homologie de $\bar{y}$ est un élément de $H_{2pq+2}(N)$ qui est indépendant des choix de x et y. D'où une application $\psi\colon {}_p(A_{2q}) \to H_{2pq+2}(N)$.*

Démonstration: on peut remplacer x par $x + dx'$, $x' \in M_{2q+2}$. Alors y peut être remplacé par $y + (a - \varepsilon a)^{p-1}x' + dy'$, $y' \in M_{2pq+3}$. Donc $\bar{y}$ est remplacé par $\bar{y} + \bar{d}\bar{y}'$. C.Q.F.D.

Proposition 3. *L'application ψ s'annule sur les produits bc, où b et c sont des cycles de A (de degrés quelconques, non nécessairement pairs) tels que $\varepsilon b = 0$, $c^p = 0$.*

Démonstration: il existe $u \in M$ tel que $du = b$. Alors $d(uc) = bc$. Prenons donc $x = uc$; on cherche y tel que $dy = (bc)^{p-1}x = \pm ub^{p-1}c^p = 0$. On peut donc prendre $y = 0$, d'où la proposition.

Proposition 4. *Lorsque l'entier premier p est impair, l'application ψ est additive.*

Démonstration: soient a et a' deux éléments de ${}_p(A_{2q})$; on peut supposer $\varepsilon a = 0$, $\varepsilon a' = 0$ (sinon, remplacer a et a' par $a - \varepsilon a$ et $a' - \varepsilon a'$).
On va montrer que $\psi(a + a') = \psi(a) + \psi(a')$. Soient $x \in M$ et $x' \in M$ tels que $dx = a$, $dx' = a'$, donc $d(x + x') = a + a'$. On vérifie la relation

$$(a + a')^{p-1}(x + x') - a^{p-1}x - a'^{p-1}x' = dw,$$

avec $w = (a^{p-2} - a^{p-3}a' + a^{p-4}a'^2 + \ldots - a'^{p-2})xx'$.

Puisque $p \geqslant 3$, l'image $\bar{w}$ de w dans N est nulle. Soient alors y, y' et z des éléments de M tels que

$$dy = a^{p-1}x, \quad dy' = a'^{p-1}x', \quad dz = (a + a')^{p-1}(x + x').$$

On a $d(z - y - y' - w) = 0$; puisque M est acyclique, l'image de $z - y - y' - w$ dans N est un $\bar{d}$-bord. Or cette image est $\bar{z} - \bar{y} - \bar{y}'$.

C.Q.F.D.

Remarque: on verra plus tard que ψ, pour $p = 2$, *n'est pas additive.*

Proposition 5. *Soit q un entier $\geqslant 1$. Supposons que:*
$(\mathrm{I})_q$ *$a^p = 0$ pour tout $a \in A_{2q}$;*
$(\mathrm{II})_q$ *$b(db)^{p-1}$ soit le bord d'un élément de A, pour tout $b \in A_{2q+1}$.*
Alors l'application ψ passe à l'homologie et définit une application

$$\varphi\colon H_{2q}(A) \to H_{2pq+2}(N).$$

(Cette application sera *additive pour p impair*, d'après la proposition 4).

Démonstration: $\psi(a)$ est défini pour tout $a \in A_{2q}$ tel que $da = 0$. On veut montrer que $\psi(a)$ ne dépend que de la classe d'homologie de a dans $H_{2q}(A)$. Remplaçons a par $a' = a + db$, $b \in A_{2q+1}$. Posons $x' = x + b$; on a bien $dx' = a'$. On vérifie la relation

$$a'^{p-1}x' - a^{p-1}x = dv + b(db)^{p-1},$$

avec $v = b(a'^{p-2} + a'^{p-3}a + a'^{p-4}a^2 + \ldots + a^{p-2})x'$.

L'image de v dans N est nulle; d'autre part, d'après l'hypothèse (II), $b(db)^{p-1} = du$, où $u \in A$ a une image nulle dans N. Soient alors $y \in M$ et $y' \in M$ tels que $dy = a^{p-1}x$, $dy' = a'^{p-1}x'$; on a $d(y' - y - v - u) = 0$; puisque M est acyclique, l'image de $y' - y - v - u$ dans N est un $\bar{d}$-bord. Or cette image est $\bar{y}' - \bar{y}$.

C.Q.F.D.

Ainsi, lorsque les hypothèses $(\mathrm{I})_q$ et $(\mathrm{II})_q$ sont remplies ($q \geqslant 1$), l'application $\varphi\colon H_{2q}(A) \to H_{2pq+2}(N)$ est définie; on l'appellera la *transpotence*. Si on suppose en outre que

(I′) $a^p = 0$ pour tout $a \in A$ de degré > 0,

alors, d'après la proposition 3, *le noyau de la transpotence contient les éléments décomposables* de $H_{2q}(A)$, au moins pour p premier *impair* (pour que la transpotence soit additive).

Voici des cas où la proposition 5 est applicable:

Proposition 6. *Si la DGA-algèbre A est de la forme $\bar{\mathscr{B}}(C)$, où C est anticommutative, alors A vérifie* (I′). *Si de plus C est anticommutative et vérifie* (I′), *alors $A = \bar{\mathscr{B}}(C)$ vérifie* $(\mathrm{II})_q$ *pour tout $q \geqslant 1$.*

Démonstration: si $A = \bar{\mathscr{B}}(C)$, C anticommutative, on sait que $a^2 = 0$ pour tout a de degré impair (Exp. 4, th. 4); *a fortiori*, $a^p = 0$. Soit maintenant $a \in \bar{\mathscr{B}}(C)$ de degré pair $\geqslant 2$; on a $d(a^p) = 0$, d désignant la différentielle dans l'algèbre acyclique $\mathscr{B}(C)$. Il en résulte (cf. la propriété (B), Exp. 3, th. 3) que $a^p = 0$.

Supposons de plus que C satisfasse à (I'); comme $\bar{\mathscr{B}}(C)$ y satisfait aussi (d'après ce qu'on vient de démontrer), on a $u^p = 0$ pour tout $u \in \mathscr{B}(C) = C \otimes \bar{\mathscr{B}}(C)$ de degré *pair* (car u est une somme d'éléments dont chacun est de la forme $c \otimes a$, avec $c \in C$, $a \in \bar{\mathscr{B}}(C)$). Donc si $b \in \bar{\mathscr{B}}(C)$ est de degré $2q + 1$ ($q \geqslant 1$), on a $(db)^p = 0$, la différentielle d étant prise au sens de $\mathscr{B}(C)$. Ainsi $b(db)^{p-1}$ est un cycle de $\mathscr{B}(C)$, donc son image $b(\bar{d}b)^{p-1}$ dans l'algèbre quotient $\bar{\mathscr{B}}(C)$ est un $\bar{d}$-bord. Ceci achève la démonstration.

Observons que toute DGA-algèbre A dont tous les éléments sont de degré 0 satisfait trivialement *à* (I') et *à* $(\text{II})_q$ pour $q \geqslant 1$.

De tout ce qui précède résulte:

Théorème 3. *Soit A une DGA-algèbre commutative de degré 0, sur un anneau Λ de caractéristique p (p premier). L'application $\psi: {}_pA \to H_2(\mathscr{B}^{(1)}(A))$ est additive si p est impair. La transpotence $\varphi: H_{2q}(\bar{\mathscr{B}}^{(n)}(A)) \to H_{2pq+2}(\bar{\mathscr{B}}^{(n+1)}(A))$ est définie pour tout $n \geqslant 1$ et tout $q \geqslant 1$; elle est additive si p est impair, et dans ce cas son noyau contient les éléments décomposables.*

Remarque: comme la transpotence est une application évidemment "naturelle", elle pourra être "calculée" dans n'importe quelle construction multiplicative itérée, acyclique.

5. Exemples

Nous prenons $A = \Lambda(\Pi)$, Π groupe abélien, $\Lambda = Z_p$ (corps des entiers modulo p premier). La transpotence

$$\varphi: H_{2q}(\Pi, n; Z_p) \to H_{2pq+2}(\Pi, n+1; Z_p)$$

est définie pour $n \geqslant 1$, $q \geqslant 1$; elle est *linéaire si p est impair*.

Etudions maintenant l'application ${}_pA \to H_2(\Pi, 1; Z_p)$. Le groupe Π étant canoniquement plongé dans l'algèbre $Z_p(\Pi)$, les éléments x du sous-groupe ${}_p\Pi$ (éléments "d'ordre p" de Π, c'est-à-dire tels que $x^p = 1$) sont dans ${}_pA$. On a donc une application

$$\psi: {}_p\Pi \to H_2(\Pi, 1; Z_p).$$

Cette application est un *homomorphisme de groupes si p est impair*. En effet, ψ est additive, et $\psi((x-1)(y-1)) = 0$ lorsque $x^p = 1$ et $y^p = 1$, d'après la proposition 3.

Rappelons (théorème 1 ci-dessus) que le noyau de la suspension

$$H_2(\Pi, 1; Z_p) \to H_3(\Pi, 2; Z_p)$$

est formé des éléments *décomposables* de $H_2(\Pi, 1; Z_p)$ (i.e.: sommes de produits d'éléments de $H_1(\Pi, 1; Z_p)$).

Théorème 4. *L'application composée*

$$ {}_p\Pi \xrightarrow{\psi} H_2(\Pi,1;Z_p) \xrightarrow{\sigma} H_3(\Pi,2;Z_p) $$

est un isomorphisme du groupe ${}_p\Pi$ *sur le groupe* $H_3(\Pi, 2; Z_p)$, *même pour* $p = 2$.

Corollaire: pour p premier impair l'application ψ définit une *décomposition directe canonique* $H_2(\Pi, 1; Z_p) \approx {}_p\Pi + G$, G désignant le sous-groupe des éléments décomposables.

Démonstration du théorème 4. L'application $\sigma \circ \psi: {}_p\Pi \to H_3(\Pi, 2; Z_p)$ est naturelle et commute avec les limites directes. Pour montrer que c'est un isomorphisme, il suffit de le faire quand Π est de type fini. De plus $\sigma \circ \psi$ commute avec les sommes directes, en vertu de l'isomorphisme $H_*(\Pi \times \Pi', 2; Z_p) \approx H_*(\Pi, 2; Z_p) \otimes_{Z_p} H_*(\Pi', 2; Z_p)$ (Exp. 2, n° 3), et compte tenu du fait que $H_1(\Pi, 2; Z_p) = 0$ (théorème 1 ci-dessus). Bref, il suffit de montrer que $\sigma \circ \psi$ est un isomorphisme dans le cas où Π est un *groupe cyclique*. C'est trivial si Π est cyclique infini, car alors ${}_p\Pi = (1)$, et $H_2(\Pi, 1; Z_p) = 0$ comme bien connu, d'où $H_3(\Pi, 2; Z_p) = 0$ par suspension. Il reste à examiner le cas où Π est *cyclique d'ordre h*. On va d'ailleurs voir que, dans ce cas, le sous-groupe G des éléments décomposables de $H_2(\Pi, 1; Z_p)$ est nul, de sorte que tout revient à prouver que $\psi: {}_p\Pi \to H_2(\Pi, 1; Z_p)$ *est un isomorphisme quand* Π *est cyclique d'ordre h.*

Pour calculer ψ dans ce cas, on va utiliser une *construction* particulière, d'ailleurs classique. On a $A = Z_p(\Pi)$; soit a un générateur de Π; alors $a^h = 1$, et ${}_p\Pi$ se compose des a^k tels que $pk \equiv 0 \pmod h$. Comme construction acyclique (A, N, M), nous prenons ceci: $N = E(1) \otimes_{Z_p} P(2)$, où $E(1)$ désigne l'algèbre extérieure à un générateur v de degré 1 (et à coefficients dans Z_p), et où $P(2)$ désigne l' "algèbre des polynômes divisée" à un générateur u de degré 2; d'une façon précise, $P(2)$ a une base formée de $1, u, u^{(2)}, \ldots, u^{(n)}, \ldots$, avec $u^{(n)}$ de degré $2n$, et la loi de multiplication $u^{(n)}u^{(m)} = ((n+m)!/(n!\,m!))u^{(n+m)}$.

Dans l'algèbre $M = A \otimes N = Z_p(\Pi) \otimes E(1) \otimes P(2)$, on considère l'opérateur différentiel d défini par

$$ \left.\begin{aligned} d(vu^{(n)}) &= (a-1)u^{(n)} \qquad &(4)\\ du^{(n+1)} &= (1 + a + \ldots + a^{h-1})vu^{(n)} \qquad &(5) \end{aligned}\right\} (n \geqslant 0) $$

On vérifie que M est bien une DGA-algèbre acyclique. Considérons la sous-algèbre $\tilde{N}$ ($N \subset \tilde{N} \subset M$) ayant pour base (sur Z_p) les éléments $u^{(n)}$ ($n \geqslant 0$) et $a^k vu^{(n)}$ ($n \geqslant 0, 0 \leqslant k \leqslant h-2$). On vérifie que la donnée de $\tilde{N}$ définit une construction *spéciale*, dont l'opérateur d'homotopie s est le suivant:

$$ s(a^k u^{(n)}) = \begin{cases} 0 \quad \text{si} \quad k = 0 \\ (1 + a + \ldots + a^{k-1})vu^{(n)} \quad \text{si} \quad 1 \leqslant k \leqslant h-1 \end{cases} \qquad (6) $$

$$ s(a^k vu^{(n)}) = \begin{cases} 0 \quad \text{si} \quad 0 \leqslant k \leqslant h-2 \\ u^{(n+1)} \quad \text{si} \quad k = h-1. \end{cases} \qquad (7) $$

(Remarque: tout ceci vaudrait pour un anneau quelconque de coefficients, et pas seulement pour Z_p). Sur l'*algèbre finale* $N = E(1) \otimes P(2)$, l'opérateur différentiel $\bar{d}$ est donné par

$$\bar{d}(vu^{(n)}) = 0, \quad \bar{d}u^{(n+1)} = hvu^{(n)}. \tag{8}$$

Ceci montre déjà que $H_1(\Pi, 1; Z_p)$ se compose des multiples d'un élément dont le carré est nul, d'où $G = 0$.

Il reste à expliciter l'application ψ, et pour cela à trouver dans M des éléments x et y tels que $dx = a^k - 1$, $dy = (a^k - 1)^{p-1}x$. En utilisant l'opérateur d'homotopie s, on trouve

$$x = (1 + a + \ldots + a^{k-1})v,$$

d'où

$$(a^k - 1)^{p-1}x = \textstyle\sum_{0 \leqslant i \leqslant pk-1} a^i v,$$

d'où enfin $y = (pk/h)u$. Ainsi ψ envoie a^k (k entier tel que pk/h soit entier) dans la classe d'homologie de $(pk/h)u$. C'est donc bien un isomorphisme de ${}_p\Pi$ sur $H_2(\Pi, 1; Z_p)$.

Exposé 7. Puissances divisées

Préambule. Dans une algèbre graduée commutative sur le corps des rationnels, considérons, pour chaque entier k, l'application $\gamma_k: x \to x^k/k!$. Elle jouit des propriétés suivantes:

$$\gamma_0(x) = 1, \quad \gamma_1(x) = x, \quad \deg \gamma_k(x) = k. \deg(x), \tag{1}$$

$$\gamma_k(x)\gamma_h(x) = (k, h)\gamma_{k+h}(x),$$

$$\text{en notant } (k, h) \text{ le coefficient binominal } \frac{(k+h)!}{k!h!} \tag{2}$$

$$\gamma_k(x + y) = \textstyle\sum_{i+j=k} \gamma_i(x)\gamma_j(y) \quad \text{(formule de Leibniz)} \tag{3}$$

$$\gamma_k(xy) = k!\,\gamma_k(x)\gamma_k(y) = x^k\gamma_k(y) = \gamma_k(x)y^k \tag{4}$$

$$\gamma_k(\gamma_h(x)) = (h, h-1)(2h, h-1)\ldots((k-1)h, h-1)\gamma_{kh}(x). \tag{5}$$

On vérifie (5) en montrant, par récurrence sur k, que le coefficient du second membre est égal à $(kh)!/(k!(h!)^k)$, qui est donc entier.

Enfin, si l'algèbre est munie d'une différentielle d, on a

$$d\gamma_k(x) = (dx)\gamma_{k-1}(x) \quad \text{pour} \quad k \geqslant 1. \tag{6}$$

1. Une propriété de la bar construction

On ne fait aucune hypothèse sur l'anneau de base Λ.

Théorème 1. *Soit A une DGA-algèbre anticommutative* (au sens *strict*, i.e.: $a^2 = 0$ pour tout $a \in A$ de degré impair). *Pour chaque $x \in \bar{\mathscr{B}}(A)$ de degré pair $\geqslant 2$,* *il existe une suite d'éléments* $\gamma_k(x) \in \bar{\mathscr{B}}(A)$ $(k = 0, 1, 2, \ldots)$ *qui satisfont à* (1) *et* (6), *où* dx *désigne la différentielle de* $x \in \bar{\mathscr{B}}(A)$ *au sens de l'algèbre acyclique* $\mathscr{B}(A)$. *Les éléments* $\gamma_k(x)$ *sont déterminés de manière unique par ces conditions; ils ont un caractère fonctoriel; ils satisfont en outre à* (2), (3), (5), *et à*

$$\begin{cases} \text{pour } k \geqslant 2, \quad \gamma_k(xy) = 0 \text{ si deg}\,(x) \text{ et deg}\,(y) \text{ impairs,} \\ \gamma_k(xy) \;= x^k\gamma_k(y) \text{ si deg}\,(y) \text{ pair} \geqslant 2 \text{ et deg}\,(x) \quad \text{pair.} \end{cases} \tag{4'}$$

Démonstration: d'après l'Exp. 4, th. 4, (iv), l'algèbre $\bar{\mathscr{B}}(A)$ est anticommutative au sens strict. Donc le produit tensorial $A \otimes \bar{\mathscr{B}}(A) = \mathscr{B}(A)$ est une algèbre anticommutative au sens strict; par suite, si $x \in \bar{\mathscr{B}}(A)$ est de degré pair, $(dx)^2$ est nul.

Cela posé, la propriété (B) (Exp. 3, th. 3), qui caractérise la bar construction, va donner la clef de la démonstration.

Soit $x \in \bar{\mathscr{B}}_{2q}(A)$, $q \geqslant 1$; l'existence et l'unicité de $\gamma_k(x)$ satisfaisant à (1) et (6) se montrent par récurrence sur k, étant triviales pour $k = 0$ et $k = 1$. Si elles sont vraies pour $k - 1$ $(k \geqslant 2)$, la détermination de $\gamma_k(x)$ revient à celle d'un $y \in \bar{\mathscr{B}}_{2kq}(A)$ tel que dy soit un élément connu $z = (dx)\gamma_{k-1}(x)$; un tel y existe et est unique, pourvu que z soit un cycle; or, d'après l'hypothèse de récurrence, $dz = (dx)^2\gamma_{k-2}(x)$, qui est nul puisque $(dx)^2 = 0$.

Les applications γ_k ont un caractère fonctoriel: si $f\colon A \to A'$ est un DGA-homomorphisme, l'application $g\colon \mathscr{B}(A) \to \mathscr{B}(A')$ définie par f satisfait à $g(\gamma_k(x)) = \gamma_k(g(x))$ pour $x \in \bar{\mathscr{B}}_{2q}(A)$. Démonstration par récurrence sur k: si c'est vrai pour $k - 1$, les deux membres ont des différentielles égales, donc sont égaux d'après la propriété (B) de la bar construction.

La propriété (2) se vérifie par récurrence sur $k + h$, étant triviale pour $k + h = 0$ ou 1. On prouve l'égalité des différentielles, qui résulte de l'hypothèse de récurrence, et de la relation classique: $(k - 1, h) + (k, h - 1) = (k, h)$. La propriété (3) se vérifie aussi par récurrence sur k, en différentiant. De même pour (4'): si les degrés de x et y sont impairs, la différentiation nous ramène au cas $k = 2$, et dans ce cas, par différentiation, on est ramené à vérifier que $d(xy)\cdot(xy) = 0$, ce qui résulte des relations $x^2 = 0$ et $y^2 = 0$. Si deg (y) est pair $\geqslant 2$ et deg (x) pair, (4') se prouve encore en différentiant, compte tenu de la relation $y.\ \gamma_{k-1}(y) = k\gamma_k(y)$ qui résulte de (2). Enfin, (5) est triviale pour $k = 1$ et se prouve par récurrence sur k en différentiant: il suffit d'appliquer (2) au calcul du produit $\gamma_{h-1}(x)\gamma_{kh-h}(x)$.

2. L'algèbre des polynômes divisée

Les $\gamma_k(x)$ définis dans la bar construction $\bar{\mathscr{B}}(A)$ s'appellent les *puissances divisées* de x. Cette dénomination est justifiée par la relation

$$x^k = k!\,\gamma_k(x)$$

qui résulte aussitôt de (2).

Prenons un exemple important: soit $A = E(x; 2q - 1)$ l'algèbre extérieure à un générateur x de degré impair $2q - 1$. Introduisons le module $P(y; 2q)$ ayant la base suivante: $y_0 = 1$, $y_1 = y$, $y_2, \ldots, y_k, \ldots$ dans les degrés 0, $2q$,

$4q, \ldots, 2kq, \ldots$ Sur le produit tensoriel $A \otimes P(y; 2q)$ mettons la différentielle

$$dx = 0, \quad dy_k = xy_{k-1}, \quad \text{d'où} \quad d(xy_k) = 0. \tag{7}$$

Il est immédiat que les xy_k ($k \geqslant 0$) forment une base des cycles, et que tout cycle est le bord d'un unique élément de $P(y; 2q)$. La propriété caractéristique de la bar construction de A est donc vérifiée; il s'ensuit que $P(y; 2q)$ est muni d'une structure d'algèbre, celle de $\bar{\mathscr{B}}(A)$. La relation (7), comparée à (6), montre que $y_k = \gamma_k(y)$. Alors (2) donne la multiplication dans $P(y; 2q)$: $y_k y_h = (k, h) y_{k+h}$. Et (5) détermine les puissances divisées dans $P(y; 2q)$:

$$\gamma_k(y_h) = (h, h-1)(2h, h-1) \ldots ((k-1)h, h-1) y_{kh}. \tag{8}$$

L'algèbre $P(y; 2q)$, munie de ce système de γ_k, s'appelle l'*algèbre des polynômes divisée* (à un générateur y de degré $2q$).

3. Autres exemples

Dans l'exemple précédent, y n'est autre que $[x]$, déduit de $x \in A$ par l'application s qui définit la suspension. Plus généralement:

Soit A une DGA-algèbre anticommutative au sens strict, et soit $a \in A_{2q-1}$ ($q \geqslant 1$); *dans $\bar{\mathscr{B}}(A)$, on a*

$$\gamma_k([a]) = [a, \ldots, a] \quad (k \text{ fois}). \tag{9}$$

Démonstration: par récurrence sur k, on doit vérifier que

$$\gamma_k([a]) = s(a\gamma_{k-1}([a])).$$

Pour cela, on différentie; on doit prouver que

$$d[a].\ \gamma_{k-1}([a]) = a\gamma_{k-1}([a]) - sd(a\gamma_{k-1}([a]))$$

ou encore $[da].\ \gamma_{k-1}([a]) = sd(a\gamma_{k-1}([a]))$,
ou, en différentiant:

$$(da)\gamma_{k-1}([a]) - [da].\ d\gamma_{k-1}([a]) = d(a\gamma_{k-1}([a])),$$

ce qui revient à $d[a] \cdot d\gamma_{k-1}([a]) = 0$. Or c'est vrai, puisque le carré de $d[a]$ est nul, $d[a]$ étant de degré impair.

On démontre de même (c'est un peu plus compliqué): *si $a \in A$ et $b \in A$ sont de degrés pairs $\geqslant 0$, on a, dans $\bar{\mathscr{B}}(A)$,*

$$\gamma_k([a, b]) = [a, b, \ldots, a, b] \quad \text{(dans le crochet, on a } k \text{ fois le couple } a, b\text{).} \tag{10}$$

4. Définition générale des puissances divisées

Toutes les algèbres qu'on considérera désormais sont *graduées et anticommutatives au sens strict*. Etant donnée une telle algèbre N, on dit que *N est munie d'un système de puissances divisées* si on a attaché à chaque $x \in N$ *de degré pair*

$\geqslant 2$, une suite d'éléments $\gamma_k(x) \in N$ ($k = 0, 1, 2, \ldots$) satisfaisant à (1), (2), (3) et (4'). (On ne pose pas la condition (5)). Si de plus N est sous-algèbre graduée d'une algèbre *différentielle* graduée M (anticommutative au sens strict), on dit que les puissances divisées de N sont *compatibles avec la différentielle d de M* si la condition (6) est satisfaite.

Comme on l'a déjà observé, (2) entraîne:

$$x.\gamma_{k-1}(x) = k\gamma_k(x), \quad \text{d'où} \quad x^k = k!\,\gamma_k(x). \tag{11}$$

(3) entraîne:

$$\gamma_k(x_1 + \ldots + x_n) = \textstyle\sum_{k_1+\ldots+k_n=k} \gamma_{k_1}(x_1) \ldots \gamma_{k_n}(x_n). \tag{12}$$

(4') entraîne que (4) a lieu chaque fois que $\deg(x)$ et $\deg(y)$ sont pairs $\geqslant 2$. Enfin, (6) entraîne que si x est un cycle, alors $\gamma_k(x)$ est un cycle.

Théorème 2. *Soient B et C deux sous-algèbres graduées de l'algèbre N (anticommutative au sens strict), telles que l'application canonique $B \otimes C \to N$ soit biunivoque. Etant donné, sur chacune des algèbres B et C, un système de puissances divisées, il existe sur N un système de puissances divisées qui les prolonge, et un tel système est unique. Si de plus les puissances divisées de B et de C sont compatibles avec la différentielle d'une algèbre M (dont N est sous-algèbre), il en est de même des puissances divisées de N.*

Démonstration: l'unicité résulte aussitôt de (3) et (4'). D'une façon précise, un élément de $B_q \otimes C_r$ ($q + r$ pair $\geqslant 2$) s'écrit sous la forme $\sum_{1 \leqslant i \leqslant n} b_i c_i$, et l'on doit avoir, pour $k \geqslant 2$,

$$\gamma_k\left(\textstyle\sum_{1\leqslant i\leqslant n} b_i c_i\right) = \textstyle\sum_{1\leqslant i_1<\ldots<i_k\leqslant n} b_{i_1}c_{i_1} \ldots b_{i_k}c_{i_k} \text{ si } q \text{ impair}, \tag{13}$$

$$\gamma_k\left(\textstyle\sum_{1\leqslant i\leqslant n} b_i c_i\right) = \textstyle\sum_{k_1+\ldots+k_n=k} (b_1)^{k_1} \ldots (b_n)^{k_n} \gamma_{k_1}(c_1) \ldots \gamma_{k_n}(c_n) \tag{14}$$

si r pair $\geqslant 2$,

et une formule analogue (14') si q pair $\geqslant 2$ (si q et r sont tous deux pairs $\geqslant 2$, les formules (14) et (14') sont d'accord). Pour prouver l'existence, nous devons d'abord montrer que les valeurs des seconds membres de (13), (14), et (14') ne dépendent que de l'élément

$$\textstyle\sum_i b_i c_i = \sum_i b_i \otimes c_i \in B_q \otimes C_r.$$

Notons provisoirement $f(b_1, c_1, \ldots, b_n, c_n)$ le second membre de (13), resp. (14), resp. (14'). Eu égard à la définition d'un produit tensoriel, on doit montrer trois choses:

(i) $f(\lambda b_1, c_1, b_2, c_2, \ldots, b_n, c_n) = f(b_1, \lambda c_1, b_2, c_2, \ldots, b_n, c_n)$;

(ii) si $b_1 = b' + b''$, on a
$f(b_1, c_1, b_2, c_2, \ldots) = f(b', c_1, b'', c_1, b_2, c_2, \ldots)$;

(iii) si $c_1 = c' + c''$, on a
$f(b_1, c_1, b_2, c_2, \ldots) = f(b_1, c', b_1, c'', b_2, c_2, \ldots)$.

Or le point (i) est évident. La vérification de (ii) se ramène à $(c_1)^2 = 0$ dans le cas de (13), et, dans le cas de (14), à

$$\sum_{k'+k''=k_1} b'^{k'} b''^{k''} \gamma_{k'}(c)\gamma_{k''}(c) = (b' + b'')^{k_1} \gamma_{k_1}(c)$$

ce qui résulte de (2). Enfin, la vérification de (iii), dans le cas de (14), se ramène à

$$\sum_{k'+k''=k_1} b^{k'} b^{k''} \gamma_{k'}(c')\gamma_{k''}(c'') = b^k \gamma_{k_1}(c' + c'')$$

qui résulte de (3).

Il est ainsi prouvé que les formules (13), (14) et (14′) définissent sans ambiguïté les γ_k sur chacun des sous-modules $B_q \otimes C_r$ ($q + r$ pair $\geqslant 2$), et par suite, d'après (3), sur leur somme directe. Les γ_k ainsi définis satisfont évidemment à (3). Ils satisfont à (2): c'est évident si x est de la forme bc; et si (2) est vérifié par x et par y, il l'est par la somme $x + y$, en vertu de (3), et de la relation $(k, h) = \sum(i, i')(j, j')$ étendue aux systèmes (i, i', j, j') tels que $i + j = k$, $i' + j' = h$. La condition (4′) est vérifiée si x a la forme bc et y la forme $b'c'$ (vérification facile); si elle l'est pour un produit $x'y$ et pour un produit $x''y$, elle l'est pour $(x' + x'')y$, d'après un calcul ci-dessus; si elle l'est pour un produit xy' et pour un produit xy'', elle l'est pour $x(y' + y'')$; donc elle est vérifiée quels que soient x et y.

Enfin, supposons que (6) soit vérifié quand $x \in B$ et quand $x \in C$; alors, pour $b \in B$ et $c \in C$, on a $d\gamma_k(bc) = d(bc) \cdot \gamma_{k-1}(bc)$; car si b et c sont de degrés impairs tout revient à voir que le produit de $d(bc)$ et de bc est nul (ce qui résulte de $b^2 = 0$ et $c^2 = 0$); et si b et c sont de degrés pairs (deg $(c) \geqslant 2$), cela résulte de la relation $c \cdot \gamma_{k-1}(c) = k\gamma_k(c)$. Enfin, si (6) est vérifié par des x_i, il l'est par leur somme: il suffit d'utiliser (3).

Ceci achève la démonstration du théorème 2.

5. Puissances divisées dans une construction

Soit (A, N, M) une construction anticommutative (au sens strict). Supposons que chacune des algèbres A et N soit munie d'un système de puissances divisées, compatible avec la différentielle de l'algèbre $M = A \otimes N$. D'après le théorème 2, il existe sur M un système de puissances divisées, compatible avec la différentielle de M, qui prolonge les deux systèmes donnés; et ce système prolongé est unique. On dit alors que *la construction* (A, N, M) *est munie de puissances divisées.* (Observer que A et N sont stables pour les puissances divisées).

Proposition 1. *Soit* (A, N, M) *une construction munie de puissances divisées. Alors:*

1) *la projection* $M \to N$ (définie par l'augmentation ε de A) *est compatible avec les* γ_k*;*

2) *les puissances divisées de* N *sont compatibles avec la différentielle* $\bar{d}$ *de l'algèbre finale* N*;*

3) *si* M *est acyclique, les* γ_k *de* N *passent à l'algèbre d'homologie* $H_*(N)$, *qui devient donc une algèbre munie de puissances divisées.*

Démonstration: 1) soit $x \in N$, et soit $u \in M$ dont la projection $\bar{u}$ dans N soit nulle. Montrons que $\gamma_k(x + u) - \gamma_k(x)$ a une projection nulle. C'est égal à $\sum_{1 \leqslant i \leqslant k} \gamma_i(u)\gamma_{k-i}(x)$, et il suffit donc de montrer que, pour $i \geqslant 1$, $\gamma_i(u)$ a une projection nulle. Il suffit de le montrer quand $u \in A_q \otimes N_r$, $q + r$ pair $\geqslant 2$. Soit $u = \sum_j a_j \otimes n_j$. D'après (3), il suffit de montrer que $\gamma_i(a \otimes n)$ a une projection nulle quand $a \in A_q$, $n \in N_r$, $q + r$ pair $\geqslant 2$, et $\varepsilon a = 0$. Supposons d'abord r pair $\geqslant 2$; alors $\gamma_i(a \otimes n) = a^i \otimes \gamma_i(n)$ a bien une projection nulle, car $\varepsilon(a^i) = 0$. Si r impair, $\gamma_i(a \otimes n) = 0$. Si $r = 0$, alors $\gamma_i(a \otimes n) = \gamma_i(a)n^i$, dont la projection est nulle puisque le degré de $\gamma_i(a)$ est >0.

2) la relation (6) ayant lieu quand $x \in N$ et d est la différentielle de M, on en déduit, par projection sur N,

$\bar{d}\gamma_k(x) = (\bar{d}x)\gamma_{k-1}(x)$, ce qui prouve l'assertion 2).

3) si $x \in N$ et $\bar{d}x = 0$, on a $\bar{d}\gamma_k(x) = 0$ d'après ce qui précède. Pour montrer que γ_k passe à la $\bar{d}$-homologie de N, on doit prouver que

$$\gamma_k(x + \bar{d}y) - \gamma_k(x) = \sum_{1 \leqslant i \leqslant k} \gamma_i(\bar{d}y)\gamma_{k-i}(x)$$

est un $\bar{d}$-bord si $x \in N_{2q}$, $\bar{d}x = 0$, $y \in N_{2q+1} (q \geqslant 1)$. Il suffit de montrer que, dans le second membre, chacun des $\gamma_i(\bar{d}y)$ est un $\bar{d}$-bord. Or, d'après 1), $\gamma_i(\bar{d}y)$ est la projection, sur N, de $\gamma_i(dy)$, qui est un d-cycle. Puisque M est supposée acyclique, $\gamma_i(dy)$ est un d-bord, donc, par projection, $\gamma_i(\bar{d}y)$ est un $\bar{d}$-bord.

Application: soit A une DGA-algèbre anticommutative (au sens strict). Il en est alors de même de $\bar{\mathscr{B}}^{(n-1)}(A)$, pour $n \geqslant 2$ (cf. Exp. 4, th. 4, (iv)). Donc $\bar{\mathscr{B}}^{(n)}(A)$, qui est canoniquement munie de puissances divisées quand $n \geqslant 1$ (th. 1 ci-dessus), voit ses γ_k passer à l'homologie $H_*(\bar{\mathscr{B}}^{(n)}(A))$ quand $n \geqslant 2$. De plus, si A est de degré zéro, A est trivialement munie de puissances divisées, donc les γ_k de $\bar{\mathscr{B}}^{(1)}(A)$ passent aussi à l'homologie. En particulier, prenant $A = \Lambda(\Pi)$, Π groupe abélien, on voit que *les algèbres d'Eilenberg-MacLane* $H_*(\Pi, n; \Lambda)$, *pour* $n \geqslant 1$, *sont canoniquement munies de puissances divisées qui satisfont à* (1), (2), (3), (4') *et* (5).

De plus, *pour tout homomorphisme* $\Pi \to \Pi'$, *l'application fonctorielle* $H_*(\Pi, n; \Lambda) \to H_*(\Pi', n; \Lambda)$ *est compatible avec les puissances divisées*, d'après le théorème 1.

6. Puissances divisées dans une construction spéciale

Soit $(A, N, M, \tilde{N})$ une construction spéciale anticommutative (au sens strict). On dira qu'elle est munie de puissances divisées si les γ_k laissent stables non seulement les sous-algèbres A et N, mais aussi la sous-algèbre $\tilde{N}$. C'est trivialement ainsi pour la bar construction, car alors $\tilde{N} = N$.

Proposition 2. *Si* $(A, N, M, \tilde{N})$ *est une construction spéciale avec puissances divisées, les* γ_k, *sur* $\tilde{N}$ (*et a fortiori sur* N) *satisfont à* (5).

Démonstration: par récurrence sur k, en différentiant, et en observant que d applique biunivoquement $\tilde{N}$ dans M. C'est le même calcul que pour la bar construction (th. 1).

Proposition 3. *Si on a deux constructions spéciales avec puissances divisées, leur produit tensoriel* (Exp. 4, nº 5) *est une construction spéciale avec puissances divisées.*

Démonstration: les puissances divisées sont définies, sur le produit tensoriel $(A'', N'', M'', \tilde{N}'')$, par le théorème 2 ci-dessus. Il reste à vérifier que $\tilde{N}''$ est stable pour les γ_k; or cela résulte de la formule (9) de l'Exposé 4.

La proposition 3 s'applique notamment à un produit tensoriel de plusieurs bar-constructions; les puissances divisées de ce produit tensoriel satisfont donc à (5), en vertu de la prop. 2. En particulier: *dans un produit tensoriel d'algèbres de polynômes divisées* (cf. nº 2), *les puissances divisées satisfont à* (5). Plus généralement:

Proposition 4. *Dans les hypothèses du théorème 2, si les puissances divisées de B et celles de C satisfont à* (5), *les puissances divisées de $B \otimes C$ satisfont à* (5).

Démonstration: il suffit de montrer que les $x \in B \otimes C$ qui satisfont à (5) forment une sous-algèbre; autrement dit, si x et y sont des éléments de degrés pairs q et $q' \geqslant 2$ d'une algèbre graduée N et satisfont à (5), il en est de même de la somme $x + y$ et du produit xy. Pour le voir, considérons les algèbres de polynômes divisées $P(\xi, q)$ et $P(\xi', q')$, et définissons une application linéaire de $P(\xi, q) \otimes P(\xi', q')$ dans N, en envoyant $\gamma_k(\xi) \otimes \gamma_h(\xi')$ dans le produit $\gamma_k(x)\gamma_h(y)$. La condition (2) des puissances divisées entraîne que f est un homomorphisme d'algèbres graduées; puisque x et y satisfont à (5), la restriction de f à chacune des sous-algèbres $P(\xi, q)$ et $P(\xi', q')$ est compatible avec les puissances divisées. Il résulte alors des propriétés (3) et (4′) des puissances divisées, que f est compatible avec les puissances divisées; comme tous les éléments de $P(\xi, q) \otimes P(\xi', q')$ satisfont à (5), (5) est vérifiée par tous les éléments de l'image de f, et en particulier par $x + y$ et par xy.

Théorème 3. *Soit (C, Q, P) une construction anticommutative (au sens strict), et $(A, N, M, \tilde{N})$ une construction spéciale, anticommutative au sens strict, munie de puissances divisées. Soit $f\colon C \to A$ un DGA-homomorphisme, et soient $g\colon P \to M$ et $\bar{g}\colon Q \to N$ les homomorphismes spéciaux définis par f* (Exp. 4, th. 5). *Si Q est munie de puissances divisées compatibles avec la différentielle de P, alors $\bar{g}$ est compatible avec les puissances divisées.*

Démonstration: observons d'abord qu'on ne suppose pas que C soit munie de puissances divisées. L'application $\bar{g}$ est composée de $Q \to \tilde{N} \to \tilde{N}$, dont la première est la restriction de g à Q, et la seconde est la restriction à $\tilde{N}$ de la projection $M \to N$, qui est compatible avec les puissances divisées (prop. 1). Il suffit donc de montrer que, pour $x \in Q$, de degré pair $\geqslant 2$, on a

$$g(\gamma_k(x)) = \gamma_k(g(x)).$$

Or les deux membres sont dans $\tilde{N}$, puisque $\tilde{N}$ est stable pour γ_k. Il suffit donc de montrer l'égalité des différentielles, et ceci fournit une démonstration par récurrence sur k.

7. Puissances divisées en caractéristique p

On suppose désormais que l'on a $p = 0$ dans l'anneau de base A, p désignant un entier premier. Soit N une algèbre graduée anticommutative munie de puissances divisées; on a donc $x^p = 0$ pour tout $x \in N$ de degré pair $\geqslant 2$, d'après la relation (11).

On suppose en outre que *les puissances divisées de N satisfont à* (5). Les propriétés arithmétiques élémentaires des coefficients binomiaux donnent alors

$$\gamma_k(\gamma_p(x)) = \gamma_{kp}(x) \text{ pour tout } k, \text{ en caractéristique } p. \tag{5'}$$

Ceci s'écrit aussi $\gamma_{kp} = \gamma_k \circ \gamma_p$. On en déduit, par récurrence sur l'entier i,

$$\gamma_{p^i} = \gamma_p \circ \ldots \circ \gamma_p \quad (i \text{ fois}).$$

Soit $k = k_0 + k_1 p + \ldots + k_i p^i$ le développement p-adique de k ($k_0 < p, k_1 < p, \ldots, k_i < p$). La formule (2) donne, compte tenu de (5'):

$$\gamma_k(x) = \gamma_{k_0}(x).\, \gamma_{k_1}(\gamma_p(x)) \ldots \gamma_{k_i}(\gamma_{p^i}(x)). \tag{15}$$

D'autre part, $\gamma_{k_i}(y) = (1/k_i!)y^{k_i}$, de sorte que toutes les opérations γ_k sont déterminées par la structure multiplicative de N et par l'unique opération γ_p ("puissance p-ième divisée"). On observera que, d'après (4'), on a

$$\gamma_p(xy) = 0 \quad \text{pour} \quad \deg(x) > 0 \quad \text{et} \quad \deg(y) > 0. \tag{16}$$

La relation (15) peut être interprétée comme donnant la *structure de l'algèbre des polynômes divisée* (à coefficients modulo p): notons $Q_p(y)$ le quotient de l'algèbre des polynômes ordinaires à un générateur y, par l'idéal engendré par y^p ("algèbre des polynômes tronquée"). Alors

$$P(y; 2q) \approx Q_p(y) \otimes Q_p(\gamma_p(y)) \otimes \ldots \otimes Q_p(\gamma_{p^i}(y)) \otimes \ldots$$

(produit tensoriel infini d'algèbres).

8. Puissances divisées en caractéristique 2

Lorsque $p = 2$, ce qui précède reste valable: tout se ramène à l'opération γ_2 ("carré divisé"). Mais on peut faire davantage. Nous dirons (lorsque $p = 2$) qu'une algèbre graduée est *strictement anticommutative* si elle est anticommutative (i.e.: commutative) et si en outre $x^2 = 0$ pour tout x de degré >0. *Exemple*: la bar construction $\mathscr{B}(A)$ d'une A anticommutative est strictement anticommutative (Exp. 4, th. 4, (iv)).

Reprenons alors le théorème 1; en caractéristique 2, si A est strictement anticommutative, $\gamma_k(x)$ se définit pour tout $x \in \bar{\mathscr{B}}_q(A)$ tel que $q \geqslant 2$ (q pair ou impair), ainsi que pour les $x \in \bar{\mathscr{B}}_1(A)$ tels que $(dx)^2 = 0$ dans A. Ces x forment un sous-module. Les propriétés (1) à (6) restent valables; (4') se précise comme suit:

$$\text{pour } k \geqslant 2, \begin{cases} \gamma_k(xy) = 0 & \text{si} \quad \deg(x) > 0 \quad \text{et} \quad \deg(y) > 0, \\ \gamma_k(xy) = x^k \gamma_k(y) & \text{si} \quad \deg(x) = 0. \end{cases} \tag{4''}$$

L'algèbre des polynômes divisée $P(y; q)$ est définie pour tout $q \geqslant 1$, pair ou impair. La formule (15) donne sa structure:

$$P(y; q) \approx E(y, q) \otimes E(\gamma_2(y); 2q) \otimes \ldots \otimes E(\gamma_{2^i}(y); 2^i q) \otimes \ldots$$

(produit tensoriel d'algèbres extérieures): c'est l'algèbre extérieure ayant pour générateurs $y, \gamma_2(y), \ldots, \gamma_{2^i}(y), \ldots$.

Exercice: soit une DGA-algèbre A strictement anticommutative; si $a \in A$ est de degré >0, ou si a de degré 0 satisfait à $a^2 = (\varepsilon a)^2$, on a, dans la bar construction de A, $\gamma_k([a]) = [a, \ldots, a]$ (k fois). Si a et b sont des éléments quelconques de A, on a

$$\gamma_k([a, b]) = [a, b, \ldots, a, b] \quad (k \text{ fois}).$$

Définition d'un système de puissances divisées: soit N une algèbre graduée strictement anticommutative. On dit que N est munie d'un système de puissances divisées si on a attaché une suite d'éléments $\gamma_k(x)$ à *chaque* $x \in N$ *de degré* $\geqslant 2$, *et à un certain sous-module de* N_1, ces γ_k devant satisfaire à (1), (2), (3) et (4''), éventuellement à (5). Si de plus N est sous-algèbre graduée d'une algèbre différentielle graduée (strictement anticommutative), on dit que les puissances divisées de N sont compatibles avec la différentielle de M si la condition (6) est satisfaite.

Alors le théorème 2 s'étend à ce cas (démonstration inchangée). Quant à la proposition 1, elle subsiste, ainsi que sa démonstration, pour les puissances divisées des éléments de degré $\geqslant 2$.

Elle subsiste aussi pour les puissances divisées des éléments de degré 1, si les γ_k sont définis pour tous les éléments de degré 1 de A et de N.

Application: soit A une DGA-algèbre, strictement anticommutative (en caractéristique 2). Alors, pour $n \geqslant 2$, $\bar{\mathscr{B}}^{(n-1)}(A)$ est strictement anticommutative et munie de puissances divisées. Pour $n \geqslant 2$, $\bar{\mathscr{B}}^{(n)}(A)$ n'a pas d'élément $\neq 0$ de degré 1, donc les puissances divisées de $\bar{\mathscr{B}}^{(n)}(A)$ passent à l'homologie $H_*(\bar{\mathscr{B}}^{(n)}(A))$. De plus, si A est de degré 0 et si $a^2 = (\varepsilon a)^2$ pour tout $a \in A$, les puissances divisées sont définies pour tous les éléments de degré $\geqslant 1$ de $\bar{\mathscr{B}}^{(1)}(A)$ et passent à l'homologie.

En particulier: *les algèbres d'Eilenberg-MacLane* $H_*(\Pi, n; Z_2)$ *sont canoniquement munies de puissances divisées satisfaisant à* (1), (2), (3), (4'') *et* (5). *Ces puissances divisées* $\gamma_k(x)$ *sont définies pour les* x *de degré* >0 *si* $n \geqslant 2$; *pour* $n = 1$, *elles sont définies pour les* x *de degré* $\geqslant 2$, *ainsi que pour les éléments de* $H_1(\Pi, 1; Z_2)$ *situés dans l'image de* ${}_2\Pi$ *par la suspension.*

(Ce dernier point se voit comme suit: les γ_k sont définis pour tous les éléments de degré 1 de $H_1({}_2\Pi, 1; Z_2)$, qui s'envoie biunivoquement dans $H_1(\Pi, 1; Z_2)$).

Exposé 8.
Relations entre les opérations précédentes et les opérations de Bockstein; algèbre universelle d'un module libre gradué

1. Relations entre σ, γ_2 et φ_2

Soit A une DGA-algèbre strictement anticommutative (en caractéristique 2); on a donc, dans $\bar{\mathscr{B}}(A)$, un système de puissances divisées, définies, en tout cas, pour les éléments de degré $\geqslant 2$, et satisfaisant aux conditions (1), (2), (3), (4″) et (5) de l'Exposé 7. De plus, si A est munie de puissances divisées (pour les éléments de degré $\geqslant 2$), les puissances divisées γ_k de $\bar{\mathscr{B}}(A)$ passent à l'homologie $H_*(\bar{\mathscr{B}}(A))$.

Proposition 1. *Pour tout entier $q \geqslant 1$, l'application composée*

$$H_{2q}(A) \xrightarrow{\sigma} H_{2q+1}(\bar{\mathscr{B}}(A)) \xrightarrow{\gamma_2} H_{4q+2}(\bar{\mathscr{B}}(A)),$$

où σ désigne la suspension (Exposé 6), est égale à la *transpotence* φ_2 (Exposé 6). En formule:

$$\varphi_2 = \gamma_2 \circ \sigma \tag{1}$$

(relation valable sur les éléments de degré pair $2q$ de $H_*(A)$, $q \geqslant 1$).

Démonstration: Soit $a \in A_{2q}$ tel que $da = 0$. Il existe un $x \in \bar{\mathscr{B}}_{2q+1}(A)$ unique, tel que $dx = a$; la classe de $\bar{d}$-homologie de x est précisément la suspension σ de la classe d'homologie de a. Alors $\gamma_2(x)$ est l'unique élément $y \in \bar{\mathscr{B}}_{4q+2}(A)$ tel que $dy = (dx) \cdot x = ax$. Il résulte de la définition de la transpotence que la classe de $\bar{d}$-homologie de y est la transformée de la classe d'homologie de a par la transpotence φ_2. C.Q.F.D.

Proposition 1 bis. *La relation* (1) *est encore vraie si A est une DGA-algèbre commutative de degré* 0 *telle que $a^2 = (\varepsilon a)^2$ pour tout $a \in A$, et si on applique les deux membres de* (1) *à un élément quelconque $a \in A$.*

Autrement dit, l'application composée $A \xrightarrow{\sigma} H_1(\bar{\mathscr{B}}(A)) \xrightarrow{\gamma_2} H_2(\bar{\mathscr{B}}(A))$ est égale à la transpotence φ_2 (notée aussi ψ dans l'Exposé 6). Démonstration analogue à celle de la proposition 1: on écrit $dx = a - \varepsilon a$, $dy = (a - \varepsilon a)x$.

Rappelons que la transpotence φ_p est additive pour p premier impair. Pour $p = 2$, la formule (1) permet de mettre en évidence la *déviation de φ_2 vis-à-vis de l'additivité*: l'additivité de σ et la relation $\gamma_2(x + y) = \gamma_2(x) + \gamma_2(y) + xy$ entraînent:

$$\varphi_2(a + b) = \varphi_2(a) + \varphi_2(b) + (\sigma a) \cdot (\sigma b). \tag{2}$$

Les résultats précédents s'appliquent aux algèbres d'Eilenberg-MacLane: pour $q \geqslant 1$, $n \geqslant 1$, la transpotence $\varphi_2 \colon H_{2q}(\Pi, n; Z_2) \to H_{4q+2}(\Pi, n+1; Z_2)$

est composée de la suspension $\sigma: H_{2q}(\Pi, n; Z_2) \to H_{2q+1}(\Pi, n+1; Z_2)$ et de $\gamma_2: H_{2q+1}(\Pi, n+1; Z_2) \to H_{4q+2}(\Pi, n+1; Z_2)$. De même, $\varphi_2: {}_2\Pi \to H_2(\Pi, 1; Z_2)$ est composée de $\sigma: {}_2\Pi \to H_1(\Pi, 1; Z_2)$ et de γ_2 qui est précisément défini sur l'image de σ. Dans ce dernier cas, si α et β sont deux éléments de ${}_2\Pi$ (noté multiplicativement), on a:

$$\varphi_2(\alpha\beta) = \varphi_2(\alpha) + \varphi_2(\beta) + (\sigma\alpha)\cdot(\sigma\beta). \tag{2'}$$

2. Opérations de Bockstein

Soit X un complexe, muni d'un opérateur différentiel de degré -1. On suppose que X, comme groupe abélien, est sans torsion ($nx = 0$, pour n entier $\neq 0$, entraîne $x = 0$). Pour chaque entier $n \neq 0$, on a une suite exacte

$$0 \longrightarrow X \xrightarrow{n} X \longrightarrow X/nX = X \otimes Z_n \longrightarrow 0$$

(où la notation n désigne la multiplication par n).
Dans la suite exacte d'homologie correspondante, l'opérateur "bord"

$$\delta_n: H_q(X \otimes Z_n) \to H_{q-1}(X)$$

s'obtient comme suit: soit $x \in X_q$ un cycle mod. n, donc $dx = ny$ ($y \in X_{q-1}$ est bien déterminé); la classe du cycle y, dans $H_{q-1}(X)$, est la transformée, par δ_n, de la classe de x dans $H_q(X \otimes Z_n)$. En fait, on va modifier la définition de δ_n, et adopter désormais la convention suivante: on écrit $dx = (-1)^q ny$, et δ_n transforme la classe d'homologie de x dans celle de y. L'introduction du facteur $(-1)^q$ se justifiera plus loin (Proposition 2).

Le noyau de δ_n est l'image de $i_n: H_q(X) \to H_q(X \otimes Z_n)$. L'image de δ_n se compose des éléments de $H_{q-1}(X)$ dont l'ordre divise n.

Considérons le diagramme commutatif

$$\begin{array}{ccccccccc} 0 & \longrightarrow & X & \xrightarrow{\;n\;} & X & \longrightarrow & X \otimes Z_n & \longrightarrow & 0 \\ & & \downarrow & & \downarrow & & \downarrow & & \\ 0 & \longrightarrow & X \otimes Z_n & \xrightarrow{\;n\;} & X \otimes Z_{n^2} & \longrightarrow & X \otimes Z_n & \longrightarrow & 0 \end{array}$$

dont les lignes sont exactes. La deuxième ligne définit un homomorphisme β_n: $H_q(X \otimes Z_n) \to H_{q-1}(X \otimes Z_n)$, avec la même convention que ci-dessus (introduction du facteur $(-1)^q$). Alors le diagramme montre que $\beta_n = i_n \circ \delta_n$. Donc $\beta_n \circ \beta_n = 0$; ainsi β_n peut être considéré comme un opérateur différentiel dans le complexe suivant:

$$\ldots \to H_{q+1}(X \otimes Z_n) \xrightarrow{\beta_n} H_q(X \otimes Z_n) \xrightarrow{\beta_n} H_{q-1}(X \otimes Z_n) \to \ldots$$

On notera que le noyau de β_n se compose des images, dans $H_q(X \otimes Z_n)$, des éléments de $H_q(X \otimes Z_{n^2})$: *classes de cycles mod.* n^2.

Proposition 2. *Soit A une DGA-algèbre sur l'anneau Z des entiers; supposons que A possède une Z-base homogène. Considérons la suspension dans chacune des constructions acycliques $\mathscr{B}(A)$ et $\mathscr{B}(A \otimes Z_n) \approx \mathscr{B}(A) \otimes Z_n$. Alors, pour $q \geqslant 1$, le diagramme suivant est commutatif:*

$$\begin{array}{ccc} H_q(A \otimes Z_n) & \xrightarrow{\delta_n} & H_{q-1}(A) \\ \downarrow \sigma & & \downarrow \sigma \\ H_{q+1}(\bar{\mathscr{B}}(A) \otimes Z_n) & \xrightarrow{\delta_n} & H_q(\bar{\mathscr{B}}(A)) \end{array}$$

Autrement dit, *l'opérateur de Bockstein δ_n commute avec la suspension. Corollaire immédiat:* β_n commute avec la suspension.

Démonstration: la proposition pourrait être déduite d'un théorème général d'anticommutation (voir H. Cartan et S. Eilenberg, *Homological Algebra*, Ch. III, proposition 4.1). Nous allons faire un calcul explicite qui sera utile plus loin: soit $a \in A_q$ tel que l'image a' de A dans $A \otimes Z_n$ soit un cycle; on a donc

$$da = (-1)^q nb, \quad b \in A_{q-1}.$$

Soit $u \in \bar{\mathscr{B}}_q(A)$ tel que $du = b$; alors $a + (-1)^{q+1} nu$ est un cycle de $\mathscr{B}(A)$, donc il existe $x \in \bar{\mathscr{B}}_{q+1}(A)$ tel que

$$dx = a + (-1)^{q+1} nu.$$

On a $\bar{d}x = (-1)^{q+1} nu$, donc la classe de $\bar{d}$-homologie de u est transformée par δ_n de la classe de $\bar{d}$-homologie de x', image de x dans $\bar{\mathscr{B}}(A) \otimes Z_n$. D'ailleurs $dx' = a'$, donc la classe d'homologie de x' est transformée de celle de a' par suspension. Ceci prouve la proposition.

3. Relation entre l'opération de Bockstein et la transpotence

Soit p un entier premier (éventuellement égal à 2).

Proposition 3. *Soit A une DGA-algèbre anticommutative, ayant une Z-base homogène, et soit $a \in A_0$ tel que $a^p = (\varepsilon a)^p$. Soit a' l'image de a dans $A' = A \otimes Z_p$. Considérons la transpotence φ_p: $(A'_0) \to H_2(\bar{\mathscr{B}}(A'))$, et l'opérateur de Bockstein δ_p: $H_2(\bar{\mathscr{B}}(A')) \to H_1(\bar{\mathscr{B}}(A))$. Alors*

$$\delta_p \varphi_p(a') = (\varepsilon a)^{p-1}(\sigma a), \quad \beta_p \varphi_p(a') = (\varepsilon a')^{p-1}(\sigma a'). \tag{3}$$

Démonstration: la deuxième relation résulte de la première par réduction mod. p; prouvons la première. Soit $x \in \bar{\mathscr{B}}_1(A)$ tel que $dx = a - \varepsilon a$, et soit $y \in \bar{\mathscr{B}}_2(A)$ tel que

$$dy = (a^{p-1} + (\varepsilon a)a^{p-2} + \ldots + (\varepsilon a)^{p-1})x.$$

Un tel y existe et est unique, puisque le second membre est un d-cycle. On a alors

$\bar{d}y = p(\varepsilon a)^{p-1}x$, et, par réduction mod. p, on obtient

$$dx' = a' - \varepsilon a', \quad dy' = (a' - \varepsilon a')^{p-1}x'.$$

Ainsi la classe de $\bar{d}$-homologie de y' est la transpotence $\varphi_p(a')$, et si on effectue δ_p sur cette classe, on trouve la classe de $\bar{d}$-homologie de $(\varepsilon a)^{p-1}x$. Ceci démontre (3).

Corollaire: soit Π un groupe abélien. Identifions $H_1(\Pi, 1; Z)$ à Π par la suspension (Exposé 6, n° 3); alors l'application $\delta_p\varphi_p$ de ${}_p\Pi$ dans $H_1(\Pi, 1; Z)$ n'est autre que l'injection ${}_p\Pi \to \Pi$. Et l'application $\beta_p\varphi_p$ de ${}_p\Pi$ dans $H_1(\Pi, 1; Z_p)$ est l'application ${}_p\Pi \to \Pi/p\Pi$ déduite de l'injection.

Théorème 1. *Soit A une DGA-algèbre anticommutative (au sens strict), ayant une Z-base homogène, et munie de puissances divisées (pour les éléments de degré pair $\geqslant 2$). Soit $\alpha \in H_{2q}(A \otimes Z_p)$, $q \geqslant 1$; on a*

$$\beta_p\varphi_p(\alpha) = \sigma\gamma_p(\alpha) \in H_{2pq+1}(\bar{\mathscr{B}}(A) \otimes Z_p) \quad \textit{si } p \neq 2, \tag{4}$$

$$\beta_2\varphi_2(\alpha) = \sigma\gamma_2(\alpha) + (\beta_2\sigma\alpha)\cdot(\sigma\alpha) \in H_{4q+1}(\bar{\mathscr{B}}(A) \otimes Z_2) \quad \textit{si } p = 2. \tag{5}$$

Démonstration: soit $a \in A_{2q}$ tel que son image $a' \in A \otimes Z_p$ soit dans la classe d'homologie α. Reprenons les notations de la démonstration de la proposition 2, en y remplaçant q par $2q$, et n par p; et observons que $\bar{\mathscr{B}}(A)$ et $\mathscr{B}(A)$ sont munies de puissances divisées (Exposé 7, théorème 1 et théorème 2). On a:

$$da = pb, \quad du = b, \quad dx = a - pu. \tag{6}$$

Puisque $a - pu$ est un cycle, $\gamma_p(a - pu)$ est un cycle, donc il existe $z \in \bar{\mathscr{B}}_{2pq+1}(A)$ tel que

$$dz = \gamma_p(a - pu). \tag{7}$$

Alors $pz - \gamma_{p-1}(a - pu)\cdot x$ est un cycle, puisque $(a - pu)\cdot\gamma_{p-1}(a - pu) = p\gamma_p(a - pu)$. Il existe donc un $y \in \bar{\mathscr{B}}_{2pq+2}(A)$ tel que

$$dy = pz - \gamma_{p-1}(a - pu)\cdot x. \tag{8}$$

Par réduction mod. p, il vient

$$da' = 0, \quad dx' = a', \quad dz' = \gamma_p(a'), \quad dy' = a'^{p-1}x', \tag{9}$$

cette dernière relation résultant du fait que $(p-1)! \equiv -1$ (mod. p). Donc la classe de $\bar{d}$-homologie de y' est la transpotence $\varphi_p(\alpha)$.

D'autre part, y' provient, par réduction mod. p, de y qui satisfait, d'après (8), à

$$\bar{d}y = pz + (-1)^p p^{p-1}\gamma_{p-1}(u)\cdot x. \tag{10}$$

Supposons d'abord p premier *impair*; p^{p-1} est divisible par p^2, et (10) montre que le Bockstein β_p de la classe d'homologie de y' est la classe de $\bar{d}$-homologie de z', laquelle, d'après (9), est la suspension de la classe d'homologie de $\gamma_p(a')$, donc est égale à $\sigma\gamma_p(\alpha)$. Ceci démontre (4).

Supposons ensuite $p = 2$. D'après (10), le Bockstein β_2 de la classe de $\bar{d}$-homologie de y' est la classe de $\bar{d}$-homologie de $z' + u'x'$. Or, d'après la troisième relation (6), $\bar{d}x = -2u$, donc la classe d'homologie de u' est le Bockstein β_2 de celle de x'; et cette dernière, d'après la deuxième relation (9), est $\sigma(\alpha)$. D'où la relation (5) à démontrer.

Corollaire de la relation (4): soit $\alpha \in H_{2q}(A \otimes Z_p)$, $q \geqslant 1$; pour p premier *impair*, $\sigma\gamma_p(\alpha)$ est dans l'image de $i_p\colon H_{2pq+1}(\bar{\mathscr{B}}(A)) \to H_{2pq+1}(\bar{\mathscr{B}}(A) \otimes Z_p)$. D'une façon plus précise, l'application linéaire $\sigma\gamma_p$ est composée de l'application *linéaire* $\delta_p\varphi_p\colon H_{2q}(A \otimes Z_p) \to H_{2pq+1}(\bar{\mathscr{B}}(A))$ et de l'application i_p.

Corollaire de la relation (5): si $\alpha \in H_{2q}(A \otimes Z_2)$, $q \geqslant 1$, et si α est l'image d'un élément de $H_{2q}(A \otimes Z_4)$, alors

$$\sigma\gamma_2(\alpha) = \beta_2\varphi_2(\alpha) = i_2\delta_2\varphi_2(\alpha).$$

Remarque 1: l'application $\alpha \to \delta_2\varphi_2(\alpha)$ *n'est pas additive*, même sur l'espace vectoriel des α tels que $\beta_2(\alpha) = 0$. En fait, la relation $\varphi_2 = \gamma_2\sigma$ (proposition 1 ci-dessus) entraîne

$$\delta_2\varphi_2(\alpha + \alpha') = \delta_2\varphi_2(\alpha) + \delta_2\varphi_2(\alpha') + \delta_2((\sigma\alpha)\cdot(\sigma\alpha')) \tag{11}$$

pour $\alpha, \alpha' \in H_{2q}(A \otimes Z_2)$.

Remarque 2: soit N une algèbre différentielle graduée anticommutative (au sens strict), ayant une Z-base homogène, et munie de puissances divisées (pour les degrés pairs $\geqslant 2$) compatibles avec la différentielle de N. Si $\xi \in H_{2q}(N \otimes Z_2)$, $q \geqslant 1$, on a

$$\beta_2\gamma_2(\xi) = \xi\cdot\beta_2(\xi). \tag{12}$$

En effet, soit $x \in N_{2q}$ dont l'image $x' \in N_{2q} \otimes Z_2$ appartienne à la classe d'homologie ξ, et soit $dx = 2y$. On *a* $d\gamma_2(x) = 2yx$, d'où la relation (12).

Par contre, la relation (12) peut être en défaut pour *ξ de degré impair*: prenons par exemple $\xi \in H_{2q+1}(\Pi, n; Z_2)$, $n \geqslant 2$, tel que $\xi = \sigma(\alpha)$, $\alpha \in H_{2q}(\Pi, n-1; Z_2)$. D'après (5), et compte tenu de $\varphi_2(\alpha) = \gamma_2\sigma(\alpha) = \gamma_2(\xi)$, on a

$$\beta_2\gamma_2(\xi) = \xi\cdot\beta_2(\xi) + \sigma\gamma_2(\alpha).$$

4. L'algèbre universelle d'un module libre gradué

Les notions ci-dessous ont pour but de permettre une description complète des algèbres $H_*(\Pi, n; Z_p)$, qui sera faite dans l'exposé suivant.

Soit M un module libre (sur un anneau Λ commutatif); notons $E(M)$ *l'algèbre extérieure* de M, isomorphe au produit tensoriel (gauche) d'algèbres extérieures à un générateur (les générateurs étant les éléments de la base de M). On supposera toujours que M est *gradué*, les éléments de la base de M étant homogènes de *degré impair* $\geqslant 1$. Alors $E(M)$ a une graduation positive, $E_0(M)$ étant réduit aux scalaires. D'après le théorème 2 de l'Exposé 7, il existe sur l'algèbre graduée $E(M)$ un système unique de *puissances divisées* (définies pour les éléments de degré pair $\geqslant 2$). En fait, d'après la formule (13) de l'Exposé 7, on a la formule explicite que voici: si $x = \sum_{1 \leqslant i \leqslant n} x_i$ est une somme d'éléments $x_i \in E(M)$ de degré pair $\geqslant 2$, on a

$$\gamma_k(x) = \sum_{1 \leqslant i_1 < \ldots < i_k \leqslant n} x_{i_1} \ldots x_{i_k}. \tag{13}$$

Ces γ_k satisfont à la relation (5) de l'Exposé 7, en vertu de la Proposition 4 (Exposé 7).

Soit à nouveau M un module (non encore supposé gradué). Considérons l'algèbre tensorielle $T(M) = \sum_{k \geqslant 0} T_k(M)$, où $T_k(M)$ est le module engendré par les $x_1 \otimes \ldots \otimes x_k$, avec $x_i \in M$. Dans $T(M)$, considérons la multiplication $*$ définie par la formule

$$(x_1 \otimes \ldots \otimes x_k) * (y_1 \otimes \ldots \otimes y_h) = \sum z_1 \otimes \ldots \otimes z_{k+h}, \tag{14}$$

la sommation du second membre étant étendue à toutes les suites $(z_1, \ldots, z_{k+h})$ déduites de la suite $(x_1, \ldots, x_k, y_1, \ldots, y_h)$ par les permutations qui conservent l'ordre des x_i entre eux et l'ordre des y_i entre eux. La multiplication $*$ est commutative et associative.

Pour chaque k, soit $S_k(M)$ le sous-module de $T_k(M)$, formé des tenseurs *symétriques* (c'est-à-dire invariants par le groupe symétrique d'ordre k, qui opère d'une manière évidente sur $T_k(M)$). Soit $S(M) = \sum_{k \geqslant 0} S_k(M)$. Il est évident que le produit $*$ de deux éléments de $S(M)$ est dans $S(M)$. Ainsi $S(M)$ est une *algèbre commutative*.

Supposons désormais que M ait une base (e_i), supposée totalement ordonnée. Il est immédiat que $S_k(M)$ admet pour base l'ensemble des éléments $e_{i_1 \ldots i_k}$, où $i_1 \leqslant \ldots \leqslant i_k$, en notant $e_{i_1 \ldots i_k}$ la somme des éléments *distincts* déduits de $e_{i_1} \otimes \ldots \otimes e_{i_k}$ par permutation des facteurs (exemple: $e_{111} = e_1 \otimes e_1 \otimes e_1$; $e_{112} = e_1 \otimes e_1 \otimes e_2 + e_1 \otimes e_2 \otimes e_1 + e_2 \otimes e_1 \otimes e_1$). Soit M_i le sous-module de M engendré par l'élément e_i; $S(M_i) = T(M_i)$ a pour base 1, e_i, e_{ii} $(= e_i \otimes e_i)$, $e_{iii}, \ldots$ Les éléments de la base de $S(M)$ s'écrivent d'une seule manière sous la forme

$$u_{i_1} * u_{i_2} * \ldots * u_{i_k}, \quad \text{avec} \quad i_1 < i_2 < \ldots < i_k,$$

en notant u_{i_k} un élément quelconque de la base de $S(M_i)$. Ceci prouve que l'application $\otimes_i S(M_i) \to S(M)$, déduite des injections $M_i \to M$, et de la multiplication $*$ de $S(M)$, est un *isomorphisme d'algèbres*.

Supposons maintenant que M soit gradué, les éléments e_i ayant des *degrés pairs* $\geqslant 2$. Alors $S(M)$ est gradué; de plus:

Proposition 4. *Il existe sur l'algèbre graduée commutative $S(M)$ un système de puissances divisées satisfaisant aux conditions* (1), (2), (3), (4), (5) *de l'Exposé* 7, *et à la condition*

$$(C) \qquad \gamma_k(x) = x \otimes \ldots \otimes x \quad (k \text{ fois}) \text{ pour } x \in M.$$

Un tel système de puissances divisées est unique.

Démonstration: supposons qu'un tel système existe. Alors $\gamma_k(e_i) = e_{i \ldots i}$, et, d'après la relation (5) de l'Exposé 7, $S(M_i)$ est stable pour les γ_k, qui sont déterminés sans ambiguïté sur $S(M_i)$; $S(M_i)$ est alors isomorphe à *l'algèbre des polynômes divisée* à un générateur e_i. L'unicité des γ_k sur les sous-algèbres $S(M_i)$ entraîne, d'après le théorème 2 de l'Exposé 7, l'unicité sur le produit tensoriel $\otimes_i S(M_i) = S(M)$. Démontrons maintenant l'existence: nous définissons d'abord les γ_k sur chaque sous-algèbre $S(M_i)$, identifiée à l'algèbre des polynômes divisée à un générateur e_i. Ces puissances divisées se prolongent au produit tensoriel $\otimes_i S(M_i) = S(M)$, d'après le théorème 2 de l'Exposé 7, et satisfont à (1), (2), (3), (4), (5) de l'Exposé 7 (cf. Proposition 4 de l'Exposé 7). Il reste à vérifier que les γ_k ainsi définis satisfont à la condition (C) de l'énoncé. Or si (C) est vérifiée pour deux éléments x et y de M, elle l'est pour $x + y$ et pour λx (quel que soit λ dans l'anneau de base); et comme (C) est vraie pour les e_i, (C) est vraie pour tout $x \in M$.

Nous pouvons maintenant définir *l'algèbre universelle* d'un module M ayant une base (e_i) formée d'éléments homogènes (de degrés >0). Soit M^- le sous-module engendré par les e_i de degré impair, et M^+ le sous-module engendré par les e_i de degré pair. Soit $U(M)$ le produit tensoriel $E(M^-) \otimes S(M^+)$, produit tensoriel d'algèbres graduées anticommutatives; c'est une algèbre graduée anticommutative (au sens strict). Il existe sur $U(M)$ un système unique de puissances divisées satisfaisant aux conditions (1), (2), (3), (4′), (5) de l'Exposé 7, ainsi qu'à la condition (C) appliquée aux $x \in M^+$: cela résulte de ce qui précède et d'une nouvelle application du théorème 2 de l'Exposé 7. Comme algèbre anticommutative graduée munie de puissances divisées, $U(M)$ possède la *propriété universelle suivante*:

Théorème 2. *Soit A une algèbre graduée anticommutative (au sens strict), munie de puissances divisées satisfaisant aux conditions* (1), (2), (3), (4′) *et* (5) *de l'Exposé* 7. *Soit M un module libre ayant une base homogène (graduation positive), et soit $f: M \to A$ une application linéaire conservant les degrés. Alors f se prolonge, d'une seule manière, en un homomorphisme d'algèbres graduées g: $U(M) \to A$, compatible avec les puissances divisées.*

Démonstration: il suffit de poser $g(\gamma_k(e_i)) = \gamma_k(f(e_i))$ pour deg (e_i) pair, et, bien entendu, $g(e_i) = f(e_i)$ pour deg (e_i) impair. Alors g est un homomorphisme de chaque sous-algèbre $U(M_i)$ dans A, compatible avec les puissances divisées; g se prolonge donc, d'une seule manière, en un homomorphisme d'algèbres graduées $\otimes_i U(M_i) \to A$, et cet homomorphisme est compatible avec les puissances divisées, à cause des relations (3) et (4′) de l'Exposé 7. Quant à l'unicité de g, elle est évidente, puisque g est déterminé sans ambiguïté sur chaque sous-algèbre $U(M_i)$.

Remarque: dans le cas de la *caractéristique* 2, l'algèbre $S(M)$ sera envisagée pour tout module gradué M ayant une base formée d'éléments homogènes (de degrés >0), *quelle que soit la parité de la graduation.* La proposition 4 est encore valable; les $\gamma_k(x)$ sont alors définis pour tout $x \in S(M)$ de degré >0. Le théorème 2 est remplacé par le suivant (même démonstration):

Théorème 2 bis. *Soit, en caractéristique 2, une algèbre graduée A strictement anticommutative, munie de puissances divisées satisfaisant aux conditions* (1), (2), (3), (4″) *et* (5) *de l'Exposé* 7. *Soit M un module libre ayant une base homogène (graduation positive), et soit* $f: M \to A$ *une application linéaire conservant les degrés, et dont l'image est formée d'éléments pour lesquels les* γ_k *sont définis* (ceci n'est une restriction que pour les éléments de degré 1). *Alors f se prolonge d'une seule manière en un homomorphisme d'algèbres graduées* $g: S(M) \to A$, *compatible avec les puissances divisées.*

Exposé 9. Détermination des algèbres $H_*(\Pi, n; Z_p)$ et $H^*(\Pi, n; Z_p)$, p premier impair

1. Mots admissibles; opérations correspondantes

Considérons trois symboles σ, γ_p et φ_p. Considérons les *mots* (suites finies, y compris la suite vide) formés avec ces trois éléments. La *hauteur n* d'un mot α sera, par définition, le nombre total des lettres du mot α égales à σ ou à φ_p. Le *degré* d'un mot α se définit par récurrence sur le nombre des lettres de α: le degré du mot vide est 0; un mot non vide s'écrit sous l'une des trois formes $\sigma\alpha$, $\gamma_p\alpha$, $\varphi_p\alpha$, où α est un mot; on pose

$$\begin{cases} \deg(\sigma\alpha) = 1 + \deg(\alpha), \quad \deg(\gamma_p\alpha) = p\cdot\deg(\alpha), \\ \deg(\varphi_p\alpha) = 2 + p\cdot\deg(\alpha). \end{cases} \tag{1}$$

La différence entre le degré et la hauteur est le *degré stable q*; le degré est donc $n + q$.

Un mot α sera dit *admissible* si: (i) α n'est pas vide, la première et la dernière lettre de α sont σ ou φ_p; (ii) pour chaque lettre γ_p ou φ_p du mot, le nombre des lettres σ situées *à droite* est pair.

Proposition 1. *Soit α un mot admissible de hauteur n; pour qu'un mot $\beta\alpha$ soit admissible de hauteur $n+1$, il faut et il suffit que le mot β soit réduit à la lettre σ si* deg (α) *est impair, et, si* deg (α) *est pair, que β soit égal à $\sigma(\gamma_p)^k$ ou à $\varphi_p(\gamma_p)^k$, k entier $\geqslant 0$.*

C'est une conséquence immédiate des définitions.

Un mot admissible α est dit *de première espèce* s'il se termine (à droite) par la lettre σ; *de deuxième espèce* s'il se termine par φ_p. A chaque mot admissible α, de première espèce, associons une application $f(\alpha): \Pi/p\Pi \to H_{n+q}(\Pi, n; Z_p)$, où n et q désignent la hauteur et le degré stable de α; on définit $f(\alpha)$ par récurrence sur la hauteur du mot α, en posant les conditions suivantes: si α est de hauteur 1 (donc $\alpha = \sigma$), $f(\alpha)$ est la suspension $\sigma: \Pi \otimes Z_p \to H_1(\Pi, 1; Z_p)$; si $\alpha = \sigma\beta$, le mot admissible β étant de hauteur n et de degré impair $n + q$, $f(\alpha)$ est l'application composée $\Pi/p\Pi \xrightarrow{f(\beta)} H_{n+q}(\Pi, n; Z_p) \xrightarrow{\sigma} H_{n+q+1}(\Pi, n + 1; Z_p)$; si $\alpha = \sigma(\gamma_p)^k\beta$, le mot admissible β étant de hauteur n et de degré pair $n + q$, $f(\alpha)$ est l'application composée

$$\Pi/p\Pi \xrightarrow{f(\beta)} H_{n+q}(\Pi, n; Z_p) \xrightarrow{\sigma \circ \gamma_{p^k}} H_{p^k(n+q)+1}(\Pi, n + 1; Z_p);$$

(on rappelle que $\gamma_{p^k} = (\gamma_p)^k$);

si $\alpha = \varphi_p(\gamma_p)^k\beta$, le mot admissible β étant de hauteur n et de degré pair $n + q$, $f(\alpha)$ est l'application composée

$$\Pi/p\Pi \xrightarrow{f(\beta)} H_{n+q}(\Pi, n; Z_p) \xrightarrow{\varphi^p \circ \gamma_{p^k}} H_{p^{k+1}(n+q)+2}(\Pi, n; Z_p).$$

A chaque mot admissible α, de deuxième espèce, on associe une application $f(\alpha): {}_p\Pi \to H_{n+q}(\Pi, n; Z_p)$, où n et q désignent la hauteur et le degré stable de α; on définit $f(\alpha)$ par récurrence sur la hauteur du mot α, en posant les conditions suivantes: si α est de hauteur 1 (donc $\alpha = \varphi_p$), $f(\alpha)$ est l'application $\varphi_p: {}_p\Pi \to H_2(\Pi, 1; Z_p)$; la récurrence se fait comme dans le cas d'une suite de première espèce: on pose $f(\sigma\beta) = \sigma \circ f(\beta)$, $f(\sigma(\gamma_p)^k\beta) = \sigma \circ \gamma_{p^k} \circ f(\beta)$, $f(\varphi_p(\gamma_p)^k\beta) = \varphi_p \circ \gamma_{p^k} \circ f(\beta)$.

Proposition 2. *Les applications $f(\alpha)$ sont linéaires, lorsque l'entier premier p est impair.*

En effet, $\sigma: \Pi/p\Pi \to H_1(\Pi, 1; Z_p)$ et $\varphi_p: {}_p\Pi \to H_2(\Pi, 1; Z_p)$ sont linéaires; la démonstration se fait alors par récurrence sur la hauteur de α, en observant que σ est linéaire sur les éléments de $H_{n+q}(\Pi, n; Z_p)$ ($n + q$ impair), et que $\sigma \circ \gamma_{p^k}$ et $\varphi_p \circ \gamma_{p^k}$ sont linéaires sur les éléments de $H_{n+q}(\Pi, n; Z_p)$ ($n + q$ pair). Ce dernier point résulte de la formule (3) de l'Exposé 7 (propriétés des puissances divisées) et du fait que σ et φ_p sont des applications linéaires qui s'annulent sur les éléments décomposables (Exposé 6, proposition 1 et proposition 3).

2. Les algèbres $U(M^{(n)})$

Pour chaque entier $n \geqslant 1$, définissons un Z_p-espace vectoriel gradué $M^{(n)}$, comme suit; c'est la somme directe d'autant d'exemplaires de $\Pi/p\Pi$ qu'il y a de mots admissibles α de hauteur n et de première espèce, et d'autant d'exemplaires de ${}_p\Pi$ qu'il y a de mots admissibles α de hauteur n et de deuxième espèce. Chaque exemplaire de $\Pi/p\Pi$ (resp. de ${}_p\Pi$) est affecté d'un degré égal au *degré* du mot α qui l'indexe. Pour chaque α, on a une application linéaire $f(\alpha)$ de la composante d'indice α de $M^{(n)}$ dans $H_*(\Pi, n; Z_p)$; cette collection d'applications définit une application linéaire de $M^{(n)}$ dans $H_*(\Pi, n; Z_p)$, qui *conserve le degré*. Nous noterons $f^{(n)}$ cette application.

Or l'algèbre $H_*(\Pi, n; Z_p)$ est une algèbre graduée anticommutative, munie de puissances divisées (pour les éléments de degré pair $\geqslant 2$) satisfaisant aux conditions (1), (2), (3), (4') et (5) de l'Exposé 7. On peut donc appliquer à l'application linéaire $f^{(n)}: M^{(n)} \to H_*(\Pi, n; Z_p)$ le théorème 2 de l'Exposé 8: l'application $f^{(n)}$ se prolonge, d'une seule manière, en un homomorphisme $g^{(n)}$ de l'algèbre universelle $U(M^{(n)})$ dans l'algèbre $H_*(\Pi, n; Z_p)$, homomorphisme compatible avec les structures d'algèbres graduées et avec les puissances divisées.

Théorème fondamental: *l'homomorphisme $g^{(n)}$ est un isomorphisme de l'algèbre $U(M^{(n)})$ sur l'algèbre $H_*(\Pi, n; Z_p)$ (p* premier *impair).*

Ce théorème détermine complètement l'algèbre d'homologie $H_*(\Pi, n; Z_p)$ avec ses puissances divisées. Il implique que l'application linéaire $f^{(n)}$ applique *biunivoquement* $M^{(n)}$ sur un sous-espace vectoriel gradué de $H_*(\Pi, n; Z_p)$.

3. Démonstration du théorème fondamental

Pour plus de clarté, écrivons $M^{(n)}(\Pi)$ au lieu de $M^{(n)}$, et $g^{(n)}(\Pi)$ au lieu de $g^{(n)}$. Il est clair que $M^{(n)}(\Pi)$ et $U(M^{(n)}(\Pi))$ sont des foncteurs covariants du groupe abélien Π, ainsi que $H_*(\Pi, n; Z_p)$; et que $g^{(n)}(\Pi): U(M^{(n)}(\Pi)) \to H_*(\Pi, n; Z_p)$ est une application *naturelle* de foncteurs. Chacun des foncteurs $U(M^{(n)}(\Pi))$ et $H_*(\Pi, n; Z_p)$ *commute avec les limites directes*; donc, il suffit de prouver que $g^{(n)}(\Pi)$ est un isomorphisme lorsque Π est un groupe de type fini. Alors Π est somme directe d'un nombre fini de groupes cycliques dont l'ordre est infini ou une puissance d'un nombre premier q. Or si Π est une somme directe $\Pi' + \Pi''$, les injections $\Pi' \to \Pi$ et $\Pi'' \to \Pi$ identifient $U(M^{(n)}(\Pi))$ au produit tensoriel $U(M^{(n)}(\Pi')) \otimes_{Z_p} U(M^{(n)}(\Pi''))$, et $H_*(\Pi, n; Z_p)$ au produit tensoriel $H_*(\Pi', n; Z_p) \otimes_{Z_p} H_*(\Pi'', n; Z_p)$. Il suffira donc de prouver que $g^{(n)}(\Pi)$ est un isomorphisme lorsque Π est cyclique infini ou cyclique d'ordre q^f (q premier).

Supposons d'abord que Π soit cyclique d'ordre q^f, q premier $\neq p$. Alors $M^{(n)} = 0$ pour $n \geqslant 1$ et $U(M^{(n)})$ est réduit aux scalaires; or il en est de même de $H_*(\Pi, n; Z_p)$: il suffit de montrer que l'algèbre $H_*(\Pi, 1; Z_p)$ est réduite aux scalaires, car alors une application répétée du théorème 2 de l'Exposé 2 entraînera que l'algèbre $H_*(\Pi, n; Z_p)$ est réduite aux scalaires, pour tout n. Pour étudier $H_*(\Pi, 1; Z_p)$, nous utiliserons la construction acyclique classique, ayant pour algèbre initiale $Z(\Pi)$ l'algèbre d'un groupe cyclique Π d'ordre h (h entier quelconque); il s'agit d'une construction à coefficients entiers, déjà utilisée à la fin de l'Exposé 6, et que nous réduirons ensuite modulo p.

On pose $A = Z(\Pi)$ avec l'augmentation ε égale à 1 sur chaque élément de Π; on choisit un générateur a du groupe cyclique Π d'ordre h, et on pose $N = E(x, 1) \otimes P(y, 2)$ (produit tensoriel d'algèbres graduées munies de puissances divisées); sur $M = A \otimes N$, on considère la différentielle d définie par

$$dx = a - 1, \quad d\gamma_k(y) = (1 + a + \ldots + a^{h-1})x\gamma_{k-1}(y), \quad \text{pour} \quad k \geqslant 1. \quad (2)$$

On a donc $d(x\gamma_k(y)) = (a - 1)\gamma_k(y)$, et il est immédiat que M est acyclique. Par passage au quotient, on obtient la différentielle $\bar{d}$ de l'algèbre finale $N = E(x, 1) \otimes P(y, 2)$:

$$\bar{d}x = 0, \quad \bar{d}\gamma_k(y) = hx\gamma_{k-1}(y) \quad \text{pour} \quad k \geqslant 1. \tag{3}$$

Revenons maintenant au cas où $h = q^f$, q premier $\neq p$. Si on réduit modulo p, on obtient $\bar{d}x = 0$, $\bar{d}\gamma_k(y) = hx\gamma_{k-1}(y)$, où h est un élément inversible du corps Z_p. Donc N est acyclique, comme annoncé; le théorème fondamental est ainsi démontré dans le cas où Π est cyclique d'ordre q^f, q premier $\neq p$.

Examinons maintenant le cas où Π est cyclique infini, ou cyclique d'ordre p^f. On choisit un générateur a de Π; si Π est infini, ${}_p\Pi = 0$; si Π est d'ordre p^f, on choisit $a^{p^{f-1}}$ comme générateur de ${}_p\Pi$. Alors l'espace vectoriel $M^{(n)}(\Pi)$ a une *base* bien définie, indexée par les mots admissibles de première espèce (si Π infini), resp. par tous les mots admissibles (si Π fini).

Lemme 1. Sous ces hypothèses, il existe un homomorphisme de $U(M^{(1)}(\Pi))$ dans la bar construction $\bar{\mathscr{B}}(Z_p(\Pi))$, compatible avec les puissances divisées, et qui, par passage à l'homologie, donne $g^{(1)}(\Pi)$ qui est un *isomorphisme*.

Démonstration du lemme 1: nous devons examiner successivement le cas où Π est cyclique infini et celui où Π est cyclique d'ordre p^f. Dans le premier cas, il existe une construction acyclique $A \otimes_{Z_p} N$, où $A = Z_p(\Pi)$, $N = E_p(x, 1)$ (algèbre extérieure à un générateur x de degré 1 et à coefficients dans Z_p), avec la différentielle $dx = a - 1$ (a désignant toujours le générateur de Π). Soit λ: $E_p(x, 1) \to \bar{\mathscr{B}}(Z_p(\Pi))$ l'unique homomorphisme spécial (théorème 5, Exposé 4); il est compatible avec les puissances divisées (théorème 3, Exposé 7) et définit un *isomorphisme* $\lambda_*: E_p(x, 1) \approx H_*(\bar{\mathscr{B}}(Z_p(\Pi))$ (en vertu du théorème 2, Exposé 2). Considérons l'isomorphisme $\mu: U(M^{(1)}) \to E_p(x, 1)$ qui envoie l'unique élément de base de $M^{(1)}$ dans l'élément x. Considérons l'application composée $\lambda \circ \mu: U(M^{(1)}) \to \bar{\mathscr{B}}(Z_p(\Pi))$; par passage à l'homologie, on trouve un *isomorphisme*, d'après ce qui précède. Or cet isomorphisme est $g^{(1)}$, car il coïncide avec $f^{(1)}$ sur l'élément de base de $M^{(1)}$; cela résulte du fait que x est la suspension de a. Ceci prouve le lemme 1 dans le cas où Π est cyclique infini.

Supposons maintenant que Π soit cyclique d'ordre p^f. Prenons la construction acyclique décrite ci-dessus; on a donc $N = E_p(x, 1) \otimes P_p(y, 2)$, avec $\bar{d} = 0$ sur N. La classe d'homologie x est la suspension de a, celle de y est la transpotence de ap^{f-1}, en vertu du calcul fait à la fin de l'Exposé 6. Soit λ l'unique homomorphisme spécial $N \to \bar{\mathscr{B}}(Z_p(\Pi))$; il est compatible avec les puissances divisées, donc est déterminé par la connaissance de $\lambda(x)$ et $\lambda(y)$; par passage à l'homologie, il définit un *isomorphisme* $\lambda_*: N \approx H_*(\bar{\mathscr{B}}(Z_p(\Pi)))$. Considérons l'isomorphisme $\mu: U(M^{(1)}) \to N$ qui envoie le générateur a de $\Pi/p\Pi$ dans x, et le générateur $a^{p^{f-1}}$ de ${}_p\Pi$ dans y. L'application composée $\lambda \circ \mu: U(M^{(1)}) \to \bar{\mathscr{B}}(Z_p(\Pi))$ est compatible avec les puissances divisées, et, par passage à l'homologie, définit un isomorphisme. Cet isomorphisme coïncide avec $f^{(1)}$ sur chacun des deux éléments de base de $M^{(1)}$, donc c'est $g^{(1)}$.

4. Démonstration du théorème fondamental (suite)

Lemme 2. Π étant cyclique infini ou d'ordre p^f, engendré par a, il existe, pour chaque entier $n \geqslant 1$, une *construction acyclique* (sur le corps Z_p) ayant $U(M^{(n)}(\Pi))$ comme algèbre initiale (avec différentielle nulle), et $U(M^{(n+1)}(\Pi))$ comme algèbre finale (avec différentielle nulle); et cette construction satisfait à la condition (Γ) que voici: les éléments de la base de $M^{(n+1)}(\Pi)$ se déduisent des éléments de la base de $M^{(n)}(\Pi)$ par les opérations suivantes (dans la construction acyclique):

σ appliquée à chaque élément de degré *impair* de la base de $M^{(n)}(\Pi)$;

$\sigma\gamma_{p^k}(k \geqslant 0)$ et $\varphi_p\gamma_{p^k}(k \geqslant 0)$ appliquées à chaque élément de degré *pair* de la base de $M^{(n)}(\Pi)$.

Il est clair qu'une fois ce lemme prouvé, une application répétée du théorème 5 de l'Exposé 4 fournira, compte tenu du lemme 1, des homomorphismes $U(M^{(n)}) \to \bar{\mathcal{B}}^{(n)}(Z_p(\Pi))$, compatibles avec les puissances divisées, et qui, par passage à l'homologie, donneront des *isomorphismes* compatibles avec les opérations σ, γ_p et φ_p; et, à cause de la condition (Γ) du Lemme 2, on verra de proche en proche que ces isomorphismes sont précisément les homomorphismes $g^{(n)}$, puisqu'ils coïncident avec $f^{(n)}$ sur la base de $M^{(n)}$. Ceci achèvera de prouver le théorème fondamental.

Démonstration du lemme 2: l'algèbre $U(M^{(n)})$ est le produit tensoriel des algèbres universelles des sous-espaces de dimension 1 de $M^{(n)}$ engendrés par les éléments de la base de $M^{(n)}$. Soit x un élément de la base de $M^{(n)}$; si x est de degré impair $2q - 1$, l'algèbre universelle du sous-espace engendré par x est $E_p(x, 2q - 1)$ (algèbre extérieure à coefficients dans Z_p); si x est de degré pair $2q$, l'algèbre universelle du sous-espace engendré par x est $P_p(x, 2q)$ (algèbre des polynômes divisée à coefficients dans Z_p). On va montrer les deux propositions suivantes:

Proposition 3. *Si x est de degré $2q - 1$, il existe une construction acyclique ayant $E_p(x, 2q - 1)$ comme algèbre initiale (différentielle nulle), et $P_p(y, 2q)$ comme algèbre finale (différentielle nulle); y se déduit de x par la suspension σ.*

Proposition 4. *Si x est de degré $2q$, il existe une construction acyclique ayant $P_p(x, 2q)$ comme algèbre initiale (différentielle nulle), et dont l'algèbre finale (à différentielle nulle) est un produit tensoriel infini*

$$E_p(y_0, 2q + 1) \otimes \ldots \otimes E_p(y_k, 2p^kq + 1) \otimes \ldots \otimes P_p(z_0, 2pq + 2) \otimes$$
$$\ldots \otimes P_p(z_k, 2p^{k+1}q + 2) \otimes \ldots,$$

où $y_k = \sigma\gamma_{p^k}(x)$ et $z_k = \varphi_p\gamma_{p^k}(x)$.

Une fois ces propositions démontrées, un produit tensoriel de constructions acycliques donnera la construction acyclique du lemme 2, qui sera ainsi prouvé.

La proposition 3 est évidente: sur le produit tensoriel $E_p(x, 2q-1) \otimes P_p(y, 2q)$, on met la différentielle d que voici:

$$dx = 0, \quad d\gamma_k(y) = x\gamma_{k-1}(y) \quad \text{pour} \quad k \geqslant 1.$$

Ceci est bien une construction acyclique, et la différentielle $\bar{d}$ est nulle; la relation $dy = x$ montre que y est la suspension de x.

Démontrons la proposition 4. L'algèbre $P_p(x, 2q)$ est, d'après l'Exposé 7, nº 7, un produit tensoriel

$$Q_p(x, 2q) \otimes Q_p(\gamma_p(x), 2pq) \otimes \ldots \otimes Q_p(\gamma_{p^k}(x), 2p^k q) \otimes \ldots,$$

où $Q_p(x, 2q)$ désigne l'algèbre des polynômes *tronqués* à un générateur x de degré $2q$ (quotient de l'algèbre des polynômes ordinaires, à une lettre x, par l'idéal engendré par x^p). Il suffit de faire une construction acyclique ayant comme algèbre initiale chacune des algèbres de ce produit tensoriel; puis on fera le produit tensoriel de ces constructions. Ainsi la proposition 4 va résulter du fait suivant: *il existe une construction acyclique ayant comme algèbre initiale* $Q_p(x, 2q)$ (*différentielle nulle*) *et comme algèbre finale* $E_p(y, 2q + 1) \otimes P_p(z, 2pq + 2)$ (*différentielle nulle*), *avec* $y = \sigma(x)$, $z = \varphi_p(x)$. C'est ce qu'on va montrer.

On définit, sur $Q_p(x, 2q) \otimes E_p(y, 2q + 1) \otimes P_p(z, 2pq + 2)$, la différentielle d que voici:

$$dx = 0, \quad dy = x, \quad d\gamma_k(z) = x^{p-1} y \gamma_{k-1}(z) \quad \text{pour} \quad k \geqslant 1. \tag{4}$$

On vérifie que, en ce qui concerne les éléments de degré >0, le noyau de d et l'image de d sont identiques: chacun d'eux est engendré par les éléments $x^h \gamma_k(z)$ $(1 \leqslant h \leqslant p-1, k \geqslant 0)$ et $x^{p-1} y \gamma_k(z)$ $(k \geqslant 0)$. Par passage au quotient, $\bar{d} = 0$ sur l'algèbre finale. La relation $dy = x$ montre que $y = \sigma(x)$, et la relation $dz = x^{p-1} y$ montre que $z = \varphi_p(x)$.

La démonstration du théorème fondamental est ainsi terminée.

5. Structure de l'algèbre de cohomologie $H^*(\Pi, n; Z_p)$, p impair

L'application diagonale $a \to (a, a)$ de Π dans $\Pi + \Pi$ définit un diagramme commutatif

$$\begin{array}{ccccc} U(M^{(n)}(\Pi)) & \to & U(M^{(n)}(\Pi + \Pi)) & \approx & U(M^{(n)}(\Pi)) \otimes U(M^{(n)}(\Pi)) \\ \downarrow & & \downarrow & & \downarrow \\ H_*(\Pi, n; Z_p) & \to & H_*(\Pi + \Pi, n; Z_p) & \approx & H_*(\Pi, n; Z_p) \otimes H_*(\Pi, n; Z_p) \end{array}$$

dans lequel les flèches verticales désignent les isomorphismes $g^{(n)}$ du théorème fondamental. On observe que $M^{(n)}(\Pi + \Pi)$ est naturellement la somme directe $M^{(n)}(\Pi) + M^{(n)}(\Pi)$. L'application diagonale $M^{(n)}(\Pi) \to M^{(n)}(\Pi) + M^{(n)}(\Pi)$ s'écrit, avec la notation du produit tensoriel, $x \to x \otimes 1 + 1 \otimes x$. Ainsi, si on identifie $H_*(\Pi, n; Z_p)$ à l'algèbre universelle $U(M^{(n)}(\Pi))$ au moyen de $g^{(n)}$, la structure multiplicative de la cohomologie $H^*(\Pi, n; Z_p)$ est celle qui est définie, sur le *dual gradué* $\mathrm{Hom}'(U(M^{(n)}), Z_p)$, par l'homomorphisme Δ: $U(M^{(n)}) \to U(M^{(n)}) \otimes U(M^{(n)})$ (homomorphisme d'algèbres graduées, compatible avec les puissances divisées) qui envoie chaque $x \in M^{(n)}$ dans l'élément $x \otimes 1 + 1 \otimes x$.

On est ramené à un problème d'algèbre pure: soit M un module libre gradué (sur un anneau commutatif Λ), et soit Δ l'homomorphisme $U(M) \to U(M) \otimes_\Lambda U(M)$, compatible avec les puissances divisées, qui envoie x dans $x \otimes 1 + 1 \otimes x$, pour tout $x \in M$. On cherche la structure multiplicative définie par Δ sur le dual $\mathrm{Hom}'_\Lambda(U(M), \Lambda)$. Soit $M = M^- + M^+$, où M^- désigne le sous-module des éléments de degré impair, et M^+ le sous-module des éléments de degré pair. On a

$$\Delta^-: E(M^-) \to E(M^-) \otimes E(M^-), \quad \Delta^+: S(M^+) \to S(M^+) \otimes S(M^+).$$

Δ^- est bien connu, et définit sur $\mathrm{Hom}'(E(M^-), \Lambda)$ la structure multiplicative de *l'algèbre extérieure* $E(M'^-)$ du dual $M'^- = \mathrm{Hom}'(M^-, \Lambda)$. Si $x \in M^+$, on a $\Delta^+\gamma_k(x) = \gamma_k(x \otimes 1 + 1 \otimes x) = \sum_{i+j=k} \gamma_i(x) \otimes \gamma_j(x)$. Dans le cas où M^+ possède une base formée d'un seul élément x, $S(M^+)$ possède une base formée des $\gamma_k(x)$ ($k \geqslant 0$); soient x'^k les éléments de la base duale; on trouve la loi de multiplication $x'^i \cdot x'^j = x'^{i+j}$, donc le dual de $S(M^+)$ est l'algèbre des polynômes (ordinaire) à un générateur x'. Le cas général se ramène à celui-là par produit tensoriel, lorsque la base est finie en toute dimension: l'algèbre duale de $S(M^+)$ est *l'algèbre symétrique* $\Sigma\,(M'^+)$, quotient de l'algèbre tensorielle $T(M'^+)$ par l'idéal bilatère engendré par les éléments $x' \otimes y' - y' \otimes x'$, $x' \in M'^+$, $y' \in M'^+$.

Finalement, si M est un module gradué ayant une base finie en toute dimension, l'algèbre duale de $U(M)$ (pour l'application Δ) est l'algèbre $L(M') = E(M'^-) \otimes \Sigma\,(M'^+)$, qu'on appelle l'algèbre anticommutative libre du module M' dual de M (i.e.: $M' = \mathrm{Hom}'(M, \Lambda)$).

Revenons à l'algèbre de cohomologie $H^*(\Pi, n; Z_p)$. On a prouvé, si Π est de type fini:

Théorème 2. *Soit, pour p premier impair, $M'^{(n)}$ le Z_p-espace vectoriel gradué, somme directe d'autant d'exemplaires de* $\mathrm{Hom}(\Pi, Z_p)$ *qu'il y a de mots admissibles de première espèce et de hauteur n, et d'autant d'exemplaires de* $\mathrm{Hom}({}_p\Pi, Z_p)$ *qu'il y a de mots admissibles de deuxième espèce et de hauteur n; chaque sous-espace* $\mathrm{Hom}(\Pi, Z_p)$*, resp.* $\mathrm{Hom}({}_p\Pi, Z_p)$*, est affecté d'un degré égal au degré du mot α qui l'indexe. L'isomorphisme $g^{(n)}$ du théorème fondamental définit alors, par dualité, un isomorphisme de l'algèbre de cohomologie $H^*(\Pi, n; Z_p)$ sur l'algèbre anticommutative libre $L(M'^{(n)})$.*

L'isomorphisme précédent est un isomorphisme naturel de foncteurs contravariants du groupe abélien Π. On observera que l'algèbre $L(M'^{(n)})$ est *universelle* vis-à-vis des applications linéaires (de degré 0) de l'espace vectoriel gradué $M'^{(n)}$ dans les algèbres graduées anticommutatives.

6. Schémas décrivant les mots admissibles

Soit α un mot admissible. Considérons la suite (éventuellement vide) des lettres du mot α qui sont distinctes de la lettre σ. Numérotons-les, de gauche à droite, par les entiers 1, 2, ... Si α_i désigne la i-ième de ces lettres, soit $2k_i$ le degré du mot β_i obtenu en enlevant du mot α la lettre α_i et toutes celles qui sont à gauche de α_i. Alors le mot $\alpha_i\beta_i$ est de degré $2k_i p$ si $\alpha_i = \gamma_p$, et de degré

$2k_i p + 2$ si $\alpha_i = \varphi_p$. Soit a_i la différence des *degrés stables* des mots $\alpha_i\beta_i$ et β_i; on a

$$a_i = 2k_i(p-1) + u_i, \quad \text{avec} \quad u_i = 0 \quad \text{si} \quad \alpha_i = \gamma_p, \quad u_i = 1 \quad \text{si} \quad \alpha_i = \varphi_p. \quad (5)$$

Il est commode de définir l'entier a_i pour tout $i \geqslant 1$, en convenant que $a_i = 0$ si i est plus grand que le nombre des lettres du mot α distinctes de σ. Un mot qui ne contient que σ définit donc la suite $a_1 = 0$, $a_2 = 0, \ldots$

Théorème 3. *La suite* $(a_1, \ldots, a_i, \ldots)$ *associée à un mot admissible de hauteur* n *et de degré stable* q *satisfait aux conditions:*
(i) $a_i \equiv 0$ ou 1 (mod. $2p-2$) *pour tout* i,
(ii) $a_i \geqslant pa_{i+1}$ *pour tout* i,
(iii) $\sum_i a_i = q$,
(iv) $pa_1 < (p-1)(n+q)$.
Réciproquement, étant donnés n *et* q, *toute suite* (a_i) *satisfaisant à* (i), (ii), (iii) *et* (iv) *est associée à un mot admissible de hauteur* n *et de degré stable* q, *et ce mot est unique.*

Démonstration: (i) résulte de (5). Puisque le mot $\alpha_i\beta_i$ est de degré $2k_i p + 2u_i$, on a $2k_i p + 2u_i \leqslant 2k_{i-1}$ pour $i \geqslant 2$, d'où (ii). La relation (iii) est évidente puisque a_i est le saut du degré stable dans l'opération définie par α_i (et que le degré stable ne change pas par suspension). Enfin, si $a_1 \neq 0$, le mot α a l'une des formes $\sigma^h\gamma_p\beta$ $(h \geqslant 1)$ ou $\sigma^h\varphi_p\beta$ $(h \geqslant 0)$, le mot β étant de degré $2k_1$. Donc le degré $n+q$ du mot α est $> 2pk_1 + u_1$, d'où facilement l'inégalité (iv).

Réciproquement, soient des a_i vérifiant (i), (ii) et (iv). Définissons, pour chaque i, les entiers k_i et u_i au moyen de (5), ce qui est possible grâce à (i). Alors (ii) entraîne $k_i - pk_{i+1} - u_{i+1} \geqslant 0$. Posons $h_{i+1} = k_i - pk_{i+1} - u_{i+1}$. S'il existe un mot admissible α donnant naissance à la suite (a_i), le nombre des lettres σ situées entre α_i et α_{i+1} dans ce mot est nécessairement égal à $2h_{i+1}$, et on a $\alpha_i = \gamma_p$ si $u_i = 0$, $\alpha_i = \varphi_p$ si $u_i = 1$. Ceci détermine le mot α, sauf qu'il faut encore connaître le nombre h_1 des lettres σ venant à gauche de α_1 dans le mot α. On doit avoir $n + q = h_1 + 2k_1 p + 2u_1$, et ceci détermine un entier h_1 qui est bien $\geqslant 1$ si $u_1 = 0$, et est $\geqslant 0$ si $u_1 = 1$, grâce à la condition (iv). Le degré stable q du mot α satisfait à (iii). Le théorème est entièrement prouvé.

Remarque: la connaissance des entiers h_{i+1} $(i \geqslant 1)$, qui sont $\geqslant 0$, et celle des entiers u_i (égaux à 0 ou 1) détermine entièrement la suite des a_i, par les formules

$$k_i = \sum_{j \geqslant 0} p^j(h_{i+j+1} + u_{i+j+1}), \quad a_i = 2k_i(p-1) + u_i. \quad (6)$$

Autre remarque: pour que le mot α associé à une suite (a_i) soit de *deuxième espèce*, il faut et il suffit que le dernier des a_i non nuls soit *égal à* 1.

Dernière remarque: les résultats précédents valent aussi pour $p = 2$ lorsque Π est cyclique, car alors les applications $f(\alpha)$ sont encore additives.

Exposé 10.
Détermination des algèbres $H_*(\Pi, n; Z_2)$ et $H^*(\Pi, n; Z_2)$; groupes stables modulo p

1. Mots admissibles; opérations correspondantes

Les *mots* sont formés avec les deux lettres σ et γ_2. La *hauteur* d'un mot α est égale au nombre de lettres σ figurant dans α; le *degré* de α se définit par récurrence sur le nombre des lettres de α: le degré du mot vide est 0, et on pose

$$\deg(\sigma\alpha) = 1 + \deg(\alpha), \quad \deg(\gamma_2\alpha) = 2\cdot\deg(\alpha). \tag{1}$$

La différence entre le degré et la hauteur s'appelle le *degré stable*.

Un mot *admissible* est un *mot non vide qui commence par σ et qui finit par σ.*

Proposition 1. *Soit α un mot admissible de hauteur n; pour qu'un mot $\beta\alpha$ soit admissible de hauteur $n + 1$, il faut et il suffit que β ait la forme $\sigma(\gamma_2)^k$, k entier $\geqslant 0$ quelconque.* (C'est évident).

Un mot admissible est *de première espèce* s'il ne se termine pas (à droite) par $\gamma_2\sigma$; de *deuxième espèce* s'il se termine par $\gamma_2\sigma$. A chaque mot admissible α, de première espèce, on associe une application $f(\alpha)$: $\Pi/2\Pi \to H_{n+q}(\Pi, n; Z_2)$, où n et q désignent la hauteur et le degré stable de α. La définition de $f(\alpha)$ se fait par récurrence sur la hauteur de α:

si α est de hauteur 1 (donc $\alpha = \sigma$), $f(\alpha)$ est la suspension σ: $\Pi \otimes Z_2 \to H_1(\Pi, 1; Z_2)$;

si $\alpha = \sigma(\gamma_2)^k\beta$, le mot admissible β étant de hauteur n et de degré stable q, $f(\alpha)$ est l'application composée

$$\Pi/2\Pi \xrightarrow{f(\beta)} H_{n+q}(\Pi, n; Z_2) \xrightarrow{\sigma\circ\gamma_{2^k}} H_{2^k(n+q)+1}(\Pi, n; Z_2),$$

qui est définie puisque γ_2 est une opération définie sur les éléments de degré $\geqslant 2$; or si $k \geqslant 1$, on a $n + q \geqslant 2$, puisque le mot α est de première espèce.

A chaque mot admissible α, de deuxième espèce, on associe une application $f(\alpha)$: ${}_2\Pi \to H_{n+q}(\Pi, n; Z_2)$, où n et q désignent la hauteur et le degré stable de α. La définition de $f(\alpha)$ est encore récurrente: $f(\gamma_2\sigma)$ est l'application $\gamma_2\sigma$: ${}_2\Pi \to H_2(\Pi, 1; Z_2)$, qui est définie puisque γ_2 est défini sur l'image de ${}_2\Pi$ par σ (Exposé 7, n° 8). La récurrence se fait ensuite d'une manière évidente.

Proposition 2. *Les applications $f(\alpha)$ sont linéaires.*

En effet, la suspension σ est linéaire; de plus, sur les éléments de degré $\geqslant 2$ (et sur les éléments de $H_1(\Pi, 1; Z_2)$ situés dans l'image de ${}_2\Pi$ par σ), l'application $\sigma\gamma_{2^k}$ est linéaire, en vertu de la formule (3) de l'Exposé 7, et du fait que σ s'annule sur les éléments décomposables.

2. Les algèbres $S(M^{(n)}(\Pi))$

Pour chaque entier $n \geqslant 1$, on définit un Z_2-espace vectoriel gradué $M^{(n)}(\Pi)$, comme suit: c'est la somme directe d'autant d'exemplaires de $\Pi/2\Pi$ qu'il y a de mots admissibles de hauteur n et de première espèce, et d'autant d'exemplaires de ${}_2\Pi$ qu'il y a de mots admissibles de hauteur n et de deuxième espèce. Chaque exemplaire de $\Pi/2\Pi$ (resp. de ${}_2\Pi$) est affecté d'un degré égal au degré du mot α qui l'indexe. Les applications linéaires $f(\alpha)$ définies ci-dessus définissent une application linéaire $f^{(n)}$ de l'espace vectoriel $M^{(n)}(\Pi)$ dans $H_*(\Pi, n; Z_2)$, qui conserve le degré.

Appliquons à $f^{(n)}$ le théorème 2 bis de l'Exposé 8; si $n \geqslant 2$, l'application $f^{(n)}$ se prolonge d'une seule manière en un homomorphisme $g^{(n)}: S(M^{(n)}(\Pi)) \to H_*(\Pi, n; Z_2)$, compatible avec les structures d'algèbres graduées et avec les puissances divisées. Pour $n = 1$, on peut appliquer le théorème si les puissances divisées des éléments de $H_1(\Pi, 1; Z_2)$ sont définies, ce qui exige que $\Pi = {}_2\Pi$, ou, ce qui revient au même, $2\Pi = 0$. Dans ce dernier cas, on trouve un homomorphisme $g^{(1)}: S(M^{(1)}(\Pi)) \to H_*(\Pi, 1; Z_2)$; observons d'ailleurs que $M^{(1)}(\Pi) = \Pi$, gradué par le degré 1.

Théorème fondamental: *si $n \geqslant 2$, l'homomorphisme $g^{(n)}$ est un isomorphisme de l'algèbre $S(M^{(n)}(\Pi))$ sur l'algèbre $H_*(\Pi, n; Z_2)$; si de plus $2\Pi = 0$, $g^{(1)}$ est un isomorphisme de $S(M^{(1)}(\Pi))$ sur $H_*(\Pi, 1; Z_2)$.*

3. Démonstration du théorème fondamental

Le raisonnement est analogue à celui de l'Exposé 9, n° 3. Il suffit donc de faire la démonstration lorsque Π est un groupe cyclique, d'ordre infini ou une puissance d'un nombre premier. Si Π est cyclique d'ordre p^f (p premier $\neq 2$), on a vu (Exposé 9, n° 3) que $H_*(\Pi, n; Z_2)$ se réduit aux scalaires; or il en est de même de $S(M^{(n)}(\Pi))$. Il reste donc à examiner le cas où Π est cyclique infini ou d'ordre 2^f.

Lemme 1. Si Π est cyclique infini ou d'ordre 2^f, il existe un homomorphisme $S(M^{(2)}(\Pi)) \to \bar{\mathscr{B}}^{(2)}(Z_2(\Pi))$ qui, par passage à l'homologie, donne $g^{(2)}$ qui est un *isomorphisme*. Si de plus Π est cyclique d'ordre 2, il existe un homomorphisme $S(M^{(1)}(\Pi)) \to \bar{\mathscr{B}}^{(1)}(Z_2(\Pi))$, compatible avec les puissances divisées, et qui, par passage à l'homologie, donne $g^{(1)}$ qui est un *isomorphisme*.

Démonstration du lemme 1: il suffit de reprendre le lemme 1 de l'Exposé 9, qui est valable aussi pour $p = 2$. Si $M^{(1)}$ désigne le Z_2-espace vectoriel, somme directe de $\Pi/2\Pi$ (degré 1) et de ${}_2\Pi$ (degré 2), on a un homomorphisme de $U(M^{(1)})$ dans la bar construction $\bar{\mathscr{B}}^{(1)}(Z_2(\Pi))$, compatible avec les puissances divisées des éléments de degré pair, et qui par passage à l'homologie donne un isomorphisme. Dans le cas particulier où $2\Pi = 0$, donc où Π est cyclique d'ordre 2, $U(M^{(1)})$ s'identifie à $S(M^{(1)})$, et on constate que l'homomorphisme $S(M^{(1)}) \to \bar{\mathscr{B}}^{(1)}(Z_2(\Pi))$ est alors compatible avec l'opération γ_2 sur l'élément de degré un, donc avec les puissances divisées pour tous les degrés $\geqslant 1$.

Dans le cas où Π est cyclique infini, on a obtenu un homomorphisme de l'algèbre extérieure $E_2(x, 1)$ dans $\bar{\mathscr{B}}^{(1)}(Z_2(\Pi))$, qui envoie x dans la suspension du générateur a de Π, et qui, par passage à l'homologie, donne un isomorphisme. Considérons la construction acyclique $E_2(x, 1) \otimes P_2(y, 2)$, avec $dy = x$; elle définit un homorphisme spécial $P_2(y, 2) \to \bar{\mathscr{B}}^{(2)}(Z_2(\Pi))$, compatible avec les puissances divisées, et qui, par passage à l'homologie, donne un isomorphisme (cf. théorème 5 de l'Exposé 4). Or l'image de y sera $\sigma\sigma a$, et ceci prouve que cet isomorphisme n'est autre que $g^{(2)}$.

Enfin, si Π est cyclique d'ordre 2^f, on a déjà obtenu un homomorphisme de $E_2(x, 1) \otimes P_2(y, 2)$ (différentielle nulle) dans $\mathscr{B}^{(1)}(Z_2(\Pi))$, qui envoie x dans la suspension du générateur a de Π, et y dans la transpotence de $a^{2^{f-1}}$, c'est-à-dire $\gamma_2\sigma(a^{2^{f-1}})$. Cet homomorphisme, compatible avec les puissances divisées, définit un isomorphisme en passant à l'homologie. On va considérer une construction acyclique (A, N, M), d'algèbre initiale $A = E_2(x, 1) \otimes P_2(y, 2)$, d'où l'on déduira un homomorphisme spécial $N \to \mathscr{B}^{(2)}(Z_2(\Pi))$, compatible avec toutes les puissances divisées, et qui, par passage à l'homologie, définira un isomorphisme. Pour fabriquer N et M, on observe que A s'écrit

$$E_2(x, 1) \otimes E_2(y, 2) \otimes E_2(\gamma_2 y, 4) \otimes \ldots \otimes E_2(\gamma_{2^k} y, 2^{k+1}) \otimes \ldots$$

et par suite on connaît une construction acyclique M, d'algèbre initiale A, et dont l'algèbre finale est

$$N = P_2(\sigma x, 2) \otimes P_2(\sigma y, 3) \otimes P_2(\sigma\gamma_2 y, 5) \otimes \ldots \otimes P_2(\sigma\gamma_{2^k} y, 2^{k+1} + 1) \otimes \ldots,$$

avec différentielle nulle. On a $\sigma x = \sigma\sigma a$, $\sigma\gamma_{2^k} y = \sigma\gamma_{2^{k+1}}\sigma(a^{2^{f-1}})$. Donc l'isomorphisme $N \approx H_*(\Pi, 2; Z_2)$ est bien $g^{(2)}$. Et ceci achève la démonstration du lemme 1.

Pour prouver le théorème fondamental, il reste à passer de n à $n + 1$, pour $n \geqslant 2$. Pour cela:

Lemme 2. Pour tout entier $n \geqslant 1$, il existe une *construction acyclique* (sur le corps Z_2) ayant $S(M^{(n)})$ comme algèbre initiale (avec différentielle nulle), et $S(M^{(n+1)})$ comme algèbre finale (avec différentielle nulle); et cette construction satisfait à la condition suivante: les éléments de la base de $M^{(n+1)}$ se déduisent des éléments de la base de $M^{(n)}$ par toutes les opérations $\sigma\gamma_{2^k}$, $k \geqslant 0$.

Démonstration du lemme 2: l'algèbre $S(M^{(n)})$ est le produit tensoriel des algèbres de polynômes divisées, construites sur les éléments de la base de $M^{(n)}$. Le lemme 2 résulte alors de la:

Proposition 3. *Si x est de degré $q \geqslant 1$, il existe une construction acyclique ayant $P_2(x, q)$ comme algèbre initiale (différentielle nulle), et dont l'algèbre finale (différentielle nulle) est le produit tensoriel*

$$P_2(\sigma x, q + 1) \otimes P_2(\sigma\gamma_2 x, 2q + 1) \otimes \ldots \otimes P_2(\sigma\gamma_{2^k} x, 2^k q + 1) \ldots$$

Démonstration: le raisonnement a déjà été fait plus haut: on considère $P_2(x, q)$ comme le produit tensoriel

$$E_2(x, q) \otimes E_2(\gamma_2 x, 2q) \otimes \ldots \otimes E_2(\gamma_{2^k} x, 2^k q) \otimes \ldots$$

d'où suit la conclusion.

Le lemme 2 étant maintenant prouvé, le théorème fondamental s'en déduit par récurrence sur n: on trouve des homomorphismes $S(M^{(n)}(\Pi)) \to \mathscr{B}^{(n)}(Z_2(\Pi))$, compatibles avec les puissances divisées; par passage à l'homologie, ils donnent des isomorphismes (en vertu du théorème 2 de l'Exposé 2); et l'on voit de proche en proche que ces isomorphismes sont précisément les homomorphismes $g^{(n)}$, car ils coïncident avec $f^{(n)}$ sur la base de $M^{(n)}(\Pi)$.

4. Structure de l'algèbre de cohomologie $H^*(\Pi, n; Z_2)$

On raisonne exactement comme dans le cas où p est impair (Exposé 9, n° 5); mais, compte tenu de la forme particulière du théorème fondamental pour $p = 2$, on trouve, en supposant Π de type fini:

Théorème 2. *Soit $M'^{(n)}(\Pi)$ le Z_2-espace vectoriel gradué, somme directe d'autant d'exemplaires de* Hom (Π, Z_2) *qu'il y a de mots admissibles de première espèce et de hauteur n, et d'autant d'exemplaires de* Hom $({}_2\Pi, Z_2)$ *qu'il y a de mots admissibles de deuxième espèce et de hauteur n; chaque sous-espace* Hom(Π, Z_2), resp. Hom $({}_2\Pi, Z_2)$, *est affecté d'un degré égal au degré du mot qui l'indexe. L'isomorphisme $g^{(n)}$ du théorème fondamental* (valable pour $n \geqslant 2$, et aussi pour $n = 1$ lorsque $2\Pi = 0$) *définit, par dualité, un isomorphisme de l'algèbre de cohomologie $H^*(\Pi, n; Z_2)$ sur l'algèbre symétrique $\Sigma\,(M'^{(n)}(\Pi))$* (*algèbre commutative libre de l'espace vectoriel gradué $M'^{(n)}(\Pi)$*).

5. Schémas décrivant les mots admissibles

Soit α un mot admissible. Numérotons de gauche à droite, par les entiers $1, 2, \ldots$, celles des lettres de α qui sont égales à γ_2. Soit α_i la i-ième d'entre elles, et soit a_i le degré du mot β_i obtenu en enlevant du mot α la lettre α_i et toutes celles qui sont à gauche de α_i. Alors le mot $\alpha_i\beta_i$ est de degré $2a_i$, et a_i est la différence des degrés stables des mots $\alpha_i\beta_i$ et β_i; le degré stable ne change pas par σ.

On définit a_i pour tout $i \geqslant 1$, en convenant que $a_i = 0$ si i est strictement plus grand que le nombre des lettres γ_2 figurant dans α. Un mot qui ne contient que la lettre σ définit donc la suite $a_1 = 0, a_2 = 0, \ldots$.

Théorème 3. *La suite $(a_1, \ldots, a_i, \ldots)$ associée à un mot admissible de hauteur n et de degré stable q satisfait aux conditions:*
(ii) $a_i \geqslant 2a_{i+1}$ pour tout i,
(iii) $\sum_i a_i = q$,
(iv) $2a_1 < n + q$.
(Il n'y a pas lieu d'écrire la condition (i): a_i est pair ou impair). *Réciproquement, étant donnés n et q, toute suite (a_i) satisfaisant à ces conditions est associée à un mot admissible de hauteur n et de degré stable q, et ce mot est unique.*

Démonstration: puisque deg $(\beta_i) \geqslant$ deg $(\alpha_{i+1}\beta_{i+1})$, on a $a_i \geqslant 2a_{i+1}$. La relation (iii) résulte du fait que a_i est le saut du degré stable. Enfin, si $a_1 \neq 0$, on a $\alpha = \sigma^h\gamma_2\beta$, avec deg $(\beta) = a_1$, et $h \geqslant 1$; d'où (iv).

Réciproquement, si des $a_i \geqslant 0$ vérifient (ii) et (iv), posons $h_{i+1} = a_i - 2a_{i+1} \geqslant 0$; h_{i+1} est le nombre des lettres σ qui doivent figurer entre α_i et α_{i+1} dans le mot α cherché. Ceci détermine α, à cela près qu'il reste à déterminer le nombre h_1 des lettres σ venant à gauche de α_1; on a $h_1 = n + q - 2a_1$, qui est bien $\geqslant 1$ d'après (iv). Le degré stable q du mot α ainsi obtenu satisfait à (iii).

Remarque: la connaissance des entiers h_{i+1} $(i \geqslant 1)$, qui sont $\geqslant 0$, détermine la suite des a_i par la formule

$$a_i = \sum_{j \geqslant 0} 2^j h_{i+j+1}. \tag{2}$$

Autre remarque: pour que le mot α associé à une suite (a_i) soit de *deuxième espèce*, il faut et il suffit que le dernier des $a_i \neq 0$ soit *égal à* 1.

6. Groupes stables

Soit p un entier premier. Si $q < (p-1)n$, toute suite (a_i) satisfaisant aux conditions (i), (ii), (iii) du théorème 3 de l'Exposé 9 satisfait aussi à (iv); il en est de même pour $p = 2$, en se référant au théorème 2 ci-dessus. Autrement dit, les sous-espaces $M_{n+q}^{(n)}(\Pi)$ des éléments de degré $n + q$ de $M^{(n)}(\Pi)$, pour un q donné (et un p premier donné) *sont indépendants de n dès que $n > q/(p-1)$*. On les notera $A_q(\Pi; Z_p)$.

Observons de plus que $U_{n+q}(M^{(n)}(\Pi))$ se réduit à $M_{n+q}^{(n)}(\Pi)$ si $n > q$. On a donc des isomorphismes naturels

$$H_{n+q}(\Pi, n; Z_p) \approx A_q(\Pi; Z_p) \quad \text{pour} \quad 0 \leq q < n.$$

Ces divers isomorphismes se déduisent les uns des autres par la suspension $H_{n+q}(\Pi, n; Z_p) \to H_{n+q+1}(\Pi, n+1; Z_p)$ (cf. théorème 1 de l'Exposé 6). Les Z_p-espaces vectoriels $A_q(\Pi; Z_p)$ sont les *groupes stables* d'Eilenberg-MacLane. Ils sont décrits par les suites (a_i) qui satisfont à (i), (ii), (iii); ceci les détermine entièrement.

Proposition 4. *Soit b_q* (resp. b'_q) *le nombre des mots admissibles* (resp. *des mots admissibles de première espèce*) *de degré stable q; c'est la dimension de l'espace vectoriel $A_q(\Pi; Z_p)$ lorsque Π est cyclique d'ordre p^f* (resp. *lorsque Π est cyclique infini*). *La série de Poincaré* $\vartheta_p(t) = \sum_{q \geqslant 0} b_q t^q$, resp. $\vartheta'_p(t) = \sum_{q \geqslant 0} b'_q t^q$, *est donnée par*

$$\vartheta_p(t) = \prod_{k \geqslant 0} \frac{1 + t^{2p^k - 1}}{1 - t^{2p^{k+1} - 2}}, \tag{3}$$

$$\vartheta'_p(t) = \frac{\vartheta_p(t)}{1 + t} = \prod_{k \geqslant 1} \frac{1 + t^{2p^k - 1}}{1 - t^{2p^k - 2}} \tag{3'}$$

Ces formules, valables aussi pour $p = 2$, deviennent dans ce cas:

$$\vartheta_2(t) = \prod_{k \geqslant 1} \frac{1}{1 - t^{2^k - 1}}, \quad \vartheta'_2(t) = \frac{1}{1 - t^2} \cdot \prod_{k \geqslant 2} \frac{1}{1 - t^{2^k - 1}}.$$

Démonstration: $\vartheta_p(t)$ est la somme des monômes t^q attachés à toutes les suites (a_i) satisfaisant à (i), (ii), (iii). Avec les notations du paragraphe 6 de l'Exposé 9, on a

$$\begin{aligned} q &= \sum_{i\geqslant 1} a_i = \sum_{i\geqslant 1} 2(p-1)k_i + u_i \\ &= \sum_{i\geqslant 1, j\geqslant 0} 2(p-1)p^j(h_{i+j+1} + u_{i+j+1}) + u_i \\ &= u_1 + (2p-1)u_2 + \ldots + (2p^i - 1)u_{i+1} + \ldots + 2(p-1)h_2 \\ &\quad + 2(p^2-1)h_3 + \ldots + 2(p^{i+1}-1)h_{i+2} + \ldots \end{aligned}$$

Ainsi le monôme t^q attaché à une suite (a_i) définie par $u_1, \ldots$ et $h_2, \ldots$ est égal au produit

$$t^{u_1}(t^{2p-1})^{u_2} \ldots (t^{2p^i-1})^{u_{i+1}} \ldots (t^{2p-2})^{h_2} \ldots (t^{2p^{i+1}-2})^{h_{i+2}} \ldots \tag{4}$$

Or les u_i $(i \geqslant 1)$ peuvent prendre indépendamment les valeurs 0 et 1; et les h_i $(i \geqslant 2)$ peuvent prendre toutes les valeurs entières $\geqslant 0$. Il s'ensuit que la somme de tous les monômes de la forme (4) est donnée par la formule (3). Cette formule, établie en supposant p impair, vaut en fait pour $p = 2$, comme le montre un calcul direct.

Cherchons maintenant la série $\vartheta'_p(t)$ correspondant aux mots admissibles *de première espèce.* A toute suite (a_i) de première espèce (suite satisfaisant aux conditions (i), (ii), (iii) du théorème 3 de l'Exposé 9, et telles que le dernier a_i non nul soit $\geqslant 2p - 2$) correspond une suite de deuxième espèce, obtenue en remplaçant par 1 le premier des a_i nuls de la suite. On en déduit aussitôt que $\sum_{q\geqslant 0} (b'_q t^q + b'_q t^{q+1}) = \sum_q b_q t^q$, autrement dit: $(1 + t)\vartheta'_p(t) = \vartheta_p(t)$. Ceci achève la démonstration.

Bibliographie

Une partie des résultats de cet exposé a été établie, par une autre méthode, dans l'article: J.-P. Serre, *Cohomologie modulo 2 des complexes d'Eilenberg-MacLane* (Comm. Math. Helv. 27, 1953, p. 198–231).

On y trouve aussi le calcul de la composante 2-primaire de l'homologie à coefficients entiers d'un groupe cyclique, ainsi que des formules donnant les séries de Poincaré des espaces vectoriels $H_*(\Pi, n; Z_2)$ pour Π cyclique.

Exposé 11. Détermination des algèbres $H_*(\Pi, n; Z)$

On se propose de calculer les algèbres d'homologie $H_*(\Pi, n; Z)$ à coefficients entiers, munies de leurs puissances divisées.

1. Les opérations ψ_h

Ceci est un complément à l'Exposé 6. On y a défini une opération $\psi_p: {}_p\Pi \to H_2(\Pi, 1; Z_p)$ pour p premier. Plus généralement, on va, pour tout entier $h \geqslant 2$, définir une application

$$\psi_h : {}_h\Pi \to H_2(\Pi, 1; Z_h).$$

Plaçons-nous dans une construction Z-libre et acyclique (A, N, M) ayant pour algèbre initiale $A = Z(\Pi)$, Π étant un groupe abélien (noté multiplicativement). Soit $a \in {}_h\Pi$, donc $a^h = 1$. Prenons $x \in M_1$ tel que $dx = a - 1$, puis $y \in M_2$ tel que

$$dy = (1 + a + \ldots + a^{h-1})x. \tag{1}$$

Par projection dans N, on obtient $\bar{x}$ et $\bar{y}$ tels que

$$\bar{d}\bar{x} = 0, \quad \bar{d}\bar{y} = h\bar{x}. \tag{2}$$

La classe d'homologie de $\bar{y}$, dans $H_*(N \otimes Z_h) \approx H_*(\Pi, 1; Z_h)$, est indépendante des choix de x et de y (démonstration analogue à celle de la proposition 2, Exposé 6). Par définition, l'application ψ_h associe à l'élément a la classe d'homologie de $\bar{y}$. On a $\psi_h(1) = 0$.

La relation (2) entraîne: si $\delta_h : H_2(\Pi, 1; Z_h) \to H_1(\Pi, 1; Z)$ désigne l'opérateur de Bockstein, on a

$$\delta_h \psi_h = \sigma \quad \text{sur le sous-groupe } {}_h\Pi. \tag{3}$$

Proposition 1. *Soient a et a' deux éléments de ${}_h\Pi$. On a*

$$\psi_h(aa') = \psi_h(a) + \psi_h(a') \quad \text{si } h \text{ est impair,} \tag{4}$$

$$\psi_h(aa') = \psi_h(a) + \psi_h(a') + (h/2)(\sigma a)\cdot(\sigma a') \quad \text{si } h \text{ est pair.} \tag{4'}$$

(Ces relations ont lieu dans $H_2(\Pi, 1; Z_h)$).

Démonstration: soient x et x' tels que $dx = a - 1$, $dx' = a' - 1$. Alors $d(x + ax') = aa' - 1$. On vérifie que

$$(1 + aa' + \ldots + (aa')^{h-1})(x + ax') = (1 + \ldots + a^{h-1})x + (1 + \ldots + a'^{h-1})x' - dw,$$

$$\text{avec} \quad w = \left(\textstyle\sum_{0 \leqslant q < p \leqslant h-1} a^p a'^q\right) x x'.$$

Soient y, y', Y tels que $dy = (1 + \ldots + a^{h-1})x$, $dy' = (1 + \ldots + a'^{h-1})x'$, $dY = (1 + \ldots + (aa')^{h-1})(x + ax')$. Alors $Y - y - y' + w$ est un cycle de M; en projetant sur N, on voit que $\bar{Y} - \bar{y} - \bar{y}' + \bar{w}$ est un $\bar{d}$-bord. Or on a

$$\bar{w} = \frac{h(h-1)}{2} \bar{x}\bar{x}';$$

modulo h, $\bar{w}$ est nul si h est impair, égal à $-(h/2)\bar{x}\bar{x}'$ si h est pair. D'où la proposition.

Proposition 2. *Si $a \in \Pi$ et $a^{hk} = 1$, on a*

$$\psi_{hk}(a) = \psi_h(a^k) \quad \text{(relation dans } H_2(\Pi, 1; Z_h)). \tag{5}$$

Démonstration: soit toujours x tel que $dx = a - 1$. Posons $x' = (1 + \ldots + a^{k-1})x$. Alors $dx' = a^k - 1$. L'élément $\psi_h(a^k)$ est dans la classe de $\bar{d}$-homologie (mod. h) de $\bar{y}'$, où y' est tel que

$$dy' = (1 + a^k + \ldots + a^{k(h-1)})x'.$$

Le second membre étant égal à $(1 + a + \ldots + a^{hk-1})x$, la classe de $\bar{y}'$ est égale à $\psi_{hk}(a)$. D'où la proposition.

On peut définir explicitement une application ψ_h dans la bar construction $\bar{\mathscr{B}}(Z(\Pi))$ *à coefficients entiers*. Si $a \in {}_h\Pi$, il suffit de prendre pour x l'unique élément de $\bar{\mathscr{B}}$ tel que $dx = a$ (en fait, x est la suspension $[a]$), puis on prend pour y l'unique élément de $\bar{\mathscr{B}}$ tel que $dy = (1 + \ldots + a^{h-1})x$. On a alors, dans la bar construction $\bar{\mathscr{B}}(Z(\Pi))$,

$$\bar{d}\psi_h(a) = h\sigma(a) = h[a]. \tag{6}$$

De plus, il est immédiat que

$$\psi_{hk}(a) = k\psi_h(a) \text{ si } \quad a \in {}_h\Pi \quad \text{(relation valable dans } \bar{\mathscr{B}}(Z(\Pi))). \tag{7}$$

2. Complexes élémentaires

On appellera *complexe élementaire* une algèbre différentielle graduée sur l'anneau Z des entiers, munie de puissances divisées (définies pour les éléments de degré pair $\geqslant 2$) compatibles avec la différentielle, qui a l'une des formes suivantes:

Type (I): $E(x, 2q - 1)$, algèbre extérieure à un générateur x de degré impair, $dx = 0$; $P(x, 2q)$, algèbre des polynômes divisée à un générateur x de degré pair, $dx = 0$.

Type (II): $E(x, 2q - 1) \otimes P(y, 2q)$, avec $dx = 0$, $dy = hx$ (h entier); $P(x, 2q) \otimes E(y, 2q + 1)$, avec $dx = 0$, $dy = hx$.

L'homologie d'un complexe élémentaire se calcule immédiatement; c'est trivial pour le type (I); pour $E(x, 2q - 1) \otimes P(y, 2q)$, les cycles homogènes sont, outre 1, les multiples entiers de $x, xy, \ldots, x\gamma_k(y), \ldots$, dont les classes d'homologie sont d'ordre h; pour $P(x, 2q) \otimes E(y, 2q + 1)$, les cycles homogènes sont, outre 1, les multiples entiers de $x, \ldots, \gamma_k(x), \ldots$; la classe d'homologie de $\gamma_k(x)$ est d'ordre kh. On notera que les γ_k ne passent pas à l'algèbre d'homologie (par exemple, si $h = 3$, $3x$ est un bord, mais $\gamma_2(3x)$ n'est pas un bord).

Soit K une algèbre différentielle graduée, Z-libre, munie de puissances divisées compatibles avec la différentielle. Un *homomorphisme* f d'un complexe élémentaire A dans K, compatible avec toutes les structures, est défini par la connaissance de l'élément $f(x)$ dans le cas (I), de l'élément $f(y)$ dans le cas (II). Un tel homomorphisme existe sous la seule condition que $f(x)$ soit un cycle dans le cas (I); que $f(y)$ soit un cycle modulo h dans le cas (II).

Proposition 3. *Soit K une algèbre différentielle graduée anticommutative, Z-libre, et munie de puissances divisées. Supposons que K soit quotient d'une algèbre acyclique L à puissances divisées, l'application $L \to K$ étant compatible avec les graduations, les différentielles, les produits et les puissances divisées. Soient f et f' deux homomorphismes d'un complexe élémentaire A dans K, compatibles avec toutes les structures. Supposons, dans le cas* (I), *que les cycles $f(x)$ et $f'(x)$ aient même image dans $H(K)$; supposons, dans le cas* (II), *que $f(y)$ et $f'(y)$, qui sont des cycles mod. h, aient même image dans $H(K \otimes Z_h)$. Alors les applications f et f' sont homotopes.*

Démonstration: on cherche une application linéaire $s\colon A \to K$, augmentant le degré de 1, et telle que $f - f' = ds + sd$. Observons d'abord que les puissances divisées de K passent à l'homologie: si $u \in K$ est de degré impair $\geqslant 3$, $\gamma_k(du)$ est le bord d'un élément de K; en effet, soit $\bar{u} \in L$ dont u soit l'image par la projection $L \to K$; $\gamma_k(du)$ est l'image de $\gamma_k(d\bar{u})$, lequel est un cycle de L, donc le bord d'un élément $\bar{v}_k \in L$; alors $\gamma_k(du) = dv_k$, v_k désignant l'image de $\bar{v}_k$ dans K.

Cela posé, examinons d'abord le cas où le complexe élémentaire A est du type (I). Si $A = E(x, 2q-1)$, on a $f(x) - f'(x) = du$ ($u \in K$), et il suffit de définir s par $s(1) = 0$, $s(x) = u$. Si $A = P(x, 2q)$, on a $f(x) - f'(x) = du$, donc $\gamma_k(f(x)) - \gamma_k(f'(x)) = dv_k$ ($v_1 = u$), et il suffit de prendre $s(1) = 0$, $s(\gamma_k(x)) = v_k$. Supposons désormais que A soit du type (II); étudions les deux cas possibles:

Premier cas: $A = E(x, 2q-1) \otimes P(y, 2q)$, avec $dy = hx$. On a par hypothèse $f(y) - f'(y) = hu + dv$ ($u \in K, v \in K$), d'où $f(x) - f'(x) = du$. Pour montrer que f et f' définissent des applications homotopes de A dans K, il suffit de le prouver d'une part lorsque $f(y) - f'(y) = hu$, d'autre part lorsque $f(y) - f'(y) = dv$. Si $f(y) - f'(y) = hu$, $f(x) - f'(x) = du$, alors $\gamma_{k+1}(f(y)) - \gamma_{k+1}(f'(y))$ est divisible par l'entier h, et il suffit de prendre

$$s(\gamma_k(y)) = 0, \; s(x\gamma_k(y)) = (1/h)(\gamma_{k+1}(f(y)) - \gamma_{k+1}(f'(y))).$$

Si $f(y) - f'(y) = dv$, $f(x) - f'(x) = 0$, posons $\gamma_k(dv) = dv_k$, puis $w_k = \sum_{1 \leqslant i \leqslant k} \gamma_{k-i}(f'(y))v_i$. On prend

$$s(1) = 0, \quad s(\gamma_k(y)) = w_k, \quad s(x\gamma_k(y)) = -f(x)w_k.$$

Deuxième cas: $A = P(x, 2q) \otimes E(y, 2q+1)$, avec $dy = hx$. Il suffit encore d'examiner séparément le cas où $f(y) - f'(y) = hu$, et le cas où $f(y) - f'(y) = dv$. Supposons d'abord $f(y) - f'(y) = dv$, $f(x) - f'(x) = 0$. Il suffit alors de prendre

$$s(\gamma_k(x)) = 0, \quad s(y\gamma_k(x)) = v\gamma_k(f(x)).$$

Reste enfin le cas où $f(y) - f'(y) = hu$, $f(x) - f'(x) = du$. Soit $\bar{u} \in L$, d'image u

dans K; soit, pour chaque entier $k \geqslant 1$, $\bar{v}_k \in L$ tel que $d\bar{v}_k = \gamma_k(d\bar{u})$, d'où (notant v_k l'image de $\bar{v}_k$ dans K), $dv_k = \gamma_k(du)$; on peut supposer $\bar{v}_1 = \bar{u}$. On a

$$\begin{aligned} &f(y)\gamma_k(f(x)) - f'(y)\gamma_k(f'(x)) \\ &\quad = h(k+1)[\gamma_k(f'(x))v_1 + \gamma_{k-1}(f'(x))v_2 + \ldots] \\ &\qquad - d\{f'(y)[\gamma_{k-1}(f'(x))v_1 + \gamma_{k-2}(f'(x))v_2 + \ldots]\} \\ &\qquad + h[\gamma_{k-1}(f'(x))(u\cdot du - 2v_2) + \gamma_{k-2}(f'(x))(u\cdot\gamma_2(du) - 3v_3) + \ldots]. \end{aligned}$$

Montrons que chacune des quantités $u.du - 2v_2$, $u.\gamma_2(du) - 3v_3$, etc. est le *bord* d'un élément de K. Ces quantités sont respectivement les projections, dans K, des éléments suivants de L:

$$\bar{u}\cdot d\bar{u} - 2\bar{v}_2, \quad \bar{u}\cdot\gamma_2(d\bar{u}) - 3\bar{v}_3, \ldots,$$

et un calcul immédiat montre que ceux-ci sont des cycles de L, donc des bords puisque L est acyclique; par projection $L \to K$, il en résulte bien que $u.du - 2v_2$, ..., sont des bords d'éléments de K.

Alors on voit que

$$f(y)\gamma_k(f(x)) - f'(y)\gamma_k(f'(x)) = h(k+1)w_{k+1} + dt_k,$$

où $t_k \in K$, et $w_{k+1} = \gamma_k(f'(x))v_1 + \gamma_{k-1}(f'(x))v_2 + \ldots$

Prenons alors

$$s(1) = 0, \quad s(\gamma_k(x)) = w_k, \quad s(y\gamma_k(x)) = t_k;$$

on vérifie que $f - f' = ds + sd$, et ceci achève la démonstration de la proposition 3.

3. Produit tensoriel de complexes élémentaires

Soient A_i des complexes élémentaires (en nombre fini ou infini). Soit X leur produit tensoriel (limite inductive des produits tensoriels finis), muni de sa structure d'algèbre différentielle graduée à puissances divisées. Pour définir un homomorphisme f de X dans une algèbre K (satisfaisant à toutes les conditions de la proposition 3), il suffit de se donner les images des générateurs des complexes A_i, de manière que soient satisfaites les conditions énoncées dans les trois lignes précédant la proposition 3.

Proposition 3 bis. *Soient f et f' deux tels homomorphismes de X dans K. Supposons que, pour chaque générateur x_i d'un complexe A_i du premier type, $f(x_i)$ et $f'(x_i)$ soient des cycles homologues de K; et que, pour chaque générateur y_i d'un complexe A_i du second type, $f(y_i)$ et $f'(y_i)$ aient même image dans $H(K \otimes Z_{h_i})$, en désignant par h_i l'entier tel que $dy_i = h_i x_i$ dans le complexe A_i. Alors les applications f et f' sont homotopes.*

En effet, on sait classiquement fabriquer, dans un produit tensoriel, un opérateur d'homotopie lorsqu'on a un opérateur d'homotopie dans chaque facteur tensoriel.

Calcul des cycles dans un produit tensoriel X de complexes élémentaires. Chaque élément de X est somme de monômes, dont chacun est un produit d'éléments générateurs ou de puissances divisées d'éléments générateurs de degré pair. Si dans un monôme on remplace x_i et y_i par nx_i et ny_i (n entier), le monôme est multiplié par une puissance de n, dont l'exposant $k(i)$ est indépendant de n; nous dirons que $k(i)$ est le i-ième *poids* du monôme. L'opérateur différentiel de X conserve évidemment les poids; on a donc, sur X, une *multigraduation* définie par les poids, et cette multigraduation passe aux cycles et à l'homologie de X. Il suffit donc de calculer les cycles *isobares* (ayant un système de poids donnè) et les bords des éléments isobares, pour déterminer $H(X)$.

Pour qu'un cycle isobare définisse un élément d'ordre infini de $H(X)$, il faut et il suffit que tous les poids $k(i)$ relatifs aux complexes du second type soient nuls; autrement dit, c'est un cycle du produit tensoriel X' des complexes du premier type. Tout autre cycle définit, dans $H(X)$, un élément d'ordre fini. D'ailleurs, soit X'' le produit tensoriel des complexes du second type; on a $X = X' \otimes X''$, et $H(X) = X' \otimes H(X'')$, tous les éléments de $H(X'')$ étant d'ordre fini (sauf les scalaires, de degré 0).

Proposition 4. *Soit X un produit tensoriel de complexes élémentaires, et f un homomorphisme de X dans une algèbre K satisfaisant à toutes les conditions de la proposition* 3. *Soient x_i et y_i les générateurs du i-ième complexe A_i de X, supposé du second type, avec $dy_i = h_i x_i$. Soit u un cycle isobare de X, dont le poids k(i) soit* >0. *Alors l'image $f_*(u)$ de u dans l'homologie H(K) est un élément dont l'ordre divise $(h_i)^{k(i)}$; autrement dit, on a $(h_i)^{k(i)} \cdot f_*(u) = 0$.*

Démonstration: définissons un homomorphisme f' de X dans K, en posant $f'(x_i) = h_i f(x_i)$, $f'(y_i) = h_i f(y_i)$, les images des générateurs des autres complexes A_j ($j \neq i$) étant les mêmes pour f' que pour f. Alors l'image de $(h_i)^{k(i)} u$ dans $H(K)$ par f_* est identique à l'image $f_*(u)$. On va montrer que cette image est nulle. En effet, $f'(y_i)$ a une image nulle dans $H(K \otimes Z_{h_i})$; d'après la proposition 3 bis, f' est homotope à une application g telle que $g(x_i) = 0$, $g(y_i) = 0$. Et il est clair que $g(u) = 0$. C.Q.F.D.

4. Les complexes élémentaires attachés à un groupe abélien Π

Il suffit de dire quels sont leurs générateurs x (premier type), resp. x et y (deuxième type). On se donne une fois pour toutes un entier $n \geqslant 1$.

Complexes du premier type: pour chaque élément $u \in \Pi$, considérons le symbole $\sigma^n u$, qui définit un élément de $H_n(\Pi, n; Z)$ par suspension itérée. Chaque symbole $\sigma^n u$ va être le générateur x d'un complexe du premier type; on l'affecte du degré n. Ces complexes sont tous des algèbres extérieures si n est impair, des algèbres de polynômes divisées si n est pair. Le produit tensoriel de tous les complexes élémentaires du premier type est donc l'algèbre universelle ayant pour base l'ensemble des éléments de Π, affectés du degré n.

Complexes du deuxième type: rappelons que, pour chaque p premier, on a défini (Exposé 9, n° 1) des *mots admissibles de hauteur* n; nous les appellerons désormais des *p-mots*. Nous appliquerons la définition de l'Exposé 9 aussi dans le cas $p = 2$ (au lieu de la définition des mots admissibles donnée dans l'Exposé 10). Les p-mots sont, outre σ^n et $\sigma^{n-1}\varphi_p$, ceux d'une des formes suivantes: $\sigma^k\varphi_p\alpha$, $\sigma^{k+1}\gamma_p\alpha$, où α désigne un p-mot de degré pair, de hauteur $n - k - 1$ $(0 \leqslant k \leqslant n - 2)$, non nécessairement admissible, mais assujetti aux conditions suivantes: (i) la dernière lettre (à droite) est σ (première espèce) ou φ_p (deuxième espèce); (ii) pour chaque lettre φ_p ou γ_p du mot α, le nombre des lettres σ situées à droite est *pair*.

Les p-mots admissibles se correspondent ainsi par paires; dans une même paire, les degrés diffèrent de 1. Si on considère la suite $(a_1, \ldots, a_i, \ldots)$ associée à un p-mot admissible (Exposé 9, n° 6), les mots $\sigma^k\varphi_p\alpha$ sont ceux qui correspondent aux suites de hauteur n telles que $a_1 \equiv 1 \pmod{2p - 2}$ et $\sum_i a_i > 1$; les mots $\sigma^{k+1}\gamma_p\alpha$ sont ceux qui correspondent aux suites de hauteur n telles que $a_1 \equiv 0 \pmod{2p - 2}$ et $\sum_i a_i > 1$.

Pour des raisons qui vont apparaître, nous remplacerons désormais l'écriture $\sigma^{k+1}\gamma_p\alpha$ par l'écriture $\beta_p\sigma^k\varphi_p\alpha$ (β_p est le symbole de l'opérateur de Bockstein). En outre, dans l'écriture d'un mot de deuxième espèce, nous remplacerons la dernière lettre (à droite) φ_p par ψ_p.

De plus, on introduira, pour chaque p premier et chaque f entier $\geqslant 1$, le symbole ψ_{p^f} (cf. n° 1), de hauteur 1 et de degré 2. Et on envisagera les mots de hauteur n de la forme $\sigma^{n-1}\psi_{p^f}$, dont le degré est $n + 1$.

Nous pouvons maintenant dire quels complexes élémentaires *du deuxième type* on va associer au groupe Π. Ce seront:

1) les complexes pour lesquels x s'écrit $\sigma^n u$, et y s'écrit $\sigma^{n-1}\psi_{p^f}u$, où $u \in \Pi$ est tel que $p^f u = 0$ dans Π (notation additive). La différentielle d'un tel complexe sera donnée par

$$d(\sigma^{n-1}\psi_{p^f}u) = (-1)^{n-1}p^f(\sigma^n u). \tag{9}$$

2) les complexes pour lesquels x s'écrit $\beta_p\sigma^k\varphi_p\alpha u$, et y s'écrit $\sigma^k\varphi_p\alpha u$, où $\sigma^k\varphi_p\alpha$ et $\beta_p\sigma^k\varphi_p\alpha$ sont des p-mots admissibles de hauteur n et de degré stable >1; et où u est un élément de $\Pi/p\Pi$ si les p-mots sont de première espèce, un élément de ${}_p\Pi$ si les p-mots sont de deuxième espèce. La différentielle d'un tel complexe est donnée par

$$d(\sigma^k\varphi_p\alpha u) = (-1)^k p(\beta_p\sigma^k\alpha u). \tag{10}$$

Bien entendu, on fait cela pour tous les p premiers (y compris $p = 2$). Pour un p donné, les complexes élémentaires du deuxième type seront dits *p-primaires*.

Ces complexes sont des *foncteurs covariants* de Π: si on a un homomorphisme $\Pi \to \Pi'$ de groupes abéliens, il définit un homomorphisme de chaque complexe élémentaire du premier type (resp. du second type) de Π dans un complexe élémentaire du premier type (resp. du second type) de Π'.

Considérons la bar construction itérée (à coefficients entiers) $\bar{\mathscr{B}}^{(n)}(Z(\Pi))$, notée $\bar{\mathscr{B}}^{(n)}(\Pi)$ pour simplifier. Pour chaque complexe élémentaire A attaché au groupe Π, on va définir un homomorphisme $A \to \mathscr{B}^{(n)}(\Pi)$, compatible avec toutes les structures (graduation, multiplication, puissances divisées, différentielles), homomorphisme qui sera bien déterminé *à une homotopie près*. Supposons d'abord que A soit du premier type, donc engendré par un élément x de la forme $\sigma^n u$, avec $u \in \Pi$. Nous envoyons x dans un cycle de $\mathscr{B}^{(n)}(\Pi)$ ayant pour classe d'homologie l'image de u par la suspension itérée $\sigma^n: \Pi \to H_n(\Pi, n; Z)$. Supposons ensuite que A soit du deuxième type, donc engendré par deux éléments x et y tels que $dy = hx$, h entier (une puissance de p au signe près); y s'écrit $\sigma^{n-1}\psi_{p^f}u$, resp. $\sigma^k \varphi_p \alpha u$, et ceci définit, par composition des opérations indiquées dans cette écriture, un élément bien déterminé de $H_*(\Pi, n; Z_h)$. Choisissons un $y' \in \mathscr{B}^{(n)}(\Pi)$ ayant pour image cet élément de $H_*(\Pi, n; Z_h)$; on a $dy' = hx'$. Envoyons l'élément y dans y', et x dans x'; ceci définit une application $f: A \to \mathscr{B}^{(n)}(\Pi)$, compatible avec tout. Il résulte de la proposition 3 (n° 2) que f est unique à une homotopie près.

Pour tout produit tensoriel X de complexes élémentaires attachés au groupe abélien Π, on a donc un homomorphisme unique de l'homologie $H(X)$ dans l'algèbre d'homologie $H_*(\Pi, n; Z)$; cet homomorphisme est *naturel* vis-à-vis des homomorphismes de groupes abéliens $\Pi \to \Pi'$. Il est compatible avec les structures multiplicatives, mais peut-être pas avec les puissances divisées (plus exactement, celles-ci n'existent pas, en général, dans $H(X)$). Si X est un produit de complexes p-primaires, l'image, dans $H_*(\Pi, n; Z)$, des éléments de degré >0 de $H(X)$, *se compose d'éléments p-primaires*, en vertu de la proposition 4.

5. Etude d'une somme directe de groupes cycliques

Nous allons faire un calcul (non canonique) de l'algèbre d'homologie $H_*(\Pi, n; Z)$ lorsque Π est de type fini. D'une manière précise, supposons donnés des éléments $u_i \in \Pi$, en nombre fini, jouissant des propriétés suivantes: Π est somme directe des groupes cycliques engendrés par les u_i, et les u_i d'ordre fini ont pour ordre une puissance d'un nombre premier.

Considérons alors, parmi les complexes élémentaires attachés au groupe Π, les suivants:

(i) les complexes du premier type ayant pour générateur x un élément $\sigma^n u_i$, où u_i est un des générateurs précédents, d'ordre infini;

(ii) pour chaque générateur u_i d'ordre p^f, le complexe du deuxième type dont les générateurs sont $\sigma^n u_i$ et $\sigma^{n-1}\psi_{p^f}u_i$;

(iii) pour chaque générateur u_i d'ordre infini ou dont l'ordre est une puissance d'un p premier donné, tous les complexes du deuxième type dont la paire de générateurs est de la forme $\sigma^k\varphi_p\alpha u_i$, $\beta_p\sigma^k\varphi_p\alpha u_i$ (les 2 mots étant de première espèce);

(iv) pour chaque générateur u_i dont l'ordre est une puissance d'un p premier donné (soit p^f cet ordre), considérons l'élément $v_i = p^{f-1}u_i$, qui est d'ordre p, et tous les complexes du deuxième type dont la paire de générateurs est de la forme $\sigma^k\varphi_p\alpha v_i$, $\beta_p\sigma^k\varphi_p\alpha v_i$ (les 2 mots étant de deuxième espèce).

Soit X le produit tensoriel de tous les complexes précédents. X est le produit tensoriel des complexes suivants: X_0 (produit tensoriel des complexes (i), en nombre fini); et, pour chaque p premier, X_p (produit tensoriel des complexes (ii), (iii) et (iv) relatifs à ce p). Soit X_p' le sous-complexe de X_p formé des éléments de degré >0; alors X est somme directe des sous-complexes X_0, $X_0 \otimes X'_p$, et de tous les produits tensoriels qui contiennent en facteur au moins un X'_p et un X'_q avec $p \neq q$.

D'après la fin du paragraphe 4, on a un homomorphisme unique f: $H(X) \to H_*(\Pi, n; Z)$, compatible avec la graduation et la structure multiplicative.

Théorème 1. *L'application* f: $H(X) \to H_*(\Pi, n; Z)$ *est un épimorphisme. D'une façon précise,* $H_*(\Pi, n; Z)$ *est somme directe des images des homomorphismes suivants (induits par f):*

f_0: $X_0 \to H_*(\Pi, n; Z)$, *qui est un isomorphisme sur une sous-algèbre sans torsion;*

pour chaque p premier, f_p: $H(X_0 \otimes X'_p) \to H_*(\Pi, n; Z)$, *qui est un épimorphisme sur la composante p-primaire de* $H_*(\Pi, n; Z)$; *le noyau de f_p se compose de la somme des composantes q-primaires (pour tous les q premiers $\neq p$) de* $H(X_0 \otimes X'_p) = X_0 \otimes H(X'_p)$. *De plus, toutes les composantes de X qui sont des produits tensoriels de facteurs contenant au moins un X'_p et un X'_q distincts, ont une homologie dont l'image dans* $H_*(\Pi, n; Z)$ *est nulle.*

Démonstration: la dernière assertion est évidente, car d'après la proposition 4, les éléments de l'image sont à la fois p-primaires et q-primaires. Toujours d'après la proposition 4, l'image de f_p se compose d'éléments p-primaires de $H_*(\Pi, n; Z)$; on verra tout à l'heure que cette image est exactement la composante p-primaire de $H_*(\Pi, n; Z)$.

Montrons d'abord que f: $H(X) \to H_*(\Pi, n; Z)$ est un *épimorphisme*. Soit C le conoyau de f; c'est un groupe abélien gradué, qui est de type fini dans chaque degré. Pour prouver que $C = 0$, il suffira de montrer que $C \otimes Z_p = 0$ pour chaque p premier (on conviendra de dire qu'un groupe abélien G de type fini est *p-nul* si $G \otimes Z_p = 0$. Cela signifie que G est somme de groupes q-primaires avec $q \neq p$. Si un tel G est p-nul pour tout p, G est nul).

Soit C_p le conoyau de $H(X_0 \otimes X_p) \to H_*(\Pi, n; Z)$; il est clair que C est un quotient de C_p; il suffit donc de montrer que C_p est p-nul. Or l'homomorphisme de $X_0 \otimes X_p$ dans la bar construction $\bar{\mathscr{B}}^{(n)}(\Pi)$ induit un homomorphisme modulo p: $X_0 \otimes X_p \otimes Z_p \to \bar{\mathscr{B}}^{(n)}(\Pi) \otimes Z_p$, d'où un homomorphisme $H(X_0 \otimes X_p \otimes Z_p) \to H_*(\Pi, n; Z_p)$. Montrons que c'est un *isomorphisme*. Il suffit d'expliciter le complexe $X_0 \otimes X_p \otimes Z_p$, dont la différentielle est nulle: c'est l'algèbre universelle d'un Z_p-espace vectoriel gradué dont on connaît une base; et cette base est justement celle de l'espace vectoriel $M^{(n)}(\Pi)$ relatif à l'entier premier p (cf. Exposé 9), si l'on observe que $\sigma^{n-1}\psi_{p^f}(u_i) = \sigma^{n-1}\psi_p(p^{f-1}u_i)$ lorsque u_i est d'ordre p^f (cette relation a lieu dans $H_*(\Pi, n; Z_p)$, d'après la proposition 2). Le "théorème fondamental" de l'Exposé 9 prouve alors l'isomorphisme $X_0 \otimes X_p \otimes Z_p \approx H_*(\Pi, n; Z_p)$. A vrai dire, cette démonstration n'est pas valable dans le cas où $p = 2$; mais le résultat subsiste; il suffit de l'établir lorsque le groupe Π est cyclique, et ceci est fait ci-dessous (cf. après le th. 6).

Ainsi, l'application $X_0 \otimes X_p \to \bar{\mathscr{B}}^{(n)}(\Pi)$ induit un *isomorphisme* des homologies modulo p. Il s'ensuit (Appendice ci-dessous) que *le noyau et le conoyau de*

$H(X_0 \otimes X_p) \to H_*(\Pi, n; Z)$ sont *p-nuls*. En particulier, le conoyau C_p est p-nul; e tpar suite, d'après une remarque déjà faite, C est p-nul pour tout p, donc $C = 0$.

Nous savons maintenant que $f\colon H(X) \to H_*(\Pi, n; Z)$ est un épimorphisme; donc $H_*(\Pi, n; Z)$ est somme des images de f_0 et des f_p. Le noyau de $f_0\colon X_0 \to H_*(\Pi, n; Z)$ étant contenu dans le noyau de $H(X_0 \otimes X_p) \to H_*(\Pi, n; Z)$ qui est p-nul, et ceci pour tout p, il s'ensuit que le noyau de f_0 est nul. Donc l'image de f_0 est sans torsion. Comme, pour chaque p, l'image de f_p est p-primaire, il s'ensuit que cette image est toute la composante p-primaire. Quant au noyau de f_p, qui, on l'a vu, est p-nul, il est nécessairement la somme des composantes q-primaires de $H(X_0 \otimes X'_p)$ relatives à tous les q premiers $\neq p$. Ceci achève la démonstration.

On peut considérer que le théorème 1 donne un *procédé de calcul* de l'algèbre $H_*(\Pi, n; Z)$, lorsque Π est donné comme somme directe des groupes cycliques d'ordre infini ou primaire. Tout revient à calculer le quotient de $H(X_p)$ par la somme I_p des composantes q-primaires relatives aux $q \neq p$. Ce sera une algèbre graduée à puissances divisées. Dans chaque degré, $H(X_p)/I_p$ est une somme finie de groupes cycliques dont l'ordre est une puissance de p. Pour calculer le nombre et les ordres de ces groupes cycliques, il suffit de calculer $H(X_p)$ (dans le degré considéré) en appliquant la formule de Künneth (puisque X_p est un produit de complexes élémentaires dont on connait déjà l'homologie), puis d'enlever les composantes q-primaires pour $q \neq p$. Il revient au même de réduire d'abord l'homologie de chaque complexe élémentaire à sa composante p-primaire, puis d'appliquer la "formule de Künneth" comme si l'on avait à calculer l'homologie d'un produit tensoriel de complexes d'homologie connue (p-primaire).

Ainsi, à chaque complexe élémentaire de la forme

$$E(x, 2q-1) \otimes P(y, 2q), \quad \text{avec} \quad dy = p^f x,$$

on associera une classe d'homologie d'ordre p^f de $H_*(\Pi, n; Z)$, dans chacun des degrés $2q-1, 4q-1, 6q-1, \ldots$. A chaque complexe élémentaire de la forme $P(x, 2q) \otimes E(y, 2q+1)$, on associera une classe d'homologie dans chacun des degrés $2q, 4q, 6q, \ldots$; *l'ordre* de la classe d'homologie de dimension $2kq$ sera égal à la *composante p-primaire* de kp^f; ces classes d'homologie sont les γ_k de la classe de degré $2q$, d'ordre p^f.

6. Détermination des groupes stables $A_q(\Pi) = H_{n+q}(\Pi, n; Z)$, $n > q$

Supposons Π de type fini, somme directe de groupes cycliques comme dans le paragraphe 5. En appliquant le théorème 1, on voit que, pour $n \geqslant 2$, $H_{n+1}(\Pi, n; Z)$ est nul; et que, pour $2 \leqslant q < n$, $H_{n+q}(\Pi, n; Z)$ est un *groupe de torsion* dont la composante p-primaire est somme directe de *groupes cycliques d'ordre p*, engendrés par les éléments suivants: pour chaque générateur u_i d'ordre infini ou d'ordre p-primaire, les éléments $\delta_p \sigma^k \varphi_p \alpha u_i$, où $\sigma^k \varphi_p \alpha$ est un p-mot admissible de degré stable $q+1$ et de première espèce; et, pour chaque générateur u_i d'ordre p-primaire (soit p^f), les éléments $\delta_p \sigma^k \varphi_p \alpha(u_i^{p^f-1})$, où $\sigma^k \varphi_p \alpha$ est un p-mot admissible de degré stable $q+1$, et de deuxième espèce.

On observera que les p-mots $\delta_p \sigma^k \varphi_p \alpha$ qui interviennent ainsi sont ceux qui correspondent aux suites d'entiers satisfaisant aux conditions (i), (ii), (iii) du théorème 3 de l'Exposé 9, et en outre à la condition $a_1 \equiv 0$ (mod. $2p - 2$).

On voit alors que $H_{n+q}(\Pi, n; Z)$, pour $2 \leqslant q < n$, a pour composante p-primaire la somme (directe) des images de $\Pi/p\Pi$ par les applications définies par les p-mots admissibles, de première espèce, de degré stable q, tels que $a_1 \equiv 0$ (mod. $2p - 2$); et des images de ${}_p\Pi$ par les applications définies par les p-mots admissibles de deuxième espèce, de degré stable q, tels que $a_1 \equiv 0$ (mod. $2p - 2$). Toutes ces applications sont *linéaires* (même pour $p = 2$, quand $q < n$; cf. ci-dessous). Ce résultat, démontré dans le cas où Π est de type fini, vaut aussi dans le cas général, par passage à la limite inductive. D'où:

Théorème 2. *Le groupe stable $A_0(\Pi)$ est canoniquement isomorphe à Π (par la suspension itérée); le groupe stable $A_1(\Pi)$ est nul; enfin, pour $q \geqslant 2$, $A_q(\Pi)$ est un groupe de torsion, dont la composante p-primaire est canoniquement isomorphe à la somme directe de groupes $\Pi/p\Pi$ indexés par les p-mots admissibles de première espèce, de degré stable q, tels que $a_1 \equiv 0$ (mod. $2p - 2$), et de groupes ${}_p\Pi$ indexés par les p-mots admissibles de deuxième espèce, de degré stable q, tels que $a_1 \equiv 0$* (mod. $2p - 2$).

7. Le foncteur $U(G)$

Soit G un groupe abélien gradué, somme directe de sous-groupes G_n tels que $G_n = 0$ pour $n \leqslant 0$. Dans le cas où G possède une Z-base formée d'éléments homogènes (de degré >0), on a déjà défini l'algèbre universelle $U(G)$: Exposé 8, n° 4. On se propose d'étendre cette définition au cas général d'un groupe abélien gradué, non supposé libre.

Théorème 3. *On peut plonger le groupe abélien gradué G dans une algèbre graduée $U(G)$ anticommutative* (*au sens strict*), *munie de puissances divisées satisfaisant aux conditions* (1), (2), (3), (4′) *et* (5) *de l'Exposé* 7. *On peut assujettir ce plongement aux conditions suivantes: si on a une application linéaire $f: G \to A$ de G dans une algèbre graduée A anticommutative* (*au sens strict*) *et munie de puissances divisées satisfaisant aux conditions rappelées ci-dessus, et si f conserve les degrés, il existe une application linéaire g et une seule de $U(G)$ dans A, qui prolonge f, conserve les degrés, et soit compatible avec la multiplication et les puissances divisées.*

Une telle algèbre $U(G)$ est unique à un isomorphisme près. Si la graduation de G est impaire (i.e.: $G_n = 0$ pour n pair), *$U(G)$ est l'algèbre extérieure $\Lambda(G)$* (*convenablement graduée*), *qui est ainsi canoniquement munie de puissances divisées. Si G est somme directe $G' + G''$, $U(G)$ est canoniquement isomorphe au produit tensoriel gauche $U(G') \otimes U(G'')$. Si G est p-primaire, $U(G)$ est p-primaire.*

Démonstration: la propriété "universelle" de $U(G)$ assure l'unicité de $U(G)$ à un isomorphisme près, en vertu d'un raisonnement classique. Prouvons l'existence de $U(G)$, en exhibant une solution du problème. Ecrivons G comme quotient d'un groupe abélien libre (ayant une base homogène) F; on a donc une suite exacte

$$0 \to R \to F \to G \to 0.$$

Considérons l'algèbre universelle $U(F)$, et l'idéal bilatère I engendré par l'image de R et les puissances divisées γ_k des éléments de cette image. Soit $U(G)$ l'algèbre quotient $U(F)/I$; elle est graduée, et comme I est stable par les γ_k, $U(G)$ est munie de puissances divisées satisfaisant à toutes les conditions requises. L'application $F \to U(F)$ induit un *monomorphisme* $G \to U(G)$, qui permet d'identifier G à un sous-groupe gradué de $U(G)$. Supposons donnée une application linéaire $f\colon G \to A$ comme dans l'énoncé; soit $\varphi\colon F \to A$ la composée de $F \to G$ et de f; d'après le théorème 2 de l'Exposé 8, φ se prolonge d'une seule manière en un homomorphisme $\psi\colon U(F) \to A$ compatible avec toutes les structures. Le noyau de ψ contient I, donc ψ passe au quotient et définit $g\colon U(G) \to A$ qui prolonge f. L'unicité d'un tel prolongement g est évidente.

Ainsi l'existence et l'unicité de $U(G)$ sont prouvées. Dans le cas où la graduation de G est impaire, la propriété universelle de $U(G)$ prouve l'isomorphisme de $U(G)$ avec l'*algèbre extérieure* $\Lambda(G)$, à cause de la caractérisation universelle de cette dernière. Si G est une somme directe $G' + G''$, il est évident que $U(G') \otimes U(G'')$ satisfait à la propriété universelle; d'où un isomorphisme canonique $U(G') \otimes U(G'') \approx U(G)$. Enfin, si G est p-primaire, la composante p-primaire de $U(G)$ possède la propriété universelle, donc est identique à $U(G)$. Ceci achève la démonstration.

$U(G)$ est un foncteur covariant qui commute évidemment avec les limites inductives.

Considérons la suspension itérée $\sigma^n\colon \Pi \to H_n(\Pi, n; Z)$, qui est un isomorphisme. D'après la propriété universelle, cette application se prolonge d'une seule manière en un homomorphisme

$$U(\Pi, n) \to H_*(\Pi, n; Z)$$

compatible avec toutes les structures (y compris les puissances divisées). On a noté $U(\Pi, n)$ l'algèbre graduée $U(\Pi)$ lorsque les éléments de Π sont affectés du degré n.

Théorème 4. *Pour tout $n \geqslant 1$, l'application naturelle*

$$U(\Pi, n) \to H_*(\Pi, n; Z)$$

est un isomorphisme sur la sous-algèbre (à puissances divisées) engendrée par $H_n(\Pi, n; Z) \approx \Pi$.

Démonstration: il suffit de le démontrer quand Π est de type fini, et même, à cause de la formule de Künneth, quand Π est *cyclique*. L'assertion est triviale si n est impair. Supposons donc n pair, et Π cyclique. Si Π est cyclique infini, $U(\Pi)$ est l'algèbre des polynômes divisée $S(\Pi)$ à un générateur de degré n, et l'assertion est évidente. Reste seulement le cas où G est cyclique d'ordre p^f, p premier. Soit a le générateur de Π; $U(\Pi)$ est le groupe abélien engendré par a et les $\gamma_k(a)$ (éléments de l'algèbre à puissances divisées $U(\Pi)$). L'ordre de $\gamma_k(a)$ est une puissance de p, puisque $U(\Pi)$ est p-primaire. De plus, $p^f k\gamma_k(a) = (p^f a)\gamma_{k-1}(a) = 0$. Donc l'ordre de $\gamma_k(a)$ divise la composante p-primaire de $p^f k$.

Soit $a' \in H_*(\Pi, n; Z)$ l'image de a. Le théorème sera démontré si nous prouvons que l'ordre de $\gamma_k(a')$ est *égal* à la composante p-primaire de $p^f k$; or, d'après le théorème 1 et la fin du n° 5, il en est bien ainsi.

Corollaire: si Π est cyclique d'ordre p^f, et n pair, l'élément $\gamma_k(a)$ de $U(\Pi, n)$ est d'ordre égal à la composante p-primaire de $p^f k$ (a désigne le générateur de Π). Ceci explicite complètement le foncteur $U(G)$.

Remarque: pour n pair, le foncteur $U(\Pi, n)$ est le foncteur $\Gamma(\Pi)$ introduit par Eilenberg-MacLane (*Annals of Math.* 60, 1954, voir p. 107–110 et 116–119). En particulier, le groupe $U_4(\Pi, 2)$ des éléments de degré 4 de $U(\Pi, 2)$ n'est autre que le foncteur $\Gamma(\Pi)$ de J.H.C. Whitehead (*Annals of Math.* 52, 1950, voir p. 60–70). Ce dernier foncteur est la solution d'un problème universel: l'application $x \to \gamma_2(x)$ de Π dans $U_4(\Pi, 2)$ est universelle vis-à-vis des applications "quadratiques" de Π dans les groupes abéliens, c'est-à-dire des applications f telles que $f(x + y) - f(x) - f(y)$ soit une fonction bilinéaire de x et y.

Notons encore que la caractérisation universelle de $U(\Pi, n)$, pour n pair, fournit une définition de $U(\Pi, n)$ par générateurs et relations: les générateurs sont les symboles $\gamma_k(x)$ (pour $x \in \Pi$, et $k = 0, 1, 2, \ldots$) et leurs produits formels; les relations sont

$$\begin{cases} \gamma_0(x) = 1, \quad \gamma_k(x)\gamma_h(x) = (k, h)\gamma_{k+h}(x), \\ \gamma_k(x + y) = \sum_{i+j=k} \gamma_i(x)\gamma_j(y). \end{cases}$$

Ces relations entraînent $\gamma_k(0) = 0$ pour $k \geqslant 1$; l'application $x \to \gamma_1(x)$ est l'injection $\Pi \to U(\Pi)$; dans $U(\Pi)$, les puissances divisées sont alors déterminées par les formules (4') et (5) de l'Exposé 7.

8. Calcul de $H_*(\Pi, n; Z)$ dans le cas général

Le calcul de $H_*(\Pi, n; Z)$ fait au paragraphe 5 n'est pas "naturel", en ce sens qu'il dépend d'une décomposition de Π comme somme directe de groupes cycliques d'ordre infini ou primaire; de plus, il suppose Π de type fini. On se propose maintenant de donner une description naturelle de $H_*(\Pi, n; Z)$ par générateurs et relations sans hypothèse sur Π; ceci a déjà été fait pour la sous-algèbre $U(\Pi, n)$ au paragraphe précédent.

Au n° 4, on a associé à un groupe abélien Π (et à un entier $n \geqslant 1$ donné) des complexes élémentaires. Parmi eux, considérons: 1° les complexes élémentaires du deuxième type, p-primaires (p est un entier premier, donné une fois pour toutes); 2° les complexes élémentaires du premier type, ayant pour générateurs les éléments $\sigma^n u$, où $u \in \Pi$ *n'est pas* p-primaire. Soit $K_p(\Pi, n)$ le produit tensoriel de tous ces complexes élémentaires; c'est un foncteur covariant du groupe Π. Il contient le sous-complexe $K_0(\Pi, n)$, produit tensoriel des complexes engendrés par les $\sigma^n u$ ($u \in \Pi$ *quelconque*); $K_0(\Pi, n)$ est aussi un foncteur covariant de Π.

Soit Φ_p l'application canonique (naturelle) $H(K_p(\Pi, n)) \to H_*(\Pi, n; Z)$, telle qu'elle a été définie à la fin du n° 4. L'image de $K_0(\Pi, n)$ par Φ_p est évidemment la sous-algèbre $U(\Pi, n)$ étudiée au n° 7. On se propose, dans ce paragraphe et le suivant, de montrer que l'image de Φ_p est somme (non directe) de $U(\Pi, n)$ et de la composante p-primaire de $H_*(\Pi, n; Z)$, et aussi d'expliciter le *noyau* de Φ_p.

Dans ce but, nous introduirons, dans $H(K_p(\Pi, n))$, la notion *d'équivalence élémentaire*; et pour cela, nous aurons à utiliser certaines relations existant dans l'homologie $H_*(\Pi, n; Z)$, resp. $H_*(\Pi, n; Z_{p^f})$. Il nous faut d'abord faire une liste de ces relations.

(I) si u et $v \in \Pi$, et si h est un entier $\geqslant 0$ ou $\leqslant 0$, on a

$$\sigma^n(hu) = h(\sigma^n u), \quad \sigma^n(u + v) = \sigma^n u + \sigma^n v \quad \text{dans} \quad H_n(\Pi, n; Z).$$

(II) si $u \in \Pi$, $w = p^t u$ et $p^f w = 0$, on a

$$\sigma^{n-1}\psi_{p^f}(w) = \sigma^{n-1}\psi_{p^{f+t}}(u) \quad \text{dans} \quad H_{n+1}(\Pi, n; Z_{p^f})$$

(cf. prop. 2, n° 1).

(III) si u et $v \in \Pi$, avec $p^f u = 0$, $p^f v = 0$, et h entier $\geqslant 0$ ou $\leqslant 0$, on a

$$\sigma^{n-1}\psi_{p^f}(hu) = h(\sigma^{n-1}\psi_{p^f}u), \quad \sigma^{n-1}\psi_{p^f}(u + v) = \sigma^{n-1}\psi_{p^f}(u) + \sigma^{n-1}\psi_{p^f}(v)$$

dans $H_{n+1}(\Pi, n; Z_{p^f})$; toutefois, la deuxième de ces relations *est en défaut si* $n = 1$ *et* $p = 2$, auquel cas l'on a

$$\psi_{2^f}(u + v) = \psi_{2^f}(u) + \psi_{2^f}(v) + 2^{f-1}(\sigma u)\cdot(\sigma v) \quad \text{dans} \quad H_2(\Pi, 1; Z_{2^f}). \qquad (11)$$

Tout cela résulte des relations (4) et (4') du n° 1, et du fait que la suspension σ s'annule sur les éléments décomposables.

(IV) si u et $v \in \Pi/p\Pi$ (resp. ${}_p\Pi$), et si $\sigma^k\varphi_p\alpha$ est un p-mot admissible de hauteur n et de première espèce (resp. de deuxième espèce), on a, pour tout entier $h \geqslant 0$ ou $\leqslant 0$,

$$\sigma^k\varphi_p\alpha(hu) = h(\sigma^k\varphi_p\alpha u), \quad \sigma^k\varphi_p\alpha(u + v) = \sigma^k\varphi_p\alpha u + \sigma^k\varphi_p\alpha v$$

dans $H_*(\Pi, n; Z_p)$. Toutefois, la deuxième de ces relations *est en défaut si* $k = 0$ *et* $p = 2$, auquel cas l'on a

$$\varphi_2\alpha(u + v) = \varphi_2\alpha u + \varphi_2\alpha v + (\sigma\alpha u)\cdot(\sigma\alpha v) \quad \text{dans} \quad H_*(\Pi, n; Z_2). \qquad (12)$$

Pour prouver ces assertions, on montre d'abord, par récurrence sur la hauteur du mot α, que $\alpha(u + v) = \alpha u + \alpha v$ modulo les éléments décomposables; puis on observe que, pour p premier impair, la transpotence φ_p est additive et s'annule sur les éléments décomposables. Pour $p = 2$, on a $\varphi_2 = \gamma_2\sigma$ (Exposé 8, proposition 1), et d'autre part $\sigma\alpha(u + v) = \sigma\alpha u + \sigma\alpha v$; on applique alors γ_2 aux deux membres de cette égalité.

Telle est la liste des relations qu'on aura besoin d'utiliser. Mais pour que (12) soit utilisable, il faut encore exprimer les éléments $\sigma\alpha u$ et $\sigma\alpha v$ de $H_*(\Pi, n; Z_2)$ à l'aide des éléments de la forme $\sigma^h\varphi_2\alpha' w$ et $\beta_2\sigma^h\varphi_2\alpha' w$, images (dans $H_*(\Pi, n; Z_2)$) des générateurs des complexes élémentaires attachés au groupe Π. On a besoin de la relation (5) de l'Exposé 8, qui s'écrit ici:

$$\sigma\gamma_2\alpha' u = \beta_2\varphi_2\alpha' u + (\beta_2\sigma\alpha' u)\cdot(\sigma\alpha' u) \quad \text{dans} \quad H_*(\Pi, n; Z_2), \tag{13}$$

le mot α' étant supposé de degré *pair*. On voit alors qu'il faut distinguer trois cas:

Cas (*i*): α est de la forme $\sigma^{2k}\varphi_2\alpha'$ ($k \geqslant 0$). On a

$$\sigma\alpha u = \sigma^{2k+1}\varphi_2\alpha' u. \tag{14, i}$$

Cas (*ii*): α est de la forme $\sigma^{2k}\gamma_2\alpha'$ ($k \geqslant 0$), et on n'a pas simultanément $k = 0$ et α' de la forme $\sigma^{2h}\varphi_2\alpha''$ ($h \geqslant 0$). On a alors:

$$\sigma\alpha u = \beta_2\sigma^{2k}\varphi_2\alpha' u. \tag{14, ii}$$

Cas (*iii*): α est de la forme $\gamma_2\sigma^{2h}\varphi_2\alpha'$ ($h \geqslant 0$). Alors:

$$\sigma\alpha u = \beta_2\varphi_2\sigma^{2h}\varphi_2\alpha' u + (\beta_2\sigma^{2h+1}\varphi_2\alpha' u)\cdot(\sigma^{2h+1}\varphi_2\alpha' u). \tag{14, iii}$$

Notons que, dans chacun des cas (i) et (iii), le mot α' peut être vide; il faut alors remplacer $\varphi_2\alpha'$ par ψ_2, et $\beta_2\sigma^{2h+1}\varphi_2\alpha'$ par σ^{2h+2}.

Nous sommes maintenant en mesure de définir les "équivalences élémentaires" dans l'homologie $H(K_p(\Pi, n))$. Considérons n'importe quel produit tensoriel fini K de complexes élémentaires, muni d'un homomorphisme $f: K \to K_p(\Pi, n)$ défini par les images des générateurs des complexes élémentaires de K; nous supposons que ces images sont des générateurs des complexes élémentaires de $K_p(\Pi, n)$. On va, suivant des règles qui seront précisées, modifier les images du (ou des) générateur de l'un des complexes élémentaires de K (les nouvelles images n'étant plus nécessairement des générateurs de $K_p(\Pi, n)$); on ne change pas les images des autres générateurs de K. On obtiendra ainsi une nouvelle application $g: K \to K_p(\Pi, n)$; l'on dira que le passage de f à g est une *opération élémentaire*, et que les images, par f_* et g_*, d'un même élément de $H(K)$, sont des éléments *élémentairement équivalents* de $H(K_p(\Pi, n))$. Les règles qui permettent le remplacement de f par g sont au nombre de quatre:

Règle (I). Soit x un générateur d'un complexe du premier type de K; alors $f(x)$ est de la forme $\sigma^n w$, avec $w \in \Pi$. Supposons que $w = hu$ (h entier $\geqslant 0$ ou $\leqslant 0$, $u \in \Pi$); on pose $g(x) = h(\sigma^n u)$, et ceci définit (par convention) une "opération élémentaire". Supposons maintenant que w ait la forme $u + v$, avec u et v dans Π; on pose $g(x) = \sigma^n u + \sigma^n v$, et ceci définit encore une "opération élémentaire".

Règle (II). Soit (x, y) un couple de générateurs d'un complexe du deuxième type de K, avec $dy = (-1)^{n-1}p^f x$. Supposons que $f(y)$ ait la forme $\sigma^{n-1}\psi_{p^f}(w)$ avec $w = p^t u$, $u \in \Pi$, et $p^f w = 0$; on a donc $f(x) = \sigma^n w$. On pose $g(y) =$

$\sigma^{n-1}\psi_{p^{f+t}}(u)$ et $g(x) = p^t(\sigma^n u)$. Ceci définit (par convention) une "opération élémentaire".

Règle (II bis). Soit (x, y) un couple de générateurs d'un complexe du deuxième type de K, avec $dy = (-1)^{n-1}p^{f+t}x$. Supposons que $f(y) = \sigma^{n-1}\psi_{p^{f+t}}(u)$, $f(x) = \sigma^n u$, avec $p^f u = 0$ dans le groupe Π. On pose $g(y) = p^t\sigma^{n-1}\psi_{p^f}u$, $g(x) = \sigma^n u$. Ceci définit (par convention) une "opération élémentaire".

Règle (III). Soit (x, y) un couple de générateurs d'un complexe du deuxième type de K, avec $dy = (-1)^{n-1}p^f x$. Supposons que $f(y)$ ait la forme $\sigma^{n-1}\psi_{p^f}(w)$ avec $p^f w = 0$, donc $f(x) = \sigma^n w$. Si $w = hu$, h entier et $p^f u = 0$, on pose $g(y) = h(\sigma^{n-1}\psi_{p^f}u)$, $g(x) = h(\sigma^n u)$; d'où une "opération élémentaire". Si $w = u + v$, avec $p^f u = 0$, $p^f v = 0$, on pose $g(y) = \sigma^{n-1}\psi_{p^f}u + \sigma^{n-1}\psi_{p^f}v$, et $g(x) = \sigma^n u + \sigma^n v$; *avec une exception si* $n = 1$ *et* $p = 2$. Dans ce dernier cas, on pose $g(y) = \psi_{2^f}u + \psi_{2^f}v + 2^{f-1}(\sigma u)\cdot(\sigma v)$, $g(x) = \sigma u + \sigma v$. On obtient encore, par définition, une "opération élémentaire".

Règle (IV). Soit (x, y) un couple de générateurs d'un complexe du deuxième type de K, avec $dy = (-1)^k px$. Supposons que $f(y)$ ait la forme $\sigma^k\varphi_p\alpha w$, avec $w \in \Pi/p\Pi$ si le p-mot $\sigma^k\varphi_p\alpha$ est de première espèce, et $w \in {}_p\Pi$ si le p-mot $\sigma^k\varphi_p\alpha$ est de deuxième espèce. On a donc $f(x) = \beta_p\sigma^k\varphi_p\alpha w$.

Supposons alors que $w = hu$ (h entier), u étant dans le même groupe $\Pi/p\Pi$ (resp. ${}_p\Pi$) que w. On pose $g(y) = h(\sigma^k\varphi_p\alpha u)$, $g(x) = h(\beta_p\sigma^k\varphi_p\alpha u)$; et ceci définit une "opération élémentaire".

Supposons maintenant que $w = u + v$, u et v étant dans le même groupe que w; on pose

$$g(y) = \sigma^k\varphi_p\alpha u + \sigma^k\varphi_p\alpha v, \quad g(x) = \beta_p\sigma^k\varphi_p\alpha u + \beta_p\sigma^k\varphi_p\alpha v,$$

avec une exception si $k = 0$ *et* $p = 2$. Dans ce dernier cas, on remplace $f(y) = \varphi_2\alpha(u + v)$ et $f(x) = \beta_2\varphi_2\alpha(u + v)$ par

$$g(y) = \varphi_2\alpha u + \varphi_2\alpha v + (\sigma\alpha u)\cdot(\sigma\alpha v),$$

$$g(x) = \beta_2\varphi_2\alpha u + \beta_2\varphi_2\alpha v + (\tfrac{1}{2}\,d\sigma\alpha u)\cdot(\sigma\alpha v) - (\tfrac{1}{2}\,d\sigma\alpha v)\cdot(\sigma\alpha u),$$

où $\sigma\alpha u$ et $\sigma\alpha v$ sont calculés à l'aide des formules (14, i), (14, ii) ou (14, iii), suivant la forme du mot α. On a donc:

Dans le cas (i) : $\sigma\alpha u = \sigma^{2k+1}\varphi_2\alpha' u$, $\tfrac{1}{2}\,d\sigma\alpha u = -\beta_2\sigma^{2k+1}\varphi_2\alpha' u$.

Dans le cas (ii) : $\sigma\alpha u = \beta_2\sigma^{2k}\varphi_2\alpha' u$, $\tfrac{1}{2}\,d\sigma\alpha u = 0$.

Dans le cas (iii): $\sigma\alpha u = \beta_2\varphi_2\sigma^{2h}\varphi_2\alpha' u + (\beta_2\sigma^{2h+1}\varphi_2\alpha' u)\cdot(\sigma^{2h+1}\varphi_2\alpha' u)$,

$$\tfrac{1}{2}\,d\sigma\alpha u = -2\gamma_2(\beta_2\sigma^{2h+1}\varphi_2\alpha' u).$$

Dans ces formules, si α' est vide (cas (i) ou (iii)), il faut remplacer $\varphi_2\alpha'$ par ψ_2, et $\beta_2\sigma^{2h+1}\varphi_2\alpha'$ par σ^{2h+2}.

Nous donnerons *deux exemples*, l'un du cas (i), l'autre du cas (iii). Soient u et $v \in {}_2\Pi$; supposons $f(y) = \varphi_2\psi_2(u + v)$, donc $f(x) = \beta_2\varphi_2\psi_2(u + v)$. On prend

$$g(y) = \varphi_2\psi_2 u + \varphi_2\psi_2 v + (\sigma\psi_2 u)\cdot(\sigma\psi_2 v),$$
$$g(x) = \beta_2\varphi_2\psi_2 u + \beta_2\varphi_2\psi_2 v - (\sigma^2 u)\cdot(\sigma\psi_2 v) + (\sigma^2 v)\cdot(\sigma\psi_2 u).$$

Cette dernière formule intervient dans le calcul de $H_5(\Pi, 2; Z)$.

L'autre exemple est celui où u, $v \in {}_2\Pi$, et $f(y) = \varphi_2\gamma_2\psi_2(u + v)$, $f(x) = \beta_2\varphi_2\gamma_2\psi_2(u + v)$. On prend alors

$$\begin{aligned} g(y) &= \varphi_2\gamma_2\psi_2 u + \varphi_2\gamma_2\psi_2 v \\ &\quad + (\beta_2\varphi_2\psi_2 u + (\sigma^2 u)(\sigma\psi_2 u))\cdot(\beta_2\varphi_2\psi_2 v + (\sigma^2 v)(\sigma\psi_2 v)), \\ g(x) &= \beta_2\varphi_2\gamma_2\psi_2 u + \beta_2\varphi_2\gamma_2\psi_2 v - 2\gamma_2(\sigma^2 u)(\sigma^2 v)(\sigma\psi_2 v) \\ &\quad + 2\gamma_2(\sigma^2 v)(\sigma^2 u)(\sigma\psi_2 u) - dt, \end{aligned}$$

avec $t = \gamma_2(\sigma^2 u)(\varphi_2\psi_2 v) - \gamma_2(\sigma^2 v)(\varphi_2\psi_2 u)$.
L'avant-dernière formule sert au calcul de $H_9(\Pi, 2; Z)$.

Nous avons ainsi énuméré toutes les "opérations élémentaires" et par suite défini les couples d'éléments *élémentairement équivalents* dans $H(K_p(\Pi, n))$.

9. Calcul de $H_*(\Pi, n; Z)$ dans le cas général (suite)

Soit N_p le sous-groupe de $H(K_p(\Pi, n))$ engendré par les différences d'éléments élémentairement équivalents. On voit facilement que N_p est un idéal bilatère; le quotient $H(K_p(\Pi, n))/N_p$ est une algèbre graduée, définie par générateurs et relations.

Théorème 5. *L'image de l'application naturelle*

$$\Phi_p\colon H(K_p(\Pi, n)) \to H_*(\Pi, n; Z)$$

est la somme (non directe) de $U(\Pi, n)$ et de la composante p-primaire de $H_*(\Pi, n; Z)$. Le noyau de Φ_p est l'idéal N_p.

(Ainsi, on a défini une sous-algèbre de $H_*(\Pi, n; Z)$, et donné un mode de calcul de cette sous-algèbre par générateurs et relations.)

Démonstration: il suffit de la faire lorsque Π est de type fini. Dans ce cas, écrivons Π comme somme directe de groupes cycliques Π_i d'ordre infini ou primaire, en choisissant des générateurs u_i de ces groupes. A un tel choix on a associé, au nº 5, certains complexes élémentaires. Parmi eux, ceux qui font partie de $K_p(\Pi, n)$ sont les suivants:

1°) les complexes du premier type dont le générateur est $\sigma^n u_i$, u_i étant le générateur d'un groupe cyclique Π_i non p-primaire; on notera Y_0 leur produit tensoriel;

2°) les complexes p-primaires dont le produit tensoriel a été noté X_p au nº 5.

On notera que le complexe noté X_0 au nº 5 est un sous-complexe de Y_0; et $X_0 \otimes X_p$ est un sous-complexe de $Y_0 \otimes X_p$, lequel est un sous-complexe de $K_p(\Pi, n)$.

On va définir un *projecteur* $P: K_p(\Pi, n) \to Y_0 \otimes X_p$, compatible avec toutes les structures, et jouissant de la propriété suivante: le noyau de l'application $P_*: H(K_p(\Pi, n)) \to H(Y_0 \otimes X_p)$ est contenu dans N_p. Pour définir P, il suffit de dire comment chaque complexe élémentaire de $K_p(\Pi, n)$ est envoyé dans $Y_0 \otimes X_p$. Soit d'abord un complexe élémentaire du premier type, de générateur $\sigma^n u$, où $u \in \Pi$ n'est pas p-primaire; u s'écrit $\sum_i \lambda_i u_i$, les λ_i étant des entiers $\geqslant 0$ ou $\leqslant 0$, et les u_i étant les générateurs des groupes cycliques Π_i. Par un usage répété de la Règle (I) du paragraphe 8, on envoie $\sigma^n u$ dans l'élément $\sum_i \lambda_i(\sigma^n u_i)$ du complexe $Y_0 \otimes X_p$; par cette application, les générateurs $\sigma^n u_i$ de $Y_0 \otimes X_p$ ne bougent pas.

Soit maintenant (x, y) un couple de générateurs d'un complexe élémentaire du deuxième type de $K_p(\Pi, n)$, avec $y = \sigma^{n-1}\psi_{p^f}u$, $x = \sigma^n u$, et $p^f u = 0$. On a $u = \sum_i \lambda_i u_i$, les λ_i étant entiers, et les u_i étant des générateurs de ceux des Π_i qui sont p-primaires. Il faut prendre garde que l'on n'a peut-être pas $p^f u_i = 0$. Posons $v_i = \lambda_i u_i$; on a $p^f v_i = 0$. Par la Règle (III), on envoie y dans $\sum_i \sigma^{n-1}\psi_{p^f}(v_i)$ et x dans $\sum_i \sigma^n(v_i)$, avec une exception lorsque $n = 1$ et $p = 2$: dans ce cas on envoie $\psi_{2^f}(v)$ dans

$$\sum_i \psi_{2^f}(v_i) + 2^{f-1} \sum_{i<j} (\sigma v_i)\cdot(\sigma v_j).$$

Cela fait, il reste à utiliser les Règles (II) et (II bis) pour envoyer $\sigma^{n-1}\psi_{p^f}(v_i)$ et $\sigma^n v_i$ dans le sous-complexe X_p.

Soit enfin (x, y) un couple de générateurs d'un complexe du deuxième type de $K_p(\Pi, n)$, avec $y = \sigma^k \varphi_p \alpha u$, $x = \beta_p \sigma^k \varphi_p \alpha u$. Si $u \in \Pi/p\Pi$ (première espèce), on écrit $u = \sum_i \lambda_i u_i$, les u_i étant des générateurs des Π_i infinis ou p-primaires, et les entiers λ_i pouvant être supposés compris entre 0 et $p - 1$. Si $u \in {}_p\Pi$ (deuxième espèce), on écrit $u = \sum_i \lambda_i(p^{f_i - 1}u_i)$, les u_i étant les générateurs des Π_i qui sont p-primaires (p^{f_i} désignant l'ordre de u_i); on peut encore supposer les entiers λ_i entre 0 et $p - 1$. Alors, par usage de la Règle (IV), on envoie y dans le complexe X_p, ce qui définit aussi l'image de x.

Ayant ainsi défini $P: K_p(\Pi, n) \to Y_0 \otimes X_p$, qui est évidemment un projecteur, il est évident que si on prend un élément de $H(K_p(\Pi, n))$, on peut passer de cet élément à son image par P par une succession (finie) d'opérations élémentaires. Donc le noyau de $P_*: H(K_p(\Pi, n)) \to H(Y_0 \otimes Y_p)$, qui est un projecteur, est contenu dans l'idéal N_p défini par les équivalences élémentaires. L'application Φ_p se factorise:

$$H(K_p(\Pi\, n)) \xrightarrow{P_*} H(Y_0 \otimes X_p) \xrightarrow{\Psi_p} H_*(\Pi, n; Z).$$

On sait déjà que l'image de Φ_p contient $U(\Pi, n)$; pour démontrer le théorème 5, il suffit de prouver que: 1) l'image de Ψ_p contient la composante p-primaire de de $H_*(\Pi, n; Z)$ et est contenue dans la somme de cette composante p-primaire et de $U(\Pi, n)$; 2) le noyau de Ψ_p est contenu dans $H(Y_0 \otimes X_p) \cap N_p$.

Le point 1) se prouve comme suit: avec les notations du théorème 1, l'image de Ψ_p contient l'image de $H(X_0 \otimes X_p)$ qui (théorème 1) contient la composante p-primaire de $H_*(\Pi, n; Z)$. De plus, on a $H(Y_0 \otimes X_p) = Y_0 + Y_0 \otimes H(X'_p)$ (somme directe); l'image de Y_0 est contenue dans $U(\Pi, n)$; l'image de $Y_0 \otimes H(X'_p)$ est p-primaire parce que celle de $H(X'_p)$ l'est (théorème 1).

Prouvons le point 2). L'image de Y_0 est $U(\Pi', n)$, en notant Π' le sous-groupe de Π, somme des Π_i *non p-primaires*. La composante p-primaire de $U(\Pi', n)$ est nulle. Le noyau de Ψ_p est donc somme directe des noyaux des deux homomorphismes $Y_0 \to U(\Pi', n)$ et $Y_0 \otimes H(X'_p) \to H_*(\Pi, n; Z)$. Le noyau de $Y_0 \to U(\Pi', n)$ est contenu dans N_p, car les équivalences élémentaires obtenues par la Règle (I) réduisent le sous-groupe de degré n de Y_0 à son quotient Π'; donc, en vertu de la caractérisation universelle de $U(\Pi', n)$, $U(\Pi', n)$ est quotient de Y_0 par la relation d'équivalence déduite des équivalences élémentaires. D'autre part, $H(X'_p)/(N_p \cap H(X'_p))$ est p-primaire, à cause des règles (III) et (IV), appliquées en prenant $h = p^f$ (resp. $h = p$). Donc le quotient de $Y_0 \otimes H(X'_p)$ par l'intersection de $Y_0 \otimes H(X'_p)$ avec N_p est p-primaire. D'autre part, la composante p-primaire de $Y_0 \otimes H(X'_p)$, qui est la même que celle de $X_0 \otimes H(X'_p)$, s'envoie biunivoquement dans $H_*(\Pi, n; Z)$, d'après le théorème 1. Ceci achève la démonstration du théorème 5.

On peut préciser les résultats du théorème 5. Définissons la sous-algèbre $V_p(\Pi, n)$ de $H(K_p(\Pi, n))$ que voici: dans le complexe $K_p(\Pi, n)$, considérons l'idéal engendré par les générateurs de degré $\geqslant n + 1$ (et par les puissances divisées de ceux d'entre eux dont le degré est pair). L'algèbre des *cycles* de $K_p(\Pi, n)$ qui appartiennent à cet idéal a pour image, dans $H(K_p(\Pi, n))$, une sous-algèbre $V_p(\Pi, n)$, et on vérifie facilement que $H(K_p(\Pi, n))$ est *somme directe* de $K_0(\Pi, n)$ et $V_p(\Pi, n)$. Par les équivalences élémentaires, $V_p(\Pi, n)$ est *stable*, sauf dans le cas où $n = 1$ et $p = 2$ (à cause de la règle (III)). Donc l'image de $H(K_p(\Pi, n))$ dans $H_*(\Pi, n; Z)$ est somme directe de $U(\Pi, n)$ et de l'image $W_p(\Pi, n)$ de $V_p(\Pi, n)$; avec le seul cas d'exception $n = 1$, $p = 2$. Ainsi:

Théorème 6. *Si* $n \geqslant 2$, $H_*(\Pi, n; Z)$ *est somme directe de* $U(\Pi, n)$ *et des* $W_p(\Pi, n)$ *relatives à tous les p premiers. Si* $n = 1$, $H_*(\Pi, 1; Z)$ *est somme directe des* $W_p(\Pi, 1)$ *relatives aux p premiers* $\neq 2$, *et de l'image de* $H(K_2(\Pi, 1))$ (cf. théorème 5). *Dans tous les cas où intervient* $W_p(\Pi, n)$, *c'est une algèbre p-primaire, quotient de* $V_p(\Pi, n)$ *(sous-algèbre de* $H(K_p(\Pi, n))$*) par l'idéal engendré par les équivalences élémentaires.*

Tout ce qui a été fait dans l'Exposé 9 pour p premier impair vaudrait aussi pour $p = 2$ si les applications $f(\alpha)$ de la proposition 2 étaient *linéaires*, ce qui n'est pas le cas pour tous les mots α (voir ci-dessous). Mais lorsque le groupe Π est cyclique (d'ordre infini ou 2^f) elles sont évidemment linéaires, et par suite le "théorème fondamental" (Exposé 9) vaut pour un groupe cyclique: l'algèbre $H_*(\Pi, n; Z_2)$ est canoniquement isomorphe à l'algèbre universelle $U(M^{(n)}(\Pi))$ (munie de puissances divisées pour les éléments de degré pair).

Dans ce cas, les suites $(a_1, \ldots, a_i, \ldots)$ associées aux mots admissibles (au sens de l'Exposé 9) sont celles qui satisfont aux conditions (i), (ii) et (iii) du théorème 3 (Exposé 9), *et à la relation*

(iv′) $2a_1 \leq n + q$ si a_1 impair, $2a_1 < n + q$ si a_1 pair,

au lieu de (iv): $2a_1 < n + q$. Il suffit de refaire la démonstration: on doit exprimer que $4k_1 + 2u_1 \leqslant n + q$ si $u_1 = 1$, $4k_1 + 2u_1 < n + q$ si $u_1 = 0$.

Mais dans le présent Exposé 11, on a utilisé un autre jeu de mots admissibles; en effet, en ce qui concerne les mots admissibles de degré stable >1 et de hauteur n, on a conservé ceux de la forme $\sigma^k\varphi_2\alpha$, mais on a remplacé ceux de la forme $\sigma^{k+1}\gamma_2\alpha$ par $\beta_2\sigma^k\varphi_2\alpha$. En fait, on a $\sigma^{k+1}\gamma_2\alpha = \beta_2\sigma^k\varphi_2\alpha$ pour $k \geqslant 1$, mais pour $k = 0$ on a (cf. la relation (5) de l'Exposé 8):

$$\beta_2\varphi_2\alpha u = \sigma\gamma_2\alpha u + (\beta_2\sigma\alpha u)\cdot(\sigma\alpha u), \quad u \in \Pi/2\Pi, \text{ resp. } {}_2\Pi.$$

Cette formule définit, par récurrence sur le degré, un isomorphisme entre l'algèbre universelle construite avec les mots de l'Exposé 9, et l'algèbre universelle construite avec les mots du présent Exposé. Finalement le "théorème fondamental" de l'Exposé no. 9 est valable pour un groupe cyclique si on utilise les applications $f(\alpha)$ relatives aux mots de la forme $\sigma^k\varphi_2\alpha'$ et $\beta_2\sigma^k\varphi_2\alpha'$. Ceci est le résultat dont nous avions eu besoin pour démontrer le théorème 1 ci-dessus.

Observons que les 2-mots admissibles (au sens du présent Exposé 11) correspondent aux suites $(a_1, \ldots, a_i, \ldots)$ qui satisfont à (i), (ii), (iii) et (iv'). En particulier, les mots de la forme $\beta_2\sigma^k\varphi_2\alpha$ correspondent à celles de ces suites pour lesquelles a_1 *est pair* $\geqslant 2$.

Pour chaque mot $\beta_2\sigma^k\varphi_2\alpha$ de cette catégorie, considérons l'application

$$\delta_2\sigma^k\varphi_2\alpha\colon \Pi/2\Pi \to H_*(\Pi, n; Z), \quad \text{resp. } {}_2\Pi \to H_*(\Pi, n; Z),$$

suivant que le mot est de première ou de seconde espèce (i.e.: suivant que le dernier $a_i \neq 0$ est $\neq 1$ ou $= 1$). Cherchons celles de ces applications qui sont *linéaires* (pour un groupe Π quelconque). Il suffit de se référer aux cas (i), (ii), (iii) du n° 8; il y a linéarité dans le cas (ii), pas dans les cas (i) et (iii). Traduisons en ce qui concerne la suite $(a_1, \ldots, a_i, \ldots)$ avec a_1 pair $\geqslant 2$: on voit que *les seules suites qui définissent une application non linéaire sont les suivantes:*

premier cas: a_1 pair, a_2 impair, $2a_1 + 1 = n + q$;

deuxième cas: a_1 et a_2 pairs, $a_1 = 2a_2$, a_3 impair, $2a_1 + 1 = n + q$.

Un exemple du premier cas est $a_1 = 2$, $a_2 = 1$, $q = 3$, $n = 3$; un exemple du second cas est $a_1 = 4$, $a_2 = 2$, $a_3 = 1$, $q = 7$, $n = 2$. On notera que $q \geqslant n + 1$ dans le premier cas, $q \geqslant 3n + 1$ dans le second.

En dehors de ces cas, les applications $\delta_2\sigma^k\varphi_2\alpha$ sont *linéaires*. Ce sont alors des isomorphismes du groupe abélien $\Pi/2\Pi$ (resp. ${}_2\Pi$) sur certains sous-groupes de $H_*(\Pi, n; Z)$. La somme $G_2(\Pi, n)$ de ces sous-groupes est une somme directe; c'est un sous-groupe gradué de $H_*(\Pi, n; Z)$.

Pour p premier *impair*, notons $G_p(\Pi, n)$ la somme (directe) de tous les sous-groupes de $H_*(\Pi, n; Z)$, images biunivoques de $\Pi/p\Pi$, resp. de ${}_p\Pi$, par les applications $\delta_p\sigma^k\varphi_p\alpha$ qui correspondent aux p-mots admissibles de la forme $\beta_p\sigma^k\varphi_p\alpha$. Ces applications correspondent aux suites $(a_1, \ldots, a_i, \ldots)$ du théorème 3 de l'Exposé 9, qui satisfont à (i), (ii), (iii), (iv), et telles en outre que a_1 soit un multiple non nul de $2p - 2$. Le groupe $G_p(\Pi, n)$ est un groupe gradué, somme directe de sous-groupes $\Pi/p\Pi$ et ${}_p\Pi$.

Théorème 7. *L'homomorphisme naturel*

$$U(G_p(\Pi, n)) \to H_*(\Pi, n; Z),$$

défini par l'injection $G_p(\Pi, n) \to H_*(\Pi, n; Z)$, *est un isomorphisme sur une sous-algèbre p-primaire de* $H_*(\Pi, n; Z)$. *Ceci vaut aussi pour* $p = 2$.

Nous laissons au lecteur le soin de démontrer ce théorème, en application du théorème 5 et de la caratérisation universelle du foncteur $U(G)$.

Appendice

Pour démontrer le théorème 1 (n° 5), on a eu besoin du

Lemme. *Soient deux complexes Z-libres A et A', et soit* $f: A \to A'$ *un homomorphisme de complexes* (conservant le degré et compatible avec les opérateurs différentiels) *tel que l'application* $H(A \otimes Z_p) \to H(A' \otimes Z_p)$ *induite par f soit un isomorphisme* (pour un p premier). *Soient N et C le noyau et le conoyau de* $f_*: H(A) \to H(A')$. *Alors* $N \otimes Z_p = 0$, *et la composante p-primaire de C est nulle; si de plus N est de type fini dans chaque degré, on a* $C \otimes Z_p = 0$.

Démonstration: soit A'' le "mapping cylinder" de f (défini au n° 1 de l'Exposé 3); A'' est Z-libre, et on a deux suites exactes de complexes

$$0 \to A' \to A'' \to A \to 0, \quad 0 \to A' \otimes Z_p \to A'' \otimes Z_p \to A \otimes Z_p \to 0.$$

Elles donnent naissance à deux suites exactes d'homologie

$$\ldots \to H(A'') \to H(A) \to H(A') \to H(A'') \to \ldots$$

$$\ldots \to H(A'' \otimes Z_p) \to H(A \otimes Z_p) \to H(A' \otimes Z_p) \to H(A'' \otimes Z_p) \to \ldots \quad (15)$$

où les homomorphismes médians sont ceux induits par f. La première donne une suite exacte

$$0 \to C \to H(A'') \to N \to 0,$$

laquelle définit à son tour une suite exacte

$$0 \to \mathrm{Tor}\,(C, Z_p) \to \mathrm{Tor}\,(H(A''), Z_p) \to \mathrm{Tor}\,(N, Z_p)$$
$$\to C \otimes Z_p \to H(A'') \otimes Z_p \to N \otimes Z_p \to 0. \quad (16)$$

Rappelons que $\mathrm{Tor}\,(G, Z_p)$, pour un groupe abélien G, n'est pas autre chose que ${}_pG$, sous-groupe des éléments d'ordre p de G. D'autre part, d'après la "formule de Künneth" appliquée au complexe A'' (qui est Z-libre), on a une suite exacte

$$0 \to H(A'') \otimes Z_p \to H(A'' \otimes Z_p) \to \mathrm{Tor}\,(H(A''), Z_p) \to 0.$$

La suite exacte (15), et l'hypothèse de l'énoncé, impliquent que $H(A'' \otimes Z_p) = 0$. Alors $H(A'') \otimes Z_p = 0$ et $\mathrm{Tor}\,(H(A''), Z_p) = 0$. Portant ceci dans la suite exacte (16), on trouve

$$\mathrm{Tor}\,(C, Z_p) = 0, \quad N \otimes Z_p = 0, \quad \mathrm{Tor}\,(N, Z_p) \approx C \otimes Z_p.$$

La première condition exprime que la composante p-primaire de C est nulle. Si N est de type fini dans chaque degré, la condition $N \otimes Z_p = 0$ exprime que N est un groupe de torsion sans composante p-primaire; alors $\mathrm{Tor}\,(N, Z_p) = 0$, et par suite $C \otimes Z_p = 0$.

94.

Sur l'itération des opérations de Steenrod

Commentarii Mathematici Helvetici 29, 40–58 (1955)

A Monsieur Heinz Hopf, en témoignage de profonde admiration

Introduction

Le but de cet article est de déterminer explicitement les relations existant entre les opérations de Steenrod itérées. Le cas d'un entier premier p impair se différencie du cas où $p = 2$.

Pour $p = 2$, les relations entre les „carrés" itérés $Sq^a Sq^b$, conjecturées d'abord par Wu Wen-tsün, ont été établies par J. Adem [1]. Plus récemment, J.-P. Serre et R. Thom ([6], [8]) ont indiqué (sans l'expliciter en détail) une méthode commode pour calculer ces relations; elle consiste à connaître d'avance une „base" pour les carrés itérés, grâce à une détermination explicite des groupes d'Eilenberg-MacLane du groupe cyclique d'ordre 2 (cf. [6]), puis à faire les calculs dans un produit d'espaces projectifs réels. Cette méthode montre en outre qu'il n'y a pas d'autre relation entre les $Sq^a Sq^b$ que celles données par Adem.

Une extension de la méthode de Serre et Thom m'a permis de déterminer toutes les relations existant entre puissances de Steenrod itérées $St_p^a St_p^b$ pour p premier impair. Ces relations ont été trouvées indépendamment par J. Adem [2], qui utilise l'homologie des sous-groupes de Sylow du groupe symétrique d'ordre p^2 ; sa démonstration n'a pas encore été publiée, à ma connaissance.

La démonstration que nous donnons ici, dont le principe est différent, a l'inconvénient d'utiliser la détermination explicite des groupes d'Eilenberg-MacLane du groupe cyclique d'ordre p (cf. [3]), mais présente l'avantage de calculs presque mécaniques. Pour la commodité du lecteur, nous avons réuni dans un bref Appendice quelques propriétés (sans doute connues) des coefficients binomiaux réduits modulo p.

1. Les opérations des Steenrod

On note Z l'anneau des entiers naturels, Z_p l'anneau (corps) des entiers mod. p (p premier).

Pour tout espace topologique X, l'*homomorphisme de Bockstein* α_p envoie la cohomologie $H^*(X; Z_p)$ dans la cohomologie $H^*(X; Z)$ en augmentant le degré d'une unité. Rappelons la définition de α_p, en précisant les conventions de signe adoptées ici: tout cocyle mod. p, de degré q, provient par réduction mod. p d'une cochaine entière x telle que dx ait la forme $(-1)^{q+1} p x'$, où x' est un $(q+1)$-cocycle entier. L'image de x' dans $H^{q+1}(X; Z)$ ne dépend que de l'image de x dans $H^q(X; Z_p)$, et ceci définit l'homomorphisme α_p. Il est, au facteur $(-1)^{q+1}$ près, identique à l'homomorphisme „cobord" de la suite exacte de cohomologie de l'espace X, relativement à la suite exacte de coefficients

$$0 \to Z \xrightarrow{f} Z \to Z_p \to 0$$

où f désigne la multiplication par p.

L'homomorphisme de Bockstein $\beta_p : H^q(X; Z_p) \to H^{q+1}(X; Z_p)$ sera, par définition, le composé de α_p et de l'homomorphisme naturel

$$H^{q+1}(X; Z) \to H^{q+1}(X; Z_p) .$$

Il est évident que l'homomorphisme composé $\beta_p \circ \beta_p$ est nul.

La définition précédente s'étend au cas de la cohomologie relative $H^q(X, Y; Z_p)$, Y désignant un sous-espace de X. Considérons alors l'homomorphisme „cobord"

$$\delta^* : H^q(Y; Z_p) \to H^{q+1}(X, Y; Z_p) ;$$

l'homomorphisme de Bockstein β_p commute avec δ^* (vérification immédiate). Il en résulte que *β_p commute avec la suspension* quand celle-ci est définie (cf. [5], Chap. II, § 7 ; et [3], Note 1, § 5).

Relativement au cup-produit, β_p jouit de la propriété :

$$\beta_p(u \cdot v) = u \cdot \beta_p(v) + (-1)^q \beta_p(u) \cdot v \qquad (1.1)$$

si v est de degré q.

Soit a un entier $\geqslant 0$, congru à 0 ou 1 mod. $2p-2$. Comme en [3] (Note II, § 4), nous définirons l'homomorphisme

$$St_p^a : H^q(X; Z_p) \to H^{q+a}(X; Z_p)$$

de la manière suivante : si $p = 2$, on pose $St_2^a = Sq^a$, carré de Steenrod.

Si p est premier impair, et $a = 2k(p-1)$, k entier, on pose $St_p^a = \mathcal{P}_p^k$ (opération de Steenrod définie en [7], formule (6.8)). Pour des raisons de commodité, nous écrirons ici P_p^k au lieu de $\mathcal{P}_p^k$, ou même seulement P^k lorsqu'aucune confusion n'est à craindre. Si $a = 2k(p-1)+1$, p premier impair, St_p^a est, par définition, l'homomorphisme composé $\beta_p \circ P_p^k$.

Rappelons les principales propriétés des opérations de Steenrod St_p^a:

(i) soit f une application $X \to Y$, et f^* l'homomorphisme

$$H^*(Y; Z_p) \to H^*(X; Z_p)$$

défini par f; alors $f^* \circ St_p^a = St_p^a \circ f^*$ (autrement dit, St_p^a est une *opération cohomologique*).

(ii) l'opération St_p^a commute avec la suspension;

(iii) St_p^0 est l'identité, $St_p^1 = \beta_p$.

(iv) *pour p premier impair*, on a:

(1.2) $P_p^k(u) = u^p$ si u est de degré $2k$ (u^p désigne la puissance p-ième au sens du cup-produit);

(1.3) $P_p^k(u) = 0$ si u est de degré $q < 2k$;

(1.4) $P_p^k(u \cdot v) = \sum_{h=0}^{k} P_p^h(u) \cdot P_p^{k-h}(v)$,

cette dernière formule se généralisant aussitôt au cas du produit d'un nombre quelconque de facteurs.

(iv, a) *pour* $p = 2$, on a:

(1.2a) $Sq^k(u) = u^2$ si u est de degré k;

(1.3a) $Sq^k(u) = 0$ si u est de degré $q < k$;

(1.4a) $Sq^k(u \cdot v) = \sum_{h=0}^{k} Sq^h(u) \cdot Sq^{k-h}(v)$.

On a en outre $Sq^{2k+1} = Sq^1 \circ Sq^{2k}$, formule qui est en accord avec la formule de définition $St_p^{2k(p-1)+1} = St_p^1 \circ St_p^{2k(p-1)}$ pour p impair.

2. Les opérations de Steenrod itérées

Soit p premier, éventuellement égal à 2. Pour chaque suite $I = (a_1, \ldots, a_k)$ d'entiers $a_i \geqslant 0$, congrus à 0 ou 1 mod. $2p-2$, définissons l'opération composée

$$St_p^I = St_p^{a_1} \circ \ldots \circ St_p^{a_k}.$$

Si la suite I est vide, on convient que St_p^I est l'endomorphisme identique.

Soit q la somme des termes de la suite I, que nous appellerons le *degré* de I ; St_p^I est un endomorphisme de $H^*(X; Z_p)$ *de degré* q, c'est-à-dire qui envoie $H^n(X; Z_p)$ dans $H^{n+q}(X; Z_p)$. Si I et J sont deux suites, et si (I, J) désigne la suite obtenue par juxtaposition des suites I et J, on a évidemment

$$St_p^I \circ St_p^J = St_p^{(I,J)} . \tag{2.1}$$

Soit M_p l'algèbre (sur le corps Z_p) ayant pour base l'ensemble des suites finies I d'entiers $\geqslant 0$ congrus à 0 ou 1 mod. $2p-2$. C'est une *algèbre graduée*. Pour tout espace X, la formule (2.1) montre que l'application $I \to St_p^I$ définit un *homomorphisme* de l'algèbre graduée M_p sur une sous-algèbre graduée de l'algèbre des endomorphismes de $H^*(X; Z_p)$. Soit $R_p(X)$ le noyau de cet homomorphisme, et soit R_p l'intersection des $R_p(X)$ relatifs à tous les espaces X possibles. L'algèbre quotient $A_p = M_p/R_p$ s'appellera l'*algèbre de Steenrod* relative à l'entier premier p. Pour tout espace X, la cohomologie $H^*(X; Z_p)$ est munie d'une structure de *module à gauche sur l'algèbre de Steenrod* A_p ; d'une façon précise, $H^*(X; Z_p)$ est un *module gradué sur l'algèbre graduée* A_p.

L'idéal bilatère R_p est somme directe de ses composantes R_p^q des divers degrés q. Chercher R_p^q, c'est chercher les combinaisons linéaires (à coefficients dans Z_p) des St_p^I de degré q, qui donnent zéro dans n'importe quel espace X. Or une telle combinaison définit, pour tout entier n, une *opération cohomologique* $H^n(X; Z_p) \to H^{n+q}(X; Z_p)$; et l'on sait ([6], § 4, corollaire du théorème 1) que, pour qu'une opération cohomologique $H^n(X; Z_p) \to H^{n+q}(X; Z_p)$ soit nulle pour tout X, il faut et il suffit qu'elle donne zéro quand on l'applique à la „classe fondamentale" d'un *espace d'Eilenberg-MacLane* $K(Z_p, n)$, c'est-à-dire d'un espace X dont tous les groupes d'homotopie sont nuls, sauf $\pi_n(X)$ qui est cyclique d'ordre p. Comme les St_p^I commutent avec la suspension [4] qui envoie $H^{r+1}(Z_p, n+1; Z_p)$ dans $H^r(Z_p, n; Z_p)$, une combinaison linéaire des St_p^I de degré q sera nulle dans l'algèbre A_p si et seulement si, appliquée à la classe fondamentale de $H^n(Z_p, n; Z_p)$, elle donne zéro *pour n assez grand* (car alors, par suspension, elle donnera zéro pour tout n). Or on a le résultat suivant ([3], Note II, corollaire du théorème 6 ; cf. aussi, pour le cas $p = 2$, [6], § 4, corollaire du théorème 2) :

Soit u_0 la classe fondamentale de $H^n(Z_p, n; Z_p)$. Si $q < n$, l'espace vectoriel $H^{n+q}(Z_p, n; Z_p)$ a une Z_p-base formée des éléments $St_p^I(u_0)$, où I parcourt l'ensemble des suites $(a_1, \ldots, a_k)$ de degré q telles que

$$a_i \geqslant p a_{i+1} \quad \text{pour} \quad 1 \leqslant i \leqslant k-1 . \tag{2.2}$$

Une suite I satisfaisant à (2.2) sera dite *admissible* (cf. [6]). De tout ce qui précède résulte le :

Théorème 1. *Les St_p^I relatifs aux suites admissibles I forment une base*[1]) *de l'algèbre de Steenrod A_p.*

Dans cet énoncé et dans tout ce qui suit, nous adoptons la notation suivante : St_p^I désigne désormais l'élément de l'algèbre A_p, image de $I \in M_p$.

3. Enoncé des résultats

Dans ce travail, nous nous proposons d'exprimer les St_p^I relatifs aux suites I non admissibles, comme combinaisons linéaires des St_p^I admissibles. Cela explicitera l'algèbre de Steenrod A_p ; en même temps, cela déterminera entièrement les opérations de Steenrod dans la cohomologie d'Eilenberg-MacLane $H^*(Z_p, n; Z_p)$, en vertu du théorème 6 de [3], Note II.

Il est commode de considérer que chaque suite I est une suite illimitée $(a_1, \ldots, a_i, \ldots)$ telle que les a_i soient nuls pour i assez grand. Une telle suite sera *admissible* si $a_i \geqslant pa_{i+1}$ pour tout i. La suite I sera dite de rang $\leqslant r$ (r entier $\geqslant 0$) si $a_i = 0$ pour $i > r$; le *rang* de I sera le plus petit des r tels que I soit de rang $\leqslant r$.

Dans l'ensemble des suites I, nous considérerons une relation d'ordre : l'*ordre lexicographique* en commençant *par la droite*. Une suite

$$(a_1, \ldots, a_r, 0, 0, \ldots)$$

sera donc *antérieure* à une suite $(b_1, \ldots, b_r, 0, 0, \ldots)$ si $a_r < b_r$, *ou* si $a_r = b_r$ et la suite $(a_1, \ldots, a_{r-1}, 0, 0, \ldots)$ est antérieure à

$$(b_1, \ldots, b_{r-1}, 0, 0, \ldots) .$$

Le théorème 1 se trouvera complété par le :

Théorème 2. *Soit J une suite non admissible de degré q ; alors St_p^J est combinaison linéaire des St_p^I relatifs aux suites admissibles I de degré q, qui sont antérieures à J dans l'ordre lexicographique.* En particulier, le *rang* de chaque suite I est au plus égal au rang de J.

Lorsque p est premier *impair*, on peut préciser davantage. Appelons *type* d'une suite $I = (a_1, \ldots, a_i, \ldots)$ le nombre des entiers a_i *impairs*. On prouvera le :

Théorème 2 bis. *Soit p premier impair, et soit J une suite non admissible de degré q et de type τ. Alors St_p^J est combinaison linéaire des St_p^I*

[1]) Cf. [2], theorem 1.5, où malheureusement le sens du mot „base" n'est pas précisé. Dans notre théorème 1, le mot „base" est pris au sens de la théorie des espaces vectoriels; il implique donc l'indépendance linéaire.

relatifs aux suites admissibles I de degré q, de type τ, qui sont antérieures à J dans l'ordre lexicographique.

Le théorème 2bis apporte une précision relative au *type*, qui serait inexacte pour $p = 2$. Par exemple, il est bien connu que $Sq^2 \circ Sq^2 = Sq^3 \circ Sq^1$.

Nous nous proposons, pour chaque suite J non admissible *de rang* 2, d'exprimer explicitement St_p^J comme combinaison linéaire des St_p^I relatifs aux suites admissibles I de rangs 2 et 1. La solution du cas général d'un rang quelconque s'en déduira, au moins théoriquement.

Cas $p = 2$. On doit exprimer $Sq^k \circ Sq^h$ pour $k < 2h$. Le problème a été résolu par Adem [1]. Nous écrirons la formule comme suit :

$$\boxed{Sq^{2h-1-n} \circ Sq^h = \sum_t (t, n-1-2t)_2 \, Sq^{2h-1-t} \circ Sq^{h-n+t}} \quad , \qquad (3.1)$$

où n désigne un entier $\geqslant 0$, et où l'on fait les conventions suivantes : on convient que Sq^k est nul pour $k < 0$; le symbole (a, b), où a et b sont entiers, désigne le coefficient binomial $\dfrac{(a+b)!}{a!\,b!}$ lorsque a et b sont $\geqslant 0$, et est nul si l'un au moins des entiers a et b est < 0 ; $(a, b)_2$ désigne le nombre (a, b) réduit mod. 2.

Explicitons la formule (3.1) pour $n = 0, 1, 2, 3, 4, 5, 6$:

$$\begin{aligned}
Sq^{2h-1} \circ Sq^h &= 0 \,. \\
Sq^{2h-2} \circ Sq^h &= Sq^{2h-1} \circ Sq^{h-1} \,. \\
Sq^{2h-3} \circ Sq^h &= Sq^{2h-1} \circ Sq^{h-2} \,. \\
Sq^{2h-4} \circ Sq^h &= Sq^{2h-1} \circ Sq^{h-3} + Sq^{2h-2} \circ Sq^{h-2} \,. \\
Sq^{2h-5} \circ Sq^h &= Sq^{2h-1} \circ Sq^{h-4} \,. \\
Sq^{2h-6} \circ Sq^h &= Sq^{2h-1} \circ Sq^{h-5} + Sq^{2h-2} \circ Sq^{h-4} + Sq^{2h-3} \circ Sq^{h-3} \,. \\
Sq^{2h-7} \circ Sq^h &= Sq^{2h-1} \circ Sq^{h-6} + Sq^{2h-3} \circ Sq^{h-4} \,.
\end{aligned}$$

On notera que $Sq^{2h-2^k-1} \circ Sq^h = Sq^{2h-1} \circ Sq^{h-2^k}$.

Cas p premier impair. Le cas où la suite $I = (1, a)$ se résout trivialement par les formules

$$\left.\begin{aligned}
St_p^1 \circ St_p^a &= St_p^{a+1} && \text{si} \quad a \equiv 0 \ (\text{mod. } 2p-2) \\
St_p^1 \circ St_p^a &= 0 && \text{si} \quad a \equiv 1 \ (\text{mod. } 2p-2)
\end{aligned}\right\} \qquad (3.2)$$

qui résultent des définitions et du fait que $\beta_p \circ \beta_p = 0$. On observera que ces formules sont aussi vraies pour $p = 2$.

Il reste à étudier $St_p^b \circ St_p^a$ lorsque $2p-2 \leqslant b < pa$. Il suffit de considérer le cas où $b \equiv 0$ (mod. $2p-2$) ; car, connaissant la formule qui donne $St_p^b \circ St_p^a$ dans ce cas, on applique β_p aux deux membres pour obtenir la formule donnant $St_p^{b+1} \circ St_p^a$. Il reste donc à exprimer $P_p^k \circ P_p^h$ pour $k<ph$, et $P_p^k \circ \beta_p \circ P_p^h$ pour $k \leqslant ph$. Voici la solution :

$$P_p^{ph-1-n} \circ P_p^h = \sum_t (-1)^{t+1}(t,(p-1)n-1-pt)_p P_p^{ph-1-t} \circ P_p^{h-n+t} \tag{3.3}$$

où n désigne un entier $\geqslant 0$, et où l'on convient que $P_p^k = 0$ pour $k<0$; la notation $(a, b)_p$ désigne le coefficient binomial réduit mod. p, et zéro si $a<0$ ou $b<0$. Avec les mêmes conventions, et toujours pour $n \geqslant 0$, on a

$$\begin{aligned} P_p^{ph-n} \circ \beta_p \circ P_p^h = & \sum_t (-1)^{t+1}(t,(p-1)n-1-pt)_p P_p^{ph-t} \circ \beta_p \circ P_p^{h-n+t} \\ & + \sum_t (-1)^t (t,(p-1)n-pt)_p \beta_p \circ P_p^{ph-t} \circ P_p^{h-n+t} . \end{aligned} \tag{3.4}$$

On observera que, pour $p = 2$, on pourrait déduire la formule (3.1) de la formule (3.3) où l'on conviendrait que P_2^k désigne Sq^k.

Voici ce que donnent (3.3) et (3.4) pour p impair et pour les petites valeurs de n (pour abréger l'écriture, on omet l'indice inférieur p et le signe $\circ$) :

$$\begin{aligned}
P^{ph-1} P^h &= 0 , \qquad P^{ph} \beta P^h = \beta P^{ph} P^h , \\
P^{ph-2} P^h &= - P^{ph-1} P^{h-1} , \\
P^{ph-1} \beta P^h &= - P^{ph} \beta P^{h-1} + \beta P^{ph} P^{h-1} , \\
P^{ph-3} P^h &= - P^{ph-1} P^{h-2} - 2 P^{ph-2} P^{h-1} , \\
P^{ph-2} \beta P^h &= - P^{ph} \beta P^{h-2} - 2 P^{ph-1} \beta P^{h-1} + \beta P^{ph} P^{h-2} + \beta P^{ph-1} P^{h-1} , \\
P^{ph-4} P^h &= - P^{ph-1} P^{h-3} - 3 P^{ph-2} P^{h-2} - 3 P^{ph-3} P^{h-1} .
\end{aligned}$$

On notera que $P^{ph-1-p^k} P^h = - P^{ph-1} P^{h-p^k}$.

On notera encore les formules suivantes, valables pour tout h (elles se déduisent aisément des formules (7.11) et (7.18) ci-dessous, respectivement équivalentes à (3.3) et (3.4)) :

$$\left.\begin{aligned} &(3.5) \quad P^k P^h = (k, h)_p P^{k+h} \\ &(3.6) \quad P^k \beta P^h = (k-1, h)_p P^{k+h} \beta + (k, h-1)_p \beta P^{k+h} \end{aligned}\right\} \text{ pour } 0 \leqslant k \leqslant p-1 .$$

4. Démonstration dans le cas $p = 2$

Pour être complet, nous allons donner ici une démonstration du théorème 2 (pour $p = 2$) et de la formule (3.1) en appliquant une méthode dont le principe est dû à Serre ([6], § 4, nº 33) et à Thom ([8], lemme

II.8). Ce sera d'ailleurs le même principe qui nous permettra de résoudre le cas où p est premier impair.

Considérons un espace $K(Z_2, 1)$ dont tous les groupes d'homotopie sont nuls, sauf π_1 cyclique d'ordre 2 ; par exemple, l'espace projectif réel à une infinité de dimensions. Son algèbre de cohomologie mod. 2 est une algèbre de polynômes engendrée par un unique générateur x de degré 1 (classe fondamentale). D'après (1.2a) et (1.3a), on a

$$Sq^1(x) = x^2 , \quad Sq^k(x) = 0 \quad \text{pour} \quad k > 1 ,$$

d'où l'on déduit facilement, en utilisant (1.4a),

$$Sq^k(x^{2^i}) = 0 \quad \text{si} \quad 1 \leqslant k \neq 2^i , \quad Sq^k(x^k) = x^{2k} \quad \text{si} \quad k = 2^i . \tag{4.1}$$

Soit X le produit de n exemplaires de $K(Z_2, 1)$; soient $x_1 \dots, x_n$ leurs classes fondamentales, identifiées à des éléments de $H^1(X; Z_2)$. Soit u le produit $x_1 \dots x_n$ (au sens du cup-produit). Compte tenu du théorème 1 (qui est déjà démontré), le théorème 2 (pour $p = 2$) résultera aussitôt de la :

Proposition 4.1. *Les $Sq^I(u)$ relatifs aux suites admissibles I de degré q sont des éléments linéairement indépendants de l'espace vectoriel $H^{n+q}(X; Z_2)$, pourvu que n soit assez grand* (en fait, $n \geqslant q$). *Pour toute suite non admissible J de degré q, $Sq^J(u)$ est combinaison linéaire des $Sq^I(u)$ relatifs aux suites admissibles I de degré q, qui sont antérieures à J dans l'ordre lexicographique.*

Démonstration : elle ne présente pas de difficulté essentielle, puisque, pour toute suite I, $Sq^I(u)$ peut être calculé à l'aide des formules (4.1). En fait, associons à chaque suite $I = (a_1, \dots, a_i, \dots)$ la suite d'entiers

$$\alpha_i = a_i - 2a_{i+1} , \tag{4.2}$$

qui sont $\geqslant 0$ si et seulement si I est admissible. A chaque suite admissible I de degré q, on va associer un élément $D^I(u) \in H^{n+q}(X; Z_2)$ comme suit. Observons d'abord que $H^{n+q}(X; Z_2)$ est l'espace vectoriel des *polynômes* de degré $n + q$ en $x_1, \dots, x_n$; considérons les monômes qui contiennent exactement α_i exposants égaux à 2^i (pour $i = 1, 2, \dots$), et dont tous les autres exposants sont égaux à 1. La somme de tous ces monômes est un polynôme symétrique, qui sera par définition l'élément $D^I(u)$. Si $n \geqslant q$, on a $n \geqslant \sum_i \alpha_i$, donc les $D^I(u)$ relatifs à toutes les suites admissibles I de degré q sont linéairement indépendants. On prouve alors facilement, par récurrence sur le rang r de la suite J :

Proposition 4.2. *Soit J une suite (admissible ou non) de degré q ($q \leqslant n$). Alors $Sq^J(u)$ est combinaison linéaire des $D^I(u)$ relatifs aux suites admissibles I de degré q, qui sont antérieures* (au sens large) *à J dans l'ordre lexicographique. De plus, si J est admissible, le coefficient de $D^J(u)$ dans l'expression de $Sq^J(u)$ est égal à 1.*

La proposition 4.2 entraîne immédiatement :

Corollaire 4.3. *Les $Sq^J(u)$ relatifs aux suites admissibles de degré q sont des éléments linéairement indépendants de $H^{n+q}(X; Z_2)$ si $n \geqslant q$. De plus, pour toute suite admissible I de degré q, $D^I(u)$ est combinaison linéaire des $Sq^K(u)$ relatifs aux suites admissibles K de degré q, qui sont antérieures* (au sens large) *à I dans l'ordre lexicographique.*

Si J n'est pas admissible, $Sq^J(u)$ est combinaison linéaire des $D^I(u)$ relatifs aux suites admissibles I, antérieures à J et de même degré (d'après la proposition 4.2). Appliquant alors à chacune de ces suites I le corollaire 4.3, on voit que $Sq^J(u)$ est combinaison linéaire des $Sq^K(u)$ relatifs aux suites admissibles K antérieures à J et de même degré. Ceci achève de démontrer la proposition 4.1.

Ainsi le théorème 2 est établi dans le cas $p = 2$. Il reste à démontrer la formule (3.1), et pour cela on doit calculer $Sq^k Sq^h$ pour $k < 2h$ (nous omettons désormais le signe $\circ$). Il est visible que $Sq^h(u) = D^h(u)$, et que $Sq^k(D^h(u))$ est combinaison linéaire des $D^I(u)$ tels que

$$I = (k + h - t, t) \quad \text{avec} \quad t \leqslant k/2 .$$

On peut donc écrire a priori

$$Sq^k Sq^h = \sum_{0 \leqslant t \leqslant k/2} c^t_{k,h}\, Sq^{k+h-t}\, Sq^t \quad (k < 2h) . \tag{4.3}$$

Pour expliciter les coefficients $c^t_{k,h}$, considérons l'espace-produit $K(Z_2, 1) \times X$, et, dans sa cohomologie, l'élément xu (x désignant la classe fondamentale de $K(Z_2, 1)$). Appliquant au produit xu les opérations des deux membres de (4.3), on trouve, à gauche comme à droite, des termes en x, x^2 et x^4. Egalons les termes en x^4 ; on obtient la relation $c^t_{k-2,h-1} = c^{t+1}_{k,h}$ pour $k \geqslant 2$, d'où

$$c^t_{k,h} = c_{k-2t,h-t} \quad (\text{en posant } c_{k,h} = c^0_{k,h}) . \tag{4.4}$$

Egalons ensuite les termes en x^2 ; on trouve

$c_{1,1} = 0$, $c_{1,h} = 1 + c_{1,h-1}$ pour $h \geqslant 2$, d'où $c_{1,h} = h + 1$ (à réduire mod. 2). Puis on a

$$\left.\begin{aligned} &c_{k,h} + c_{k-2,h-1} = c_{k-1,h} + c_{k,h-1} \text{ pour } h \geqslant 2,\ 2 \leqslant k < 2(h-1) , \\ &c_{k,h} + c_{k-2,h-1} = c_{k-1,h} \text{ pour } h \geqslant 2,\quad 2(h-1) \leqslant k < 2h. \end{aligned}\right\} \tag{4.5}$$

Les relations (4.5) permettent le calcul de $c_{k,h}$ pour $h \geqslant 2$, $0 \leqslant k < 2h$, par récurrence sur h : les $c_{k,h-1}$ sont déjà connus pour $k < 2(h-1)$, et les $c_{k,h}$ se calculent par récurrence sur k, à partir des valeurs $c_{0,h} = 1$, $c_{1,h} = h + 1$.

Il reste à vérifier que les $c_{k,h}$ ainsi calculés pour $0 \leqslant k < 2h$ satisfont à la relation

$$c_{k,h} = (h - k - 1, k)_2 \quad \text{(coefficient binomial réduit mod. 2)} \tag{4.6}$$

Nous ne ferons pas ici cette vérification, car elle sera faite au § 7 pour p premier quelconque. Les formules (4.3), (4.4) et (4.6) donnent :

$$\boxed{Sq^k Sq^h = \sum_t (h - k - 1 + t, k - 2t)_2 Sq^{k+h-t} Sq^t \quad \text{pour} \quad k < 2h} \,. \tag{4.7}$$

En remplaçant k par $2h - 1 - n$ et t par $h - n + t$, on obtient la formule (3.1) ; mais la formule (4.7) peut aussi être commode.

5. Démonstration dans le cas où p est premier impair

On va encore considérer un espace $K(Z_p, 1)$. Cette fois, son algèbre de cohomologie mod. p est, comme bien connu, le produit tensoriel d'une algèbre extérieure à un générateur x de degré 1 par une algèbre de polynômes à un générateur y de degré 2. D'ailleurs x est la classe fondamentale, et

$$y = \beta_p(x) \,, \qquad \text{donc} \qquad \beta_p(y) = 0 \,. \tag{5.1}$$

Les opérations de Steenrod sont déterminées, dans $H^*(Z_p, 1; Z_p)$, par les formules (5.1) et

$$P^1(y) = y^p, \quad P^k(y) = 0 \text{ pour } k > 1, \quad P^k(x) = 0 \text{ pour } k > 0, \tag{5.2}$$

qui résultent de (1.2) et (1.3). Tenant compte de (1.4), on en déduit facilement

$$P^k(y^{p^i}) = 0 \text{ si } 1 \leqslant k \neq p^i, \qquad P^k(y^k) = y^{pk} \text{ si } k = p^i \,. \tag{5.3}$$

(La démonstration se fait par récurrence sur i.)

Soit X un espace, produit de $n + n'$ exemplaires de $K(Z_p, 1)$; soient $x_1, \ldots, x_n$ les classes fondamentales des n premiers facteurs, $x'_1, \ldots, x'_{n'}$ celles des n' derniers ; et posons $y_i = \beta_p(x_i)$, $y'_i = \beta_p(x'_i)$. Soit u l'élément de $H^{2n+n'}(X; Z_p)$ égal au cup-produit

$$y_1 \ldots y_n x'_i \ldots x'_{n'} \,.$$

Compte tenu du théorème 1 (qui est déjà démontré), le théorème 2 bis résultera aussitôt de la :

Proposition 5.1. *Les* $St_p^I(u)$ *relatifs aux suites admissibles* I *de degré* q *sont des éléments linéairement indépendants de l'espace vectoriel* $H^{2n+n'+q}(X; Z_p)$, *pourvu que* n *et* n' *soient assez grands* (par exemple, il suffit que $2n \geqslant q/(p-1)$, $p^{n'} \geqslant 1 + q/2$). *Pour toute suite non admissible* J *de degré* q *et de type* τ, $St_p^J(u)$ *est combinaison linéaire des* $St_p^I(u)$ *relatifs aux suites admissibles* I, *de degré* q *et de type* τ, *qui sont antérieures à* J *dans l'ordre lexicographique.*

Démonstration: en principe, $St_p^I(u)$ peut être calculé pour toute suite I, grâce aux formules (5.1), (5.2), (5.3). En fait, associons à chaque suite $I = (a_1, \ldots, a_i, \ldots)$ la suite des entiers k_i et ε_i définis par

$$a_i = 2k_i(p-1) + \varepsilon_i \quad (\varepsilon_i = 0 \text{ ou } 1) , \tag{5.4}$$

puis la suite des entiers λ_i définis par

$$\lambda_i = k_i - pk_{i+1} - \varepsilon_{i+1} . \tag{5.5}$$

On vérifie que la suite I est *admissible* si et seulement si les λ_i sont tous $\geqslant 0$. Inversement, la connaissance des ε_i et des λ_i (nuls pour i assez grand) détermine la suite des a_i, car on a

$$k_i = \sum_{j \geqslant 0} p^j(\lambda_{i+j} + \varepsilon_{i+j+1}) , \tag{5.6}$$

après quoi a_i est déterminé par (5.4). La suite $(\varepsilon_1, \lambda_1, \ldots, \varepsilon_i, \lambda_i, \ldots)$ sera dite *associée* à la suite I. L'ordre lexicographique des suites I est le même que celui des suites associées (en commençant toujours par la droite).

Soit alors I une suite admissible de degré q, et soient ε_i et λ_i les entiers de la suite associée. On va définir un élément $D^I(u) \in H^{2n+n'+q}(X; Z_p)$. Parmi les monômes $y_1^{h_1} \ldots y_n^{h_n}$, considérons ceux qui contiennent exactement λ_i exposants égaux à p^i (pour $i = 1, 2, \ldots$), et dont tous les autres exposants sont égaux à 1; soit s la somme de ces monômes. L'élément $D^I(u)$ sera le produit de s par l'élément t que voici : t est une somme alternée de monômes dont chacun s'obtient en enlevant du produit $x'_1 \ldots x'_{n'}$ un nombre de facteurs égal au type $\tau = \sum_i \varepsilon_i$ de la suite I, puis en remplaçant chaque x'_j enlevé par une puissance $(y'_j)^{p^h}$, de manière qu'au total le nombre des facteurs y'_j qui figurent avec l'exposant p^h $(h \geqslant 0)$ soit nul si $\varepsilon_{h+1} = 0$, égal à un si $\varepsilon_{h+1} = 1$. Il reste à fixer le signe dont chaque monôme de t doit être affecté : c'est la signature de la permutation que l'on doit effectuer sur les indices j $(1 \leqslant j \leqslant n')$ pour que les variables x'_j viennent les premières en commençant par la gauche (rangées par ordre d'indices croissants), et que les variables y'_j se suivent dans l'ordre des exposants croissants.

L'élément $D^I(u)$ est ainsi défini pour chaque suite admissible I. Il est clair que les $D^I(u)$ associés à toutes les suites admissibles de degré donné q sont linéairement indépendants, pourvu que l'on ait $n \geqslant \sum_i \lambda_i$ et $n' \geqslant \tau$ pour toutes les suites admissibles de degré q. On en déduit facilement la limitation de n et n' donnée dans l'énoncé. Avant d'achever la démonstration de la proposition 5.1, énonçons-en une autre :

Proposition 5.2. *Soit J une suite* (*admissible ou non*) *de degré q et de type τ. Alors $St_p^J(u)$ est combinaison linéaire des $D^I(u)$ relatifs aux suites admissibles I de degré q et de type τ, qui sont antérieures* (au sens large) *à J dans l'ordre lexicographique. Si de plus n et n' sont assez grands* (comme dans la proposition 5.1), *alors pour toute suite admissible J de degré q, le coefficient de $D^J(u)$ dans l'expression de $St_p^J(u)$ est égal à* 1.

Cette proposition sera démontrée au § 6. Signalons-en tout de suite quelques conséquences immédiates :

Corollaire 5.3. *Les $St_p^J(u)$ relatifs aux suites admissibles de degré q sont des éléments linéairement indépendants de $H^{2n+n'+q}(X;Z_p)$ si n et n' sont assez grands. De plus, pour toute suite admissible I, de degré q et de type τ, $D^I(u)$ est combinaison linéaire des $St_p^K(u)$ relatifs aux suites admissibles K, de degré q et de type τ, qui sont antérieures* (au sens large) *à I dans l'ordre lexicographique.*

Si J n'est pas admissible, $St_p^J(u)$ est combinaison linéaire des $D^I(u)$ relatifs aux suites admissibles I, antérieures à J, de même degré et de même type que J (d'après la proposition 5.2). Appliquant alors à chacune de ces suites I le corollaire 5.3, on voit que $St_p^J(u)$ est combinaison linéaire des $St_p^K(u)$ relatifs aux suites admissibles K antérieures à J, de même degré et de même type que J. Ceci achève de démontrer la proposition 5.1, et il ne reste plus qu'à prouver la proposition 5.2.

6. Démonstration de la proposition 5.2 (p premier impair)

La démonstration se fait par récurrence sur le *rang* r de J, la proposition étant triviale pour le rang 0. Supposons-la donc démontrée pour les J de rang $\leqslant r$, et prouvons-la pour J de rang $r+1$. On est aussitôt ramené à prouver ceci :

Lemme. *Soit a un entier* $\equiv 0$ *ou* 1 (mod. $2p-2$). *Si J est une suite admissible et si n et n' sont assez grands pour que* $D^J(u)$ *existe,* $St_p^a(D^J(u))$ *est combinaison linéaire d'éléments* $D^I(u)$, *où I parcourt l'ensemble des suites admissibles antérieures à la suite* (a, J), *de même degré et de même type que* (a, J). *Si de plus (n et n' étant assez grands) la suite* (a, J) *est admissible, alors le coefficient de* $D^{(a,J)}(u)$ *dans l'expression de* $St_p^a(D^J(u))$ *est égal à* 1.

Il reste à prouver ce lemme. Il est bon d'examiner d'abord le cas où la suite J est vide. On a alors $St_p^a(u) = D^a(u)$: vérification immédiate, en utilisant (5.1) et (5.2).

Soit maintenant J une suite admissible non vide, et soit un entier $a = 2k(p-1)+\varepsilon$, $\varepsilon = 0$ ou 1. On se propose d'étudier l'élément $P^k(D^J(u))$ si $\varepsilon = 0$, resp. $\beta P^k(D^J(u))$ si $\varepsilon = 1$. Dans les deux cas, il faut d'abord chercher $P^k(D^J(u))$; nous supposerons donc d'abord que $a = 2k(p-1)$, et chercherons l'effet de P^k sur chacun des monômes m de l'élément $D^J(u)$; $P^k(m)$ est une somme de monômes, dans chacun desquels les facteurs x'_j du monôme m restent inchangés ; chaque facteur $(y_j)^{p^h}$ $(h \geqslant 0)$ de m reste inchangé ou est remplacé par $(y_j)^{p^{h+1}}$. De même chaque facteur $(y'_j)^{p^h}$ reste inchangé ou est remplacé par $(y'_j)^{p^{h+1}}$. Dans la somme $\sum_m P^k(m)$ étendue à tous les monômes m de $D^J(u)$, seuls subsistent les monômes qui contiennent *au plus une* variable y'_j d'exposant donné (ceci résulte de la convention de signe faite dans la définition de $D^J(u)$). Ainsi $P^k(D^J(u))$ est une somme de polynômes dont chacun a la forme $D^I(u)$, I ayant même degré que la suite (a, J), et même type que J (car le nombre des variables y'_j figurant dans chaque monôme n'a pas changé). Il reste à montrer que chacune de ces suites I est *antérieure* (au sens large) à la suite (a, J). Soit $(\varepsilon'_1, \lambda'_1, \varepsilon'_2, \lambda'_2, \ldots)$ la suite associée à une telle suite I (d'ailleurs $\varepsilon'_1 = 0$) ; et soit $(\varepsilon_1, \lambda_1, \varepsilon_2, \lambda_2, \ldots)$ la suite associée à J. La suite associée à (a, J) a la forme $(0, \lambda, \varepsilon_1, \lambda_1, \varepsilon_2, \lambda_2, \ldots)$. Pour montrer que I est antérieure à (a, J), on prouve ceci : r désignant le rang de J, on a $\lambda'_{r+1} \leqslant \lambda_r$; de même $\varepsilon'_{r+1} \leqslant \varepsilon_r$; si $\lambda'_{r+1} = \lambda_r$, on a $\lambda'_r \leqslant \lambda_{r-1}$; si $\varepsilon'_{r+1} = \varepsilon_r$, on a $\varepsilon'_r \leqslant \varepsilon_{r-1}$; etc.... Si enfin on a les égalités $\lambda'_{i+1} = \lambda_i$ et $\varepsilon'_{i+1} = \varepsilon_i$ pour $1 \leqslant i \leqslant r$, alors les suites I et (a, J) sont identiques. Or ces assertions se prouvent très facilement.

Supposons de plus que la suite (a, J) soit *admissible*. Prenons un monôme m de $D^J(u)$; il y a une façon et une seule de multiplier par p tous les exposants des y_j qui sont $\geqslant p$, et tous les exposants des y'_j qui sont $\geqslant 1$. Donc, si n est assez grand pour que $D^{(a,J)}(u)$ existe, chaque monôme de $D^{(a,J)}(u)$ figure une fois et une seule dans $P^k(D^J(u))$. Ceci achève de démontrer le lemme dans le cas où $a \equiv 0$ (mod. $2p-2$).

Le cas où $a \equiv 1$ (mod. $2p-2$) s'y ramène aussitôt. En effet, si $J = (a_1, a_2, \ldots, a_i, \ldots)$ est une suite admissible et si $a_1 \equiv 0$ (mod. $2p-2$), on a $\beta_p(D^J(u)) = D^I(u)$, I désignant la suite

$$(a_1 + 1, a_2, \ldots, a_i, \ldots) .$$

7. Formules explicites (p premier impair)

On va établir les formules (3.3) et (3.4). Etudions d'abord $P^k P^h$ pour $k<ph$; on a $P^h(u) = D^h(u)$, et $P^k(D^h(u))$ est évidemment combinaison linéaire des $D^I(u)$ tels que $I = (k+h-t, t)$, $t \leqslant k/p$. On peut donc écrire a priori :

$$P^k P^h = \sum_{0 \leqslant t \leqslant k/p} c^t_{k,h} P^{k+h-t} P^t \quad (k<ph) . \tag{7.1}$$

Les constantes $c^t_{k,h}$ étant ainsi définies pour $0 \leqslant k<ph$ et $0 \leqslant t \leqslant k/p$, il sera commode d'étendre cette définition à d'autres cas, en posant

$$c^t_{k,h} = 0 \quad \text{pour} \quad 0 \leqslant k<ph , \quad t>k/p ,$$
$$\text{si } t \geqslant 0 \text{ et } k \geqslant ph \geqslant 0, \ c^t_{k,h} = 0 \text{ pour } t \neq h, \ c^h_{k,h} = 1 .$$

De plus, on convient que, pour $k<0$, $P^k = 0$, d'où la convention

$$c^t_{k,h} = 0 \quad \text{pour} \quad k<0 \quad \text{ou} \quad h<0 .$$

Alors $c^t_{k,h}$ est défini pour toutes les valeurs de l'entier $t \geqslant 0$ et toutes les valeurs entières de h et k, $\geqslant 0$ ou $\leqslant 0$; on a toujours

$$P^k P^h = \sum_{t \geqslant 0} c^t_{k,h} P^{k+h-t} P^t . \tag{7.2}$$

Désignons par X le même espace qu'aux §§ 5 et 6, et soit

$$u \in H^{2n+n'}(X, Z_p)$$

comme ci-dessus. Considérons l'espace-produit $K(Z_p, 1) \times X$, et la classe de cohomologie yu de ce produit (y désigne $\beta_p(x)$, x étant la classe fondamentale de $K(Z_p, 1)$). Appliquons au produit yu les opérations des deux membres de (7.2); chaque membre donne des termes en y, en y^p et en y^{p^2}. Egalons les coefficients de y^{p^2} et y^p; on obtient :

$$\sum_{t \geqslant 0} (c^t_{k-p,h-1} - c^{t+1}_{k,h}) P^{k+h-p-1-t} P^t = 0 \tag{7.3}$$

$$\sum_{t \geqslant 0} (c^t_{k-1,h} + c^t_{k,h-1} - c^t_{k,h} - c^{t+1}_{k,h}) P^{k+h-t-1} P^t = 0 . \tag{7.4}$$

Dans la relation (7.3), les coefficients sont nuls pour $t+1>\inf(k/p, h)$; pour $t+1 \leqslant \inf(k/p, h)$, l'opérateur $P^{k+h-p-1-t}P^t$ est admissible, donc (7.3) implique que tous les coefficients sont nuls: $c^t_{k-p,h-1} = c^{t+1}_{k,h}$. Par récurrence sur t, on a

$$c^t_{k,h} = c_{k-pt,h-t} \quad \text{(en posant } c_{k,h} = c^0_{k,h}\text{)} . \tag{7.5}$$

Il reste à calculer les $c_{k,h}$. Pour cela, utilisons (7.4): le coefficient de $P^{k+h-t-1}P^t$ est nul si $t>k/p$; si $t \leqslant k/p$, l'opérateur $P^{k+h-t-1}P^t$ est admissible, pourvu que $0 \leqslant k<ph$; donc, si $0 \leqslant k<ph$, tous les coefficients de (7.4) sont nuls, ce qui donne, pour $t=0$ (et en tenant compte de la relation $c^1_{k,h} = c_{k-p,h-1}$):

$$c_{k,h} + c_{k-p,h-1} = c_{k-1,h} + c_{k,h-1} \quad \text{pour} \quad 0 \leqslant k<ph . \tag{7.6}$$

Or cette relation, compte tenu du fait que $c_{k,h}$ est déjà connu pour $k<0$ ou $k \geqslant ph$, permet de calculer de proche en proche $c_{k,h}$ pour tous les couples de valeurs de k et h tels que $0 \leqslant k<ph$. On procède par double récurrence: récurrence sur h à partir de $h=1$; et, pour chaque h, récurrence sur k à partir de $k=0$. Précisons: si on fait $h=1$ dans (7.6), on trouve (en tenant compte du fait que $c_{k,0}=0$ pour $k<0$, $c_{k,0}=1$ pour $k \geqslant 0$):

$c_{k,1} = c_{k-1,1}+1$ pour $0 \leqslant k<p$, d'où, par récurrence sur k,

$$c_{k,1} = k+1 \quad \text{pour} \quad 0 \leqslant k \leqslant p-1 . \tag{7.7}$$

Ensuite, utilisant (7.6) pour tout $h \geqslant 2$, puis (7.7) et enfin

$$\text{pour } h \geqslant 1, \text{ on a } c_{k,h} = 0 \text{ si } k<0 \text{ ou } k \geqslant ph , \tag{7.8}$$

on calcule tous les $c_{k,h}$ pour $h \geqslant 2$, $0 \leqslant k<ph$.

Nous allons montrer que le résultat de ce calcul est

$$c_{k,h} = (-1)^k((p-1)h-k-1, k)_p \quad \text{pour} \quad 0 \leqslant k<ph , \tag{7.9}$$

en désignant toujours par $(a,b)_p$ le nombre (a,b) réduit mod. p, et par (a,b) le coefficient binomial si $a \geqslant 0$, et $b \geqslant 0$, zéro si $a<0$ ou $b<0$. En effet, posons provisoirement

$$\gamma_{k,h} = (-1)^k((p-1)h-k-1, k)_p \quad \text{quels que soient } k \text{ et } h .$$

Pour prouver que $c_{k,h} = \gamma_{k,h}$ pour $0 \leqslant k<ph$, il suffit de montrer

$$\gamma_{k,h} + \gamma_{k-p,h-1} = \gamma_{k-1,h} + \gamma_{k,h-1} \quad \text{pour} \quad h \geqslant 2 , \tag{7.6$'$}$$

$$\gamma_{k,1} = k+1 \quad \text{pour} \quad 0 \leqslant k \leqslant p-1 , \tag{7.7$'$}$$

$$\text{pour}\quad h \geqslant 1, \quad \text{on a}\quad \gamma_{k,h} = 0 \quad \text{si}\quad k < 0 \quad \text{ou}\quad k \geqslant ph\ . \qquad (7.8)'$$

La vérification de (7.7)' et de (7.8)' est immédiate. Celle de (7.6)' revient à

$$((p-1)\,h - k - p, k)_p + ((p-1)\,h - k, k - p)_p$$
$$= ((p-1)\,h - k - 1, k)_p + ((p-1)\,h - k, k - 1)_p\ . \qquad (7.10)$$

(Observer que ce calcul vaut aussi quand $p = 2$). Or, d'après l'*Appendice* ci-dessous (prop. 2), le premier membre est égal à $((p-1)h-k,k)_p$ parce que $(p-1)\,h - p \geqslant 0$ (h étant $\geqslant 2$), et le second membre est égal aussi à $((p-1)\,h - k, k)_p$, parce que $(p-1)\,h - 1 \geqslant 0$. Ceci prouve (7.10), et par suite (7.9) est démontrée.

Les formules (7.1), (7.5) et (7.9) donnent finalement :

$$\boxed{P^k P^h = \sum_t (-1)^{k+t} ((p-1)\,h-k-1+t, k-pt)_p\, P^{k+h-t} P^t \quad \text{pour } k < ph} \qquad (7.11)$$

En remplaçant k par $ph - 1 - n$ et t par $h - n + t$, on obtient la formule (3.3) ; mais la formule (7.11) peut aussi être utile. On la comparera à (4.7).

Il reste encore à démontrer (3.4). En considérant $P^k \beta P^h(u)$, on voit tout de suite qu'on a, a priori,

$$P^k \beta P^h = \sum_{0 \leqslant t \leqslant (k-1)/p} a^t_{k,h} P^{k+h-t} \beta P^t + \sum_{0 \leqslant t \leqslant k/p} b^t_{k,h} \beta P^{k+h-t} P^t \ (k \leqslant ph)\ . \qquad (7.12)$$

Considérons la classe de cohomologie xu de l'espace-produit $K(Z_p, 1) \times X$, et soit toujours $y = \beta(x)$. Appliquons à xu les opérations des deux membres de (7.12) ; chacun donne des termes en y et y^p. Egalons les termes en y^p ; il vient

$$P^{k-1} P^h = \sum_{0 \leqslant t \leqslant (k-1)/p} a^t_{k,h} P^{k-1+h-t} P^t\ ;$$

puisque $0 \leqslant k - 1 < ph$, on peut appliquer au premier membre la formule (7.1) où k serait remplacé par $k - 1$, d'où

$$a^t_{k,h} = c^t_{k-1,h} \quad \text{pour} \quad 0 \leqslant t \leqslant (k-1)/p, \quad k \leqslant ph\ .$$

Ceci détermine les coefficients $a^t_{k,h}$:

$$a^t_{k,h} = (-1)^{k-1+t} ((p-1)h-k+t, k-1-pt)_p \ \text{pour}\ 0 \leqslant t \leqslant (k-1)/p, k \leqslant ph\ . \qquad (7.13)$$

Egalons maintenant les termes en y ; on obtient

$$P^k P^h = \sum_{0 \leqslant t \leqslant k/p} (b^t_{k,h} + c_{k-1-pt,h-t}) P^{k+h-t} P^t\ . \qquad (7.14)$$

compte tenu du fait que $c_{k-1-pt,h-t} = 0$ pour $t > (k-1)/p$. Tous les opérateurs du second membre de (7.14) sont admissibles. Il y a alors deux cas à distinguer :

Premier cas : $k = ph$. — Le second membre de (7.14) doit se réduire à $P^{ph}P^h$, ce qui donne, en tenant compte de $c_{ph-1-pt,h-t} = 0$,

$$b^t_{ph,h} = 0 \quad \text{pour} \quad 0 \leqslant t \leqslant h-1\,, \quad b^h_{ph,h} = 1\,. \tag{7.15}$$

Deuxième cas : $k < ph$. — Alors (7.14) doit se réduire à (7.1), d'où

$$b^t_{k,h} = c_{k-pt,h-t} - c_{k-1-pt,h-t} \quad \text{pour} \quad 0 \leqslant t \leqslant k/p < h\,. \tag{7.16}$$

On a donc $b^t_{k,h} = b_{k-pt,h-t}$, avec $b_{k,h} = c_{k,h} - c_{k-1,h}$, d'où

$$\begin{aligned}(-1)^k b_{k,h} = ((p-1)\,h - k - 1, k)_p + ((p-1)\,h - k, k-1)_p \\ = ((p-1)\,h - k, k)_p\,.\end{aligned}$$

Finalement, on a, pour $k < ph$,

$$b^t_{k,h} = (-1)^{k+t}((p-1)\,h - k + t, k - pt)_p\,, \qquad 0 \leqslant t \leqslant k/p\,. \tag{7.17}$$

Observons que (7.17) vaut aussi pour $k = ph$, d'après (7.15). Finalement, les relations (7.12), (7.13) et (7.17) donnent la formule

$$\boxed{\begin{aligned}P^k\beta P^h = \sum_t (-1)^{k-1+t}((p-1)\,h-k+t, k-1-pt)_p P^{k+h-t}\beta P^t \\ + \sum_t (-1)^{k+t}((p-1)h-k+t, k-pt)_p \beta P^{k+h-t} P^t \ (k \leqslant ph)\end{aligned}}\ . \tag{7.18}$$

C'est exactement la formule donnée par J. Adem [2] pour $k < ph$.

En remplaçant, dans (7.18), k par $ph - n$ et t par $h - n + t$, on obtient (3.4).

Appendice. *Propriétés des coefficients binomiaux réduits modulo p.*

Pour h et k entiers $\geqslant 0$, nous notons (h, k) le coefficient binomial

$$(h, k) = \frac{(h+k)!}{h!\,k!} = \frac{(h+1)(h+2)\ldots(h+k)}{1.2\ldots k}. \tag{1}$$

On note $(h, k)_p$ cet entier réduit modulo p (p premier).

Proposition 1. *Si* $h = h_0 + ph_1$, $k = k_0 + pk_1$ $(0 \leqslant h_0 < p$, $0 \leqslant k_0 < p)$, *on a*

$$(h, k)_p = (h_0, k_0)_p \cdot (h_1, k_1)_p\ ; \tag{2}$$

$(h_0, k_0)_p$ *est nul si et seulement si* $h_0 + k_0 \geqslant p$.

Démonstration : la dernière assertion est évidente. Pour prouver (2), distinguons deux cas : si $h_0 + k_0 \geqslant p$, on va montrer que (h, k) est divisible par p ; dans le dernier membre de (1), enlevons les facteurs (du numérateur et du dénominateur) premiers à p ; il reste

$$\frac{(p(h_1+1))(p(h_1+2))\ldots(p(h_1+k_1+1))}{(p)(2p)\ldots(k_1 p)} = p(h_1+k_1+1)\,.\,(h_1, k_1)\,,$$

ce qui prouve l'assertion. Le deuxième cas est celui où $h_0 + k_0 < p$; dans le dernier membre de (1), enlevons les facteurs divisibles par p ; il reste une fraction qui, mod. p, est congrue à (h_0, k_0) ; donc (h, k) est congru (mod. p) au produit

$$(h_0, k_0)\,.\,\frac{(p(h_1+1))\ldots(p(h_1+k_1))}{(p)\ldots(k_1 p)} = (h_0, k_0)(h_1, k_1)\,.$$

Corollaire. *Si h et k ont pour développements p-adiques*

$$h = \sum_{i \geqslant 0} p^i h_i\,, \qquad k = \sum_{i \geqslant 0} p^i k_i\,,$$

on a $(h, k)_p = \prod_{i \geqslant 0} (h_i, k_i)_p$. *En particulier, pour que* $(h, k)_p = 0$, *il faut et il suffit que l'on ait* $h_i + k_i \geqslant p$ *pour au moins un* i.

Convenons maintenant de poser $(h, k) = 0$ si $h < 0$ ou $k < 0$. L'identité classique

$$(h+1, k) + (h, k+1) = (h+1, k+1) \tag{3}$$

valable pour $h \geqslant 0$, $k \geqslant 0$, subsiste pour $h + k + 1 \geqslant 0$ (c'est immédiat).

Proposition 2. *Si* $h + k + p \geqslant 0$, *on a*

$$(h+p, k)_p + (h, k+p)_p = (h+p, k+p)_p\,. \tag{4}$$

Démonstration : supposons d'abord h et $k \geqslant 0$, et soit

$$h = h_0 + p h_1\,, \qquad k = k_0 + p k_1 \qquad (0 \leqslant h_0 < p, \quad 0 \leqslant k_0 < p)\,.$$

Puisque $h_1 \geqslant 0$, $k_1 \geqslant 0$, on a, d'après (3),

$$(h_1+1, k_1) + (h_1, k_1+1) = (h_1+1, k_1+1)\,.$$

Réduisons mod. p, puis multiplions par $(h_0, k_0)_p$: on obtient (4). Si maintenant h et $h + p$ sont < 0, (4) est trivialement vérifiée. Reste le cas où $h + p = h_0$, $0 \leqslant h_0 < p$. On est ramené à vérifier le

Lemme. *Si* $0 \leqslant h_0 < p$, *et* $h_0 + k \geqslant 0$, *on a*

$$(h_0, k)_p = (h_0, k + p)_p \,. \tag{5}$$

En effet, distinguons deux cas: si $k \geqslant 0$, soit $k = k_0 + pk_1$ $(0 \leqslant k_0 < p)$; les deux membres de (5) sont égaux à $(h_0, k_0)_p$ d'après la proposition 1. Si $k < 0$, posons $k + p = k_0$ $(0 < k_0 < p)$; le premier membre de (5) est nul, le second est égal à $(h_0, k_0)_p$, et comme $h_0 + k_0 \geqslant p$ par hypothèse, on a bien $(h_0, k_0)_p = 0$.

BIBLIOGRAPHIE

[1] *J. Adem*, The iteration of the Steenrod squares in algebraic topology. Proc. Nat. Acad. Sci. U. S. A. **38**, 1952, p. 720–726.

[2] *J. Adem*, Relations on iterated reduced powers. Proc. Nat. Acad. Sci. U. S. A. **39**, 1953, p. 636–638.

[3] *H. Cartan*, Sur les groupes d'Eilenberg-MacLane, I et II. Proc. Nat. Acad. Sci. U. S. A. **40**, 1954, p. 467—471 et p. 704—707.

[4] *S. Eilenberg* and *S. MacLane*, Cohomology theory of abelian groups and homotopy theory, I. Proc. Nat. Acad. Sci. U. S. A. **36**, 1950, p. 443–447.

[5] *J. P. Serre*, Homologie singulière des espaces fibrés. Ann. Math. **54**, 3, 1951, p. 425–505.

[6] *J. P. Serre*, Cohomologie modulo 2 des complexes d'Eilenberg-MacLane. Comment. Math. Helv. **27**, 1953, p. 198–232.

[7] *N. Steenrod*, Cyclic reduced powers of cohomology classes. Proc. Nat. Acad. Sci. U. S. A. **39**, 1953, p. 217–223.

[8] *R. Thom*, Quelques propriétés globales des variétés différentiables. Comment. Math. Helv. **28**, 1954, p. 17–86.

(Reçu le 12 juillet 1954.)

95.

Sur la notion de dimension*

Bulletin de l'Association des Professeurs de Mathématiques 37, 1–12 (1957)

1. Variétés de dimension n.

L'exemple le plus connu d'espace de « dimension » n est l'espace numérique (ou « euclidien ») R^n, dont les points sont les systèmes de n nombres réels $x_1, \ldots, x_n$. Tout hyperplan de R^n, c'est-à-dire tout ensemble H défini par une équation linéaire (non nécessairement homogène) $f(x) = 0$, sépare l'espace en deux demi-espaces définis respectivement par $f(x) > 0$ et par $f(x) < 0$; de plus, étant donnés arbitrairement deux points distincts x et y, il existe toujours un hyperplan H qui les « sépare », c'est-à-dire tel que x soit dans l'un des demi-espaces définis par H et y dans l'autre. Observons que H est homéomorphe (1) à l'espace R^{n-1}, donc est de « dimension » n—1.

L'espace R^n nous donne l'occasion de rencontrer d'autres espaces qu'il semble naturel de qualifier aussi de « dimension » n. Par exemple, soit S_n la *sphère* définie, dans l'espace R^{n+1}, par l'équation $(x_1)^2 + \ldots + (x_{n+1})^2 = 1$; c'est un sous-espace fermé et borné, donc *compact ;* de plus, la projection stéréographique établit une homéomorphie entre S_n privée d'un de ses points, et l'espace R^n ; on voit donc que chaque point de S_n possède un voisinage ouvert homéomorphe à R^n.

Considérons aussi l'espace projectif (réel) P_n, dont les points sont définis par $n+1$ coordonnées homogènes $z_0, \ldots, z_n$ non toutes nulles, avec la convention que deux systèmes de coordonnées homogènes qui sont proportionnels définissent le même point de l'espace projectif P_n ; à vrai dire, pour définir complètement P_n, il faudrait dire avec précision quelle est la topologie de P_n, mais nous n'entrerons pas dans les détails.

(*) Conférence prononcée le 9 mai 1957 à l'Institut Henri-Poincaré, huitième conférence du cycle sur la topologie, organisé par la Société Mathématique de France, en accord avec l'A.P.M., à l'intention spéciale des professeurs.

(1) Rappelons que deux espaces topologiques sont *homéomorphes* s'il existe une homéomorphie entre eux, c'est-à-dire une correspondance biunivoque dans laquelle les sous-ensembles ouverts se correspondent ; cela revient à dire que l'application de l'un des espaces sur l'autre (définie par cette correspondance) est bicontinue.

L'ensemble des points de P_n tels que la coordonnée z_i soit nulle est un sous-ensemble fermé H_i, lui-même homéomorphe à P_{n-1} ; H_0 est ce qu'on appelle souvent l' « hyperplan à l'infini ». Le complémentaire U_i de H_i est un ensemble ouvert de P_n qui est *homéomorphe* à R^n (par exemple, U_0 est l'ensemble des points de P_n situés, comme on dit, « à distance finie ») : un point de U_i est repéré par n nombres réels, à savoir les quotients :

$$z_0/z_i, ..., z_{i-1}/z_i, z_{i+1}/z_i, ..., z_n/z_i.$$

Ainsi P_n est la réunion de $n+1$ ensembles ouverts dont chacun est homéomorphe à R^n.

D'une manière générale, on appelle *variété* de dimension n tout espace topologique V, qui satisfait à l'axiome de séparation de Hausdorff (à savoir : pour tout couple de points distincts x, y, il existe un voisinage de x et un voisinage de y sans point commun), et jouit en outre de la propriété suivante : *tout point de* V *possède un voisinage ouvert homéomorphe à l'espace* R^n. On voit que R^n lui-même, S_n, P_n sont des variétés de dimension n.

Problème : Est-il possible qu'une variété V de dimension n et une variété W de dimension m soient *homéomorphes* lorsque $n \neq m$? Si c'était possible, la notion de « dimension » d'une variété n'aurait aucune signification topologique. Heureusement, c'est impossible ; mais cette impossibilité est fort difficile à démontrer.

Analysons d'un peu plus près la question : tout revient à savoir s'il peut exister une homéomorphie entre un ouvert U de R^n et un ouvert U' de R^m lorsque $m \neq n$ (U et U' étant, bien entendu, supposés non vides). Supposons qu'il en soit ainsi : on aurait donc une application continue f de U sur U', et une application continue g de U' sur U, telles que l'application composée $g \circ f$ soit l'application identique de U, et que $f \circ g$ soit l'application identique de U'. Si nous supposions de plus que f et g ont des dérivées partielles continues, nous pourrions démontrer une telle impossibilité, de la manière suivante : les coordonnées y_j d'un point de U' sont alors des fonctions continûment différentiables f_j des coordonnées x_i d'un point de U :

$$y_j = f_j(x_1, ..., x_n) ;$$

et de même $x_i = g_i(y_1, ..., y_m)$. Introduisons les différentielles :

$$dy_j = \sum_i \frac{\partial f_j}{\partial x_i} dx_i, \qquad dx_i = \sum_j \frac{\partial g_i}{\partial y_j} dy_j ;$$

la matrice des $\dfrac{\partial f_j}{\partial x_i}$ définit, en chaque point $x \in U$, une application *linéaire* de R^n dans R^m ; la matrice des $\dfrac{\partial g_i}{\partial y_j}$ définit, au point correspondant $y = f(x)$, une application linéaire de R^m dans R^n ; le théorème de la dérivation des fonctions composées, et le fait que $f \circ g$ et $g \circ f$ sont des applications identiques, montre que le produit de ces deux matrices (dans un ordre quelconque) est la matrice unité. Autrement dit, si $x \in U$ et $y = f(x)$, nous avons deux applications linéaires, l'une de R^n

dans R^m, l'autre de R^m dans R^n, qui sont inverses l'une de l'autre ; ceci prouve que R^m et R^n, comme *espaces vectoriels,* sont *isomorphes.* Or, un théorème d'algèbre nous affirme alors que le nombre n des éléments d'une *base* vectorielle de R^n est égal au nombre m des éléments d'une base de R^m, contrairement à l'hypothèse $n \neq m$.

Nous venons de démontrer l'invariance de la dimension par les homéomorphismes continûment différentiables ; et, pour cela, nous avons utilisé l'invariance de la « dimension » des espaces vectoriels, le mot « dimension » étant alors pris dans un sens purement algébrique (nombre des éléments d'une base vectorielle).

Pour prouver l'invariance de la dimension de R^n vis-à-vis des homéomorphismes quelconques (non nécessairement différentiables), c'est beaucoup plus difficile. La première démonstration date de 1911 et est due à Brouwer. Il n'est pas question de la reproduire ici, ni même d'en donner une idée. Elle repose sur la notion d'approximation simpliciale, et a des rapports étroits avec la notion d' « homologie » (cf. une conférence ultérieure de L. Schwartz).

Une autre démonstration de l'invariance de la dimension repose sur une idée féconde de Lebesgue (2), qui elle aussi est en relation avec l'homologie : considérons le cube I^n de dimension n, produit de n fois le segment $I = [0, 1]$ par lui-même ; on peut en faire un pavage par des ensembles fermés (voir fig. 1 pour le cas $n = 2$), tels que chaque point du cube appartienne au plus à $n + 1$ tels ensembles ; et cela est possible avec des ensembles de diamètre arbitrairement petit. On peut en outre démontrer que, pour n'importe quel recouvrement de I^n avec des ensembles fermés assez petits, il y a toujours au moins un point du cube qui appartient à au moins $n + 1$ ensembles du recouvrement. Le nombre n exprime ainsi une propriété purement topologique de l'espace I^n ; et, de là, on déduit facilement l'impossibilité d'une homéomorphie d'un ouvert de R^n sur un ouvert de R^m pour $m \neq n$. Voici l'énoncé précis du résultat de Lebesgue : si I^n est recouvert par des ensembles fermés F_i tels que chaque F_i ne rencontre jamais simultanément deux faces opposées du cube, alors il existe un point commun à $n + 1$ des F_i.

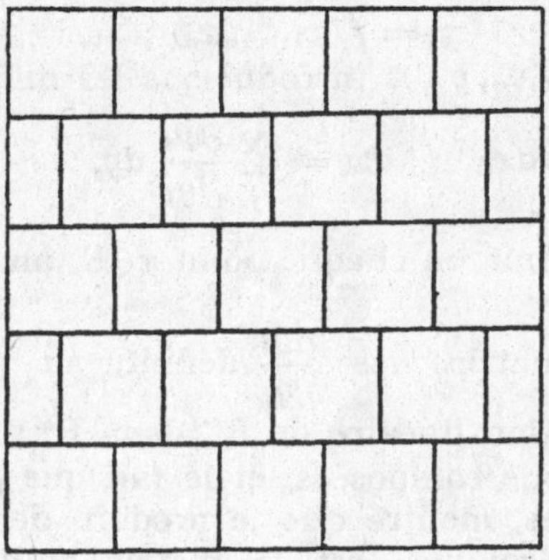

Fig. 1

(2) Lebesgue, dit-on, eut l'idée de cette caractérisation de la dimension en construisant un mur de briques dans une maison du petit village de Gouvieux (Oise).

2. Axiomes pour une théorie de la dimension.

On voudrait pouvoir parler de la dimension d'espaces plus généraux que ceux précédemment envisagés ; par exemple, considérons un sous-espace A de R^n, fermé pour fixer les idées : peut-on lui attribuer une dimension qui soit un invariant topologique, donc ne change pas si on remplace A par un autre sous-espace B d'un R^m, sous la seule condition que B soit homéomorphe à A ?

Dans une théorie de la dimension, on doit d'abord fixer avec précision la classe $\mathcal{C}$ des espaces topologiques pour lesquels on désire définir une dimension (qui soit un nombre entier, éventuellement nul ou infini). Nous supposerons que la classe $\mathcal{C}$ ne contient que des espaces satisfaisant à l'axiome de séparation de Hausdorff, et qu'elle contient tous les *polyèdres*. Rappelons d'abord ce qu'on appelle polyèdre ; et, pour commencer, ce que c'est qu'un *p-simplexe* (ou simplexe de dimension p) : prenons, dans un espace R^n, une suite de $p+1$ points x_i ($i = 0, ..., p$) tels qu'il n'existe aucun plan de dimension $< p$ les contenant (ce qui est toujours possible si $n \geqslant p$) ; les barycentres de masses positives (ou nulles) portées par ces points ont pour lieu le plus petit ensemble convexe contenant ces points ; on l'appelle le p-simplexe de sommets $x_0, ..., x_p$; chacun de ses points s'écrit d'une seule manière $\sum_i \lambda_i x_i$, les nombres réels $\lambda_i \geqslant 0$ étant tels que $\sum_i \lambda_i = 1$. Deux simplexes de même dimension p sont homéomorphes ; pour $p = 0$, on trouve un point, pour $p = 1$ un segment, pour $p = 2$ un triangle, pour $p = 3$ un tétraèdre. Cela dit, un polyèdre est un espace qu'on peut recouvrir avec un nombre fini de sous-espaces fermés homéomorphes à des simplexes (de diverses dimensions), de manière qu'ils s'ajustent convenablement : l'intersection de deux quelconques des simplexes du recouvrement doit être une « face » de chacun de ces deux simplexes (une *face* d'un p-simplexe est le lieu des barycentres de certains de ses sommets ; c'est un simplexe de dimension 0, 1, ... ou $p-1$).

Revenons à la classe $\mathcal{C}$: nous désirons qu'elle contienne tous les polyèdres, et qu'elle satisfasse en outre à la condition suivante : tout espace homéomorphe à un *sous-espace fermé* d'un espace X de la classe $\mathcal{C}$ est aussi dans la classe $\mathcal{C}$. Une telle classe est donc forcément assez vaste, puisqu'elle contient tous les sous-espaces fermés des polyèdres.

Exemples de classes $\mathcal{C}$: 1) la classe $\mathcal{C}_1$ des espaces *compacts* (rappelons qu'un espace X est compact s'il satisfait à l'axiome de Hausdorff et possède en outre la propriété de Borel-Lebesgue : pour tout recouvrement de X par une famille d'ouverts U_i, il existe un nombre fini parmi ces U_i qui recouvrent X) ;

2) la classe $\mathcal{C}_2$ des espaces localement compacts (X est localement compact s'il satisfait à l'axiome de Hausdorff et si tout point possède au moins un voisinage compact) ; l'espace R^n appartient à la classe $\mathcal{C}_2$, non à la classe $\mathcal{C}_1$;

3) la classe $\mathcal{C}_3$ des espaces *métrisables de type dénombrable,* qui contient notamment tous les sous-espaces de R^n, quel que soit n. Un espace X est dit métrisable si la topologie de E peut être définie par une *distance,* ou, plus précisément, par une « métrique » qui, à chaque couple de points x, y, associe un nombre $d(x, y) \geqslant 0$, de manière que :

$$d(x, y) = 0 \text{ si et seulement si } x = y \,;$$
$$d(x, y) = d(y, x) \,;$$
$$d(x, z) \leqslant d(x, y) + d(y, z) \quad (\text{« inégalité du triangle »}).$$

Un tel espace métrisable X est « de type dénombrable » s'il existe une suite dénombrable de points $x_1, ..., x_n, ...$ de X, *partout dense* dans X (c'est-à-dire telle que tout ensemble ouvert non vide contienne au moins un de ces points). L'espace R^n est dans la classe $\mathcal{C}_3$: car l'ensemble dénombrable des points à coordonnées rationnelles est partout dense. On montre que tout sous-espace A d'un espace X de la classe $\mathcal{C}_3$ est dans $\mathcal{C}_3$, même si A n'est pas fermé dans X ;

4) la classe $\mathcal{C}_4$ des espaces *normaux :* un espace X est normal s'il satisfait à l'axiome de Hausdorff et si, chaque fois que A et B sont des sous-ensembles fermés disjoints, il existe une fonction continue numérique sur X, égale à 0 sur A et à 1 sur B. Tout sous-espace *fermé* d'un espace normal est normal.

On démontre que tout espace compact est normal (autrement dit, $\mathcal{C}_4$ contient $\mathcal{C}_1$) ; et que tout espace métrisable est normal (donc $\mathcal{C}_4$ contient $\mathcal{C}_3$).

Pour chacune des classes précédentes, on a une *théorie de la dimension.* D'une manière générale, qu'exige-t-on d'une théorie de la dimension ? On suppose que l'on a, à tout espace X de la classe considérée $\mathcal{C}$, attaché un *entier* dim X, appelé la dimension de X, de manière à satisfaire aux conditions suivantes :

(I) $\dim X \geqslant -1$; dim X peut être infini ; dim X est $\geqslant 0$ si et seulement si X n'est pas vide ;

(II) si X est homéomorphe à X', alors $\dim X = \dim X'$;

(III) si A est un sous-espace *fermé* de X, alors $\dim A \leqslant \dim X$;

(IV) si X est réunion de deux sous-espaces fermés A_1 et A_2, alors $\dim X = \sup(\dim A_1, \dim A_2)$;

(IV *bis* ; axiome facultatif) si X est réunion d'une suite dénombrable de sous-espaces fermés A_i, alors $\dim X = \sup(\dim A_i)$;

(V) la dimension du cube I^n est égale à n.

Alors, si R^n est dans la classe $\mathcal{C}$, la dimension de R^n est n : en effet, $\dim R^n \geqslant \dim I^n$ d'après (III), donc $\dim R^n \geqslant n$ d'après (V) ; d'autre part, R^n est une réunion dénombrable de cubes fermés, donc $\dim R^n \leqslant n$ d'après (IV *bis*).

Remarque : Il faut bien se garder d'imposer l'axiome suivant : « si f est une application continue de X dans Y, l'image $f(X)$ est de dimension au plus égale à dim X ». En effet, la « courbe de Peano » est une application continue du segment I *sur* le carré I^2, et l'on aurait donc une contradiction avec l'axiome (V). (Pour la courbe de Peano, voir l'Appendice).

En dehors des axiomes précédents, il en est un autre d'une nature assez différente. Introduisons d'abord une notion : étant donnés deux sous-ensembles *fermés disjoints* A et B d'un espace X, on dit qu'un sous-ensemble fermé C *sépare* A et B si X-C est réunion de deux ouverts disjoints contenant respectivement A et B. Le nouvel axiome est le suivant :

Axiome (A) : Si X est un espace tel que deux fermés disjoints puissent toujours être séparés par un sous-espace fermé de dimension $\leqslant n-1$, alors $\dim X \leqslant n$.

3. La théorie de Menger-Urysohn.

On prend comme classe $\mathcal{C}$ la classe $\mathcal{C}_3$ des espaces métrisables de type dénombrable, et on impose non seulement l'axiome (A), mais sa réciproque : si $\dim X \leqslant n$, alors deux fermés disjoints de X peuvent toujours être séparés par un sous-espace fermé de dimension $\leqslant n-1$. Cet axiome ainsi renforcé et l'axiome (I) *définissent complètement la dimension :* d'une façon précise, on définit, par récurrence sur l'entier n, ce que c'est qu'un espace X de dimension $\leqslant n$; c'est, par définition, un espace tel que, étant donnés arbitrairement deux sous-ensembles fermés disjoints, ils puissent être séparés par un sous-espace fermé de dimension $\leqslant n-1$. Puisque, d'après l'axiome (I), on sait quels sont les espaces de dimension $\leqslant -1$ (il y a uniquement l'espace vide), on obtient successivement la définition des espaces de dimension $\leqslant 0$, des espaces de dimension $\leqslant 1$, etc... La *dimension* d'un espace X sera alors égale au plus petit des entiers n tels que $\dim X \leqslant n$, ou à l'infini s'il n'existe pas de tels entiers n.

Dans cette définition de la dimension, on n'a pas tenu compte des conditions (II) à (V). En fait, elles sont remplies [y compris (IV *bis*)] : ce sont ici des *théorèmes*, et, pour les démontrer (ce qui est parfois assez difficile), on doit utiliser le fait que l'espace X est métrisable de type dénombrable. De plus, l'axiome (III) est valable pour tout sous-espace A de X, même non fermé.

Pour tout ce qui concerne cette théorie de la dimension, le lecteur peut se reporter à l'ouvrage de Hurewicz-Wallman (*Dimension theory*, Princeton, 1941), ou au petit livre de Favard, chez Albin Michel.

Si, pour la classe $\mathcal{C}_3$, on avait une autre théorie de la dimension, alors la dimension d'un espace X dans cette nouvelle théorie serait *au plus égale* à sa dimension dans la théorie de Menger-Urysohn : démonstration par récurrence, en utilisant l'axiome (A).

Il est bon d'expliciter ce que c'est qu'un *espace de dimension zéro :* on démontre que X est de dimension 0 si et seulement si tout point de X possède un système fondamental de voisinages dont la frontière (3) est

(3) Rappelons qu'à un sous-ensemble A d'un espace topologique X on associe les deux ensembles suivants : l'adhérence (ou fermeture) $\overline{A}$, qui est le plus petit ensemble fermé contenant A ; et l'intérieur $\mathring{A}$, qui est le plus grand ensemble ouvert contenu dans A ; la différence $\overline{A} - \mathring{A}$ s'appelle la *frontière* de A ; c'est un ensemble fermé, qui est aussi la frontière du complémentaire de A. Dire que la frontière de A est vide, c'est dire que $\mathring{A} = \overline{A}$; pour cela, il faut et il suffit que A soit à la fois ouvert et fermé.

vide. Or, un ensemble dont la frontière est vide n'est pas autre chose qu'un ensemble *à la fois ouvert et fermé*. Exemple d'espace de dimension 0 : soit D le sous-espace des points *irrationnels* du segment I ; D est de dimension 0, car tout point x de D possède un système fondamental de voisinages ouverts et fermés, à savoir les traces sur D des segments de I qui contiennent x et dont les extrémités sont rationnelles. Il y a des espaces *compacts* de dimension 0, formés d'une infinité de points : par exemple, l'espace E, dont les points sont les suites illimitées de chiffres 0 et 1, la topologie étant telle que pour que des suites $s_1, ..., s_k, ...$ aient pour limite une suite s, il faut et il suffit que, pour tout entier n, la suite s_k ait les mêmes chiffres que s jusqu'au rang n, dès que k est plus grand qu'un certain entier $k(n)$. Cet espace E est compact et de dimension 0 (on le voit en observant que toutes les suites dont les n premiers chiffres sont donnés forment un ensemble à la fois ouvert et fermé dans E). Il existe une application continue f de cet espace E *sur* le segment $I = [0, 1]$: f associe à chaque suite $(a_1, ..., a_k, ...)$, formée de chiffres 0 et 1, le nombre réel $\sum_k \frac{a_k}{2^k}$ (la série est convergente), nombre dont l'écriture dyadique consiste dans ce système de chiffres, *sauf si les chiffres sont tous égaux à* 1 *à partir d'un certain rang ;* dans ce dernier cas (par exemple, 0101111...), le nombre défini par la suite est égal à celui défini par la suite 0110000... Ainsi, l'application continue f de E sur I n'est pas biunivoque.

4. La théorie d'Alexandroff-Čech.

Elle est fondée sur l'idée de Lebesgue (ci-dessus, n° 2), convenablement adaptée. On prend pour classe $\mathcal{C}$ la classe $\mathcal{C}_4$ des espaces *normaux*. Etant donné un recouvrement d'un espace X par un nombre fini d'ouverts U_i, convenons de dire que ce recouvrement est de dimension $\leqslant n$ si chaque point de X appartient à au plus $n+1$ ensembles du recouvrement. D'autre part, disons qu'un recouvrement par des ouverts V_j est *plus fin* qu'un recouvrement par des ouverts U_i si chaque V_j est contenu dans au moins un ensemble U_i. Dans la théorie d'Alexandroff-Čech, on donne la définition suivante :

Un espace normal X *est de dimension* $\leqslant n$ *si, pour tout recouvrement de* X *par un nombre fini d'ouverts, il existe un recouvrement plus fin, formé aussi d'un nombre fini d'ouverts, et qui soit de dimension* $\leqslant n$.

On démontre que cette théorie de la dimension satisfait à tous les axiomes (I) à (V) [sauf peut-être (IV *bis*)], ainsi qu'à l'axiome (A).

On a déjà dit que la classe $\mathcal{C}_4$ contient la classe $\mathcal{C}_3$. Il est très remarquable que, sur la classe $\mathcal{C}_3$, la dimension au sens d'Alexandroff-Čech est égale à la dimension au sens de Menger-Urysohn.

D'autre part, la classe $\mathcal{C}_4$ contient la classe $\mathcal{C}_1$ des espaces *compacts ;* la théorie d'Alexandroff-Čech fournit donc une *théorie de la dimension des espaces compacts* (la théorie de Menger-Urysohn donnait seulement la dimension des espaces compacts *métrisables*). Cette théorie de la dimension des espaces compacts satisfait à tous les axiomes, y compris (IV *bis*).

On va maintenant donner une autre caractérisation de la dimension des espaces compacts. Il est une classe d'espaces compacts dont la dimension est évidente : ce sont les polyèdres ; en effet, la dimension d'un polyèdre est évidemment, en vertu des axiomes (I) à (V), la plus grande des dimensions des simplexes qui le composent. Cela dit, la notion de dimension d'un espace compact va pouvoir être ramenée à celle de dimension d'un polyèdre. Pour simplifier, supposons que la topologie de l'espace compact considéré X soit définie par une distance ; une application continue de X dans un polyèdre P sera, par définition, une *ε-application* si l'image réciproque de chaque point de P est un ensemble de X dont le diamètre est $\leqslant \varepsilon$ (ε désigne ici un nombre > 0). On démontre le théorème suivant : *pour qu'un espace compact* X *soit de dimension* $\leqslant n$, *il faut et il suffit que, pour tout* $\varepsilon > 0$, *il existe un polyèdre* P *de dimension* $\leqslant n$ *et une ε-application de* X *dans* P.

Voici une application de ce critère. Il est presque évident que le *produit* de deux polyèdres P et Q peut être décomposé en simplexes, et que la dimension de $P \times Q$ ainsi décomposé est la *somme* des dimensions de P et de Q. Il en résulte ceci : si X et Y sont deux espaces compacts, on a :

$$\dim (X \times Y) \leqslant \dim X + \dim Y. \tag{1}$$

Malheureusement, on n'a pas toujours l'*égalité :* Pontrjagin a donné, en 1930, l'exemple de deux espaces compacts de dimension 2 dont le produit est de dimension 3.

L'inégalité (1) vaut aussi dans la théorie d'Alexandroff-Čech: en fait, si X et Y sont dans la classe $\mathcal{C}_4$, on peut les plonger dans des espaces compacts $\widetilde{X}$ et $\widetilde{Y}$ tels que $\dim \widetilde{X} = \dim X$, $\dim \widetilde{Y} = \dim Y$; alors $X \times Y$ est plongé dans $\widetilde{X} \times \widetilde{Y}$, et on a :

$$\dim (X \times Y) \leqslant \dim (\widetilde{X} \times \widetilde{Y}) \leqslant \dim \widetilde{X} + \dim \widetilde{Y} = \dim X + \dim Y,$$

ce qui démontre bien (1).

5. Dimension des espaces localement compacts.

Dans cette théorie, on définit la dimension d'un espace localement compact X comme la *borne supérieure* des dimensions des sous-espaces compacts de X (la dimension d'un compact étant définie comme au n° 4). On obtient ainsi une théorie de la dimension pour la classe $\mathcal{C}_2$; elle satisfait à tous les axiomes (I) à (V) [y compris (IV *bis*)], ainsi qu'à l'axiome (A) et à la relation (1).

Nous avons donc essentiellement deux théories : une théorie de la dimension pour les espaces de la classe $\mathcal{C}_3$ (cf. n° 3), et la présente théorie pour la classe $\mathcal{C}_2$ de tous les espaces localement compacts. Il est agréable de savoir que sur la classe commune $\mathcal{C}_3 \cap \mathcal{C}_2$, ces deux théories coïncident : si un espace localement compact X appartient à la classe $\mathcal{C}_3$ (et, pour cela, il faut et il suffit que X soit réunion d'une suite dénombrable de sous-espaces compacts métrisables), alors la dimension de X au sens de Menger-Urysohn est bien égale à la borne supérieure des dimensions des compacts contenus dans X. Cela tient à ce que la dimension de Menger-Urysohn satisfait à l'axiome (IV *bis*).

Dans chacune des deux théories précédentes, la notion de dimension a un *caractère local :* pour que $\dim X \leqslant n$, il faut et il suffit que chaque point possède un *voisinage fermé* de dimension $\leqslant n$.

6. Sous-espaces de l'espace R^n.

Soit X un sous-espace de R^n ; X est donc dans la classe $\mathcal{C}_3$. Si X contient un ouvert non vide de R^n, il est évident que $\dim X = n$. On démontre la réciproque : si un sous-espace X de R^n est de dimension n exactement, X contient un ouvert non vide de R^n. Dans le cas particulier où X est compact, on s'en rend compte facilement : supposons en effet que X n'ait pas de point intérieur ; prenons un polyèdre $P \subset R^n$, qui contienne X, et soit formé de simplexes de diamètre $\leqslant \varepsilon$; choisissons, à l'intérieur de chaque n-simplexe de P, un point n'appartenant pas à X ; projetons, depuis ce point, sur la frontière du simplexe, la partie de X située dans le simplexe. En procédant ainsi pour tous les n-simplexes de P, on obtient une application continue de X dans la réunion P' des simplexes de P dont la dimension est $\leqslant n - 1$; ceci est une ε-application de X dans un polyèdre dont la dimension est $\leqslant n - 1$. On en déduit bien que $\dim X \leqslant n - 1$.

Quels sont les espaces compacts que l'on peut réaliser comme sous-espace (fermé) d'un espace numérique R^q (et donc aussi comme sous-espace d'un cube I^q) ? Un tel espace doit évidemment être *métrisable*. On a inversement le théorème (Menger-Nöbeling) : si X est un espace compact métrisable de dimension n, il est possible de réaliser X comme sous-espace fermé du cube I^{2n+1} de dimension $2n + 1$. Au contraire, il y a des espaces compacts métrisables de dimension n qu'on ne peut pas réaliser comme sous-espace du cube I^{2n} (par exemple, la réunion des faces de dimension n d'un simplexe de dimension $2n + 2$).

7. Applications dans la sphère S_n.

Soit X un espace *compact*, et A un sous-espace fermé de X ; toute application continue de A dans l'espace R^n peut se prolonger en une application continue de X tout entier dans R^n (ceci est même vrai si X est normal). Mais si on considère des applications dans la *sphère* S_n, il n'en est plus de même : par exemple, soit B_{n+1} la *boule* de dimension $n + 1$, ensemble des points de R^{n+1} dont la distance à l'origine est $\leqslant 1$ (S_n est la frontière de B_{n+1}) ; soit f l'application identique de S_n ; on démontre que f ne peut pas se prolonger en une application continue de B_{n+1} dans S_n.

On a la caractérisation suivante de la dimension des espaces compacts : pour que $\dim X \leqslant n$, il faut et il suffit que, quel que soit le sous-espace fermé $A \subset X$, et l'application continue f de A dans S_n, il existe un prolongement de f en une application continue de X dans S_n.

La même caractérisation est valable pour la dimension de Menger-Urysohn (X étant alors métrisable de type dénombrable).

On en déduit la propriété suivante : si Y est un sous-espace *fermé* d'un espace localement compact X, on a :

$$(2) \qquad \dim X \leqslant \sup(\dim Y, \dim(X - Y))\ ;$$

en fait, la même inégalité vaut aussi dans la théorie de Menger-Urysohn, car alors l'ouvert X — Y est réunion d'une suite dénombrable de fermés.

8. Sous-espaces séparateurs.

Rappelons qu'un espace X est dit *connexe* s'il n'est pas réunion de deux sous-ensembles ouverts non vides et disjoints. Si on enlève d'un espace connexe X un sous-ensemble fermé A, il se peut que l'espace restant X — A ne soit pas connexe (exemple : X est l'espace R^n, et A un hyperplan). Cependant, on démontre : si X est une *variété* connexe de dimension n, et si A est un sous-espace fermé de dimension $\leqslant n-2$, l'espace X — A est connexe (par exemple, le plan privé d'un point est connexe). Que peut-on dire dans le cas où A est de dimension $n-1$, et plus précisément dans le cas où A, comme espace topologique, est une variété de dimension $n-1$? Signalons, sans démonstration évidemment, le théorème de Jordan-Brouwer généralisé : soit X une variété « orientable » de dimension n, connexe et « simplement connexe » (cela signifie que toute courbe fermée peut se déformer en un point) ; si une variété (connexe ou non) de dimension $n-1$ est plongée comme sous-ensemble fermé A dans X, le nombre des composantes connexes de X — A est égal à celui des composantes connexes de A augmenté d'une unité ; en outre, chaque composante connexe de A est nécessairement « orientable ». Ceci s'applique notamment au cas où X est l'espace R^n.

9. Relation avec les mesures k-dimensionnelles.

Soit X un espace métrisable de type dénombrable. Supposons qu'on ait choisi une *métrique* sur X. Alors, pour chaque entier n, soit $m_n(X)$ la borne inférieure de toutes les sommes $\sum_i d(X_i)^n$ relatives à tous les recouvrements dénombrables de X par des X_i ; $d(X_i)$ désigne le « diamètre » de X_i calculé avec la métrique donnée. Lorsque X est compact, on peut se borner à considérer les recouvrements finis. On montre ceci : si $m_{n+1}(X) = 0$, alors $\dim X \leqslant n$. Il y a une sorte de réciproque : si $\dim X \leqslant n$, il existe une métrique sur X pour laquelle $m_{n+1}(X) = 0$; on peut même trouver une réalisation de X comme sous-espace de I^{2n+1} de manière que la métrique induite par la métrique du cube convienne.

Par exemple, prenons pour X le segment I, qui est de dimension 1, et pour métrique la distance habituelle de deux points du segment ; il est bien clair que l'on peut recouvrir I avec un nombre fini de segments dont la somme des *carrés* des distances soit arbitrairement petite.

Conclusion. — On espère, par cet aperçu forcément rapide, avoir donné quelque idée de la diversité des questions et des problèmes qui, en topologie, se rattachent à la notion de « dimension ».

Appendice : la courbe de Peano

Considérons un triangle rectangle et isocèle T, et soient s_0 et s_1 les sommets des angles aigus. On va définir une application continue g du segment $\mathrm{I} = [0, 1]$ *sur* T, telle que $g(0) = s_0$ et $g(1) = s_1$. En complétant la « courbe » ainsi obtenue au moyen d'une symétrie par rapport à l'hypoténuse de T, on aura une « courbe » qui remplit un carré.

Pour cela, reprenons l'espace E défini au n° 3. On va définir une application continue h de E sur T : la bissectrice de l'angle droit de T partage T en deux triangles (fermés) T_0 et T_1, en notant T_0 celui qui contient le sommet s_0 et T_1 celui qui contient s_1. De même, T_0 est réunion de deux triangles égaux T_{00} et T_{01}, et T_1 est réunion de T_{10} et T_{11}. On appelle T_{00} le triangle qui contient s_0, et T_{01} celui qui contient le sommet de l'angle droit de T ; de même, T_{10} contient le sommet de l'angle droit de T, et T_{11} contient s_1. On recommence, en décomposant en deux triangles égaux chacun des triangles T_{00}, T_{01}, T_{10}, T_{11} ; on note T_{000}, T_{001} les deux triangles de la décomposition de T_{00}, etc... D'une façon précise, les triangles sont numérotés de telle manière que dans la suite

$$T_{000}, T_{001}, T_{010}, T_{011}, T_{100}, T_{101}, T_{110}, T_{111},$$

deux triangles consécutifs aient toujours un côté commun (fig. 2). On peut continuer : pour chaque entier n, le triangle T sera décomposé en 2^n triangles égaux, dont chacun correspond à une suite de n chiffres égaux à 0 ou 1.

Considérons alors un point x de l'espace E, c'est-à-dire une suite *illimitée* de chiffres égaux à 0 ou 1, par exemple 0010111... ; on lui associe la suite illimitée des triangles :

$$T_0, T_{00}, T_{001}, T_{0010}, T_{00101}, T_{001011}, T_{0010111}, \ldots$$

Chacun contient le suivant, et leur diamètre tend vers zéro ; ils ont donc en commun un point unique. Si on note $h(x)$ ce point commun, on définit ainsi une application h de E dans T ; on vérifie qu'elle est continue ; comme tout point de T appartient à au moins une suite illimitée de triangles emboîtés, h applique E *sur* T. Or, au n° 3, on a défini une application continue f de E sur le segment $\mathrm{I} = [0, 1]$; d'autre part, si deux suites illimitées (telles, par exemple, que $x = 0101111...$ et $y = 0110000...$) sont telles que $f(x) = f(y)$, on voit facilement que $h(x) = h(y)$: elles définissent le même point de T. Si, pour chaque point $u \in \mathrm{I}$, on choisit un $x \in \mathrm{E}$ tel que $f(x) = u$, l'élément $h(x) \in \mathrm{T}$ ne dépend pas du choix de x ; c'est une fonction $g(u)$. L'application g de I sur T est continue, car elle applique le segment $\left[0, \frac{1}{2}\right]$ sur T_0 et le segment $\left[\frac{1}{2}, 1\right]$ sur T_1 ; le segment $\left[0, \frac{1}{4}\right]$ sur T_{00}, etc... Cette application g est la « courbe de Peano » cherchée.

On peut voir qu'étant donné un point quelconque $t \in \mathrm{T}$, il existe au plus quatre points de I que g transforme dans t ; « en général », il n'en existe qu'un.

La figure 3 donne une *approximation* de la courbe de Peano (obtenue en considérant les triangles ayant 6 chiffres en indice).

H. C.

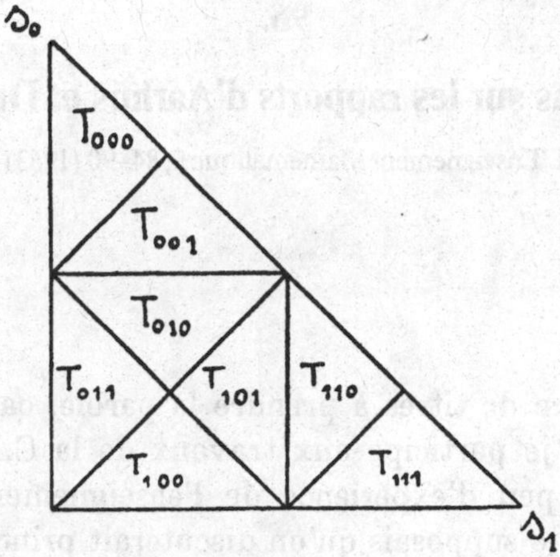

$\mathcal{D}_0$
T_{000}
T_{001}
T_{010}
T_{011}
T_{101}
T_{110}
T_{100}
T_{111}
$\mathcal{D}_1$

FIG. 2

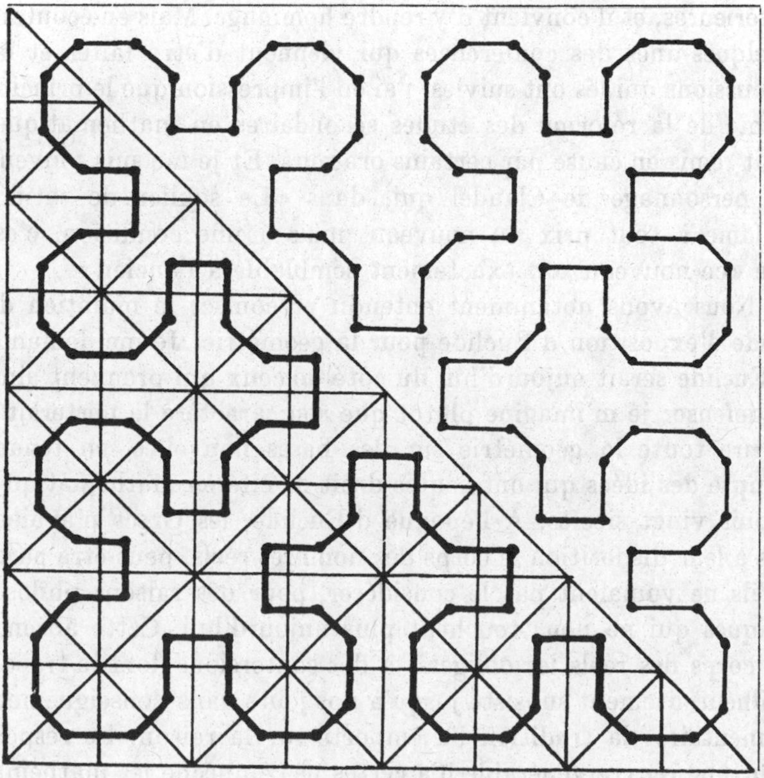

FIG. 3

96.

Réflexions sur les rapports d'Aarhus et Dubrovnik

L'Enseignement Mathématique 9, 84–90 (1963)

Je n'ai guère de titres à prendre la parole, car c'est la première fois que je participe aux travaux de la C.I.E.M., et j'ai vraiment très peu d'expérience de l'enseignement secondaire. En venant ici, je supposais qu'on discuterait principalement des rapports d'Aarhus et Dubrovnik, les prenant comme base de départ pour les compléter éventuellement ou les améliorer si possible. Un travail considérable a été accompli dans les réunions antérieures, et il convient d'y rendre hommage. Mais en écoutant quelques-unes des conférences qui viennent d'être faites et les discussions qui les ont suivies, j'ai eu l'impression que le principe même de la réforme des études secondaires en mathématiques était remis en cause par certains orateurs. Et je me suis souvenu du personnage de Claudel qui, dans « Le soulier de satin », réclame à tout prix du nouveau, mais à une condition, c'est que « ce nouveau soit exactement semblable à l'ancien ».

Nous avons notamment entendu préconiser le maintien du mode d'exposition d'Euclide pour la géométrie. Je me demande si Euclide serait aujourd'hui du côté de ceux qui prennent ainsi sa défense; je m'imagine plutôt que son caractère le porterait à récrire toute la géométrie sur des bases nouvelles, en tenant compte des idées qui ont acquis droit de cité en mathématiques depuis vingt siècles. A l'époque d'Euclide, les Grecs n'avaient pas à leur disposition le corps des nombres réels, peut-être parce qu'ils ne voulaient pas le considérer, pour des raisons philosophiques qui ne nous touchent plus aujourd'hui. Cette absence du corps des réels les obligeait à des contorsions dont la trace a malheureusement subsisté jusqu'à nos jours dans l'enseignement élémentaire: la tradition l'a emporté sur la raison. Le respect pour une œuvre vénérable n'a certes pas empêché les mathématiques de progresser, mais il a paralysé l'évolution, pourtant nécessaire, de l'enseignement élémentaire de la géométrie.

Nous sommes tous d'accord, je crois, sur la nécessité urgente d'un changement dans l'enseignement des mathématiques (et donc, en particulier, de la géométrie) au niveau des écoles secondaires. Cet enseignement doit être apte à former les jeunes gens qui poursuivront plus tard des études scientifiques à l'Université. Mais il faut aussi songer à ceux qui ne feront plus de mathématiques après avoir quitté l'enseignement secondaire. Pour ceux-ci comme pour les autres, nous devons élaguer, simplifier, éviter d'inculquer des idées fausses (chacun de nous a eu bien de la peine à se défaire des idées fausses qu'il avait reçues dans sa jeunesse; il y a fallu des années et nous n'y sommes pas tous parvenus). A ceux-ci comme aux autres, il faut donner des outils maniables, ainsi qu'une formation de l'esprit. Quant à ceux qui poursuivront plus tard des études mathématiques, ils devront avoir été préparés à recevoir l'enseignement des universités.

Pour mettre en œuvre une réforme aussi radicale de l'enseignement des mathématiques, il est nécessaire de *préciser un programme*. Ceci me semble évident, et je ne suis pas d'accord, sur ce point, avec mon collègue et ami Freudenthal, qui déclarait avant-hier que l'essentiel était non de discuter d'un programme, mais de se préoccuper de didactique. Certes, la didactique ne doit pas être négligée, et je suis fondamentalement d'accord avec la théorie des « niveaux » de M. Freudenthal. Mais cette didactique, nous avons besoin de savoir à quoi elle s'appliquera. C'est pourquoi la tâche première, à mon avis, consiste à *préciser les objectifs mathématiques* que l'on se propose d'avoir atteints à la fin des deux cycles secondaires. Une fois l'accord réalisé sur le programme global des connaissances à inculquer au cours des études secondaires, nous pourrons aborder utilement les problèmes didactiques. Nous procéderons alors à reculons, en descendant du niveau supérieur (sur lequel l'accord aura déjà été réalisé) pour tenter de définir, de proche en proche, les niveaux antérieurs par lesquels l'élève aura dû passer. Je résume: mettons-nous d'abord d'accord sur le contenu mathématique de l'enseignement, et la didactique suivra. A vrai dire, le problème de la didactique ne sera résolu que s'il y a de bons professeurs; soyons assurés qu'alors ils formeront de bons élèves.

Mais où trouver ces professeurs ? Comment former les maîtres capables d'enseigner les nouveaux programmes ? Ils ont besoin d'être aidés, guidés. A mon avis, c'est à ces maîtres que nous devons penser par priorité: notre tâche la plus urgente, c'est d'*établir un texte mathématique à l'usage des maîtres*, texte qui devra donner le contenu des théories à enseigner aux élèves, et aussi indiquer quelques aperçus « hors programme », destinés seulement aux professeurs. Car un maître ne doit pas borner son savoir aux simples connaissances qu'il doit enseigner; il est nécessaire qu'il ait des vues allant au-delà des matières de son enseignement. Par exemple, il sera bon que le maître ait quelque connaissance des géométries non-euclidiennes, pour mieux comprendre la portée de l'enseignement axiomatique de la géométrie euclidienne qu'il pourra être amené à donner (dans la mesure où cet enseignement sera axiomatique; nous reviendrons tout à l'heure sur cette question). Enfin, ce livre à l'usage des maîtres devra montrer comment une même question peut être traitée successivement à des niveaux différents.

Permettez-moi de vous donner deux exemples de ces changements de niveau. Premier exemple: le plan étant rapporté à deux axes de coordonnées (et chaque point ayant donc deux coordonnées x et y), les droites sont les sous-ensembles du plan qui sont définis par une équation linéaire $ax+by = c$ (a et b non nuls tous deux). Cette assertion est-elle un théorème ou une définition ? Je pense qu'au cours de l'enseignement, elle sera d'abord un *théorème*, plus ou moins bien démontré dans le cadre d'une géométrie plane basée soit sur l'intuition, soit sur des axiomes fondés sur l'intuition; mais à un stade ultérieur, ce théorème deviendra une *définition*: le plan sera défini comme espace vectoriel (ou affine si l'on préfère), et les droites seront, par définition, les sous-ensembles définis par une équation linéaire. Deuxième exemple: le « théorème de Pythagore » est-il un théorème ou une définition ? Il sera d'abord un théorème, plus ou moins bien démontré à partir des notions intuitives de longueur et d'orthogonalité; ultérieurement, ce sera une définition, la donnée de la forme quadratique x^2+y^2 définissant la structure euclidienne d'un espace qui, jusque-là, possédait seulement une structure affine.

J'aborde maintenant la question qui est plus spécialement à l'ordre du jour de cette réunion: l'enseignement de la géométrie. A mon avis, cette question ne peut être traitée séparément, car il est nécessaire que l'enseignement de la géométrie et celui de l'algèbre soient menés de front. Nous ne voulons plus du cloisonnement des connaissances mathématiques. Ce que nous désirons, c'est que les élèves apprennent à raisonner correctement, qu'ils acquièrent des techniques de calcul, et aussi qu'ils soient à même d'utiliser des « méthodes géométriques » (et un langage géométrique) pour résoudre des problèmes dont la nature est, au fond, algébrique. En bref, nous voudrions qu'ils puissent combiner harmonieusement l'intuition spatiale et la rigueur du raisonnement logique.

Vous n'attendez pas que je donne des recettes universelles pour atteindre ce but. Mais je voudrais tenter, devant vous, d'esquisser rapidement sur quelle base pourrait être fondé, selon moi, l'enseignement de la géométrie élémentaire. Je n'ai d'ailleurs aucune prétention à l'originalité, et je pense que les idées que je vais formuler sont en accord avec celles déjà exprimées par le professeur Artin; en revanche, elles s'écartent un peu de la conception axiomatique de Choquet. Tout d'abord, je me rallie entièrement à l'opinion selon laquelle la notion d'*espace vectoriel* (et celle d'espace affine, qui s'en déduit aussitôt) doit être une des notions fondamentales du nouvel enseignement des mathématiques. Cette notion, avec celle de produit scalaire, permettra de fonder (ou, si l'on préfère, de reconstruire) toute la géométrie euclidienne. Mais la notion d'espace vectoriel ne peut évidemment pas être « parachutée » arbitrairement; et pour la dégager à l'usage des élèves, il est nécessaire que ceux-ci aient déjà vu et manipulé des espaces vectoriels (sans le savoir encore). Une autre difficulté provient du fait que nous avons besoin, en géométrie, d'un espace vectoriel à deux dimensions (ou trois dimensions) *sur le corps réel*. Il nous faudrait donc, en principe, connaître le corps des nombres réels (et sa relation d'ordre) avant de pouvoir commencer la géométrie. Bien entendu, il n'est pas question de faire préalablement une théorie complète et rigoureuse des nombres réels. Cependant, on devra tenter de dégager la notion de nombre réel et celle d'espace vectoriel, à partir des intuitions géométriques existant chez l'élève. De quelle manière ? A mon avis, *le plus vite sera le mieux.* Je ne prétends pas qu'on doive précipiter les étapes qui sont psychologiquement nécessaires; mais j'affirme que l'on doit se préoccuper d'amener aussi vite que possible l'élève à se représenter, par exemple, le plan de la géométrie comme un espace vectoriel à deux dimensions sur le corps réel, les droites étant définies par des équations linéaires. En effet, une fois ce résultat atteint, il sera possible (pour s'en tenir à la géométrie):

1° d'initier les élèves aux techniques indispensables de la géométrie analytique;

2° de fonder sur une base solide (en reprenant les choses à zéro) les notions essentielles de la géométrie, sans qu'il soit désormais nécessaire de recourir à l'axiomatique. On pourra en effet procéder alors au moyen de définitions explicites, de caractère algébrique.

Pour mieux préciser ma pensée, je dirai que le début de l'axiomatique de Choquet me semble utile, et même indispensable, pour arriver à la structure vectorielle du plan (ou de l'espace); mais qu'une fois ce résultat atteint, la suite de l'axiomatique de Choquet me semble superflue, puisque ses « axiomes » deviennent des « théorèmes » une fois que l'on reconstruit la géométrie sur de nouvelles bases (structure vectorielle, et éventuellement produit scalaire). Entrons un peu dans les détails:

a) *Introduction des nombres réels.* — Il n'est pas question de formuler un système complet d'axiomes, ou, si vous préférez, de formuler explicitement *toutes* les propriétés qui serviraient à caractériser axiomatiquement le corps des réels. Mais très tôt, en utilisant l'intuition éveillée par l'usage d'une règle graduée, placée sur une droite, on devra convaincre l'élève qu'à chaque nombre (positif, négatif ou nul) correspond alors un point de la droite, et réciproquement. On dégagera la notion du *groupe additif* des réels, et de sa relation d'ordre; la notion de translation (addition d'un nombre fixe) qui conserve la relation d'ordre, etc... On précisera davantage: une droite étant donnée, c'est le choix d'une origine et d'un point unité qui déterminera la correspondance entre les points de la droite et les nombres réels. La multiplication des nombres réels par un nombre a correspond alors au changement d'unité. Je n'ai pas le temps de détailler ici, mais chacun voit quels développements on peut donner. Il n'est pas question de faire des démonstrations au sens rigoureux du terme, puisqu'aussi bien ni la droite ni les nombres réels n'ont été vraiment définis. Mais il s'agit de convaincre psychologiquement l'élève que la droite de la géométrie possède des propriétés, disons algébriques, et pour tout dire, possède une certaine structure.

b) *Plan à deux dimensions.* — Je me bornerai au cas du plan, car une fois que l'élève aura compris ce qui se passe pour 2 dimensions, il sera facile d'introduire les espaces vectoriels à 3 dimensions (je ne veux pas dire que, dans les classes élémentaires, la connaissance expérimentale des corps à 3 dimensions doive être négligée !). Très tôt, il y aura avantage à utiliser du papier quadrillé pour repérer les points d'un plan. Quant à l'analyse de la structure du plan, nous suivrons d'abord le début de l'axiomatique de Choquet, qui nous amènera à la projection oblique, et au repérage des points du plan par les couples de nombres réels. Il restera à prouver que toute droite est caractérisée par une équation du premier degré; cela découlera essentiellement du *théorème de Thalès*, dont la démonstration sera donc une pièce maîtresse de l'édifice. Cette démonstration sera plus ou moins complète, suivant qu'on escamotera ou non le cas des rapports irrationnels. Comme vous le savez, le contenu algébrique du théorème de Thalès est le suivant: si une application f de R dans R respecte l'ordre et satisfait à $f(x+y) = f(x)+f(y)$, alors f est linéaire: $f(x) = ax$, a étant un nombre réel fixe.

Alors, nous avons maintenant la structure vectorielle du plan (une fois choisie une origine), et nous pouvons, dans ce cas, vérifier les axiomes d'un espace vectoriel. Rien n'empêche de donner d'autres exemples d'espaces vectoriels (par exemple celui formé par les trinômes du second degré en x). Je pense qu'à ce point l'élève admettra que l'on puisse reconstruire l'espace à 3 dimensions à partir d'un espace vectoriel de dimension 3.

c) *Géométrie plane euclidienne.* — La difficulté consistera à admettre ce qu'il faut sur les « distances » et la notion d'orthogonalité pour pouvoir « démontrer » le théorème de Pythagore. Ceci a été fait explicitement, de diverses façons, dans les rapports d'Aarhus et de Dubrovnik. Alors, dans le plan rapporté à deux vecteurs unitaires et orthogonaux, on a l'expression du produit scalaire, on peut étudier le groupe des déplacements, etc. (voir par exemple le rapport de Dubrovnik, p. 193).

En résumé, je souhaiterais que la géométrie classique (affine ou euclidienne) fût exposée avec le *minimum d'axiomatique*, et le *maximum d'explicitations algébriques*. Ces explicitations algébriques n'excluent nullement le *langage géométrique*; elles le justifient ! Elles n'excluent pas davantage la solution des problèmes par voie géométrique; il y aura toujours intérêt à ce qu'un même problème soit traité de deux manières, par voie géométrique et par voie analytique.

Prof. H. Cartan
Institut Henri Poincaré
11, rue Pierre Curie
Paris V^e^.

97.

Emil Artin*

Abhandlungen aus dem Mathematischen Seminar
der Universität Hamburg 28, 1–5 (1965)

EMIL ARTIN fut un mathématicien génial. C'était aussi un artiste et, pour tout dire, un homme complet.

L'oeuvre du mathématicien, d'autres que moi, qui la connaissent mieux, pourraient en parler avec autorité et la situer dans l'ensemble des mathématiques contemporaines[1]). Quant à l'homme, je n'ai rencontré Artin qu'en de trop rares et trop courtes occasions, et je puis tout au plus espérer avoir deviné sa personnalité profonde, si attirante. Je serais heureux cependant si je pouvais penser que mon modeste hommage, si maladroit soit-il, lui serait allé au coeur.

En face de son intelligence si vive et lucide, de son esprit aiguisé, j'aurais pu me trouver intimidé. En réalité, j'étais mis en confiance parce que je sentais chez Artin cet enthousiasme profond, ce besoin de faire partager son admiration pour tout ce qui est beau, qu'il s'agisse de mathématiques, de musique ou de toute autre forme d'art. Et même lorsqu'Artin restait silencieux, son vif regard bleu le rendait étonnamment présent.

Né à Vienne le 3 mars 1898, Artin est docteur en philosophie à l'âge de 23 ans après deux années d'étude à Leipzig; puis il passe un an à Göttingen, qui était alors le centre de la vie mathématique mondiale. C'est ensuite, pendant les sept ou huit premières années de son séjour à Hambourg, qu'il fait les découvertes mathématiques qui le rendent célèbre. Il enseigne pendant 15 ans à l'Université de Hambourg, successivement comme assistant, Privatdozent, professeur extraordinaire et enfin professeur ordinaire. En 1937 il doit quitter cette Université qui lui est chère, et il part s'installer aux Etats-Unis. Pendant dix ans, de 1932 à 1942, il n'a pratiquement plus publié. Puis sa fécondité renaît, et il approfondit alors les sujets qu'il avait explorés dans sa jeunesse.

On s'accorde en général à considérer Artin comme un algébriste. Et il est vrai qu'il est de ceux qui, à la suite d'EMMY NOETHER, ont contribué à l'algébrisation des mathématiques contemporaines. C'est VAN DER WAERDEN qui nous apprend, dans la préface de son Traité fameux, que

*) Als Vortrag gehalten in der Universität Hamburg auf einer Gedenkfeier anläßlich des Todestages von Emil Artin am 19. Dezember 1963.

[1]) Je suis reconnaissant à CLAUDE CHEVALLEY et JEAN-PIERRE SERRE pour l'aide qu'ils m'ont apportée en me communiquant leurs idées sur l'oeuvre d'Artin.

la redaction de la "Moderne Algebra" est issue de leçons professées en 1926 par Artin à Hambourg (encore que le noyau initial d'Artin se soit considérablement transformé et amplifié avant de devenir le Traité classique que nous connaissons).

Mais est-il juste de considérer Artin exclusivement comme un algébriste? Il s'est intéressé à des problèmes délicats de Topologie (la théorie des nattes); et il possédait ce qu'on appelle le „sens de la géométrie", comme l'atteste son livre „Geometric Algebra" (livre que devraient lire tous ceux qui, à des titres divers, ont à enseigner la géométrie élémentaire).

Ce qui fait d'Emil Artin un "algébriste", c'est donc plutôt un certain tempérament intellectuel. Son esprit rigoureux déteste l'à-peu-près; il possède le don d'algébriser les problèmes sans jamais perdre de vue l'intuition des phénomènes; on peut même dire que l'algébrisation est pour lui une façon d'extérioriser la vision des choses. Chez Artin, la découverte est inséparable d'une compréhension lucide des structures mises en jeu. Sa conception des mathématiques a certainement influencé de jeunes chercheurs vers les années 1930—1935, tels CHEVALLEY et ANDRÉ WEIL. Et je crois pouvoir affirmer qu'à cette époque, sans le savoir, Artin a contribué à l'éclosion de BOURBAKI. Certes les réalisations de BOURBAKI manquent souvent de l'élégance que l'on admire chez Artin; mais la tendance initiale et d'ailleurs constante de BOURBAKI à repenser les choses au moyen d'une analyse toujours renouvelée des phénomènes n'est pas étrangère, je crois, au mode de pensée d'Artin. En tout cas, BOURBAKI se sentit fier lorsque, en 1953, Artin consacra une étude critique détaillée aux premiers chapitres de son Livre d'Algèbre.

Il n'est pas question de donner ici une analyse, même sommaire, de l'oeuvre mathématique d'Artin. Je voudrais simplement tenter d'en évoquer maintenant quelques sommets.

Les travaux qui dominent l'oeuvre d'Artin se rapportent à la théorie des nombres algébriques. Ils sont basés sur l'étude de la fonction ζ et des séries L d'un corps de nombres algébriques. Le plus beau théorème d'Artin est la fameuse *loi de réciprocité*: soient k et K des corps de nombres algébriques, K étant une extension abélienne de k. Supposons, pour simplifier l'exposition, que K/k soit une extension *non ramifiée*, c'est-à-dire que tout idéal premier de l'anneau des entiers de k engendre, dans l'anneau des entiers de K, un produit d'idéaux premiers *distincts*, et en outre que toute place réelle de k reste réelle dans K. Soit I_k (resp. I_K) le groupe des idéaux fractionnaires de k (resp. de K), et soit N l'application "norme": $I_K \to I_k$. Soit P_k le groupe des idéaux principaux; le groupe quotient $I_k/P_k = C_k$ est donc le groupe des classes d'idéaux de k. Le groupe

$$I_k/(NI_K) \cdot P_k,$$

quotient de I_k par le sous-groupe engendré par les normes et les idéaux principaux, s'identifie à un quotient de C_k, et est donc fini. En 1922 Takagi, achevant de prouver les conjectures de HILBERT sur le "corps de classes", a démontré que le groupe $I_k/(NI_K)\cdot P_k$ est isomorphe au groupe de Galois G de K sur k. Mais aucun isomorphisme explicite n'a alors été défini. En 1923, Artin qui vient d'étudier la décomposition de la fonction ζ_K en produit de fonctions L, est conduit par cette étude à définir un homomorphisme $I_k/NI_K \to G$. Pour cela, il associe à tout idéal premier $\mathfrak{p}$ de k la "substitution de Frobenius" $F_\mathfrak{p}$ définie comme suit: si $\mathfrak{P}$ est un idéal premier de K au-dessus de $\mathfrak{p}$, l'extension résiduelle correspondant à $\mathfrak{P}$ a un groupe de Galois cyclique (car c'est une extension de corps finis), avec un générateur privilégié

$$\lambda \to \lambda^{N(\mathfrak{p})};$$

or le groupe de Galois de l'extension résiduelle s'identifie à un sous-groupe du groupe de Galois G, parce que K/k est non-ramifiée. On associe ainsi à chaque $\mathfrak{P}$ au-dessus de $\mathfrak{p}$ un élément de G; les éléments associés aux différents $\mathfrak{P}$ situés au-dessus d'un même $\mathfrak{p}$ sont conjugués dans G, et puisque G est abélien par hypothèse, ils sont égaux. On a défini ainsi, pour tout idéal premier $\mathfrak{p}$ de k, un élément $F_\mathfrak{p} \in G$. L'application $\mathfrak{p} \to F_\mathfrak{p}$ se prolonge en un homomorphisme $I_k \to G$, qui s'annule sur NI_K et est surjectif. Artin conjecture alors que l'homomorphisme $I_k \to G$ s'annule sur les idéaux principaux; s'il en est bien ainsi, il induit un homomorphisme surjectif $I_k/(NI_K)\cdot P_k \to G$, et puisque d'après Takagi ces deux groupes ont le même ordre, on a, en fait, obtenu un *isomorphisme*.

Il y a un énoncé analogue (plus compliqué) dans le cas où l'extension K/k est ramifiée. Ce résultat, qui n'est encore qu'une conjecture lorsqu'Artin l'énonce en 1923, est appelé par Artin la *loi générale de réciprocité*, car il redonne les diverses lois de réciprocité connues, à commencer par la loi de réciprocité quadratique de GAUSS. Sans plus attendre, Artin indique une série de conséquences importantes de la loi générale de réciprocité.

Dans ce travail de 1923, Artin parvenait à démontrer sa loi dans un certain nombre de cas particuliers: corps cyclotomiques, corps kummériens. Ce n'est que trois ou quatre ans plus tard qu'il trouve la démonstration du cas général; il la publie en 1927 aux Abhandlungen du Séminaire Mathématique de Hambourg (où il avait déjà publié ses recherches antérieures). Il a trouvé cette démonstration en lisant un travail de ČEBOTAREV; la méthode lui permet de ramener le cas général à celui, déjà traité, des extensions cyclotomiques.

Diverses applications de la loi de réciprocité feront l'objet de publications ultérieures, dont deux écrites en collaboration avec HASSE.

Artin utilise aussi la loi de réciprocité en vue de trouver une démonstration du "Hauptidealsatz" de HILBERT: tout idéal de k devient principal dans le corps de classes de k. A cette occasion, il introduit pour la première fois l'opération de *transfert* (homomorphisme $G \to H$ défini lorsque H est un sous-groupe abélien distingué d'un groupe fini G, le quotient G/H étant abélien). Artin, grâce à ces notions, ramène la démonstration du Hauptidealsatz à un problème de théorie des groupes, problème qui est alors résolu par FURTWAENGLER.

Considérons maintenant une extension K/k non nécessairement abélienne, et soit G son groupe de Galois. Artin avait, en 1923, défini des fonctions L_χ attachées aux caractères χ de G, et c'est pour montrer que ces fonctions L_χ coïncident, dans le cas où G est abélien, avec les séries L_χ classiques, qu'il avait été amené à formuler la loi générale de réciprocité. Inversement, cette loi lui permet d'approfondir l'étude de ces questions; il montre qu'il existe une puissance entière de L_χ qui est méromorphe. En fait, un résultat de RICHARD BRAUER, postérieur de vingt ans, entraîne que L_χ elle-même est méromorphe. Artin a d'ailleurs conjecturé que L_χ est holomorphe lorsque χ ne contient pas le caractère-unité (c'est le cas des L_χ classiques à la DIRICHLET-WEBER), ce qui entraînerait que le quotient ζ_K/ζ_k des fonctions zêta des corps k et K est holomorphe.

Dans sa Thèse, parue en 1924, Artin avait introduit une fonction ζ non plus dans le cas d'un corps de nombres algébriques, mais dans celui d'une extension quadratique d'un corps de fonctions rationnelles à une variable sur un corps fini. C'était la première fois qu'on étudiait la fonction ζ attachée à une variété algébrique sur un corps de base fini. Il établissait l'équation fonctionnelle de ζ, et énonçait "l'hypothèse de Riemann" dans le cadre où il s'était placé. Artin a fait là oeuvre de pionnier, laissant à d'autres le soin de poursuivre: F. K. SCHMIDT établira l'équation fonctionnelle de ζ pour toutes les courbes algébriques sur un corps fini, HASSE prouvera l'hypothèse de RIEMANN pour les courbes de genre un, et ANDRÉ WEIL pour le cas général. En fait, on s'est aperçu aujourd'hui que le formalisme d'Artin peut s'étendre à tous les *schémas* (au sens de GROTHENDIECK) de type fini sur l'anneau Z des entiers.

Les travaux d'Artin sur les *corps réels* ont été faits en partie en collaboration avec OTTO SCHREIER. Artin introduit d'abord la notion de *corps ordonné*. Il se demande à quelle condition un corps peut être ordonné, et il obtient une condition de nature purement algébrique: il faut et il suffit que -1 ne soit pas égal à une somme de carrés. Il montre de plus qu'un tel corps k possède une extension algébrique maximale K ayant cette propriété; alors K peut être ordonné d'une manière et d'une seule, et en adjoignant $\sqrt{-1}$ à K on obtient un corps algébriquement clos.

Mais Artin n'a pas été seulement un découvreur en mathématiques. Il avait le goût de l'enseignement, des mises au point bien faites; il éprouvait le besoin de communiquer sa science, d'exposer un sujet en ne laissant dans l'ombre aucun de ses aspects essentiels. Les séminaires d'Artin ont eu une influence profonde; c'est là qu'il a formé des élèves tels que Serge Lang et John Tate. Ce dernier a renouvelé la théorie du corps de classes grâce aux méthodes cohomologiques dont Artin était devenu un adepte enthousiaste. Artin a aussi pris la peine de publier la matière de plusieurs de ses cours, sous forme de livres ou de „Notes de cours"; et nous constatons que, même sur des sujets très classiques, il avait une pensée originale à exprimer; il possédait le don merveilleux de simplifier sans rien sacrifier à la rigueur, et d'éclairer les choses connues d'un jour nouveau. Par exemple, dans ses leçons sur la théorie de Galois (1942), il met en évidence le rôle joué par l'Algèbre linéaire, le surcorps L du corps K devant être considéré avec sa structure d'espace vectoriel sur K. La formulation que donne Artin des théorèmes de la théorie de Galois a permis ultérieurement sa généralisation au cas des corps non commutatifs. Signalons aussi le petit livre d'Artin sur la fonction Γ, où pour la première fois $\log \Gamma(x)$ (pour $x > 0$) est caractérisé comme l'unique fonction *convexe* de x satisfaisant à l'équation fonctionnelle habituelle.

Artin ne s'est pas seulement intéressé à l'enseignement des mathématiques au niveau des Universités. Il s'est aussi préoccupé du problème du renouvellement de l'enseignement des mathématiques au niveau le plus élémentaire. Il a participé d'une manière active aux travaux d'un Comité créé dans ce but à l'instigation de l'O. E. C. E., et j'ai été le témoin de l'intérêt passionné qu'il portait à ces questions. L'âge n'avait nullement affaibli l'ardeur de ses convictions, et il savait les exprimer avec un enthousiasme communicatif.

Emil Artin avait eu la joie, en 1958, de revenir à Hambourg après 21 ans d'absence, d'y retrouver l'Université qu'il avait illustrée autrefois, d'y former à nouveau des élèves. Quelle tristesse de voir cette nouvelle période de sa vie si brutalement interrompue! Il venait d'écrire une conférence sur Hilbert, sous le titre: „Die Bedeutung Hilberts für die moderne Mathematik." Qu'il me soit permis d'en citer la conclusion, qui s'applique si bien à Artin lui-même: „Seine Ideen leben weiter unter uns, seine Arbeitsmethoden sind uns leuchtendes Vorbild, und es ist uns allen klar, daß sein Name nie vergessen wird."

Eingegangen am 7. 1. 1964

98.

Structural stability of differentiable mappings

Proceedings International Conference on Functional Analysis, Tokyo 1–10 (1969)

This is a brief report on recent results of John MATHER, concerning the classification of so-called "stable mappings". This kind of problems was initiated by WHITNEY, and later by THOM, who studied different types of singularities of differentiable mappings, and tried to investigate what happens with the type of the singularity when the map is replaced by any arbitrary near mapping. In fact, as we shall see, there are two types of problems: those of local nature, and those in the large.

We will consider only smooth manifolds of class C^∞ and mappings of class C^∞. All manifolds will be of finite dimension, and will be assumed to be a countable union of compact subsets. A part of what follows is valid for manifolds with "corners" at the boundary.

§ 1. Definition of a stable mapping.

Let X and Y be two manifolds; we denote by $C(X, Y)$ the set of all differentiable mappings (of class C^∞) $X \to Y$. On $C(X, Y)$ we consider the so-called *C^∞-fine topology*, which is defined as follows: first, let k be a finite positive integer; the space of "jets" of order k, $J^k(X, Y)$, is a fibre bundle with $X \times Y$ as base space and algebraic fibres; it has a natural topology. Now, for any open set $U \subset J^k(X, Y)$, consider the set $W(U)$ consisting of all $f \in C(X, Y)$ such that the k-jet $j^k(f): X \to J^k(X, Y)$ maps X into U; the sets $W(U)$ corresponding to all possible U's generate a topology on $C(X, Y)$: the C^k-fine topology. Then the C^∞-fine topology is, by definition, the limit of all C^k-fine topologies, when k tends to ∞. It is to be observed that the C^0-fine topology is the topology for which a fundamental system of neighbourhoods of an $f \in C(X, Y)$ is obtained by assigning to every neighbourhood U of the *graph* of f (subset of $X \times Y$) the set of all mappings $g: X \to Y$ whose graph is contained in U. When X is not compact, this topology is much finer than the topology of uniform convergence on compact subsets, and even finer than the topology of uniform convergence on X.

Now, let us denote by $C_{pr}(X, Y)$ the subset of all *proper* mappings $X \to Y$; then $C_{pr}(X, Y)$ is open in $C(X, Y)$ for the C^0-fine topology, and a fortiori for the C^∞-fine topology. The composition of differentiable mappings

$$C_{pr}(X, Y)\times C(Y, Z)\rightarrow C(X, Z)$$

is *continuous* for the C^∞-fine topologies.

DEFINITION 1 (The manifold Y is assumed without boundary). A map $f\in C(X, Y)$ is called *stable* if there is a neighbourhood V of f (in $C(X, Y)$ equipped with the C^∞-fine topology) having the following property: any $f'\in V$ is "equivalent" to f. This means that there exist $g\in \text{Diff } X$ and $h\in \text{Diff } Y$ such that

$$f'=h\circ f\circ g^{-1}.$$

We may reformulate this definition as follows: let the group $\text{Diff } X\times \text{Diff } Y$ operate on $C(X, Y)$ by the formula

$$(g, h)\cdot f=h\circ f\circ g^{-1};$$

then f is stable if and only if the *orbit* of f under the action of $\text{Diff } X\times \text{Diff } Y$ is *open* in $C(X, Y)$ (for the C^∞-fine topology).

If f is stable, it is natural to ask whether it is possible to choose g and h near to the identity when f' is near to f. We shall answer this question in a moment.

REMARK. A constant map is not stable, when $\dim Y\geqq 1$.

Besides this notion of "stability", there is a notion of *infinitesimal stability*. Heuristically, it concerns the maps infinitely near to f. We shall give now the precise definition: let $TX\rightarrow X$ and $TY\rightarrow Y$ be the tangent bundles; let us denote by $\Theta(X)$, resp. $\Theta(Y)$, the vector space of all C^∞-sections of TX, resp. TY. Intuitively, an element of $\Theta(X)$ is an infinitesimal transformation of the group Diff X, and this statement is perfectly correct when the manifold X is compact. In the same way, let us consider the C^∞-maps $X\rightarrow TY$ which cover $f: X\rightarrow Y$; or, what is the same, the C^∞-sections of the bundle $f^*(TY)$ with base X. We denote by $\Theta(f)$ the vector space of all those sections; intuitively, it is the space of all infinitesimal deformations of f.

We have obvious linear maps

$$tf: \Theta(X)\rightarrow\Theta(f), \qquad \omega f: \Theta(Y)\rightarrow\Theta(f),$$

namely:

$$(tf)(s)=T(f)\circ s, \qquad (\omega f)(s)=s\circ f.$$

Intuitively, tf represents the action on f of an infinitesimal transformation of the group Diff X, and ωf the action on f of an infinitesimal transformation of Diff Y. Consider now the linear map

$$(tf)\oplus(\omega f): \Theta(X)\oplus\Theta(Y)\rightarrow\Theta(f). \tag{1}$$

DEFINITION 2. The mapping f is called *infinitesimally stable* if the map (1) is *surjective*; in other words if one has

$$\Theta(f)=(tf)(\Theta(X))+(\omega f)(\Theta(Y)). \tag{2}$$

FUNDAMENTAL THEOREM OF MATHER. *For a* proper *mapping $f: X \to Y$, the following properties are equivalent:*

(a) *f is stable* (Def. 1);

(b) *f is infinitesimally stable* (Def. 2).

REMARK. If f is not proper, (a) does not imply (b), nor (b) implies (a).

In order to prove this result in detail and study notions connected with it, MATHER ([3] and [4]) wrote more than 225 pages, which appeared up to now in the form of preprints (see References). It involves delicate techniques, and of course it is impossible to give here a complete account of this quite remarkable work. Let us explain now some points.

First, one proves more than the implication (b)$\Rightarrow$(a): namely, it is proved that (b)$\Rightarrow$(a′), where (a′) is the following assertion (stronger than (a)):

(a′) there exists a neighbourhood V of f in $C(X, Y)$, and two continuous maps

$$G: V \to \mathrm{Diff}\, X, \qquad H: V \to \mathrm{Diff}\, Y,$$

such that, for any $f' \in V$, the following relations hold:

$$f'=H(f')\circ f\circ G(f')^{-1}, \qquad G(f)=id_X, \qquad H(f)=id_Y. \tag{3}$$

Hence if we denote by $O(f)$ the orbit of f under the action of $\mathrm{Diff}\, X \times \mathrm{Diff}\, Y$, the mapping

$$\mathrm{Diff}\, X \times \mathrm{Diff}\, Y \to O(f)$$

defined by $(g, h) \to h\circ f\circ g^{-1}$ is a *locally trivial fibre bundle.* This is stronger than the *stability* of f (Def. 1).

For technical reasons, one proves even more: it is shown that the infinitesimal stability (b) implies the following property:

(a″) there exists a neighbourhood V of f in $C(X, Y)$ and two continuous maps

$$G: V \to C(X\times I, X), \qquad H: V \to C(Y\times I, Y)$$

(where I denotes the interval $[0, 1]$), such that, if one writes

$$G_t(f')(x)=G(f')(x, t), \qquad H_t(f')(y)=H(f')(y, t),$$

then the following relations hold for any $f' \in V$:

$$\begin{cases} f'=H_1(f')\circ f\circ G_1(f')^{-1}, \quad G_0(f')=id_X, \quad H_0(f')=id_Y, \quad G_t(f)=id_X, \\ H_t(f)=id_Y, \quad G_t(f')\in \mathrm{Diff}\, X, \quad H_t(f')\in \mathrm{Diff}\, Y \qquad \text{for any } t\in I. \end{cases} \tag{4}$$

(Compare with (3)). Thus if we put

$$F_t(f')=H_t(f')\circ f\circ G_t(f')^{-1}, \tag{5}$$

we see that $F_t(f')$ defines (when $t \in I$) a *homotopy* from f to f', and this homotopy is defined for any $f' \in V$.

In order to prove that the infinitesimal stability (b) implies (a″), one first constructs a homotopy $F_t(f')$ for f' belonging to a suitable neighbourhood of f; this is relatively easy, by using an imbedding of Y into a space $\boldsymbol{R}^N$ (N big). Then, one tries to construct G_t and H_t satisfying (5) with the following initial conditions:

$$(6)\quad \begin{cases} G_0(f') = id_X\,, & H_0(f') = id_Y \quad \text{for any } f' \in V\,, \\ G_t(f) = id_X\,, & H_t(f) = id_Y\,. \end{cases}$$

For doing this, one will have to restrict the neighbourhood V of f. Now, for a fixed f', the derivative $\frac{\partial F_t}{\partial t}$ is a map $X \times I \to TY$ which covers the given homotopy $F: X \times I \to Y$. Let us denote by $\Theta_0(F)$ the vector space of all such C^∞-maps $X \times I \to TY$. Then $\frac{\partial F_t}{\partial t}$ is an element $\zeta \in \Theta_0(F)$; but because of (2), it is possible to show that

$$\Theta_0(F) = (tF)(\Theta_0(X \times I)) + (\omega f)(\Theta_0(Y \times I))\,,$$

where $\Theta_0(X \times I)$ denotes the space of C^∞-sections of the bundle $TX \times I \to X \times I$, and the same for $\Theta_0(Y \times I)$. The proof of this uses the "preparation theorem" of MALGRANGE [1], or more precisely a stronger version proved by MATHER (this is a deep result). We said that this is true for a given f'; in fact, this can be proved only if f' belongs to some neighbourhood W of f, smaller than V. Thus, for $f' \in W$, there is a $\xi \in \Theta_0(X \times I)$ and a $\eta \in \Theta_0(Y \times I)$ such that the element $\zeta(f') \in \Theta_0(F)$ can be written

$$\zeta(f') = (tF)\xi + (\omega F)\eta$$

(remember that F depends on f'). But we have to do this in a more precise way: we have to choose ξ and η in such a way that they depend continuously on $f' \in W$, and they are zero for $f' = f$. This again is possible (when restricting W if necessary) by using a sophisticated form of MALGRANGE's theorem.

Now, having the vector fields $\xi(f')$ and $\eta(f')$ depending on f', we get, by integrating a differential system, a unique map $t \mapsto G_t(f') \in \mathrm{Diff}\, X$ such that

$$G_0(f')(x) = x\,, \qquad \frac{\partial G_t}{\partial t} = -\xi(f')(G_t(f')(x))\,;$$

in fact this is a priori possible only for t sufficiently small; but because f is *proper* it is possible to extend this solution up to $t = 1$ if f' is sufficiently near to f. In the same way, there is a unique map $t \mapsto H_t(f') \in Y$ such that

$$H_0(f')(y) = y\,, \qquad \frac{\partial H_t}{\partial t} = \eta(f')(H_t(f'(y)))\,.$$

Then $G_t(f')$ and $H_t(f')$ satisfy (5) and (6), and the property (a″) is established.

§ 2. Stability of a germ of C^∞-map.

Observe that both "stability" and "infinitesimal stability" are notions of *global* nature with respect to the source X. Before proving the implication (a)⇒(b) (stability implies infinitesimal stability, cf. § 3), we have to introduce a local notion of stability, namely the stability of a *germ* of C^∞-mapping (see definition below). Historically, Whitney and Thom worked only with germs of maps, and the study of local stability is quite interesting for itself.

Let $x \in X$, $y \in Y$. We denote by

$$f: (X, x) \dashrightarrow (Y, y)$$

a germ (at x) of a C^∞-map, sending x into y. Let $C_x(X)$ denote the algebra of all germs (at x) of C^∞-functions (with real values); the same for $C_y(Y)$. Let $\Theta_x(X)$ be the vector space of germs (at x) of C^∞-sections of the tangent bundle $TX \to X$; the same for $\Theta_y(Y)$. Finally, let $\Theta_x(f)$ be the vector space of germs of C^∞-sections of the bundle $f^*(TY)$, inverse image of the bundle $TY \to Y$ by the map $f: X \to Y$. Then $\Theta_x(X)$, resp. $\Theta_y(Y)$, is a module over the algebra $C_x(X)$ (resp. $C_y(Y)$); moreover f defines a ring homomorphism $C_y(Y) \to C_x(X)$, hence any $C_x(X)$-module may be considered as a $C_y(Y)$-module. Like in § 1, one defines

$$tf_x: \Theta_x(X) \to \Theta_x(f), \qquad \omega f_x: \Theta_y(Y) \to \Theta_x(f);$$

the first map is $C_x(X)$-linear, the second map is $C_y(Y)$-linear.

Definition 3. The germ $f: (X, x) \dashrightarrow (Y, y)$ is said *infinitesimally stable* (or simply: *stable*) if the following relation holds:

$$\Theta_x(f) = (tf_x)(\Theta_x(X)) + (\omega f_x)(\Theta_y(Y)). \tag{7}$$

Clearly, if $f: X \to Y$ is infinitesimally stable (Def. 2), and $x \in X$, then the germ f_x of f at the point x is stable (Def. 3). Conversely, suppose that, for any $x \in X$, the germ f_x is stable; it is not possible to conclude that f is infinitesimally stable. We have to assume a little more (cf. Prop. 2 below). In order to explain this, we introduce the notion of germ of a mapping $f \in C(X, Y)$ at a *finite* (non void) subset $S \subset X$, when the image $f(S)$ consists of a single point $y \in Y$. One then defines $\Theta_S(f)$, $\Theta_S(X)$ as above, and the linear maps

$$tf_S: \Theta_S(X) \to \Theta_S(f), \qquad \omega f_S: \Theta_y(Y) \to \Theta_S(f).$$

One says that the germ f (at the finite set S) is infinitesimally stable (or simply: stable) if

$$\Theta_S(f) = (tf_S)(\Theta_S(X)) + (\omega f_S)(\Theta_y(Y)). \tag{8}$$

Observe that the algebra $C_S(X)$ of all germs (at S) of C^∞-functions (with real values) is equipped with a ring homomorphism

$$f^*: C_y(Y) \to C_S(X)$$

defined by f; and that $\Theta_S(X)$ and $\Theta_S(f)$ are $C_S(X)$-modules.

In this context, the version of Malgrange preparation theorem which will be used has the following form:

PREPARATION THEOREM. *Let $f: (X, S) \dashrightarrow (Y, y)$ be a germ of C^∞-map; let A be a $C_S(X)$-module, finitely generated. Consider A as a module over $C_y(Y)$, using the homomorphism f^*. If $A \otimes_{C_y(Y)} \mathbf{R}$ (where $\mathbf{R}$ is a $C_y(Y)$-module by using the homomorphism $C_y(Y) \to \mathbf{R}$ which assigns to each germ of function its value at the point y) is of finite dimension (as an $\mathbf{R}$-vector space), then A is finitely generated as a $C_y(Y)$-module.*

Using this preparation theorem, one proves:

PROPOSITION 1. *In order that the germ f at S be infinitesimally stable (relation* (8)), *it is sufficient that*

$$\Theta_S(f) = (tf_S)(\Theta_S(X)) + (\omega f_S)(\Theta_y(Y)) + (f^*(\underline{m}_y) + \underline{m}_S^{p+1})\Theta_S(f), \tag{8'}$$

where $\underline{m}_y$ denotes the maximal ideal of $C_y(Y)$, and $\underline{m}_S$ the radical of $C_S(X)$ (ideal consisting of all germs whose values on S are zero), and p denotes the dimension *of Y at the point y.*

This result implies that the stability of the germ f *depends only on the $(p+1)$-jet* of f at S. We shall return a little later on the stability of such jets.

PROPOSITION 2. *Let $f: X \to Y$ be a proper C^∞-map. In order that f be infinitesimally stable, it is necessary and sufficient that for any* finite *subset $S \subset X$ such that $f(S)$ consists in a single point $y \in Y$, the germ f_S of f be stable (condition* (8)).

Hint for the proof: the condition is obviously necessary, and we only have to prove sufficiency. Let Σ be the set of all points $x \in X$ where the tangent mapping $T(f)$ does *not* map the tangent space $T_x(X)$ *onto* $T_{f(x)}(Y)$. For each point $y \in Y$, let Σ_y be the set of all $x \in \Sigma$ such that $f(x) = y$. One shows that if (8) holds for every finite subset S of Σ_y having at most $p+1$ elements ($p = \dim_y Y$), then Σ_y is actually finite, with at most p points. Using the fact that f is a closed mapping (since f is proper by hypothesis), one then uses a partition of unity in order to prove that f satisfies (globally) the relation (2). This proof works actually even if f is not proper, provided that the restriction of f to Σ be proper.

We now study the *stable germs.* Let f be a germ of C^∞-mapping $(X, S) \dashrightarrow (Y, y)$, where S is finite. Let (x_i) be the points of S. Then f is defined by giving, for each point x_i, a germ

$$f_i : (X, x_i) \dashrightarrow (Y, y).$$

PROPOSITION 3. *In order that f be stable, it is necessary and sufficient that:*

1) *each germ* $f_i : (X, x_i) \dashrightarrow (Y, y)$ *be stable;*

2) *a kind of condition "of good position" be satisfied, namely: denote, for each i, by* $\tau(f_i)$ *the vector subspace of the tangent space* $T_y(Y)$ *consisting of the values (at the point y) of all germs of vector fields whose image by* $\omega f_i : \Theta_y(Y) \to \Theta_{x_i}(f_i)$ *belongs to the sum*

$$f_i^*(\underline{m}_y) \cdot \Theta_{x_i}(f_i) + (tf_i)(\Theta_{x_i}(X));$$

then the condition of "good position" is that the natural map

$$T_y(Y) \to \bigoplus T_y(Y)/\tau(f_i)$$

be surjective.

If we admit Proposition 3, we are reduced to characterize the stable germs only for the case when S consists of a single point.

Let now f: $(X, x) \dashrightarrow (Y, y)$ be a germ of C^∞-map, *stable or not.* Consider the local ring ($\boldsymbol{R}$-algebra)

$$Q(f) = C_x(X)/f^*(\underline{m}_y) \cdot C_x(X) = C_x(X) \otimes_{C_y(Y)} \boldsymbol{R}.$$

For any integer k, let $Q_k(f)$ be the quotient of $Q(f)$ by the $(k+1)$-th power of its maximal ideal; $Q_k(f)$ is a local algebra of finite dimension over $\boldsymbol{R}$. It is obvious that $Q_k(f)$ depends only on the k-jet $j^k(f)$ at the point x. One then proves the following: given two germs f and f': $(X, x) \dashrightarrow (Y, y)$, the algebras $Q_k(f)$ and $Q_k(f')$ are *isomorphic* if and only if the jets $j^k(f)$ and $j^k(f')$ belong to the same orbit of the group $\mathcal{K}^k$ operating on the k-jets; here $\mathcal{K}^k$ denotes the group induced on the k-jets by the group $\mathcal{K}$ consisting of all germs of automorphisms Γ of $(X \times Y, (x, y))$ having the following property: if γ denotes the germ of automorphism of (X, x) induced by Γ by fixing the point $y \in Y$, then the diagram

$$\begin{array}{ccc} (X \times Y, (x, y)) & \dashrightarrow & (X, x) \\ \downarrow \Gamma & & \downarrow \gamma \\ (X \times Y, (x, y)) & \dashrightarrow & (X, x) \end{array}$$

commutes, where the horizontal arrows come from the natural projection $X \times Y \to X$.

There is now the following problem: if the jets $j^k(f)$ and $j^k(f')$ belong to the same orbit of $\mathcal{K}^k$, can we conclude that f and f' belong to the same orbit of $\mathcal{K}$? If this is the case, we shall say that f is *k-finitely determined with respect to the group* $\mathcal{K}$. One proves that this property of f depends only on the jet $j^\infty(f)$, and actually depends only on $j^r(f)$ for some finite integer r depending only on k, the dimension of X and the dimension of Y. Moreover: given the germ f, a necessary and sufficient condition for the existence of a k such that f be k-finitely determined with respect to $\mathcal{K}$, is that the $\boldsymbol{R}$-vector space

$$\Theta_x(f)/\{(tf_x)(\Theta_x(X))+f^*(\underline{m}_y)\cdot\Theta_x(f)\}$$

be of finite dimension.

There are similar results concerning the group $\mathcal{A}$, subgroup of $\mathcal{K}$ consisting of all products of a germ of automorphism of (X, x) by a germ of automorphism of (Y, y). In this case, the condition for f being k-finitely determined with respect to $\mathcal{A}$ is that the $\boldsymbol{R}$-vector space

$$\Theta_x(f)/\{(tf_x)(\Theta_x(X))+(\omega f_x)(\Theta_y(Y))\}$$

be of finite dimension. Note that this dimension is precisely 0 if and only if the germ f is stable.

All the preceding results hold also for the case of *real-analytic* germs; they hold for complex-analytic germs (replacing then $\boldsymbol{R}$ by $\boldsymbol{C}$).

We now go back to the *stable* germs. One proves that a stable germ $(X, x)\dashrightarrow(Y, y)$ is $(p+1)$-finitely determined with respect to the group $\mathcal{A}$, where $p=\dim_y Y$. We have something more: on the set of all stable $(p+1)$-*jets*, the groups $\mathcal{K}^{p+1}$ and $\mathcal{A}^{p+1}$ have *the same orbits*. Summarizing:

PROPOSITION 4. *Given two stable germs* $f, f' : (X, x)\dashrightarrow(Y, y)$, *they are* "equivalent" (*i.e. there is a germ of automorphism* g *of* (X, x) *and a germ of automorphism* h *of* (Y, y) *such that* $f'=h\cdot f\cdot g^{-1}$) *if and only if the corresponding algebras* $Q_{p+1}(f)$ *and* $Q_{p+1}(f')$ *are* isomorphic (*where* $p=\dim_y Y$).

Such a statement would be false if f and f' were not assumed to be stable.

Proposition 4 holds also for the analytic case.

Let now $\hat{Q}(f)$ be the completion of $Q(f)$, i.e. the inverse limit of the quotients $Q_k(f)$. If f and f' are equivalent stable germs, then we have not only an isomorphism $Q_{p+1}(f)\approx Q_{p+1}(f')$, but an isomorphism $\hat{Q}(f)\approx\hat{Q}(f')$. But $\hat{Q}(f)$ is a quotient of an algebra of formal power series (with a finite set of variables); then J. MATHER gives a complete characterization of those algebras (quotients of formal power series algebras) which are associated with a stable germ of mapping, and by this way he succeeds to give a *normal form for all stable germs.* The problem of classifying all stable germs may thus be considered as completely solved.

The general formula is too complicated to be given here; let us recall the simplest normal forms:

(1) for the case $(\boldsymbol{R}, 0)\dashrightarrow(\boldsymbol{R}, 0)$, the map $x'=x^2$ ("the fold").

(2) for the case $(\boldsymbol{R}^n, 0)\dashrightarrow(\boldsymbol{R}, 0)$, the map

$$x'=\sum_i \varepsilon_i(x_i)^2 \qquad (\varepsilon_i=\pm 1)\ \text{(Morse)}.$$

(3) for the case $(\boldsymbol{R}^2, 0) \dashrightarrow (\boldsymbol{R}^2, 0)$, the map

$$x'=x, \qquad y'=xy-y^3 \text{ (the "cusp" of Whitney).}$$

(4) for the case $(\boldsymbol{R}^3, 0) \dashrightarrow (\boldsymbol{R}^3, 0)$, the map

$$x'=x, \qquad y'=y, \qquad z'=z^4+xz^2+yz \text{ ("the swallow's tail").}$$

§ 3. Stability implies infinitesimal stability.

We are now in a position to explain the main steps of the proof that (a) implies (b) (cf. § 1).

Using Prop. 1 and Prop. 2, we see that we have only to prove the following: if $f: X \to Y$ is stable (Def. 1), then, for any finite subset $S \subset X$ such that $f(S)=\{y\}$, the relation (8′) holds, where $p=\dim_y Y$. First, using a variant of the transversality theorem of Thom, and the fact that $C(X, Y)$ is a "Baire space", one proves that there is a mapping $f': X \to Y$, arbitrarily near to f, such that the p-jet

$$j^p(f'): X \to J^p(X, Y)$$

be transversal to a given orbit of the group of all automorphisms of $J^p(X, Y)$ induced by the group Diff $X \times$ Diff Y. Such an orbit is a submanifold. But f' is equivalent to f modulo Diff $X \times$ Diff Y, since f is stable by hypothesis; hence the jet $j^p(f)$ is transversal to the same orbit. And this argument is valid for *every* orbit. It appears that this transversality expresses exactly the relation (8′) for the case where S is reduced to a point x.

But this is not sufficient, since we need condition (8′) for any finite S. For this reason, one now considers the space ${}_rJ^p(X, Y)$ of "multijets" defined as follows: let $X^{(r)}$ be the subspace of $X^r=X\times\cdots\times X$ (r times) consisting of points $(x_1, \cdots, x_r)$ such that $x_i \neq x_j$ for $i \neq j$; and let ${}_rJ^p(X, Y)$ the inverse image of $X^{(r)}$ by the canonical map $(J^p(X, Y))^r \to X^r$, product of the map $J^p(X, Y) \to X$ r times by itself. A mapping $f \in C(X, Y)$ defines a multijet

$${}_rj^p(f): X^{(r)} \to {}_rJ^p(X, Y).$$

One proves that for a stable f the map ${}_rj^p(f)$ is transversal to every orbit in ${}_rJ^p(X, Y)$. If S is such that $f(S)$ be a single point y, this transversality is equivalent to the relation (8′). This finishes the proof that (a)$\Rightarrow$(b).

§ 4. Are the stable mappings dense?

Let X and Y be manifolds of dimension n and p respectively. One knows (cf. [5]) that the set of proper stable mappings $X \to Y$ is not always dense in the space $C_{pr}(X, Y)$ of all proper mappings. But J. MATHER defines an integer $\sigma(n, p)$ (announcing he will publish an explicit calculation of it) and proves the following properties:

(1) the set of proper stable mappings $X \to Y$ is dense in $C_{pr}(X, Y)$ if and only if $n < \sigma(n, p)$ (this does not exclude the case where $C_{pr}(X, Y)$ is empty).

(2) let $J^k(n, p)$ be the algebraic variety of all k-jets $(\boldsymbol{R}^n, 0) \dashrightarrow (\boldsymbol{R}^p, 0)$. It is known that for $k > p$, we have the notion of a stable jet (since the stability of a germ f depends only on $j^{p+1}(f)$). Supposing $k > p$, the set $\Sigma^k(n, p)$ of all *non-stable* jets is an algebraic subset of $J^k(n, p)$; if $n \geqq \sigma(n, p)$ its codimension in $J^k(n, p)$ is $\leqq n$; if $n < \sigma(n, p)$, its codimension is $> n$.

References

[1] B. Malgrange, Le théorème de préparation en géométrie différentielle, Sém. H. Cartan 1962/63, Exposés 11, 12, 13 et 22.

[2] J. Mather, Stability of C^∞-mappings, I, The division theorem, Ann. of Math., 87 (1968), 89–104.

[3] J. Mather, Structural stability of mappings, Chap. I and II, Mimeographed Notes, Princeton Univ., Nov. 1966.

[4] J. Mather, Stability of C^∞-mappings, III, Finitely determined map-germs, IV. Classification of stable germs by $\boldsymbol{R}$-algebras, V. Transversality, Mimeographed Notes, Institut des Hautes Etudes Scientifiques, Bures-sur-Yvette, 1968 et 69.

[5] R. Thom and H. I. Levine, Singularities of differentiable mappings, Bonn. Math. Schr., 6 (1959).

[6] J. C. Tougeron, Idéaux de fonctions différentiables, Thèse, Rennes, 1967.

[7] J. C. Tougeron, Stabilité des applications différentiables, d'après J. Mather, Sém. Bourbaki, nov. 1967, n° 336.

[8] H. Whitney, On singularities of mappings of euclidean spaces, I, Mappings of the plane into the plane, Ann. of Math., 62 (1955), 374–410.

95 BOULEVARD JOURDAN
PARIS 14, FRANCE

99.

Les travaux de Georges de Rham sur les variétés différentiables

Essays on Topology and Related Topics, Springer-Verlag 1–11 (1970)

On m'a demandé de parler des travaux de De Rham consacrés à la théorie des variétés différentiables. C'est une tâche agréable et périlleuse à la fois: agréable, car il est toujours plaisant d'évoquer de beaux résultats de mathématiques, aussi profonds qu'élégants; – périlleuse, car pour en bien parler il faudrait posséder les mêmes qualités de clarté et de précision que l'auteur, et être capable, comme lui, de suggérer beaucoup de choses en peu de mots.

Ne pouvant évidemment prétendre à un exposé exhaustif, je choisirai quatre têtes de chapitres dans l'œuvre de De Rham, m'efforçant chaque fois de mettre en évidence l'originalité de son apport.

1. Le théorème de De Rham

Cette dénomination aujourd'hui classique, et un peu vague d'ailleurs, recouvre un ensemble de résultats; pour bien les comprendre, il est bon de les situer dans leur contexte historique. Poincaré avait introduit sa théorie de l'homologie pour les variétés; d'autre part, il avait observé que toute forme différentielle «fermée» est *localement* une différentielle exacte. Pour être un peu plus précis, soit X une variété différentiable (de classe C^∞), compacte; notons $\Omega^p(X)$ l'espace vectoriel des formes différentielles de degré p (à valeurs réelles et de classe C^∞). Disons qu'une forme différentielle ω est fermée si $d\omega=0$ (d désignant l'opérateur de différentiation extérieure des formes différentielles), et qu'elle est cohomologue à zéro s'il existe une forme α telle que $d\alpha=\omega$. L'espace vectoriel $B^p\Omega(X)$ des formes de degré p, cohomologues à zéro, est un sous-espace de l'espace $Z^p\Omega(X)$ des p-formes fermées, puisque $dd=0$.

Par ailleurs, introduisons la notion de *chaine* de dimension p: c'est une combinaison linéaire formelle (à coefficients réels) de polyèdres différentiables de dimension p, dans la variété X; ces polyèdres sont supposés orientés. On définit le *bord* d'un polyèdre de dimension p, qui est une chaîne de dimension $p-1$, et par linéarité on définit le bord ∂c

d'une chaîne c. On a $\partial(\partial c)=0$. On appelle p-cycles les p-chaînes c telles que $\partial c=0$; p-bords les p-chaînes c telles qu'il existe une $(p+1)$-chaîne c' avec $\partial c'=c$. Le quotient de l'espace vectoriel des p-cycles par celui des p-bords sera noté $H_p(X)$; c'est l'espace vectoriel d'homologie de X, en dimension p (et à coefficients réels).

On définit l'intégrale $\int_c \omega$ d'une p-forme différentielle ω sur une p-chaîne c. La formule de Stokes montre que lorsque ω est fermée, et que c est un cycle, cette intégrale ne dépend que de la classe d'homologie du cycle c; sa valeur s'appelle souvent une «période» de ω. On obtient ainsi une application

$$Z^p\Omega(X) \to \mathrm{Hom}\,(H_p(X), \mathbf{R}). \tag{1}$$

Cette application est linéaire et s'annule sur le sous-espace $B^p\Omega(X)$, comme le montre la formule de Stokes. Par passage au quotient, (1) définit donc une application linéaire

$$H^p\Omega(X) \to \mathrm{Hom}\,(H_p(X), \mathbf{R}) = H^p(X; \mathbf{R}), \tag{2}$$

en notant $H^p\Omega(X)$ l'espace de cohomologie $Z^p\Omega(X)/B^p\Omega(X)$ calculé avec les formes différentielles, et en notant $H^p(X;\mathbf{R})$ l'espace de cohomologie réelle de X calculé avec les «cochaînes» (i.e. les fonctions à valeurs réelles définies sur l'ensemble des polyèdres de X).

Dans sa Thèse (1931, [1]) De Rham montre, au moyen de décompositions cellulaires duales de la variété X, les deux théorèmes fondamentaux que voici:

Théorème 1. *Le noyau de l'application* (1) *se compose exactement des p-formes cohomologues à zéro; autrement dit, une forme fermée dont toutes les périodes sont nulles est cohomologue à zéro. (Ceci exprime que l'application* (2) *est injective).*

Théorème 2. *Etant donnés des p-cycles dont les classes d'homologie forment une base de l'espace vectoriel* $H_p(X)$, *il existe une p-forme fermée dont les périodes sur ces cycles sont des nombres réels arbitrairement donnés. En d'autres termes, l'application* (1) *est surjective, ce qui entraîne la surjectivité de l'application* (2).

Ensemble, les théorèmes 1 et 2 expriment que *l'application* (2) *est bijective*; elle définit donc un isomorphisme des deux espaces de cohomologie $H^p\Omega(X)$ et $H^p(X;\mathbf{R})$.

Ce fait avait été conjecturé par Elie Cartan (Comptes Rendus Ac. Sciences de Paris, 1928), qui l'avait même, par anticipation, utilisé pour l'étude de la topologie des groupes de Lie compacts.

A ces deux théorèmes De Rham en ajoute un troisième, relatif à la structure multiplicative. Notons qu'à cette époque la structure multiplicative de la cohomologie $H^*(X;\mathbf{R})$ d'un espace quelconque X n'avait pas encore été définie; mais on connaissait, dans le cas où X est une variété orientée, la théorie des *intersections* de cycles: l'intersection de la classe d'homologie d'un p-cycle et de la classe d'homologie d'un q-cycle est une classe d'homologie de dimension $p+q-n$, si n désigne la dimension de X. Voici alors comment De Rham formule son troisième théorème: on savait, grâce à Poincaré, que l'intersection des cycles de dimensions complémentaires définit une application bilinéaire

$$F: H_p(X) \times H_{n-p}(X) \to \mathbf{R}$$

qui induit une *dualité* entre les deux espaces vectoriels $H_p(X)$ et $H_{n-p}(X)$; utilisant (2), on obtient donc, pour tout entier p, un isomorphisme d'espaces vectoriels

$$H_p(X) \xrightarrow{\approx} H^{n-p}\Omega(X). \tag{3}$$

(On dira qu'une $(n-p)$-forme fermée ω est associée à un p-cycle c si la classe d'homologie de c correspond à la classe de cohomologie de ω dans l'isomorphisme (3)).

Théorème 3. *La multiplication extérieure des formes différentielles et l'intersection des classes d'homologie définissent, sur* $H^*\Omega(X)$ *et* $H_*(X)$ *respectivement, des structures multiplicatives qui sont respectées par les isomorphismes* (3).

De Rham observe ensuite [2] que ce théorème permet notamment de retrouver les relations de Riemann entre les périodes des «intégrales de première espèce» sur une courbe algébrique (définie sur le corps complexe). En effet, si plus généralement on a $n=2p$, soit $F(x,y)$ la forme bilinéaire (symétrique si p est pair, alternée si p est impair) donnant l'intersection des classes d'homologie de dimension p; si les p-formes fermées ω et ω' sont respectivement associées aux cycles x et y, on a

$$\int_X \omega \wedge \omega' = (-1)^{p(p+1)/2} F(x,y);$$

si en outre X est une variété analytique complexe (de dimension complexe p), et si ω est une p-forme non identiquement nulle, on a évidemment

$$i^{p^2} \int_X \omega \wedge \bar{\omega} > 0,$$

ce qui donne aussitôt la généralisation, due à Hodge, des inégalités de Riemann.

Signalons, pour clore ce paragraphe consacré au «théorème de De Rham», que les théorèmes 1 et 2 ont été généralisés au cas d'une variété X non nécessairement compacte: on a toujours un isomorphisme entre l'espace de cohomologie $H^p \Omega(X)$ calculé avec les formes différentielles, et l'espace de cohomologie $H^p(X; \mathbf{R})$ calculé avec les cochaînes à valeurs réelles, tout au moins si la variété X est paracompacte. On a aussi un isomorphisme des espaces de cohomologie «à support compact»; plus généralement, pour toute famille Φ de «supports» (famille de sous-ensembles fermés paracompacts de X, telle que la réunion de deux ensembles de Φ soit dans Φ, et que tout ensemble de Φ ait un voisinage qui soit encore un ensemble de Φ), on a un isomorphisme des espaces de cohomologie *à support dans* Φ (l'un étant calculé avec les formes différentielles à support dans Φ, l'autre calculé avec les cochaînes à support dans Φ).

Un point de vue qui s'est montré fécond dans l'étude des questions qui tournent autour du théorème de De Rham est celui des «faisceaux». Ceci a permis de prouver diverses variantes du théorème de De Rham: J. P. Serre [3] a établi un tel théorème pour les formes différentielles holomorphes sur une variété analytique complexe (il s'agit alors de cohomologie à valeurs complexes), et on a d'ailleurs un résultat analogue pour les formes différentielles analytiques réelles sur une variété analytique réelle. On a d'autre part le théorème de Dolbeault [4] qui donne un isomorphisme de l'espace $H^{p,q}(X)$ de d''-cohomologie des formes différentielles (à coefficients différentiables) avec l'espace de cohomologie $H^q(X, O^p(X))$ à coefficients dans le faisceau $O^p(X)$ des formes différentielles holomorphes de degré p.

Mentionnons enfin les travaux récemment suscités par les idées de Grothendieck sur la cohomologie de De Rham d'une variété algébrique [5].

2. La notion de «courant»

L'idée qu'une chaîne de dimension p et une forme différentielle de degré $n-p$ (dans une variété différentiable de dimension n) sont deux aspects d'une même notion plus générale apparaît dans les travaux de De Rham dès sa Thèse; puis il y revient à plusieurs reprises. Par analogie avec les phénomènes électromagnétiques, De Rham propose le nom de «courant» pour cette notion plus générale, qui reste à définir avec précision. Il voit un exemple de «courant» dans le *résidu* d'une $(n-p)$-forme holomorphe fermée qui possède des singularités (c'est-à-dire, en fait, dont les coefficients sont des fonctions méromorphes): un tel résidu s'interprète comme une variété analytique de codimension complexe un, munie d'une forme différentielle de degré $n-p-1$.

Ce ne sera qu'après que L. Schwartz aura introduit avec précision la notion de *distribution* que De Rham trouvera la forme exacte à donner à la définition d'un *courant*. Bornons-nous, pour simplifier, au cas d'une variété X orientable (et orientée); si n est la dimension de X, un courant de dimension p est, par définition, une forme linéaire continue sur l'espace vectoriel des formes différentielles de degré p, à support compact et de classe C^∞ (cet espace étant muni d'une topologie convenable, aujourd'hui classique). Toute p-chaîne c définit un courant de dimension p (à chaque forme différentielle ω de degré p, à support compact, on associe son intégrale $\int_c \omega$). D'autre part, toute forme différentielle de degré $n-p$ (à coefficients continus) définit de manière évidente un courant de dimension p; aussi convient-on de donner le *degré* $n-p$ à un courant de *dimension* p.

L'opérateur d de différentiation extérieure des formes définit (par transposition) un opérateur différentiel ∂ sur les courants, qui diminue la dimension d'une unité, mais augmente le degré d'une unité. Par identification de l'espace vectoriel des formes différentielles de degré $n-p$ avec un sous-espace de l'espace des courants de dimension p, l'opérateur ∂ des courants induit l'opérateur d des formes différentielles. Si un courant u de dimension p est *fermé* (i.e. si $\partial u = 0$), il est homologue à une forme fermée de degré $n-p$ et de classe C^∞: il existe un courant v de dimension $p+1$ tel que $u - \partial v$ soit une forme différentielle de classe C^∞. De plus, si une forme de classe C^∞ est égale au bord ∂v d'un courant v, elle est aussi égale à la différentielle extérieure d'une forme de classe C^∞. De là on déduit que la cohomologie calculée avec les courants est naturellement isomorphe à la cohomologie calculée avec les formes différentielles de classe C^∞. De plus cette cohomologie peut être interprétée comme une *homologie* (si on parle de dimension au lieu de degré), et ceci met en évidence la «dualité de Poincaré» de la variété X.

Sur une variété analytique complexe, on peut étendre aux courants la définition de l'opérateur d''; en particulier, si ω est une forme différentielle à coefficients méromorphes dont les singularités ne sont pas trop compliquées, $d''\omega$ est défini comme courant; c'est un courant dont le support est contenu dans l'ensemble des singularités de la forme ω.

On ne peut pas définir, en général, l'*intersection* de deux courants; mais si leurs «supports singuliers» sont disjoints, l'intersection est définie et généralise la notion de produit extérieur des formes différentielles. (Le «support singulier» d'un courant est le plus petit ensemble fermé en dehors duquel il induit une forme différentielle.)

On trouvera un développement détaillé de la théorie des courants dans le livre de De Rham sur les variétés différentiables [6].

3. La théorie des formes harmoniques

C'est en reprenant, pour la simplifier, la théorie de Hodge, que De Rham, vers 1946, revient sur les résultats fondamentaux de sa Thèse, en les abordant par une tout autre méthode. En collaboration avec Bidal [7], il introduit le vrai *laplacien* Δ opérant sur les formes différentielles d'une variété riemannienne. Il procède comme suit: on définit d'abord une application linéaire $\omega \mapsto \omega^*$ qui, à chaque p-forme ω, associe la $(n-p)$-forme dont la valeur sur un $(n-p)$-vecteur est égale à la valeur de ω sur le p-vecteur orthogonal de même norme (avec une convention convenable d'orientation, qui suppose bien entendu que la variété est orientable); puis, au moyen de l'opérateur * ainsi défini, on introduit l'opérateur suivant sur les formes différentielles:

$$\delta = {}^*d^*,$$

opérateur qui ne dépend plus de choix de l'orientation; comme il a un caractère local, il est donc défini même si la variété n'est pas orientable. Cet opérateur diminue le degré d'une unité, et satisfait à $\delta\delta = 0$. En le modifiant au besoin par un signe qui ne dépend que du degré des formes auxquelles on l'applique, on définit le laplacien par la formule

$$\Delta = d\delta + \delta d;$$

c'est un opérateur de degré zéro. Une forme différentielle ω est *harmonique* si $\Delta\omega = 0$ (c'est une propriété locale de ω). A noter que Hodge utilisait δd comme laplacien; pour les fonctions (formes différentielles de degré 0), il coïncide bien avec Δ, mais plus pour les formes de degré >0; Hodge définissait les formes harmoniques comme les formes ω telles que $d\omega = 0$ et $\delta\omega = 0$. Chez De Rham, une forme satisfaisant à $\Delta\omega = 0$ vérifie bien $d\omega = 0$ et $\delta\omega = 0$ *si la variété est compacte* (la réciproque étant triviale dans tous les cas); mais cette implication a un caractère global. Par exemple, dans le cas des fonctions, il est bien connu qu'une fonction harmonique sur une variété compacte est localement constante, mais il ne serait pas raisonnable de définir, sur une variété non compacte, les fonctions harmoniques comme étant les fonctions localement constantes.

Dans le cas d'une variété compacte orientée X, on définit un produit scalaire $\langle \alpha, \beta \rangle$ pour deux formes α et β de même degré, par la formule

$$\langle \alpha, \beta \rangle = \int_X \alpha \wedge \beta^*,$$

le produit scalaire étant nul, par définition, si α et β sont de degrés différents. Alors les opérateurs d et δ sont transposés l'un de l'autre par ce produit scalaire et Δ est self-adjoint. Le résultat fondamental de la théorie est alors le suivant: sur une variété *compacte*, l'espace vectoriel de toutes les formes différentielles de classe C^2, muni de ce produit scalaire, admet une décomposition comme somme directe de trois sous-espaces fermés deux à deux orthogonaux:

– le sous-espace des formes harmoniques;
– le sous-espace des formes cohomologues à zéro (i.e. du type $d\omega$);
– le sous-espace des formes homologues à zéro (i.e. du type $\delta\omega$).

L'espace des formes ω satisfaisant à $d\omega=0$ est alors somme directe des deux premiers de ces sous-espaces; l'espace des ω satisfaisant à $\delta\omega=0$ est somme du premier et du troisième.

Pour établir ce résultat fondamental, De Rham a besoin de deux choses: 1) la finitude de la dimension de l'espace des formes harmoniques; 2) une condition nécessaire et suffisante à laquelle doit satisfaire β pour que l'équation $\Delta\mu=\beta$ ait une solution en μ (cette condition est que β soit orthogonale aux formes harmoniques). La démonstration de ces faits essentiels est faite à l'aide de la «paramétrix» introduite par Hodge et reprise par De Rham.

Dans un mémoire ultérieur paru en 1947 aux Annales de Grenoble [8], De Rham apporte des simplifications: la paramétrix sert à définir l'opérateur «de Green» G tel que la différence

$$\text{identité } -\Delta G$$

soit le projecteur orthogonal sur l'espace des formes harmoniques. De Rham définit aussi une «forme double»

$$h_p(x,y)=\sum_i \phi_i(x)\,\phi_i(y),$$

où ϕ_i parcourt une base orthonormée de l'espace des formes harmoniques de degré p; la forme double (de bidegré $(n-p,p)$)

$$h_p(\overset{*}{x},y)=\sum_i \phi_i(x)^*\,\phi_i(y)$$

sert à expliciter une forme harmonique associée à un cycle (au sens du théorème 3 du § 1 ci-dessus): si c_{n-p} est un cycle de dimension $n-p$, l'intégrale

$$\int_{c_{n-p}} h_p(\overset{*}{x},y) \quad \text{(intégration par rapport à } \overset{*}{x})$$

est une forme harmonique (en y) de degré p; c'est l'unique forme harmonique dans la classe de cohomologie associée à la classe d'homologie du cycle c_{n-p}. On obtient ainsi une nouvelle démonstration du théorème 3 (§ 1).

4. Réductibilité d'un espace de Riemann

Je voudrais parler d'un beau mémoire paru en 1952 aux Commentarii [9]. D'abord, De Rham y donne une démonstration très élégante et simple du théorème de Hopf-Rinow, sous la forme suivante: si V est une variété riemannienne connexe, rappelons que V est dite *complète* si V est un espace complet pour la métrique déduite de la structure riemannienne (la distance $d(x,y)$ de deux points x et y étant définie comme la borne inférieure des intégrales de la racine carrée du ds^2 le long de toutes les courbes possibles joignant x à y). Le théorème de Hopf-Rinow dit alors que, pour un espace de Riemann V, les conditions suivantes sont équivalentes:

a) V est complet;

b) toute géodésique peut être indéfiniment prolongée dans les deux sens (le paramètre étant la longueur qui varie de $-\infty$ à $+\infty$); ceci n'exclut évidemment par le cas d'une géodésique «fermée», c'est-à-dire périodique;

c) tout ensemble borné (pour la métrique) et fermé est compact.

En outre, ces propriétés entraînent que deux points quelconques x et y peuvent être joints par une géodésique dont la longueur est égale à la distance $d(x,y)$.

Le théorème que prouve alors De Rham concerne la réductibilité d'un espace de Riemann complet, lorsqu'on le suppose *simplement connexe*. Mais donnons d'abord une définition: un espace de Riemann V (non nécessairement simplement connexe) est dit *réductible* s'il existe deux espaces de Riemann V_1 et V_2, de dimensions strictement inférieures à la dimension de V, tels que V soit isomorphe (comme espace de Riemann) au produit $V_1 \times V_2$. Sinon, V est dit *irréductible*. Le théorème précis que démontre De Rham est le suivant:

Théorème 4. *Soit V un espace de Riemann complet, simplement connexe. Il existe un entier $k \geqslant 0$ et des espaces de Riemann complets $V_0, V_1, \ldots, V_k$ tels que:*

1. *V_0 soit euclidien (éventuellement réduit à un point), et $V_1, \ldots, V_k$ soient irréductibles, non euclidiens, de dimensions >0;*
2. *V soit isomorphe au produit $V_0 \times V_1 \times \cdots \times V_k$.*

De plus, V_0 est déterminé de façon unique (à un isomorphisme près), et $V_1, \ldots, V_k$ sont uniques à l'ordre près et à un isomorphisme près.

En particulier, tout automorphisme (riemannien) f de $V_0 \times V_1 \times \cdots \times V_k$ est du type suivant: il existe une permutation σ (bien déterminée) de $(0, 1, \ldots, k)$, laissant fixe 0, et, pour chaque i, un isomorphisme $g_i\colon V_{\sigma(i)} \xrightarrow{\approx} V_i$, de façon que, pour $x_i \in V_i$, on ait

$$f(x_0, x_1, \ldots, x_k) = (g_0(x_0), g_1(x_{\sigma(1)}), \ldots, g_k(x_{\sigma(k)})).$$

Je ne résiste pas à l'envie d'esquisser la façon dont procède la démonstration. Pour $x \in V$, soit $G(x)$ le groupe d'holonomie homogène (sous-groupe du groupe orthogonal opérant dans l'espace tangent $T_x(V)$). L'espace $T_x(V)$ s'écrit comme somme directe de sous-espaces vectoriels stables pour $G(x)$ et irréductibles, qui sont deux à deux orthogonaux. Alors, par transport parallèle le long d'un chemin d'origine x et d'extrémité y, on obtient une décomposition analogue au point $y \in V$, indépendante du chemin suivi; les sous-espaces de cette décomposition sont indexés par un ensemble (fini) d'indices, indépendant de y. Les espaces d'indice i (aux différents points de V) définissent un système complètement intégrable; on a donc une «feuille» E_i (variété riemannienne munie d'une immersion $p_i: E_i \to V$ qui est *localement* un isomorphisme riemannien sur son image). La variété E_i est totalement géodésique: si u et v sont deux points de E_i suffisamment voisins dans E_i, la plus courte géodésique de E_i joignant u et v est transformée par p en une géodésique de V. La métrique de E_i déduite de sa structure riemannienne est évidemment supérieure ou égale à la métrique induite par la métrique de V. Le théorème de Hopf-Rinow permet d'affirmer que E_i est *complet* pour cette métrique, car E_i satisfait évidemment à la condition b) du théorème de Hopf-Rinow. De même, le revêtement universel $\tilde{E}_i$ de E_i est complet.

Etant donné $x \in V$, soit $\rho(x)$ un nombre >0 assez petit; notons $E_i(x, \rho(x))$ l'ensemble des points de E_i dont la distance (au sens de E_i) au point x est $<\rho(x)$; alors on a un isomorphisme (riemannien) du produit $\prod_i E_i(x, \rho(x))$ sur un voisinage ouvert de x dans V. Peut-on prolonger cette application $\prod_i E_i(x, \rho(x)) \to V$ en une application $\prod_i E_i \to V$ qui soit un isomorphisme local? On voit que le prolongement est possible le long de tout chemin de $\prod_i E_i$, et que si deux chemins sont homotopes ils donnent le même prolongement. On obtient donc une application $\prod_i \tilde{E}_i \to V$ qui est un isomorphisme local. Mais $\prod_i \tilde{E}_i$ est complet, et V est connexe; donc l'application est surjective; c'est un *revêtement* simplement connexe de V, et comme V est supposé simplement connexe, c'est un isomorphisme de $\prod_i \tilde{E}_i$ sur V. Il s'ensuit alors que $\tilde{E}_i$ est la i-ième feuille, et par suite $\tilde{E}_i = E_i$. L'isomorphisme $\prod_i E_i \to V$ permet alors d'obtenir aisément l'énoncé précis du théorème annoncé.

Je n'ai certes pas épuisé tous les aspects de l'œuvre de Georges De Rham en Géométrie différentielle. Je n'ai guère parlé des variétés analytiques complexes, pour lesquelles De Rham a donné [10] une démonstration particulièrement claire et élégante du théorème de P. Lelong concernant l'intégration sur un sous-ensemble analytique, ce qui permet d'associer un *courant fermé* à chaque sous-ensemble analytique. A cette occasion, De Rham observe que si X est une variété kählérienne, toute sous-variété analytique de dimension (complexe) p est *minimale* pour le volume $(2p)$-dimensionnel; il en résulte que le volume $(2p)$-dimensionnel d'une sous-variété analytique compacte de dimension p ne dépend que de la classe d'homologie de cette sous-variété.

Bien entendu, la Géométrie différentielle n'est pas le seul domaine des mathématiques que Georges De Rham ait marqué de son originalité. Je ne sais si j'ai réussi, sur les exemples dont j'ai parlé, à dégager les caractères essentiels de son œuvre mathématique: s'attaquant à quelques problèmes bien choisis, De Rham les résout en utilisant le strict minimum d'outils nécessaire, et avec une rigueur qui ne laisse aucun point dans l'ombre. Puis l'on s'aperçoit, avec le recul du temps, que les notions introduites et les problèmes résolus occupent une position stratégique qui commande de nombreux et féconds développements. On n'en admire que davantage la modestie de l'homme, et l'on ressent mieux le prix de son amitié.

Bibliographie

[1] de Rham, G.: Sur l'Analysis situs des variétés à *n* dimensions (Thèse de doctorat, Paris). Journal de math. **X,** 115–200 (1931).

[2] — Sur les périodes des intégrales de première espèce attachées à une variété algébrique. Commentarii Math. Helv. **III,** 151–153 (1931).

[3] Serre, J. P.: Quelques problèmes globaux relatifs aux variétés de Stein. Colloque sur les fonctions de plusieurs variables. Bruxelles 1953, p. 57–68.

[4] Dolbeault, P.: Annals of Math. **64,** 83–130 (1956).

[5] Grothendieck, A.: Crystals and the De Rham cohomology of Schemes. (Notes by I. Coates and O. Jussila). Dix exposés sur la théorie des schémas, North-Holland et Masson 1968. Voir Exposé IX, page 306–358.

[6] de Rham, G.: Variétés différentiables, formes, courants, formes harmoniques. Publications de l'Institut math. de l'Université de Nancago, III. Paris: Hermann 1955.

[7] Bidal, P., et G. de Rham: Les formes différentielles harmoniques. Commentarii Math. Helv. **19,** 1–49 (1946).

[8] de Rham, G.: Sur la théorie des formes différentielles harmoniques. Ann. Univ. Grenoble, **XXII,** 135–152 (1947).

[9] — Sur la réductibilité d'un espace de Riemann. Commentarii Math. Helv. **26,** 328–344 (1952).

[10] — On the Area of Complex manifolds. Seminar on Several Complex Variables. Institute for Advanced Study, 1957–58.

100.

Théories cohomologiques

Inventiones Mathematicae 35, 261–271 (1976)

A Jean-Pierre Serre

La théorie de Sullivan ([4, 1]) qui attache à chaque espace topologique $\mathscr{X}$ une $\mathbb{Q}$-algèbre différentielle «minimale», définie à isomorphisme près, et caractérisant le type d'homotopie rationnel de $\mathscr{X}$, s'appuie sur l'existence d'une $\mathbb{Q}$-algèbre de cochaînes de $\mathscr{X}$, qui soit *commutative* (au sens gradué, i.e. $ba=(-1)^{pq}ab$ pour a de degré p et b de degré q). Le but de cet article est de poser un cadre général dans lequel peuvent être construites de telles algèbres de cochaînes (sur un anneau de base commutatif k qui n'est pas nécessairement un corps). On s'inspire ici d'un bref article de R.G. Swan [5] en le précisant et le complétant.

Introduction

On se place dans le cadre *simplicial* («semi-simplicial» dans l'ancienne terminologie). Un ensemble simplicial est donc une collection d'ensembles X_n (n entier $\geqq 0$) munie d'applications de face $d_i\colon X_n \to X_{n-1}$ $(0 \leqq i \leqq n)$ pour $n \geqq 1$, et d'applications de dégénérescence $s_i\colon X_n \to X_{n+1}$ $(0 \leqq i \leqq n)$ pour $n \geqq 0$, satisfaisant aux relations usuelles. Les éléments de X_n s'appellent les n-simplexes de X. On peut dire aussi (cf. [2]) que X est un foncteur contravariant de la catégorie Δ dans la catégorie des ensembles, où Δ désigne la catégorie dont les objets sont les ensembles $\Delta_n = \{0, 1, \ldots, n\}$ et les morphismes les applications croissantes $\Delta_p \to \Delta_q$. L'ensemble Δ_n porte lui-même une structure d'ensemble simplicial dont les p-simplexes sont les applications croissantes $\Delta_p \to \Delta_n$.

Plus généralement, on peut considérer un foncteur contravariant de Δ à valeurs dans n'importe quelle catégorie $\mathscr{C}$: on obtient ainsi un *objet $\mathscr{C}$-simplicial* (exemples: groupe abélien simplicial, k-algèbre simpliciale, etc. …).

Pour tout ensemble simplicial X, et tout groupe abélien G, $C^n(X; G)$ désigne le groupe des n-cochaînes de X à valeurs dans G, qui s'identifie à $\mathrm{Hom}(C_n(X), G)$, en notant $C_n(X)$ le groupe des n-chaînes de X (groupe abélien libre de base X_n). L'opérateur «bord» $d\colon C_n(X) \to C_{n-1}(X)$ $(n \geqq 1)$, égal à la somme alternée des opérations de face d_i, définit par transposition un opérateur différentiel $\delta\colon C^n(X; G) \to C^{n+1}(X; G)$ de carré nul, d'où les groupes de cohomologie

$H^n(X; G)$. De plus, lorsque G est un anneau commutatif, les formules classiques de Whitney définissent sur $C^*(X; G) = \bigoplus_{n \geqq 0} C^n(X; G)$ une structure d'algèbre différentielle graduée (associative mais non commutative), d'où la définition de l'algèbre de cohomologie $H^*(X; G) = \bigoplus_{n \geqq 0} H^n(X; G)$; elle est commutative.

Rappelons enfin qu'on associe à tout espace topologique $\mathscr{X}$ l'ensemble simplicial X de ses «simplexes singuliers»; l'homologie et la cohomologie de $\mathscr{X}$ sont, par définition, l'homologie et la cohomologie de X.

On fixe un anneau commutatif k, à élément-unité, qui pourra notamment être un corps ou l'anneau $\mathbb{Z}$ des entiers naturels. On appellera DG-algèbre une k-algèbre graduée $A^* = \bigoplus_{n \geqq 0} A^n$, dont la multiplication (associative) envoie $A^p \otimes_k A^q$ dans A^{p+q}, et dont la différentielle δ envoie A^n dans A^{n+1} et satisfait à $\delta\delta = 0$, $\delta(xy) = (\delta x)y + (-1)^p x(\delta y)$ pour x de degré p. On ne suppose pas que A^* possède un élément-unité.

1. Données d'une théorie cohomologique

On se donne une DG-algèbre *simpliciale* $A^* = \bigoplus_{n \geqq 0} A^n$. Pour chaque entier $p \geqq 0$, on a donc une DG-algèbre $A^*_p = \bigoplus_{n \geqq 0} A^n_p$; les opérateurs de face $d^i\colon A^*_p \to A^*_{p-1}$ et de dégénérescence $s_i\colon A^*_p \to A^*_{p+1}$ sont des morphismes de DG-algèbres. La multiplication définit des applications k-linéaires simpliciales $A^n \otimes_k A^m \to A^{n+m}$ (le produit tensoriel est celui de deux k-modules simpliciaux).

On précisera plus loin les axiomes auxquels doit satisfaire A^* pour que l'on ait une bonne «théorie cohomologique». De toute façon, sans supposer aucun axiome, on associe à chaque ensemble simplicial X la DG-algèbre $\operatorname{Mor}(X, A^*) = \bigoplus_{n \geqq 0} \operatorname{Mor}(X, A^n)$, où Mor désigne l'ensemble des morphismes de l'ensemble simplicial X dans l'ensemble simplicial sous-jacent à A^n. On notera

$$A^*(X) = \operatorname{Mor}(X, A^*);$$

observons que pour l'ensemble simplicial Δ_p, $A^*(\Delta_p)$ s'identifie à A^*_p (car la donnée d'un p-simplexe de A^* équivaut à celle d'un morphisme simplicial $\Delta_p \to A^*$).

On a alors une *algèbre de cohomologie*

$$H^*(A^*(X)) = \bigoplus_{n \geqq 0} H^n(A^*(X))$$

qui est un foncteur contravariant de X. On a envie que cette algèbre de cohomologie ressemble à l'algèbre $H^*(X; G)$ pour un anneau de coefficients G convenable.

Exemple 1. On prend pour A^* l'algèbre simpliciale C^* que voici: C^*_p est l'algèbre des cochaînes (à valeurs dans $\mathbb{Z}$) de l'ensemble simplicial Δ_p; les opérations de face et dégénérescence sont évidentes. Alors $C^*(X) = \operatorname{Mor}(X, C^*)$ n'est autre que l'algèbre des cochaînes de X à valeurs dans $\mathbb{Z}$, et $H^*(C^*(X)) = H^*(X; \mathbb{Z})$. —

Si maintenant R est un anneau commutatif à élément-unité, $C_p^* \otimes_{\mathbb{Z}} R$ est l'algèbre des cochaînes de Δ_p à valeurs dans R; donc si on pose

$$A^* = C^* \otimes R,$$

l'algèbre $H^*(A^*(X))$ s'identifie à l'algèbre de cohomologie classique $H^*(X; R)$.

Exemple 2. Prenons $k = \mathbb{R}$ (corps des réels), et soit Ω_p^* la DG-algèbre des formes différentielles de classe C^∞ sur le p-simplexe euclidien-type. On obtient une DG-algèbre simpliciale Ω^*. Alors on attache à tout ensemble simplicial X la DG-algèbre $\Omega^*(X) = \mathrm{Mor}(X, \Omega^*)$, dont l'algèbre de cohomologie est naturellement isomorphe à $H^*(X; \mathbb{R})$: on le montrera un peu plus loin. Les DG-algèbres $\Omega^*(X)$ sont *commutatives*.

On verra plus loin d'autres exemples.

2. Axiomes d'une théorie cohomologique

Axiome (a) (axiome homologique): la suite d'applications k-linéaires simpliciales

$$A^0 \xrightarrow{\delta} A^1 \xrightarrow{\delta} \cdots \xrightarrow{\delta} A^n \xrightarrow{\delta} \cdots$$

est *exacte*, et le noyau $Z^0 A$ de $A^0 \xrightarrow{\delta} A^1$ (qui est une k-algèbre simpliciale) est *simplicialement trivial.*

[On dit qu'un $\mathscr{C}$-objet simplicial E est simplicialement trivial si tous les opérateurs de face et de dégénérescence sont des $\mathscr{C}$-isomorphismes. On a alors un unique $\mathscr{C}$-isomorphisme $E_p \xrightarrow{\approx} E_0$ pour tout p, et l'objet E est défini par la donnée du $\mathscr{C}$-objet E_0.]

Nous noterons ici $R(A)$ la k-algèbre $(Z^0 A)_0$, qui détermine l'objet simplicial trivial $Z^0 A$. Dans l'exemple 1 ci-dessus, où $A^* = C^* \otimes R$, on a $R(A) = R$. Dans l'exemple 2, on a $R(\Omega) = \mathbb{R}$.

Axiome (b) (axiome homotopique): tous les groupes d'homotopie $\pi_p(A^n)$ sont *nuls* $(n \geqq 0, p \geqq 0)$.

Cet axiome appelle quelques mots d'explication: on définit classiquement des groupes d'homotopie $\pi_p(X)$ pour tout ensemble simplicial X et tout entier $p \geqq 1$; ils sont abéliens pour $p \geqq 2$. Lorsque G est un *groupe abélien simplicial*, les $\pi_p(G)$ se calculent simplement, $\pi_1(G)$ est abélien, et $\pi_0(G)$ est défini comme le groupe abélien des composantes connexes de G. Pour le calcul, on munit G de la différentielle d égale à la somme alternée des opérateurs de face d_i, et $\pi_p(G)$ n'est autre que le groupe d'homologie de la suite $G_{p+1} \xrightarrow{d} G_p \xrightarrow{d} G_{p-1}$ si $p \geqq 1$, resp. $\pi_0(G)$ est le conoyau de $G_1 \xrightarrow{d} G_0$.

Il est immédiat que si G est simplicialement trivial on a

$$\pi_0(G) = G_0, \quad \pi_p(G) = 0 \quad \text{pour } p \geqq 1.$$

Il y a un autre procédé de calcul des $\pi_p(G)$ (cf. [3]): pour $p \geqq 1$, soit G_p^0 le sous-groupe des $x \in G_p$ tels que $d_i x = 0$ pour tout $i > 0$, et posons $G_0^0 = G_0$. Alors d_0 envoie G_{p+1}^0 dans G_p^0, et les $\pi_p(G)$ s'identifient aux groupes d'homologie du complexe

$$\cdots \longrightarrow G_{p+1}^0 \xrightarrow{d_0} G_p^0 \xrightarrow{d_0} G_{p-1}^0 \xrightarrow{d_0} \cdots \xrightarrow{d_0} G_1^0 \xrightarrow{d_0} G_0.$$

D'où la

Proposition 1. *Pour que* $\pi_p(G)=0$ $(p\geqq 1)$, *il faut et il suffit que tout* $x\in G_p$ *tel que* $d_i x=0$ *pour tout* $i\geqq 0$ *soit de la forme* $d_0 y$, *avec* $y\in G_{p+1}$ *et* $d_i y=0$ *pour* $i\geqq 1$. *Pour que* $\pi_0(G)=0$, *il faut et il suffit que tout* $x\in G_0$ *soit de la forme* $d_0 y$, *où* $y\in G_1$ *satisfait à* $d_1 y=0$.

Théorème 1. *Soit* A^* *une théorie cohomologique satisfaisant aux axiomes* (a) *et* (b). *On a des isomorphismes naturels (fonctoriels en* X*)*

$$H^n(A^*(X))\approx H^n(X;R(A)).$$

Démonstration. Le noyau $Z^n(A^*(X))$ de $\delta\colon A^n(X)\to A^{n+1}(X)$ s'identifie évidemment à $\mathrm{Mor}(X,Z^nA)$, en notant Z^nA le noyau de l'application k-linéaire simpliciale $A^n\to A^{n+1}$. D'après l'axiome (a), on a des suites exactes (simpliciales)

$$0\to Z^nA\to A^n\to Z^{n+1}A\to 0 \qquad \text{pour tout } n\geqq 0; \tag{1}$$

la suite (1) s'interprète comme un *fibré principal* de groupe Z^nA; la suite exacte d'homotopie de ce fibré se calcule comme la suite exacte d'homologie de (1), d'où des isomorphismes

$$\pi_{p+1}(Z^{n+1}A)\approx\pi_p(Z^nA);$$

on en déduit facilement, par récurrence sur n:

$$\pi_p(Z^nA)=0 \quad \text{pour } p\neq n, \qquad \pi_n(Z^nA)\approx\pi_0(Z^0A)=R(A);$$

on notera ε_n l'isomorphisme naturel $\pi_n(Z^nA)\xrightarrow{\approx} R(A)$.

Ainsi l'ensemble simplicial Z^nA est un $K(R(A),n)$ d'Eilenberg-MacLane.

Pour $n\geqq 1$, l'image $B^n(A^*(X))$ de $\delta\colon A^{n-1}(X)\to A^n(X)$ se compose des morphismes $X\to Z^nA$ *homotopes au morphisme nul:* cela résulte du fait que A^{n-1} est «contractile» (ses groupes d'homotopie sont nuls) et du relèvement des homotopies dans les fibrés. D'où une bijection de $H^n(A^*(X))$ avec le k-module $[X,Z^nA]$ des classes d'homotopie de morphismes $X\to Z^nA$. Mais comme Z^nA est un $K(R(A),n)$, on obtient classiquement une bijection $[X,Z^nA]\approx H^n(X;R(A))$, d'où finalement

$$H^n(A^*(X))\approx H^n(X;R(A)).$$

Ces isomorphismes de k-modules sont fonctoriels en X.

Le cas $n=0$ se traite facilement:

$$H^0(A^*(X))=\mathrm{Mor}(X,Z^0A)\approx H^0(X;R(A)).$$

Remarque. Soit Y un sous-ensemble simplicial de X; alors l'application de restriction $\mathrm{Mor}(X,A^n)\to\mathrm{Mor}(Y,A^n)$ est surjective parce que A^n est «contractile»; on note $A^n(X,Y)$ son noyau; la DG-algèbre $A^*(X,Y)=\bigoplus_{n\geqq 0}A^n(X,Y)$ a une algèbre de cohomologie notée $H^*(A^*(X,Y))=\bigoplus_{n\geqq 0}H^n(A^*(X,Y))$, et on a des isomorphismes

$$H^n(A^*(X,Y))\approx[(X,Y),(Z^nA,0)].$$

La suite exacte $0\to A^*(X,Y)\to A^*(X)\to A^*(Y)\to 0$ donne naissance à la suite exacte de cohomologie relative.

3. Vérification des axiomes; nouvel exemple

La vérification de l'axiome (a) est immédiate dans l'exemple 1 et dans l'exemple 2 (§ 1). Pour vérifier l'axiome (b), on applique la proposition 1: on identifie Δ_p à la 0-ième face de Δ_{p+1}, on se donne $\omega \in A^*(\Delta_p)$, induisant 0 sur toutes les $(p-1)$-faces de Δ_p, et on doit montrer l'existence d'un $\alpha \in A^*(\Delta_{p+1})$ qui induit 0 sur toutes les p-faces de Δ_{p+1} sauf la 0-ième, et qui induit ω sur Δ_p. Ceci vaut pour $p \geqq 1$; pour $p=0$, on se donne $\omega \in A^*(\Delta_0)$, et on cherche $\alpha \in A^*(\Delta_1)$ induisant 0 à l'origine du segment Δ_1 et induisant ω à l'extrémité de ce segment.

Dans le cas de l'exemple 1, c'est immédiat: la n-cochaîne ω étant donnée, on prend pour α la cochaîne qui prolonge ω sur l'ensemble des n-simplexes de la 0-ième face de Δ_{p+1}, et qui prend la valeur zéro sur les autres n-simplexes de Δ_{p+1}. Dans le cas de l'exemple 2, notons encore Δ_p le p-simplexe euclidien type (par abus de langage). Représentons les points de Δ_{p+1} par $p+1$ coordonnées réelles $x_0, x_1, \ldots, x_p$ ($\geqq 0$ et de somme $\leqq 1$); les faces sont représentées respectivement par

$$x_0=0, \quad x_1=0, \ldots, x_p=0, \quad x_0+x_1+\cdots+x_p=1.$$

On se donne une n-forme différentielle $\omega(x_1, \ldots, x_p)$; il suffit alors de prendre

$$\alpha(x_0, x_1, \ldots, x_p)=\varphi(x_0)\,\omega\left(\frac{x_1}{1-x_0}, \ldots, \frac{x_p}{1-x_0}\right),$$

où φ est une fonction de classe C^∞, égale à 1 pour $x_0=0$, nulle pour x_0 voisin de 1. Le cas $p=0$ est immédiat.

Exemple 3 (Sullivan). Ici l'anneau k est le corps $\mathbb{Q}$ des rationnels. On définit la DG-algèbre simpliciale S^* comme suit: S^*_p est l'algèbre des formes différentielles sur le p-simplexe euclidien Δ_p qui, exprimées avec les coordonnées $x_1, \ldots, x_p$ (cf. ci-dessus) et leurs différentielles, a pour coefficients des polynômes en $x_1, \ldots, x_p$ à coefficients dans $\mathbb{Q}$. Les d_i: $S^*_p \to S^*_{p-1}$ et s_i: $S^*_p \to S^*_{p+1}$ sont évidents. L'axiome (a) résulte de la formule explicite qui prouve le «lemme de Poincaré» pour un ensemble étoilé de $\mathbb{R}^p$ (elle s'applique parce que tout polynôme à coefficients rationnels a une primitive qui est un polynôme à coefficients rationnels). Ici, $R(S)=\mathbb{Q}$.

L'axiome (b) se vérifie comme dans l'exemple 2: si on se donne la forme différentielle $\omega(x_1, \ldots, x_p)$, on prend

$$\alpha(x_0, x_1, \ldots, x_p)=(1-x_0)^N\,\omega\left(\frac{x_p}{1-x_0}, \ldots, \frac{x_p}{1-x_0}\right),$$

où l'entier N est assez grand pour chasser les dénominateurs.

On donnera plus loin un quatrième exemple.

4. Morphisme d'une théorie cohomologique dans une autre

Soient A^* et B^* deux DG-algèbres simpliciales (sur le même anneau k), satisfaisant aux axiomes (a) et (b). On appelle *morphisme* de la théorie A^* dans la théorie B^*

une application k-linéaire simpliciale $f: A^* \to B^*$ qui envoie A^n dans B^n pour tout n et est compatible avec les différentielles δ de A^* et B^*. *Aucune hypothèse de compatibilité avec les structures multiplicatives n'est faite.* On notera $f^n: A^n \to B^n$ l'application induite par f, qui définit aussi une application k-linéaire

$$f_0: R(A) \to R(B).$$

Il est clair que f induit, pour tout ensemble simplicial X, une application $A^*(X) \to B^*(X)$ conservant le degré et compatible avec les différentielles, d'où des application k-linéaires

$$H^n(A^*(X)) \to H^n(B^*(X)),$$

que l'on notera $H^n(X; f)$.

Proposition 2. *Le diagramme suivant est commutatif:*

$$\begin{array}{ccc} H^n(A^*(X)) & \xrightarrow{H^n(X;f)} & H^n(B^*(X)) \\ \downarrow \approx & & \downarrow \approx \\ H^n(X; R(A)) & \xrightarrow{H^n(X;f_0)} & H^n(X; R(B)); \end{array}$$

les isomorphismes verticaux sont ceux définis au § 2.

La démonstration est laissée au lecteur.

Théorème 2 (théorème d'existence de morphisme). *Soit A^* une théorie cohomologique satisfaisant seulement à l'axiome* (a), *et telle que $A^n_p = 0$ pour $n > p$* (il en est ainsi dans les exemples 2 et 3). *Soit $C^* \otimes R(A)$ la théorie des cochaînes à valeurs dans $R(A)$. Il existe un unique morphisme $f: A^* \to C^* \otimes R(A)$ tel que f_0 soit l'application identique de $R(A)$.*

Démonstration. Posons $B^* = C^* \otimes R(A)$. On connaît déjà $Z^0 f: Z^0 A \to Z^0 B$ puisque f_0 est l'identité; $Z^0 f$ se prolonge d'une seule manière en une application simpliciale $f: A^0 \to B^0$, car une telle application est déterminée par sa restriction à $A^0_0 = (Z^0 A)_0$ (cette égalité résultant du fait que $A^1_0 = 0$). Dans le diagramme commutatif

$$\begin{array}{ccccccccc} 0 & \longrightarrow & Z^0 A & \longrightarrow & A^0 & \longrightarrow & Z^1 A & \longrightarrow & 0 \\ & & \downarrow g^0 & & \downarrow f^0 & & & & \\ 0 & \longrightarrow & Z^0 B & \longrightarrow & B^0 & \longrightarrow & Z^1 B & \longrightarrow & 0 \end{array}$$

dont les lignes sont exactes, il existe une unique application simpliciale $g^1: Z^1 A \to Z^1 B$ qui, insérée dans ce diagramme, le laisse commutatif. On prouve alors l'existence et l'unicité de $f^n: A^n \to B^n$ par récurrence sur n: car lorsque l'application linéaire simpliciale $g^n: Z^n A \to Z^n B$ est connue, elle se prolonge d'une seule manière en une application linéaire simpliciale $f^n: A^n \to B^n$ (en effet, f^n est déterminée par sa restriction à A^n_n, qui est connue parce que $A^n_n = (Z^n A)_n$ à cause de $A^{n+1}_n = 0$). Ensuite on trouve $g^{n+1}: Z^{n+1} A \to Z^{n+1} B$ par passage au quotient.

Remarque. Pour tout $\omega \in A_n^n$, $f(\omega) \in B_n^n \approx R(A)$ peut s'appeler l'*intégrale* de ω sur le simplexe Δ_n. En effet, dans l'exemple 2, on retrouve bien l'intégrale de la forme différentielle ω définie par récurrence sur n au moyen de la formule de Stokes. Dans l'exemple 3 (Sullivan), l'intégrale d'une n-forme différentielle sur Δ_n est un nombre rationnel.

5. Structure multiplicative

Théorème 3. *Soient A^* et B^* deux théories cohomologiques* (satisfaisant aux axiomes), *et soit $f\colon A^* \to B^*$ un morphisme tel que $f_0\colon R(A) \to R(B)$ soit un homomorphisme de k-algèbres. Si les $Z^n A$ et les $Z^n B$ sont k-plats pour tout $n \geqq 0$, l'homomorphisme $H^*(f, X)\colon H^*(A^*(X)) \to H^*(B^*(X))$ est multiplicatif (c'est un homomorphisme de k-algèbres graduées).*

Démonstration. Il suffit de montrer que le diagramme

$$\begin{array}{ccc} Z^p A \otimes Z^q A & \longrightarrow & Z^{p+q} A \\ \big\downarrow & & \big\downarrow \\ Z^p B \otimes Z^q(B) & \longrightarrow & Z^{p+q} B, \end{array}$$

où les flèches verticales sont induites par f, et les flèches horizontales définies par la structure multiplicative de A^* (resp. de B^*), est *homotopiquement commutatif.* (Tous les produits tensoriels sont pris sur k). Il suffit de montrer que l'on obtient un diagramme commutatif lorsqu'on lui applique le foncteur de cohomologie $H^{p+q}(\ \ ; R(B))$. Or la suite spectrale de Künneth montre que $\pi_n(Z^p A \otimes Z^q A) = 0$ pour $n \neq p+q$ et donne un isomorphisme

$$\pi_{p+q}(Z^p A \otimes Z^q A) \approx \pi_p(Z^p A) \otimes \pi_q(Z^q A) \xrightarrow[\approx]{\varepsilon_p \otimes \varepsilon_q} R(A) \otimes R(A).$$

De même pour B^*. Le théorème de Hurewicz et la formule des coefficients universels montrent alors qu'il suffit de prouver la commutativité du diagramme

$$\begin{array}{ccc} \pi_{p+q}(Z^p A \otimes Z^q A) & \longrightarrow & \pi_{p+q}(Z^{p+q} A) \\ \big\downarrow & & \big\downarrow \\ \pi_{p+q}(Z^p B \otimes Z^q B) & \longrightarrow & \pi_{p+q}(Z^{p+q} B). \end{array} \tag{2}$$

Or si $Z^n A$ est k-plat pour $n \geqq 0$, on prouve facilement la commutativité du diagramme

$$\begin{array}{ccc} \pi_{p+q}(Z^p A \otimes Z^q A) & \longrightarrow & \pi_{p+q}(Z^{p+q} A) \\ \big\downarrow \approx & & \big\downarrow \varepsilon_{p+q} \\ R(A) \otimes R(A) & \longrightarrow & R(A), \end{array} \tag{3}$$

où la flèche horizontale du bas est définie par la multiplication de l'algèbre $R(A)$. On superpose alors ce diagramme à celui relatif à B, et on obtient la commutativité du diagramme (2).

Remarque. L'hypothèse de platitude de l'énoncé est toujours vérifiée si k est un corps; elle l'est aussi lorsque $k=\mathbb{Z}$ et que les A_p^n et les B_p^n sont des groupes abéliens libres. Cela va être le cas dans l'exemple 4 ci-dessous.

6. Généralisation

Au lieu d'imposer à l'algèbre simpliciale A^* les axiomes (a) et (b), on va lui imposer d'une part l'axiome (a), d'autre part un axiome plus faible que (b):

Axiome (b'). Pour chaque $n \geqq 0$, les groupes d'homotopie $\pi_p(A^n)$ et $\pi_p(Z^n A)$ sont nuls pour $p \neq n$, et l'homomorphisme naturel $\pi_n(Z^n A) \to \pi_n(A^n)$ est surjectif, le noyau étant facteur direct (au sens des k-modules).

On voit alors que les suites exactes

$$0 \to Z^{n-1} A \to A^{n-1} \xrightarrow{\delta} Z^n A \to 0$$

définissent des injections

$$\dots \pi_{n+1}(Z^{n+1} A) \hookrightarrow \pi_n(Z^n A) \hookrightarrow \dots \hookrightarrow \pi_0(Z^0 A) = R(A),$$

chaque k-module étant facteur direct dans le suivant. On a des bijections naturelles

$$[X, Z^n A] \approx H^n(X; \pi_n(Z^n A)), \qquad [X, A^n] \approx H^n(X; \pi_n(A^n)),$$

et l'application $[X, Z^n A] \to [X, A^n]$ s'identifie à

$$H^n(X; \pi_n(Z^n A)) \to H^n(X; \pi_n(A^n)),$$

qui est surjective. Il s'ensuit que l'image de

$$[X, A^{n-1}] \to [X, Z^n A]$$

est nulle pour $n \geqq 1$, et par suite les morphismes $X \to Z^n A$ homotopes à zéro ne sont autres que ceux qui se relèvent en $X \to A^{n-1}$; d'où un isomorphisme $H^n(A^*(X)) \approx [X, Z^n A] \approx H^n(X; \pi_n(Z^n A))$.

Par le théorème 2, on a un unique morphisme f de A^* dans $B^* = C^* \otimes_{\mathbb{Z}} R(A)$, tel que f_0 soit l'application identique de $R(A)$, pourvu que $A^n_p = 0$ pour $n > p$.

Le théorème 3 s'étend à ce cas: l'homomorphisme $H^*(A^*(X)) \to H^*(B^*(X))$ défini par f est *multiplicatif*, pourvu que les $Z^n A$ soient des k-modules *k-plats*. (Le seul changement dans la démonstration consiste en ce que les morphismes verticaux du diagramme (3) sont des injections au lieu d'être bijectifs.) Explicitons cette assertion: pour chaque p, l'homomorphisme $H^p(A^*(X)) \to H^p(B^*(X)) = H^p(X; R(A))$ est une injection dont l'image est $H^p(X; \pi_p(Z^p A))$, en identifiant $\pi_p(Z^p A)$ à un sous-module de $R(A)$. L'assertion affirme la commutativité des diagrammes

$$\begin{array}{ccc} H^p(A^*(X)) \otimes H^q(A^*(X)) & \longrightarrow & H^{p+q}(A^*(X)) \\ \downarrow & & \downarrow \\ H^p(X; R(A)) \otimes H^q(X; R(A)) & \longrightarrow & H^{p+q}(X; R(A)) \end{array}$$

où les flèches verticales sont les injections en question, et où la première flèche horizontale est définie par la multiplication dans l'algèbre de cohomologie

$H^*(A^*(X))$, la deuxième flèche horizontale étant définie par la multiplication dans la cohomologie de X à coefficients dans l'anneau $R(A)$.

7. Exemple 4 (Grothendieck)

L'auteur expose ici ce qu'il croit avoir compris lors d'une conférence de Grothendieck à l'I.H.E.S. le 12 décembre 1975.

Notons $\Gamma(t)$ la $\mathbb{Z}$-algèbre formée des combinaisons linéaires, à coefficients dans $\mathbb{Z}$, des monômes $\frac{t^n}{n!}$ (sous-algèbre de $\mathbb{Q}[t]$). Notons $\Gamma(x_1, \ldots, x_n)$ le produit tensoriel $\Gamma(x_1)\otimes\cdots\otimes\Gamma(x_n)$. Soit $\Gamma(x;\delta x)$ la DG-algèbre ayant pour $\mathbb{Z}$-base les $\frac{x^n}{n!}$ et les $\frac{x^n}{n!}\delta x$ (la différentielle de x étant δx, celle de δx étant 0). Il est clair que cette DG-algèbre est acylique sur $\mathbb{Z}$, i.e. la suite

$$0\to\mathbb{Z}\to\Gamma(x;x)^0\xrightarrow{\delta}\Gamma(x;x)^1\to 0$$

est exacte. Le produit tensoriel (sur $\mathbb{Z}$) des $\Gamma(x_i;\delta x_i)$ (pour $i=1,\ldots,p$) est une DG-algèbre acyclique sur $\mathbb{Z}$, qu'on notera $\Gamma(x_1,\ldots,x_p;\delta x_1,\ldots,\delta x_p)$; l'algèbre de ses éléments de degré 0 est $\Gamma(x_1,\ldots,x_n)$.

Considérons, pour chaque entier $p\geqq 0$, la DG-algèbre

$$Gr_p^* = \Gamma(t)\otimes\Gamma(x_1,\ldots,x_p;\delta x_1,\ldots,\delta x_p).$$

Elle est acyclique sur $\Gamma(t)$. On va faire de la collection de ces DG-algèbres une DG-algèbre simpliciale Gr^*, comme suit. Soit G_p^* la DG-algèbre $\Gamma(x_0,x_1,\ldots,x_p;\delta x_0,\delta x_1,\ldots,\delta x_p)$; si on fait le changement de variables $x_0+x_1+\cdots+x_p=t$ (i.e. si on remplace x_0 par $t-x_1-\cdots-x_p$), puis si on remplace δt par 0, on voit que *l'algèbre Gr_p^* s'identifie au quotient de G_p^* par l'idéal I_p^* engendré par $\delta(x_0+x_1+\cdots+x_p)$*. La collection des G_p^* définit une DG-algèbre simpliciale G^*, si on définit les opérations de face $d_i\colon G_p^*\to G_{p-1}^*$ en associant à une forme différentielle $\omega(x_0,\ldots,x_p)$ la forme $\omega(x_0,\ldots,x_{i-1},0,x_i,\ldots,x_{p-1})$, et les opérations de dégénérescence $s_i\colon G_p^*\to G_{p+1}^*$ en associant à $\omega(x_0,\ldots,x_p)$ la forme $\omega(x_0,\ldots,x_i+x_{i+1},\ldots,x_{p+1})$. Il est clair que d_i envoie I_p^* dans I_{p-1}^*, s_i envoie I_p^* dans I_{p+1}^*. Donc s_i et d_i passent au quotient, et définissent sur la collection des Gr_p^* une structure de DG-algèbre simpliciale Gr^*. On observera que tous les opérateurs d_i et s_i transforment t en lui-même.

Il est clair que la DG-algèbre simpliciale Gr^* satisfait à l'axiome (a),* et que $R(Gr)=\Gamma(t)$. On va prouver que Gr^* satisfait à l'axiome (b′) et expliciter les groupes d'homotopie $\pi_n(Z^n Gr)$.

Commençons par les groupes d'homotopie $\pi_p(G^n)$. Ils sont nuls pour $p\geqq 1$; car si une forme différentielle $\omega(x_0,\ldots,x_p)$, de degré n, s'annule lorsqu'on remplace x_i par 0 (quel que soit $i=0,\ldots,p$), la forme différentielle $\alpha(x_0,\ldots,x_{p+1})$ égale à $\omega(x_1,\ldots,x_{p+1})$ satisfait à $d_0\alpha=\omega$, $d_i\alpha=0$ pour $i\geqq 1$. La même démonstration montre que $\pi_0(G^n)=0$, sauf pour $n=0$: $\pi_0(G^0)\approx\mathbb{Z}$, le générateur étant la constante $1\in\Gamma(x_0)$.

La multiplication par $\delta(x_0+\cdots+x_p)$ envoie G_p^n sur I_p^{n+1}, et la collection de ces applications (pour tous les p) définit une application k-linéaire simpliciale $G^n\to I^{n+1}$

* avec $Gr_p^n=0$ pour $n>p$.

qui est surjective; d'où la suite exacte de k-modules simpliciaux

$$0 \to I^n \to G^n \to I^{n+1} \to 0$$

qui identifie I^{n+1} à $G^n/I^n = Gr^n$. Le calcul récurrent des groupes d'homotopie des I^n se fait alors en remarquant que $I^0 = 0$; on trouve que $\pi_p(Gr^n) = 0$ pour $p \neq n$, et que

$$\pi_n(Gr^n) \approx \mathbb{Z},$$

le générateur étant l'élément $(\delta x_1)(\delta x_2) \ldots (\delta x_n) \in Gr^n_n$; pour $n = 0$, le générateur de $\pi_0(Gr^0) \approx \mathbb{Z}$ est l'élément unité 1.

Les suites exactes

$$0 \to Z^n Gr \to Gr^n \xrightarrow{\delta} Z^{n+1} Gr \to 0$$

permettent ensuite le calcul récurrent des $\pi_p(Z^n Gr)$: on voit d'abord que $\pi_p(Z^n Gr) = 0$ pour p distinct de n et $n-1$, et on a la suite exacte

$$0 \to \pi_n(Z^n Gr) \to \pi_{n-1}(Z^{n-1} Gr) \to \pi_{n-1}(Gr^{n-1}) \to \pi_{n-1}(Z^n Gr) \to 0,$$

qui identifie $\pi_n(Z^n Gr)$ à un sous-groupe de $\pi_{n-1}(Z^{n-1} Gr)$. On commence par $\pi_0(Z^0 Gr) = \Gamma(t)$, et on montre alors par récurrence que $\pi_{n-1}(Z^{n-1} Gr) \to \pi_{n-1}(Gr^{n-1})$ est surjectif, ce qui entraîne $\pi_{n-1}(Z^n Gr) = 0$. La récurrence donne

$$\pi_n(Z^n Gr) \approx \Gamma^n(t),$$

en notant $\Gamma^n(t)$ le sous-module de $\Gamma(t)$ formé des polynômes d'ordre $\geqq n$ (pas de terme en $1, t, \ldots, \frac{t^{n-1}}{(n-1)!}$). De plus, l'élément de $\pi_n(Z^n Gr)$ qui correspond à $\frac{t^q}{q!}$ dans cet isomorphisme ($q \geqq n$) est défini par la forme différentielle

$$\frac{(x_n)^{q-n}}{(q-n)!} (\delta x_1) \ldots (\delta x_n) \in Gr^n_n,$$

forme dont le δ est nul. Enfin, l'homomorphisme $\pi_n(Z^n Gr) \to \pi_n(Gr^n)$ envoie $\frac{t^q}{q!}$ en 0 si $q > n$, et $\frac{t^n}{n!}$ sur le générateur de $\pi_n(Gr^n) \approx \mathbb{Z}$, ce qui prouve bien $\pi_{n+1}(Gr^{n+1}) = \Gamma^{n+1}(t)$.

Ainsi l'axiome (b') est bien vérifié par Gr^*, et on a donc, pour tout ensemble simplicial X, des homomorphismes injectifs

$$H^n(Gr^*(X)) \to H^n(X; \Gamma(t))$$

dont l'image est exactement $H^n(X; \Gamma^n(t))$. Ces homomorphismes sont compatibles avec la multiplication.

Observons que chaque entier N définit un DG-endomorphisme θ^N de Gr^*, à savoir celui qui multiplie t et chaque x_i par l'entier N. Pour chaque entier $r \geqq 0$, les éléments de Gr^*_p qui sont multipliés par N^r dans l'endomorphisme θ^N forment un sous-module $Gr^{*,r}_p$ stable par δ, et la collection des $Gr^{*,r}_p$ (pour r donné, p variable) est un sous-module différential simplicial de Gr^*, qu'on notera $Gr^{*,r}$; Gr^* est la somme directe des $Gr^{*,r}$ lorsque r varie.

On a un diagramme commutatif

$$\begin{array}{ccc} H^*(Gr^*(X)) & \longrightarrow & H^*(Gr^*(X)) \\ \downarrow \varphi & & \downarrow \varphi \\ H^*(X;\Gamma(t)) & \longrightarrow & H^*(X;\Gamma(t)) \end{array}$$

où φ désigne l'injection définie plus haut, la première flèche horizontale est définie par l'endomorphisme θ^N, et la deuxième flèche horizontale est définie par l'application $\Gamma(t)\to\Gamma(t)$ qui envoie t en Nt. On en déduit que φ envoie $H^*(Gr^{*,r}(X))$ dans $H^*(X;\Gamma_r(t))$, en notant $\Gamma_r(t)$ le sous-groupe de $\Gamma(t)$ formé des multiples entiers de $\frac{t^r}{r!}$. (On a donc $\Gamma^q(t)=\bigoplus_{r\geqq q}\Gamma_r(t)$). Comme l'image de φ^n: $H^n(Gr^*(X)\to H^n(X;\Gamma(t))$ est $H^n(X;\Gamma^n(t))$, on conclut:

(1) $H^n(Gr^{*,r}(X))=0$ pour $r<n$; ce qui résulte aussi du fait que $Gr^{n,r}(X)=0$ pour $r<n$);

(2) pour $r\geqq n$, φ^n induit un isomorphisme

$$H^n(Gr^{*,r}(X)) \xrightarrow{\approx} H^n(X;\Gamma_r(t)).$$

Observons d'ailleurs que $H^n(X;\Gamma_r(t))$ est isomorphe à $H^n(X;\mathbb{Z})$ (on envoie le générateur de $\Gamma_r(t)$ sur 1). D'où un isomorphisme $H^n(Gr^{*,r}(X))\xrightarrow{\approx}H^n(X;\mathbb{Z})$ pour chaque entier $r\geqq n$. Quant à la structure multiplicative, on voit que l'on a un diagramme commutatif (pour $r\geqq p$, $s\geqq q$):

$$\begin{array}{ccc} H^p(Gr^{*,r}(X))\otimes H^q(Gr^{*,s}(X) & \longrightarrow & H^{p+q}(Gr^{*,r+s}(X)) \\ \downarrow \approx & & \downarrow \approx \\ H^p(X;\mathbb{Z})\otimes H^q(X;\mathbb{Z}) & \xrightarrow[\mu_{r,s}]{} & H^{p+q}(X;\mathbb{Z}) \end{array}$$

où la première flèche horizontale est définie par la multiplication dans $Gr^*(X)$ (multiplication qui est "commutative"), et où $\mu_{r,s}$ désigne $\frac{(r+s)!}{r!s!}$ fois l'application de multiplication dans la cohomologie entière de X. Comme les entiers $\frac{(r+s)!}{r!s!}$ (lorsque r parcourt l'ensemble des entiers $\geqq p$ et s l'ensemble des entiers $\geqq q$) sont premiers entre eux dans leur ensemble, on voit que la connaissance des applications $\mu_{r,s}$ détermine la multiplication dans l'algèbre de cohomologie $H^*(X;\mathbb{Z})$.

Références

1. Deligne, P., Griffiths, Ph., Morgan, J., Sullivan, D.: Real homotopy theory of Kähler manifolds. Inventiones math. **29**, 245–274 (1975)
2. Godement, R.: Topologie algébrique et théorie des faisceaux. Paris: Hermann 1958
3. Séminaire H. Cartan, 1956–57, Exposé 1, prop. 1.
4. Sullivan, D.: Topology of manifolds and differential forms. Proc. Conference on manifolds. Tokyo 1973
5. Swan, R.G.: Thom's theory of differential forms on simplicial sets. Topology **14**, 271–273 (1975)

Note Added in Proof. En terminant cet article, je prends connaissance d'un preprint d'Edward Y. Miller où des résultats analogues à ceux du no. 7 sont exposés.

Printed in the United States
By Bookmasters